Schnittpunkt 5
Mathematik – Differenzierende Ausgabe

Handreichungen für den Unterricht

Martina Backhaus
Sarah Bahnmüller
Ilona Bernhard
Joachim Böttner
Norbert Burghaus
Günther Fechner
Viktor Grasmik
Marina Gress
Ulrich Laumann
Sarah Macha
Wolfgang Malzacher
Nicole Müller
Achim Olpp
Rainer Pongs
Peter Rausche
Jens Richter
Tanja Sawatzki-Müller
Isabelle Schindler
Emilie Scholl-Molter
Colette Simon
Claus Stöckle
Thomas Straub
Ingrid Wald-Schillings
Dr. Helmut Wellstein
Katja Welz
Birgit Willerding

Ernst Klett Verlag
Stuttgart · Leipzig · Dortmund

Quellennachweis

Alamy stock photo, Abingdon (Rupert Oberhäuser), **122 KV**; EZB, Frankfurt, **148.3**; Code_**149.1.7**; Holtermann, Helmut, Dannenberg, **29.2**; **29.3**; **30.1**; **30.3**; **30.5**; **101.1**; **101.2**; **101.3**; Hungreder, Rudolf, Leinfelden-Echterdingen, ; imprint, Zusmarshausen, **20.1**; **22.1**; **23.1**; **23.2**; **23.3**; **23.4**; **23.5**; **23.6**; **23.7**; **24.1**; **24.2**; **24.3**; **24.4**; **24.5**; **25.1**; **25.2**; **25.3**; **25.4**; **25.5**; **25.6**; **28.1**; **28.2**; **29.1**; **30.2**; **30.6**; **31.1**; **31.2**; **31.3**; **31.4**; **31.5**; **31.6**; **31.7**; **31.8**; **32.1**; **32.2**; **32.3**; **32.4**; **32.5**; **32.6**; **33.1**; **33.2**; **34.1**; **34.2**; **34.3**; **34.4**; **34.5**; **35.1**; **35.2**; **35.3**; **35.4**; **36.1**; **36.2**; **36.3**; **39.1**; **39.2**; **39.3**; **39.4**; **39.5**; **39.6**; **39.7**; **39.8**; **39.9**; **39.10**; **39.11**; **39.12**; **39.13**; **40.1**; **40.2**; **50.1**; **50.2**; **50.3**; **50.4**; **52.1**; **71.1**; **71.2**; **111.1**; **111.2**; **111.3**; **111.4**; **112.1**; **112.3**; **113.1**; **113.2**; **113.3**; **113.4**; **113.5**; **113.6**; **114.1**; **115.1**; **115.2**; **115.3**; **115.4**; **115.5**; **115.6**; **115.7**; **115.8**; **116.1**; **117.1**; **117.2**; **117.3**; **117.5**; **117.6**; **117.7**; **117.8**; **119.2**; **119.4**; **119.5**; **119.6**; **120.1**; **120.2**; **120.3**; **120.4**; **120.5**; **120.6**; **120.7**; **120.8**; **121.1**; **122.1**; **122.2**; **122.3**; **123.1**; **123.2**; **124.1**; **124.2**; **124.5**; **125.1**; **125.2**; **125.3**; **125.6**; **125.7**; **126.1**; **126.2**; **126.4**; **126.5**; **126.6**; **126.7**; **127.1**; **127.2**; **127.4**; **128.1**; **128.2**; **128.3**; **128.4**; **128.5**;

Schnittpunkt 5 – Differenzierende Ausgabe, Nordrhein-Westfalen

Weiteres Begleitmaterial:
Lösungsheft (ISBN 978-3-12-744753-8)
Digitaler Unterrichtsassistent (Einzellizenz) (ECI44754UAA99)
Arbeitsheft mit Lösungsheft (ISBN 978-3-12-744755-2)
Förderheft mit Lösungsheft (ISBN 978-3-12-744458-2)

1. Auflage 1 5 4 3 2 1 | 26 25 24 23 22

Alle Drucke dieser Auflage sind unverändert und können im Unterricht nebeneinander verwendet werden.
Die letzte Zahl bezeichnet das Jahr des Druckes.
Das Werk und seine Teile sind urheberrechtlich geschützt. Jede Nutzung in anderen als den gesetzlich zugelassenen Fällen bedarf der vorherigen schriftlichen Einwilligung des Verlages. Hinweis § 60a UrhG: Weder das Werk noch seine Teile dürfen ohne eine solche Einwilligung eingescannt und/oder in ein Netzwerk eingestellt werden. Dies gilt auch für Intranets von Schulen und sonstigen Bildungseinrichtungen. Fotomechanische, digitale oder andere Wiedergabeverfahren nur mit Genehmigung des Verlages.
Nutzungsvorbehalt: Die Nutzung für Text und Data Mining (§ 44b UrhG) ist vorbehalten. Dies betrifft nicht Text und Data Mining für Zwecke der wissenschaftlichen Forschung (§ 60d UrhG).
An verschiedenen Stellen dieses Werkes befinden sich Verweise (Links) auf Internet-Adressen. Haftungshinweis: Trotz sorgfältiger inhaltlicher Kontrolle wird die Haftung für die Inhalte der externen Seiten ausgeschlossen. Für den Inhalt dieser externen Seiten sind ausschließlich die Betreiber verantwortlich. Sollten Sie daher auf kostenpflichtige, illegale oder anstößige Inhalte treffen, so bedauern wir dies ausdrücklich und bitten Sie, uns umgehend per E-Mail an kundenservice@klett.de davon in Kenntnis zu setzen, damit bei der Nachproduktion der Verweis gelöscht wird.

© Ernst Klett Verlag GmbH, Stuttgart 2022. Alle Rechte vorbehalten. www.klett.de
Das vorliegende Material dient ausschließlich gemäß § 60b UrhG dem Einsatz im Unterricht an Schulen.

Autorinnen und Autoren: Martina Backhaus, Sarah Bahnmüller, Ilona Bernhard, Joachim Böttner, Norbert Burghaus, Günther Fechner, Viktor Grasmik, Marina Gress, Ulrich Laumann, Sarah Macha, Wolfgang Malzacher, Nicole Müller, Achim Olpp, Rainer Pongs, Peter Rausche, Jens Richter, Tanja Sawatzki-Müller, Isabelle Schindler, Emilie Scholl-Molter, Colette Simon, Claus Stöckle, Thomas Straub, Ingrid Wald-Schillings, Dr. Hartmut Wellstein, Katja Welz, Birgit Willerding

Entstanden in Zusammenarbeit mit dem Projektteam des Verlages.

Umschlaggestaltung: know idea, Freiburg
Titelbild: Thomas Weccard Fotodesign BFF, Ludwigsburg
Satz: imprint, Zusmarshausen
Druck: AZ Druck und Datentechnik GmbH, Kempten/Allgäu

Printed in Germany
ISBN 978-3-12-744752-1

Inhalt Kommentare und Lösungen

1 Daten
Zum Kapitel	18
1 Daten in Listen erfassen	19
2 Diagramme lesen	20
3 Daten in Diagrammen darstellen	22
EXTRA: Daten vergleichen	26
4 Eine Datenerhebung durchführen	27
MEDIEN: Tabellenkalkulation. Diagramme	29
Basistraining und Anwenden. Nachdenken	33

2 Natürliche Zahlen
Zum Kapitel	37
1 Natürliche Zahlen	38
2 Große Zahlen im Zehnersystem	41
3 Runden von Zahlen	44
4 Schätzen	45
MEDIEN: Zahlen im Zweiersystem	47
EXTRA: Römische Zahlzeichen	48
Basistraining und Anwenden. Nachdenken	49

3 Addieren und Subtrahieren
Zum Kapitel	54
1 Kopfrechnen	55
2 Addieren	56
3 Subtrahieren	60
4 Klammern	65
5 Terme mit Variablen	68
6 Rechengesetze	70
Basistraining und Anwenden. Nachdenken	71

4 Multiplizieren und Dividieren
Zum Kapitel	77
1 Kopfrechnen	77
2 Multiplizieren	79
3 Rechengesetze. Rechenvorteile	83
4 Potenzen	86
5 Dividieren	88
6 Klammern zuerst. Punkt vor Strich	94
7 Ausklammern. Ausmultiplizieren	98
MEDIEN: Tabellenkalkulation. Terme	101
Basistraining und Anwenden. Nachdenken	103

5 Geometrie. Vierecke
Zum Kapitel	111
1 Strecke, Gerade und Halbgerade	112
2 Zueinander senkrecht	113
3 Zueinander parallel	115
4 Das Koordinatensystem	118
5 Entfernung und Abstand	121
6 Achsensymmetrie und Punktsymmetrie	123
7 Rechteck und Quadrat	126
8 Parallelogramm und Raute	130
MEDIEN: DGS. Koordinatensystem	134
MEDIEN: DGS. Symmetrie	135
Basistraining und Anwenden. Nachdenken	137

6 Größen und Maßstab
Zum Kapitel	146
1 Schätzen	147
2 Geld	148
3 Zeit	151
4 Masse	153
5 Länge	155
6 Maßstab	157
7 Sachaufgaben	160
EXTRA: Mathematik in Beruf und Alltag	162
Basistraining und Anwenden. Nachdenken	162

7 Umfang und Flächeninhalt
Zum Kapitel	166
1 Flächeninhalt	167
2 Flächenmaße	168
3 Rechtecke	171
EXTRA: Flächeninhalte schätzen	174
4 Rechtwinklige Dreiecke	175
5 Zusammengesetzte Figuren	177
Basistraining und Anwenden. Nachdenken	181

8 Brüche
Zum Kapitel	186
1 Bruchteile erkennen und darstellen	187
2 Bruchteile von Größen	190
3 Dezimalzahlen	192
Basistraining und Anwenden. Nachdenken	195

Erklärung der Kopiervorlagen

Aufgrund zunehmend heterogener Lerngruppen ist es für den Lernfortschritt jedes einzelnen Lernenden wichtig, zu differenzieren. Ein weiterer Vorteil liegt in der Minderung von Unterrichtsstörungen, da Über- und Unterforderung reduziert werden. Oft verhindern Zeitmangel, der höhere Arbeitsaufwand und die Klassengröße die Differenzierung im Unterricht. Daher bieten viele Kopiervorlagen (KV) in diesen Handreichungen differenziertes Arbeitsmaterial an. Einige KV-Typen kommen immer wieder vor. Diese werden im Folgenden kurz vorgestellt.

Bergsteigen
Dieser KV-Typ kann gegen Ende eines Schulbuch-Kapitels eingesetzt werden. Das Bergsteigen bietet einen differenzierten Weg durch das Basistraining und Anwenden. Nachdenken.
In den Hütten befinden sich grundlegende Aufgaben. Nach der Bearbeitung entscheiden die Lernenden, welchen Weg sie zur nächsten Hütte wählen. Der flachere, serpentinenreiche Weg bietet einfache Wiederholungsaufgaben. Der steilere, gerade Weg stellt ein mittleres Anforderungsprofil dar. Auf dem Klettersteig sind schwierigere Anwendungsaufgaben zu bewältigen.

Klassenarbeit
Zum Abschluss eines Kapitels bietet sich der Einsatz der „Klassenarbeit"-KVs an. Diese KVs sind in drei Niveaustufen unterschieden. Die Lernenden können sich nach der Bearbeitung der Aufgaben mithilfe einer Tabelle selbst einschätzen.

Fitnesstest und Trainerliste
Dieser KV-Typ trainiert die Inhalte des Schulbuchs auf mehreren Niveaustufen.
Der Fitnesstest kann in Kombination mit der Trainerliste (KV 15) verwendet werden. Hierfür wird die Trainerliste einmal im Klassenzimmer aufgehängt. Leistungsstärkere Lernende tragen sich nach der Lösungskontrolle als „Trainerinnen und Trainer" zu einer Trainingseinheit ein. Sie stehen nun ihren Mitlernenden für Fragen zur Verfügung. Diese Liste hat mehrere Vorteile: Zum einen wird die Lehrperson durch „Assistentinnen und Assistenten" aus der Klasse unterstützt. Zum anderen profitieren die Leistungsschwächeren durch adressatengerechte Erklärungen Gleichaltriger, aber auch die Leistungsstärkeren anhand von „Lernen durch Lehren".

Speisekarte
Die Lernenden suchen sich aus jedem Gang ein leichteres oder schwereres Gericht aus und bearbeiten die entsprechenden Aufgaben.

Das große Mathedinner
Dieser KV-Typ bietet nach einer Diagnose individuelle Übungsaufgaben auf drei Niveaustufen an. Dazu besteht jedes Mathedinner aus drei Kopiervorlagen. Zuerst bearbeiten die Lernenden die Checkliste auf der ersten KV und überprüfen anschließend ihre Lösungen mithilfe der zweiten KV selbstständig. Dadurch erfahren die Lernenden eine individuelle Rückmeldung zu Stärken und Schwächen. Auf der dritten KV erhalten die Lernenden dann zu jedem Teilthema leistungsstandgerechte Übungsaufgaben.

Affenfelsen
Dieser KV-Typ kann zum differenzierten Üben eingesetzt werden. Die Lernenden beginnen unten links mit einer anspruchsvollen Aufgabe. Lösen sie diese richtig, „klettern" sie eine Ebene vertikal nach oben. Ist die Aufgabe hingegen falsch gelöst, dann bewegen sie sich horizontal auf den Steinen nach rechts und finden zur gleichen Thematik eine einfachere Aufgabe. Der Weg durch den Affenfelsen ist mit Pfeilen und Buchstaben (R = richtig, F = falsch) gekennzeichnet. Wenn die Lernenden eine Aufgabe auf einem der einfacheren Niveaus richtig gelöst haben, dann entscheiden sie selbst, ob sie vertikal oder schräg nach oben „klettern".

Inhalt Inklusion

Kopiervorlage		Sozialform	Lösung
1 Daten			
F 1	Strichlisten und Diagramme	👤	LF 1
F 2	Säulendiagramme	👤	LF 1
2 Natürliche Zahlen			
F 3	Zahlen runden und darstellen	👤	LF 2
F 4	Ordnen. Vorgänger. Nachfolger	👤	LF 2
3 Addieren und Subtrahieren			
F 5	Partnerbogen Kopfrechnen	👥	LF 3
F 6	Schriftliche Addition	👤	LF 3
F 7	Schriftliche Subtraktion	👤	LF 4
F 8	Platzhalter	👤	LF 4
4 Multiplizieren und Dividieren			
F 9	Partnerbogen Kopfrechnen	👥	LF 5
F 10	Schriftliche Multiplikation I	👤	LF 5
F 11	Schriftliche Multiplikation II	👤	LF 6
F 12	Schriftliche Division I	👤	LF 8
F 13	Schriftliche Division II	👤	LF 9
5 Geometrie. Vierecke			
F 14	Zueinander senkrecht. Abstand	👤	LF 10
F 15	Zueinander parallel	👤	LF 10
F 16	Achsensymmetrische Figuren	👤	LF 11
F 17	Partnerbogen Geometrie	👥	LF 11
F 18	Rechteck	👤	LF 12
F 19	Quadrat	👤	LF 12
6 Größen und Maßstab			
F 20	Geld	👤	LF 13
F 21	Partnerbogen Kopfrechnen	👥	LF 14
F 22	Zeit	👤	LF 14
F 23	Längen	👤	LF 15
F 24	Partnerbogen Kopfrechnen	👥	LF 15
F 25	Masse	👤	LF 15
7 Umfang und Flächeninhalt			
F 26	Flächen vergleichen	👤	LF 16
F 27	Umfang	👤	LF 16
F 28	Flächeninhalt	👤	LF 17
F 29	Partnerbogen Geometrie	👥	LF 17
8 Brüche			
F 30	Bruchteile erkennen und darstellen	👤	LF 17

Inhalt Sprachförderung [SP]

Kopiervorlage		Sozialform	Lösung
1 Daten			
SP 1	Domino: Diagramme (Teil 1)	👥	LSP 1
SP 2	Domino: Diagramme (Teil 2)	👥	LSP 1
2 Natürliche Zahlen			
SP 3	Domino: Natürliche Zahlen (Teil 1)	👥	LSP 1
SP 4	Domino: Natürliche Zahlen (Teil 2)	👥	LSP 1
SP 5	Memory: Natürliche Zahlen (leichte Variante)	👥	LSP 1
SP 6	Memory: Natürliche Zahlen (schwierige Variante)	👥	LSP 1
3 Addieren und Subtrahieren			
SP 7	Addition und Subtraktion	👤	LSP 1
4 Multiplizieren und Dividieren			
SP 8	Multiplikation und Division	👤	LSP 2
SP 9	Rechenregeln	👤	LSP 3
5 Geometrie. Vierecke			
SP 10	Das Koordinatensystem (Teil 1)	👤	LSP 4
SP 11	Das Koordinatensystem (Teil 2)	👤	LSP 4
SP 12	Achsensymmetrie	👤	LSP 5
6 Größen und Maßstab			
SP 13	Größen und Einheiten	👤	LSP 6
SP 14	Maßstab (Teil 1)	👤	LSP 7
SP 15	Maßstab (Teil 2)	👤	LSP 7
8 Brüche			
SP 16	Domino: Brüche (Teil 1)	👥	LSP 7
SP 17	Domino: Brüche (Teil 2)	👥	LSP 7
SP 18	Domino: Dezimalzahlen (Teil 1)	👥	LSP 7
SP 19	Domino: Dezimalzahlen (Teil 2)	👥	LSP 7

Inhalt Kopiervorlagen

Kopiervorlage		Differenzierung	Sozialform	Zeit in Minuten	Lösung
1 Daten					
KV 1	Unsere Klasse: Einfache Strichlisten	○/◐/●	♟♟	20	LKV 1
KV 2	Der Fehlerfinder – Aufgaben: Säulendiagramme zeichnen	○/◐	♟	30	LKV 1
KV 3	Der Fehlerfinder – Lösungen: Säulendiagramme zeichnen	–	–	–	LKV 1
KV 4	Speisekarte: Daten vergleichen	○/◐/●	♟	45	LKV 1
KV 5	Nicos erstes Plakat	○/◐/●	♟♟	60	LKV 2
KV 6	Klassenarbeit A – Daten (Teil 1)	○	♟	45	LKV 2
KV 7	Klassenarbeit A – Daten (Teil 2)	○	♟		LKV 2
KV 8	Klassenarbeit B – Daten (Teil 1)	◐	♟	45	LKV 2
KV 9	Klassenarbeit B – Daten (Teil 2)	◐	♟		LKV 3
KV 10	Klassenarbeit C – Daten (Teil 1)	●	♟	45	LKV 3
KV 11	Klassenarbeit C – Daten (Teil 2)	●	♟		LKV 3
KV 12	Bergsteigen: Daten – zu den Schulbuchseiten 24-27	○/◐/●	♟	60	LKV 3
2 Natürliche Zahlen					
KV 13	Zahlen am Zahlenstrahl	○/◐	♟	20	LKV 4
KV 14	Fitnesstest: Zahlen ordnen	○/◐/●	♟	45	LKV 5
KV 15	Fitnesstest: Trainerliste für die Pinnwand	–	–	–	LKV 5
KV 16	Das große Mathedinner zu großen Zahlen (1): Checkliste	○/◐/●	♟		LKV 5
KV 17	Das große Mathedinner zu großen Zahlen (2): Lösungen Checkliste	○/◐/●	♟	45	LKV 5
KV 18	Das große Mathedinner zu großen Zahlen (3): Die Menüs	○/◐/●	♟		LKV 5
KV 19	Phasenspiel – ein Würfelspiel zu großen Zahlen	○/◐/●	♟♟	30	LKV 5
KV 20	Tandembogen: Große Zahlen	○/◐/●	♟♟	20	LKV 6
KV 21	Zahlenbaukasten – Große Zahlen	◐	♟	20	LKV 6
KV 22	ABC-Mathespiel: Runden	○/◐/●	♟♟	30	LKV 6
KV 23	Das Pyramiden-Spiel	●	♟	30	LKV 6
KV 24	Zählst du noch oder schätzt du schon?	○/◐/●	♟♟	45	LKV 7
KV 25	Zweiersystem: Schokoladen-Stücke	○/◐/●	♟/♟♟	30	LKV 7
KV 26	Trimino: Zweiersystem	◐/●	♟/♟♟	30	LKV 7
KV 27	Domino: Römische Zahlen (1)	◐	♟♟	45	LKV 7
KV 28	Domino: Römische Zahlen (2)	◐	♟♟		LKV 7
KV 29	Die Suche nach dem Schatz von Caesar	●	♟	30	LKV 8
KV 30	Klassenarbeit A – Natürliche Zahlen	○	♟	45	LKV 8
KV 31	Klassenarbeit B – Natürliche Zahlen	◐	♟	45	LKV 8
KV 32	Klassenarbeit C – Natürliche Zahlen (Teil 1)	●	♟	45	LKV 9
KV 33	Klassenarbeit C – Natürliche Zahlen (Teil 2)	●	♟		LKV 9
KV 34	Bergsteigen: Natürliche Zahlen – zu den Schulbuchseiten 46–49	○/◐/●	♟	60	LKV 10

3 Addieren und Subtrahieren

KV 35	Kopfrechnen: Addition und Subtraktion	○/◐/●	☺/☺☺	45	LKV 10
KV 36	Affenfelsen: Addieren	○/◐/●	☺	20	LKV 10
KV 37	Rechennetze I	○/◐/●	☺	30	LKV 11
KV 38	Rechennetze II	○/◐/●	☺	30	LKV 11
KV 39	Fitnesstest: Klammerregeln	○/◐/●	☺	45	LKV 12
KV 40	Rennbahn	○	☺	30	LKV 12
KV 41	Überschlagen	○/◐/●	☺☺	45	LKV 12
KV 42	Domino: Überschlagen	○/◐/●	☺☺/☺☺☺	30	LKV 12
KV 43	Klassenarbeit A – Addieren und Subtrahieren (Teil 1)	○	☺	60	LKV 13
KV 44	Klassenarbeit A – Addieren und Subtrahieren (Teil 2)	○	☺		LKV 13
KV 45	Klassenarbeit B – Addieren und Subtrahieren (Teil 1)	◐	☺	60	LKV 14
KV 46	Klassenarbeit B – Addieren und Subtrahieren (Teil 2)	◐	☺		LKV 14
KV 47	Klassenarbeit C – Addieren und Subtrahieren (Teil 1)	●	☺	60	LKV 15
KV 48	Klassenarbeit C – Addieren und Subtrahieren (Teil 2)	●	☺		LKV 15
KV 49	Bergsteigen: Addieren und Subtrahieren – zu den Schulbuchseiten 72–77	○/◐/●	☺	120	LKV 15

4 Multiplizieren und Dividieren

KV 50	Schriftliche Multiplikation	○/◐/●	☺	45	LKV 16
KV 51	Trimino: Multiplizieren	○/◐/●	☺☺	30	LKV 17
KV 52	Speisekarte: Produkte und Potenzen	○/◐/●	☺	45	LKV 18
KV 53	Schriftliche Division	◐/●	☺	45	LKV 18
KV 54	Verbindung der Rechenarten	○/◐/●	☺	30	LKV 23
KV 55	Domino: Distributivgesetz	○/◐/●	☺/☺☺	45	LKV 23
KV 56	Domino: Übersetzen	◐/●	☺/☺☺	30	LKV 23
KV 57	Das große Mathedinner zur Multiplikation und Division (1): Checkliste	○/◐/●	☺	135	LKV 23
KV 58	Das große Mathedinner zur Multiplikation und Division (2): Lösungen Checkliste	○/◐/●	☺		LKV 23
KV 59	Das große Mathedinner zur Multiplikation und Division (3): Die Menüs	○/◐/●	☺		LKV 23
KV 60	ABC-Mathespiel: Grundrechenarten	○/◐/●	☺☺☺	20	LKV 23
KV 61	Klassenarbeit A – Multiplizieren und Dividieren (Teil 1)	○	☺	60	LKV 24
KV 62	Klassenarbeit A – Multiplizieren und Dividieren (Teil 2)	○	☺		LKV 24
KV 63	Klassenarbeit B – Multiplizieren und Dividieren (Teil 1)	◐	☺	60	LKV 24
KV 64	Klassenarbeit B – Multiplizieren und Dividieren (Teil 2)	◐	☺		LKV 25
KV 65	Klassenarbeit C – Multiplizieren und Dividieren (Teil 1)	●	☺	60	LKV 25
KV 66	Klassenarbeit C – Multiplizieren und Dividieren (Teil 2)	●	☺		LKV 25
KV 67	Bergsteigen: Multiplizieren und Dividieren – zu den Schulbuchseiten 107–111 (Teil 1)	○/◐/●	☺	120	LKV 26
KV 68	Bergsteigen: Multiplizieren und Dividieren – zu den Schulbuchseiten 107–111 (Teil 2)	○/◐/●	☺		LKV 26

5 Geometrie. Vierecke

KV 69	Wie viele Strecken?	◐/●	⛉	30	LKV 26
KV 70	Speisekarte: Strecke, Gerade und Halbgerade	○/◐/●	⛉	45	LKV 26
KV 71	Die diebische Elster	○/◐/●	⛉	30	LKV 27
KV 72	Wegbeschreibung zur Geburtstagsfeier	◐/●	⛉	20	LKV 28
KV 73	Filmrolle: Parallelen zeichnen	○/◐/●	⛉	20	LKV 28
KV 74	Parallele und senkrechte Geraden	○/◐	⛉	15	LKV 28
KV 75	Senkrechte und Parallele: Eine Zeichenübung	◐/●	⛉	15	LKV 28
KV 76	Tandembogen: Geometrie-Diktat	○/◐/●	⛉	30	LKV 28
KV 77	In Koordinatensystem-City	○/◐/●	⛉	30	LKV 29
KV 78	Koordinatensystem – Partnerarbeitsblatt 1	○/◐/●	⛉⛉	30	LKV 29
KV 79	Koordinatensystem – Partnerarbeitsblatt 2	○/◐/●	⛉⛉	30	LKV 29
KV 80	Tandembogen: Koordinatensystem-Diktat	○/◐/●	⛉⛉	30	LKV 29
KV 81	Der Abenteurer Großer-Geo-Meister	◐/●	⛉	30	LKV 29
KV 82	Senkrechte, Parallele und Abstand	○/◐/●	⛉	30	LKV 30
KV 83	Klecksbild	○/◐/●	⛉/⛉⛉	45	LKV 30
KV 84	Klecksbild – Hilfekarte und Profikarte	○/◐/●	⛉/⛉⛉		LKV 30
KV 85	Speisekarte: Achsensymmetrie (Teil 1)	◐/●	⛉	30	LKV 30
KV 86	Speisekarte: Achsensymmetrie (Teil 2)	◐/●	⛉		LKV 30
KV 87	Masken – achsensymmetrische Figuren	●	⛉	45	LKV 31
KV 88	Filmrolle: Rechtecke zeichnen	○/◐/●	⛉	20	LKV 32
KV 89	Streifenkunde	○/◐/●	⛉/⛉⛉	45	LKV 32
KV 90	Filmrolle: Parallelogramme zeichnen	○/◐/●	⛉	20	LKV 32
KV 91	Kunterbunte Viereck-Kunst	○/◐/●	⛉/⛉⛉	45	LKV 32
KV 92	Vierecke im Koordinatensystem	○/◐/●	⛉	30	LKV 33
KV 93	Klassenarbeit A – Geometrie. Vierecke (Teil 1)	○	⛉	45	LKV 33
KV 94	Klassenarbeit A – Geometrie. Vierecke (Teil 2)	○	⛉		LKV 34
KV 95	Klassenarbeit B – Geometrie. Vierecke (Teil 1)	◐	⛉	45	LKV 34
KV 96	Klassenarbeit B – Geometrie. Vierecke (Teil 2)	◐	⛉		LKV 35
KV 97	Klassenarbeit C – Geometrie. Vierecke (Teil 1)	●	⛉	45	LKV 35
KV 98	Klassenarbeit C – Geometrie. Vierecke (Teil 2)	●	⛉		LKV 36
KV 99	Bergsteigen: Geometrie. Vierecke – zu den Schulbuchseiten 138–143 (Teil 1)	○/◐/●	⛉	120	LKV 36
KV 100	Bergsteigen: Geometrie. Vierecke – zu den Schulbuchseiten 138–143 (Teil 2)	○/◐/●	⛉		LKV 36

6 Größen und Maßstab

KV 101	Stellenwerttafeln zu Größen	–	–	–	LKV 36
KV 102	Lernzirkel – Laufzettel Größen	–	–	–	LKV 36
KV 103	Schätzen und Messen	○/◐/●	♟/♟♟	30	LKV 36
KV 104	ABC-Mathespiel: Rechnen mit Geld	○/◐/●	♟♟	30	LKV 37
KV 105	Geld umwandeln und Rechnen mit Geld	○/◐/●	♟	20	LKV 37
KV 106	Zeitangaben	○/◐	♟	30	LKV 38
KV 107	Rechnen mit der Zeit	◐/●	♟	30	LKV 38
KV 108	Massenangaben	○/◐/●	♟/♟♟	30	LKV 39
KV 109	Massen schätzen, ordnen und umwandeln	○/◐/●	♟/♟♟	30	LKV 39
KV 110	Domino: Massen umwandeln	○/◐	♟♟	15	LKV 39
KV 111	Tiertrio: Massen umwandeln	◐/●	♟♟	10	LKV 39
KV 112	Längenangaben	○/◐	♟/♟♟	30	LKV 39
KV 113	Längen messen und umwandeln	○/◐/●	♟	30	LKV 40
KV 114	Längen: Meine Körpermaße	○/◐/●	♟♟	30	LKV 40
KV 115	Längen vergleichen	○/◐/●	♟	25	LKV 40
KV 116	Maßstab: Wie weit …?	○/◐	♟	20	LKV 41
KV 117	Warum gibt es verschiedene Maßeinheiten?	○/◐	♟/♟♟	30	LKV 41
KV 118	Größenangaben mit Komma	◐/●	♟/♟♟	20	LKV 42
KV 119	Speisekarte: Größen und Maßstab	○/◐/●	♟	20	LKV 42
KV 120	Klassenarbeit A – Größen und Maßstab (Teil 1)	○	♟	45	LKV 43
KV 121	Klassenarbeit A – Größen und Maßstab (Teil 2)	○	♟		LKV 43
KV 122	Klassenarbeit B – Größen und Maßstab (Teil 1)	◐	♟	45	LKV 43
KV 123	Klassenarbeit B – Größen und Maßstab (Teil 2)	◐	♟		LKV 44
KV 124	Klassenarbeit C – Größen und Maßstab (Teil 1)	●	♟	45	LKV 44
KV 125	Klassenarbeit C – Größen und Maßstab (Teil 2)	●	♟		LKV 44
KV 126	Bergsteigen: Größen und Maßstab – zu den Schulbuchseiten 171–175	○/◐/●	♟	90	LKV 44

7 Umfang und Flächeninhalt

KV 127	Flächeninhalte vergleichen – Partnerarbeitsblatt 1	○/◐/●	♟♟	30	LKV 45
KV 128	Flächeninhalte vergleichen – Partnerarbeitsblatt 2	○/◐/●	♟♟	30	LKV 45
KV 129	Flächeninhalt und Raubtiere	○/◐/●	♟	30	LKV 45
KV 130	Domino: Flächenmaße	◐/●	♟♟	30	LKV 45
KV 131	Stellenwerttafel: Flächenmaße umwandeln	–	–	–	LKV 45
KV 132	Affenfelsen: Umwandeln von Flächenmaßen	○/◐/●	♟	15	LKV 45
KV 133	Speisekarte: Flächenmaße und Kommaschreibweise	○/◐/●	♟	15	LKV 45
KV 134	ABC-Mathespiel: Flächenmaße	◐/●	♟♟	30	LKV 46
KV 135	Das große Mathedinner zu Flächenmaßen (1): Checkliste	○/◐/●	♟	45	LKV 46
KV 136	Das große Mathedinner zu Flächenmaßen (2): Lösungen Checkliste	○/◐/●	♟		LKV 46
KV 137	Das große Mathedinner zu Flächenmaßen (3): Die Menüs	○/◐/●	♟		LKV 46
KV 138	Aus dem Sport: Rechtecke auf dem Tennisplatz (Teil 1)	○/◐/●	♟	45	LKV 47
KV 139	Aus dem Sport: Rechtecke auf dem Tennisplatz (Teil 2)	○/◐/●	♟		LKV 47
KV 140	Fitnesstest: Berechnungen zu Rechtecken	○/◐/●	♟	45	LKV 47
KV 141	Mathedorf: Zusammengesetzte Figuren	○/◐/●	♟	30	LKV 47
KV 142	Klassenarbeit A – Umfang und Flächeninhalt (Teil 1)	○	♟	45	LKV 48
KV 143	Klassenarbeit A – Umfang und Flächeninhalt (Teil 2)	○	♟		LKV 48

KV 144 Klassenarbeit B – Umfang und Flächeninhalt (Teil 1)	◐	👤	45	LKV 48
KV 145 Klassenarbeit B – Umfang und Flächeninhalt (Teil 2)	◐	👤		LKV 49
KV 146 Klassenarbeit C – Umfang und Flächeninhalt (Teil 1)	●	👤	45	LKV 49
KV 147 Klassenarbeit C – Umfang und Flächeninhalt (Teil 2)	●	👤		LKV 49
KV 148 Bergsteigen: Umfang und Flächeninhalt – zu den Schulbuchseiten 196–199	○/◐/●	👤	60	LKV 50
8 Brüche				
KV 149 Die Bruchschreibweise	○/◐	👤	30	LKV 50
KV 150 Domino: Brüche (1)	○/◐/●	👥	45	LKV 50
KV 151 Domino: Brüche (2)	○/◐/●	👥		LKV 50
KV 152 Speisekarte: Bruchteile von Größen	○/◐/●	👤	20	LKV 50
KV 153 Tandembogen: Bruchteile von Größen	◐/●	👥	30	LKV 51
KV 154 Dezimalschreibweise	○/◐	👤	15	LKV 51
KV 155 Klassenarbeit A – Brüche (Teil 1)	○	👤	45	LKV 51
KV 156 Klassenarbeit A – Brüche (Teil 2)	○	👤		LKV 52
KV 157 Klassenarbeit B – Brüche (Teil 1)	◐	👤	45	LKV 52
KV 158 Klassenarbeit B – Brüche (Teil 2)	◐	👤		LKV 52
KV 159 Klassenarbeit C – Brüche (Teil 1)	●	👤	45	LKV 52
KV 160 Klassenarbeit C – Brüche (Teil 2)	●	👤		LKV 53
KV 161 Bergsteigen: Brüche – zu den Schulbuchseiten 214–217	○/◐/●	👤	45	LKV 53

Unterrichten mit Schnittpunkt Mathematik – Differenzierende Ausgabe

Mit zunehmend heterogenen Klassen ist der Mathematikunterricht heutzutage zahlreichen neuen Herausforderungen ausgesetzt. Der neue differenzierende Schnittpunkt Mathematik bietet Ihnen vielfältige Möglichkeiten, Ihren Unterricht individuell zu gestalten und durch erfolgreiche Differenzierung alle Lernenden ans Ziel zu bringen.

Das **Schulbuch** bildet die Grundlage des Unterrichts. Ergänzt wird es durch die vorliegenden **Handreichungen**, das **Lösungsheft**, das Schnittpunkt **Arbeitsheft**, das **eBook** und das **Förderheft**. Alle Materialien sind passgenau aufeinander abgestimmt und bilden das Gesamtgebäude für den Mathematikunterricht.

Aufbau des Schulbuchs

Jedes **Kapitel** bearbeitet ein mathematisches Thema und ist in einzelne **Lerneinheiten** untergliedert.

Der **Standpunkt** fordert die Lernenden auf, den Stand ihres Vorwissens selbst einzuschätzen. Anhand von Aufgaben, deren Lösungen im Buch abgedruckt sind, ist eine Überprüfung der Selbsteinschätzung möglich. Lerntipps verweisen auf passende Seiten im Buch, auf denen der Inhalt noch einmal nachgeschlagen und geübt werden kann.

Der **Auftakt** gibt Anregungen, um die Lernenden auf das neue Thema einzustimmen. Der Auftakt bietet Anlässe, über Entdeckungen und Erfahrungen zu sprechen und gibt einen Ausblick auf die Kapitelinhalte.

Die **Lerneinheiten** beginnen mit einer **Einstiegsaufgabe**, die anhand verschiedener Fragen und Anregungen auf ein Problem hinführt. Die Einstiegsaufgaben sind meistens mithilfe der Ich-Du-Wir-Methode konzipiert.
Der nachfolgende Lehrtext führt zum mathematischen Inhalt der Lerneinheit, der im **Merke-** und **Beispielkasten** dargestellt ist.
Bei den Aufgaben in den Lerneinheiten gibt es zunächst einen Bereich für alle Lernenden, der mit den „**Alles klar?**"-**Aufgaben** eine einfache Lernstandsdiagnose ermöglicht. Zu diesen Aufgaben stehen die Lösungen im Arbeitsanhang am Ende des Schulbuchs. Danach differenzieren sich die Aufgaben in **zwei Lernwege**: links der leichtere Lernweg mit leichteren Aufgaben, rechts der schwierigere Lernweg mit schwierigeren Aufgaben.

Anhand der blau eingefärbten Operatoren (z.B. Begründen) erkennen Sie Aufgaben, mit denen prozessbezogene Kompetenzen gezielt trainiert werden. Aufgaben zum Thema Medienkompetenz erkennen Sie anhand des Symbols MK. Zudem üben die Lernenden auf ganzen **Medien-Seiten** den Umgang mit Medienangeboten und digitalen Mathematikwerkzeugen. Das Symbol SP kennzeichnet Aufgaben, die den Fokus verstärkt auf (fachintegrierte) Sprachbildung richten.

Mithilfe der **Extra-Seiten** können Sie weitere, zum Teil vertiefende, Inhalte in Ihren Unterricht integrieren.

Die **Zusammenfassung** stellt in einer Übersicht lexikonartig die neuen Inhalte des Kapitels dar.

Das **Basistraining** und das **Anwenden. Nachdenken** bieten Aufgaben zum Wiederholen und Vertiefen der Kapitelinhalte. Gerade mithilfe der Aufgaben im Anwenden. Nachdenken können sich leistungsstärkere Lernende voll entfalten.

Den Abschluss eines Kapitels bildet der **Rückspiegel**: Dieser enthält zunächst einfache Aufgaben für alle Lernenden und ist danach in zwei Spalten differenziert. So können die Lernenden ihre Fertigkeiten passend zu ihrem Leistungsstand testen, Wissenslücken aufspüren und aufarbeiten. Die Lösungen befinden sich im Arbeitsanhang.

Das **Grundwissen** im Arbeitsanhang bietet Inhalte zum Nachschlagen aus den vorangegangenen Schuljahren. Entsprechende Aufgaben mit Lösungen im Buch dienen der inhaltlichen Festigung.
In den **Arbeitshilfen** finden sich Hilfestellungen zum Verstehen und Bearbeiten von Aufgaben, eine Liste mit mathematischen Symbolen und Maßeinheiten sowie eine Erklärung der wichtigsten Operatoren.

Die **Schnittpunkt-Codes** bieten zusätzliche Materialien zum Ausdrucken:
- alle Standpunkt-Seiten
- Standpunkte zu jedem Rückspiegel
- unterstützende Materialien für die Aufgabenbearbeitung
- Förderlinks: Material zum Üben auf elementarstem Niveau, falls Schwierigkeiten bei den „Alles klar?"-Aufgaben bestehen

Geben Sie den im Inhaltsverzeichnis abgebildeten Code unter schueler.klett.de in das Suchfenster ein.

Differenzierung im Schulbuch

Grundlage der Differenzierung sind die Kennzeichnung der Aufgaben nach Schwierigkeitsgrad sowie die zwei geführten Lernwege.

Den Schwierigkeitsgrad erkennen Sie am Symbol an der Aufgabe:
- ○ einfache Aufgabe
- ◐ mittlere Aufgabe
- ● schwierige Aufgabe

In jeder Lerneinheit befinden sich zudem zwei geführte Lernwege: Links der einfachere Lernweg, rechts der schwierigere Lernweg.

Wie entscheiden Sie oder Ihre Lernenden, welcher Lernweg der richtige ist?
Mit den „Alles klar?"-Aufgaben haben Sie und Ihre Lernenden ein einfaches Diagnosewerkzeug zur Einschätzung:
- Wenn die Lernenden die „Alles klar?"-Aufgaben problemlos lösen können, dann ist der rechte Lernweg der richtige.
- Wenn die Lernenden die „Alles klar?"-Aufgaben nur mit Mühe lösen können, dann ist der linke Lernweg der richtige.

Aber auch später ist noch ein Übergang möglich: Sollten Sie oder Ihre Lernenden feststellen, dass die Aufgaben zu leicht oder zu schwer sind, können Sie die Spalte auch später noch wechseln.

Mit den beiden Lernwegen können Sie zudem die Abschlussfähigkeit Ihrer Lernenden gewährleisten:
- Mit dem linken Lernweg erwerben Ihre Lernenden die Fähigkeiten für einen soliden mittleren Abschluss.
- Mit dem rechten Lernweg versetzen Sie Ihre Lernenden in die Lage, einen guten mittleren Abschluss zu erwerben und später sogar auf ein Gymnasium wechseln zu können.

Was passiert, wenn die Lernenden die „Alles klar?"-Aufgaben gar nicht lösen können?
Dann können Sie mit den Förderlinks oder dem Förderheft weitere Unterstützung bieten. Nach Bearbeitung der entsprechenden Inhalte können die Lernenden mit den einfachen Aufgaben der linken Spalte fortfahren.

Sprachbildung und Medienkompetenz im Schulbuch

Sprache ist das wesentliche Medium des Bildungsprozesses und ein wichtiges Instrument im Umgang mit Wissen, beim Erarbeiten neuer Zusammenhänge und beim Darstellen von Ergebnissen. Grundlegende Kompetenzen in der deutschen Bildungssprache und in der mathematischen Fachsprache sind unabdingbar für den schulischen Erfolg der Lernenden. Daher sind im Schulbuch alle Inhalte und Aufgaben, die den Erwerb und den bewussten Aufbau dieser sprachlichen Kompetenzen fördern, mit SP gekennzeichnet. Es werden beispielsweise Formulierungshilfen in Form von Wortkarten oder Beispielsätzen vorgegeben, die die sprachliche Darstellung von Lösungswegen und Ergebnissen erleichtern sollen und so zum Erwerb der Bildungssprache und der Fachsprache beitragen.

Das Fach Mathematik soll zum Erwerb der im Medienkompetenzrahmen aufgeführten Kompetenzbereiche einen Beitrag insbesondere innerhalb der prozessbezogenen Kompetenzen leisten. Um diese Kompetenzen systematisch aufzubauen und den Umgang mit Medien zu fördern, sind im Schulbuch spezielle Aufgaben und themenspezifische **Medien-Seiten** eingebunden und durch das Symbol MK gekennzeichnet.

Aufbau der Handreichungen für den Unterricht

Die Handreichungen sind ein Fundus an passgenauen differenzierenden Materialien und Ideen für Ihren Unterricht.

Gerade die zahlreichen spielerisch-differenzierenden Kopiervorlagen bieten einen altersgerechten Umgang mit der Leistungsheterogenität.

Im ersten Abschnitt der Handreichungen finden Sie **Kommentare** und **Lösungen**: Differenzierungstabellen zu jeder Lerneinheit mit Verweisen auf den passgenauen Einsatz des Begleitmaterials, unterrichtspraktische Hinweise, Vorschläge zur Stundenverteilung und alle Lösungen zu den Aufgaben des Schulbuchs. Die Lösungen in den Handreichungen sind identisch mit den Inhalten des Lösungshefts.

Der zweite Abschnitt der Handreichungen bietet **Übungsmaterial zur Inklusion** auf elementarem Niveau. Im Fokus stehen Lernende mit dem Förderbedarf Lernen, da sie unter unter den Lernenden im Inklusionsbereich prozentual am stärksten vertreten sind. Die Kopiervorlagen zur Inklusion bearbeiten dieselbe Thematik wie das Schulbuch, sind aber auf einem elementaren Niveau angesiedelt und greifen

Inhalte auf, die für die Lernenden mit Förderbedarf von besonderer Bedeutung sind. Somit können Lernende mit Förderbedarf am gleichen Thema wie der Klassenverband arbeiten, jedoch auf einem passgenauen Niveau.

Im dritten Abschnitt finden Sie **Übungsmaterial für Lernende mit fachsprachlichen Schwächen oder Deutsch als Zweitsprache**. Die Kopiervorlagen führen mit vielfältigen sprachlichen Übungen an die Fachsprache der Mathematik heran und fördern so den sprachsensiblen Mathematikunterricht. Mit diesen Kopiervorlagen werden Sie den individuellen Lernanforderungen Ihrer Lernenden auf einfache Weise gerecht.

Der vierte Abschnitt beinhaltet **161 Kopiervorlagen mit Lösungen**, die im Unterricht an die Lernenden verteilt werden können. In den Kopiervorlagen finden Sie eine Vielzahl zusätzlicher Übungen und Spiele. Eine Übersicht häufig vorkommender Kopiervorlagen-Typen finden Sie auf Seite 4, die Übersicht zu allen Kopiervorlagen auf den Seiten 7–11.

Am Ende der Abschnitte finden Sie die Lösungen der Kopiervorlagen.

Differenzierung mit den Handreichungen für den Unterricht

Die vorliegenden Handreichungen unterstützen die Differenzierung in Ihrem Mathematikunterricht auf zwei Arten: mit den Differenzierungstabellen und den Kopiervorlagen.
In den Differenzierungstabellen sind unter Beachtung des Schwierigkeitsgrads für alle Aufgaben des Schulbuchs Kompetenzen aufgeführt.
Zusätzlich sind alle Begleitmaterialien mit einer Einschätzung des Schwierigkeitsgrads für den passenden Unterrichtseinsatz aufgeführt. So haben Sie einen schnellen Überblick, wann Sie welche Materialien passend zum Leistungsstand Ihrer Lernenden einsetzen können.
Die Inhalte der Differenzierungstabellen sind identisch mit den Lernplänen (s.u.) für die Lernenden.

Die Kopiervorlagen bieten eine Vielfalt unterschiedlicher Aufgabentypen und Spiele passend zu den Kapitelinhalten des Schulbuchs. Der Wettbewerbscharakter vieler Spiele erhöht die Motivation der Lernenden.

In vielen Kopiervorlagen finden Sie auch einen spielerischen und kindgerechten Zugang zur Leistungsheterogenität in Ihrer Klasse: Die Differenzierung findet häufig über Bild-Symbole aus dem Alltag statt, insbesondere in den Kopiervorlagen-Typen Fitnesstest, Speisekarte, Mathedinner, Affenfelsen und Bergsteigen.

Gerade durch die große Auswahl an Kopiervorlagen im vorliegenden Band können Sie das für Ihre Lerngruppe am besten passende Material einsetzen.

Mithilfe der Inklusionskopiervorlagen haben Sie sogar für Lernenden mit Förderbedarf passendes Material zur Verfügung.

Auch durch die Kopiervorlagen der Sprachförderung können Sie Lernende im Erwerb der mathematischen Fachsprache unterstützen.

Lernpläne und Kompetenzraster

Die Kinder sollen das selbstständige Arbeiten erlernen. Um diese selbstständige Arbeit zu organisieren, haben wir für Sie passend zum Schulbuch das Kompetenzraster vollständig aufbereitet und hier in den Handreichungen für den Unterricht auf den Seiten 16–17 abgedruckt.
Lernpläne zu jeder im Buch enthaltenen Lerneinheit finden Sie, auch in editierbarer Form und punktgenau verortet, auf dem Digitalen Unterrichtsassistenten.

Zu den Begriffen Kompetenzraster → Lernpläne → Lernmaterialien:
Der Ausgangspunkt für die Arbeitsorganisation ist das Kompetenzraster. Im Kompetenzraster finden Sie nach Kapiteln und Lernfortschrittsstufen (LFS) geordnete übergreifende Kompetenzen. Jede Lerneinheit wird hierin als Lernfortschrittsstufe dargestellt. Zu jeder Lernfortschrittsstufe und damit auch zu jeder Lerneinheit gibt es einen passenden Lernplan.

Der Lernplan (die Lernwegeliste) enthält differenzierte Arbeitsaufträge für alle Lernenden, um das angegebene Kompetenzziel zu erreichen. Diese Arbeitsaufträge können die Lernenden durch die Bearbeitung von Lernmaterialien erfüllen.

Die passgenauen Lernmaterialien sind bereits vollständig für Sie vorbereitet – mit dem Schnittpunkt-Schulbuch und seinen Begleitmaterialien.

Das Kompetenzraster und die Lernpläne passen genau zur Kapitelstruktur des Schulbuchs. Sie können somit auch auswählen, in welchen Kapiteln oder Lerneinheiten Sie Ihre Lernenden mit Lernplänen arbeiten lassen möchten.

Arbeitsheft mit Lösungsheft
Das Arbeitsheft bietet abwechslungsreiche, motivierende Übungen auf jedem Leistungsniveau. Jede Seite beginnt mit einem einfachen Einstieg. Nach den Basisaufgaben stehen zwei Lernwege zur Auswahl: links der leichtere Lernweg, rechts der schwierigere Lernweg. Die Trainingsseiten zu jedem Kapitel bereiten gezielt auf Klassenarbeiten vor. Die grundlegenden Arbeitsschritte der Lerneinheit im Schulbuch werden wiederholt und gefestigt. Eingedruckte Lösungen im Lösungsheft unterstützen das selbstständige Lernen.

eBook
Das Schulbuch gibt es auch in digitaler Form als eBook. Darin sind Seitenverweise und Lösungen mit nur einem Klick erreichbar. Mithilfe der Suchfunktion kann man Inhalte schnell wiederfinden. Darüber hinaus finden sich interaktive Übungsmaterialien und passende Erklärfilme zu verschiedenen Merke-Kästen. Aufgabengeneratoren an einigen Aufgaben bieten die Möglichkeit für endloses Weiterüben.

Förderheft mit Lösungsheft
Das Förderheft bietet viele interessante und abwechslungsreiche Übungen auf einfachem Niveau, um speziell schwächere Lernende zu fördern. Alle Kapitel des Schulbuchs werden darin behandelt. Mit den beiliegenden Lösungen können Lernende ihre Fehler leicht erkennen und korrigieren. So wird das eigenverantwortliche Lernen gestärkt. Das Lösungsheft kann leicht aus der Heftmitte herausgetrennt werden.

Mein Schnittpunkt-Kompetenzraster: Klasse 5

Kapitel 1 Ich kann mit Daten und Diagrammen umgehen. (9–17 Std.)	LFS/LE 1: Ich kann Daten in Strichlisten und Häufigkeitstabellen darstellen. (1 Std.)	LFS/LE 2: Ich kann Informationen aus Diagrammen lesen und interpretieren. (1 Std.)	LFS/LE 3: Ich kann Daten in Diagrammen darstellen. (2–3 Std.)	LFS EXTRA: Ich kann Daten mithilfe von Kenngrößen miteinander vergleichen. (0–3 Std.)	LFS/LE 4: Ich kann eine Datenerhebung durchführen. (2–3 Std.)
Kapitel 2 Ich kann mit Zahlen sicher umgehen. (10–16 Std.)	LFS/LE 1: Ich kann mit natürlichen Zahlen umgehen. (2 Std.)	LFS/LE 2: Ich kann mit großen Zahlen umgehen. (2–3 Std.)	LFS/LE 3: Ich kann Zahlen runden. (2 Std.)	LFS/LE 4: Ich kann eine Anzahl mit Rastern schätzen. (1 Std.)	LFS MEDIEN: Ich kann Zahlen im Zweiersystem verwenden. (1–2 Std.)
Kapitel 3 Ich kann Zahlen addieren und subtrahieren. (9–18 Std.)	LFS/LE 1: Ich kann im Kopf addieren und subtrahieren und dabei geschickt vorgehen. (1–2 Std.)	LFS/LE 2: Ich kann Zahlen addieren. (1–2 Std.)	LFS/LE 3: Ich kann Zahlen subtrahieren. (1–2 Std.)	LFS/LE 4: Ich kann Vorrang- und Klammerregeln anwenden. (1–2 Std.)	LFS/LE 5: Ich kann Terme berechnen und mit Variablen aufstellen. (2–3 Std.)
Kapitel 4 Ich kann multiplizieren und dividieren sowie Rechenregeln anwenden. (15–26 Std.)	LFS/LE 1: Ich kann im Kopf multiplizieren und dividieren und dabei geschickt vorgehen. (1–2 Std.)	LFS/LE 2: Ich kann Multiplikationsaufgaben lösen. (1–2 Std.)	LFS/LE 3: Ich kann Rechengesetze anwenden und somit Rechenvorteile nutzen. (2–3 Std.)	LFS/LE 4: Ich kann Potenzen berechnen. (1 Std.)	LFS/LE 5: Ich kann Divisionsaufgaben berechnen. (2–3 Std.)
Kapitel 5 Ich kann mit geometrischen Grundbegriffen, dem Koordinatensystem und ebenen Figuren umgehen. (23–28 Std.)	LFS/LE 1: Ich kann Strecken, Geraden und Halbgeraden erkennen und zeichnen. (2 Std.)	LFS/LE 2: Ich kann Senkrechten erkennen und zeichnen. (2 Std.)	LFS/LE 3: Ich kann Parallelen erkennen und zeichnen. (2 Std.)	LFS/LE 4: Ich kann Punkte im Koordinatensystem ablesen und eintragen. (2–3 Std.)	LFS/LE 5: Ich kann Entfernungen und Abstände zeichnen und messen. (2–3 Std.)
Kapitel 6 Ich kann mit Größen sicher umgehen und Sachaufgaben dazu lösen (16–34 Std.).	LFS/LE 1: Ich kann Größen schätzen. (1–2 Std.)	LFS/LE 2: Ich kann mit Geldbeträgen und Geldeinheiten rechnen. (1–3 Std.)	LFS/LE 3: Ich kann mit Zeitpunkten, Zeitspannen und Zeiteinheiten umgehen. (2–4 Std.)	LFS/LE 4: Ich kann mit Massen und Masseneinheiten umgehen. (2–4 Std.)	LFS/LE 5: Ich kann mit Längen und Längeneinheiten umgehen. (2–4 Std.)
Kapitel 7 Ich kann den Umfang von Vielecken und Flächeninhalte einfacher Figuren berechnen und mit Flächenmaßen umgehen. (15–23 Std.)	LFS/LE 1: Ich kann Flächeninhalte durch Abzählen von Kästchen angeben und vergleichen. (2 Std.)	LFS/LE 2: Ich kann sicher mit Flächenmaßen umgehen. (3–5 Std.)	LFS/LE 3: Ich kann die Berechnung von Flächeninhalt und Umfang bei Rechtecken sicher durchführen und anwenden. (3–4 Std.)	LFS EXTRA: Ich kann Flächeninhalte schätzen. (0–1 Std.)	LFS/LE 4: Ich kann die Berechnung von Flächeninhalt und Umfang bei rechtwinkligen Dreiecken durchführen und anwenden. (2 Std.)
Kapitel 8 Ich kann mit der Bruch- und der Dezimalschreibweise umgehen. (9–18 Std.)	LFS/LE 1: Ich kann die Bruchschreibweise verwenden. (3–5 Std.)	LFS/LE 2: Ich kann mit Bruchteilen von Größen umgehen. (2–4 Std.)	LFS/LE 3: Ich kann die Dezimalschreibweise verwenden. (2–4 Std.)	LFS Abschluss: Ich kann mit der Bruch- und der Dezimalschreibweise umgehen. (2–4 Std.)	

LFS/LE: Lernfortschrittstufe/Lerneinheit
Zu jeder Lernfortschrittstufe/Lerneinheit gibt es einen Lernplan, erhältlich auf dem Digitalen Unterrichtsassistenten.
Passend zum Schulbuch Schnittpunkt 5 Nordrhein-Westfalen (978-3-12-744751-4) und den zugehörigen Begleitmaterialien.
Die Stundenverteilung ist eine Empfehlung der Autoren.

LFS MEDIEN: Ich kann Diagramme mit einem Tabellenkalkulationsprogramm erstellen. (1–2 Std.)	**LFS Abschluss:** Ich kann mit Daten und Diagrammen umgehen. (2–3 Std.)				
LFS EXTRA: Ich kann römische Zahlzeichen verwenden. (0–1 Std.)	**LFS Abschluss:** Ich kann mit Zahlen sicher umgehen. (2–4 Std.)				
LFS/LE 6: Ich kann Rechengesetze anwenden. (1–2 Std.)	**LFS Abschluss:** Ich kann Zahlen addieren und subtrahieren. (2–4 Std.)				
LFS/LE 6: Ich kann „Klammern zuerst" und „Punkt vor Strich" anwenden. (3–5 Std.)	**LFS/LE 7:** Ich kann das Verteilungsgesetz anwenden, indem ich ausklammere und ausmultipliziere. (2–3 Std.)	**LFS MEDIEN:** Ich kann mit einem Tabellenkalkulationsprogramm umgehen. (1 Std.)	**LFS Abschluss:** Ich kann multiplizieren und dividieren sowie Rechenregeln anwenden. (2–5 Std.)		
LFS/LE 6: Ich kann symmetrische Figuren erkennen und zeichnen. (2–3 Std.)	**LFS/LE 7:** Ich kann Rechteck und Quadrat erkennen, unterscheiden und zeichnen. (2 Std.)	**LFS/LE 8:** Ich kann Parallelogramm und Raute erkennen, unterscheiden und zeichnen. (3 Std.)	**LFS MEDIEN:** Ich kann geometrische Elemente mit einer DGS in einem Koordinatensystem erstellen. (1 Std.)	**LFS MEDIEN:** Ich kann mit einer DGS ebene symmetrische Figuren erzeugen. (1 Std.)	**LFS Abschluss:** Ich kann mit geometrischen Grundbegriffen, dem Koordinatensystem und ebenen Figuren umgehen. (4–5 Std.)
LFS/LE 6: Ich kann mit Maßstäben umgehen. (3–4 Std.)	**LFS/LE 7:** Ich kann Sachaufgaben sicher lösen. (3–5 Std.)	**LFS EXTRA:** Ich kann Sachaufgaben zu Beruf und Alltag lösen. (0–2 Std.)	**LFS Abschluss:** Ich kann mit Größen sicher umgehen und Sachaufgaben dazu lösen. (2–5 Std.)		
LFS/LE 5: Ich kann die Berechnung von Flächeninhalt und Umfang bei zusammengesetzten Figuren durchführen und anwenden. (2–3 Std.)	**LFS Abschluss:** Ich kann den Umfang von Vielecken und Flächeninhalte einfacher Figuren berechnen und mit Flächenmaßen umgehen. (3–4 Std.)				

1 Daten

Kommentare zum Kapitel

Intention des Kapitels

Zu Beginn des fünften Schuljahrs werden die Lernenden mit vielen verschiedenen Daten konfrontiert: z.B. mit der Herkunft ihrer Mitlernenden, den verschiedenen Schulwegen und der Wahl der Klassenvertretung.
Auch im Alltag spielen die Erhebung, die Auswertung und die Interpretation von Daten eine wichtige Rolle. Daher erlernen die Kinder hier in einem ersten Zugang Kompetenzen wie das Erheben und Darstellen von statistischen Daten in Diagrammen und Tabellen, auch unter Verwendung digitaler Mathematikwerkzeuge, sowie das Lesen und Interpretieren grafischer Darstellungen statistischer Erhebungen.

Stundenverteilung

Stundenumfang gesamt: 9–17

Lerneinheit	Stunden
Standpunkt und Auftakt	0–1
1 Daten in Listen erfassen	1
2 Diagramme lesen	1
3 Daten in Diagrammen darstellen	2–3
EXTRA: Daten vergleichen	0–3
4 Eine Datenerhebung durchführen	2–3
MEDIEN: Tabellenkalkulation. Diagramme	1–2
Basistraining, Anwenden. Nachdenken und Rückspiegel	2–3

Benötigtes Material
- mehrere Würfel
- Schere
- Klebstoff
- Tonpapier
- quadratische Kärtchen
- Münzen
- A3-Papier für Plakate

Kommentare Seite 8–9

Die Auftakt-Seiten holen die neuen Kinder der fünften Klassen in ihrer aktuellen emotionalen Situation ab. Die Impulsfragen sollen zur Kommunikation über den Start an der neuen Schule anregen. Dabei wird bereits informatives Zahlenmaterial im Kontext der Einschulung bereitgestellt. Die hier gesammelten Informationen werden in den folgenden Lerneinheiten immer wieder aufgegriffen und vertieft.

Lösungen Seite 8–9

Seite 8

1 Mögliche Lösung:
- Wer kommt noch in meine Klasse?
- Wer ist meine Klassenlehrerin/mein Klassenlehrer?
- Wie viele sind wir in der Klasse?
- Aus welchen Orten kommen meine Mitschülerinnen/meine Mitschüler?

2 Individuelle Lösungen

Seite 9

3 Mögliche Lösung:
Mein Name: Peter Nuss
Meine Adresse: Bergstr. 13 in 12345 Wolfhausen
Meine Telefonnummer: 03452/12345
Meine Größe: 1,45 m
Meine Schuhgröße: 35
Meine Haarfarbe: blond
Meine Augenfarbe: blau
Meine Lieblingsfarbe: blau
Mein Lieblingsverein: VfB
Meine Hobbys: Gitarre spielen, lesen
Was ich einmal werden möchte: Sportler

1 Daten

LE 1 Daten in Listen erfassen

Differenzierung in LE 1

Differenzierungstabelle

LE 1 Daten in Listen erfassen	○	◐	●
Daten in Strichlisten und Häufigkeitstabellen darstellen,	1, 2, 3, 4 li, 5 li	6 li, 7 li, 4 re, 5 re, 6 re	
	KV 1	KV 1	KV 1
Gelerntes üben und festigen.		AH S.3	

Kopiervorlagen
KV 1 Unsere Klasse: Einfache Strichlisten
Diese KV kann als Material für einen alternativen Einstieg verwendet werden.

Arbeitsheft
AH S.3 Daten in Listen erfassen

Kommentare   Seite 10–11

Zum Einstieg
Die abgebildete Aufgabe führt kleinschrittig von der individuellen Interessenlage zu einem Fragebogen. Nach der Vorstellung der einzelnen Fragen in der Klasse kann diskutiert werden, welche für eine Umfrage interessant sind. Dabei sollte besprochen werden, welche Fragen sich überhaupt für eine Umfrage eignen.

Alternativer Einstieg
Eine wichtige Intention neben der Vermittlung fachlicher Inhalte ist das gegenseitige Kennenlernen. Um nach einem Klassengespräch gelenkter und schneller zum Kerninhalt „Strichliste und Häufigkeitstabelle" zu kommen, eignet sich die KV 1: Sie gibt einen Fragebogen vor, der dann auch in der dritten Lerneinheit als Grundlage zum Zeichnen von Diagrammen dienen kann.

Zu Seite 11, Aufgabe 6, links
Bei dieser Aufgabe wird die heuristische Strategie des Rückwärtsarbeitens gefördert.

Zu Seite 11, Aufgabe 6, rechts
Operatoren signalisieren, welche Tätigkeiten beim Bearbeiten von Aufgaben erwartet werden. In Aufgabe 6 rechts wird das Beschreiben gefördert und somit die Fähigkeit, Gedanken und Erkenntnisse in eigenen Worten schlüssig wiederzugeben.

Lösungen   Seite 10–11

Seite 10

Einstieg

→ Mögliche Fragen:
  • Wie alt bist du?
  • In welcher Ortschaft/welchem Ortsteil wohnst du?
  • Wie kommst du in die Schule (Bus, Fahrrad, zu Fuß)?
→ Individuelle Lösungen
→ Individuelle Lösungen

1

Lieblings-essen	Pizza	Döner	Pommes	Wrap
Strichliste	ЖЖ II	ЖЖ III	ЖЖ	IIII
Häufigkeits-tabelle	7	8	5	4

2

Name	Anzahl Stimmen
Kevin	II
Sabrina	ЖЖ I
Marc	ЖЖ
Antonia	III
Laura	II

Die meisten Stimmen hat Sabrina erhalten. Sabrina wird Klassenvertreterin.

3

Anzahl Cousins und Cousinen	0	1	2	3	4	5	6	7
Strichliste	II	II	II	ЖЖ	ЖЖ	II	II	I
Häufigkeits-tabelle	2	2	2	5	5	2	2	1

Seite 11

A a)

Taschengeld	12 €	14 €	16 €	20 €
Anzahl der Kinder	ЖЖ I	I	ЖЖ	I

b)

Taschengeld	12 €	14 €	16 €	20 €
Anzahl der Kinder	6	1	5	1

1 Daten

Seite 11, links

4 a) Trommeln: 10; Musical: 26; Theater: 8; Chor: 18
   b) 62 Schülerinnen und Schüler

5 Mögliches Ergebnis:

⚀	⚁	⚂	⚃	⚄	⚅
⊪III	⊪ ⊪ II	⊪ ⊪ I	⊪ II	⊪ IIII	⊪ ⊪ III

Jede Augenzahl sollte ungefähr gleich häufig vorkommen.

6
Essen	Di	Mi	Do
Fleisch	8	11	**12**
Pasta	**13**	10	10
Baguette	3	**3**	2

7 a)

Lieblings-Fußballverein	Anzahl Antworten
Bayern	15
BVB	20
Liverpool	2
Leverkusen	3
Real	1
HSV	1
Besiktas	2
Galatasaray	2

b) Individuelle Lösungen

Seite 11, rechts

4 a) 8 Kinder
   b) Klasse 5a: 24 Schüler und Schülerinnen
   Klasse 5b: 18 Schüler und Schülerinnen
   Klasse 5c: 20 Schüler und Schülerinnen

5 a)

Lieblings-Urlaubsland	Anzahl Antworten
Italien	18
Spanien	34
USA	8
Frankreich	5
Türkei	25
Österreich	2
Deutschland	3

b) Sie haben insgesamt 95 Schülerinnen und Schüler befragt.
c) Spanien, Türkei, Italien, USA, Frankreich, Deutschland, Österreich

6 a) und b)

	Fußball	Skifahren	Basketball	Skateboard	Schwimmen
	⊪ ⊪ ⊪	IIII	⊪ III	⊪ II	⊪ IIII
	~~16~~ 15	4	8	~~8~~ 7	4
	falsch zusammengezählt	✓	✓	falsch zusammengezählt	falsch gebündelt

LE 2 Diagramme lesen

Differenzierung in LE 2

Differenzierungstabelle

LE 2 Diagramme lesen			
Die Lernenden können …	○	◐	●
verschiedene Diagrammtypen lesen,		SP 1, SP 2	
Daten und Aussagen aus Diagrammen entnehmen,	1, 2, 3 li F 1	4 li, 3 re	
mit einem Kreisdiagramm umgehen,			4 re
Gelerntes üben und festigen.			AH S. 4

Inklusion
F 1 Strichlisten und Diagramme

Sprachförderung
SP 1 Domino: Diagramme (Teil 1)
SP 2 Domino: Diagramme (Teil 2)

Arbeitsheft
AH S. 4 Diagramme lesen

Kommentare Seite 12–13

Zum Einstieg
Das Erarbeiten von Klassenregeln ist ein zentraler Bestandteil am Anfang des Schuljahrs. Dieser wird hier zum Anlass genommen, um das Ergebnis in einem Diagramm grafisch darzustellen. Je nach verfügbarer Zeit kann die Abbildung lediglich besprochen oder das skizzierte Vorgehen selbst durchgeführt werden.

1 Daten

Der Schwerpunkt liegt dann auf dem Lesen und Interpretieren des entstandenen Diagramms. Das Ergebnis kann der Klasse in unterschiedlichen Diagrammtypen präsentiert werden. Dieser Einstieg kann mit der Lerneinheit 3 kombiniert werden (siehe Alternativer Einstieg).
Sollten Sie keine Klassenlehrerin oder kein Klassenlehrer sein, so eignet sich beispielsweise eine Umfrage zu den verschiedenen Grundschulen.

Alternativer Einstieg
Denkbar ist auch ein handlungsorientierter Zugang zur Thematik. Hierfür schreiben die Lernenden ihre Wunsch-Klassenregeln auf vorbereitete gleich große quadratische Kärtchen. Diese werden durcheinander an der Tafel gesammelt und dann gemeinsam in einem Diagramm sortiert (Säulen- oder Balkendiagramm bieten sich an). Dieses handlungsorientierte Vorgehen entspricht dem E-I-S-Prinzip nach J. Bruner.

Zu Seite 13, Aufgabe 2
In Aufgabe 2 werden mit dem Operator Beschreiben die Kompetenzen des Argumentierens und Kommunizierens gefördert, indem Informationen aus dem Diagramm entnommen und versprachlicht werden.

Lösungen Seite 12–13

Seite 12

Einstieg

→ Am häufigsten wurden genannt: „still sein", „ausreden lassen" und „keine Ausdrücke".
→ Individuelle Lösungen
→ Individuelle Lösungen

Seite 13

1 a) Fahrrad: 6-mal; zu Fuß: 7-mal; Bus: 11-mal; Auto: 4-mal
b) 28 Kinder

2 In dem Säulendiagramm wird die Anzahl der Ferientage in einigen Ländern dargestellt.
Häufigkeitstabelle:

Land	Anzahl der Ferientage
Deutschland	62
Frankreich	85
Italien	80
Türkei	109
Spanien	65
England	70

A

Augenzahl	1	2	3	4	5	6
Anzahl der Würfe	7	11	10	13	10	9

Die Zahl 4 wurde am häufigsten gewürfelt.

Seite 13, links

3 a) Lesen: 7-mal; Musikhören: 22-mal; Sport: 29-mal; Haustiere: 19-mal
b) Es wurden 77 Kinder befragt.

4 a) Tina hat 100 Autos, 10 Busse, 20 Fahrräder, 10 Motorräder und 20 Lkws gezählt. Insgesamt hat sie 160 Fahrzeuge gezählt.
b) Da erst ab einer vollen Zahl von 10 Fahrzeugen ein Symbol verwendet wird, konnte Tina die Differenz von 3 Fahrzeugen nicht darstellen.

Seite 13, rechts

3 a) Blau, Rot, Schwarz, Gelb, Grün, Lila
b) Das Streifendiagramm hat eine Länge von 6 cm. 1 cm entspricht also 4 Kindern. Damit kann man die Häufigkeitstabelle erstellen:

Lieblingsfarbe	Anzahl
Blau	8
Lila	1
Gelb	3
Grün	2
Schwarz	4
Rot	6

4 a) Blau, Sonstige, Rot/Schwarz
b)

Lieblingsfarbe	Anzahl
Blau	12
Sonstige	6
Schwarz	3
Rot	3

1 Daten

LE 3 Daten in Diagrammen darstellen

Differenzierung in LE 3

Differenzierungstabelle

LE 3 Daten in Diagrammen darstellen			
Die Lernenden können …	○	◐	●
Häufigkeiten in Diagrammen darstellen,	1, 2, 3 li, 4 li, 5 li F 2 KV 2, KV 3	6 li b), 7 li, 8 li, 9 li, 3 re, 4 re, 6 re KV 2, KV 3	7 re
Diagramme analysieren und reflektieren,		6 li a), 4 re, 5 re, 6 re	8 re
Gelerntes üben und festigen.		AH S. 5	

Kopiervorlagen

KV 2 Der Fehlerfinder – Aufgaben: Säulendiagramme zeichnen
KV 3 Der Fehlerfinder – Lösungen: Säulendiagramme zeichnen
Besondere Schwierigkeiten haben Lernende bei der sauberen Zeichnung von Diagrammen und der damit verbundenen Achseneinteilung. Die KVs 2 und 3 unterstützen den Unterrichtenden durch individuelle Rückmeldung an die Lernenden.

Inklusion

F 2 Säulendiagramme
Hier steht die Achseneinteilung im Vordergrund.

Arbeitsheft

AH S. 5 Daten in Diagrammen darstellen

Kommentare Seite 14 – 16

Zum Einstieg
Durch die vorgestellte Vorgehensweise werden die Lernenden an die Erstellung eines Diagramms herangeführt. Es wird besonders übersichtlich verdeutlicht, dass jedes Kind unabhängig von der Länge des Namens gleich viel Platz im Diagramm einnimmt. Durch die Papierkarten entsteht enaktiv ein Balkendiagramm. Im zweiten Schritt wird dies in die ikonische Ebene übertragen.

Typische Schwierigkeiten
Häufig haben Lernende Schwierigkeiten, die gleichmäßige Einteilung der Achsen vorzunehmen und durchzuhalten. Deshalb sollte die Einteilung der Achsen immer wieder gemeinsam besprochen werden. Hierzu befindet sich auf Seite 16 auch ein Tipp für die Lernenden.

Zu Seite 15, Aufgabe 4, rechts
In Aufgabe 4 wird das Begründen im Kompetenzbereich des Argumentierens geübt: die Fähigkeit, eigene Lösungswege durch sachlogische Argumente zu begründen.

Zu Seite 15, Aufgabe 5, rechts
Bei dieser Aufgabe müssen die Lernenden ihre erlernten Kompetenzen anwenden und eine Entscheidung mit eigenen Worten sachangemessen formulieren.

Zu Seite 16, Aufgabe 7, rechts
Im Aufgabenteil b) werden die Lernenden aufgefordert, ein Diagramm für alle drei Gruppen zu erstellen. Dieser Arbeitsauftrag ist kooperations- und kommunikationsfördernd. Die Lernenden entnehmen Informationen aus dem Text und entscheiden im kommunikativen Austausch über die situationsangemessene Darstellung des Diagramms und führen diese zeichnerisch aus.

Lösungen Seite 14 – 16

Seite 14

Einstieg

→ Das beliebteste Ziel der Klasse 5a ist der Holiday Park.
→ Individuelle Lösungen; ein Säulendiagramm oder ein Balkendiagramm ist dazu geeignet.
→ Mögliche Lösung:
  • Wo soll unser Wandertag hinführen?
  • Wie soll unsere neue Sitzordnung aussehen?

Seite 15

1

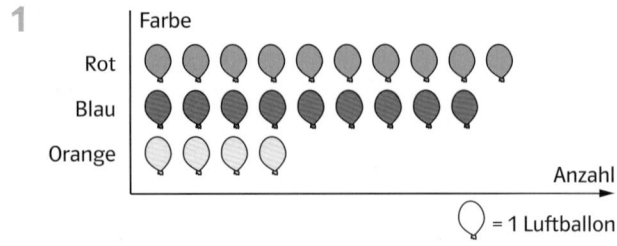

1 Daten

2 Säulendiagramm:

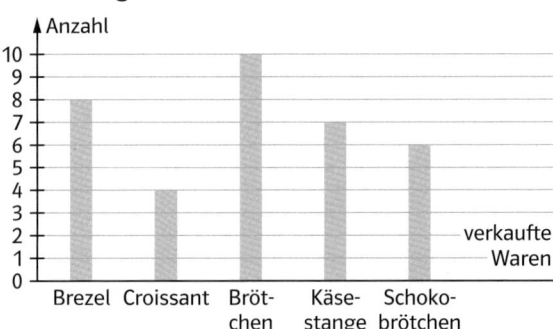

Balkendiagramm:

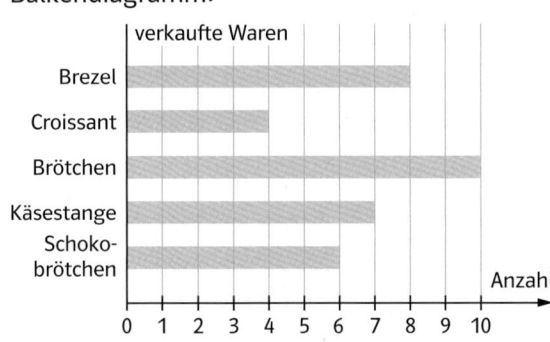

A

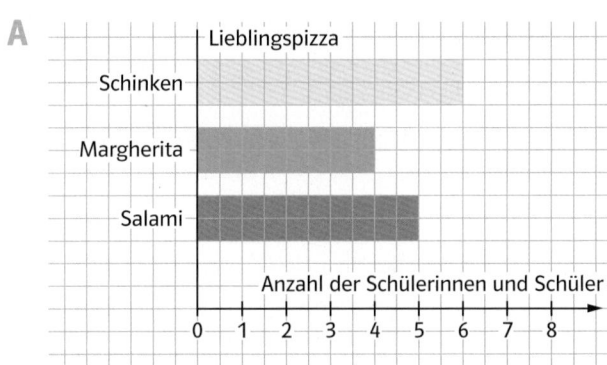

B

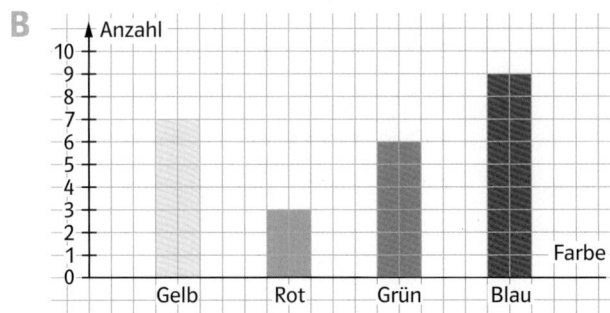

Seite 15, links

3

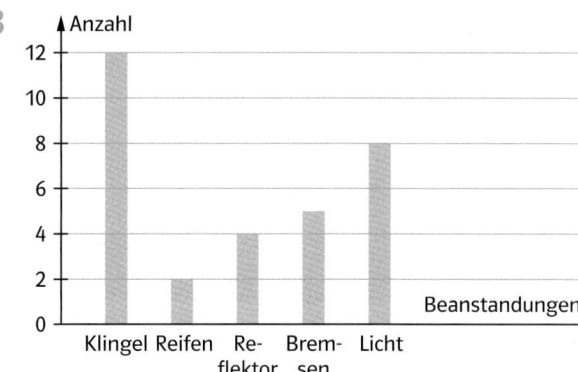

4

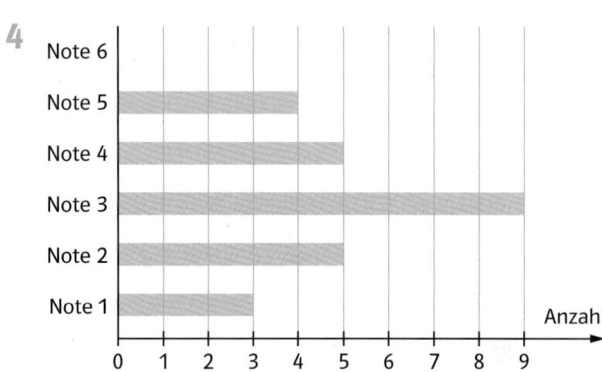

5 a)

Sportart	Strichliste	Anzahl
Fußball	IIII I	6
Basketball	II	2
Tischtennis	III	3
Handball	IIII	4

b)

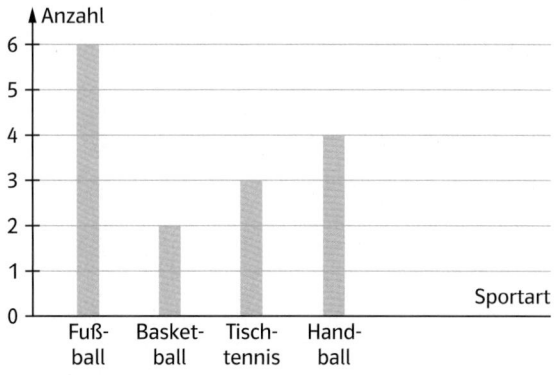

1 Daten

Seite 15, rechts

3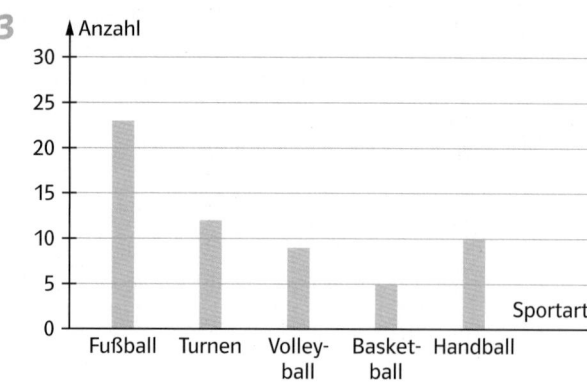

4 a) Es eignet sich ein Säulendiagramm oder ein Balkendiagramm.
Säulendiagramm:

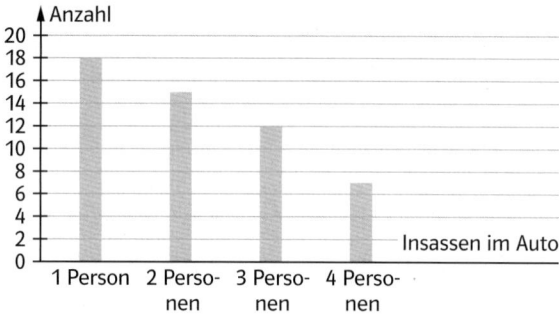

b) Mögliche Begründung: übersichtlichere Form oder bessere Lesbarkeit

5 Timo hat recht: In einem Streifendiagramm kann man die Balken aus einem Balkendiagramm aneinanderreihen. Denn die Längen der einzelnen Streifen im Streifendiagramm haben beim gleichen Maßstab (z. B. 1 Einheit entspricht 0,5 cm) die gleichen Längen wie im dazugehörigen Balkendiagramm.

Seite 16, links

6 a) Fehler:
- Zur Note 3 gehört ein Balken der Länge 8 (statt der Länge 7).
- Zur Note 4 gehört ein Balken der Länge 4 (statt der Länge 3).
- Zur Note 5 gehört ein Balken der Länge 3 (statt der Länge 4).

b) Richtiges Balkendiagramm:

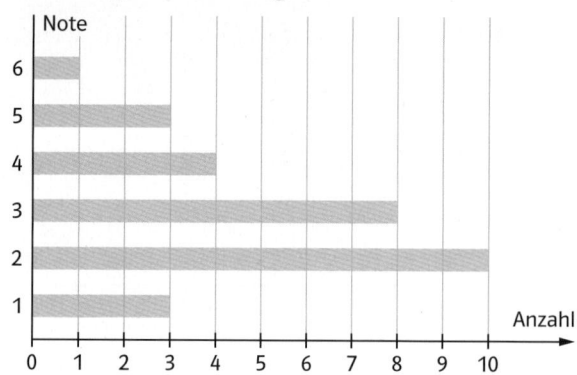

7

8 a) Es wurden insgesamt 227 Jugendliche befragt.
b)

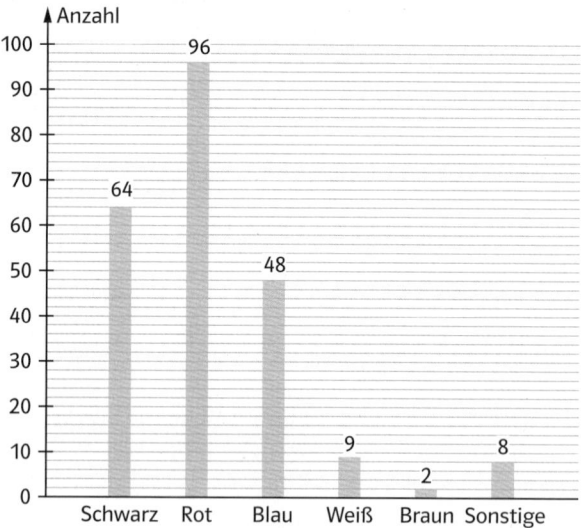

1 Daten

9 Mögliche Lösung:

Augensumme	Strichliste	Häufigkeitstabelle
2	III	3
3	IIII I	6
4	IIII III	8
5	IIII IIII I	11
6	IIII IIII IIII	14
7	IIII IIII IIII II	17
8	IIII IIII IIII	14
9	IIII IIII I	11
10	IIII III	8
11	IIII I	6
12	II	2

a) Mögliche Lösung:

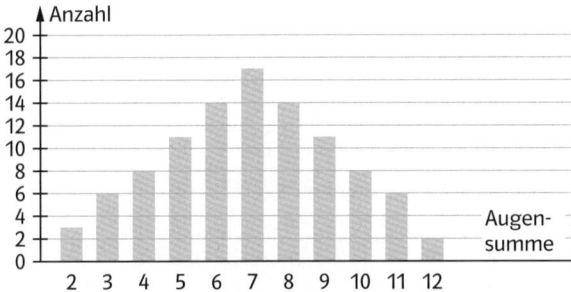

b) Die mittleren Augensummen können mit mehr Würfelkombinationen gewürfelt werden. Die Augensumme 3 erhält man zum Beispiel als Summe 2 + 1 und 1 + 2. Für die Augensummen am Rand (also 2 und 3 sowie 11 und 12) gibt es somit nur eine bis zwei Entstehungsmöglichkeiten, für die Augensummen in der Mitte dagegen bis zu 6 (zum Beispiel für 7: 1 + 6; 2 + 5; 3 + 4; 4 + 3; 5 + 2; 6 + 1).
Da die Säulen im Diagramm die Häufigkeit des Erscheinens einer Augensumme anzeigen, sind sie am Rand kürzer als in der Mitte.

Seite 16, rechts

6 a) Jeder Abwesenheitsgrund einer Schülerin bzw. eines Schülers wurde mit 5 mm im Streifendiagramm gezeichnet.
Dementsprechend entsteht
- für den Grund „Krankheit" ein Streifen von 3,5 cm Länge,
- für „familiäre Gründe" ein Streifen von 1 cm Länge,
- für „Sonstiges" ein Streifen von 5 mm Länge.

b)

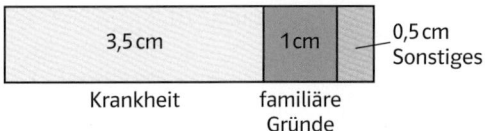

7 a) Männer:

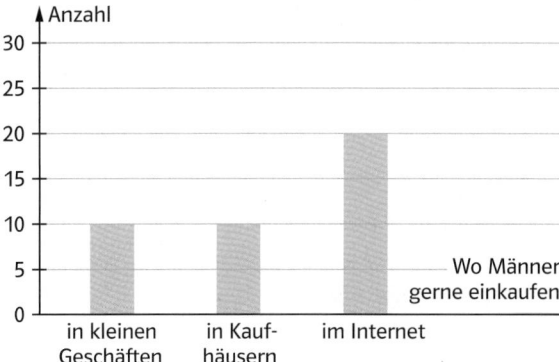

Frauen:

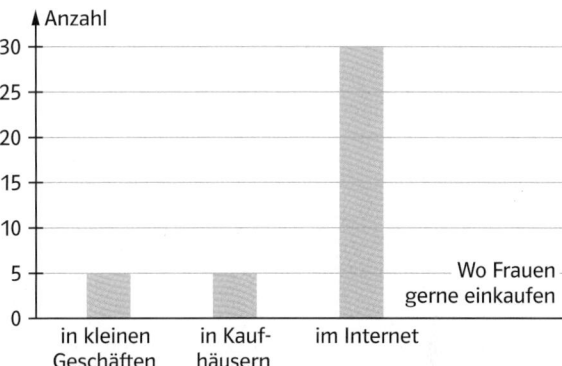

Jugendliche:

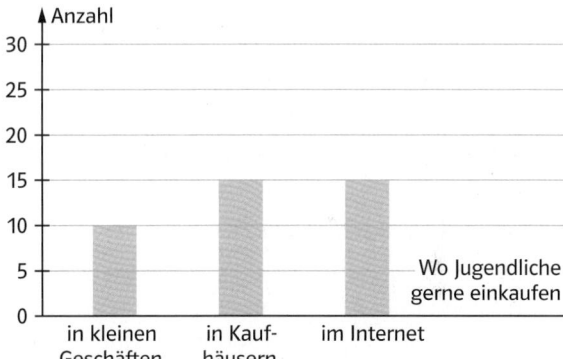

b) Man kann ein Diagramm so zeichnen, dass man für jede Gruppe eine andere Farbe der Säulen wählt. In einer Legende muss man dann die Farben erklären.

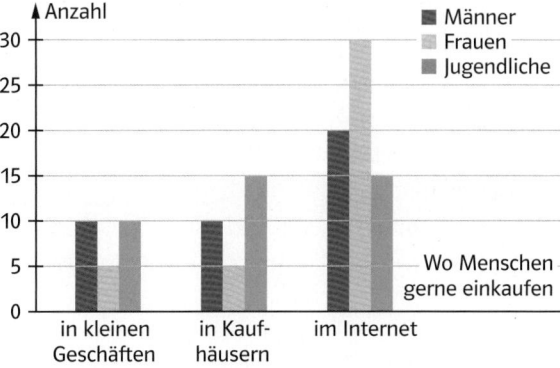

25

1 Daten

8 a) Es wurden insgesamt 2 · 24 = 48 Personen befragt.
b) „Sonstiges" wurde 6-mal gewählt. „Spielwaren" wurde insgesamt 12-mal gewählt.

EXTRA: Daten vergleichen

Differenzierung in EXTRA: Daten vergleichen

Differenzierungstabelle

EXTRA: Daten vergleichen			
Die Lernenden können …	○	◐	●
die Kenngrößen statistischer Daten (Minimum, Maximum, Spannweite), bestimmen,	1, 2, 3 KV 4	4, 5 a), 6, 7 a)–c), 8, 9, 10 a) KV 4	KV 4
die Kenngrößen erklären,		5 b), 7 d)	
Daten mithilfe von Kenngrößen miteinander vergleichen.		10 b) und c)	

Kopiervorlagen
KV 4 Speisekarte: Daten vergleichen
Hier befinden sich Aufgaben auf verschiedenen Schwierigkeitsgraden (s. S. 4).

Kommentare Seite 17–18

Zu Seite 18, Aufgabe 5 und Aufgabe 7
Bei diesen Aufgaben sollen die Lernenden jeweils Begriffsinhalte der genannten Kenngrößen anhand einer Anwendungssituation erklären. Durch das Erklären der definierenden Merkmale der Kenngrößen wird zum einen das Kommunizieren gefördert, zum anderen wird der Bedeutungsgehalt und die Sinnhaftigkeit der Begriffe vertieft.

Lösungen Seite 17–18

Seite 17

1 Rangliste:
1; 3; 5; 6; 6; 10; 11; 12; 14; 17; 19; 20
Maximum: 20; Minimum: 1; Spannweite: 19

2 a) Die meisten Tore hat Tobias geschossen. Die wenigsten Tore hat Mesut geschossen.
b) Die Differenz zwischen den meisten Toren (5 von Tobias) und den wenigsten Toren (2 von Mesut) beträgt 3 Tore.

3

	Minimum	Maximum	Spannweite
a)	1	10	9
b)	11	15	4
c)	40	70	30
d)	1	101 010	101 009
e)	37 m	312 m	275 m
f)	50 cm	503 cm	453 cm
g)	50 min	2 h 15 min	1 h 25 min

4 1. Fehler in der Rangliste: Die Zahlen 3 und 5 müssen zweimal vorkommen.
Richtige Rangliste: 3; 3; 4; 5; 5; 33; 41; 55
2. Fehler: Verwechslung von Minimum und Maximum.
Richtig ist: Minimum: 3; Maximum: 55
3. Fehler in der Berechnung der Spannweite: Es wurde die Summe statt der Differenz von Maximum und Minimum berechnet.
Richtige Spannweite: 52

Seite 18

5 a) Minimum: 120; Maximum: 270;
Spannweite: 150
b) Die niedrigste Anzahl Besucher war 120. Die höchste Anzahl Besucher war 270. Die Differenz zwischen höchster und niedrigster Anzahl betrug 150.

6 Minimum: 100 €
Maximum: 800 €
Spannweite: 700 €

7 a) 07:00 Uhr: 10 °C; 11 °C; 11 °C; 12 °C; 13 °C; 13 °C; 15 °C
14:00 Uhr: 13 °C; 14 °C; 14 °C; 16 °C; 18 °C; 18 °C; 20 °C
20:00 Uhr: 10 °C; 10 °C; 11 °C; 12 °C; 13 °C; 14 °C; 15 °C
b)

Uhrzeit	Minimum	Maximum	Spannweite
07:00 Uhr	10 °C	15 °C	5 °C
14:00 Uhr	13 °C	20 °C	7 °C
20:00 Uhr	10 °C	15 °C	5 °C

c) Rangliste aller Temperaturmessungen:
10 °C; 10 °C; 10 °C; 11 °C; 11 °C; 11 °C; 12 °C; 12 °C; 13 °C; 13 °C; 13 °C; 13 °C; 14 °C; 14 °C; 14 °C; 15 °C; 15 °C; 16 °C; 18 °C; 18 °C; 20 °C
Minimum: 10 °C; Maximum: 20 °C;
Spannweite: 10 °C

1 Daten

d)
- Das Minimum gibt die niedrigste Temperatur an, die während dieser Woche (zu einer der Messzeiten) gemessen wurde.
- Das Maximum gibt die höchste Temperatur an, die während dieser Woche (zu einer der Messzeiten) gemessen wurde.
- Die Spannweite gibt die Differenz zwischen höchster und niedrigster Temperatur an, die während dieser Woche (zu einer der drei Messzeiten) gemessen wurden.

8

	Minimum	Maximum	Spannweite
a)	62	128	**66**
b)	23	**63**	40
c)	**38**	133	95
d)	196	369	**173**
e)	1	**1314**	1313

9 a)

	Musikdaten	Videos	Bilder
Ali	410	50	110
Jochen	600	0	90
Verena	125	10	275
Sabrina	220	0	370
Kevin	710	20	60

b) Bilder:
Maximum: 370; Minimum: 60

10 a) Folgende Daten kann man aus der Tabelle ablesen:
- Spielergebnisse (Resultate)
- Anzahl seiner geschossenen Tore
- Anzahl seiner Vorlagen
- von ihm gespielte Minuten

b) Mögliche Lösung: geschossene Tore
c) Mögliche Lösung:
In der Tabelle stehen die geschossenen Tore. Man kann also aus der Tabelle ablesen, wie viele Tore ein Spieler geschossen hat. Nur aus der Anzahl der Tore kann man aber nicht unbedingt ablesen, wie gut ein Spieler ist.

LE 4 Eine Datenerhebung durchführen

Differenzierung in LE 4

Differenzierungstabelle

LE 4 Eine Datenerhebung durchführen			
Die Lernenden können …	○	◐	●
Daten einer Datenerhebung von Strichlisten in Häufigkeitstabellen übertragen,	2		
eine Datenerhebung selbstständig durchführen, die Ergebnisse dokumentieren und danach auswerten.	1 KV 1	3 li, 4 li KV 1	3 re, 4 re KV 1

Kopiervorlagen
KV 1 Unsere Klasse: Einfache Strichlisten
Diese KV kann für eine schnellere Datenerhebung eingesetzt werden.

Kommentare Seite 19–20

Zum Einstieg
Auf Grundlage der vorangegangen drei Lerneinheiten sind die Lernenden nun in der Lage, eine eigene Datenerhebung mit Auswertung durchzuführen.
In schwächeren Lerngruppen ist es ratsam, den ersten Schritt, die Planung, im gemeinsamen Gespräch durchzuführen.
Die Durchführung und Auswertung erfolgt in Gruppen. Im Anschluss kann das Ergebnis vor der Klasse präsentiert werden.

Zu Seite 20, Aufgabe 4, links
Die Aufgabe erfordert eine Langzeiterhebung über zwei Wochen. Diese trainiert das Durchhaltevermögen der Lernenden und kann die Wiederholung vor der Klassenarbeit unterstützen.

1 Daten

Lösungen   Seite 19–20

Seite 19

Einstieg

→ Individuelle Lösungen
→ Individuelle Lösungen
→ Mögliche Lösung:
  • überlegen, wer befragt werden soll
  • bestimmen, wer wen befragt
  • Vorbereitung einer Tabelle mit Spalten für eine Strichliste und eine Häufigkeitstabelle

Seite 20

1 a) Mögliche Lösung:

	Kopf	Zahl
Anzahl	⊮⊮⊮ ⊮⊮⊮ ⊮⊮⊮ ⊮⊮⊮ ⊮⊮⊮	⊮⊮⊮ ⊮⊮⊮ ⊮⊮⊮ ⊮⊮⊮ ⊮⊮⊮

b) Individuelle Ergebnisse; es sollte rund 25-mal Kopf und rund 25-mal Zahl vorkommen.

2 Die Werte für ein Fahrzeug aus beiden Tabellen müssen zusammengezählt werden. Danach kann man das Ergebnis in eine einzige Häufigkeitstabelle eintragen.

Art	Pkw	Fahrrad	Lkw	Sonstiges
Anzahl	49	12	24	12

A Die Werte für eine Farbe aus beiden Tabellen müssen zusammengezählt werden. Danach kann man das Ergebnis in eine einzige Häufigkeitstabelle eintragen.
Rot: 10 + 10 = 20
Gelb: 8 + 7 = 15
Blau: 5 + 9 = 14

Farbe	Rot	Gelb	Blau
gesamte Häufigkeit	20	15	14

B a)

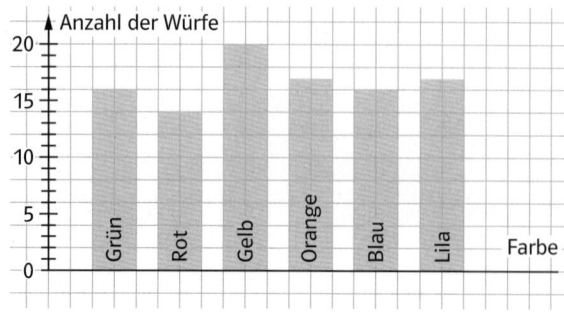

oder:

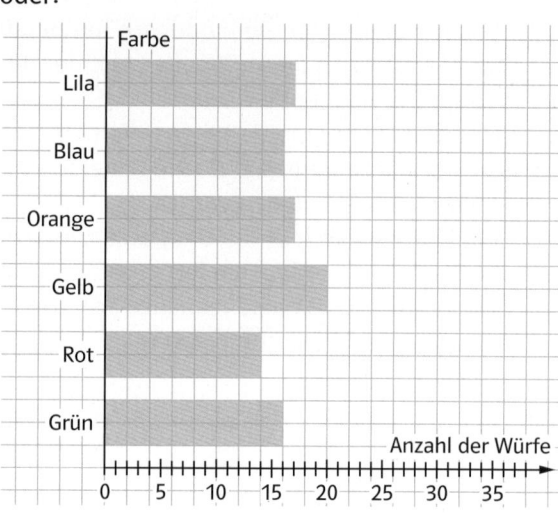

Die Farbe Gelb kam am häufigsten vor (mit 20 Würfen). Die Farbe Rot kam am seltensten vor (mit 14 Würfen).

Seite 20, links

3 a) Individuelle Lösungen
b) Mögliche Lösung:

Uhrzeit	07:15 Uhr bis 07:30 Uhr	07:30 Uhr bis 07:45 Uhr	07:45 Uhr bis 08:00 Uhr
Anzahl			

c) Mögliche Lösung:

Uhrzeit	07:15 Uhr bis 07:30 Uhr	07:30 Uhr bis 07:45 Uhr	07:45 Uhr bis 08:00 Uhr
Anzahl	200	400	200

d) Individuelle Plakate; wichtig ist gute Lesbarkeit.
e) Mögliche Lösung: Die meisten Schülerinnen und Schüler sind eine Viertelstunde vor Unterrichtsbeginn im Schulgebäude.

4 Individuelle Lösungen, zum Beispiel:

Tag	1	2	3	4	5	6	7	8	9	10	11	12	13	14
Fernsehkonsum (in h)	2	1	3	2	1	4	4	1	2	1	2	2	4	4

Mögliche Klassenbildung:

Zeitraum	Mo. bis Fr. 1. Woche	Sa./So. 1. Woche	Mo. bis Fr. 2. Woche	Sa./So. 2. Woche
Fernsehkonsum (in h)	9	8	8	8

1 Daten

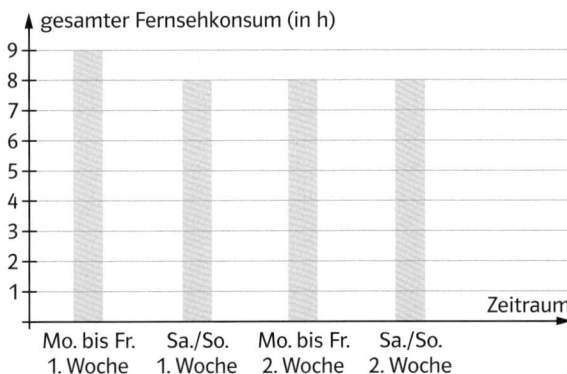

Seite 20, rechts

3 a) Mögliche Lösung:

Wie kommst du zur Schule?
Auto
Fahrrad
Bus
zu Fuß

b) und c) Individuelle Lösungen
d) Mögliche Lösung:

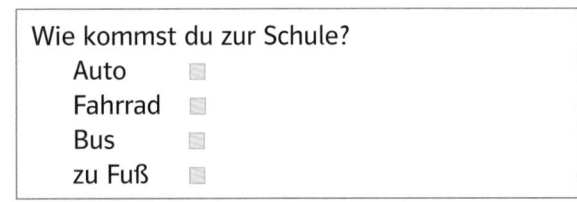

Verkehrsmittel	Auto	Fahrrad	Bus	zu Fuß
Anzahl	10	20	40	20

e) Individuelle Lösungen; hier kommt ein Säulendiagramm oder ein Balkendiagramm in Frage oder alternativ ein Bilddiagramm.
f) Individuelle Lösungen; die Aussagen können einen Vergleich darstellen, wie häufig die verschiedenen Antworten gegeben wurden. Hier helfen die Diagramme aus Teilaufgabe e).

4 Individuelle Lösungen

MEDIEN: Tabellenkalkulation. Diagramme

Differenzierung in MEDIEN: Tabellenkalkulation. Diagramme

Differenzierungstabelle

MEDIEN: Tabellenkalkulation. Diagramme			
Die Lernenden können …	○	◐	●
Diagramme mithilfe eines Tabellenkalkulationsprogramms darstellen,	1 a)	2, 3	
verschiedene Diagrammtypen miteinander vergleichen und bewerten.	1 b)	4	5

Kommentare Seite 21–22

Zu den Medien-Seiten
Das Arbeiten mit der Tabellenkalkulation als digitales Mathematikwerkzeug ist dem prozessbezogenen Kompetenzbereich des Operierens zuzuordnen. Der Einsatz des Tabellenkalkulationsprogramms ermöglicht es zum einen, Datenmengen in Diagrammen übersichtlich zu visualisieren, zum anderen wird der Umgang mit technischen Elementen der Mathematik erfüllt, gefördert und gefordert.

Zu Seite 22, Aufgabe 4 und Aufgabe 5
Ein Tabellenkalkulationsprogramm kann Daten in vielen unterschiedlichen Diagrammtypen darstellen und führt so zu vergleichenden Diskussionen. Deshalb ist eine differenzierte Begründung der Wahl für oder gegen ein Diagrammtyp wichtig.

Lösungen Seite 21–22

Seite 21

1 a) Der Computer zeigt dir folgendes Diagramm.

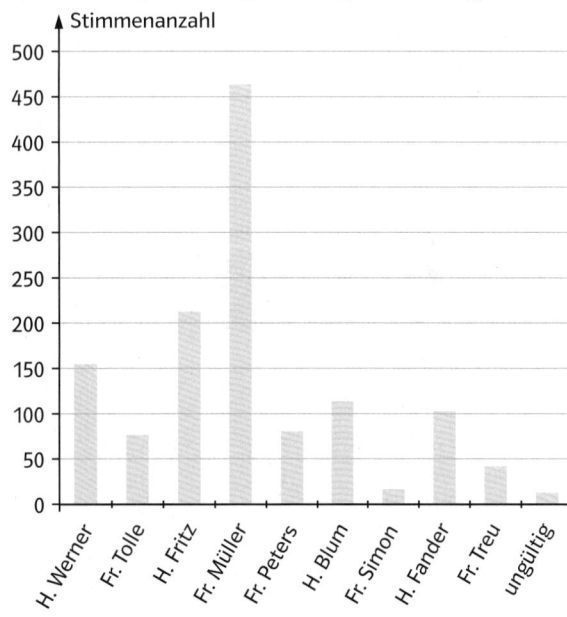

b) Weitere Diagramme:

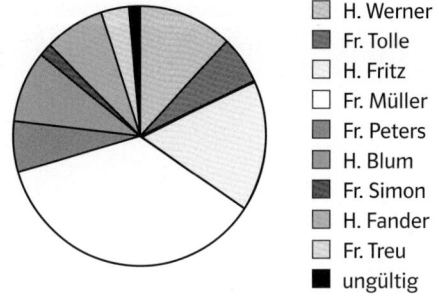

1 Daten

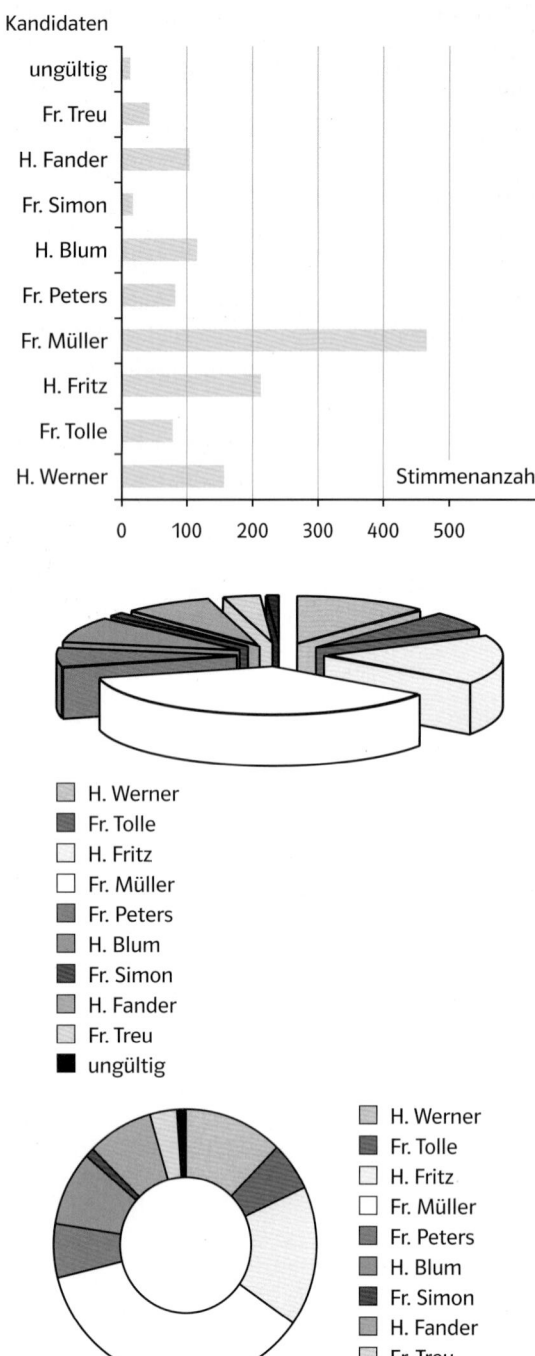

Die Person mit den meisten Stimmen gewinnt die Wahl. Beim Balkendiagramm und beim Säulendiagramm kann man das auf einen Blick erkennen. Daher sind diese beiden Diagramme besonders geeignet.

Seite 22

2 a)

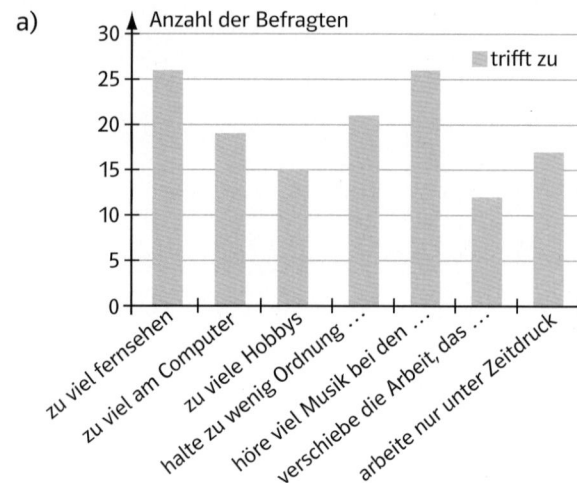

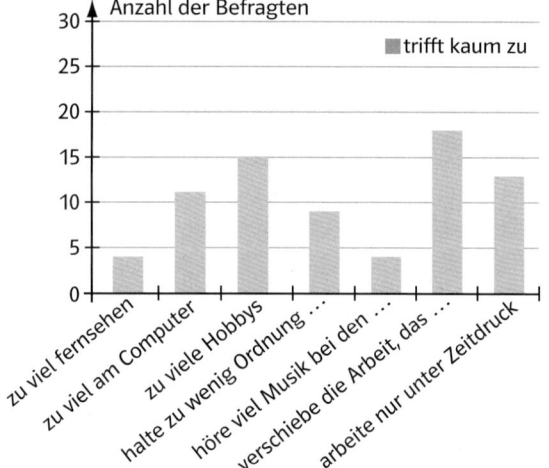

b)

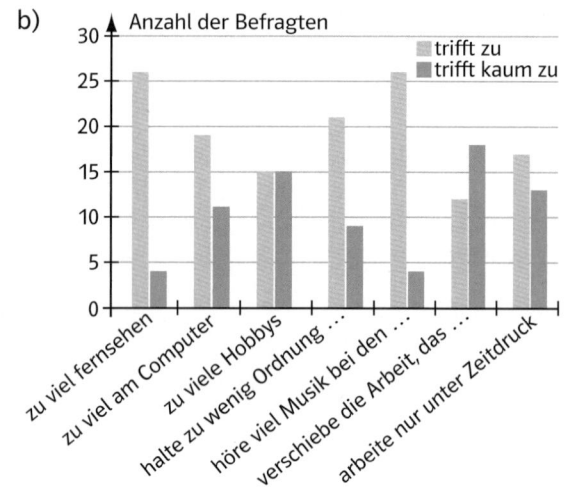

1 Daten

3 a) und b)
Barcelona:
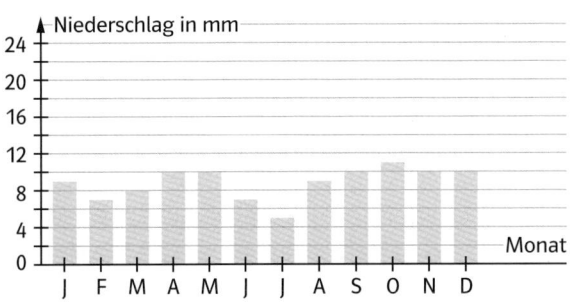

Berlin:
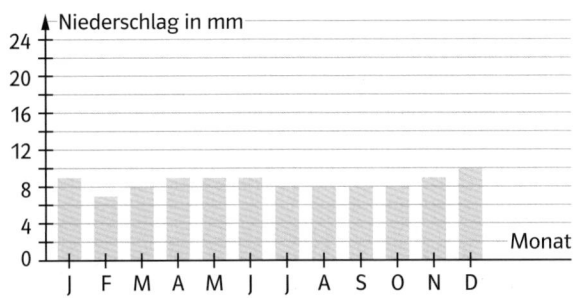

London:
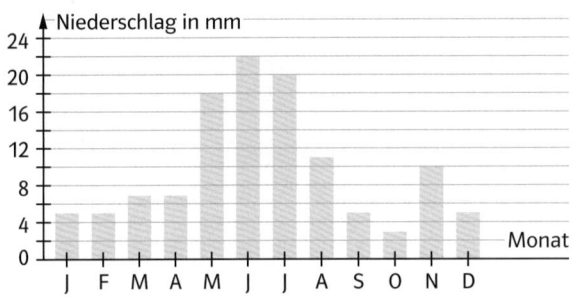

Budapest:
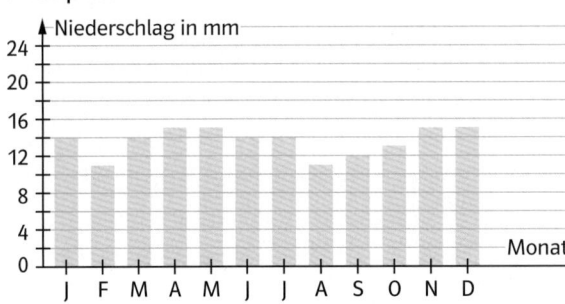

Athen:
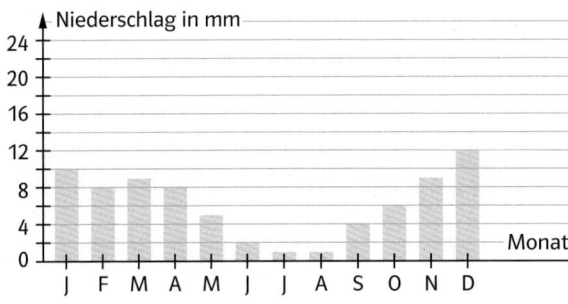

4 a) Zuerst wird eine Häufigkeitstabelle erstellt:

Anzahl der Personen	0	2	4	5	7	8	10	12	15	20	28	35
Anzahl der Kinder	1	2	2	1	5	4	3	1	3	1	1	1

Mögliche Lösung:

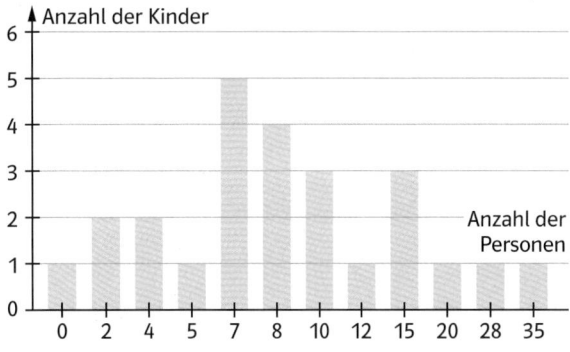

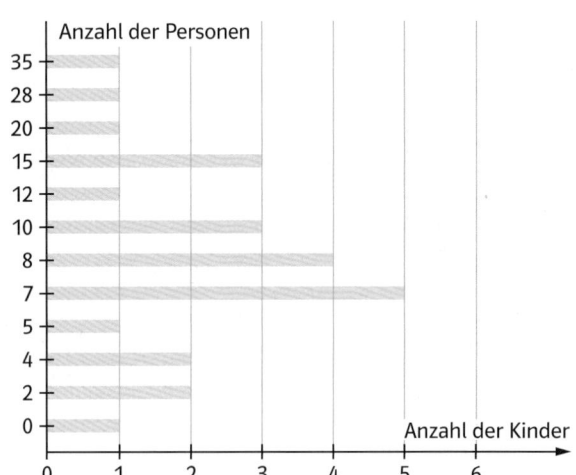

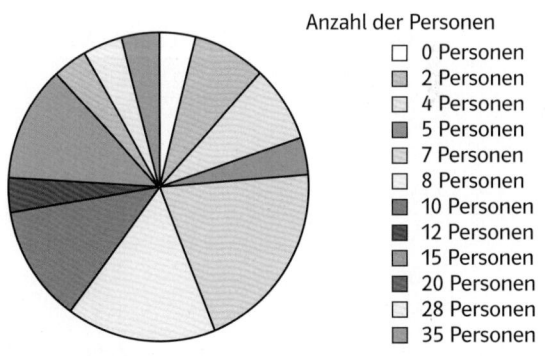

b) Individuelle Lösungen

c) Individuelle Lösungen, zum Beispiel:
Das Balkendiagramm ist am besten geeignet, weil hier sofort das Maximum und das Minimum deutlich zu erkennen ist.

1 Daten

5 a) Mögliche Lösungen:

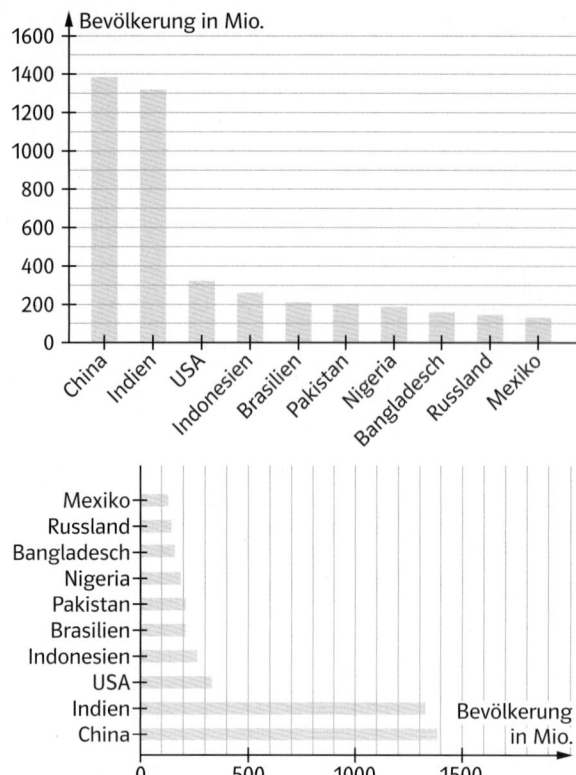

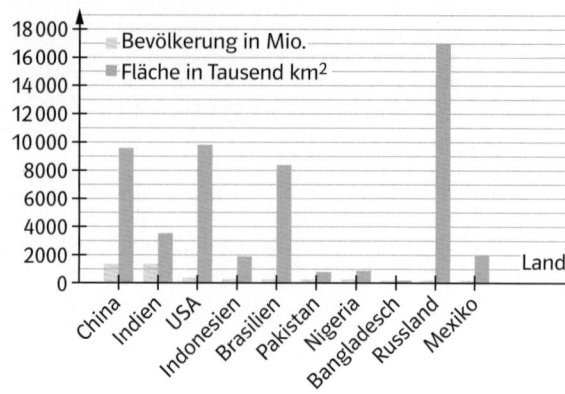

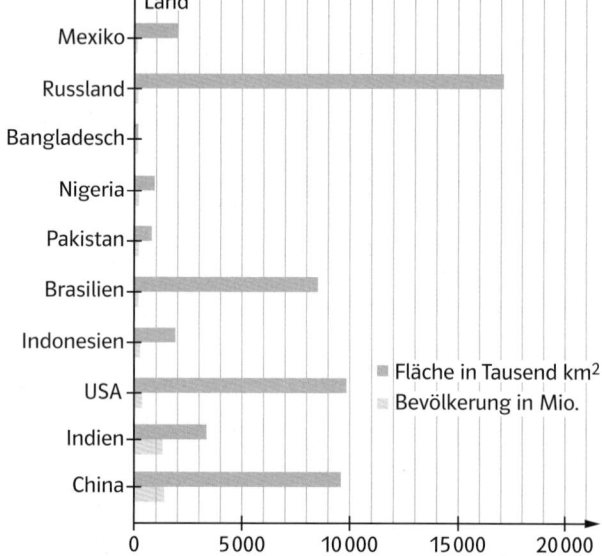

b) Individuelle Lösung: Ein Säulen- oder Balkendiagramm ist besonders geeignet, da hier die Bevölkerungszahl gut zu erkennen ist. Ungeeignet wäre ein Kreisdiagramm, weil dieses hauptsächlich Anteile an einem Ganzen darstellt.

c) Individuelle Lösungen; z.B.

Land	Fläche in Tausend km²
China	9597
Indien	3287
USA	9834
Indonesien	1905
Brasilien	8516
Pakistan	796
Nigeria	924
Bangladesch	148
Russland	17098
Mexiko	1964

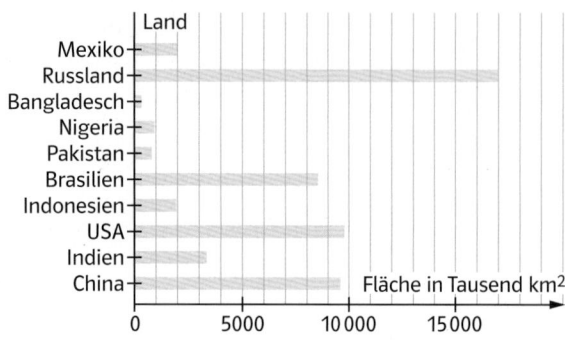

Vergleich; zum Beispiel:
Russland ist flächenmäßig das größte Land, ist aber nur auf Platz 9 der bevölkerungsreichsten Länder. China und Indien haben fast gleich große Bevölkerungszahlen. Die Fläche von China ist aber fast dreimal so groß wie die Fläche von Indien. Die USA hat eine etwa ebenso große Fläche wie China, aber nur etwa ein Viertel der Bevölkerung.

d) Mögliche Lösung:

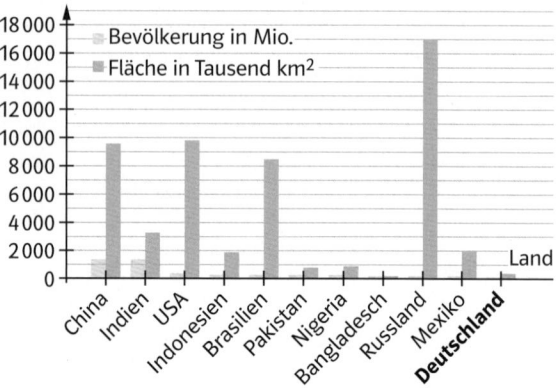

32

1 Daten

In Deutschland lebten 2016 etwa 83 Mio. Menschen. Das sind weniger Menschen als in den anderen Ländern. Deutschland hat eine Fläche von 357 000 km² und ist damit größer als Bangladesch, aber kleiner als die anderen Länder.

Basistraining und Anwenden. Nachdenken

Differenzierung im Basistraining und Anwenden. Nachdenken

Differenzierungstabelle

Basistraining und Anwenden. Nachdenken			
Die Lernenden können ...	○	◐	●
Strichlisten erstellen und Häufigkeiten angeben,	1		
Diagramme lesen,	2, 3, 8	12, 13, 15	16, 19
Diagramme erstellen,	4, 5, 6, 7	9, 10, 11, 14, 17, 20	18, 21
Gelerntes üben und festigen.	KV 5 KV 6, KV 7 KV 12	KV 5 KV 8, KV 9 KV 12	KV 5 KV 10, KV 11 KV 12
		AH S. 6, S. 7	

Kopiervorlagen
KV 5 Nicos erstes Plakat
Die Lernenden können auch den Auftrag erhalten, das in diesem Kapitel Gelernte auf einem Plakat darzustellen. Diese KV bietet eine Einführung in die Plakaterstellung anhand einer Fehlersuche.

KV 6 Klassenarbeit A – Daten (Teil 1)
KV 7 Klassenarbeit A – Daten (Teil 2)
KV 8 Klassenarbeit B – Daten (Teil 1)
KV 9 Klassenarbeit B – Daten (Teil 2)
KV 10 Klassenarbeit C – Daten (Teil 1)
KV 11 Klassenarbeit C – Daten (Teil 2)
(s. S. 4)

KV 12 Bergsteigen: Daten
(s. S. 4)

Arbeitsheft
AH S. 6, S. 7 Basistraining und Training

Lösungen   Seite 24–27

Seite 24

1 Spanien: 7 Stimmen
Italien: 9 Stimmen
Frankreich: 4 Stimmen

2 a)

Wochentag	Einnahmen in €
Montag	100
Dienstag	50
Mittwoch	125
Donnerstag	200
Freitag	225
Samstag	275

b) 100 € + 50 € + 125 € + 200 € + 225 € + 275 € = 975 €
Der Blumenhändler hat insgesamt 975 € eingenommen.

3 a) Für September wird eine Niederschlagsmenge von 120 mm angegeben.
b) Dezember ist der trockenste Monat mit 10 mm Niederschlag, Mai ist der feuchteste Monat mit 230 mm. Der Unterschied zwischen den beiden Monaten beträgt 220 mm.

4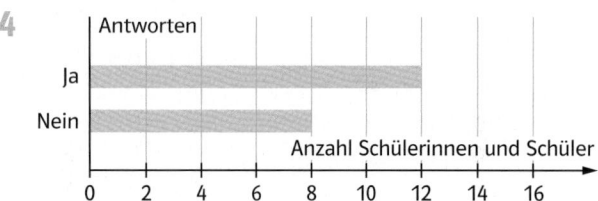

5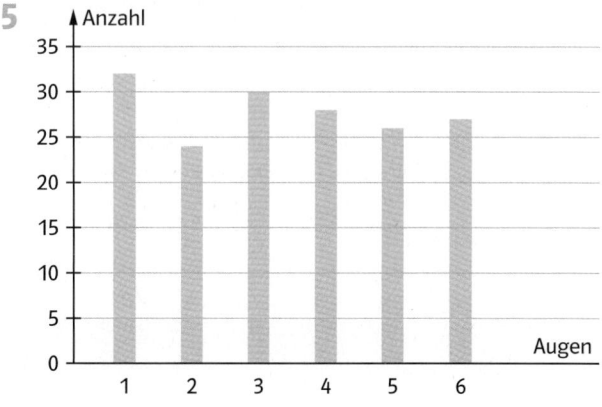

1 Daten

6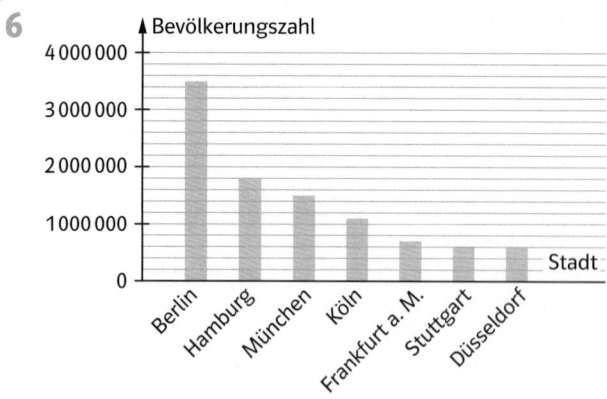

7 a)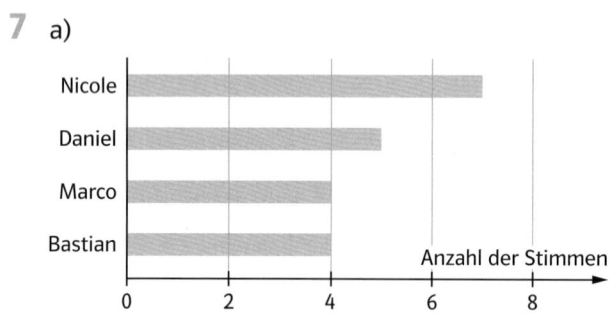

b) Die neue Klassenvertreterin ist Nicole. Den zweiten Platz hat Daniel belegt.

Seite 25

8 a) Geordnete Reihenfolge, beginnend mit den Ländern mit den meisten Ferientagen: Bulgarien; Frankeich; Großbritannien und Italien; Deutschland; Tschechische Republik.
b) Die meisten Ferientage hat Bulgarien mit 102. Die wenigsten Ferientage hat die Tschechische Republik mit 56. Der Unterschied (die Spannweite) beträgt 46 Ferientage.
c) Weniger Ferientage als Deutschland hat die Tschechische Republik. Mehr Ferientage als Deutschland haben: Bulgarien; Frankeich; Großbritannien; Italien.

9 a)

Anzahl der Geschwister	Anzahl der Antworten
0	8
1	9
2	5
3	1
4	1

b)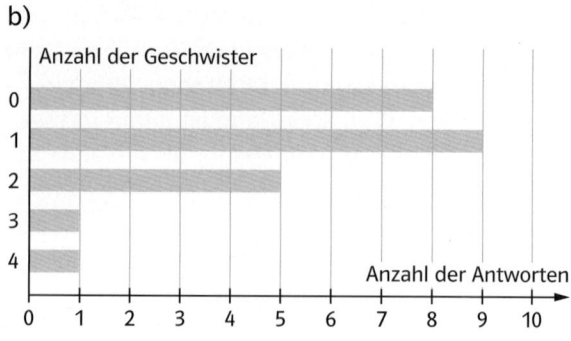

10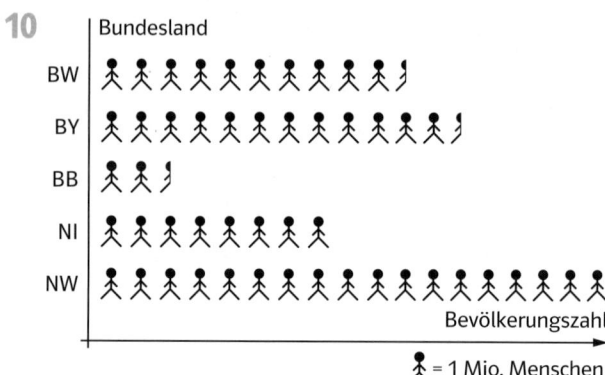

11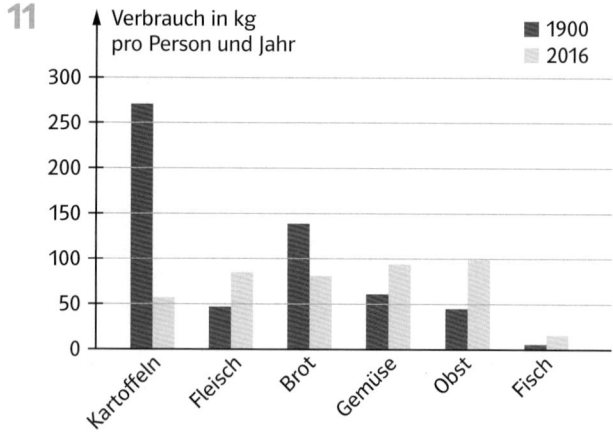

12 a) Es wurden ungefähr 150 Schultaschen gewogen.
b)

Gewicht in kg	Anzahl
unter 3,0	15
3,0–3,5	60
3,5–4,0	55
über 4,0	20

c) Individuelle Lösungen

Seite 26

13 a) Land mit der größten Fläche: Frankreich
Land, in dem die wenigsten Menschen leben: Luxemburg

b) Die Angaben aus den Diagrammen können nur ungefähr abgelesen werden, daher kann es zu unterschiedlichen Ergebnissen kommen.

Land	Bevölkerung in Millionen	Fläche in km²
Schweiz	8	40 000
Tschechien	11	80 000
Österreich	9	80 000
Niederlande	17	40 000
Polen	39	310 000
(Luxemburg	1	3 000)
Frankreich	66	640 000
Deutschland	82	360 000
Dänemark	6	40 000
Belgien	11	30 000

c) Mögliche Lösung:
- In welchem Land leben die meisten Menschen? (Deutschland)
- Welches ist das Land mit der zweitgrößten Fläche? (Deutschland)

d) Luxemburg ist ein Land. Im Vergleich zu den anderen aufgeführten Ländern ist Luxemburg aber sehr klein und es leben wenige Menschen dort. Somit ist dies in der Darstellung kaum ersichtlich.

14 a)

Sport in min	0	30	60	90	120	240
Anzahl	5	4	2	6	2	1

b) siehe Abb. 1 unten
c) Individuelle Lösungen, zum Beispiel: Im Balkendiagramm sind die Anteile deutlich zu erkennen, daher ist es für die Darstellung der Ergebnisse gut geeignet.
d) Individuelle Lösungen

15 In beiden Diagrammen wird derselbe Sachverhalt dargestellt.
Die Vertreter der Wirtschaft möchten auf ein Wachstum in der Autoindustrie hinweisen. Damit die erhöhte Anzahl an Pkw erkennbar ist, beginnt die y-Achse nicht bei 0 Pkw, sondern bei 61,2 Mio. Pkw.
Im Umwelt-Report soll gezeigt werden, dass sich die Pkw-Situation stabilisiert hat. Die y-Achse beginnt bei 0 Pkw, sodass der Anstieg kaum zu erkennen ist.

16 a)

Verein	HSV	FCB	Borussia	BVB	VfL	SVW
Anzahl	3	8	9	14	2	2

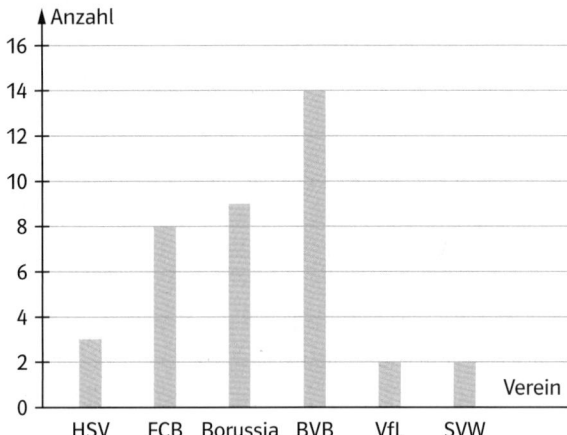

b) Mögliche Frage: Welcher ist dein Lieblingsverein?
c) Ben hat 38 Personen befragt.

17 a) Mögliche Lösung:

Dauer in min	0–5	6–10	11–15	16–20	mehr als 20
Anzahl	4	6	6	4	4

b) Mögliche Lösung:

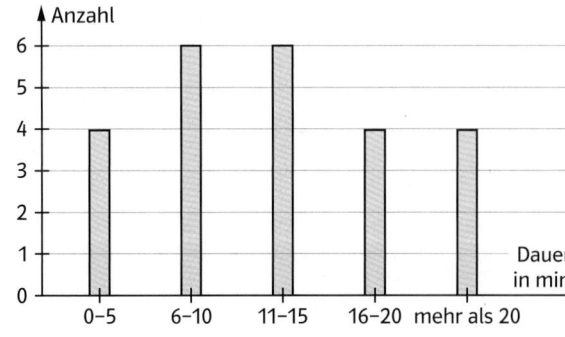

Abb. 1

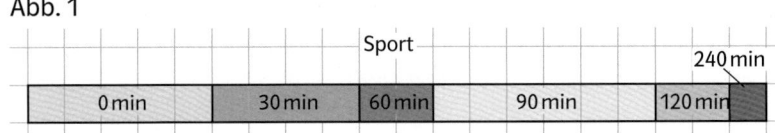

Seite 27

18 a) Fehler:
- Lara: Zur Note 2 gehört eine Säule der Länge 5 (statt der Länge 6). Zur Note 5 gehört eine Säule der Länge 4 (statt der Länge 3). An der y-Achse fehlt die Beschriftung der „0".
- Liam: Die y-Achse muss bei 0 beginnen (statt bei 1). Außerdem sollen die Säulen alle gleich breit sein, hier sind die Säulen aber unterschiedlich breit.
- Lennard: Die Beschriftung der y-Achse ist um 1 Kästchen nach oben gerutscht. Daher kann man nun die Höhe der Säulen nicht korrekt ablesen. Außerdem sind die Säulen nicht beschriftet und nur der Größe nach angeordnet. Richtig wäre die Säulen nach der Reihenfolge der Noten anzuordnen und dann von 1 bis 6 zu beschriften.
- Diljin: Der Abstand zwischen den Säulen ist nicht zwischen allen Säulen gleich groß. Die Beschriftung der x-Achse mit „Note" und der y-Achse mit „Anzahl der Schülerinnen und Schüler" fehlt. Außerdem fehlt an der y-Achse noch die Beschriftung des ersten Strichs mit „0".

b) Individuelle Lösung

19 Einen hohen Anteil an Kohlenhydraten haben Weißbrot und Nudeln.
Für eine fettarme Kost eignen sich Kabeljau, Äpfel, Weißbrot und Nudeln.

20 a) Bei der ersten Umfrage war vermutlich die Frage an Kinder gerichtet und lautete: „Was ist dein Lieblingsessen?"
Bei den Benzinpreisen könnten die Mädchen Erwachsene gefragt haben: „Wie viel Euro pro Liter hat Ihre letzte Tankfüllung gekostet?"
Bei der dritten Umfrage könnte die Frage gewesen sein: „Was machen Sie gerne, wenn Sie abends ausgehen? Sie dürfen mehrere Antworten geben."

b)
- Lieblingsessen:

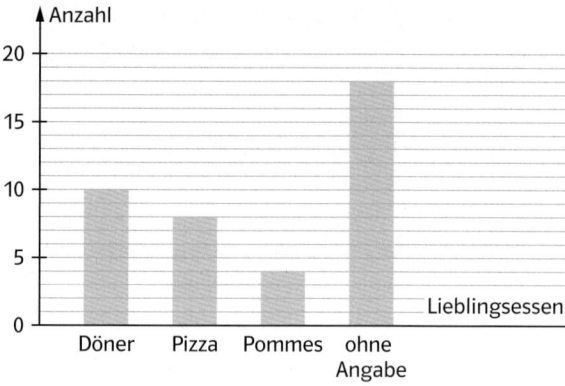

- Tankfüllung:

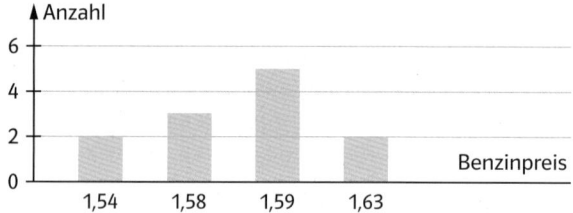

- Abendbeschäftigung:

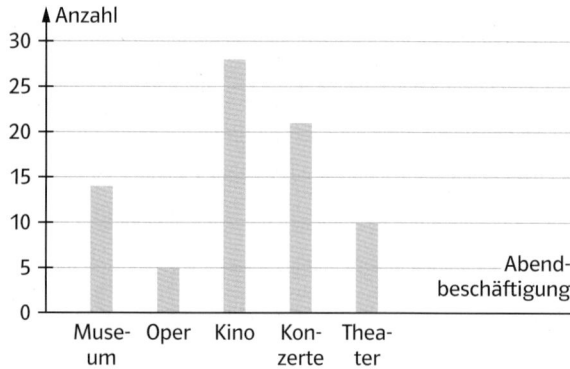

c) Mögliche Lösung:
- Die wenigsten der befragten Kinder gaben Pommes als ihr Lieblingsessen an.
- Zum günstigsten Benzinpreis haben nur zwei Befragte getankt. Zum teuersten Benzinpreis übrigens auch nur zwei.
- Von 50 Befragten geht über die Hälfte (28) gerne ins Kino.

21

Lieblingstier	Anzahl
Hund	500
Katze	500
Pferd	250
Kaninchen	250
Reptilien	125
andere	375

Die Werte für „Reptilien" und „andere" sind am schwersten abzulesen und mit der größten Ungenauigkeit beim Ablesen verbunden.

2 Natürliche Zahlen

Kommentare zum Kapitel

Intention des Kapitels
Aus der Grundschule bringen die Lernenden bereits ein Zahlenverständnis mit. Dieses Kapitel erweitert das Zahlenverständnis der Lernenden. Im Laufe des Kapitels wird dabei immer wieder großes Gewicht auf die Darstellung mit der Stellenwerttafel gelegt. Der Zahlenraum wird in LE 2 erweitert und anhand großer Zahlen wird die Verwendung der Stellenwerttafel eingeübt. Bei hinreichend großen Zahlen kommt zusätzlich das Runden und Schätzen zum Tragen.
Neben dem Zehnersystem wird auf den Medien-Seiten auch das Zweiersystem vorgestellt: Dieses ist für die meisten Lernenden anfangs sehr ungewohnt, kann aber mithilfe einer modifizierten Stellenwerttafel eingeübt werden.
Auf der Extra-Seite können leistungsstarke Lernende zusätzlich die Zahlendarstellung mithilfe römischer Zahlzeichen kennenlernen.
Die Aufgaben des Kapitels trainieren vor allem das Operieren in Hinblick auf den Umgang mit symbolischen, formalen und technischen Elementen der Mathematik sowie das mathematische Argumentieren.

Stundenverteilung
Stundenumfang gesamt: 10–16

Lerneinheit	Stunden
Standpunkt und Auftakt	0–1
1 Natürliche Zahlen	2
2 Große Zahlen im Zehnersystem	2–3
3 Runden von Zahlen	2
4 Schätzen	1
MEDIEN: Zahlen im Zweiersystem	1–2
EXTRA: Römische Zahlzeichen	0–1
Basistraining, Anwenden. Nachdenken und Rückspiegel	2–4

Benötigtes Material
- Kärtchen zum Beschreiben
- Zahlenkärtchen
- Schnur oder Draht
- Schere
- Würfel

Kommentare   Seite 30–31

Die Lernenden in diesem Alter haben ein natürliches Interesse an Tieren. Dies wird zur Motivation für den Auftakt des zweiten Kapitels „Natürliche Zahlen" genutzt.
Die handlungsorientierte Aufgabe mit Wettbewerbscharakter zu Beginn ermöglicht es den Lernenden, ihr Vorwissen zu Tieren zusammenzutragen. In Aufgabe 2 werden große Zahlen mit Naturphänomenen verknüpft. Dabei spielt die intuitive Einschätzung der Größenordnung von Zahlen eine Rolle.
Das Bilddiagramm zum Vorkommen der Wölfe in Deutschland in Aufgabe 3 verknüpft die großen Zahlen mit dem vorhergehenden Kapitel zur Darstellung von Daten.

Lösungen   Seite 30–31

Seite 30

1 Mögliche Lösung: Pferd, Storch, Biene, Wolf, Hund, Esel, Rind, Schwein, Igel, Hirsch

2 rund 25 000 000 000   → Bienen
   rund 11 000   → Störche
   rund 440 000   → Pferde

Seite 31

3 Erwachsene Wölfe:
$73 \cdot 2 + 30 \cdot 2 = 146 + 60 = 206$
Jungwölfe:
$73 \cdot 2 = 146$
$73 \cdot 10 = 730$
In Deutschland gab es im Jahr 2018 etwa 206 erwachsene Wölfe und 146 bis 730 Jungwölfe.
Anzahl Wölfe insgesamt:
mindestens: $206 + 146 = 352$
höchstens: $206 + 730 = 936$
Insgesamt gab es im Jahr 2018 also zwischen 352 und 936 Wölfe in Deutschland.
Seit 2018 gilt das Bundesland Nordrhein-Westfalen wieder als Heimat des Wolfs.

2 Natürliche Zahlen

LE 1 Natürliche Zahlen

Differenzierung in LE 1

Differenzierungstabelle

LE 1 Natürliche Zahlen			
Die Lernenden können ...	○	◐	●
natürliche Zahlen lesen und verstehen,	SP 3, SP 4 SP 5 SP 6		
den Vorgänger und den Nachfolger einer Zahl angeben,	2	12 li	
natürliche Zahlen vergleichen und ordnen,	3, 7 li, 8 li, 9 li, 10 li, 8 re	11 li, 9 re, 10 re, 11 re	12 re, 13 re
Zahlen auf dem Zahlenstrahl ablesen bzw. eintragen,	1, 4 li, 5 li KV 13	6 li, 4 re, 5 re, 6 re KV 13	7 re
Gelerntes üben und festigen.	F 4 KV 14, KV 15	KV 14, KV 15	KV 14, KV 15
		AH S. 8	

Kopiervorlagen

KV 13 Zahlen am Zahlenstrahl
Hier wird das Lineal zur Bestimmung von Zahlen auf dem Zahlenstrahl zur Hilfe genommen. Diese KV eignet sich besonders für die Unterstützung von leistungsschwächeren Lernenden.

KV 14 Fitnesstest: Zahlen ordnen
Alle Kompetenzen der LE können hier auf mehreren Niveaustufen geübt werden.
(s. S. 4)

KV 15 Fitnesstest: Trainerliste für die Pinnwand
(s. S. 4)

Inklusion
F 4 Ordnen. Vorgänger. Nachfolger

Sprachförderung
SP 3 Domino: Natürliche Zahlen (Teil 1)
SP 4 Domino: Natürliche Zahlen (Teil 2)
SP 5 Memory: Natürliche Zahlen (leichte Variante)
SP 6 Memory: Natürliche Zahlen (schwierige Variante)

Arbeitsheft
AH S. 8 Natürliche Zahlen

Kommentare Seite 32–34

Zum Einstieg
Die Einstiegsaufgabe nutzt Zahlenmaterial aus dem Alltagsleben der Lernenden und wirkt damit motivierend. Die gesammelten Zahlen werden geordnet und bieten Anlass, die prozessbezogenen Kompetenzen des Argumentierens und Kommunizierens zu schulen.

Alternativer Einstieg
Alternativ kann eine handlungsorientierte Aufgabe im Klassenverband gestellt werden. Diese soll neben dem Anbahnen des Lerngegenstands „Zahlenstrahl" besonders die sozialen Kompetenzen stärken. Hierzu sollen sich die Lernenden nach ihrem Geburtstag in einer Reihe aufstellen und dabei nicht reden.
Die Schwierigkeit der Aufgabe kann gesteigert werden, indem die Lernenden sich nicht nach Datum, sondern nach Alter aufstellen.
Die Aufgabe bietet auch Anlass, über die Begriffe Vorgänger und Nachfolger zu sprechen.

Zu Seite 33, Aufgabe 5, rechts
Operatoren signalisieren, welche Tätigkeiten beim Bearbeiten von Aufgaben erwartet werden. In Aufgabe 5 rechts wird das Erklären gefördert und somit die Fähigkeit, eigenes Wissen sowie eigene Einsichten in einen begründeten Zusammenhang zu stellen.

Zu Seite 33, Aufgabe 7, rechts
In Aufgabe 7 rechts wird das Begründen geübt: die Fähigkeit, eigene Grundgedanken zu entwickeln, zu argumentieren und einen Zusammenhang herzustellen.

Zu Seite 34, Aufgabe 13, rechts
Mithilfe dieser Aufgabe wird die prozessbezogene Kompetenz des Problemlösens angebahnt und trainiert.

Lösungen Seite 32–34

Seite 32

Einstieg

→ Individuelle Lösungen
→ Individuelle Lösungen; als Pechzahl kommt wahrscheinlich die 13 am häufigsten vor.

2 Natürliche Zahlen

→ Die Zahlen können aufsteigend angeordnet werden (mit der kleinsten beginnend) oder absteigend (mit der größten beginnend).

1 a) A: 0   B: 1   C: 5   D: 8
   b) A: 69   B: 73   C: 76   D: 79
   c) A: 2   B: 8   C: 12   D: 18
   d) A: 80   B: 200   C: 350   D: 600

2 a) Vorgänger: 7;   Nachfolger: 9
   b) Vorgänger: 35;   Nachfolger: 37
   c) Vorgänger: 199;   Nachfolger: 201
   d) Vorgänger: 1099;   Nachfolger: 1101

3 a) 6 < 9   b) 15 > 12
   c) 244 < 253   d) 4589 > 3598

Seite 33

A Siehe Abb. 1 unten

B a) 65 > 56   b) 331 < 332
   c) 2453 < 2553   d) 3255 > 3153

Seite 33, links

4 a) A: 11; B: 13; C: 17; D: 19; E: 21
   b) A: 29; B: 35; C: 41; D: 47; E: 52
   c) A: 71; B: 77; C: 82; D: 85; E: 93
   d) A: 120; B: 190; C: 240; D: 310; E: 350

5 a) Zahlenstrahl 0–11
   b) Zahlenstrahl 0–22 in Zweierschritten
   c) Zahlenstrahl 0–110 in Zehnerschritten
   d) Zahlenstrahl 60–280 in Zwanzigerschritten
   e) Zahlenstrahl 995–1050: 1000, 1010, 1020, 1030, 1040, 1050

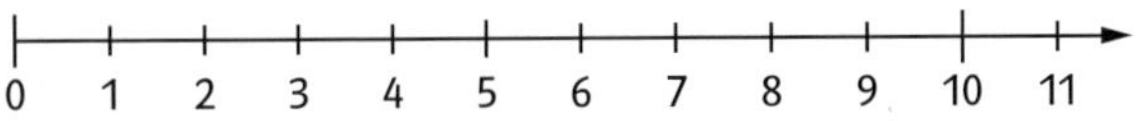

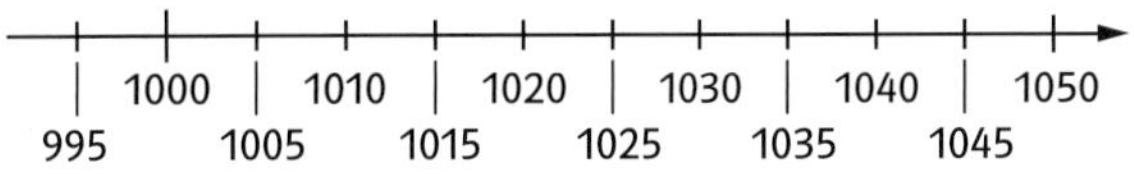

6 a) 6, 9, 13, 15
   b) 42, 46, 51, 58
   c) 10, 30, 60, 90, 120
   d) 100, 130, 150, 190
   e) 990, 1010, 1050, 1080
   f) 488, 492, 497, 503, 507
   g) 300, 500, 600, 800, 1000

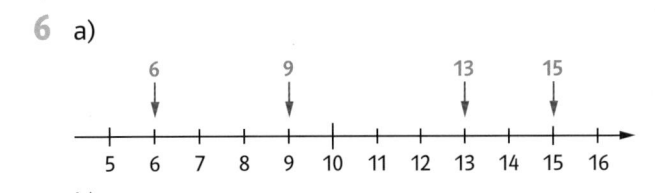

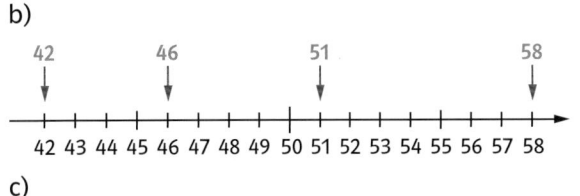

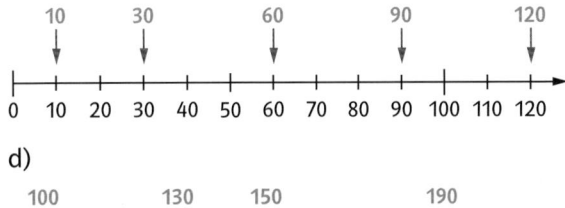

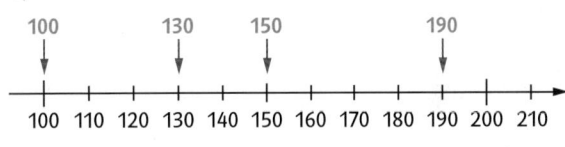

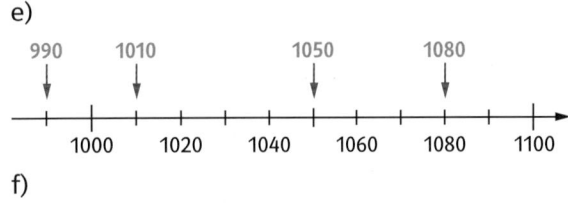

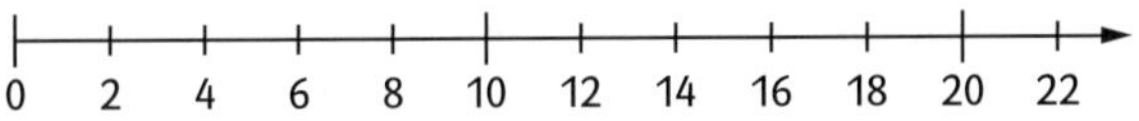

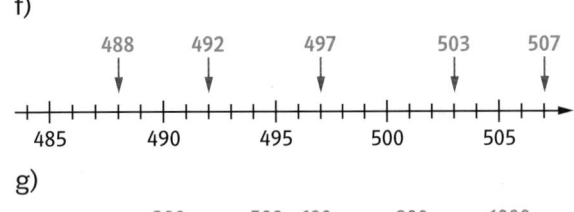

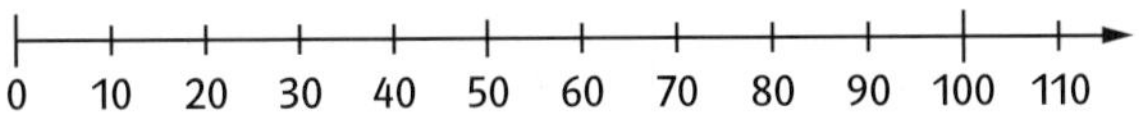

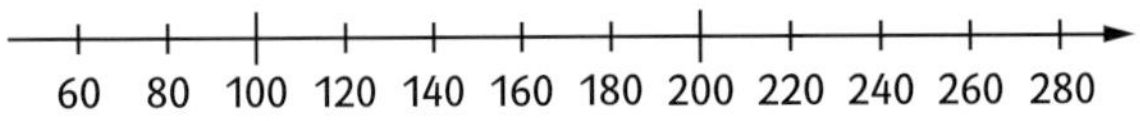

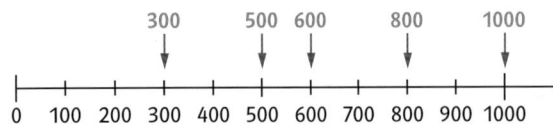

Abb. 1: 290, 330, 382, 416

39

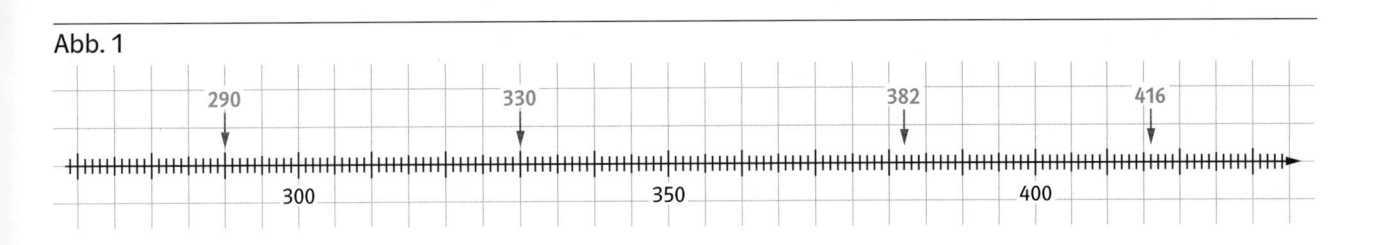

2 Natürliche Zahlen

Seite 33, rechts

4 a) A: 188; B: 195; C: 201; D: 215
 b) A: 250; B: 375; C: 450; D: 525
 c) A: 600; B: 950; C: 1200; D: 1550
 d) A: 190; B: 220; C: 310; D: 490

5 Die Zahl 1000 ist falsch eingetragen: Sie befindet sich einen Strich weiter rechts (mit jedem Strich nach rechts erhöht man die Zahl um 10).

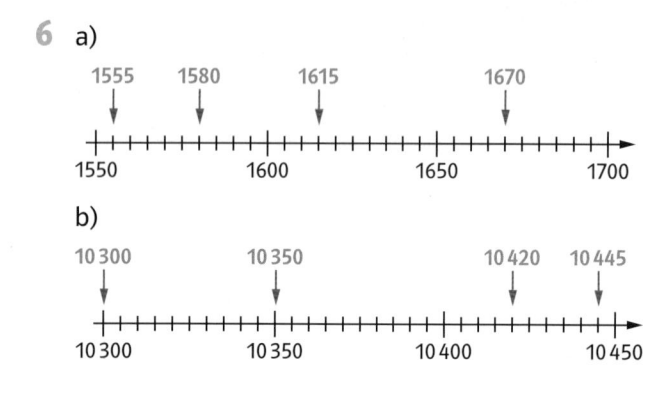

6 a)

1555 1580 1615 1670
1550 1600 1650 1700

b)

10300 10350 10420 10445
10300 10350 10400 10450

7 a) A: 2; B: 7; C: 16; D: 27; E: 33; F: 42; G: 48
 b) A: 20; B: 70; C: 160; D: 210; E: 300; F: 380; G: 470
 c) A: 280; B: 520; C: 660; D: 1040

Seite 34, links

7 a) 12 < 18   b) 54 > 45
 c) 421 > 413   d) 460 < 570
 e) 1017 < 1107   f) 2561 > 2461

8 aufsteigend: 5; 9; 16; 17; 23; 37

9 a) Die Namen der Fahrradwege sind alphabetisch geordnet.
 b) Man kann mit dem kürzesten oder mit dem längsten Fahrradweg anfangen.
 Aufsteigend sortiert:
 Ahr-Radweg, Emscher-Weg, Vennbahn-Trasse, Erft-Radweg, Lenne-Route, 3-Flüsse-Route, Eifel-Höhen-Route, Ruhrtal-Radweg, Ems-Radweg, Niederrhein-Route.

10 a) 8 oder 9
 b) 17; 16; 15; 14 oder 13
 c) 64; 65 oder 66
 d) 119 oder 118
 e) 259 oder 260
 f) 1398; 1399; 1400 oder 1401

11 a) 5 < 12   b) 55 < 66 < 99   c) 83 > 71 > 62

12

	Vorgänger	Zahl	Nachfolger
a)	5319	5320	5321
b)	83 639	83 640	83 641
c)	99 999	100 000	100 001
d)	500 099	500 100	500 101

Seite 34, rechts

8 a) 2305 < 2350   b) 2875 > 2785
 c) 93 564 > 93 465   d) 50 403 > 30 405

9 12 402 > 12 204 > 12 024 > 1402 > 1204 > 1024 > 724 > 427 > 274

10 a) 1. Kästchen: 499; 500 oder 501.
 2. Kästchen: 503; 504; 505; 506 oder 507.
 b) 1. Kästchen: 5002; 5001; 5000 oder 4999.
 2. Kästchen: Hier kann keine natürliche Zahl eingesetzt werden.
 c) 1. Kästchen: 23 499; 23 500; 23 501 oder 23 502
 2. Kästchen: 23 504; 23 505; 23 506; 23 507; 23 508; 23 509 oder 23 510.

11 a) 13 Zahlen
 b) 17 Zahlen
 c) 723 − 303 = 420
 420 − 1 = 419
 Zwischen den Zahlen 303 und 723 liegen 419 Zahlen.
 d) keine natürliche Zahl
 e) Individuelle Lösungen, z. B.: Man subtrahiert von der größeren Zahl die kleinere Zahl. Von dem Ergebnis zieht man zusätzlich noch eine Eins ab.
 Beispiel: Zwischen 2995 und 3018 liegen 22 Zahlen.
 3018 − 2995 = 23
 23 − 1 = 22

12 a) 999 999   b) 987 654 321   c) 123 456 789

13 Sarina = Kim; Lena < Rachel; Kim > Rachel; Sarina < Mia
 Das ergibt insgesamt:
 Lena < Rachel < Kim = Sarina < Mia
 Das Mädchen in dem blauen Kleid muss Rachel sein, da sie die zweitkleinste der Gruppe ist.

2 Natürliche Zahlen

LE 2 Große Zahlen im Zehnersystem

Differenzierung in LE 2

Differenzierungstabelle

LE 2 Große Zahlen im Zehnersystem			
Die Lernenden können ...	○	◐	●
Zahlen von der Ziffernschreibweise in die Stellenwertschreibweise übertragen und umgekehrt,	1, 4 li, 6 li	4 re, 6 re	
Zahlen in eine Stellenwerttafel eintragen und aus einer Stellenwerttafel ablesen,	2, 5 li	5 re	
Zahlen von der Ziffernschreibweise in die Wortform übertragen und umgekehrt,	3, 7 li, 8 li	9 li, 7 re	8 re, 10 re
gesuchte Zahlen bilden,	KV 19	10 li, 11 li, 9 re KV 19 KV 21	KV 19
Gelerntes üben und festigen.	KV 16, KV 17, KV 18, KV 20	KV 16, KV 17, KV 18, KV 20 AH S.9	KV 16, KV 17, KV 18, KV 20

Kopiervorlagen
KV 16 Das große Mathedinner zu großen Zahlen (1): Checkliste
KV 17 Das große Mathedinner zu großen Zahlen (2): Lösungen Checkliste
KV 18 Das große Mathedinner zu großen Zahlen (3): Die Menüs
Besonders das Übersetzen von Zahlen in Worte und umgekehrt sowie das Bilden von Vorgänger und Nachfolger wird in diesem Mathedinner auf mehreren Niveaustufen geübt.
(s. S. 4)

KV 19 Phasenspiel – ein Würfelspiel zu großen Zahlen
Das Würfelspiel übt auf drei Niveaustufen handlungsorientiert und mit Wettbewerbscharakter den Umgang mit großen Zahlen. Das Spiel wird in Gruppen gespielt.

KV 20 Tandembogen: Große Zahlen
Durch die Bearbeitung zu zweit wird das Kommunizieren geschult. Außerdem erfolgt eine sofortige Rückmeldung, wobei auch die rückmeldende Person einen Übungseffekt erzielt.

KV 21 Zahlenbaukasten – Große Zahlen
Mithilfe von Zahlenkarten werden nach vorgegebener Aufgabenstellung Zahlen gebildet.

Arbeitsheft
AH S.9 Große Zahlen im Zehnersystem

Kommentare — Seite 35–37

Zum Einstieg
In der Einstiegsaufgabe wird auf ausgestorbene Tierarten hingewiesen und dadurch ein historischer Gesprächsanlass in der Klasse erreicht. Ein Austausch über weitere ausgestorbene Tierarten wirkt motivierend.
Das Vorlesen der großen Zahlen aus dem Text wirft einen kognitiven Konflikt auf, da die meisten Lernenden bislang nur Zahlen bis eine Million lesen und schreiben können. Dieser Konflikt regt zur Zahlenraumerweiterung an.

Typische Schwierigkeiten
Im Umgang mit Zahlen im Zehnersystem vergessen Lernende häufig die Nullen. Dadurch machen sie Fehler bei der Verschriftlichung von großen Zahlen. Die Arbeit mit Stellenwerttafeln kann diese Problematik bewusst machen und eine Behebung anbahnen. So unterstützen die Aufgaben die gezielte Beachtung der Nullen.

Zu Seite 37, Aufgabe 8, rechts
Diese Aufgabe sollte zu zweit gelöst werden. Hierdurch ergeben sich mehrere Lösungen. Eine Bereicherung entsteht durch die gegenseitige Anregung und Korrektur.

Zu Seite 37, Aufgabe 11, links
In dieser Aufgabe wird durch die Arbeit zu zweit das Kommunizieren geübt. Der Operator Beschreiben initiiert, dass die Lernenden Informationen zusammenhängend und schlüssig wiedergeben.

2 Natürliche Zahlen

Lösungen   Seite 35–37

Seite 35

Einstieg

→ Ausgestorbene Tierarten:
z. B. Dinosaurier, Elefantenvogel, Mammut, Auerochse, Stellers Seekuh, …

→ Ausgestorbene Tierarten in den letzten hundert Jahren:
z. B. Tasmanischer Beutelwolf, kleiner Kaninchennasenbeutler, Réunion-Riesenschildkröte, Harlekinfrosch, …

→ vier Milliarden: 4 000 000 000
sechs Millionen: 6 000 000
viertausend: 4000

1 a) 2693 = 2 T + 6 H + 9 Z + 3 E
b) 12 350 = 1 ZT + 2 T + 3 H + 5 Z + 0 E
c) 380 637 = 3 HT + 8 ZT + 0 T + 6 H + 3 Z + 7 E
d) 3 403 589
 = 3 M + 4 HT + 0 ZT + 3 T + 5 H + 8 Z + 9 E

Seite 36

2

Zahl	Millionen			Tausender			Einer		
	HM	ZM	M	HT	ZT	T	H	Z	E
5365						5	3	6	5
12 347					1	2	3	4	7
7 300 000			7	3	0	0	0	0	0
87 635					8	7	6	3	5
3 479 241			3	4	7	9	2	4	1

3 a) 312   b) 92   c) 6824   d) 3 000 000

A

Zahl	Tausender			Einer		
	HT	ZT	T	H	Z	E
a) 345				3	4	5
b) 8523			8	5	2	3
c) 3501			3	5	0	1
d) 12 359		1	2	3	5	9

B

Zahl	Tausender			Einer		
	HT	ZT	T	H	Z	E
a) 9329			9	3	2	9
b) 73 083		7	3	0	8	3

C a) 60   b) 3011   c) 50 000   d) 7 000 000

Seite 36, links

4 a) 9588 = 9 T + 5 H + 8 Z + 8 E
b) 2109 = 2 T + 1 H + 0 Z + 9 E
c) 13 256 = 1 ZT + 3 T + 2 H + 5 Z + 6 E

5

Zahl	Tausender			Einer		
	HT	ZT	T	H	Z	E
a) 3208			3	2	0	8
b) 12 895		1	2	8	9	5
c) 13 506		1	3	5	0	6
d) 22 509		2	2	5	0	9
e) 143 082	1	4	3	0	8	2
f) 400 026	4	0	0	0	2	6

6 a) 35 442   b) 97 140   c) 90 572

7 a) achtzig
b) hundertsechzig oder einhundertsechzig
c) zweihundert
d) zweitausendsechshundertzwölf
e) siebzigtausend
f) fünfundvierzigtausenddreihundert

Seite 36, rechts

4 a) 89 059 = 8 ZT + 9 T + 0 H + 5 Z + 9 E
b) 159 897
 = 1 HT + 5 ZT + 9 T + 8 H + 9 Z + 7 E
c) 3 173 056
 = 3 M + 1 HT + 7 ZT + 3 T + 0 H + 5 Z + 6 E
d) 14 009 048
 = 1 ZM + 4 M + 0 HT + 0 ZT + 9 T + 0 H
  + 4 Z + 8 E
e) 200 003 209 300 030
 = 2 HB + 0 ZB + 0 B + 0 HMrd + 0 ZMrd
  + 3 Mrd + 2 HM + 0 ZM + 9 M + 3 HT
  + 0 ZT + 0 T + 0 H + 3 Z + 0 E

2 Natürliche Zahlen

5 Siehe Tabelle 1 unten

6 a) 307 563 b) 809 503 009
c) 2 300 200 070 080 d) 50 130 000 506 000
e) 2 003 380 900 000

7 a) zwölftausenddreihundertfünfzehn
b) neunhundertzweiundachtzigtausend-fünfhundert
c) drei Millionen siebenhundertfünfzigtausendzwölf
d) zweiundsiebzig Milliarden fünfhundertachtzehn Millionen dreihunderttausendsechsundfünfzig

Seite 37, links

8 a) vier Nullen; 40 000
b) fünf Nullen; 700 000
c) sechs Nullen; 7 000 000
d) zehn Nullen; 30 000 000 000

9 a) zweitausendneunzehn Matratzen; siebenhundertneunundsechzig Matratzen
b) vierzig Meter; zweiundvierzigtausendeinhundertdreiundsiebzig Steine
c) vier Millionen achthunderttausend; vier Millionen vierhunderteinundneunzigtausendachthundertdreiundsechzig

10 7 896 599; 7 896 600; 7 896 601; 7 896 602

11 a) 98 431 b) 98 314 c) 13 498 d) 49 831
e) Lösungswege:
- Um die größte Zahl zu finden, ordnet man die Kärtchen absteigend von links nach rechts an.
- Für die größte gerade Zahl sucht man zunächst die kleinste gerade Ziffer und platziert diese an der Einerstelle. Den Rest sortiert man dann absteigend von links nach rechts.
- Für die kleinste gerade Zahl platziert man zunächst die größte gerade Ziffer an der Einerstelle. Den Rest sortiert man dann aufsteigend von links nach rechts.
- Um die Zahl zu finden, die am nächsten an sechzigtausend liegt, platziert man die Ziffer, die am nächsten an der 6 liegt, an der Zehntausenderstelle. Ist diese Ziffer größer oder gleich 6, dann ordnet man die restlichen Kärtchen dahinter aufsteigend an. Ist sie kleiner 6, dann ordnet man die restlichen Kärtchen absteigend an.

Seite 37, rechts

8 a) Beispiele für zwei passende Kärtchen:
- drei Millionen einhundertfünfzehn; 3 000 115
- sechzigtausenddreiundvierzig; 60 043
- fünf Milliarden fünfhunderttausend; 5 000 500 000
b) sechzigtausendzweiundzwanzig
c) zwanzig Billionen fünf Milliarden drei Millionen fünfhunderttausend zweihundertundfünf
d) Beispiele für unmögliche Kombinationen:
- zweihundertundfünfdreiundvierzig
- einhundertfünfzehnzweiundzwanzig
- dreitausendunddreizweihundertundfünf

9 a) 9 552 171 040 b) 1 040 175 259
c) 9 552 104 017 d) 1 040 175
e) 95 521 040 f) 1 705 259
g) 10 401 752

10 a) 1 Lichtjahr = 9 460 730 472 000 km
b) 8 Lichtminuten = 8 · 18 000 000 km = 144 000 000 km

Tabelle 1

	Zahl	Billionen			Milliarden			Millionen			Tausender			Einer		
		HB	ZB	B	HMrd	ZMrd	Mrd	HM	ZM	M	HT	ZT	T	H	Z	E
a)	785 203										7	8	5	2	0	3
b)	3 209 403									3	2	0	9	4	0	3
c)	57 053 601								5	7	0	5	3	6	0	1
d)	3 020 005 000 009			3	0	2	0	0	0	5	0	0	0	0	0	9

2 Natürliche Zahlen

LE 3 Runden von Zahlen

Differenzierung in LE 3

Differenzierungstabelle

LE 3 Runden von Zahlen			
Die Lernenden können ...	○	◐	●
Zahlen im Zehnersystem runden,	1, 2 li, 3 li, 4 li, 5 li 2 re, 3 re	7 li, 8 li, 4 re, 6 re	
	KV 22	KV 22	KV 22 KV 23
rückwärts runden,		6 li, 5 re	
Gelerntes üben und festigen.	F 3		
		AH S.10	

Kopiervorlagen
KV 22 ABC-Mathespiel: Runden
Das Spiel-Konzept funktioniert wie das beliebte und den Lernenden bekannte Gruppenspiel „Stadt-Land-Fluss".
Zur Differenzierung können sich leistungshomogene Gruppen bilden, die entweder eine einfachere (Buchstaben A–M) oder eine anspruchsvollere Variante (Buchstaben N–Z) spielen.

KV 23 Das Pyramiden-Spiel
Ein anspruchsvolles Spiel für leistungsstärkere Lernende.

Inklusion
F 3 Zahlen runden und darstellen

Arbeitsheft
AH S.10 Runden von Zahlen

Kommentare Seite 38–39

Zum Einstieg
Die Lernenden erkennen durch den kleinen Selbstversuch bei der Aufgabe aus dem motivierenden Bereich Fußball selbstständig den Sinn und Zweck von gerundeten Zahlen.
Beim anschließenden kommunikativen Teil kann bereits vorhandenes Wissen der Klasse zu den Rundungsregeln zusammengetragen werden.

Typische Schwierigkeiten
Lernende haben häufig Schwierigkeiten, wenn beim Runden ein Übergang zu einem höheren Stellenwert notwendig wird (zum Beispiel: 398 gerundet auf Zehner). Diese Problematik sollte mit der Klasse explizit angesprochen werden. Als Übung kann Aufgabe 7 links das Besprochene festigen.

Zu Seite 39, Aufgabe 4, rechts
Operatoren signalisieren, welche Tätigkeiten beim Bearbeiten von Aufgaben erwartet werden. In Aufgabe 4 rechts wird das Erklären gefördert: die Fähigkeit, eigenes Wissen sowie eigene Einsichten in einen begründeten Zusammenhang zu stellen.

Zu Seite 39, Aufgabe 6, rechts
In Aufgabe 6 rechts wird das Begründen geübt: die Fähigkeit, eigene Grundgedanken zu entwickeln, zu argumentieren und einen Zusammenhang herzustellen.

Zu Seite 39, Aufgabe 6, links und Aufgabe 5, rechts
Bei diesen Aufgaben ist eine Umkehrung des Rundens notwendig. Die Lernenden üben die heuristische Strategie des Rückwärtsrechnens.

Lösungen Seite 38–39

Seite 38

Einstieg

→ Genaueste Angabe: 59 792 Zuschauer
Ungenaueste Angabe:
mehr als 59 000 Zuschauer
Die genaueste Angabe gibt die Anzahl der Zuschauer bis auf die Einerstelle genau an.
→ Individuelle Lösungen; die meisten werden die Zahl 60 000 nennen.
→ Individuelle Lösungen;
Beispiel: Die Zeitung hat die Zuschauerzahl auf die Hunderterstelle gerundet, da diese Information für den Leser ausreichend ist.

1 a) **48** ≈ 50;   245 ≈ 250;
   2358 ≈ 2360;   12 352 ≈ 12 350
b) **589** ≈ 600;   3499 ≈ 3500;
   9739 ≈ 9700;   36 845 ≈ 36 800
c) **8723** ≈ 9000;   98 459 ≈ 98 000;
   114 891 ≈ 115 000;   236 035 ≈ 236 000

A a) 56 ≈ 60   b) 234 ≈ 230
c) 5892 ≈ 5890   d) 3888 ≈ 3890

2 Natürliche Zahlen

Seite 39

B a) 356 ≈ 400 b) 2357 ≈ 2400
   c) 9526 ≈ 9500 d) 37083 ≈ 37100

C a) 3812 ≈ 4000 b) 32456 ≈ 32000
   c) 184983 ≈ 185000 d) 3456089 ≈ 3456000

Seite 39, links

2 a) 10; 80; 530; 3460; 65580
   b) 80; 90; 890; 3580; 235640

3 a) 900; 800; 2900; 3700; 87600
   b) 100; 3300; 2500; 28300; 842600

4 a) 8000; 4000; 78000; 89000
   b) 20000; 37000; 85000; 371000

5
- 546 ≈ 600 ist falsch; es wurde aufgerundet statt abgerundet; richtig ist 546 ≈ 500
- 1230 ≈ 1200 ist richtig
- 5678 ≈ 5600 ist falsch; es wurde abgerundet statt aufgerundet; richtig ist 5678 ≈ 5700
- 9848 ≈ 9900 ist falsch; es wurde aufgerundet statt abgerundet; richtig ist 9848 ≈ 9800
- 13458 ≈ 13600 ist falsch; es wurde zu viel aufgerundet; richtig ist 13458 ≈ 13500
- 14755 ≈ 14760 ist falsch; es wurde auf Zehner statt auf Hunderter gerundet; richtig ist 14755 ≈ 14800
- 129347 ≈ 130000 ist falsch; es wurde auf Zehntausender statt auf Hunderter gerundet; richtig ist 129347 ≈ 129300

6 Folgende Zahlen (jeweils auf Hunderter gerundet) kommen in Frage:
2550; 2598; 2632; 2649.

7 a) 400 b) 4000 c) 40000

8 1 € 19 ct ≈ 1 €; 7 € 79 ct ≈ 8 €; 8 € 50 ct ≈ 9 €

Seite 39, rechts

2

Zahl	gerundet auf		
	H	T	ZT
a) 28549	28500	29000	30000
b) 93567	93600	94000	90000
c) 130888	130900	131000	130000
d) 353257	353300	353000	350000
e) 6895643	6895600	6896000	6900000
f) 9008456	9008500	9008000	9010000

3 a) 2000000 b) 9000000
   c) 799000000 d) 78000000

4 Beim Runden auf Tausender, Hunderter und Zehner ergibt sich bei diesen Zahlen immer das gleiche Ergebnis:
a) 79000 b) 640000
Dies liegt daran, dass beim Runden auf Zehner bereits die Hunderter und Tausender angepasst werden müssen.

5 Donnerstag: mindestens 6500, höchstens 7499
Freitag: mindestens 12500, höchstens 13499
Samstag: mindestens 32500, höchstens 33499
Sonntag: mindestens 47500, höchstens 48499

6 a) Die Höhe eines Bauwerks darf man runden, da die ungefähre Höhe in den meisten Fällen ausreicht.
b) Eine Postleitzahl darf man nicht runden, diese muss exakt sein.
c) Hier ist der Kontext wichtig; spricht Herr Arslan im Freundeskreis über seine Einnahmen, dann darf er runden. Wenn er aber dem Finanzamt seine Einnahmen mitteilen muss, dann darf er nicht runden, da man für Einnahmen Steuern abführen muss.
d) Mögliche Lösung: Bei der Kontonummer oder bei der Nummer einer Buchseite darf man nicht runden.

LE 4 Schätzen

Differenzierung in LE 4

Differenzierungstabelle

LE 4 Schätzen			
Die Lernenden können ...	○	◐	●
eine Anzahl mithilfe von Rastern schätzen,	1, 2 li, 3 li	4 li, 2 re, 3 re	
	KV 24	KV 24	KV 24
eine Anzahl trotz perspektivischer Verzerrung schätzen,			4 re
Gelerntes üben und festigen.		AH S. 11	

Kopiervorlagen
KV 24 Zählst du noch oder schätzt du schon?
Diese KV eignet sich als alternativer Einstieg in diese Lerneinheit (siehe Alternativer Einstieg).

2 Natürliche Zahlen

Arbeitsheft
AH S.11 Schätzen

Kommentare — Seite 40–41

Zum Einstieg
Die Anzahl einer großen Menge, wie beispielsweise die Anzahl der Blaustreifen-Schnapper auf dem Foto, kann kaum oder nur aufwendig gezählt werden: Sie kann oder muss sogar geschätzt werden. Damit werden die Lernenden mit einer Alltagserfahrung konfrontiert. Zunächst hat die Aufgabe kommunikativen Charakter. Von den verschiedenen Schätzungen ausgehend ergibt sich für die Klasse die Notwendigkeit einer Strategie beim Schätzen. Hierbei kann die Lehrperson als stummen Impuls ein Stück Draht oder Schnur zeigen, um damit die Möglichkeit einer Rasterung anzudeuten.

Alternativer Einstieg
Anhand der handlungsorientierten KV 24 können Fähigkeiten in den Kompetenzbereichen Modellieren und Problemlösen gefördert werden.
Folgendes Material sollte dabei zur Verfügung stehen: Nüsse in verschiedenen Packungseinheiten, Stück Draht oder Schnur.
Dem Modellierungskreis entsprechend reflektieren die Lernenden am Ende ihr Vorgehen.

Zu Seite 41, Aufgabe 4, links
In Aufgabenteil c) fördert diese Aufgabe über den Operator Beschreiben die Lernenden darin, Informationen zusammenhängend und schlüssig wiederzugeben.

Zu Seite 41, Aufgabe 4, rechts
Bei dieser Aufgabe wird die prozessbezogene Kompetenz des Kommunizierens gefordert und gefördert.
In Aufgabenteil b) liegt der Schwerpunkt auf dem Erklären und damit auf der Fähigkeit, eigenes Wissen sowie eigene Einsichten in einen begründeten Zusammenhang zu stellen.
In Aufgabenteil c) kommt es durch das Überlegen zum gemeinsamen Austausch und damit zur Weiterentwicklung von individuellen Einsichten.

Lösungen — Seite 40–41

Seite 40

Einstieg

→ Individuelle Schätzung
Sichtbar sind etwa 50 Blaustreifen-Schnapper. Eine sichere Schätzung ist nicht möglich, da man nicht weiß, wie viele Fische sich in zweiter, dritter und vierter Reihe verborgen halten.

→ Mögliche Lösungen:
- eine Reihe grob zählen und mit der Anzahl der Reihen multiplizieren
- das Bild in kleinere Abschnitte unterteilen, die Anzahl darin zählen und dann mit der Anzahl der Abschnitte multiplizieren

1 Das Bild ist in 9 Felder unterteilt. In einem Feld sind ungefähr 6 Reißzwecken. $6 \cdot 9 = 54$, also liegen ungefähr 54 Reißzwecken im Bild.

Seite 41

A Im rechten Feld sind etwa 7 Gummibärchen abgebildet. Insgesamt sind es drei Felder. Also sind insgesamt etwa 21 Gummibärchen zu sehen.

Seite 41, links

2 $4 \cdot 8 = 32$, also ungefähr 32 Bergfinken

3 $6 \cdot 10 = 60$, also ungefähr 60 Flamingos

4 a) Im Feld unten rechts sind ungefähr 16 Fische. Schätzung: $6 \cdot 16 = 96$, also ungefähr 96 Fische
b) Im Feld oben links sind etwa 30 Fische. Schätzung: $6 \cdot 30 = 180$, also ungefähr 180 Fische
c) Die verschiedenen Schätzungsangaben entstehen dadurch, dass in jedem Feld eine unterschiedliche Anzahl an Fischen ist und diese vervielfacht wird.
Im Feld rechts unten sind die wenigsten Fische, im Feld links oben sind die meisten Fische.

Seite 41, rechts

2 Wenn man das Bild in sechs Felder teilt, dann kann man ungefähr 18 Kirschen in einem Feld zählen.
$6 \cdot 18 = 108$, also ungefähr 108 Kirschen

2 Natürliche Zahlen

3 Wenn man das Bild in sechs Felder teilt, dann kann man ungefähr 30 Vögel in einem Feld zählen.
$6 \cdot 30 = 180$, also ungefähr 180 Vögel

4 a) ungefähr 150 Sonnenblumen
b) Individuelle Lösungen
c) Die Schwierigkeit liegt hier darin, dass die Blumen nicht gleich groß dargestellt sind. Man könnte überlegen, wie die Unterteilung in Felder geschickt durchgeführt werden kann, um der Perspektive im Bild gerecht zu werden.

MEDIEN: Zahlen im Zweiersystem

Differenzierung in MEDIEN: Zahlen im Zweiersystem

Differenzierungstabelle

MEDIEN: Zahlen im Zweiersystem			
Die Lernenden können …	○	◐	●
eine Binärzahl in eine Zahl im Zehnersystem umwandeln und umgekehrt,	1, 2, 3, 4, 5, 6 KV 25	7, 8, 9, 10, 11 KV 25 KV 26	13 KV 25 KV 26
mit Zahlen im Zweiersystem umgehen,		12	14, 15, 16
Gelerntes üben und festigen.			AH S.12

Kopiervorlagen
KV 25 Zweiersystem: Schokoladen-Stücke
Diese KV bietet eine angeleitete Einführung in den Aufbau des Zweiersystems und kann als Einstieg genutzt werden. Anhand der motivierenden Thematik der Schokoladen-Stücke erschließen sich die Lernenden selbstständig den Aufbau des Zweiersystems. Dabei ist die kleinschrittige Aufgabenstellung und die übersichtliche Tabellenform hilfreich.
Die Bearbeitung kann in verschiedenen Sozialformen erfolgen. Bei leistungsschwächeren Klassen bietet sich eine gemeinsame Erarbeitung an, auch mit echter Schokolade oder entsprechenden Plättchen. Ebenfalls denkbar ist der Einsatz als vertiefende Übung nach einer gemeinsamen Einführung.

KV 26 Trimino: Zweiersystem
Ausgeschnittene Dreiecke ergeben richtig zusammengelegt eine Pyramide. Diese KV kann in Einzelarbeit oder kooperativ eingesetzt werden.

Arbeitsheft
AH S.12 MEDIEN: Zahlen im Zweiersystem

Kommentare — Seite 42–43

Zu Seite 43, Aufgabe 13
Bei dieser Aufgabe wird durch die Arbeit zu zweit das Kommunizieren geübt. Dieses steht im Zusammenhang mit dem Operator Beschreiben, der Lernende darin fördert, Informationen zusammenhängend und schlüssig wiederzugeben.

Zu Seite 43, Aufgabe 16
Auch bei dieser Aufgabe wird ein Schwerpunkt auf den Operator Beschreiben unter Verwendung einer angemessenen Fachsprache gelegt.

Lösungen — Seite 42–43

Seite 43

1 a) 1001_2
b) 10100_2

2

Binärzahl	16	8	4	2	1
10111_2	1	0	1	1	1
10011_2	1	0	0	1	1

3 a) 110_2 b) 10101_2

4

	Binärzahl	16	8	4	2	1
a)	1100_2		1	1	0	0
b)	1111_2		1	1	1	1
c)	10100_2	1	0	1	0	0
d)	11111_2	1	1	1	1	1

a) $1100_2 = 0 \cdot 1 + 0 \cdot 2 + 1 \cdot 4 + 1 \cdot 8 = 4 + 8 = 12$
b) $1111_2 = 1 \cdot 1 + 1 \cdot 2 + 1 \cdot 4 + 1 \cdot 8$
  $= 1 + 2 + 4 + 8 = 15$
c) $10100_2 = 0 \cdot 1 + 0 \cdot 2 + 1 \cdot 4 + 0 \cdot 8 + 1 \cdot 16$
  $= 4 + 16 = 20$
d) $11111_2 = 1 \cdot 1 + 1 \cdot 2 + 1 \cdot 4 + 1 \cdot 8 + 1 \cdot 16$
  $= 1 + 2 + 4 + 8 + 16 = 31$

5 a) $4 = 100_2$ b) $11 = 1011_2$
c) $18 = 10010_2$ d) $40 = 101000_2$

6

Zehnersystem	5	10	7	13
Zweiersystem	101_2	1010_2	111_2	1101_2

2 Natürliche Zahlen

Hilfe mit Stellenwerttafel:

Binärzahl	8	4	2	1
101_2		1	0	1
1010_2	1	0	1	0
111_2		1	1	1
1101_2	1	1	0	1

7 a) $1000_2 = 0 \cdot 1 + 0 \cdot 2 + 0 \cdot 4 + 1 \cdot 8 = 8$
b) $1110_2 = 0 \cdot 1 + 1 \cdot 2 + 1 \cdot 4 + 1 \cdot 8 = 14$
c) $10011_2 = 1 \cdot 1 + 1 \cdot 2 + 0 \cdot 4 + 0 \cdot 8 + 1 \cdot 16 = 19$
d) 100010_2
$= 0 \cdot 1 + 1 \cdot 2 + 0 \cdot 4 + 0 \cdot 8 + 0 \cdot 16 + 1 \cdot 32$
$= 34$
e) 101010_2
$= 0 \cdot 1 + 1 \cdot 2 + 0 \cdot 4 + 1 \cdot 8 + 0 \cdot 16 + 1 \cdot 32$
$= 42$
f) 1000001_2
$= 1 \cdot 1 + 0 \cdot 2 + 0 \cdot 4 + 0 \cdot 8 + 0 \cdot 16 + 0 \cdot 32 + 1 \cdot 64$
$= 65$

8 a) 28   b) 41   c) 70
d) 100 e) 136 f) 170

9 a) 11_2 b) 10001_2 c) 11001_2
d) 1000010_2 e) 1000011_2 f) 1000100_2

10 a) 101101_2 b) 111011_2
c) 1010001_2 d) 1101110_2
e) 11001000_2 f) 100001000_2

11 a) und b) Individuelle Lösungen

12 Es ist: $10001_2 = 17$; $110110_2 = 54$; $10110_2 = 22$;
$11000_2 = 24$; $100011_2 = 35$; $1000110_2 = 70$.
Somit gilt:
$10001_2 < 10110_2 < 11000_2 < 100011_2 < 110110_2 < 1000110_2$

13 a) 3; 7; 15; 31; …
b) Die dadurch entstehenden Zahlen sind jeweils um 1 kleiner als die Stellenwertzahlen des Zweiersystems 4; 8; 16; 32; …

14 Größte Zahl: $110100_2 = 52$
Kleinste Zahl: $100101_2 = 37$

15 $1111_2 = 15$ (größte Zahl)
$1110_2 = 14$
$1101_2 = 13$
$1100_2 = 12$
$1011_2 = 11$
$1010_2 = 10$
$1001_2 = 9$
$1000_2 = 8$ (kleinste Zahl)

16 a) Wenn man hinten eine Null anhängt, so verdoppelt sich der Wert der Zahl.
Beispiel: $11_2 = 1 \cdot 1 + 1 \cdot 2 = 3$;
$110_2 = 1 \cdot 2 + 1 \cdot 4 = 6$.
b) Ungerade Zahlen haben hinten eine 1, gerade Zahlen eine 0.

EXTRA: Römische Zahlzeichen

**Differenzierung in EXTRA:
Römische Zahlzeichen**

Differenzierungstabelle

EXTRA: Römische Zahlzeichen			
Die Lernenden können …	○	◐	●
eine Zahl im Zehnersystem mit römischen Zahlzeichen darstellen und umgekehrt,	1, 2, 3	KV 27, KV 28	6 / KV 29
Informationen aus einer Grafik entnehmen und in einen Text umwandeln,		4	
mit römischen Zahlzeichen Rechnungen ausführen.		5	

Kopiervorlagen
KV 27 Domino: Römische Zahlen (1)
KV 28 Domino: Römische Zahlen (2)
Das den Lernenden bekannte Domino-Spiel kann mit zwei unterschiedlichen Dominostein-Sätzen gespielt werden.

KV 29 Die Suche nach dem Schatz von Caesar

Kommentare   Seite 44

Zur Extra-Seite
Die Inhalte dieser Extra-Seite sind nicht verbindlich vorgesehen. Dennoch begegnen den Lernenden die römischen Zahlzeichen im Alltag (z. B. Uhren, Häuserinschriften). Daher ist der motivierende Charakter dieser Thematik nicht zu vernachlässigen. Die Kinder sind im Allgemeinen fasziniert von der „Geheimschrift" der Römer. Diese Extra-Seite bietet einen Einblick in die Möglichkeit, römische Zahlzeichen zu lesen sowie in Zahlen im Zehnersystem zu übersetzen und umgekehrt.

2 Natürliche Zahlen

Lösungen — Seite 44

Seite 44

1 Der Reihe nach:
I; II; III; IV; V; VI; VII; VIII; IX; X; XI; XII; XIII; XIV; XV; XVI; XVII; XVIII; XIX; XX

2 a) XXXII; LXV; CXII; DXIII; MIV
b) 27; 67; 111; 109; 720

3 a) gebaut: 1723
b) renoviert: MMXIV

4 Im obergermanischen Limes sind die Eichenstämme 40 bis 60 cm dick und 250 bis 300 cm hoch. Der Graben ist 700 cm breit und 200 cm tief.
Der obergermanische Limes hat eine Länge von 382 km. Der rätische Limes ist 166 km lang. Entlang des Limes standen etwa 900 Wachtürme und 120 Kastelle. Der Abstand betrug zwischen 200 und 1000 Metern.

5 a) II + I = III oder I + II = III
b) VII + I = VIII
c) V + I = VI oder IV + I = V
d) XXI – I = XX oder XX – I = XIX

6 a) MMV, also 2005. Benedikt XVI. wurde im Jahr 2005 zum Papst gewählt.
b) Im Jahr 1679 starben in Wien viele Menschen an der Pest.

Basistraining und Anwenden. Nachdenken

Differenzierung im Basistraining und Anwenden. Nachdenken

Differenzierungstabelle

Basistraining und Anwenden. Nachdenken			
Die Lernenden können …	○	◐	●
Zahlen auf dem Zahlenstrahl eintragen bzw. Zahlen daran ablesen,	1, 2, 4 a)	19	
Zahlen vergleichen und ordnen,	3, 4 b), 10, 12	11, 20, 23	
Zahlen im Zehnersystem unterschiedlich darstellen,	5, 6, 7, 8, 9	19	
Zahlen runden,	13, 14	15, 16, 17, 22, 23, 24, 25	
eine Binärzahl in eine Zahl im Zehnersystem umwandeln und umgekehrt,		18	
eine Anzahl schätzen,		21	26, 27
Gelerntes üben und festigen.	KV 30 KV 34	KV 31 KV 34	KV 32, KV 33 KV 34
		AH S.13, S.14	

Kopiervorlagen
KV 30 Klassenarbeit A – Natürliche Zahlen
KV 31 Klassenarbeit B – Natürliche Zahlen
KV 32 Klassenarbeit C – Natürliche Zahlen (Teil 1)
KV 33 Klassenarbeit C – Natürliche Zahlen (Teil 2)
(s. S. 4)

KV 34 Bergsteigen: Natürliche Zahlen
(s. S. 4)

Arbeitsheft
AH S.13, S.14 Basistraining und Training

Kommentare — Seite 46–49

Zu Seite 49, Aufgabe 25
Bei dieser Aufgabe werden Alltagskompetenzen im Bereich des Einkaufens gestärkt. Dabei werden unpraktische Verhaltensmuster aufgedeckt.

2 Natürliche Zahlen

Lösungen Seite 46–49

Seite 46

1 a) A: 100; B: 300; C: 600; D: 900
   b) A: 50; B: 200; C: 250; D: 400; E: 450

2 a) Zahlenstrahl 0 bis 11 mit Markierungen bei 0, 1, 2, 5, 10
   b) Zahlenstrahl 0 bis 25 mit Markierungen bei 0, 5, 10, 15, 20
   c) Zahlenstrahl 0 bis 1000 mit Markierungen bei 0, 100, 200, 500, 1000

3 127; 128; 129

4 a) 630 Jana; 640 Pauline; 670 Britta; 680 Raliza; 710 Lina; 730 Kira (auf Zahlenstrahl 650–750)
   b) Mit dem besten Ergebnis beginnend:
   730 cm (Kira); 710 cm (Lina); 680 cm (Raliza); 670 cm (Britta); 640 cm (Pauline); 630 cm (Jana)
   Den dritten Platz belegte Raliza.

5

	Zahl	Millionen			Tausender			Einer		
		HM	ZM	M	HT	ZT	T	H	Z	E
a)	8 263						8	2	6	3
b)	4 832						4	8	3	2
c)	27 892					2	7	8	9	2
d)	92 572					9	2	5	7	2
e)	203 865				2	0	3	8	6	5
f)	356 003				3	5	6	0	0	3
g)	3 500 712			3	5	0	0	7	1	2
h)	21 408 308		2	1	4	0	8	3	0	8

6

	Zahl	Millionen			Tausender			Einer		
		HM	ZM	M	HT	ZT	T	H	Z	E
a)	257							2	5	7
b)	908							9	0	8
c)	7 895						7	8	9	5
d)	78 793					7	8	7	9	3
e)	953 765				9	5	3	7	6	5
f)	53 000 000		5	3	0	0	0	0	0	0
g)	130 000 000	1	3	0	0	0	0	0	0	0

7 sechstausend: 6000; drei Nullen
fünfzigtausend: 50 000; vier Nullen
acht Millionen: 8 000 000; sechs Nullen
sieben Milliarden: 7 000 000 000; neun Nullen
zwei Billionen: 2 000 000 000 000; 12 Nullen
zwölf Billionen: 12 000 000 000 000; 12 Nullen
neunhundertfünfundzwanzigtausend: 925 000; drei Nullen

8 a) sechzig
b) fünfundsiebzig
c) dreihundert
d) zweitausend
e) fünfzehntausend
f) achtzigtausend
g) fünfundsechzigtausendachthundert
h) hundertsiebzigtausend
i) drei Millionen
j) fünfzehn Millionen
k) zwei Milliarden
l) eine Million dreihundertfünfzigtausendfünfhundert

9 Richtig ist:
siebenundachtzig = 87
einhundertacht = 108
dreihunderttausend = 300 000
eine Million = 1 000 000
eine Milliarde = 1 000 000 000
eine Billion = 1 000 000 000 000
fünf Millionen = 5 000 000
siebzig Millionen = 70 000 000

Seite 47

10 a), b) und c) Spiel; individuelle Lösungen

2 Natürliche Zahlen

11 a) 853 < 861
b) 5639 > 4639
c) 408 < 470, also 4 H + 8 E < 4 H + 7 Z
d) 21 030 < 21 301, also
2 ZT + 1 T + 3 Z < 2 ZT + 1 T + 3 H + 1 E
e) 2 312 850 > 2 312 759
f) eine Milliarde > eine Million
g) eine Milliarde > hundert Millionen

12 a) 1 800 000: eine Million achthunderttausend;
300 000: dreihunderttausend;
235 000 000: zweihundertfünfunddreißig Millionen;
475 000 000: vierhundertfünfundsiebzig Millionen;
550 000 000: fünfhundertfünfzig Millionen
b) 300 000 < 1 800 000 < 235 000 000 < 475 000 000 < 550 000 000

13 a) 10; 30; 70; 90; 100
b) 350; 690; 780; 250; 780
c) 3490; 7250; 8940; 45 720; 54 570

14 a) 700; 300; 900; 800; 100
b) 6400; 9300; 3300; 17 400; 18 500
c) 352 900; 247 400; 428 600

15 a) 5 € 35 ct ≈ 5 €
12 € 85 ct ≈ 13 €
1 € 09 ct ≈ 1 €
99 € 55 ct ≈ 100 €
b) 109 ct ≈ 1 €
521 ct ≈ 5 €
758 ct ≈ 8 €
3545 ct ≈ 35 €
c) 1,12 € ≈ 1 €
0,99 € ≈ 1 €
9,99 € ≈ 10 €
18,45 € ≈ 18 €

16 mögliche Zahlen: 775; 776; 777; 778; 779; 780; 781; 782; 783; 784

17 Mögliche Lösung:
Liebe Oma,
wir haben eine Radtour gemacht und sind dabei 45 000 m (45 km) gefahren. Wir haben knapp 3 Stunden für die Strecke gebraucht. Einmal haben wir auch ungefähr 40 Minuten Pause gemacht und uns zwei Eisbecher für knapp 10 Euro gekauft. Finjas höchster Puls bei unserer Radtour war um die 150, Beas um die 170.
Es war ein toller Ausflug. Bis bald!
Deine Finja und Deine Bea

18 a) $1 = 1_2$ b) $2 = 10_2$ c) $6 = 110_2$
d) $20 = 10100_2$ e) $25 = 11001_2$ f) $30 = 11110_2$

Seite 48

19 a) Siehe Tabelle 1 unten
b) Erde – 149 600 000 km: einhundertneunundvierzig Millionen sechshunderttausend Kilometer;
Jupiter – 778 360 000 km: siebenhundertachtundsiebzig Millionen dreihundertsechzigtausend Kilometer;
Venus – 108 160 000 km: hundertacht Millionen hundertsechzigtausend Kilometer;
Saturn – 1 433 500 000 km: eine Milliarde vierhundertdreiunddreißig Millionen fünfhunderttausend Kilometer;
Mars – 227 990 000 km: zweihundertsiebenundzwanzig Millionen neunhundertneunzigtausend Kilometer;
Neptun – 4 495 000 000 km: vier Milliarden vierhundertfünfundneunzig Millionen Kilometer;

Tabelle 1

Planet	Milliarden			Millionen			Tausender			Einer		
	HMrd	ZMrd	Mrd	HM	ZM	M	HT	ZT	T	H	Z	E
Erde				1	4	9	6	0	0	0	0	0
Jupiter				7	7	8	3	6	0	0	0	0
Venus				1	0	8	1	6	0	0	0	0
Saturn			1	4	3	3	5	0	0	0	0	0
Mars				2	2	7	9	9	0	0	0	0
Neptun			4	4	9	5	0	0	0	0	0	0
Uranus			2	8	7	2	4	0	0	0	0	0
Merkur					5	7	9	0	9	0	0	0

2 Natürliche Zahlen

Uranus – 2 872 400 000 km:
zwei Milliarden achthundertzweiundsiebzig Millionen vierhunderttausend Kilometer;
Merkur – 57 909 000 km:
siebenundfünfzig Millionen neunhundertneuntausend Kilometer

c) Merkur, Venus, Erde, Mars, Jupiter, Saturn, Uranus, Neptun

d) Jupiter, Saturn, Uranus, Neptun, Erde, Venus, Mars, Merkur

e) Es ist hilfreich, die Entfernungen weiter zu runden, z.B. auf die Rundungsstelle zehn Millionen (ZM):
Erde: 150 Mio.
Mars: 230 Mio.
Jupiter: 780 Mio.
Neptun: 4 Mrd. 500 Mio. (4500 Mio.)
Venus: 110 Mio.
Uranus: 2 Mrd. 870 Mio. (2870 Mio.)
Saturn: 1 Mrd. 430 Mio. (1430 Mio.)
Merkur: 60 Mio.
Siehe Abb. 1 unten

20 a) Richtig ist:
81 673 > 71 763 > 71 674 > 71 673
b) ist richtig
c) Richtig ist: 244 218 < 244 318 < 245 316
oder: 245 316 > 244 318 > 244 218
d) Richtig ist: viertausenddreiundsechzig = 4063

21 A gehört zu 4   C gehört zu 2
D gehört zu 1   E gehört zu 3

22 Alle Zahlen zwischen 55 500 und 55 549 ergeben 55 500, wenn sie auf Hunderter gerundet werden und 56 000, wenn sie auf Tausender gerundet werden.
Alle Zahlen aus diesem Bereich, die an der Einerstelle noch eine Fünf haben, sind mögliche Lösungen: 55 505; 55 515; 55 525; 55 535; 55 545.

Seite 49

23 a) Mit der größten Höhe beginnend:
1. Dom (4545 m)
2. Liskamm (4527 m)
3. Weisshorn (4505 m)
4. Täschhorn (4491 m)
5. Matterhorn (4478 m)

b) Wenn man auf Hunderter rundet, so werden alle Höhen auf die gleiche Zahl gerundet, nämlich 4500 m.
In diesem Fall können die Berge nicht nach ihrer Größe sortiert werden, da alle gerundet gleich hoch sind.

c) Auf Zehner gerundet kann man die Berge nach wie vor und auch einfacher der Höhe nach ordnen:
1. Dom (4550 m)
2. Liskamm (4530 m)
3. Weisshorn (4510 m)
4. Täschhorn (4490 m)
5. Matterhorn (4480 m)

d) Mit der frühesten Erstbesteigung beginnend:
1. Dom
2. Liskamm und Weisshorn
4. Täschhorn
5. Matterhorn
Liskamm und Weisshorn belegen zusammen den zweiten Platz, da sie am gleichen Tag zum ersten Mal bestiegen wurden. Um sie vollständig ordnen zu können, wäre noch die Uhrzeit der Erstbesteigung notwendig.

24 a) Die Bevölkerungszahl darf man runden, da nur die ungefähre Bevölkerungszahl wichtig ist.
b) Die Schuhgröße darf man nicht runden, denn Schuhgröße 40 wäre noch zu groß.
c) Hier darf man runden, da nur die ungefähre Entfernung wichtig ist.
d) Hier darf man nicht runden: Es wird die genaue Hausnummer benötigt, zum Beispiel um die Post zuzustellen oder den Wohnort einer Person zu bestimmen.
e) Man darf runden, da nur das ungefähre Gewicht wichtig ist.

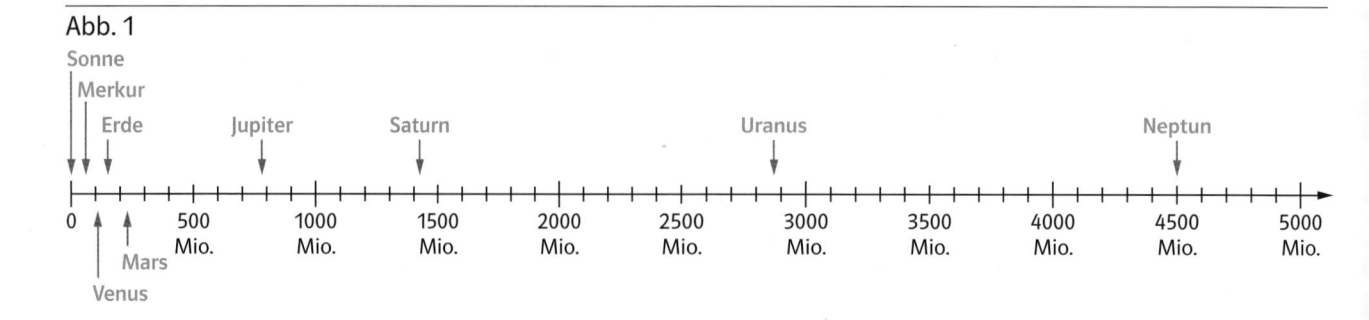

Abb. 1

25 a) Das Geld reicht nicht, denn die drei oberen Produkte kosten zusammen
2,49 € + 1,99 € + 3,49 € = 7,97 €.
Zusammen mit dem Eis sind es 10,47 €.
b) Pascal hat die mathematische Rundungsregel zwar richtig angewandt, als er auf ganze Euro gerundet hat. Jedoch ist dies hier nicht sinnvoll, da Pascal nur genau 10,00 € dabei hat (und nicht rund 10 €).
Pascal hat eine Preisangabe aufgerundet (1,99 € auf 2,00 €) und zwei Preisangaben abgerundet (2,49 € auf 2,00 € und 3,49 € auf 3,00 €). Beim Abrunden beträgt die Abweichung 0,49 € + 0,49 € = 0,98 €. Beim Aufrunden aber nur 0,01 €. Deshalb beträgt die Abweichung beim Runden 0,97 €.
Besser: Pascal hätte auf die erste Stelle nach dem Komma (10 ct) runden sollen:
2,50 € + 2,00 € + 3,50 € = 8,00 €
c) Mögliche Lösung:
- Runden auf 10 ct:
  1,30 € + 4,70 € + 1,70 € + 2,20 € + 5,00 €
  = 14,90 €.
Es sieht so aus, als ob das Geld reicht.
- genaue Rechnung:
  1,29 € + 4,68 € + 1,69 € + 2,19 € + 4,99 €
  = 14,84 €
Das Geld reicht also tatsächlich.
Das Runden auf 10 ct kann also hilfreich im Alltag sein.

26 a) Es sind ungefähr 70 Rosen.
b) Ja, es ist eine realistische Anzahl von Rosen bezogen auf ein Lebensalter.

27 Es sind ungefähr 200 Trauben.

3 Addieren und Subtrahieren

Kommentare zum Kapitel

Intention des Kapitels

Egal ob im Restaurant, auf dem Wochenmarkt oder beim Kuchenverkauf auf dem Schulfest: Überall begegnen den Lernenden Alltagssituationen, in denen die Addition und Subtraktion vorkommen, z.T. auch ohne Taschenrechner oder andere digitale Unterstützung. Es gehört daher zu der mathematischen Grundbildung der Lernenden, dass sie Kopfrechenfertigkeiten bei den Grundrechenarten, hier der Addition und Subtraktion, sicher anwenden können. Auch das Überschlagsrechnen, das zur Kontrolle von Ergebnissen dient sowie das vorteilhafte Rechnen sind in diesem Zusammenhang dem Kompetenzbereich des hilfsmittelfreien Operierens zuzuordnen. Trotz der Verwendung des Taschenrechners in höheren Klassen und in vielen Bereichen des späteren Lebens ist es dennoch wichtig, dass die Grundrechenarten Addition und Subtraktion sowohl im Kopf als auch schriftlich sicher beherrscht werden. So können unter anderem bereits berechnete Ergebnisse schnell selbst überprüft werden. Deswegen gibt es in diesem Kapitel auch eine eigene Lerneinheit zum Kopfrechnen.
Da die Grundrechenarten bereits in der Grundschule intensiv behandelt wurden, kann bei Bedarf oder bei entsprechender Schwerpunktsetzung diese Thematik verkürzt behandelt werden.

Stundenverteilung

Stundenumfang gesamt: 9 – 18

Lerneinheit	Stunden
Standpunkt und Auftakt	0 – 1
1 Kopfrechnen	1 – 2
2 Addieren	1 – 2
3 Subtrahieren	1 – 2
4 Klammern	1 – 2
5 Terme mit Variablen	2 – 3
6 Rechengesetze	1 – 2
Basistraining, Anwenden. Nachdenken und Rückspiegel	2 – 4

Benötigtes Material
- Würfel
- Kärtchen

Kopiervorlagen

KV 41 Überschlagen
KV 42 Domino: Überschlagen

Das Überschlagen kann an mehreren Stellen als Anwendung des Rundens (Kapitel 2, LE 3) eingestreut werden.

Kommentare — Seite 52 – 53

Beide Aufgaben der Auftakt-Seiten sind aus dem Schulalltag, wodurch sie sehr motivierend wirken.

Weiterführende Fragestellungen:
- Fällt euch bei den Zahlen in der Klasse 5a (5b, …) etwas auf?
- Wie viele Kinder sind jeweils in einer Klasse?
- Wie kommt es zu den unterschiedlichen Stückzahlen der Bücher in einer Klasse?
- Wie lange ist ein Buch in Gebrauch?
- Wofür ist es wichtig, nach dem Geschlecht zu unterteilen?
- Wie kann man die Kinder einer Klasse noch einteilen?

Lösungen — Seite 52 – 53

Seite 52

1. In der Klassenstufe 5 sind im Fach Englisch am Schuljahresende 55 Bücher, in Deutsch 59 Bücher und in Mathematik 56 Bücher zurückgegeben worden.
In der Klassenstufe 6 wurden am Schuljahresende im Fach Englisch 54 Bücher, in Deutsch 56 Bücher und in Mathematik 57 Bücher zurückgegeben.

Seite 53

2.

	Kinder	Mädchen	Jungen
5a	26	14	12
5b	27	15	12
5c	23	10	13
6a	25	12	13
6b	26	11	15
6c	28	13	15

In der Klassenstufe 5 sind insgesamt 37 Jungen.
In der Klassenstufe 6 sind es 36 Mädchen.

3 Addieren und Subtrahieren

LE 1 Kopfrechnen

Differenzierung in LE 1

Differenzierungstabelle

LE 1 Kopfrechnen			
Die Lernenden können …	○	◐	●
im Kopf addieren und subtrahieren,	1, 2, 3, 4 li, 5 li F 5	8 li, 9 li, 5 re, 7 re	
einen Text in eine Rechnung übersetzen und umgekehrt,	6 li	4 re, 5 re	
vorteilhaft rechnen,	7 li KV 35	10 li, 6 re, 8 re, 9 re KV 35	10 re KV 35
Gelerntes üben und festigen.		AH S.15	

Kopiervorlagen
KV 35 Kopfrechnen: Addition und Subtraktion

Inklusion
F 5 Partnerbogen Kopfrechnen

Arbeitsheft
AH S.15 Kopfrechnen

Kommentare   Seite 54–55

Allgemein
Im blauen Merkkasten werden zwei unterschiedliche Zerlegungsmöglichkeiten vorgestellt. Je nach Aufgabe ist eine der beiden Zerlegungsmöglichkeiten vorteilhafter. Trotzdem sollen die Lernenden selbst entscheiden können, wie sie vorgehen.
Bei der Addition ist die obere Variante häufig die bekanntere Rechenstrategie, da sie weniger Rechenschritte hat.
Bei der Subtraktion ist häufig die untere Variante bekannter. Die obere Variante ist hier für leistungsstärkere Lernende geeignet.

Zum Einstieg
Mithilfe der Einstiegsaufgabe können die Lernenden über die verschiedenen Vorgehensweisen miteinander ins Gespräch kommen. Dabei werden sprachliche Strukturen durch das Begründen der eigenen Meinung eingeschliffen.

Typische Schwierigkeiten
Eine häufige Schwierigkeit ist es, bei der schriftlichen Zerlegung nur diejenigen Zahlen hinzuzuschreiben, die gerade verrechnet werden (z.B. 36 + 58 = 36 + 50 = 86 + 8 = …). Es ist daher empfehlenswert, von Anfang an mit den Lernenden zu trainieren, immer alle Zahlen aufzuschreiben. Nach einer solchen Trainingsphase gleich zu Beginn ist es den Lernenden nachfolgend auch transparent, dass dies von ihnen verlangt wird.

Zu Seite 55, Aufgabe 9, links
Bei Bedarf kann den Lernenden der Begriff „Stufenzahl" mit dem Tipp am Rand veranschaulicht werden.

Lösungen   Seite 54–55

Seite 54

Einstieg

→ Individuelle Lösungen
→ Individueller Lösungsweg; das Ergebnis lautet 210.
→ Individuelle Lösungen

1 a) 74   b) 77   c) 100   d) 71   e) 103

2 a) 16   b) 30   c) 35   d) 49   e) 38

3 a) 80   b) 10   c) 72   d) 121   e) 106

A a) 75   b) 100   c) 130   d) 85   e) 93

B a) 15   b) 70   c) 68   d) 37   e) 33

Seite 55, links

4 a) 58   b) 199   c) 110
   d) 300   e) 210   f) 102

5 A: 58 − 34 = 24   B: 66 − 43 = 23
   C: 60 − 45 = 15   D: 59 − 29 = 30
   E: 110 − 85 = 25   F: 66 − 49 = 17

6 a) 22 + 55 = 77   b) 34 + 43 = 77
   c) 88 − 56 = 32   d) 100 − 70 = 30
   e) 78 − 34 = 44

7 Zahlenpaare, die leicht zu addieren sind:
   34 + 66 = 100;   21 + 79 = 100;
   88 + 12 = 100;   43 + 57 = 100

3 Addieren und Subtrahieren

8 a) 23 + 48 = **71**　　b) 71 − 45 = **26**
　　c) 48 + **33** = 81　　d) 82 − **31** = 51
　　e) **36** + 36 = 72　　f) **80** − 54 = 26

9 a) 98 + **2** = 100;　　980 + **20** = 1000;
　　89 + **11** = 100;　　890 + **110** = 1000;
　　99 + **1** = 100;　　990 + **10** = 1000
　　b) 5 + **5** = 10;　　55 + **45** = 100;
　　555 + **445** = 1000;　　4 + **6** = 10;
　　44 + **56** = 100;　　444 + **556** = 1000;
　　404 + **596** = 1000
　　c) 1 + **9** = 10;　　12 + **88** = 100;
　　123 + **877** = 1000;　　3 + **7** = 10;
　　34 + **66** = 100;　　345 + **655** = 1000
　　d) 9999 + **1** = 10 000;　　999 + **1** = 1000;
　　909 + **91** = 1000;　　9009 + **991** = 10 000

10 A: 51;　B: 49;　C: 50;　D: 52
　　Das Ergebnis in D ist am größten.

Seite 55, rechts

4 a) Aufgabe: 48 − 24;　　Ergebnis: 24
　　b) Aufgabe: 200 − 135;　　Ergebnis: 65
　　c) Aufgabe: 150 − 117;　　Ergebnis: 33
　　d) Aufgabe: 35 + ■ = 1000
　　Rechnung: 1000 − 35 = 965
　　e) 30 − 21 = 9; 30 − 22 = 8; 9 − 8 = 1
　　Der Unterschied zwischen 30 und 21 ist um 1 größer als der Unterschied zwischen 30 und 22.

5 Individuelle Lösungen, zum Beispiel:
　　a) 75; Subtrahiere 25 von 100.
　　b) 69; Wie um wie viel ist 108 größer als 39?
　　c) 130; Addiere 103 und 27.

6 Zahlenpaare, die leicht zu addieren sind:
　　212 + 88 = 300;　　55 + 345 = 400
　　Zahlenpaare, die leicht zu subtrahieren sind:
　　253 − 53 = 200;　　124 − 74 = 50

7 a) **125** + 125 = 250　　b) **375** − 125 = 250
　　c) 188 − **111** = 77　　d) **111** + 77 = 188
　　e) 1000 − 222 − 333 − **45** = 400

8 a) 135 − **79**　　b) 97 − **69**
　　= 135 − **80** + 1　　= 97 − **70** + 1
　　=　55　+ 1 = 56　　=　27　+ 1 = 28
　　c) 102 − **48**　　d) 73 − **58**
　　= 102 − **50** + 2　　= 73 − **60** + 2
　　=　52　+ 2 = 54　　=　13　+ 2 = 15
　　e) 80 − **48**　　f) 44 − **19**
　　= 80 − **50** + 2　　= 44 − **20** + 1
　　=　30　+ 2 = 32　　=　24　+ 1 = 25

9 Das Ergebnis von C ist mit 112 am größten.
　　Das Ergebnis von F ist mit 109 am kleinsten.

10 a) Von links nach rechts werden die Zahlen paarweise zusammengerechnet:
　　(10 − 9) + (8 − 7) + (6 − 5) + (4 − 3) + (2 − 1)
　　= 1 + 1 + 1 + 1 + 1 = 5
　　b) Die Zahlen können zum Beispiel wie folgt umgruppiert werden:
　　(10 − 5) + (9 − 4) + (8 − 3) + (7 − 2) + (6 − 1)
　　= 5 + 5 + 5 + 5 + 5 = 25

LE 2 Addieren

Differenzierung in LE 2

Differenzierungstabelle

LE 2 Addieren			
Die Lernenden können …	○	◐	●
vorgegebene untereinander stehende Zahlen schriftlich addieren,	1, 3 li, 5 li		
Zahlen hilfsmittelfrei schriftlich addieren,	2, 4 li, 3 re	6 li, 7 li, 9 li, 11 li, 12 li, 13 li, 14 li, 4 re, 5 re, 9 re	10 re, 11 re, 12 re
	F 6 KV 36 KV 37	KV 36 KV 37	KV 36 KV 37
Überschlagsrechnungen durchführen,		8 li, 7 re, 8 re	
einen Text in eine Rechnung übersetzen,		10 li, 6 re	
Gelerntes üben und festigen.		AH S.16	

Kopiervorlagen
KV 36 Affenfelsen: Addieren
(s. S. 4)

KV 37 Rechennetze I

Inklusion
F 6 Schriftliche Addition

Arbeitsheft
AH S.16 Addieren

3 Addieren und Subtrahieren

Kommentare — Seite 56–59

Allgemein
Leistungsschwächere Lernende können das stellengerechte Untereinanderschreiben von Zahlen mithilfe von Stellenwerttafeln üben.

Zum Einstieg
Durch den kooperations- und kommunikationsfördernden Arbeitsauftrag werden die Lösungswege bzgl. des Schwierigkeitsgrades miteinander verglichen und daraus resultierend die schritliche Addition angebahnt.

Zu Seite 57, Aufgabe 3, links, c) und d)
Hier entsteht bei jeder Spalte ein Übertrag. Leistungsschwächere Lernende benötigen hier manchmal eine Hilfestellung.

Zu Seite 57, Aufgabe 7, links
Mögliche Hilfestellung: Immer zwei gelbe Kärtchen ergeben ein graues Kärtchen.

Zu Seite 57, Aufgabe 6, rechts
Folgender Hinweis hilft bei Verständnisproblemen des Begriffs „Höhenmeter": Die Angabe der Höhenmeter bezeichnet für einen Anstieg nur die Höhendifferenz und nicht die zu fahrende Strecke.

Zu Seite 58, Aufgabe 9, links
Die Lernenden können die Tabelle auch in einem Tabellenkalkulationsprogramm lösen (siehe Kapitel 4: MEDIEN: Tabellenkalkulation. Terme).

Zu Seite 58, Aufgabe 7, rechts
Diese Aufgabe lässt sich mit folgender Hilfestellung auch mit leistungsschwächeren Lernenden lösen: Die Lernenden schreiben die Zahlen in eine Stellenwerttafel und markieren das Komma als dicken, senkrechten Strich. Es ist wichtig, dass der Geldbetrag von 19,00 € dann auch mit den Nachkommastellen von den Lernenden verwendet wird.
Weiterführende Frage:
Warum werden in Supermärkten die Preise mit z.B. 2,99 € statt mit 3,00 € ausgeschrieben?

Zu Seite 58, Aufgabe 8, rechts
Bei dieser Aufgabe ist auch der Einsatz eines Tabellenkalkulationsprogramms möglich. Weiterführende Aufgaben könnten dann sein:
- Die Lernenden erstellen Diagramme und diskutieren, welche Darstellungsform am besten geeignet ist.
- Die Lernenden recherchieren zu einem bestimmten Fußballverein die Anzahl der Personen im Stadion der bisherigen Spiele der Saison und übertragen diese in ein Tabellenkalkulationsprogramm. Hierüber können sie dann die Gesamtzahl an Personen berechnen und die Personenzahlen grafisch veranschaulichen.

Weiterführende Fragen:
- Wie kommt es zu den unterschiedlichen Personenzahlen im Stadion?
- Wie viele Personen passen in das Stadion des Lieblingsvereins beim Fußball?

Zu Seite 59, Aufgabe 10, rechts
Als Erweiterung kann die Zahlenverteilung auf einer Dartscheibe zur Aufgabe gemacht werden.
Dabei kann auf die Doppel- und Triple-Felder eingegangen werden. Es können auch verschiedene Spielvarianten thematisiert werden, z.B. 301 oder 501 Punkte oder auch das Double-Out (man darf im letzten Wurf nur mit einem Doppelfeld auf 0 kommen).

Lösungen — Seite 56–59

Seite 56

Einstieg

→ Vormittags waren die Personenzahlen höher als nachmittags. Die Personenzahlen haben von Tag 1 bis zu Tag 3 immer weiter zugenommen.

→ Mögliche Lösung:
- Wie viele Personen waren am ersten Tag im Publikum?
  340 + 184 = 524
  Am ersten Tag betrug die Personenzahl 524.
- Wie viele Personen waren am letzten Tag im Publikum?
  361 + 198 = 559
  Am letzten Tag betrug die Personenzahl 559.
- Wie viele Personen besuchten insgesamt das Musical?
  340 + 184 + 345 + 192 + 361 + 198
  = 524 + 537 + 559 = 1620
  Insgesamt betrug die Personenzahl 1620.

→ Individuelle Lösungen

3 Addieren und Subtrahieren

1 a) 567 + 231 = 798
b) 1846 + 6223 = 8069
c) 9056 + 1944 = 11000
d) 4361 + 5639 = 10000
c) 5794 + 4606 = 10400
d) 4529 + 7534 = 12063

Seite 57

2 a) 625 + 322 = 947
b) 1662 + 137 = 1799
c) 39 + 1456 = 1495
d) 8406 + 3204 = 11610

4 a) 1234 + 4321 = 5555
b) 3567 + 532 = 4099
c) 5437 + 824 = 6261
d) 2546 + 454 = 3000
e) 6543 + 666 = 7209
f) 9234 + 770 = 10004

A a) 267 + 312 = 579
b) 456 + 244 = 700
c) 1300 + 299 = 1599
d) 2467 + 399 = 2866

5 a) 3416 + 2351 + 4211 = 9978
b) 3225 + 3662 + 3111 = 9998
c) 2445 + 4233 + 2211 = 8889
d) 1111 + 3333 + 5555 = 9999

B a) 2306 + 186 = 2492
b) 2020 + 202 = 2222
c) 9999 + 987 = 10986
d) 4508 + 609 = 5117

6 a) 7749 b) 10585 c) 7035 d) 10368

7 125 + 175 = 300; 235 + 365 = 600;
305 + 195 = 500; 155 + 245 = 400

Seite 57, links

3 a) 1245 + 832 = 2077
b) 3562 + 1138 = 4700

Seite 57, rechts

3 a) 134253 + 43254 = 177507
b) 3976 + 5132 = 9108
c) 10987 + 5022 = 16009
d) 8080 + 707 = 8787

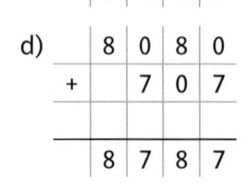

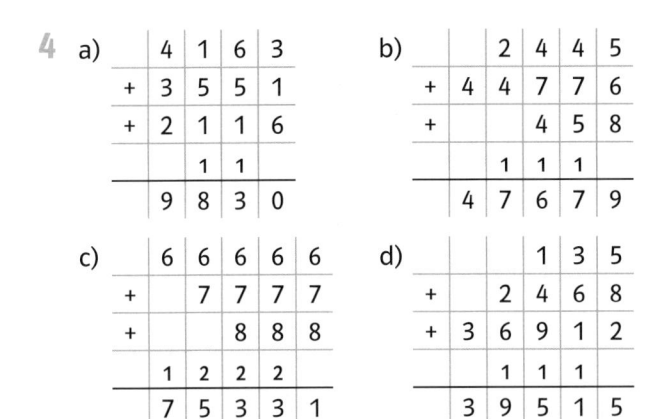

e)

	1	2	0	0	2	1
+			3	4	3	5
	1	2	3	4	5	6

f)

	5	5	5	5
+		4	4	5
	1	1	1	
	6	0	0	0

4 a)

	4	1	6	3
+	3	5	5	1
+	2	1	1	6
		1	1	
	9	8	3	0

b)

		2	4	4	5
+	4	4	7	7	6
+			4	5	8
		1	1	1	
	4	7	6	7	9

c)

	6	6	6	6	6
+		7	7	7	7
+			8	8	8
	1	2	2	2	
	7	5	3	3	1

d)

			1	3	5
+		2	4	6	8
+	3	6	9	1	2
		1	1	1	
	3	9	5	1	5

5 2623 + 3212 + 2124 + 2041 = 10 000
Achtet man auf die letzten Ziffern, so sieht man, dass es zwei Zahlen mit der Endziffer 2 gibt. Eine dieser Zahlen muss draußen bleiben, denn für die anderen Endziffern gilt 3 + 2 + 4 + 1 = 10. Also: 2623 + 2124 + 2041 = 6788. Um 10 000 zu erhalten, muss 3212 dazu addiert werden, 2502 bleibt also draußen.

6 a) 485 + 567 = 1052
Insgesamt müssen 1052 Höhenmeter bewältigt werden.
b) 1235 + 1052 = 2287
Das Ziel liegt auf 2287 m Höhe.
(Dabei wird vorausgesetzt, dass es zwischen den Anstiegen keine Abfahrten, sondern nur gerade Etappen gibt.)

Seite 58, links

8

Aufgabe	Überschlagsrechnung	Ergebnis
294 + 311	300 + 300 = 600	605
89 + 220	100 + 200 = 300	309
188 + 1208	200 + 1200 = 1400	1396
1208 + 491	1200 + 500 = 1700	1699
112 + 689	100 + 700 = 800	801
1379 + 591	1400 + 600 = 2000	1970

9 a)

	Wo 1	Wo 2	Wo 3	
Mo	1423	1239	1345	**4007**
Mi	856	985	765	**2606**
Fr	1098	1008	996	**3102**
	3377	**3232**	**3106**	**9715**

b) Im gelben Feld der Tabelle steht die Gesamtsumme der Flugkilometer.
c) Die Zahl im gelben Feld ergibt sich sowohl als Summe der Ergebnisse in der letzten Zeile als auch als Summe der Ergebnisse in der letzten Spalte. Ergibt sich dabei die gleiche Gesamtsumme als Ergebnis, so weiß man, dass man richtig gerechnet hat.

10 a) 234 + 456 = 690 b) 495 + 106 = 601

11 a)

	3	**3**	7	**2**
+	4	1	**2**	6
	7	4	9	8

b)

	3	2	**0**	7	5
+	1	**0**	2	8	**6**
			1	**1**	
	4	2	3	**6**	1

Seite 58, rechts

7 Joshua hat die mathematische Rundungsregel zwar richtig angewandt, als er auf ganze Euro gerundet hat. Jedoch ist dies hier nicht sinnvoll, da Joshua nur genau 20,00 € dabei hat (und nicht rund 20 €).
Joshua hat vier Preisangaben aufgerundet (2,97 €; 0,99 €; 2,99 € und 1,99 €) und zwei Preisangaben abgerundet (9,07 € und 1,05 €). Dabei sind aber die Differenzen von den jeweiligen vollen Europreisen unterschiedlich groß:
Die aufgerundeten Angaben unterschreiten um 0,03 € + 0,01 € + 0,01 € + 0,01 € = 0,06 € den vollen Preis.
Die abgerundeten Angaben überschreiten um 0,07 € + 0,05 € = 0,12 € den vollen Preis.
Dabei „verliert" Joshua beim Überschlagen 0,12 € − 0,06 € = 0,06 €. D.h. die genaue Summe übersteigt die überschlagene Summe um 0,06 €.
Joshua hat nur 20 € dabei und kann daher die Schokolade nicht mehr kaufen.

8 a) 1. Spieltag:
20 000 + 20 000 + 20 000 + 20 000 = 80 000
2. Spieltag:
20 000 + 20 000 + 20 000 + 20 000 = 80 000
b) 1. Spieltag:
20 000 + 15 000 + 20 000 + 17 000 = 72 000
2. Spieltag:
19 000 + 18 000 + 21 000 + 16 000 = 74 000
c) 1. Spieltag:
19 673 + 15 260 + 20 056 + 17 123 = 72 112
2. Spieltag:
18 624 + 17 720 + 21 047 + 15 975 = 73 366
d) Mögliche Lösung: Am 2. Spieltag kamen mehr Menschen ins Stadion. Um dies zu erkennen, darf man aber nicht zu grob runden.

3 Addieren und Subtrahieren

Seite 59, links

12 a) Richtig ist:

Annamaria

	3	4	7	6
+		4	5	2
			1	
	3	9	2	8

Paul

	3	2	5	6
+	5	8	5	2
		1	1	
	9	1	0	8

b) Annamaria hat die Zahlen nicht stellengerecht untereinander geschrieben.
Paul hat beide Male vergessen, den Übertrag zu addieren.

13 Mögliche Lösungen:
21 + 37 + 22 + 19 = 99
35 + 24 + 22 + 19 = 100

14 Mögliche Lösungen:
- Start C zu B zu D zu E zu Ziel F.
- Start D zu B zu A zu C zu F zu Ziel A.
- Start und Ziel am selben Ort: Das Dreieck ABC zweimal laufen. Start und Ziel ist bei A, B oder C möglich.

Seite 59, rechts

9 125 + 235 + 140 = 500
372 + 111 + 17 = 500
403 + 46 + 51 = 500

10 Mögliche Lösungen:
40 + 24 + 23 + 17 + 16 = 120
40 + 39 + 24 + 17 = 120
40 + 40 + 23 + 17 = 120

11 a) Mögliche Lösungen:
zwei ungerade Zahlen: 49 + 51 = 100
vier ungerade Zahlen: 11 + 19 + 23 + 47 = 100
b) Eine ungerade Zahl kann immer als die darunterliegende gerade Zahl + 1 geschrieben werden, z.B. 5 = 4 + 1. Somit ergibt die Summe zweier ungerader Zahlen wieder eine gerade Zahl, da die zwei geraden Summanden eine gerade Zahl und die zwei Einser eine Zwei ergeben. Bei drei ungeraden Zahlen ist dies nicht mehr der Fall, da eine Eins übrig bleibt.
Vier ungerade Zahlen haben wieder eine gerade Zahl als Summe, während bei Fünf wieder eine Eins übrig bleibt.

12 a) Mit vier ungeraden Zahlen gibt es drei Möglichkeiten:
7 + 1 + 1 + 1 = 10
5 + 3 + 1 + 1 = 10
3 + 3 + 3 + 1 = 10
b) Die übrigen neun Möglichkeiten sind:
9 + 5 + 1 + 1 + 1 + 1 + 1 + 1 = 20
9 + 3 + 3 + 1 + 1 + 1 + 1 + 1 = 20
7 + 7 + 1 + 1 + 1 + 1 + 1 + 1 = 20
7 + 5 + 3 + 1 + 1 + 1 + 1 + 1 = 20
7 + 3 + 3 + 3 + 1 + 1 + 1 + 1 = 20
5 + 5 + 5 + 1 + 1 + 1 + 1 + 1 = 20
5 + 5 + 3 + 3 + 1 + 1 + 1 + 1 = 20
5 + 3 + 3 + 3 + 3 + 1 + 1 + 1 = 20
3 + 3 + 3 + 3 + 3 + 3 + 1 + 1 = 20

LE 3 Subtrahieren

Differenzierung in LE 3

Differenzierungstabelle

LE 3 Subtrahieren			
Die Lernenden können …	○	◐	●
themenspezifische Fachbegriffe verwenden,		SP 7	
vorgegebene untereinander stehende Zahlen schriftlich subtrahieren,	1		
Zahlen ohne Hilfe subtrahieren,	2, 3 li, 4 li, 5 li F 7	6 li, 3 re, 4 re, 5 re, 6 re, 8 re, 9 re	11 re
Informationen aus einer Grafik ablesen und auswerten,		8 li, 9 li, 12 re	
einen Text in eine Rechnung übersetzen,		10 re	
Knobelaufgaben lösen,		10 li	
in gemischten Aufgaben Zahlen addieren und subtrahieren,	F 8 KV 38	KV 38	KV 38
Überschlagsrechnungen beim Addieren und Subtrahieren durchführen,	KV 41	7 li, 7 re KV 41	KV 41
Gelerntes üben und festigen.		AH S.17	

Kopiervorlagen
KV 38 Rechennetze II
KV 41 Überschlagen

3 Addieren und Subtrahieren

Inklusion
F 7 Schriftliche Subtraktion
F 8 Platzhalter

Sprachförderung
SP 7 Addition und Subtraktion

Arbeitsheft
AH S.17 Subtrahieren

Kommentare Seite 60–63

Allgemein
Die schriftliche Subtraktion haben die Lernenden bereits in der Grundschule gelernt. Eine erneute Einführung ist oft nicht notwendig. Da die Lernenden aus unterschiedlichen Grundschulen kommen, ist es allerdings empfehlenswert, dass sie kurz ihre Vorgehensweise vorstellen.
Überträge sollten von den Lernenden stets hingeschrieben werden.

Zum Einstieg
Als Hinführung zur Thematik wird eine problemhaltige Situation gewählt, die es ermöglicht individuelle Lösungswege der Lernenden plenar zu diskutieren.

Zu Seite 60, Aufgabe 1
Ab Aufgabenteil c) werden die Lernenden mit Überträgen konfrontiert. Diese sollten sie immer hinschreiben.

Zu Seite 61, Aufgabe 2
Die Aufgabenteile c) und d) sind aufgrund der unterschiedlichen Stellenanzahl schwieriger. Es ist für leistungsschwächere Lernende leichter, diese Aufgabenteile mit Stellenwerttafeln zu lösen.

Zu Seite 61, Aufgabe 4, rechts
Diese Aufgabe mit der Möglichkeit zur Entdeckung von Gesetzmäßigkeiten ist vor allem für leistungsstärkere Lernende geeignet.

Zu Seite 63, Aufgabe 9, links
Mögliche Hilfestellung: Die dargestellte Größe der Hunde entspricht nicht ihrer wahren Größe, sondern soll die Anzahl verdeutlichen.

Zu Seite 63, Aufgabe 10, links
Im Bild rechts befindet sich ein Ausschnitt von Albrecht Dürers Kupferstich Melencolia I. Interessant ist hier: Sowohl die Senkrechten, Waagerechten als auch die vier Eckzahlen und die vier mittigen Randfelder ergeben die Zahl 34. Es gibt noch weitere Kombinationen, welche diese Zahl ergeben. Lassen Sie diese von den Lernenden suchen. Außerdem hat der Künstler hier seine Initialen D.A. versteckt: In der letzten Zeile steht 4 für den vierten und 1 für den ersten Buchstaben im Alphabet.

Zu Seite 63, Aufgabe 12, rechts
Die Lernenden fragen vermutlich nach den Standorten der Gebäude:
- Empire State Building und
  One World Trade Center: New York (USA)
- Willis Tower: Chicago (USA)
- Petronas Tower: Kuala Lumpur (Malaysia)
- Taipei 101: Taipei (Taiwan)
- Burj Khalifa: Dubai (Vereinigte Arabische Emirate)

Ebenso werden die Lernenden vermutlich nach dem höchsten Hochhaus in Deutschland fragen: Dieses ist mit 259 m der Commerzbank Tower in Frankfurt am Main.
Weiterführende Aufgabe: Die Lernenden recherchieren weitere Gebäude und deren Höhe im Internet und erstellen selbst Aufgaben dazu.

Lösungen Seite 60–63

Seite 60

Einstieg

→ 1649 m − 1346 m = 303 m
Die Bergbahn bewältigt einen Höhenunterschied von 303 m.

→ 1649 m − 1433 m = 216 m
Die Klasse ist 216 Höhenmeter abwärts gewandert.

1 a) 756 − 342 = 414
b) 957 − 46 = 911
c) 2006 − 1501 = 505 (Übertrag 1)
d) 9257 − 5679 = 3578 (Übertrag 111)

3 Addieren und Subtrahieren

Seite 61

2 a)
```
  8 6 3 6
- 6 5 7 5
      1
  2 0 6 1
```
b)
```
  1 0 0 0
-   5 6 6
    1 1 1
    4 3 4
```

Proben:
a) 2061 + 6575 = 2000 + 61 + 6000 + 575
= 8000 + 636 = 8636
b) 434 + 566 = 400 + 34 + 500 + 66 = 1000

c)
```
  3 6 5 4
- 1 7 6 5
  1 1 1
  1 8 8 9
```
d)
```
  8 8 8
- 7 7 9
      1
  1 0 9
```

Proben:
c) 1889 + 1765 = 1800 + 89 + 1700 + 65
= 3500 + 154 = 3654
d) 779 + 109 = 888

A a)
```
  4 3 5 2
- 2 1 2 1
  2 2 3 1
```
b)
```
  5 6 4 3
-   5 3 3
  5 1 1 0
```

c)
```
  4 6 3 8
- 3 2 4 2
      1
  1 3 9 6
```

B a)
```
  5 6 1 2
-   4 5 0
      1
  5 1 6 2
```
Probe:
```
  5 1 6 2
+   4 5 0
      1
  5 6 1 2
```

b)
```
  4 9 9 0
-   2 9 9
    1 1
  4 6 9 1
```
Probe:
```
  4 6 9 1
+   2 9 9
    1 1
  4 9 9 0
```

c)
```
  1 2 3 4
-   5 6 7
    1 1 1
      6 6 7
```
Probe:
```
    6 6 7
+   5 6 7
    1 1
  1 2 3 4
```

Seite 61, links

3 a)
```
  9 8 6
-   7 2
  9 1 4
```
b)
```
  7 5 8
-   3 8
  7 2 0
```
Probe:
914 + 72 = 986

Probe:
720 + 38 = 758

c)
```
  5 6 7
- 3 4 2
  2 2 5
```
d)
```
  7 6 2
- 1 0 1
  6 6 1
```
Probe:
225 + 342 = 567

Probe:
661 + 101 = 762

e)
```
  4 5 6 8
-   2 4 5
  4 3 2 3
```
f)
```
  1 4 8 9
-   3 5 7
  1 1 3 2
```
Probe:
4323 + 245 = 4568

Probe:
1132 + 357 = 1489

4 a)
```
  1 3 4 0
-   3 3 5
      1
  1 0 0 5
```
b)
```
  9 7 0 4
-   3 4 7
    1 1
  9 3 5 7
```

c)
```
  5 8 8
- 4 8 9
  1 1
    9 9
```
d)
```
  6 4 6
- 5 8 3
  1
    6 3
```

e)
```
  2 0 4 4
- 1 2 0 6
    1   1
    8 3 8
```
f)
```
  8 0 0 0
- 4 9 6 2
    1 1 1
  3 0 3 8
```

3 Addieren und Subtrahieren

5 a)

100	−25 →	75	−10 →	65
↓ −25		↓ −15		↓ −45
75	−15 →	60	−40 →	20
↓ −35		↓ −45		↓ −19
40	−25 →	15	−14 →	1

b)

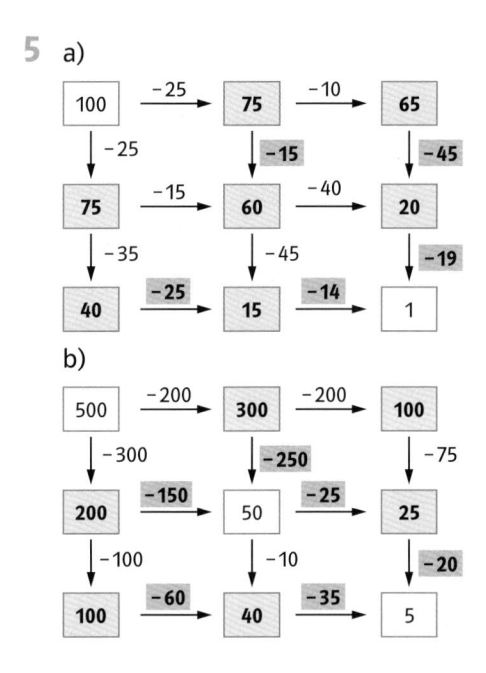

500	−200 →	300	−200 →	100
↓ −300		↓ −250		↓ −75
200	−150 →	50	−25 →	25
↓ −100		↓ −10		↓ −20
100	−60 →	40	−35 →	5

Seite 61, rechts

3 a) 3579 − 345 = 3234
Probe: 3234 + 345 = 3579

b) 9898 − 8769 = 1129
Probe: 1129 + 8769 = 9898

c) 2255 − 1285 = 970
Probe: 1285 + 970 = 2255

d) 6656 − 848 = 5808
Probe: 5808 + 848 = 6656

e) 20400 − 2040 = 18360
Probe: 18360 + 2040 = 20400

f) 10305 − 1035 = 9270
Probe: 9270 + 1035 = 10305

4 a) 99 999 − 12 345 = 87 654
88 888 − 12 345 = 76 543
77 777 − 12 345 = 65 432
66 666 − 12 345 = 54 321
55 555 − 12 345 = 43 210
…

b) 12 345 − 1234 = 11 111
23 456 − 2345 = 21 111
34 567 − 3456 = 31 111
45 678 − 4567 = 41 111
56 789 − 5678 = 51 111
…

c) 1111 − 1111 = 0
3333 − 2222 = 1111
5555 − 3333 = 2222
7777 − 4444 = 3333
9999 − 5555 = 4444
…

d) 999 − 876 = 123
888 − 765 = 123
777 − 654 = 123
666 − 543 = 123
555 − 432 = 123
…

5 a) Richtig ist:

Jan: 2468 − 578 (Übertrag 11) = 1890
Kim: 1876 − 385 (Übertrag 1) = 1491
Kai: 7654 − 651 = 7003
Bea: 3245 − 355 (Übertrag 11) = 2890

b) Jan hat fälschlicherweise an einer Stelle einen Übertrag addiert, den es gar nicht gibt. Kim hat vergessen, den Übertrag zu addieren. Kai hat ganz falsch gerechnet, indem er bei den Stellen verrutscht ist.
Bea hat an der Zehner- und Hunderterstelle jeweils die obere Zahl von der unteren subtrahiert statt anders herum.

c) Mögliche Lösung:
Schreibe Überträge immer sofort auf, statt sie dir nur zu merken.

Seite 62, links

6

−	99	999	100	101
99 999	**99 900**	**99 000**	**99 899**	**99 898**
9999	**9900**	**9000**	**9899**	**9898**
10 001	**9902**	**9002**	**9901**	**9900**
1001	**902**	**2**	**901**	**900**

7 a) Überschlag: 1000 − 600 − 100 = 300

988 − 623 − 132 = 233

63

3 Addieren und Subtrahieren

b) Überschlag: 58 000 − 2000 = 56 000

	5	7	7	3	6
−		2	3	1	2
−			1	4	2
					1
	5	5	2	8	2

c) Überschlag: 10 000 − 9000 = 1000

	1	0	0	0	0
−		8	8	8	8
−			2	2	2
	1	2	2	1	
			8	9	0

d) Überschlag: 100 000 − 8000 = 92 000

	9	9	9	9	9
−		7	7	7	7
−			2	2	2
	9	2	0	0	0

8 a) Anstieg von 2014 nach 2016:
792 141 − 714 927 = 77 214
b) Abnahme von 2008 nach 2010:
682 514 − 677 947 = 4567
c) und d)
- von 2008 nach 2010: Abnahme um 4567 Geburten
- von 2010 nach 2012: Abnahme um 4403 Geburten
- von 2012 nach 2014: Zunahme um 41 383 Geburten
- von 2014 nach 2016: Zunahme um 77 214 Geburten

e) größte Zunahme: von 2014 nach 2016
größte Abnahme: von 2008 nach 2010

Seite 62, rechts

6

−	765	800	**700**	60
98 765	**98 000**	97 965	98 065	98 705
9800	9035	9000	9100	9740
9865	**9100**	9065	9165	**9805**
9765	**9000**	8965	9065	9705

7 a) Überschlag: 1200 − 300 − 200 = 700

	1	2	3	5
−		3	4	5
−		2	3	4
	1	1	1	
		6	5	6

b) Überschlag: 47 000 − 2000 = 45 000

	4	6	7	8	9
−		2	3	4	5
−			2	7	6
			1	1	
	4	4	1	6	8

c) Überschlag: 11 000 − 100 − 200 − 300 = 10 400

	1	0	9	7	6
−			1	1	1
−			2	2	2
−			3	3	3
	1	0	3	1	0

d) Überschlag: 12 000 − 1000 = 11 000

	1	2	3	4	5
−		1	2	3	4
−			1	2	3
−				1	2
−					1
		1	1	1	
	1	0	9	7	5

8 a)

	6	0	5	**9**
−	1	3	4	2
−	2	**5**	1	3
	1			
	2	2	0	4

b)

	9	5	3	1
−	**1**	7	5	3
−	1	2	3	5
−		2	4	**0**
	1	1	**1**	
	6	3	**0**	3

9 Aufgabe A: Simon
Aufgabe B: Paulin und Anna-Maria
Aufgabe C: Tim und Annegret
Beispielbeschreibung für den Lösungsweg von Simon (Aufgabe A): Um die Zahl 4350 von der Zahl 34 500 zu subtrahieren, zerlegt man 4350 in 4000 und 350. 34 500 minus 4000 ergibt 30 500. Von 30 500 wird nun 350 abgezogen. Das Ergebnis ist 30 150.

10 a) 345 − 127 = 218
b) 333 − 222 = 111
c) 200 − 34 = 166
d) 1. Aufgabe: 2000 − 999 = 1001
2. Aufgabe: 1001 − 1 = 1000
Das Ergebnis ist 1000.

3 Addieren und Subtrahieren

Seite 63, links

9 a) 20 352 − 12 786 = 7566
Die Anzahl der Schäferhunde ist um 7566 Tiere zurückgegangen.
b) Zugenommen haben nur die Anzahl der Labrador Retriever (um 861 Tiere) und die Anzahl der Golden Retriever (um 535 Tiere). Am stärksten hat also die Beliebtheit der Labrador Retriever zugenommen.
c) In der Grafik sind die Hunde entsprechend ihrer Beliebtheit größer oder kleiner dargestellt. Man vergleicht dieselben Hunderassen und kann sehen, in welchem Jahr der Hund größer oder kleiner dargestellt ist.

10 a) magische Zahl: 15

3	6	6
8	5	2
4	4	7

b) magische Zahl: 34

11	16	1	6
5	2	15	12
14	9	8	3
4	7	10	13

Seite 63, rechts

11 a)
```
    7 5 0 2
  −   8 3 6
  −     4 9
    1 1 2
  = 6 6 1 7
```
b)
```
    9 7 5 3 1
  −   9 7 5 3
  −   1 2 3 5
  −       2 4 0
    1 1 1 1
  = 8 6 3 0 3
```

12 a) 828 m − 381 m = 447 m
Das Burj Khalifa ist 447 m höher als das Empire State Building.
b) 828 m + 179 m = 1007 m
Der Jeddah Tower wäre 1007 m hoch geworden.
1007 m − 541 m = 466 m
Damit wäre er 466 m höher als das neue One World Trade Center gewesen.

LE 4 Klammern

Differenzierung in LE 4

Differenzierungstabelle

LE 4 Klammern			
Die Lernenden können ...	○	◐	●
von links nach rechts rechnen,	1 a) und c)		
Rechenausdrücke mit einfachen Klammern berechnen,	1 b) und d), 2 b) und c), 3 li, 4 li, 5 li, 6 li, 3 re	10 li, 11 li, 4 re, 5 re, 8 re	11 re, 12 re
Rechenausdrücke mit innerer und äußerer Klammer berechnen,	2 d)	7 li, 6 re	
eine Klammer bewusst setzen, um vorgegebene Ergebnisse zu erzeugen,		8 li, 9 li, 12 li, 7 re, 9 re	13 re
Anwendungsaufgaben lösen,	13 li		
einen Text in einen Rechenausdruck übersetzen und diesen berechnen,		10 re	
Überschlagsrechnungen auch bei Rechenausdrücken mit Klammern ausführen,	KV 42	KV 42	KV 42
Gelerntes üben und festigen.	KV 39, KV 15	KV 39, KV 15	KV 39, KV 15
			AH S.18

Kopiervorlagen
KV 39 Fitnesstest: Klammerregeln
KV 15 Fitnesstest: Trainerliste für die Pinnwand (s. S. 4)

KV 42 Domino: Überschlagen

Arbeitsheft
AH S.18 Klammern

3 Addieren und Subtrahieren

Kommentare — Seite 64–66

Zum Einstieg
Diese Einstiegsaufgabe bietet die Möglichkeit, die Lernenden über die verschiedenen Berechnungsreihenfolgen sprechen zu lassen. Wichtig ist dabei, dass bei der Verschriftlichung alle vorkommenden Zahlen hingeschrieben werden. Nur so lässt sich die Klammersetzung verdeutlichen.

Zu Seite 66, Aufgabe 10, rechts
Lernende, die bei dieser Aufgabe Schwierigkeiten haben, finden in der Zusammenfassung auf Seite 71 im Schulbuch eine Auflistung der Fachbegriffe.

Zu Seite 66, Aufgabe 12, rechts
Alternativ lässt sich diese Aufgabe leichter lösen, wenn man die Lernenden einen Rechenbaum zeichnen lässt.

Lösungen — Seite 64–66

Seite 64

Einstieg

→ Drosselgasse – Lerchengasse:
  24 – 5 + 12 + 4 – 17 = 18
  18 Fahrgäste befinden sich in der Bahn auf dem Weg von der Drosselgasse zur Lerchengasse.
→ Die Haltestelle Hornusstraße ist die Endhaltestelle, dies sieht man auch in der Anzeige der Straßenbahn auf dem Foto. Alle Fahrgäste sind ausgestiegen.
→ Individuelle Lösung, z.B. Berechnung der Anzahl der Fahrgäste von Haltestelle zu Haltestelle.

1 a) 55 – 25 + 15 = 30 + 15 = 45
b) 55 – (25 + 15) = 55 – 40 = 15
c) 63 – 22 – 12 = 41 – 12 = 29
d) 63 – (22 – 12) = 63 – 10 = 53

2 a) 37 + (28 + 12) + 110
  = 37 + 40 + 110 = 37 + 150 = 187
b) 76 – (22 + 11 + 7)
  = 76 – (33 + 7) = 76 – 40 = 36
c) 14 + 7 – (8 + 2)
  = 14 + 7 – 10 = 21 – 10 = 11
d) 115 – (10 + (18 – 13))
  = 115 – (10 + 5) = 115 – 15 = 100

A a) 30 – 15 + 10 = 15 + 10 = 25
b) 23 – (14 + 8) = 23 – 22 = 1
c) 24 + 32 – 16 = 56 – 16 = 40
d) 41 + (20 – 13) = 41 + 7 = 48

B a) 42 – (11 + 12 + 13) = 42 – 36 = 6
b) 34 – (15 – 3 + 6) = 34 – 18 = 16
c) 100 – (50 – (7 – 4)) = 100 – (50 – 3)
 = 100 – 47 = 53

Seite 65, links

3 a) 10 + 6 = 16   b) 20 + 9 = 29
  10 + 4 = 14   4 + 29 = 33
  10 – 6 = 4   30 – 19 = 11
  10 – 4 = 6   6 + 2 = 8

4 a) 10; 4   b) 15; 29
c) 36; 36   d) 75; 75
Ist das Rechenzeichen vor der Klammer negativ, wie in den Teilaufgaben a) und b), dann ändert sich das Ergebnis, wenn man die Klammer weglässt. Bei einem positiven Rechenzeichen vor der Klammer, wie bei den Teilaufgaben c) und d), bleibt das Ergebnis dagegen gleich.

5 a) 42 – 14 – 13 – 6 = 28 – 13 – 6 = 15 – 6 = 9
  42 – (14 + 13 + 6) = 42 – (27 + 6) = 42 – 33 = 9
b) 67 – 23 – 18 – 11 = 44 – 18 – 11 = 26 – 11 = 15
  67 – (23 + 18 + 11) = 67 – (41 + 11) = 67 – 52 = 15
In beiden Teilaufgaben sind die Ergebnisse der einzelnen Aufgaben gleich, obwohl man unterschiedlich rechnet. In der ersten Aufgabe wird jede der Zahlen einzeln nacheinander von der ersten Zahl subtrahiert. In der anderen Aufgabe addiert man zuerst alle Zahlen in der Klammer. Dann subtrahiert man ihre Summe von der ersten Zahl. Dies ist häufig einfacher zu rechnen.

6 a) 11   b) 21

7 a) 18 + (12 + (10 – 5) + 15)
  = 18 + (12 + 5 + 15) = 18 + 32 = 50
  12 + (22 – (17 – 6) + 21)
  = 12 + (22 – 11 + 21) = 12 + 32 = 44
  39 + (32 + (3 + 8) – 14)
  = 39 + (32 + 11 – 14) = 39 + 29 = 68
b) 100 – (75 + (25 – 24) + 10)
  = 100 – (75 + 1 + 10) = 100 – 86 = 14
  100 – (75 – (25 + 24) + 10)
  = 100 – (75 – 49 + 10) = 100 – 36 = 64
  100 – (75 + (25 – 24) – 10)
  = 100 – (75 + 1 – 10) = 100 – 66 = 34

3 Addieren und Subtrahieren

8 a) 54 − (18 − 9) = 45
b) 15 − (11 + 4) = 0
c) 100 − (50 − 25) − 35 = 40

9 Mögliche Lösungen:
a) 5 − (2 + 3) = 0   oder 6 + 2 − (5 + 3) = 0
b) 6 − (3 + 2) = 1   oder (5 + 2) − 6 = 1
c) Individuelle Lösungen, zum Beispiel:
(6 + 3) − 5 − 2 = 2;   6 + 5 − (3 − 2) = 10
6 − 5 + (2 + 3) = 6;   6 − (5 − 2) + 3 = 6

Seite 65, rechts

3 a) 100; 60; 0; 40   b) 16; 18; 16; 8

4 a) 88 + 22 − 11 + 19 = 118
b) 143 − 33 − 33 − 3 = 74
c) 88 − 88 + 11 + 19 = 30
d) 88 − 22 + 11 − 19 = 58

5 a) Mögliche Lösung:
150 − 50 + (35 − 25) + 12 − 5 = 117
150 − (50 + 35) − 25 + 12 − 5 = 47
150 − 50 + 35 − (25 + 12 − 5) = 103
b) Individuelle Lösungen

6 a) 45 + (27 − 15 + 18 + 1) = 45 + 31 = 76
99 + (7 − 4 − 1 − 1) = 99 + 1 = 100
25 − (17 − 5 + 9 + 1) = 25 − 22 = 3
b) 200 + 36 − (39 + 18 − 11) = 236 − 46 = 190
200 + (10 + 26 + 5) + 11 = 200 + 41 + 11 = 252
200 − (36 − 13 + 8 + 11) = 200 − 42 = 158

7 a) Mögliche Lösung: 8 + (14 − 2) − 9 = 11
b) Mögliche Lösung: 8 + 2 − 9 = 1

8 a) 70 < 92   b) 104 = 104
c) 55 > 15   d) 40 > 30

Seite 66, links

10 a) 48 = 48   b) 10 < 44
c) 0 < 24   d) 4 = 4

11 Haben jeweils das gleiche Ergebnis:
25 + (7 − 3) = 25 + 7 − 3 = 29
25 − 7 − 3 = 25 − (7 + 3) = 15
25 − (7 − 3) = 25 − 7 + 3 = 21

12 a) 50 + (22 − 12) = 60
b) 50 − (22 − 12) = 40
c) 50 − (22 + 12) = 16
d) 50 + (22 + 12) = 84
oder (50 + 22) + 12 = 84

13 a) auf dem Abschnitt Kassel – Hamburg
b) Individuelle Schätzung;
Länge der gesamten Strecke: 952 km
c) Von Ulm nach Hamburg sind es 670 km.
d) Strecke Füssen – Kassel: 502 km
Strecke Kassel – Flensburg: 450 km
Die Strecke von Füssen nach Kassel ist 52 km länger als die Strecke von Kassel nach Flensburg.

Seite 66, rechts

9 a) 74 − (34 − 10) + 20 = 70
b) 74 − 34 + (10 + 20) = 70
oder (74 − 34) + 10 + 20 = 70

10 a) 500 − (110 + 35) = 355
b) (48 − 36) + 30 = 42
c) (55 + 45) − (55 − 45) = 90
d) (45 − 25) − ((45 − 20) − (25 − 20))
= 20 − (25 − 5) = 0

11 a) A: 115   B: 110   C: 32
b) Bei A kann man die erste Klammer weglassen.
Bei B kann man beide Klammern weglassen.
Bei C kann man die erste Klammer weglassen.
c) Steht vor der Klammer ein Pluszeichen, so kann die Klammer weggelassen werden, ohne dass das Ergebnis beeinflusst wird.

12 a) 12 + (**20** − 17) = 15   b) 60 − (12 + **18**) = 30
c) **30** − (33 − 13) = 10   d) (36 + 14) − **28** = 22
e) (46 − 25) − **11** = 10   f) (22 − **10**) + 22 = 34

13 a) 135 − 21 + (12 − 10) + 25 − 13 = 128
b) 135 − (21 + 12 − 10 + 25) − 13 = 74
c) 135 − (21 + 12 − 10 + 25 − 13) = 100
d) Aufgabenteil a): Man erhält kein größeres Ergebnis.
Aufgabenteil b): Hier kann durch Einsetzen einer weiteren Klammer ein kleineres Ergebnis erzielt werden: 135 − (21 + 12) − (10 + 25) − 13 = 54

3 Addieren und Subtrahieren

LE 5 Terme mit Variablen

Differenzierung in LE 5

Differenzierungstabelle

LE 5 Terme und Variablen			
Die Lernenden können …	○	◐	●
Zahlen in Terme mit Variablen einsetzen und den Wert des Terms berechnen,	1, 2, 5 li	5 re, 9 re	
Terme einer Sachsituation zuordnen,	3	7 li	
Terme aufstellen,	4, 6 li	6 re, 8 re	10 re
zu einem Term eine Sachsituation formulieren,		7 re	
Gelerntes üben und festigen.	KV 40		
		AH S.19	

Kopiervorlagen
KV 40 Rennbahn
Diese KV ermöglicht einen ersten, spielerischen Zugang zu der Thematik. Die Lernenden bauen aus vorgegebenen Teilen eine Rennbahn und drücken die Länge der Bahn mit Variablen aus. Dabei stellen sie unbewusst ihren ersten Term auf.

Arbeitsheft
AH S.19 Terme mit Variablen

Kommentare — Seite 67–68

Allgemein
In den vorangegangenen Schuljahren haben die Lernenden bereits erste Erfahrungen mit Platzhaltern und Lückenaufgaben gesammelt. Der Schwerpunkt hierbei war das Anregen von Rückwärtsrechnungen.
Auch in diesem Buch werden Platzhalter und Lücken verwendet, die die Lernenden durch passende Zahlen ersetzen oder durch eine Rückwärtsrechnung ermitteln sollen.
Mit Termen und Variablen erweitern die Lernenden ihre Sprachkompetenz um zwei weitere Fachbegriffe der Algebra.
Sie erfahren, dass mithilfe der Terme Sachsituationen mathematisch beschrieben werden können. Sie lernen die Bedeutung von Variablen zur Aufstellung von Termen kennen und berechnen die Werte der Terme.

Einfachen Sachsituationen ordnen die Lernenden Terme zu oder stellen dazu Terme auf.
Die übersichtliche Darstellung der Termwerte in einer Wertetabelle bahnt die Sinnhaftigkeit der Verwendung eines Tabellenkalkulationsprogramms an.

Zum Einstieg
Der Einstieg motiviert die Lernenden, mit Spielsteinen Rechenausdrücke zu legen und zu berechnen. Durch die Verwendung eines Jokersteins wird die Rechenaufgabe zu einem Zahlenrätsel. Die Lernenden werden so systematisch auf die Fachbegriffe Term, Wert des Terms und Variable vorbereitet. Bei der Besprechung kann Term als Rechenausdruck, Wert des Terms als Ergebnis des Rechenausdrucks und die Variable als Platzhalter eingeführt werden.

Alternativer Einstieg
Die Lernenden kennen aus ihren vorangegangenen Schuljahren einfache Sachaufgaben. Aufgabe 4 auf Seite 68 knüpft daran an. Die Aufgabenstellung muss jedoch beachtet werden. Entweder ersetzt man den Begriff „Term" durch Rechenausdruck oder ändert die Aufgabenstellung vollständig um. Beispiel: „Formuliere erst eine Frage, führe eine Rechnung durch und schreibe einen Antwortsatz." Auf diese Weise stellen die Lernenden zu nachvollziehbaren Sachsituationen einen sinnvollen Term auf und berechnen den Wert des Terms. Der Einstieg ist nicht rein mathematisch und verzichtet auf Variablen.

Zu Seite 68, Aufgabe 7, links und Aufgabe 8, rechts
Bei den Aufgaben tauchen zum ersten Mal zwei verschiedene Variablen auf. Dies wird mit zwei unterschiedlich langen Streichhölzern veranschaulicht. Es bietet sich auch an, dass sich Lernende zu zweit gegenseitig Figuren legen und einen passenden Term aufstellen.

Lösungen — Seite 67–68

Seite 67

Einstieg

→ Zum Beispiel:
111 − 1 + (100 + 10) = 220
→ Individuelle Lösungen, zum Beispiel:
111 − (100 + 10 + 1) = 0
111 + 100 − (10 + 1) = 200
111 − (100 + 1) + 10 = 20
→ Der Jokerstein steht für die Zahl 11, denn 111 − **11** = 100.

3 Addieren und Subtrahieren

1 a) 83 + 5 = 88 b) 5 − 3 = 2
c) 7 + (8 − 5) = 10   d) 29 − (5 + 13) = 11
e) 9 − (12 − (16 − 5)) = 9 − (12 − 11) = 8
f) (9 − (6 − 5)) + 10 = (9 − 1) + 10 = 18

2

x	4	9	13
a) x + 17	21	26	30
b) 23 − x	19	14	10
c) 4 + x − 8	0	5	9
d) 100 − (x + 5)	91	86	82
e) x + x	8	18	26
f) x + 43 − x	43	43	43
g) x + (43 − x)	43	43	43
h) 20 − (13 − x)	11	16	20

3 a) 3 − x; x steht für den Preisnachlass.
b) 3 + x; x steht für die Anzahl der Personen, die in den Bus einsteigen.
c) x − 3; x steht für die Anzahl der Pferdeboxen, die Toni sonst ausmisten muss.
d) x + 3; x steht für die Anzahl Armbänder, die Nele schon hat.

Seite 68

4 a) Wie viele Tiere hat Finn insgesamt?
3 + 2 + 1 = 6
Finn hat insgesamt 6 Tiere.
b) Wie viele Personen sind dann im Bus?
17 − 4 + 5 = 18
Im Bus sind dann 18 Personen.
c) Wie viel Geld hat Yana noch übrig?
10 − 2 − 3 − 1 = 4
Yana hat 4 € übrig.

A a) 45 + 4 = 49 b) 24 − 21 = 3
c) 12 − 12 = 0 d) 5 + 5 + 5 − 5 = 10
e) 27 + (9 − 6) = 30 f) 10 − (20 − 11) = 1

B a) x − 8; x ursprünglicher Preis des Buchs
b) x + 8; x ursprünglicher Preis des Balls
c) 8 − x; x Anzahl Autos, die Sasha ihrer Schwester abgibt.

Seite 68, links

5

x	1	2	3	4
a) 28 + x	29	30	31	32
b) 28 − x	27	26	25	24
c) x + x + x + x	4	8	12	16
d) 31 − (10 − x)	22	23	24	25

6 a) x + 6 b) 6 − 3
c) 6 − x d) 3 + 6
e) 6 + x f) x + 3

7 (1) x + x + x + x   (2) x + y + x + y
(3) x + x + x   (4) x + y + y

Seite 68, rechts

5

x	0	1	3	6	12
a) 19 − x − 7	12	11	9	6	0
b) 20 − (20 − x)	0	1	3	6	12
c) 19 − (20 − (x + 7))	6	7	9	12	18
d) 31 − (10 − x) + 2	23	24	26	29	35

6 a) (4 + x) + 6 b) 17 − (3 + a)
c) 5 + (y − 8)

7 Individuelle Lösungen, zum Beispiel:
a) Die 20 Erdmännchen im Zoo haben Nachwuchs bekommen.
b) Anna verschenkt einige von ihren 30 alten Bilderbüchern.
c) Jana hat für 7 € Kuchen und für 2 € Brot gekauft. Sie möchte rechnen, wie viel Geld sie nun im Geldbeutel hat.

8 (1) a + a + b + a + a + b
(2) a + a + b + b + a + a + b + b

9

x	6	8	11	13	20	22
18 − (x − 4)	16	14	11	9	2	0

10

x	1	2	3	4	5	6
a) **x + 6**	7	8	9	10	11	12
b) **11 − x**	10	9	8	7	6	5

3 Addieren und Subtrahieren

LE 6 Rechengesetze

Differenzierung in LE 6

Differenzierungstabelle

LE 6 Rechengesetze Die Lernenden können ...	○	◐	●
das Vertauschungsgesetz anwenden,	1, 4 li	4 re	
das Verbindungsgesetz anwenden,	2	4 re	
vorteilhaft rechnen,	3, 5 li	6 li, 5 re, 6 re	
Berechnungen kritisch überprüfen,		7 li	
Rechengesetze erkennen,		7 re	
Gelerntes üben und festigen.		AH S.20	

Arbeitsheft
AH S.20 Rechengesetze

Kommentare — Seite 69–70

Allgemein
Die Veranschaulichung mit Pfeilen hat den Vorteil, dass für die Lernenden eine Richtung sichtbar ist. So wird es auch nachvollziehbar, dass man das Vorzeichen „mitnehmen" muss. Leistungsschwächere Lernende können auch noch zusätzlich das Rechenzeichen auf den Pfeil schreiben (auch wenn die Pfeilrichtung dies schon verdeutlicht).

Zum Einstieg
Viele leistungsstärkere Lernende haben beim Kopfrechnen bereits Summanden vertauscht, um vorteilhaft zu rechnen. Dies greift der Einstieg auf.

Zu Seite 70, Aufgabe 7, links
Mögliche Hilfestellung: Die Lernenden können am Zahlenstrahl oder mithilfe der Pfeile aus Aufgabe 5 links argumentieren.

Lösungen — Seite 69–70

Seite 69

Einstieg

→ Luca hat die Reihenfolge der Summanden so vertauscht, dass Zahlen, die leicht zu addieren sind, zuerst addiert werden können:
83 + 84 + 85 + 15 + 17 + 16
= (83 + 17) + (84 + 16) + (85 + 15)
= 100 + 100 + 100 = 300

→ Individuelle Lösungen

1 a) 7 + 23 + 12 = 30 + 12 = 42
b) 24 + 36 + 15 = 60 + 15 = 75
c) 72 + 18 + 24 = 90 + 24 = 114

2 a) 22 + (27 + 23) = 22 + 50 = 72
b) (49 + 11) + 37 = 60 + 37 = 97
c) (24 + 26) + (45 + 55) = 50 + 100 = 150

3 a) 26 + 24 + 13 + 37 = 50 + 50 = 100
b) 77 + 23 + 34 + 66 = 100 + 100 = 200
c) 11 + 39 + 55 + 45 + 16 = 50 + 100 + 16 = 166

A a) 24 + 10 − 5 = 29   24 + 5 − 10 = 19
Die Reihenfolge darf nicht vertauscht werden.
b) 17 − 10 − 6 = 1   17 − 6 − 10 = 1
Die Reihenfolge darf vertauscht werden.

Seite 70

B a) 38 + 12 + 39 = 50 + 39 = 89
b) 57 + 43 + 26 = 100 + 26 = 126
c) 66 + 34 + 21 = 100 + 21 = 121

C a) 33 + (45 + 55) = 33 + 100 = 133
b) 21 + 36 + (37 + 13) = 57 + 50 = 107
c) 25 + (66 + 34) + (15 + 35)
= 25 + 100 + 50 = 175

Seite 70, links

4 a) 35 + 15 + 13 = 50 + 13 = 63
b) 24 + 76 + 17 = 100 + 17 = 117
c) 12 + 8 + 7 + 13 = 20 + 20 = 40
d) 34 + 16 + 10 + 1 = 50 + 11 = 61

3 Addieren und Subtrahieren

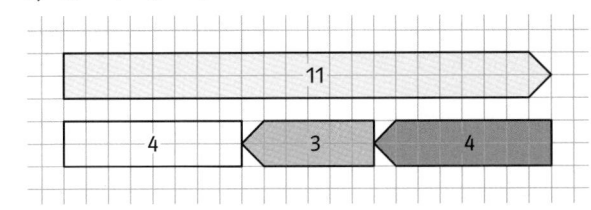

5 a) 11 – 4 – 3 = 4

b) 8 + 3 – 6 = 5

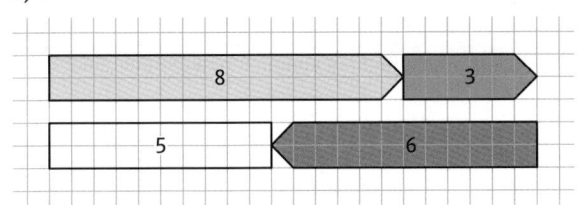

6 a) 34 + (23 + 77) = 34 + 100 = 134
b) 11 + (15 + 35) + (47 + 3) = 11 + 50 + 50 = 111
c) 94 + (54 + 46) + (66 + 34)
 = 94 + 100 + 100 = 294
d) (33 + 17) + (44 + 6) + (35 + 15)
 = 50 + 50 + 50 = 150

7 Karla hat recht, man darf die Zahlen nicht einfach so vertauschen. Emil hat also falsch gerechnet.

Seite 70, rechts

4 Vertauschungsgesetz: a + b = b + a
Verbindungsgesetz: a + (b + c) = (a + b) + c

5 a) +: 250 + 42 + 37 = 329
 –: 31 + 53 + 64 = 148
 329 – 148 = 181
b) +: 1000 + 88 + 66 = 1154
 –: 999 + 77 + 55 = 1131
 1154 – 1131 = 23

6 a) 25 – (12 + 6 + 3 + 1) = 25 – 22 = 3
b) 100 – (50 + 25 + 12 + 6 + 3 + 1) = 100 – 97 = 3
c) 50 000 – (5 + 50 + 500 + 5000)
 = 50 000 – 5555 = 44 445

7

+	1	2	3	4	5	a
1	2	3	4	5	6	1 + a
2	3	4	5	6	7	2 + a
3	4	5	6	7	8	3 + a
4	5	6	7	8	9	4 + a
5	6	7	8	9	10	5 + a
a	a + 1	a + 2	a + 3	a + 4	a + 5	a + 6 = 6 + a

Rechengesetz: Das Vertauschen der Summanden beeinflusst das Ergebnis der Addition nicht.

Basistraining und Anwenden. Nachdenken

Differenzierung im Basistraining und Anwenden. Nachdenken

Differenzierungstabelle

Basistraining und Anwenden. Nachdenken			
Die Lernenden können …	○	◐	●
im Kopf addieren und subtrahieren,	1, 2, 3, 4, 5	26	
schriftlich addieren,	6, 7, 8, 9, 17 a), c) und e)		
schriftlich subtrahieren,	12, 13, 17 b), d) und f)–h)	32 e) und f)	
Aufgaben zur Addition und Subtraktion auch durch Umkehraufgaben und vorteilhaftes Rechnen lösen,	11, 14, 15, 16, 21	27, 28, 29, 31, 32, 33, 34, 42	30, 32
Überschlagsrechnungen durchführen,	10 KV 41 KV 42	KV 41 KV 42	KV 41 KV 42
von links nach rechts rechnen,	18		
vorteilhaft rechnen,	19		
mit Klammern rechnen,	20	25, 38, 39, 40	
Textaufgaben lösen,	24	35, 36, 43, 45, 46	37, 44, 47
einen Term berechnen,	22		
einen Text in einen Term übersetzen und umgekehrt,	23	38, 41	
Gelerntes üben und festigen.	KV 43, KV 44	KV 45, KV 46	KV 47, KV 48
	KV 49	KV 49	KV 49
	AH S. 21, S. 22		

Kopiervorlagen
KV 41 Überschlagen
KV 42 Domino: Überschlagen

KV 43 Klassenarbeit A – 1 Addieren und Subtrahieren (Teil 1)
KV 44 Klassenarbeit A – 1 Addieren und Subtrahieren (Teil 2)
KV 45 Klassenarbeit B – 2 Addieren und Subtrahieren (Teil 1)
KV 46 Klassenarbeit B – 2 Addieren und Subtrahieren (Teil 2)
KV 47 Klassenarbeit C – 3 Addieren und Subtrahieren (Teil 1)

3 Addieren und Subtrahieren

KV 48 Klassenarbeit C – 3 Addieren und Subtrahieren (Teil 2)
(s. S. 4)

KV 49 Bergsteigen: Addieren und Subtrahieren
(s. S. 4)

Arbeitsheft
AH S.21, S.22 Basistraining und Training

Lösungen   Seite 72–77

Seite 72

1 a) 35 b) 79 c) 161
57 79 177
99 95 297

2 a) 65 b) 121 c) 181
93 141 201
96 143 341

3 a) 12 b) 47 c) 113
20 42 115
33 53 211
11 36 112

4 a) 15 b) 36 c) 87
25 27 85
35 18 89
27 27 177

5 a) 390 b) 10 800
110 2500
940 6500
120 500

6 a)
```
    2 1 7
+   5 6 2
---------
    7 7 9
```
b)
```
    4 7 0 6
+   2 0 8 1
-----------
    6 7 8 7
```

7 a)
```
    3 2 7
+   5 7 8
+   4 6 9
     1 2
---------
  1 3 7 4
```
b)
```
    7 8 9
+   5 6 7
+   5 4 3
     1 1
---------
  1 8 9 9
```

c)
```
      7 6 8
+       8 9
+     6 7 3
       2 2
-----------
    1 5 3 0
```
d)
```
    4 7 6 8
+     6 8 9
+   5 6 7 3
     2 2 2
-----------
  1 1 1 3 0
```

8 a)
```
    4 0 8 0
+   6 7 0 5
+   5 0 0 9
         1
-----------
  1 5 7 9 4
```
b)
```
    1 0 0 1 0
+       8 0 8 0
+         4 0 4
---------------
    1 8 4 9 4
```

c)
```
    1 5 0 1 5
+         6 0 6
+       7 0 0 7
      1       1
---------------
    2 2 6 2 8
```
d)
```
    1 0 1 0 1
+       9 0 9 0
+     9 0 9 0 9
        1 1 1 1
---------------
    1 1 0 1 0 0
```

9 a)
```
    2 4 7 8
+   6 4 0 3
+   1 9 4 5
     1 1 1
-----------
  1 0 8 2 6
```
b)
```
    7 0 5 8
+     2 7 9
+   3 4 0 6
       1 2
-----------
  1 0 7 4 3
```

c)
```
        2 4 7
+     5 0 0 4
+     8 7 6 3
        1 1 1
-------------
    1 4 0 1 4
```
d)
```
    1 2 5 3 8
+         5 6
+     7 0 4 9
+       3 5 7
      1 1 2 3
-------------
    2 0 0 0 0
```

10 A → 120
B → 210
C → 150
D → 170
E → 230
F → 190

11 64 + 36 = 100
77 + 23 = 100
58 + 42 = 100

12 a)
```
    9 7 5
-   2 3 4
---------
    7 4 1
```
b)
```
    6 8 7
-   5 4 1
---------
    1 4 6
```

c)
```
    8 4 6
-   7 1 5
---------
    1 3 1
```
d)
```
    4 6 8
-   2 4 7
---------
    2 2 1
```

3 Addieren und Subtrahieren

e) 7658 − 5236 = 2422

f) 2345 − 432 = 1913

e) 6789 + 567 + 43 = 7399

f) 2487 − 1998 = 489

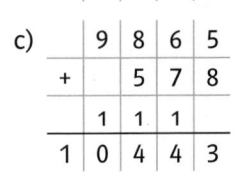

g) 10402 − 8907 = 1495

h) 27586 − 6047 = 21539

Seite 73

13 a) 436 − 389 = 47
b) 807 − 658 = 149
c) 2735 − 1307 = 1428
d) 4026 − 3307 = 719
e) 5002 − 807 = 4195
f) 7053 − 1963 = 5090

14 a) 25 + 14 = 39 b) 25 − 14 = 11
c) 38 − 29 = 9 d) 91 − 37 = 54
e) 127 − 83 = 44 f) 241 + 59 = 300

15 a) 73 − 56 = **17** b) 104 − 85 = **19**
c) 35 + **31** = 66 d) 85 − **23** = 62
e) **36** + 27 = 63 f) **90** − 27 = 63
g) **152** − 59 = 93 h) **34** + 59 = 93

16 a) Pyramide: 60 / 28, 32 / 13, 15, 17 / 6, 7, 8, 9
b) Pyramide: 76 / 36, 40 / 14, 22, 18 / 4, 10, 12, 6
c) Pyramide: 88 / 55, 33 / 33, 22, 11 / 22, 11, 11, 0
d) Pyramide: 100 / 48, 52 / 23, 25, 27 / 11, 12, 13, 14

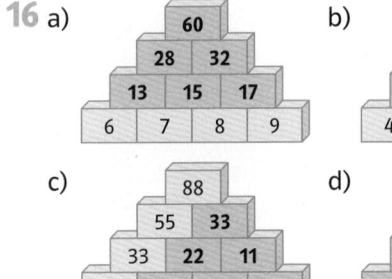

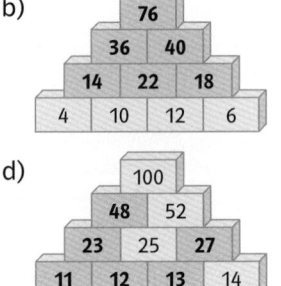

17 a) 5769 + 3428 = 9197
b) 6543 − 2322 = 4221
c) 9865 + 578 = 10443
d) 7548 − 489 = 7059

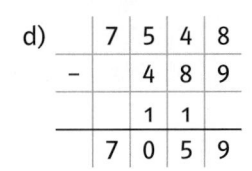

18 a) 91 b) 4 c) 11 d) 67 e) 33

19 a) 23 + 17 + 64 = 104
b) 43 + 27 + 58 + 32 = 160
c) 59 + 41 + 84 + 36 + 37 = 257
d) 67 + 33 + 68 + 32 + 69 + 31 = 300
e) 56 + 44 + 67 + 33 + 29 + 71 = 300

20 a) 37 + 9 − 41 = 5
b) 87 − 59 = 28
c) 19 − 9 − 9 = 1
d) 74 + 86 − 74 = 86
e) 21 − 15 + 17 = 23

21 a) 3573 + 2408 = 5981
b) 5062 − 2097 = 2965

22

x	3	7	25
a) x + 9	12	16	34
b) 105 − x	102	98	80
c) 14 + x − 11	6	10	28
d) 89 − (x + 5)	81	77	59
e) x + x + x	9	21	75
f) 22 − (25 − x)	0	4	22

23 a) 31 + a + 15
b) zum Beispiel: x − 2
c) zum Beispiel: m − 125; m steht für die Anzahl der Menschen am Sonntag
d) 14 − 12 + 15

24 a) Es nahmen 456 Schülerinnen und Schüler teil.
b) Anzahl der Kinder, die Pia und Tom gewählt haben: 112 + 117 = 229
Anzahl der Kinder, die Tabea, Lara und Jan gewählt haben: 97 + 43 + 87 = 227
(alternativ: 456 − 229 = 227)
Tom und Pia wurden zusammen von mehr Kindern gewählt als die anderen Drei.

3 Addieren und Subtrahieren

25 a) 50 − (15 + 25) = 10
b) 50 − (25 − 15) = 40
c) 50 − (15 + 25 + 5) = 5
d) 50 − (15 + 25 − 5) = 15
e) 50 − (25 − 15) + 5 = 45

Seite 74

26 a) Clara: 100 + 36 + 42 − 31 − 17 = 130
Clara erreicht 130 Punkte.
Malik: 100 − 12 − 28 − 21 − 19 = 20
Malik erreicht 20 Punkte.
b) 100 + 36 + 42 + 33 + 100 = 311
Auf dem Weg mit den meisten Punkten erreicht man 311 Punkte.

+100		+50	+50		+100
−23					−48
	+33		−19		+17
−31		−17			−21
			−11		−28
	+42		+36	+49	+81
		−29			−12
	−23		S	S	

c) 100 − 23 − 29 − 17 − 31 = 0
Auf dem Weg mit den wenigsten Punkten erreicht man 0 Punkte.

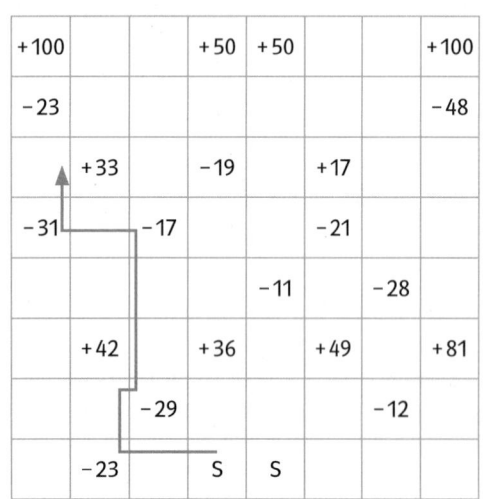

+100		+50	+50		+100
−23					−48
	+33		−19		+17
−31		−17			−21
			−11		−28
	+42		+36	+49	+81
		−29			−12
	−23		S	S	

d) 100 + 49 − 28 − 21 = 100
Ja, es gibt einen Weg, bei dem man genau mit den gestarteten 100 Punkten endet.

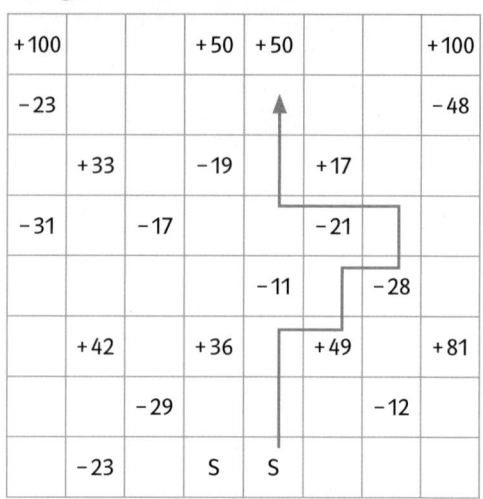

+100		+50	+50		+100
−23					−48
	+33		−19		+17
−31		−17			−21
			−11		−28
	+42		+36	+49	+81
		−29			−12
	−23		S	S	

e) Individuelle Lösungen

27 Mögliche Lösung:
5 = 9 − 3 − 1   6 = 9 − 3
7 = 9 − 3 + 1   8 = 9 − 1
11 = 9 + 3 − 1   12 = 9 + 3
13 = 9 + 3 + 1   14 = 27 − 9 − 1 − 3
15 = 27 − 9 − 3   16 = 27 − 9 + 1 − 3
17 = 27 − 9 − 1   18 = 27 − 9
19 = 27 − 9 + 1   20 = 27 − 9 − 1 + 3

28 a)

33	
	60
27	
	50
23	
	38
15	
	26
11	
	23
12	
	27
15	
	22
7	

b)

90	
	120
30	
	64
34	
	59
25	
	44
19	
	40
21	
	36
15	
	29
14	

29 a) In jedem Mauerstein steht die Summe der zwei darunterliegenden Nachbarsteine.
b)

19		46		54		27	
1	18		28		26	1	
	6	12		16		10	
1		5	7		9		1
	2		3		4		5

3 Addieren und Subtrahieren

30 Mögliche Lösung:

90	100	120	130	
50	40	60	60	70
13	27	33	27	← Zahl frei wählbar
4	9	18	15	12
2	7	11	4	

Seite 75

31 Mögliche Subtraktionsaufgabe:
100 − 29 = 71 oder 100 − 71 = 29
Zugehörige Additionsaufgabe:
29 + 71 = 100

32 Anna korrigiert demnach die Ergebnisse wie folgt:
a) 87 − 49 = **38**   b) 649 − 384 = **265**
c) 781 − 465 = **316**   d) 1000 − 568 = **432**
Bastian schlägt vor, die erste oder zweite Zahl zu korrigieren, also wie folgt:
a) **96** − 49 = 47 oder 87 − **40** = 47
b) **549** − 384 = 165 oder 649 − **484** = 165
c) **791** − 465 = 326 oder 781 − **455** = 326
d) **1110** − 568 = 542 oder 1000 − **458** = 542

33 a)
```
    5 7 6 5
  + 3 4 4 9
    1 1 1
    9 2 1 4
```
b)
```
    3 4 7 8
  + 5 2 9 4
      1 1
    8 7 7 2
```
c)
```
    1 2 9
  + 3 0 8
  + 1 6 7
      1 2
    6 0 4
```
d)
```
    7 8 0 3
  + 4 7 9 3
        1
  1 2 5 9 6
```
e)
```
    7 9 2 3
  − 4 9 8 8
    1 1 1
    2 9 3 5
```
f)
```
    8 7 2 6
  − 5 4 3 7
      1 1
    3 2 8 9
```

34 Individuelle Lösungen

35 a)

	Summe der Downloads
Sad	127 000
Late	107 000
You	140 000

Das Lied „You" hat die meisten Downloads.

b) Mögliche Lösung:
Aus der Tabelle kann man noch herauslesen, welche Lieder im Laufe der 4 Wochen beliebter oder unbeliebter wurden.

36 Monica täuscht sich, das Ergebnis ist nicht immer dreistellig. Julian täuscht sich allerdings auch, denn das Ergebnis ist auch nicht immer vierstellig.
Beispiele: 123 + 214 = 337
                978 + 852 = 1830
Das Ergebnis kann nicht fünfstellig sein, denn die größte dreistellige Zahl ist 999. Das Ergebnis ist maximal vierstellig: 999 + 999 = 1998.

37 a) 1946 m − 650 m = 1296 m
Von Jenbach bis zum Gipfel sind es 1296 Höhenmeter.
b) 1740 m − 975 m = 765 m
Der Höhenunterschied beträgt auf den ersten Blick 765 Höhenmeter.
Um allerdings von Maurach zur Halde zu kommen, muss man erst mal bis Jenbach heruntersteigen. Von Jenbach bis zur Halde sind dann 1090 Höhenmeter zu steigen:
1740 m − 650 m = 1090 m
c) Abstiege: 1296 Höhenmeter;
Rechnung:
(975 m − 650 m) + (1946 m − 975 m) = 1296 m
Anstiege: 1296 Höhenmeter
Rechnung: 1946 m − 650 m = 1296 m
d) Mögliche Lösungen:
• Wie lang ist die Gehzeit von Maurach nach Jenbach? 1:40 h
• Wie lang wandert man von Steig bis nach Halde? 1:55 h

38 a) 50 − (10 − 5) + 20 = 65;
Ziehe von 50 die Differenz von 10 und 5 ab und addiere dann 20.
b) 50 − 10 − (5 + 20) = 15;
Ziehe 10 und die Summe von 5 und 20 von 50 ab.
c) 50 − (10 − 5 + 20) = 25;
Berechne die Differenz von 10 und 5 und addiere 20. Ziehe das Ergebnis von 50 ab.

Seite 76

39 a) 39 − 3 − 30 + 27 − 24 = 9
b) 39 − 36 + 33 − 3 − 24 = 9
c) 39 − 33 + 27 − 24 = 9
d) 39 − 3 − 3 − 24 = 9
e) 39 − 33 − 3 = 3
f) 39 − (36 − 6) = 39 − 30 = 9

3 Addieren und Subtrahieren

40 a) A: 50 − (24 − 15) + 11 = 52
B: 100 + (55 − 15) − 32 = 108
C: 75 − (30 − 25) − 12 = 58
D: 40 − (22 − 12 − 5) = 35
b) A: 50 − (24 − 15) − 11 = 30
B: 100 − (55 − 15) − 32 = 28
C: 75 − (30 + 25) − 12 = 8
D: 40 − (22 − 12 + 5) = 25

41 a) 29 − (39 − x)
b) (100 − a) − (a − 22)
c) (45 + y) + (y + 13)

42 a) 125 − (22 + 36 + 14 + 38) = 125 − 110 = 15
b) 99 − (16 + 15 + 20 + 47) = 99 − 98 = 1
c) 111 − (34 + 23 + 15 + 28) = 111 − 100 = 11
d) 123 − (25 + 47 + 15 + 34 + 2) = 123 − 123 = 0

43 Laura und Fabian haben zusammen
400 − 90 − 65 = 245 Stimmen bekommen.
Fabian hat also 120 Stimmen und Laura
125 Stimmen bekommen.

44 a) 2283 km − 1929 km = 354 km
b)

Etappe	Länge der Etappe
Deggendorf–Obernzell	2283 km − 2225 km = 58 km
Obernzell–Aschach	2225 km − 2160 km = 65 km
Aschach–Linz	2160 km − 2131 km = 29 km
Linz–Grein	2131 km − 2075 km = 56 km
Grein–Melk	2075 km − 2038 km = 37 km
Melk–Tulln	2038 km − 1968 km = 70 km
Tulln–Wien	1968 km − 1929 km = 39 km

Die längste Etappe war von Melk nach Tulln, die kürzeste von Aschach nach Linz.
c) 56 km + 37 km + 70 km + 39 km = 202 km oder
2131 km − 1929 km = 202 km
d) Die Mitte der Strecke befindet sich zwischen Linz und Grein.

Seite 77

45 a) Beispiele:
Essen–Genua–Rom–Venedig–Essen: 3170 km
Essen–Paris–Lyon–Nizza–Genua–Essen: 2720 km
Essen–Paris–Lyon–Nizza–Genua–Venedig–Essen: 3200 km
Die letzte Strecke ist die längste Fahrt mit Freikilometern.
b) Rom–Venedig–Essen–Genua–Rom: 3170 km

46 Alter von Miro: x;
Miros Mutter ist 23 Jahre älter, also x + 23.
Miros Vater ist 2 Jahre älter als die Mutter, also:
x + 23 + 2 bzw. x + 25.
Miros Schwester ist 3 Jahre jünger, also: x − 3.
Miro wird in 2 Jahre 8 Jahre alt sein, man erhält daher:
x + 2 = 8; damit ist x = 6.
Miro ist also jetzt 6 Jahre alt. Damit ist die Mutter 29 Jahre alt, der Vater 31 Jahre und die Schwester 3 Jahre alt.

47 Mögliche Fragen und ihre Antworten:
- In welchem Bundesland leben die meisten Menschen, wo die wenigsten?
  In Nordrhein-Westfalen leben die meisten Menschen und in Bremen die wenigsten.
- Welches Bundesland bedeckt die größte Fläche, welches die kleinste?
  Bayern bedeckt die größte Fläche und Bremen die kleinste.
- Wie groß ist die Gesamtfläche Deutschlands ungefähr?
  Die Gesamtfläche Deutschlands beträgt ungefähr 360 000 km².
- Wie groß ist die Bevölkerungszahl in Deutschland ungefähr?
  Die Bevölkerungszahl in Deutschland beträgt ungefähr 83 Millionen.

4 Multiplizieren und Dividieren

Kommentare zum Kapitel

Intention des Kapitels
Im Mittelpunkt dieses Kapitels stehen die schriftlichen Verfahren zur Multiplikation und Division. Die Kombination der vier Grundrechenarten bringt die Lernenden dann in Kontakt mit Rechengesetzen, die sie auch für Rechenvorteile nutzen können.

Stundenverteilung
Stundenumfang gesamt: 15–26

Lerneinheit	Stunden
Standpunkt und Auftakt	0–1
1 Kopfrechnen	1–2
2 Multiplizieren	1–2
3 Rechengesetze. Rechenvorteile	2–3
4 Potenzen	1
5 Dividieren	2–3
6 Klammern zuerst. Punkt vor Strich	3–5
7 Ausklammern. Ausmultiplizieren	2–3
MEDIEN: Tabellenkalkulation. Terme	1
Basistraining, Anwenden. Nachdenken und Rückspiegel	2–5

Benötigtes Material
- Würfel

Kopiervorlagen
KV 60 ABC-Mathespiel: Grundrechenarten
Diese KV kann an verschiedenen Stellen des Kapitels zum Kopfrechnen-Training mit allen vier Grundrechenarten verwendet werden.

Kommentare Seite 80–81

Die Aufgaben sind aus dem Alltag der Kinder. Es kann auch der Einkauf für eine wirkliche Party oder für ein Schulfest zum Einstieg für dieses Kapitel verwendet werden.
Alternativ können auch verschiedene Packungen z. B. von Schokoriegeln besorgt werden. Die Lernenden können dann die Anzahl in einer Packung zählen und auf eine bestimmte Menge hochrechnen.

Lösungen Seite 80–81

Seite 80

1 Auf einem Blech befinden sich 14 Berliner.
Sie haben 7 Bleche gekauft.
$14 \cdot 7 = 98$
Insgesamt haben sie also 98 Berliner gekauft.

2 $6 \cdot 12 = 72$
Es wurden 72 Flaschen Wasser beschafft.

Seite 81

3 Orangen: In einer Orangenkiste befinden sich 15 Orangen. Damit wurden 45 Orangen gekauft.
Zum geschickten Zählen: Es gibt drei Reihen an Orangen und in jeder Reihe sind 5. Es sind also $3 \cdot 5 = 15$ Orangen.
Äpfel: In einer Packung befinden sich 6 Äpfel. Um ebenfalls etwa 45 Äpfel zu haben, benötigt man 8 Packungen.

LE 1 Kopfrechnen

Differenzierung in LE 1

Differenzierungstabelle

LE 1 Kopfrechnen			
Die Lernenden können …	○	◐	●
im Kopf multiplizieren und dividieren,	1, 2, 3 li, 4 li, 6 li F 9	3 re, 6 re, 7 re	
vorteilhaft im Kopf rechnen,	5 li	7 li, 4 re, 5 re	
Gelerntes üben und festigen.		AH S. 23	

Inklusion
F 9 Partnerbogen Kopfrechnen

Arbeitsheft
AH S. 23 Kopfrechnen

4 Multiplizieren und Dividieren

Kommentare — Seite 82–83

Allgemein
Grundvoraussetzung für das Kopfrechnen ist die Beherrschung des großen Einmaleins. Dies kann mit verschiedenen Spielen in der ganzen Klasse geübt werden (z. B. Kopfrechnen-Memory, siehe alternativer Einstieg).

Zum Einstieg
Im Sinne der Bildung für nachhaltige Entwicklung (BNE) kann der Einstieg auch als Gesprächsanlass genutzt werden, über die Wasserverschwendung durch tropfende Wasserhähne zu sprechen.
Hierzu kann man geschätzt davon ausgehen, dass rund 20 Tropfen einem Milliliter entsprechen.
Mögliche Fragen:
- Wie viel ml Wasser ergibt dies in einer Stunde?
  60 ml
- Wie viel ml Wasser ergibt dies an einem Tag?
  1440 ml = 1,44 l
- Wie viel Wasser ergibt dies in einem Jahr?
  525 600 ml = 525,6 l

Alternativer Einstieg
Zwei Kinder gehen vor die Tür. Die restlichen Kinder bilden Paare: Der oder die eine schreibt die Rechnung auf ein Blatt, der oder die andere das Ergebnis. Dann verteilen sich alle wieder im Raum. Die zwei vor dem Klassenzimmer Wartenden werden nun hereingeholt und müssen abwechselnd immer zwei Kinder ihr Blatt zeigen lassen und somit passende Paare finden.
Schwieriger wird es, wenn das Spiel ganz ohne Papier gespielt wird.

Zu Seite 83, Aufgabe 7, links
Mögliche Hilfestellungen:
1. Achte auf die Nullen.
2. Es müssen jeweils nur die Nullen aus der Rechnung an das Ergebnis der ersten Aufgabe angehängt werden.

Zu Seite 83, Aufgabe 5, rechts
Mögliche Hilfestellung:
Beachte Beispiel d) im blauen Kasten.

Lösungen — Seite 82–83

Seite 82

Einstieg

→ 1 Stunde entspricht 60 Minuten.
  Anzahl der Tropfen nach 60 Minuten:
  $20 \cdot 60 = 1200$
→ Eine halbe Stunde entspricht 30 Minuten.
  Anzahl der Tropfen in einer Minute:
  $240 : 30 = 8$

1 a) 40 b) 36 c) 56 d) 72
  e) 42 f) 32 g) 45 h) 77

2 a) 7 b) 9 c) 9 d) 9
  e) 6 f) 7 g) 9 h) 11

A a) 56 b) 54 c) 36 d) 55

B a) 4 b) 7 c) 7 d) 8

Seite 83, links

3 a) 40 b) 5 c) 60
   36   7   11
   88   9   84
   36   6   16
   52   7   96
   45   8   14

4 Lösungssatz: ÜBEN HILFT DIR

5 a) $21 \cdot 7 = 20 \cdot 7 + 1 \cdot 7 = 140 + 7 = 147$
  $31 \cdot 5 = 30 \cdot 5 + 1 \cdot 5 = 150 + 5 = 155$
  $41 \cdot 6 = 40 \cdot 6 + 1 \cdot 6 = 240 + 6 = 246$
  $52 \cdot 3 = 50 \cdot 3 + 2 \cdot 3 = 150 + 6 = 156$
  $61 \cdot 6 = 60 \cdot 6 + 1 \cdot 6 = 360 + 6 = 366$
  $82 \cdot 4 = 80 \cdot 4 + 2 \cdot 4 = 320 + 8 = 328$
  b) $9 \cdot 17 = 10 \cdot 17 - 1 \cdot 17 = 170 - 17 = 153$
  $9 \cdot 24 = 10 \cdot 24 - 1 \cdot 24 = 240 - 24 = 216$
  $19 \cdot 7 = 20 \cdot 7 - 1 \cdot 7 = 140 - 7 = 133$
  $29 \cdot 8 = 30 \cdot 8 - 1 \cdot 8 = 240 - 8 = 232$
  $39 \cdot 6 = 40 \cdot 6 - 1 \cdot 6 = 240 - 6 = 234$
  $79 \cdot 5 = 80 \cdot 5 - 1 \cdot 5 = 400 - 5 = 395$

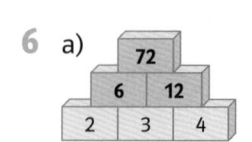

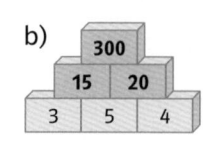

6 a) Zahlenpyramide:
  oben: 72
  Mitte: 6, 12
  unten: 2, 3, 4

  b) Zahlenpyramide:
  oben: 300
  Mitte: 15, 20
  unten: 3, 5, 4

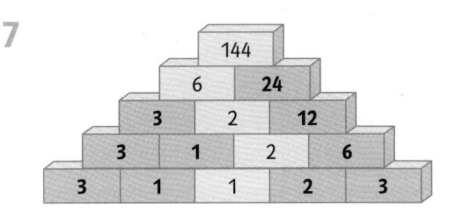

4 Multiplizieren und Dividieren

7 a) 5 · 7 = **35**
50 · 7 = **350**
500 · 7 = **3500**
5000 · 7 = **35 000**
50 000 · 7 = **350 000**
b) 9 · 3 = **27**
9 · 30 = **270**
90 · 30 = **2700**
90 · 300 = **27 000**
900 · 300 = **270 000**

Seite 83, rechts

3 a) 60   b) 12   c) 48   d) 18
e) 90   f) 13   g) 108   h) 14
i) 112   j) 9   k) 119   l) 24
m) 990   n) 17   o) 225   p) 4
q) 999   r) 125

4 a) 32   b) 5
64   10
128   20
256   40
512   80
1024   160
Es reicht, jeweils die erste Aufgabe zu berechnen, danach verdoppeln sich die Ergebnisse.

5 a) 19 · 13 = 20 · 13 − 1 · 13
= 260 − 13
= 247
b) 49 · 52 = 50 · 52 − 1 · 52
= 2600 − 52
= 2548
c) 29 · 17 = 30 · 17 − 1 · 17
= 510 − 17
= 493
d) 99 · 24 = 100 · 24 − 1 · 24
= 2400 − 24
= 2376
e) 39 · 22 = 40 · 22 − 1 · 22
= 880 − 22
= 858
f) 199 · 12 = 200 · 12 − 1 · 12
= 2400 − 12
= 2388

6 a) 5 · **8** = 40;   40 : 5 = 8 ✓
7 · **12** = 84;   84 : 7 = 12 ✓
7 · 15 = 105;   105 : 15 = 7 ✓
9 · 12 = 108;   108 : 12 = 9 ✓
32 · **3** = 96;   96 : 32 = 3 ✓
5 · 18 = 90;   90 : 18 = 5 ✓

b) 45 : **9** = 5;   5 · 9 = 45 ✓
60 : **5** = 12;   5 · 12 = 60 ✓
120 : 8 = 15;   8 · 15 = 120 ✓
117 : 9 = 13;   9 · 13 = 117 ✓
125 : **5** = 25;   5 · 25 = 125 ✓
96 : 16 = 6;   6 · 16 = 96 ✓

7

Pyramide:
- 144
- 6, 24
- 3, 2, 12
- 3, 1, 2, 6
- 3, 1, 1, 2, 3

LE 2 Multiplizieren

Differenzierung in LE 2

Differenzierungstabelle

LE 2 Multiplizieren			
Die Lernenden können ...	○	◐	●
eine Summe als Produkt schreiben,	1		
Zahlen multiplizieren,	2, 3, 4 li, 5 li F 10 F 11 KV 50 KV 51	8 li, 9 li, 10 li, 11 li, 4 re, 5 re, 6 re KV 50 KV 51	10 re KV 50 KV 51
Überschlagsrechnungen durchführen,	7 li	7 re, 8 re	
zu einem Foto aus dem Alltag eine Multiplikationsaufgabe stellen,		6 li	
einen Text in einen Term übersetzen und umgekehrt,			9 re, 11 re
Gelerntes üben und festigen.		AH S. 24	

Kopiervorlagen
KV 50 Schriftliche Multiplikation
KV 51 Trimino: Multiplizieren

Inklusion
F 10 Schriftliche Multiplikation I
F 11 Schriftliche Multiplikation II

Arbeitsheft
AH S. 24 Multiplizieren

4 Multiplizieren und Dividieren

Kommentare — Seite 84–86

Zum Einstieg

Den Puls können die Lernenden am Handgelenk oder, häufig leichter, am Hals messen. Der Puls wird mit Zeige- und Mittelfinger einer Hand ertastet. Da der Daumen einen eigenen Puls hat, sollte dieser nicht zur Messung benutzt werden.
Für die Messung ist es leichter, wenn die Zeitmessung durch die Lehrkraft (oder zu zweit) vorgenommen wird und die Lernenden nur den Puls zählen müssen.

Typische Schwierigkeiten

In den Beispielen auf Seite 84 werden die drei Aspekte thematisiert, bei denen oft Schwierigkeiten auftreten:
- stellengerechtes Schreiben
- Überträge
- Umgang mit Nullen

Zu Seite 85, Aufgabe 5, rechts

Mögliche Hilfestellung:
Beachte Beispiel c) im blauen Kasten.

Zu Seite 86, Aufgabe 10, rechts

In Aufgabe 10 rechts wird das Begründen geübt: die Fähigkeit, eigene Grundgedanken zu entwickeln, zu argumentieren und einen Zusammenhang herzustellen. Um den Schreibprozess für die Lernenden zu erleichtern, könnte die Lehrperson Wortlisten mit relevanten Fachbegriffen (z. B.: Ziffern, Zehnerstelle, Einerstelle) anbieten.

Zu Seite 86, Aufgabe 11, rechts

Mögliche Hilfestellungen:
- Die Endstelle beim Ergebnis gibt einen Hinweis darauf, dass bei einem Faktor die 5 und beim anderen Faktor die 1 oder 3 hinten stehen muss.
- Ein Faktor ist dreistellig und der andere zweistellig.
- Durch Probieren über die Umkehrrechnung lässt sich der zweistellige Faktor (13) bestimmen.

Lösungen — Seite 84–86

Seite 84

Einstieg

→ Das Herz von Frau Schwarz schlägt in 20 Minuten insgesamt 2400-mal. Auch das Herz von Herrn Schwarz schlägt insgesamt 2400-mal, aber in kürzerer Zeit (15 Minuten).
→ Max multipliziert seine gemessene Pulszahl dann mit 4. Somit erhält er seinen Pulsschlag innerhalb einer Minute (60 Sekunden).
→ Individuelle Lösungen
→ Individuelle Lösungen

Seite 85

1
a) 4 · 3 = 12   b) 3 · 8 = 24
c) 4 · 10 = 40   d) 6 · 2 = 12

2
a) 64 · 3 = 192
b) 37 · 5 = 185
c) 68 · 4 = 272
d) 83 · 6 = 498
e) 35 · 12 = 35 + 70 (1) = 420
f) 32 · 17 = 32 + 224 = 544
g) 56 · 24 = 112 + 224 = 1344
h) 79 · 97 = 711 + 553 = 7663

3
a) 840   b) 1525   c) 1710   d) 3600

A
a) 56   b) 138   c) 155   d) 200

B
a) 67 · 8 = 536
b) 34 · 17 = 34 + 238 = 578
c) 63 · 80 = 504 + 00 = 5040
d) 147 · 23 = 294 + 441 (1) = 3381

4 Multiplizieren und Dividieren

Seite 85, links

4 a)

2	9	·	5
	1	4	5

3	7	·	4
	1	4	8

6	5	·	7
	4	5	5

8	7	·	9
	7	8	3

9	3	·	1	2
		9	3	
+	1	8	6	
	1			
	1	1	1	6

7	8	·	3	6
		2	3	4
+	4	6	8	
	1			
	2	8	0	8

b)

2	3	1	·	3
	6	9	3	

3	1	2	·	4
1	2	4	8	

2	3	5	·	1	1
	2	3	5		
+	2	3	5		
	2	5	8	5	

4	3	·	2	6
	8	6		
+	2	5	8	
	1			
	1	1	1	8

5	7	9	·	1	0	4
	5	7	9			
+		0	0	0		
+	2	3	1	6		
	1	1				
	6	0	2	1	6	

7	5	3	·	1	1	6
	7	5	3			
+		7	5	3		
+	4	5	1	8		
	1	1				
	8	7	3	4	8	

5 Z 84 = 12 · 7
A 104 = 8 · 13
U 138 = 23 · 6
B 220 = 44 · 5
E 248 = 31 · 8
R 468 = 52 · 9

6 • linkes Bild: 4 Schokoküsse in 2 Reihen; 4 · 2 = 8; es sind insgesamt 8 Schokoküsse.
• rechtes Bild: 4 Paletten mit jeweils 6 · 5 Eiern; 6 · 5 · 4 = 120; es sind insgesamt 120 Eier.

Seite 85, rechts

4 a)

8	3	2	·	3	7
	2	4	9	6	
+	5	8	2	4	
	1	1			
	3	0	7	8	4

6	3	4	·	2	1
	1	2	6	8	
+		6	3	4	
	1	1			
	1	3	3	1	4

5	5	7	·	8	8
	4	4	5	6	
+	4	4	5	6	
	1	1			
	4	9	0	1	6

4	7	8	·	5	4
	2	3	9	0	
+	1	9	1	2	
	1				
	2	5	8	1	2

8	0	6	·	4	9
	3	2	2	4	
+	7	2	5	4	
	3	9	4	9	4

2	0	3	·	1	0	9
	2	0	3			
+		0	0	0		
+	1	8	2	7		
	1					
	2	2	1	2	7	

b)

4	2	9	7	·	9
3	8	6	7	3	

5	9	6	8	·	1	2
	5	9	6	8		
+	1	1	9	3	6	
	1	1	1			
	7	1	6	1	6	

2	9	7	2	·	2	1
	5	9	4	4		
+		2	9	7	2	
	1	1	1			
	6	2	4	1	2	

3	6	7	8	·	1	9
	3	6	7	8		
+	3	3	1	0	2	
	6	9	8	8	2	

1	4	9	3	·	5	2
	7	4	6	5		
+	2	9	8	6		
	1	1				
	7	7	6	3	6	

2	3	5	1	·	4	7
	9	4	0	4		
+	1	6	4	5	7	
	1					
1	1	0	4	9	7	

5 a) 8 800
21 600
21 560
36 000
76 409

b) 54 882
35 049
128 160
141 000
260 120

6 a) 24 = 2 · 12 = 3 · 8 = 4 · 6
b) 28 = 2 · 14 = 4 · 7
c) 32 = 2 · 16 = 4 · 8
d) 42 = 2 · 21 = 3 · 14 = 6 · 7
e) 64 = 2 · 32 = 4 · 16 = 8 · 8
f) 72 = 2 · 36 = 3 · 24 = 4 · 18 = 6 · 12 = 8 · 9
g) 96 = 2 · 48 = 3 · 32 = 4 · 24 = 6 · 16 = 8 · 12
h) 120 = 2 · 60 = 3 · 40 = 4 · 30 = 5 · 24
      = 6 · 20 = 8 · 15 = 10 · 12

4 Multiplizieren und Dividieren

7 Überschlagsrechnungen:
a) 50·100 = 5000   b) **2500·2 = 5000**
c) **150·40 = 6000**   d) 1200·4 = 4800
e) **7·800 = 5600**   f) **70·80 = 5600**
g) 12·400 = 4800   h) 70·70 = 4900

Bei den fettgedruckten Teilaufgaben b), c), e) und f) ist das Produkt der ursprünglichen Aufgabe größer als 5000.
Begründungen:
Bei b), c) und e) hat man abgerundet und immer noch ein Ergebnis von 5000 oder größer erhalten.
Bei f) hat man zwar eine Zahl geringfügig aufgerundet, hat aber ein Ergebnis bekommen, das deutlich größer als 5000 ist (sodass die Differenz durch die Rundung 2·80 = 160 nicht wieder unter 5000 führt).

Seite 86, links

7 a) Überschlag: 40·10 = 400
Rechnung: 36·12 = 432
b) Überschlag: 60·40 = 2400
Rechnung: 65·37 = 2405
c) Überschlag: 60·15 = 900
Rechnung: 58·15 = 870
d) Überschlag: 70·30 = 2100
Rechnung: 73·29 = 2117
e) Überschlag: 80·20 = 1600
Rechnung: 77·23 = 1771
f) Überschlag: 80·40 = 3200
Rechnung: 82·38 = 3116
g) Überschlag: 20·40 = 800
Rechnung: 18·36 = 648
h) Überschlag: 100·40 = 4000
Rechnung: 97·42 = 4074

8 a) 3·100 = 300
5·300 = 1500
50·60 = 3000
b) 4·700 = 2800
30·150 = 4500
20·800 = 16 000
c) 10·500 = 5000
50·900 = 45 000
700·800 = 560 000

9 a)
	7	3	·	2	8
		1	4	6	
+		5	8	4	
		1	1		
		2	0	4	4

b)
	4	3	2	·	5	6
			2	1	6	0
+			2	5	9	2
				1		
		2	4	1	9	2

Bei Teilaufgabe a) ist beim zweiten Teilprodukt 73·8 ein Fehler passiert.
8·3 = 24; die 4 schreibt man auf, die 2 behält man im Kopf, statt sie auch aufzuschreiben. Man rechnet weiter 8·7 = 56 und addiert nun die 2 dazu, 56 + 2 = 58.
In Teilaufgabe b) wurde ein Übertrag vergessen.

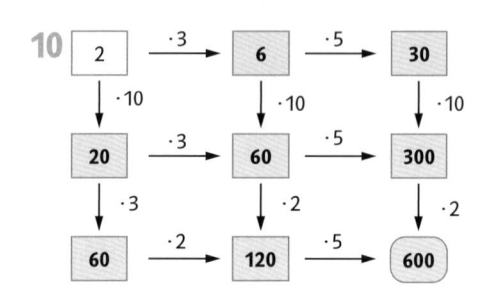

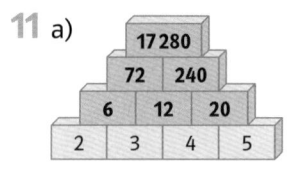

10

2 →·3→ 6 →·5→ 30
↓·10   ↓·10   ↓·10
20 →·3→ 60 →·5→ 300
↓·3   ↓·2   ↓·2
60 →·2→ 120 →·5→ 600

11 a)

```
        17280
      72    240
    6    12    20
  2    3    4    5
```

b) Das größtmögliche Ergebnis ist 324 000. Dazu gibt es mehrere mögliche Anordnungen der Steine.
Mögliche Anordnung der Steine:

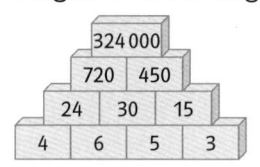

```
        324000
      720    450
    24    30    15
  4    6    5    3
```

Seite 86, rechts

8 Lösungswort: TRAPEZ

9 a) 15·10 = 150   b) 2·3·5 = 30
c) 77·2 = 154   d) 6·8·3 = 144

10 a) Verschiedene Beispiele für Produkte:
23·58 = 1334
23·85 = 1955
25·38 = 950
25·83 = 2075
28·53 = 1484
28·35 = 980
32·58 = 1856
32·85 = 2720
35·82 = 2870
38·52 = 1976
82·53 = 4346
83·52 = 4316

b) 82 · 53 = 4346
Die beiden größten Ziffern müssen an den Zehnerstellen stehen. Die beiden kleineren Ziffern bilden die Einerstelle, wobei die kleinste Ziffer bei der größeren Zehnerziffer stehen muss.
c) 25 · 38 = 950
Die beiden kleinsten Ziffern bilden jeweils die Zehnerstelle. Die beiden größeren Ziffern bilden die Einerstellen, wobei die zweitgrößte Ziffer bei der kleinsten Zehnerziffer stehen muss.
d) 52 · 83 = 4316
   82 · 53 = 4346
   52 · 38 = 1976
   32 · 58 = 1856
e) 35 · 28 = 980
   25 · 38 = 950
   82 · 35 = 2870
   32 · 85 = 2720
f) Nein, man kann keine 9 an der Einerstelle erzeugen.

11 a) Multipliziere 436 und 28.
b) Bilde ein Produkt aus den Faktoren 3 und 4.
c) Verdopple das Produkt aus 36 und 3.

LE 3 Rechengesetze. Rechenvorteile

Differenzierung in LE 3

Differenzierungstabelle

LE 3 Rechengesetze. Rechenvorteile			
Die Lernenden können ...	○	◐	●
das Kommutativ- und Assoziativgesetz anwenden und zum vorteilhaften Rechnen nutzen,	1, 2, 3 li, 4 li, 5 li	7 li, 3 re, 4 re, 5 re, 6 re, 7 re	
Faktoren vorteilhaft verbinden,		6 li, 8 li	8 re, 10 re
einen Text in einen Term übersetzen,			9 li, 9 re
Gelerntes üben und anwenden.			AH S.25

Arbeitsheft
AH S.25 Rechengesetze. Rechenvorteile

Kommentare Seite 87–89

Zum Einstieg
Das Anwenden von Rechengesetzen vereinfacht Rechnungen vor allem dann, wenn man durch das Vertauschen von Faktoren Stufenzahlen bilden kann. Dies soll auch die Einstiegsaufgabe verdeutlichen.

Typische Schwierigkeiten
In Rechnungen mit vielen Faktoren lassen leistungsschwächere Lernende nach dem Umstellen einzelne Faktoren weg. Es ist daher empfehlenswert, von Anfang an darauf zu bestehen, dass jeder Rechenschritt mit allen Faktoren aufgeschrieben wird.

Zu Seite 89, Aufgabe 8, links
Mögliche Hilfestellung: Wenn die Lernenden zuerst die passenden Stufenzahlen suchen, finden sie die Lösungen wesentlich leichter.

Zu Seite 89, Aufgabe 8, rechts
Mögliche Hilfestellung: Die Lernenden sollen zuerst die Zahlen zu verschiedenen Stufenzahlen kombinieren und dann aus den Stufenzahlen eine Million bilden.

Lösungen Seite 87–89

Seite 87

Einstieg

→ Pia vertauscht die Faktoren so, dass sie zunächst 25 · 4 = 100 rechnen kann.
→ Paul berechnet die Aufgabe schriftlich, was hier vergleichsweise aufwendig ist.
→ Individuelle Lösungen

1 Individuelle Wahl der Variablen, zum Beispiel:
Vertauschungsgesetz: a · b = b · a
Verbindungsgesetz: a · (b · c) = (a · b) · c

2 a) (2 · 50) · 17 = 1700   b) (4 · 250) · 3 = 3000
c) 6 · (200 · 5) = 6000   d) 7 · (4 · 25) = 700

Seite 88

A a) (9 · 2) · 5 = 18 · 5 = 90; 9 · (2 · 5) = 9 · 10 = 90
b) 3 · (25 · 4) = 3 · 100 = 300; (3 · 25) · 4 = 75 · 4 = 300
Beim Multiplizieren mehrerer Zahlen kann man beliebig Klammern setzen und so beliebig zusammenfassen.

4 Multiplizieren und Dividieren

B a) 13·50·2 = 13·(50·2) = 13·100 = 1300
b) 5·4·9 = (5·4)·9 = 20·9 = 180
c) 18·25·4 = 18·(25·4) = 18·100 = 1800
d) 25·8·11 = (25·8)·11 = 200·11 = 2200

Seite 88, links

3 a) 7·5·4 = 7·20 = 140
5·20·9 = 100·9 = 900
9·2·50 = 9·100 = 900
4·25·7 = 100·7 = 700
9·25·4 = 9·100 = 900
b) 3·8·25 = 3·200 = 600
7·5·200 = 7·1000 = 7000
13·4·250 = 13·1000 = 13 000
40·25·11 = 1000·11 = 11 000
8·125·3 = 1000·3 = 3000

4 a) 90·200
= 9·10·2·100
= 9·2·10·100
= 18 000
b) 400·600
= 4·100·6·100
= 4·6·100·100
= 240 000
c) 20·40·60
= 2·10·4·10·6·10
= 2·4·6·10·10·10
= 48 000
d) 80·300·5000
= 8·10·3·100·5·1000
= 8·3·5·10·100·1000
= 120 000 000
e) 1500·2000·300
= 15·100·2·1000·3·100
= 15·2·3·100·100·1000
= 900 000 000

5 a) 4·**2**·**5**·12
= (**2·5**)·(4·12)
= **10**·48
= 480
b) **25**·3·**4**·9
= (**25·4**)·(3·9)
= **100**·27
= 2700
c) 9·**5**·6·**20**
= (**5·20**)·(9·6)
= **100**·54
= 5400
d) **50**·3·7·**2**
= (**50·2**)·(3·7)
= **100**·21
= 2100
e) **5**·7·5·**4**
= (**5·4**)·(7·5)
= **20**·35
= 700
f) **25**·5·5·**4**
= (**25·4**)·(5·5)
= **100**·25
= 2500

Man vertauscht und verbindet die Faktoren so, dass man ein Vielfaches von 10 bzw. eine Stufenzahl erhält. Dies vereinfacht die Rechnung.

6 Beispiele:
2·50 = 100
4·25 = 100
20·50 = 1000
8·125 = 1000
200·50 = 10 000
40·25 = 1000
4·250 = 1000
40·250 = 10 000

Seite 88, rechts

3 a) zu D   b) zu E   c) zu B
d) zu C   e) zu F   f) zu A

4 a) 4·7·2·25·5
= 7·2·5·4·25
= 7·10·100
= 7000
b) 8·5·25·3·20
= 3·5·20·8·25
= 3·100·200
= 60 000
c) 50·25·9·4·2
= 9·25·4·50·2
= 9·100·100
= 90 000
d) 19·5·25·4·5·4
= 19·25·4·5·4·5
= 19·100·100
= 190 000
e) 30·125·25·8·30·4
= 30·30·25·4·125·8
= 900·100·1000
= 90 000 000

5 a) 2·7·5·3
= (2·5)·7·3
= 10·21
= 210
b) 9·4·8·5·25
= (4·5)·(8·25)·9
= 20·200·9
= 4000·9
= 36 000
c) 25·20·4·5·9
= (25·4)·(20·5)·9
= 100·100·9
= 10 000·9
= 90 000
d) 2·35·5·9
= (2·5)·35·9
= 10·35·9
= 350·9
= 3150

4 Multiplizieren und Dividieren

e) 3 · 125 · 50 · 8
= (8 · 125) · 50 · 3
= 1000 · 50 · 3
= 50 000 · 3
= 150 000

f) 4 · 3 · 3 · 5 · 5
= (4 · 5) · 5 · 3 · 3
= 20 · 5 · 9
= 100 · 9
= 900

g) 6 · 25 · 125 · 4 · 4
= (25 · 4) · (125 · 4) · 6
= 100 · 500 · 6
= 50 000 · 6
= 300 000

h) 25 · 7 · 125 · 2 · 4 · 8
= (25 · 4) · (125 · 8) · (7 · 2)
= 100 · 1000 · 14
= 100 000 · 14
= 1 400 000

6 Viktor rechnet geschickter. Durch die Stufenzahl wird die Multiplikationsaufgabe leichter.

Seite 89, links

7 Begründen des Vorgehens im Beispiel:
Es wurde das Verbindungsgesetz bei den Faktoren angewendet, die multipliziert ein Vielfaches von 10 ergeben.
Also 4 · 25 = 100 und 5 · 12 = 60. So hat man für die weiteren Rechenschritte einen Rechenvorteil.
Mögliche Lösungen (je nach Aufgabe gibt es auch andere vorteilhafte Zusammenfassungen):

a) 3 · (5 · 2) · (25 · 2)
= 3 · (10 · 50)
= 3 · 500
= 1500

b) (4 · 5) · 12 · 10
= (20 · 10) · 12
= 200 · 12
= 2400

c) 14 · (125 · 8) · (50 · 20)
= 14 · (1000 · 1000)
= 14 · 1 000 000
= 14 000 000

d) (25 · 4) · (50 · 2) · 7
= (100 · 100) · 7
= 10 000 · 7
= 70 000

e) 125 · 8 · 4 · 0 · 25
= 0

f) 4 · 5 · 75 · 2 · 250
= (4 · 250) · (5 · 2) · 75
= 1000 · 10 · 75
= 750 000

8 Mögliche Lösungen:
7 · 25 · 4 · 20 · 50 = 700 000
7 · 25 · 4 · 2 · 5 = 7000
7 · 25 · 4 · 20 · 5 = 70 000
25 · 4 · 2 · 50 · 7 = 70 000
125 · 8 · 5 · 2 · 7 = 70 000

9 a) (25 · 4) · 9 = 900
b) 22 · (5 · 4) = 440
c) (2 · 17) · (5 · 3) = 34 · 15 = 510
d) 75 · 8 · 50 = 30 000

Seite 89, rechts

7 Rechenschritte im Beispiel:
25 · 12
= 25 · 4 · 3   Zerlegung in Faktoren
= (25 · 4) · 3   Verbindungsgesetz
= 100 · 3 = 300   multiplizieren

a) 50 · 42
= (50 · 2) · 21
= 100 · 21
= 2100

20 · 35
= (20 · 5) · 7
= 100 · 7
= 700

40 · 75
= (40 · 25) · 3
= 1000 · 3
= 3000

b)
25 · 28
= (25 · 4) · 7
= 100 · 7
= 700

75 · 12
= (75 · 4) · 3
= 300 · 3
= 900

125 · 16
= (125 · 8) · 2
= 1000 · 2
= 2000

4 Multiplizieren und Dividieren

8 Mögliche Lösungen:
20 · 50 · 8 · 125 = 1 000 000
2 · 50 · 80 · 125 = 1 000 000
20 · 5 · 80 · 125 = 1 000 000
4 · 5 · 50 · 8 · 125 = 1 000 000
4 · 5 · 5 · 80 · 125 = 1 000 000

9 a) x steht für die ausgedachte Zahl:
x · 2 · 25 · 2 = x · 100
b) Das Ergebnis ist immer die gedachte Zahl mit 100 multipliziert.
c) x steht für die ausgedachte Zahl:
x · 4 · 50 · 5 = x · 1000
Das Ergebnis ist immer die gedachte Zahl mit 1000 multipliziert.
d) Individuelle Lösungen

10 a) 11 · 9 = 99
b) 3 · 4 · 8 = 96
c) 1 · 3 · 4 · 8 = 96
d) Nein, denn das kleinstmögliche Produkt aus fünf unterschiedlichen Faktoren ist 1 · 2 · 3 · 4 · 5 = 120.

LE 4 Potenzen

Differenzierung in LE 4

Differenzierungstabelle

LE 4 Potenzen			
Die Lernenden können ...	○	◐	●
eine Potenz als Produkt schreiben (und umgekehrt) und berechnen,	1, 2, 3 li, 4 li, 5 li, 6 li, 7 li, 3 re, 4 re	5 re, 6 re, 7 re, 9 re	
mit Potenzen vorteilhaft rechnen,		8 re	
Gelerntes üben und festigen.	KV 52	KV 52	KV 52
		AH S. 26	

Kopiervorlagen
KV 52 Speisekarte: Produkte und Potenzen (s. S. 4)

Arbeitsheft
AH S. 26 Potenzen

Kommentare   Seite 90–91

Zum Einstieg
Durch das Falten ist die Aufgabe sehr handlungsorientiert und hilft vor allem leistungsschwächeren Lernenden, die Lösung nachzuvollziehen.
Weiterführende Fragestellungen:
• Wie oft musst du falten, um 1000 Lagen zu erhalten?
• Kann man auch 85 Lagen erhalten?

Zu Seite 91, Aufgabe 3, rechts
Das Kennen der Quadratzahlen ist für viele Thematiken auch in nachfolgenden Klassenstufen sehr hilfreich. Eine Übung ist daher sinnvoll.

Zu Seite 91, Aufgabe 4, rechts
Diese Aufgabe übt bereits die in höheren Klassenstufen einzuführende wissenschaftliche Notation von sehr großen Zahlen.

Lösungen   Seite 90–91

Seite 90

Einstieg

→ Individuelle Schätzungen

→
Faltung	1	2	3	4	5	6	7
Papierlagen	2	4	8	16	32	64	128

Individuelle Lösungen; erfahrungsgemäß wird es bereits beim siebten Mal eng; nach 10-maligem Falten hätte man 1024 Lagen übereinander.

1 a) 5^2 b) 7^2 c) 3^3 d) 2^5
e) 10^3 f) 4^4 g) a^3 h) b^5

2 a) 2 · 2 · 2 = 8
b) 3 · 3 = 9
c) 8 · 8 = 64
d) 3 · 3 · 3 = 27
e) 4 · 1 = 4
f) 10 · 10 · 10 · 10 = 10 000

A a) 2^2 = 2 · 2 = 4   b) 5^2 = 5 · 5 = 25
c) 6^2 = 6 · 6 = 36   d) 7^2 = 7 · 7 = 49

B a) 8 · 8 = 8^2 b) 4 · 4 · 4 = 4^3
c) 3 · 3 · 3 · 3 = 3^4 d) y · y · y = y^3

4 Multiplizieren und Dividieren

Seite 91, links

3 a) 2^3 b) 2^6
   3^3 1^8
   4^3 10^5
   x^3 r^4
   y^3 s^3
   z^3 t^2

4 a) $2 \cdot 2 \cdot 2 = 8$
   b) $2 \cdot 2 \cdot 2 \cdot 2 = 16$
   c) $2 \cdot 2 \cdot 2 \cdot 2 \cdot 2 = 32$
   d) $2 \cdot 2 \cdot 2 \cdot 2 \cdot 2 \cdot 2 = 64$
   e) $3 \cdot 3 = 9$
   f) $3 \cdot 3 \cdot 3 = 27$
   g) $3 \cdot 3 \cdot 3 \cdot 3 = 81$
   h) $3 \cdot 3 \cdot 3 \cdot 3 \cdot 3 = 243$
   i) $4 \cdot 4 \cdot 4 = 64$
   j) $5 \cdot 5 \cdot 5 = 125$
   k) $7 \cdot 7 \cdot 7 = 343$
   l) $8 \cdot 8 \cdot 8 = 512$

5 $2^3 = 2 \cdot 2 \cdot 2 = 8$
   $3^4 = 3 \cdot 3 \cdot 3 \cdot 3 = 81$
   $4^3 = 4 \cdot 4 \cdot 4 = 64$
   $5^2 = 5 \cdot 5 = 25$
   $6^3 = 6 \cdot 6 \cdot 6 = 216$

6 a) $3 + 2 = 5$; $2 \cdot 3 = 6$; $2^3 = 8$; $3^2 = 9$
   b) $2 + 4 = 6$; $4 \cdot 2 = 8$; $4^2 = 16$; $2^4 = 16$

7 $64 = 8^2 = 2^6 = 4^3$
   $81 = 9^2 = 3^4$
   $256 = 2^8 = 4^4 = 16^2$
   Es bleiben übrig: 8^3; 3^8; 2^9; 2^5 und 5^2.

Seite 91, rechts

3 $1^2 = 1 \cdot 1 = 1$
   $2^2 = 2 \cdot 2 = 4$
   $3^2 = 3 \cdot 3 = 9$
   $4^2 = 4 \cdot 4 = 16$
   $5^2 = 5 \cdot 5 = 25$
   $6^2 = 6 \cdot 6 = 36$
   $7^2 = 7 \cdot 7 = 49$
   $8^2 = 8 \cdot 8 = 64$
   $9^2 = 9 \cdot 9 = 81$
   $10^2 = 10 \cdot 10 = 100$
   $11^2 = 11 \cdot 11 = 121$
   $12^2 = 12 \cdot 12 = 144$
   $13^2 = 13 \cdot 13 = 169$
   $14^2 = 14 \cdot 14 = 196$
   $15^2 = 15 \cdot 15 = 225$
   $16^2 = 16 \cdot 16 = 256$
   $17^2 = 17 \cdot 17 = 289$
   $18^2 = 18 \cdot 18 = 324$
   $19^2 = 19 \cdot 19 = 361$
   $20^2 = 20 \cdot 20 = 400$

4 a) $10^4 = 10\,000$
   b) $10^5 = 100\,000$
   c) $10^6 = 1\,000\,000$
   d) $10^7 = 10\,000\,000$
      $10^8 = 100\,000\,000$
      $10^9 = 1\,000\,000\,000$
      $10^{10} = 10\,000\,000\,000$
   Pro Schritt erhöht sich die Potenz um 1, bei den Zahlen auf der rechten Seite erhöht sich die Zahl der Nullen um 1.

5 a) $2^1 = 2$ b) $2^2 = 4$
      $2^3 = 8$ $2^4 = 16$
      $2^5 = 32$ $2^6 = 64$
      $2^7 = 128$ $2^8 = 256$
      $2^9 = 512$ $2^{10} = 1024$

6 a) $5 + 2 = 7$; $5 \cdot 2 = 10$; $5^2 = 25$; $2^5 = 32$
   b) $3 + 4 = 7$; $3 \cdot 4 = 12$; $4^3 = 64$; $3^4 = 81$
   c) $2 \cdot 9 = 18$; $9 + 9 = 18$; $9^2 = 81$; $2^9 = 512$
   d) $7 + 3 = 10$; $3 \cdot 7 = 21$; $7^3 = 343$; $3^7 = 2187$

7 a) $2^5 = \mathbf{32}$ b) $3^3 = \mathbf{27}$
   c) $\mathbf{4}^3 = 64$ d) $\mathbf{2}^7 = 128$
   e) $2^{\mathbf{9}} = 512$ f) $5^{\mathbf{4}} = 625$

8 a) Rot: $1^3 + 2^3 = 9$
   $(1 + 2)^2 = 3^2 = 9$
   Blau: $1^3 + 2^3 + 3^3 = 36$
   $(1 + 2 + 3)^2 = 6^2 = 36$
   Grün: $1^3 + 2^3 + 3^3 + 4^3 = 100$
   $(1 + 2 + 3 + 4)^2 = 10^2 = 100$
   Das Ergebnis der gleich gefärbten Kärtchen ist gleich.
   b) $1^3 + 2^3 + 3^3 + 4^3 + 5^3$
   $= (1 + 2 + 3 + 4 + 5)^2 = 15^2 = 225$

9 a) $k \cdot m \cdot n \cdot m \cdot m \cdot k \cdot n$
      $= (k \cdot k) \cdot (m \cdot m \cdot m) \cdot (n \cdot n)$
      $= k^2 \cdot m^3 \cdot n^2$
   b) $r \cdot r \cdot s \cdot t \cdot t \cdot r$
      $= (r \cdot r \cdot r) \cdot s \cdot (t \cdot t)$
      $= r^3 \cdot s \cdot t^2$

4 Multiplizieren und Dividieren

LE 5 Dividieren

Differenzierung in LE 5

Differenzierungstabelle

LE 5 Dividieren			
Die Lernenden können ...	○	◐	●
themenspezifische Fachbegriffe verwenden und Sätze bilden,		SP 8 SP 9	
im Kopf dividieren und die Probe dazu machen,	1		
Zahlen (schriftlich) dividieren,	2, 4 li, 5 li, 6 li, 7 li, 3 re, 5 re F 12 F 13	8 li, 9 li, 10 li, 11 li, 12 li, 6 re, 7 re, 8 re, 9 re, 10 re, 11 re KV 53	13 li, 14 re KV 53
die Fachbegriffe Dividend, Divisor und Wert des Quotienten im Rechenausdruck zuordnen,	3 li, 4 re		12 re, 13 re
Textaufgaben lösen,			15 re
Gelerntes üben und festigen.		AH S. 27	

Kopiervorlagen
KV 53 Schriftliche Division

Inklusion
F 12 Schriftliche Division I
F 13 Schriftliche Division II

Sprachförderung
SP 8 Multiplikation und Division
SP 9 Rechenregeln

Arbeitsheft
AH S. 27 Dividieren

Kommentare — Seite 92–95

Allgemein
Da die Division in der Grundschule meist mit einstelligen Divisoren behandelt wurde, ist es empfehlenswert, stufenweise den Schwierigkeitsgrad zu erhöhen:
1. Division durch einstelligen Divisor
2. Division durch zweistellige Divisoren
3. Division mit Rest

Zum Einstieg
Die schülerorientierte Einstiegsaufgabe ermöglicht es, die schriftliche Division mit und ohne Rest zu thematisieren.

Typische Schwierigkeiten
Lernende haben häufig Schwierigkeiten mit Nullen im Ergebnis. Daher ist es ratsam, das Beispiel b) auf Seite 92 mit der Klasse zu besprechen.

Zu Seite 93, Aufgabe 3, links und Aufgabe 4, rechts
Hier werden die mathematischen Fachbegriffe trainiert.

Zu Seite 95, Aufgabe 14, rechts
Durch den Operator Erklären werden die Lernenden angehalten, schriftlich zu formulieren, warum die Ergebnisse von der Teilaufgabe a) abweichen. Dadurch wird ein Beitrag zur Förderung der allgemeinen Kompetenz des Argumentierens geleistet.

Lösungen — Seite 92–95

Seite 92

Einstieg

→ Sophie hat richtig gezählt, da 276 durch 4 teilbar ist. 276 : 4 = 69. Damit waren 69 Fünftklässler auf der Schulparty.
Naomi hat mit 278 eine Zahl bekommen, die nur mit Rest durch 4 teilbar ist. Naomi hat sich also verzählt.

Seite 93

1 a) 9   9 · 5 = 45
  b) 9   9 · 3 = 27
  c) 8   8 · 7 = 56
  d) 7   7 · 9 = 63
  e) 9   9 · 8 = 72
  f) 9   9 · 9 = 81
  g) 17   17 · 5 = 85

2 a)
```
  3 7 2 : 4 = 9 3
- 3 6
      1 2
    - 1 2
          0
```
Probe: 93 · 4 = 372

4 Multiplizieren und Dividieren

b) 285 : 5 = 57
   − 25
     35
   − 35
      0

Probe: 57 · 5 = 285

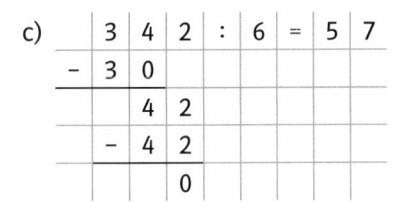

c) 342 : 6 = 57
   − 30
     42
   − 42
      0

Probe: 57 · 6 = 342

d) 664 : 8 = 83
   − 64
     24
   − 24
      0

Probe: 83 · 8 = 664

A a) 6   b) 18   c) 15   d) 8

B a) 175 : 7 = 25
      − 14
        35
      − 35
         0

b) 168 : 4 = 42
   − 16
     08
   − 08
      0

c) 387 : 3 = 129
   − 3
     08
   − 06
     27
   − 27
      0

d) 432 : 6 = 72
   − 42
     12
   − 12
      0

Seite 93, links

3 Dividend: fettgedruckt
Divisor: unterstrichen
Wert des Quotienten: Grau
a) **45** : 9 = 5   b) **72** : 8 = 9
c) **84** : 7 = 12   d) **492** : 4 = 123

4 a)
87 : 3 = 29
− 6
  27
− 27
   0

Probe: 29 · 3 = 87

76 : 4 = 19
− 4
  36
− 36
   0

Probe: 19 · 4 = 76

95 : 5 = 19
− 5
  45
− 45
   0

Probe: 19 · 5 = 95

78 : 6 = 13
− 6
  18
− 18
   0

Probe: 13 · 6 = 78

96 : 8 = 12
− 8
  16
− 16
   0

Probe: 12 · 8 = 96

91 : 7 = 13
− 7
  21
− 21
   0

Probe: 13 · 7 = 91

4 Multiplizieren und Dividieren

b)

```
  2 1 2 : 4 = 5 3
- 2 0
    1 2
  - 1 2
      0
```
Probe: 53 · 4 = 212

```
  2 7 5 : 5 = 5 5
- 2 5
    2 5
  - 2 5
      0
```
Probe: 55 · 5 = 275

```
  2 8 8 : 6 = 4 8
- 2 4
    4 8
  - 4 8
      0
```
Probe: 48 · 6 = 288

```
  5 3 9 : 7 = 7 7
- 4 9
    4 9
  - 4 9
      0
```
Probe: 77 · 7 = 539

```
  7 0 4 : 8 = 8 8
- 6 4
    6 4
  - 6 4
      0
```
Probe: 88 · 8 = 704

```
  8 9 1 : 9 = 9 9
- 8 1
    8 1
  - 8 1
      0
```
Probe: 99 · 9 = 891

5 Lösungswort: FREIZEIT

Seite 93, rechts

3 a)
```
  2 3 6 7 : 3 = 7 8 9
- 2 1
    2 6
  - 2 4
      2 7
    - 2 7
        0
```
Probe: 789 · 3 = 2367

b)
```
  2 6 1 6 : 4 = 6 5 4
- 2 4
    2 1
  - 2 0
      1 6
    - 1 6
        0
```
Probe: 654 · 4 = 2616

c)
```
  4 2 8 5 : 5 = 8 5 7
- 4 0
    2 8
  - 2 5
      3 5
    - 3 5
        0
```
Probe: 857 · 5 = 4285

d)
```
  2 5 3 8 : 6 = 4 2 3
- 2 4
    1 3
  - 1 2
      1 8
    - 1 8
        0
```
Probe: 423 · 6 = 2538

e)
```
  4 8 2 3 : 7 = 6 8 9
- 4 2
    6 2
  - 5 6
      6 3
    - 6 3
        0
```
Probe: 689 · 7 = 4823

4 Multiplizieren und Dividieren

f) 4635 : 9 = 515
   − 45
      13
    − 9
       45
     − 45
        0

Probe: 515 · 9 = 4635

g) 5656 : 8 = 707
   − 56
      05
    − 00
       56
     − 56
        0

Probe: 707 · 8 = 5656

h) 6354 : 9 = 706
   − 63
      05
    − 00
       54
     − 54
        0

Probe: 706 · 9 = 6354

4

	Dividend	Divisor	Wert des Quotienten
a)	441	9	**49**
b)	253	**23**	11
c)	**3675**	7	525
d)	456	**38**	12
e)	**980**	14	70

5 a) 337 : 5 = 67 R 2
      − 30
         37
       − 35
          2

b) 874 : 3 = 291 R 1
   − 6
     27
   − 27
      04
    − 03
       1

c) 331 : 4 = 82 R 3
   − 32
      11
    − 8
       3

d) 524 : 6 = 87 R 2
   − 48
      44
    − 42
       2

e) 470 : 7 = 67 R 1
   − 42
      50
    − 49
       1

f) 588 : 8 = 73 R 4
   − 56
      28
    − 24
       4

g) 881 : 9 = 97 R 8
   − 81
      71
    − 63
       8

h) 2125 : 9 = 236 R 1
   − 18
      32
    − 27
       55
     − 54
        1

i) 1357 : 11 = 123 R 4
   − 11
      25
    − 22
       37
     − 33
        4

j) 7700 : 12 = 641 R 8
   − 72
      50
    − 48
       20
     − 12
        8

4 Multiplizieren und Dividieren

6 a) 105 →:7→ **15** b) 135 →:9→ **15**
c) **78** →:6→ 13 d) **1216** →:8→ 152
e) 153 →:9→ 17 f) 171 →:9→ 19

Seite 94, links

6 a)

:	2	3	4	6	9
72	36	24	18	12	8
108	54	36	27	18	12

b)

:	3	4	6	8	12
96	32	24	16	12	8
144	48	36	24	18	12

7 a) 48 : 6 = **8** b) 72 : **8** = 9
c) **441** : 7 = 63 d) 108 : 9 = **12**
e) 156 : **13** = 12 f) **126** : 9 = 14
g) 731 : **43** = 17 h) **598** : 26 = 23

8 a) 1600 : 80 = 160 : 8 = 20
b) 3000 : 60 = 300 : 6 = 50
c) 45 000 : 150 = 4500 : 15 = 300
d) 9600 : 3200 = 96 : 32 = 3
e) 28 000 : 40 = 2800 : 4 = 700
f) 48 000 : 240 = 4800 : 24 = 200
g) 165 000 : 550 = 16 500 : 55 = 300
h) 75 000 : 2500 = 750 : 25 = 30
i) 120 000 : 3000 = 120 : 3 = 40
j) 2 600 000 : 8000 = 2600 : 8 = 325

9 a) 112 : 5 = 22 R 2
− 10
   12
 − 10
    2

b) 323 : 3 = 107 R 2
− 3
  0 2
− 0 0
   2 3
 − 2 1
    2

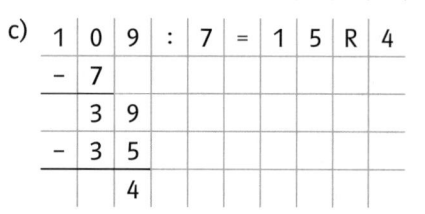

c) 109 : 7 = 15 R 4
− 7
  3 9
− 3 5
   4

d) 166 : 12 = 13 R 10
− 12
   4 6
 − 3 6
   1 0

10 In die Box 123:
1722 : 14
1476 : 12
1107 : 9
In die Box 234:
1872 : 8
1638 : 7
1404 : 6
In die Box 345:
3795 : 11
3105 : 9
4140 : 12

Seite 94, rechts

7 a) 164 b) 909 c) 908
d) 507 e) 203 f) 2007
g) 5005 h) 2090

8 a) Überschlag: 8000 : 10 = 800
Ergebnis: 687
b) Überschlag: 4000 : 20 = 200
Ergebnis: 241 Rest 6
c) Überschlag: 6000 : 15 = 400
Ergebnis: 357
d) Überschlag: 8000 : 20 = 400
Ergebnis: 358
e) Überschlag: 6000 : 20 = 300
Ergebnis: 246
f) Überschlag: 5000 : 20 = 250
Ergebnis: 234
g) Überschlag: 2700 : 27 = 100
Ergebnis: 102
h) Überschlag: 2500 : 25 = 100
Ergebnis: 109 Rest 21

9 a) Überschlag: 3000 : 10 = 300
Rechnung: 3477 : 12 = 289 R 9
Probe: 289 · 12 = 3468
  3468 + 9 = 3477
b) Überschlag: 4000 : 20 = 200
Rechnung: 4213 : 17 = 247 R 14
Probe: 247 · 17 = 4199
  4199 + 14 = 4213
c) Überschlag: 5000 : 20 = 250
Rechnung: 5092 : 18 = 282 R 16
Probe: 282 · 18 = 5076
  5076 + 16 = 5092

4 Multiplizieren und Dividieren

d) Überschlag: 24 000 : 12 = 2000
Rechnung: 24 050 : 12 = 2004 R 2
Probe: 2004 · 12 = 24 048
24 048 + 2 = 24 050
e) Überschlag: 13 000 : 13 = 1000
Rechnung: 12 367 : 13 = 951 R 4
Probe: 951 · 13 = 12 363
12 363 + 4 = 12 367
f) Überschlag: 10 000 : 20 = 500
Rechnung: 9080 : 21 = 432 R 8
Probe: 432 · 21 = 9072
9072 + 8 = 9080

10 durch 8 teilbar (rot): 56; 72; 80; 88; 120
durch 9 teilbar (blau): 45; 72; 90; 108; 126
durch 12 teilbar (grün): 60; 72; 84; 108; 120

11 a) zu C b) zu A c) zu E
d) zu F e) zu B f) zu D

Seite 95, links

11 a) **3**33 : 3 = 111
633 : 3 = 211
933 : 3 = 311
b) **5**52 : 12 = 46
c) **5**40 : 6 = 90
546 : 6 = 91
d) **1**35 : 15 = 9
435 : 15 = 29
735 : 15 = 49
e) **2**03 : 7 = 29
273 : 7 = 39
f) Beispiele:
432 : 18 = 24
936 : 18 = 52

12 a)
Pfeildiagramm mit Werten: 6 →·8→ 48 →:6→ 8; 6 →·12→ 72; 48 →:4→ 12; 8 →·12→ 96; 72 →:6→ 12 →·8→ 96; 72 →·3→ 216; 12 →·3→ 36; 96 →:8→ 12; 216 →:6→ 36 →:3→ 12

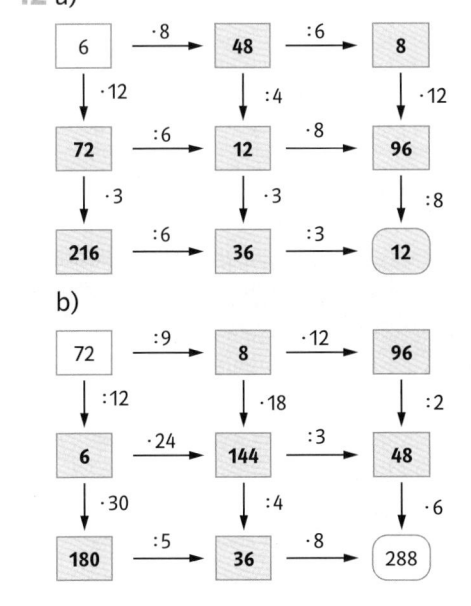

b)
72 →:9→ 8 →·12→ 96; 72 →:12→ 6; 8 →·18→ 144; 96 →:2→ 48; 6 →·24→ 144 →:3→ 48; 6 →·30→ 180; 144 →:4→ 36; 48 →·6→ 288; 180 →:5→ 36 →·8→ 288

13 a)
Zahlenpyramide:
96
8 | 12
4 | 2 | 6
4 | 1 | 2 | 3

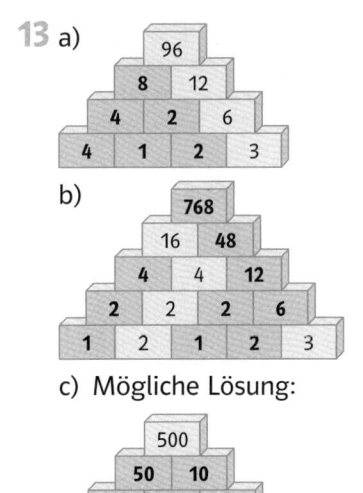

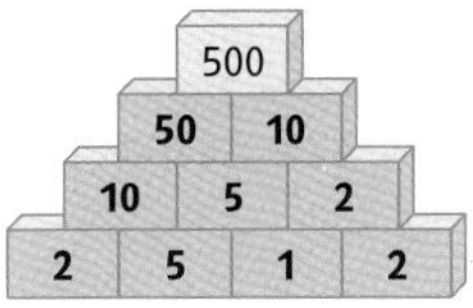

b)
768
16 | 48
4 | 4 | 12
2 | 2 | 2 | 6
1 | 2 | 1 | 2 | 3

c) Mögliche Lösung:
500
50 | 10
10 | 5 | 2
2 | 5 | 1 | 2

Seite 95, rechts

12 a) 705 : 15 = 47
b) 112 : 7 = 16
c) 384 : 12 = 32

13 a) 864 : 2 = 432
b) 246 : 8 = 30 R 6
c) 628 : 4 = 157
d) 248 : 6 = 41 R 2
284 : 6 = 47 R 2
428 : 6 = 71 R 2
482 : 6 = 80 R 2
842 : 6 = 140 R 2
824 : 6 = 137 R 2

14 a) 15 120 : 1 = 15 120
15 120 : 2 = 7560
15 120 : 3 = 5040
15 120 : 4 = 3780
15 120 : 5 = 3024
15 120 : 6 = 2520
15 120 : 7 = 2160
15 120 : 8 = 1890
15 120 : 9 = 1680
15 120 : 10 = 1512
Bei allen Rechnungen hat der Wert des Quotienten nie einen Rest.
b) 15 121 : 1 = 15 121
15 121 : 2 = 7560 R 1
15 121 : 3 = 5040 R 1
15 121 : 4 = 3780 R 1
15 121 : 5 = 3024 R 1
15 121 : 6 = 2520 R 1
15 121 : 7 = 2160 R 1
15 121 : 8 = 1890 R 1
15 121 : 9 = 1680 R 1
15 121 : 10 = 1512 R 1

4 Multiplizieren und Dividieren

Die Ergebnisse sind wie in Teilaufgabe a), aber jeweils mit einem Rest 1. Das liegt daran, dass 15 121 um 1 größer ist als 15 120.

15 a) In einer Stunde (60 min) legt der Satellit 28 000 km zurück.
In einer halben Stunde (30 min) legt der Satellit 14 000 km zurück.
Ein Umlauf von 42 000 km (= 3 · 14 000 km) dauert daher 90 Minuten.
b) 365 Tage = 8760 h = 525 600 min
525 600 : 90 = 5840
In einem Jahr umkreist der Satellit 5840-mal die Erde.

LE 6 Klammern zuerst. Punkt vor Strich

Differenzierung in LE 6

Differenzierungstabelle

LE 6 Klammern zuerst. Punkt vor Strich			
Die Lernenden können ...	○	◐	●
die Regel „Klammer zuerst" anwenden,	1, 9 li		
die Regel „Punkt vor Strich" anwenden,	2, 3 li, 4 li, 5 li, 6 li, 3 re	7 li, 8 li, 14 li	17 re
die Vorrangregeln bei allen Grundrechenarten und auch bei Umkehraufgaben anwenden,	9 li, 4 re, 5 re KV 54	6 re, 7 re, 8 re, 10 re, 11 re, 14 re KV 54	KV 54
in einem Rechenausdruck eine Klammer setzen, um vorgegebene Ergebnisse zu erzeugen,		10 li, 12 li, 12 re	15 re
einen Term mit mehreren Klammern berechnen,			9 re, 13 re
einen Text in einen Term übersetzen und umgekehrt,		13 li	18 re, 19 re
Rechenausdrücke finden, in denen die Vorrangregeln gelten,		10 li, 11 li, 15 li	16 re
Textaufgaben lösen,		16 li	17 li
die Regel „Potenzieren vor Punkt- und Strichrechnung" anwenden,			20 re
Gelerntes üben und festigen.		AH S. 28	

Kopiervorlagen
KV 54 Verbindung der Rechenarten

Arbeitsheft
AH S. 28 Klammern zuerst. Punkt vor Strich

Kommentare Seite 96–100

Zum Einstieg
Rechenbäume sind Darstellungen, die beim Strukturieren von Rechenausdrücken helfen. Die Verwendung von Rechenbäumen fördert das Reflektieren von Lösungswegen anderer Lernender und die Kommunikation darüber.

Zu Seite 98, Aufgabe 6, links
Es ist auch möglich, jeweils einen Rechenbaum zeichnen zu lassen, um die Terme sichtbar zu strukturieren.

Zu Seite 98, Aufgabe 7, links
Die ersten drei Aufgaben können die Lernenden durch Ausprobieren im Kopf rechnen. Die Lösungsversuche zu den Aufgaben d) – f) sollten jedoch zum besseren Überblick schriftlich fixiert werden.

Zu Seite 98, Aufgabe 8, links und zu Seite 99, Aufgabe 14, links und Aufgabe 12, rechts
Um das Reflektieren von Lösungswegen und die Kommunikation über mathematische Sachverhalte zu fördern, ist es sinnvoll, den Fehler von den Lernenden zusätzlich in der Klasse beschreiben und erklären zu lassen. Als Argumentationshilfen könnte die Lehrperson auf die Regeln im Merksatz S. 96 verweisen.

Zu Seite 98, Aufgabe 8, rechts
Mögliche Hilfestellung: Die Lernenden sollen Zwischenergebnisse notieren.

Zu Seite 98, Aufgabe 10, rechts und zu Seite 99, Aufgabe 14, rechts
Mögliche Hilfestellung: Das Zeichnen von Rechenbäumen kann leistungsschwächeren Lernenden bei dieser Aufgabe weiterhelfen.

4 Multiplizieren und Dividieren

Zu Seite 99, Aufgabe 11, rechts
Bei dieser Aufgabe geht es vor allem darum, die Regeln unterscheiden und miteinander in Beziehung setzen zu können.
Zusätzlich wird das Begründen geübt: die Fähigkeit, eigene Grundgedanken zu entwickeln, zu argumentieren und einen Zusammenhang herzustellen.

Zu Seite 100, Aufgabe 15, links
Weiterführende Aufgabe: Die Lernenden bekommen Würfel und dürfen dieses Spiel selbst spielen. Weitere Spiele: Auf Seite 110, Aufgabe 38 und 42 befinden sich weitere Spiele, die zu dieser Lerneinheit passen.

Zu Seite 100, Aufgabe 17, links
Natürlich stellt sich die Frage, ob die Erwachsenen und Kinder nicht immer Familienkarten genommen haben. Daraus lässt sich eine offene Aufgabe gestalten, deren Lösungen von den Lernenden in Gruppen diskutiert, visualisiert und präsentiert werden können.

Zu Seite 100, Aufgabe 18, rechts und Aufgabe 19, rechts
Mit diesen Aufgaben wird das Mathematisieren von Texten und die schriftliche Darstellung von Termen gefördert.

Lösungen Seite 96–100

Seite 96

Einstieg

→ Mia hat recht, da beim Berechnen von Rechenausdrücken das Multiplizieren Vorrang hat. Man sagt auch „Punkt vor Strich".
→ Individuelle Lösungen

Seite 97

1 a) 50   b) 30   c) 5   d) 1

2 a) 50   b) 21   c) 39   d) 7

A a) $5 \cdot (12 - 7) = 5 \cdot 5 = 25$
   b) $(45 - 36) : 3 = 9 : 3 = 3$
   c) $(17 + 7) : 12 = 24 : 12 = 2$
   d) $2 \cdot (3 + 4) - 5 = 2 \cdot 7 - 5 = 14 - 5 = 9$

B a) $2 \cdot 3 + 4 = 6 + 4 = 10$
   b) $16 - 5 \cdot 3 = 16 - 15 = 1$
   c) $27 - 66 : 6 = 27 - 11 = 16$
   d) $2 + 3 \cdot 4 - 5 = 2 + 12 - 5 = 9$

Seite 97, links

3 a) 38   b) 62
   26   50
   8   6
   4   6

4 a) 5·4 → 20, 3 → +23
   b) 3·4 → 5, 12 → +17
   c) 35:7 → 5, 2 → +7
   d) 48:12 → 6, 4 → −2

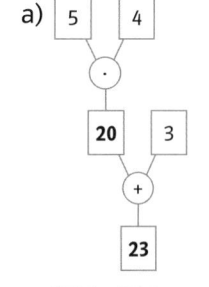

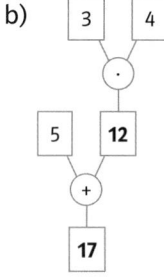

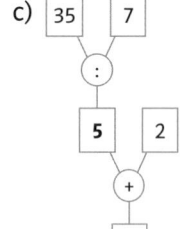

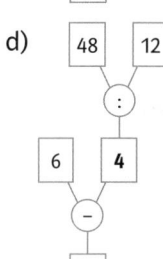

5 $25 - 7 \cdot 3 + 8 = 12$
   $6 \cdot 5 - 3 \cdot 8 = 6$
   $9 - 20 : 4 = 4$
   $8 \cdot 4 - 6 \cdot 5 = 2$
   $36 : 4 - 6 = 3$

Seite 97, rechts

3 a) 24   b) 8
   0   0
   0   0
   24   8
   c) 26   d) 15
   14   20
   26   0
   7   16

4 a) 48   b) 2   c) 7   d) 2
   e) 24   f) 1   g) 5   h) 8

5 Lösungswort: DEZEMBER

4 Multiplizieren und Dividieren

6
a) (16 + 9) · 2 = 25 · 2 = 50
b) 10 + 3 · (12 + 8) = 10 + 60 = 70
c) (18 − 3 · 4) · 5 = 6 · 5 = 30
d) 5 · 7 + 24 : 6 − (27 − 8) = 35 + 4 − 19 = 20
e) 74 − 3 · (6 + 4 · 3) = 74 − 3 · 18
= 74 − 54 = 20
f) 86 + 60 : (16 − 4) − 9 · (4 + 5)
= 86 + 5 − 9 · 9 = 10
Summe der Ergebnisse:
50 + 70 + 30 + 20 + 20 + 10 = 200

Seite 98, links

6
a) 15 + 3 · 7 + 14 = 15 + 21 + 14 = 50
b) 27 + 8 · 3 − 43 = 27 + 24 − 43 = 8
c) 25 + 15 : 5 − 18 = 25 + 3 − 18 = 10
d) 9 · 7 + 3 · 6 − 80 = 63 + 18 − 80 = 1
e) 7 · 8 + 63 : 9 − 62 = 56 + 7 − 62 = 1
f) 44 : 11 − 2 + 3 · 5 = 4 − 2 + 15 = 17
g) 100 − 2 · 20 + 8 : 4 = 100 − 40 + 2 = 62
h) 30 + 25 : 5 − 20 : 2 = 30 + 5 − 10 = 25
i) 81 : 9 − 3 + 8 · 3 = 9 − 3 + 24 = 30
j) 11 · 10 − 6 · 5 + 37 = 110 − 72 − 37 = 1

7
a) 2 · 8 − 3 = 13   b) 3 + 8 : 2 = 7
c) 8 : 2 − 3 = 1   d) 3 · 8 : 2 = 12
e) 8 · 2 + 3 = 19   f) 8 − 2 · 3 = 2

8 In den Teilaufgaben a) bis c) wurde von links nach rechts gerechnet. In Teilaufgabe d) wurden die beiden Strichrechnungen zuerst durchgeführt. Beim Rechnen dieser Aufgaben muss man aber die Regel Punkt- vor Strichrechnung beachten, um die Aufgaben richtig zu lösen.
Richtig ist:
a) 12 + 8 · 5   b) 70 − 35 : 5
= 12 + 40   = 70 − 7
= 52   = 63
c) 4 · 5 + 8 : 2   d) 12 + 8 : 4 − 2
= 20 + 4   = 12 + 2 − 2
= 24   = 12

9
a) 3 · (2 + 3) = 3 · 5 = 15
b) (3 + 4) · 2 = 7 · 2 = 14
c) 77 : (2 + 5) = 77 : 7 = 11
d) (42 − 39) · 4 = 3 · 4 = 12
e) 2 · (21 − 16) = 2 · 5 = 10
f) 39 : (77 − 74) = 39 : 3 = 13

10 Mögliche Lösung:
(20 + 10) : 5 = 6
(20 − 10) : 5 = 2
(20 − 10) : (10 : 5) = 5

Seite 98, rechts

7
a) 5 · (12 + 6)   b) 12 · (6 + 6)

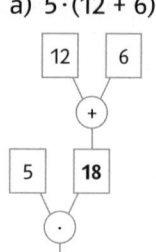

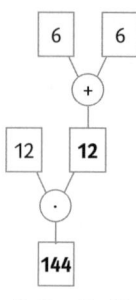

90   144

c) (6 + 4) · (5 + 2) 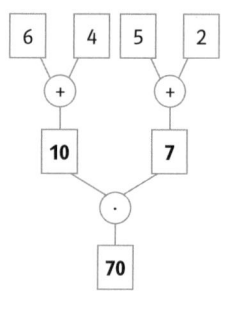   d) 2 + 5 · (6 + 4)

70   52

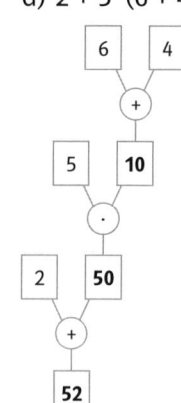

8
(1) gehört zu D   (2) gehört zu C
(3) gehört zu A   (4) gehört zu B

9 Man setzt x = 7 jeweils in die Terme ein und vergleicht die Ergebnisse:
a) (x · (5 − 4) + 3) − 2 = 8
Einsetzen von x = 7
(7 · (5 − 4) + 3) − 2 = 8
(7 · 1 + 3) − 2 = 8
10 − 2 = 8
8 = 8 ✓
b) 70 : ((27 − 15) · x − 14) = 1
Einsetzen von x = 7
70 : ((27 − 15) · 7 − 14) = 1
70 : (12 · 7 − 14) = 1
70 : (84 − 14) = 1
70 : 70 = 1
1 = 1 ✓
c) 51 − (10 − (43 − 19) : 8) · x − 1 = 1
Einsetzen von x = 7
51 − (10 − (43 − 19) : 8) · 7 − 1 = 1
51 − (10 − 24 : 8) · 7 − 1 = 1
51 − (10 − 3) · 7 − 1 = 1
51 − 7 · 7 − 1 = 1
51 − 49 − 1 = 1
1 = 1 ✓

d) $7 - (x \cdot 3 - 4 \cdot (17 - 14) + 18) : 9 = 4$
Einsetzen von $x = 7$
$7 - (7 \cdot 3 - 4 \cdot (17 - 14) + 18) : 9 = 4$
$7 - (21 - 4 \cdot 3 + 18) : 9 = 4$
$7 - (21 - 12 + 18) : 9 = 4$
$7 - 27 : 9 = 4$
$7 - 3 = 4$ ✓

e) $28 - (37 - (49 - 48 : 3)) \cdot x = 0$
Einsetzen von $x = 7$
$28 - (37 - (49 - 48 : 3)) \cdot 7 = 0$
$28 - (37 - (49 - 16)) \cdot 7 = 0$
$28 - (37 - 33) \cdot 7 = 0$
$28 - 4 \cdot 7 = 0$
$0 = 0$ ✓

10 a) $6 \cdot 5 + \mathbf{10} = 40$; $a = 10$
b) $24 + 4 \cdot \mathbf{9} = 60$; $b = 9$
c) $\mathbf{50} - 3 \cdot 10 = 20$; $c = 50$
d) $3 \cdot (18 + \mathbf{7}) = 75$; $x = 7$
e) $2 \cdot 5 - 9 : \mathbf{1} = 1$; $y = 1$

Seite 99, links

11 a) Mögliche Lösungen:
$420 : 7 + 40$
$(2400 - 400) : (23 - 3)$
$25 \cdot (9 - 5)$

b) Mögliche Lösung:

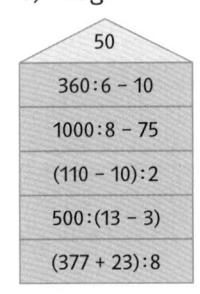

```
         50
      360:6 - 10
      1000:8 - 75
      (110 - 10):2
      500:(13 - 3)
      (377 + 23):8
```

12 a) $(3 + 12) \cdot 4 = 60$ b) $50 : (12 - 2) = 5$
c) $(32 - 12) \cdot 4 = 80$ d) $(4 \cdot 8 + 3) : 7 = 5$

13 A gehört zu 2 B gehört zu 3
C gehört zu 1

14 Es wurde von links nach rechts gerechnet. Beim Rechnen muss man aber die Regel Punkt- vor Strichrechnung beachten. Richtig ist:
$32 - 24 : 8 + 2 \cdot 3$
$= 32 - 3 + 6$
$= 29 + 6$
$= 35$

Seite 99, rechts

11 a) nein b) ja
ja nein
ja nein
nein nein
Begründung: Man kann die Klammern weglassen, wenn in der Klammer nur eine Punktrechnung steht.

12 a) $(60 - 25) : 5 = 35 : 5 = 7$
b) $(28 + 7) \cdot 2 = 35 \cdot 2 = 70$
c) $(6 + 15) : 3 - 1 = 21 : 3 - 1 = 7 - 1 = 6$
d) $(3 \cdot 4 - 6) : 2 = 6 : 2 = 3$
e) $(18 - 3 \cdot 4) : 6 = 6 : 6 = 1$
f) $20 + (90 - 15 \cdot 2) : 6 = 20 + 60 : 6$
$= 20 + 10 = 30$

13 a) $25 \cdot 6 - 84 : 7$
$= 150 - 12 = 138$
b) $12 + 3 \cdot (52 - 36)$
$= 12 + 3 \cdot 16$
$= 12 + 48 = 60$
c) $45 - 5 + (8 \cdot 3) : (44 - 6 \cdot 4 - 12)$
$= 45 - 5 + 24 : 8$
$= 40 + 3 = 43$
d) $5 - ((6 + 4) : 2 - 3)$
$= 5 - (5 - 3)$
$= 5 - 2 = 3$
e) $(25 - 19) \cdot 4 - (22 - (3 \cdot 6 + 2) : 5)$
$= 6 \cdot 4 - (22 - 20 : 5)$
$= 24 - (22 - 4)$
$= 24 - 18 = 6$
f) $54 - (15 - (38 - 20) : 6) \cdot 2 - 2$
$= 54 - (15 - 18 : 6) \cdot 2 - 2$
$= 54 - (15 - 3) \cdot 2 - 2$
$= 54 - 12 \cdot 2 - 2$
$= 54 - 24 - 2 = 28$

14 a) $15 - 6 : \mathbf{2} = 12$; $x = 2$
b) $5 + \mathbf{2} \cdot 6 - 3 = 14$; $y = 2$
c) $(\mathbf{8} + 12) : 4 = 5$; $z = 8$
d) $\mathbf{7} \cdot 3 - (8 + 4 \cdot 3) = 1$; $a = 7$
e) $\mathbf{4}^2 - 4 \cdot 3 = 4$; $b = 4$

15 möglichst großes Ergebnis:
a) $(9 + 9 + 9) \cdot 9 = 243$
b) $(5 + 5) \cdot 5 + 5 = 55$
c) $1 + 3 \cdot (5 + 7) = 37$
d) $(36 : 4 + 2) \cdot 3 = 33$
e) $24 + 48 : (12 : 3) = 36$
f) $60 - (18 : 6) + 12 = 69$

4 Multiplizieren und Dividieren

möglichst kleines Ergebnis:
a) 9 + 9 + (9 · 9) = 99
b) 5 + (5 · 5) + 5 = 35
c) 1 + (3 · 5) + 7 = 23
d) 36 : 4 + (2 · 3) = 15
e) (24 + 48) : 12 : 3 = 2
f) (60 − 18) : 6 + 12 = 19

16 Mögliche Lösungen:
5 − (4 · 2 + 1) : 3 = 2
(4 · 3) : 2 + 5 − 1 = 10
(3 · 4 : 2) + 5 − 1 = 10
5 · (4 : 2) + 1 − 3 = 8

Seite 100, links

15 a) Sie haben keinen Rechenfehler gemacht; allerdings hätte Chris gleich beim ersten Wurf gewinnen können, wenn er (6 : 2) · 5 = 15 gerechnet hätte.
b) Spiel, individuelle Lösungen

16 598 € − 350 € = 248 €
8 · 35 € = 280 €
280 € − 248 € = 32 €
Das Handy wird um 32 € teurer.

17 a) (1095 + 1245 + 1462) · 11 € = 41 822 €
(1752 + 1976 + 2098) · 6 € = 34 956 €
Die Einnahmen am Wochenende betrugen
41 822 € + 34 956 € = 76 778 €.
b) 80 278 € − 76 778 € = 3500 €
3500 € : 25 € = 140
140 Familien besuchten zusätzlich den Freizeitpark.

Seite 100, rechts

17 a) Laura zählt erst die beiden Reihen (oben und unten), in denen die Streichhölzer waagerecht liegen (2 · 5). Dazu addiert sie dann die sechs senkrecht liegenden Streichhölzer.
b) Silas nimmt die fünf Dreierpäckchen der Streichhölzer (zweimal waagerecht, einmal senkrecht) und addiert das einzelne Streichholz am Ende dazu.
c) Individuelle Lösungen
d) Laura: 2 · 100 + 101 = 301
Silas: 100 · 3 + 1 = 301

18 a) 85 + 3 · 15 = 130
b) 700 + 210 : 30 = 707
c) 444 − 22 · 20 = 4

19 a) Multipliziere die Differenz der Zahlen 18 und 12 mit der Zahl 8.
Ergebnis: 48
b) Subtrahiere von der Zahl 27 das Produkt der Zahlen 6 und 4.
Ergebnis: 3
c) Multipliziere die Summe der Zahlen 19 und 11 mit der Differenz der beiden Zahlen.
Ergebnis: 240
d) Addiere das Produkt der Zahlen 3 und 8 zum Produkt der Zahlen 11 und 12.
Ergebnis: 156
e) Subtrahiere von der Zahl 35 das Doppelte der Summe aus 6 und 5.
Ergebnis: 13

20 a) 112   b) 4
      60   3
      92   24

LE 7 Ausklammern. Ausmultiplizieren

Differenzierung in LE 7

Differenzierungstabelle

LE 7 Ausklammern. Ausmultiplizieren			
Die Lernenden können …	○	◐	●
das Distributivgesetz anwenden, ausklammern sowie ausmultiplizieren,	1, 2, 3 li, 4 li, 5 li, 3 re	8 li, 10 li, 4 re, 6 re	
	KV 55	KV 55	KV 55
vorteilhaft rechnen,	6 li, 7 li	9 li, 11 li, 5 re	7 re
die Gleichheit zweier Rechenausdrücke bildlich veranschaulichen,		8 li	
einen Text in einen Rechenausdruck übersetzen und umgekehrt,		KV 56	8 re KV 56
Textaufgaben lösen,			12 li, 9 re
Gelerntes üben und festigen.		AH S. 29, S. 30	

Kopiervorlagen
KV 55 Domino: Distributivgesetz
KV 56 Domino: Übersetzen

Arbeitsheft
AH S. 29 Ausklammern. Ausmultiplizieren (1)
AH S. 30 Ausklammern. Ausmultiplizieren (2)

4 Multiplizieren und Dividieren

Kommentare — Seite 101–103

Allgemein

Die grafische Darstellung zum Ausklammern ist vor allem durch die Streifen sehr anschaulich und daher für eine Verschriftlichung empfehlenswert. Möglich ist es auch, dieses Bild mit großen Steinen zu verdeutlichen.

Zum Einstieg

Die Einstiegsaufgabe bietet für die Lernenden die Möglichkeit zu erkennen, welchen Vorteil das Ausklammern bietet.
Leistungsstärkere Lernende werden schnell vorschlagen, die Erwachsenen und Kinder jeweils zuerst zusammenzurechnen und dann erst mit dem jeweiligen Eintrittspreis zu multiplizieren.
Möglich ist auch die zusätzliche Aufgabenstellung, dass alle gegebenen Zahlen in einen Rechenausdruck geschrieben werden sollen.
Wird der Einstieg nach der Ich-Du-Wir-Methode mit anschließender Präsentation in der Klasse bearbeitet, so kann dadurch das Kommunizieren zusätzlich gefördert werden

Zu Seite 102, Aufgabe 6, links und zu Seite 103, Aufgabe 9, links

Bei mehreren mehrstelligen Faktoren sollten die Lernenden selbst entscheiden, welcher Faktor wie zerlegt wird.
Es sollte auch die Möglichkeit zugelassen werden, die Aufgaben mit einer Subtraktion zu lösen.
Beispiel: $67 \cdot 5 = 70 \cdot 5 - 3 \cdot 5 = 350 - 15 = 335$

Zu Seite 103, Aufgabe 12, links

Die Lernenden können explizit aufgefordert werden, einen kompletten Rechenausdruck mit allen gegebenen Zahlen zu notieren.

Zu Seite 103, Aufgabe 9, rechts

Die Lernenden sollten dazu motiviert werden, ihren Lösungsweg zu verschriftlichen, um ihn später nachvollziehen zu können.
Diese Aufgabe eignet sich auch für eine Gruppenarbeit mit der Aufgabe, den Lösungsweg auf einem Plakat oder einer Folie zu verschriftlichen und später zu präsentieren.

Lösungen — Seite 101–103

Seite 101

Einstieg

→ Erwachsenenkarten:
$(35 + 50 + 65 + 80 + 120) \cdot 5\,€$
$= 350 \cdot 5\,€ = 1750\,€$
Kinderkarten:
$(75 + 80 + 95 + 125 + 175) \cdot 2\,€$
$= 550 \cdot 2\,€ = 1100\,€$
Gesamteinnahmen:
$1750\,€ + 1100\,€ = 2850\,€$

→ Individuelle Rechenwege
Sinnvoll ist es, zuerst die Gesamtanzahl der Erwachsenen mit dem Eintrittspreis zu multiplizieren und dann erst die Gesamtanzahl der Kinder mit dem Eintrittspreis zu multiplizieren. Diese Teileinnahmen kann man dann addieren.

→ Individuelle Rechenwege

Seite 102

1 a) $4 \cdot (12 + 7)$
$= 4 \cdot 12 + 4 \cdot 7$
$= 48 + 28$
$= 76$

b) $12 \cdot (5 + 10)$
$= 12 \cdot 5 + 12 \cdot 10$
$= 60 + 120$
$= 180$

c) $(20 + 4) \cdot 3$
$= 20 \cdot 3 + 4 \cdot 3$
$= 60 + 12$
$= 72$

d) $7 \cdot (40 - 2)$
$= 7 \cdot 40 - 7 \cdot 2$
$= 280 - 14$
$= 266$

2 a) $5 \cdot 12 + 5 \cdot 8$
$= 5 \cdot (12 + 8)$
$= 5 \cdot 20$
$= 100$

b) $14 \cdot 9 + 14 \cdot 11$
$= 14 \cdot (9 + 11)$
$= 14 \cdot 20$
$= 280$

c) $2 \cdot 17 - 2 \cdot 7$
$= 2 \cdot (17 - 7)$
$= 2 \cdot 10$
$= 20$

d) $15 \cdot 11 - 5 \cdot 11$
$= (15 - 5) \cdot 11$
$= 10 \cdot 11$
$= 110$

A a) $8 \cdot (20 + 7) = 8 \cdot 20 + 8 \cdot 7 = 160 + 56 = 216$
b) $5 \cdot (30 + 4) = 5 \cdot 30 + 5 \cdot 4 = 150 + 20 = 170$
c) $9 \cdot (60 - 3) = 9 \cdot 60 - 9 \cdot 3 = 540 - 27 = 513$
d) $(50 - 7) \cdot 5 = 50 \cdot 5 - 7 \cdot 5 = 250 - 35 = 215$

B a) $9 \cdot 7 + 9 \cdot 3 = 9 \cdot (7 + 3) = 9 \cdot 10 = 90$
b) $17 \cdot 22 + 17 \cdot 8 = 17 \cdot (22 + 8) = 17 \cdot 30 = 510$
c) $7 \cdot 12 - 7 \cdot 2 = 7 \cdot (12 - 2) = 7 \cdot 10 = 70$
d) $23 \cdot 6 - 23 \cdot 4 = 23 \cdot (6 - 4) = 23 \cdot 2 = 46$

Seite 102, links

3 Die Terme in a) und c) sind gleich.

4 Multiplizieren und Dividieren

4 a) $3 \cdot (10 + 7)$
$= 3 \cdot 10 + 3 \cdot 7$
$= 51$
c) $6 \cdot (20 + 6)$
$= 6 \cdot 20 + 6 \cdot 6$
$= 156$
e) $(30 - 3) \cdot 7$
$= 30 \cdot 7 - 3 \cdot 7$
$= 189$

b) $5 \cdot (9 + 10)$
$= 5 \cdot 9 + 5 \cdot 10$
$= 95$
d) $7 \cdot (10 + 8)$
$= 7 \cdot 10 + 7 \cdot 8$
$= 126$
f) $(40 - 2) \cdot 11$
$= 40 \cdot 11 - 2 \cdot 11$
$= 418$

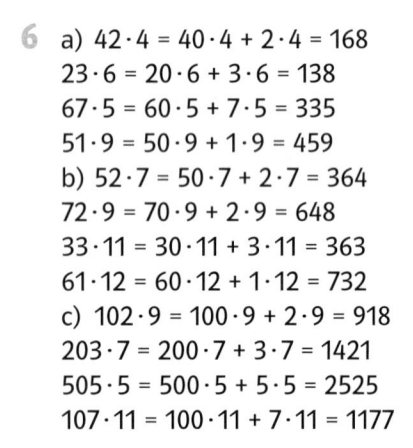

5 a) $8 \cdot 13 + 8 \cdot 7$
$= 8 \cdot (13 + 7) = 8 \cdot 20$
$= 160$
b) $13 \cdot 6 + 13 \cdot 4$
$= 13 \cdot (6 + 4) = 13 \cdot 10$
$= 130$
c) $7 \cdot 24 + 7 \cdot 26$
$= 7 \cdot (24 + 26) = 7 \cdot 50$
$= 350$
d) $9 \cdot 17 + 9 \cdot 23$
$= 9 \cdot (17 + 23) = 9 \cdot 40$
$= 360$
e) $8 \cdot 49 + 2 \cdot 49$
$= (8 + 2) \cdot 49 = 10 \cdot 49$
$= 490$
f) $47 \cdot 34 - 37 \cdot 34$
$= (47 - 37) \cdot 34 = 10 \cdot 34$
$= 340$

6 a) $42 \cdot 4 = 40 \cdot 4 + 2 \cdot 4 = 168$
$23 \cdot 6 = 20 \cdot 6 + 3 \cdot 6 = 138$
$67 \cdot 5 = 60 \cdot 5 + 7 \cdot 5 = 335$
$51 \cdot 9 = 50 \cdot 9 + 1 \cdot 9 = 459$
b) $52 \cdot 7 = 50 \cdot 7 + 2 \cdot 7 = 364$
$72 \cdot 9 = 70 \cdot 9 + 2 \cdot 9 = 648$
$33 \cdot 11 = 30 \cdot 11 + 3 \cdot 11 = 363$
$61 \cdot 12 = 60 \cdot 12 + 1 \cdot 12 = 732$
c) $102 \cdot 9 = 100 \cdot 9 + 2 \cdot 9 = 918$
$203 \cdot 7 = 200 \cdot 7 + 3 \cdot 7 = 1421$
$505 \cdot 5 = 500 \cdot 5 + 5 \cdot 5 = 2525$
$107 \cdot 11 = 100 \cdot 11 + 7 \cdot 11 = 1177$

Seite 102, rechts

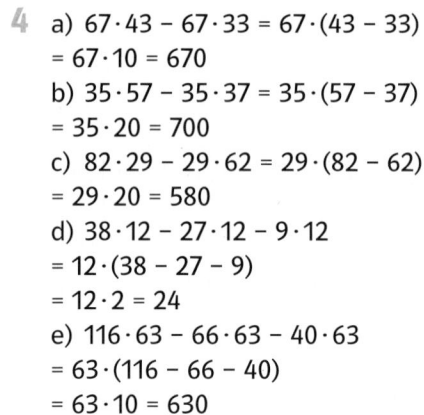

3 a) 6, 4 → + → 10; 3, 10 → · → 30
b) 7, 8 → · → 56; 5, 8 → · → 40; 56, 40 → + → 96
c) 17, 13 → + → 30; 12, 30 → · → 360; 12, 17 → · → 204; 12, 13 → · → 156; 204, 156 → + → 360

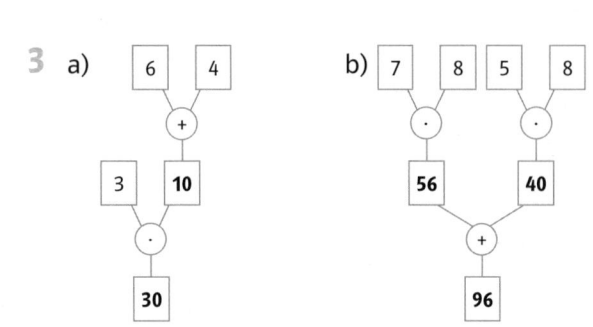

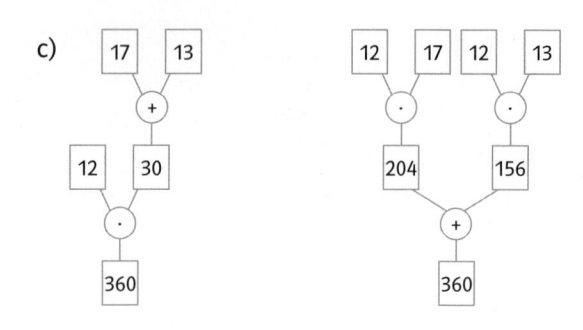

4 a) $67 \cdot 43 - 67 \cdot 33 = 67 \cdot (43 - 33)$
$= 67 \cdot 10 = 670$
b) $35 \cdot 57 - 35 \cdot 37 = 35 \cdot (57 - 37)$
$= 35 \cdot 20 = 700$
c) $82 \cdot 29 - 29 \cdot 62 = 29 \cdot (82 - 62)$
$= 29 \cdot 20 = 580$
d) $38 \cdot 12 - 27 \cdot 12 - 9 \cdot 12$
$= 12 \cdot (38 - 27 - 9)$
$= 12 \cdot 2 = 24$
e) $116 \cdot 63 - 66 \cdot 63 - 40 \cdot 63$
$= 63 \cdot (116 - 66 - 40)$
$= 63 \cdot 10 = 630$

5 a) Ausklammern: $15 \cdot (19 + 11) = 15 \cdot 30 = 450$
b) Ausklammern: $9 \cdot 50 = 450$
c) Ausklammern: $(89 - 79) \cdot 9 = 90$
d) Ausmultiplizieren: $80 : 16 + 32 : 16 = 5 + 2 = 7$
e) Ausklammern: $(72 + 28) \cdot 36 = 3600$
f) Ausklammern: $(22 + 37 + 41) \cdot 34 = 3400$
g) Ausklammern: $123 \cdot (87 + 45 - 32) = 12\,300$

Seite 103, links

7 a) $19 \cdot 3 = (20 - 1) \cdot 3 = 20 \cdot 3 - 1 \cdot 3$
$= 60 - 3 = 57$
$28 \cdot 4 = (30 - 2) \cdot 4 = 30 \cdot 4 - 2 \cdot 4$
$= 120 - 8 = 112$
$39 \cdot 5 = (40 - 1) \cdot 5 = 40 \cdot 5 - 1 \cdot 5$
$= 200 - 5 = 195$
b) $67 \cdot 9 = (70 - 3) \cdot 9 = 70 \cdot 9 - 3 \cdot 9$
$= 630 - 27 = 603$
$79 \cdot 8 = (80 - 1) \cdot 8 = 80 \cdot 8 - 1 \cdot 8$
$= 640 - 8 = 632$
$98 \cdot 7 = (100 - 2) \cdot 7 = 100 \cdot 7 - 2 \cdot 7$
$= 700 - 14 = 686$
c) $199 \cdot 2 = (200 - 1) \cdot 2 = 200 \cdot 2 - 1 \cdot 2$
$= 400 - 2 = 398$
$195 \cdot 7 = (200 - 5) \cdot 7 = 200 \cdot 7 - 5 \cdot 7$
$= 1400 - 35 = 1365$
$291 \cdot 6 = (300 - 9) \cdot 6 = 300 \cdot 6 - 9 \cdot 6$
$= 1800 - 54 = 1746$

4 Multiplizieren und Dividieren

8 a)

4·2 + 3·2 = (4 + 3)·2

Der gemeinsame Faktor 2 wurde ausgeklammert.

b)

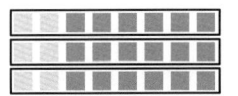

(2 + 6)·3 = 2·3 + 6·3

Es wurde ausmultipliziert.

c)

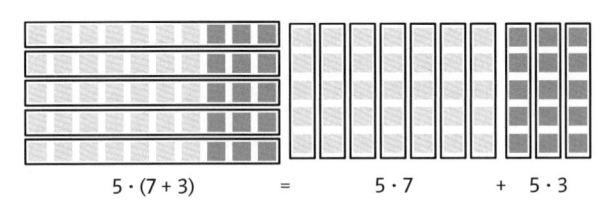

5·(7 + 3) = 5·7 + 5·3

Es wurde ausmultipliziert.

a)-c) Es wurde das Verteilungsgesetz genutzt:
$a \cdot (b + c) = a \cdot b + a \cdot c = (b + c) \cdot a$

9 Mögliche Lösung:
a) 12·26 = 10·26 + 2·26 = 312
b) 23·34 = 20·34 + 3·34 = 782
c) 67·24 = 70·24 − 3·24 = 1608
d) 52·39 = 52·40 − 52·1 = 2028
e) 19·28 = 20·28 − 1·28 = 532
f) 49·42 = 50·42 − 1·42 = 2058

10 a) 30·(**7** + 3) = 300; a = 7
b) 32·(64 − **44**) = 640; b = 44
c) 15·**9** + 5·**9** = 180; x = 9
d) 29·**7** − 14·**7** = 105; y = 7

11 a) 70 + 8·35
 = 2·35 + 8·35
 = (2 + 8)·35
 = 10·35 = 350
b) 17·9 + 27 = 17·9 + 3·9
 = (17 + 3)·9 = 180
c) 48 + 16·12 = 4·12 + 16·12
 = (4 + 16)·12 = 240
d) 7·32 − 210 = 7·32 − 7·30
 = 7·(32 − 30) = 14
e) 180 − 3·59 = 3·60 − 3·59
 = 3·(60 − 59) = 3
f) 84 − 7·7 = 7·12 − 7·7 = 7·(12 − 7) = 35

12 Gesamteinnahmen:
(257 + 429 + 314)·8 € = 1000·8 € = 8000 €

Seite 103, rechts

6 a) 7·(6 + 5) = 77
b) (25 − 5)·5 = 100
c) (7 + 8)·10 = 150
d) 3·(13 − 6) = 21
e) (7 + 4 + 9)·6 = 120
f) 57·(6 + 23 − 19) = 570
g) 12·(14 + 16) − 10 = 350

7 (1 + 2 + 3 + 4 + 5 + 6 + 7 + 8 + 9)·7349
 = 45·7349 = 330 705

8 a) 7·22 + 13·22 = (7 + 13)·22 = 20·22 = 440
b) 12·36 + 12·14 = 12·(36 + 14) = 12·50 = 600
c) 93·37 − 93·27 = 93·(37 − 27) = 93·10 = 930

9 Einnahmen aus den Erwachsenenkarten:
7,50 € = 750 ct
60·750 ct = 45 000 ct = 450 €
Die Einnahmen aus den ermäßigten Karten betragen somit: 900 € − 450 € = 450 €
Anzahl ermäßigter Karten:
450 : 4 = 112 Rest 2
Die Kasse stimmt nicht, denn die letzte Division hätte aufgehen müssen. Das Ergebnis hätte dann die Anzahl der verkauften ermäßigten Eintrittskarten angegeben.

MEDIEN: Tabellenkalkulation. Terme

Differenzierung in MEDIEN: Tabellenkalkulation. Terme

Differenzierungstabelle

MEDIEN: Tabellenkalkulation. Terme			
Die Lernenden können …	○	◐	●
Schrift und Zellen mithilfe einer Tabellenkalkulation formatieren,	1		
alle Grundrechenarten mithilfe einer Tabellenkalkulation durchführen,	1, 2, 3		
Inhalte mithilfe einer Tabellenkalkulation von einer Zelle auf andere übertragen und Zahlenfolgen bilden,	4, 5		
Terme mit Variablen mithilfe einer Tabellenkalkulation für einen oder mehrere Werte berechnen.		6, 7	8

4 Multiplizieren und Dividieren

Kommentare — Seite 104–105

Zu den Medien-Seiten

Der Einsatz von Medien umfasst viele Bereiche des Lebens. Außerdem steigt permanent die Bedeutung der digitalen Werkzeuge in der Arbeitswelt. Daher ist es wichtig, die Lernenden möglichst früh auf eine fachliche Nutzung der Medien vorzubereiten. Die Erstellung von umfangreichen Tabellen zur Verwaltung und Berechnung von Daten ist eine wesentliche Medienkompetenz. Auf diesen Medien-Seiten wird der erste Umgang mit einem Tabellenkalkulationsprogramm ermöglicht. Vorher sollten die Lernenden wissen, wie sie sich an einem PC anmelden, wie sie ein Programm finden und öffnen und wie sie ihre Dateien benennen und abspeichern können.

In einer Einführung wird der Aufbau eines Tabellenblattes beschrieben. Außerdem erkunden die Lernenden einfache Möglichkeiten zum Formatieren von Schrift und Zellen. Es wird erklärt, wie in einem Tabellenkalkulationsprogramm eine Rechenanweisung eingegeben wird.

Nach einer Erkundungsphase des Programms wird in den Aufgaben schrittweise das Erstellen von Wertetabellen erarbeitet. Die Arbeitserleichterung durch den Einsatz des Computers wird mithilfe der besonderen Kopierfunktion des Tabellenkalkulationsprogramms verdeutlicht. Um Verwirrungen zu vermeiden, wird dieser Vorgang als Übertragen bezeichnet.

Zu Seite 105, Aufgabe 8

Durch die Operatoren Entscheide und Begründe wählen die Lernenden die passende Rechenanweisung für eine Berechnung aus und müssen ihre Entscheidung begründen. Dadurch wird die Begründungskultur gefördert.

Lösungen — Seite 104–105

Seite 104

1 a) Individuelle Lösungen
b) Ohne Gleichheitszeichen in A2 findet keine Berechnung statt. Nur das Gleichheitszeichen in B2 leitet im Tabellenkalkulationsprogramm die Berechnung eines Terms ein. Es erscheint nun die Summe 100.

2 a) 18 b) 46 c) 127 d) 86

3 a) 76 590 b) 120 c) 37
d) 26 e) 4 f) 12 446

4 (1) und (2) entsprechend der Aufgabenstellung
(3) Zieht man die Maus entlang der Zeile, kopiert sich die 1 in die Zellen rechts von B2. Dies passiert so lange, bis man aufhört die Maus zu bewegen.

Seite 105

5 a) Es entsteht die Folge 1; 2; 3; 4; 5; 6 usw., je nachdem wie weit man den Mauszeiger nach rechts bewegt hat.
b) Fängt man beim Übertragen mit den Zahlen 5 und 10 an, entsteht die Folge 5; 10; 15; 20; 25; 30 usw.

6 a) entsprechend der Aufgabenstellung
b) In B5 trägt man die Rechenanweisung =2*B2 ein.

	A	B
1	Werte von Termen mit Variablen	
2	x=	3
3	Term	Wert des Terms
4	x+5	=B2+5
5	2*x	=2*B2

c) Trägt man in B2 weitere Zahlen ein, dann werden in den Zellen B4 und B5 automatisch die Werte der Terme für die eingegebene Zahl neu berechnet.

7 a) und b) siehe Abb. 1 unten
In Zeile 2 wurden die Zahlen von 0 bis 10 durch Übertragen erzeugt. In Zeile 3 wurde die Rechenanweisung aus Zelle B3 =2*B2+1 nach rechts übertragen.
c) Die Rechenanweisung für E3 lautet =2*E2+1; für L3 lautet sie =2*L2+1.

Abb. 1

	A	B	C	D	E	F	G	H	I	J	K	L
1	Werte eines Terms mit Variablen											
2	x	0	1	2	3	4	5	6	7	8	9	10
3	2*x+1	1	3	5	7	9	11	13	15	17	19	21

4 Multiplizieren und Dividieren

d) siehe Abb. 2 unten
Die Rechenanweisungen in Spalte B lauten:
- Zelle B3: =B2+5
- Zelle B4: =3*B2
- Zelle B5: =7*B2+8
- Zelle B6: =(4*B2+6)/2

8 Den einzelnen Wert in Zelle C4 kann man an sich gut mit der Rechenanweisung =B2+B2 berechnen. Will man allerdings die Kosten für verschiedene Anzahlen von Übernachtungen berechnen und die Rechenanweisung in weitere Zellen übertragen, so eignet sich am besten die Rechenanweisung =28*C3.
Genauer: Man überträgt bei B3 anfangend die Anzahl der Nächte und berechnet in B4 die Kosten für eine Nacht (28,00 €). In C4 trägt man die Rechenanweisung =28*C3 ein. Damit erhält man eine Funktion im Sinne von Aufgabe 7, die automatisch auf die weiteren Zellen rechts übertragen wird.

Basistraining und Anwenden. Nachdenken

Differenzierung im Basistraining und Anwenden. Nachdenken

Differenzierungstabelle

Basistraining und Anwenden. Nachdenken			
Die Lernenden können ...	○	◐	●
im Kopf rechnen,	1, 2, 5, 7, 10, 12 KV 60	24 KV 60	 KV 60
multiplizieren,	3, 4, 9, 11 a), 26 a) und b)	27 a) und c), 28, 29 a) und b)	
dividieren,	6, 8, 11 b), 14, 15, 16, 26 c)	27 b), 29 c)	
Überschlagsrechnungen durchführen,	9, 10, 14		
einen Rechenausdruck in einen Text übersetzen,		21	
Rechengesetze vorteilhaft anwenden,	18, 19, 20, 22, 23	21, 31, 32, 33, 34, 36, 38	37, 42
mithilfe einer Tabellenkalkulation Berechnungen durchführen,		25, 35	
mit den Fachbegriffen der Grundrechenarten umgehen,	13		
potenzieren,	17	39, 40	
Gesetzmäßigkeiten erkennen,			30, 41, 43, 44, 46
Textaufgaben lösen,			45, 47, 48
Gelerntes üben und festigen.	KV 57, KV 58, KV 59, KV 61, KV 62, KV 67, KV 68	KV 57, KV 58, KV 59, KV 63, KV 64, KV 67, KV 68	KV 57, KV 58, KV 59, KV 65, KV 66, KV 67, KV 68

Abb. 2

	A	B	C	D	E	F	G	H	I	J	K	L
1	Werte eines Terms mit Variablen											
2	x	0	1	2	3	4	5	6	7	8	9	10
3	x+5	5	6	7	8	9	10	11	12	13	14	15
4	3*x	0	3	6	9	12	15	18	21	24	27	30
5	7*x+8	8	15	22	29	36	43	50	57	64	71	78
6	(4*x+6)/2	3	5	7	9	11	13	15	17	19	21	23

4 Multiplizieren und Dividieren

Kopiervorlagen

KV 57 Das große Mathedinner zur Multiplikation und Division (1): Checkliste
KV 58 Das große Mathedinner zur Multiplikation und Division (2): Lösungen Checkliste
KV 59 Das große Mathedinner zur Multiplikation und Division (3): Die Menüs
(s. S. 4)

KV 60 ABC-Mathespiel: Grundrechenarten
Diese KV trainiert das Kopfrechnen mit allen vier Grundrechenarten.

KV 61 Klassenarbeit A – Multiplizieren und Dividieren (Teil 1)
KV 62 Klassenarbeit A – Multiplizieren und Dividieren (Teil 2)
KV 63 Klassenarbeit B – Multiplizieren und Dividieren (Teil 1)
KV 64 Klassenarbeit B – Multiplizieren und Dividieren (Teil 2)
KV 65 Klassenarbeit C – Multiplizieren und Dividieren (Teil 1)
KV 66 Klassenarbeit C – Multiplizieren und Dividieren (Teil 2)
(s. S. 4)

KV 67 Bergsteigen: Multiplizieren und Dividieren (Teil 1)
KV 68 Bergsteigen: Multiplizieren und Dividieren (Teil 2)
(s. S. 4)

Arbeitsheft

AH S. 31, S. 32 Basistraining und Training

Kommentare   Seite 107 – 111

Einsatz der KVs zum Kapitel-Abschluss
Sowohl „Das große Mathedinner" (KV 57 – KV 59) als auch das „Bergsteigen" (KV 67 und KV 68) bieten hier einen geführten Gang durch Basistraining und Anwenden. Nachdenken an.

Zu Seite 110, Aufgabe 42
Die Lernenden stellen eigene Terme auf. Wichtig bei der Besprechung ist die Diskussion über Terme mit gleichem Wert. Dabei können die Lernenden zusätzlich das Kommunizieren trainieren.

Zu Seite 111, Aufgabe 48
Zur Förderung prozessbezogener Kompetenzen ist es möglich, die Aufgaben in Kleingruppen bearbeiten zu lassen. Dabei soll der Lösungsweg z. B. grafisch dargestellt werden.
Weiterführende Fragestellung: Wie viele Canadier-Boote braucht man für unsere Klasse?

Lösungen   Seite 107 – 111

Seite 107

1
	a)	b)	c)
	36	84	130
	72	54	240
	99	64	120
	42	69	280
	75	74	450

2
a) 24; 26; 36; 46; 58; 68; 112
b) 45; 66; 93; 99; 135; 171
c) 35; 45; 65; 100; 125; 160; 220
d) 12; 18; 26; 38; 53; 99; 251

3 a)

	7	3	·	1	6
		7	3		
+		4	3	8	
	1	1	6	8	

	4	7	·	1	9
		4	7		
+		4	2	3	
		8	9	3	

	6	8	·	2	3
		1	3	6	
+		2	0	4	
	1	5	6	4	

	8	2	·	5	7
		4	1	0	
+		5	7	4	
		4	6	7	4

b)

	1	2	4	·	1	3
		1	2	4		
+		3	7	2		
			1			
	1	6	1	2		

	1	0	8	·	2	2
			2	1	6	
+			2	1	6	
		2	3	7	6	

	2	3	5	·	1	8
		2	3	5		
+	1	8	8	0		
		1	1			
	4	2	3	0		

	4	0	9	·	3	1
	1	2	2	7		
+		4	0	9		
	1	2	6	7	9	

4 Multiplizieren und Dividieren

c)

1	2	3	4	·	3
	3	7	0	2	

4	2	8	7	·	4
1	7	1	4	8	

6	5	4	3	·	5
3	2	7	1	5	

8	9	8	9	·	9
8	0	9	0	1	

4 a) 1700
1770
6200
6300
16 480

b) 8320
43 750
85 400
9810
49 490

5 a) 6
5
7
6
7

b) 15
12
12
7
12

c) 103
70
50
105
106

6 a) 43
47
87
39

b) 293
864
852
953

7 a) 64 : 2 = 32
c) 128 : 4 = 32

b) 2 · 35 = 70
d) 5 · 49 = 245

8 a) 28 : 4 = 7
64 : 8 = 8
350 : 7 = 50
630 : 9 = 70

b) 28 : 4 = 7
54 : 6 = 9
56 : 7 = 8
81 : 9 = 9

9 a) Überschlag: 80 · 10 = 800
Ergebnis: 77 · 12 = 924
b) Überschlag: 400 · 20 = 8000
Ergebnis: 405 · 19 = 7695
c) Überschlag: 10 · 40 = 400
Ergebnis: 13 · 39 = 507
d) Überschlag: 300 · 20 = 6000
Ergebnis: 294 · 21 = 6174
e) Überschlag: 30 · 20 = 600
Ergebnis: 28 · 22 = 616
f) Überschlag: 500 · 20 = 10 000
Ergebnis: 513 · 17 = 8721
g) Überschlag: 40 · 70 = 2800
Ergebnis: 41 · 69 = 2829
h) Überschlag: 700 · 30 = 21 000
Ergebnis: 703 · 29 = 20 387

10 A zu 500   B zu 400   C zu 1800
D zu 5600   E zu 2000

11 a)

·	26	45	69	73	82	97	138
12	312	540	828	876	984	1164	1656

b)

:	2	3	4	6	9	12	18
36	18	12	9	6	4	3	2

12 a) 24 + 25 = 49
c) 9 · 11 = 99
e) 65 : 5 = 13
g) 32 : 16 = 2

b) 72 : 8 = 9
d) 144 : 12 = 12
f) 95 − 15 = 80
h) 98 : 7 = 14

Seite 108

13 a) Summe   b) Quotient
c) Produkt   d) Differenz

14 a) Überschlag: 4800 : 4 = 1200
Rechnung:

4	8	1	2	:	4	=	1	2	0	3
− 4										
0	8									
−	8									
	0	1								
	−	0								
		1	2							
	−	1	2							
			0							

b) Überschlag: 5600 : 7 = 800

5	9	2	9	:	7	=	8	4	7
− 5	6								
	3	2							
−	2	8							
		4	9						
	−	4	9						
			0						

c) Überschlag: 4000 : 5 = 800

4	2	5	5	:	5	=	8	5	1
− 4	0								
	2	5							
−	2	5							
		0	5						
		−	5						
			0						

4 Multiplizieren und Dividieren

d) Überschlag: 6400 : 8 = 800

```
  6 3 9 2 : 8 = 7 9 9
- 5 6
    7 9
  - 7 2
      7 2
    - 7 2
        0
```

e) Überschlag: 4200 : 6 = 700

```
  4 1 8 2 : 6 = 6 9 7
- 3 6
    5 8
  - 5 4
      4 2
    - 4 2
        0
```

f) Überschlag: 9900 : 11 = 900

```
  9 8 1 2 : 1 1 = 8 9 2
- 8 8
    1 0 1
  - 9 9
        2 2
      - 2 2
          0
```

g) Überschlag: 3500 : 7 = 500

```
  3 5 9 1 : 7 = 5 1 3
- 3 5
    0 9
  - 7
      2 1
    - 2 1
        0
```

h) Überschlag: 6000 : 12 = 500

```
  5 9 6 4 : 1 2 = 4 9 7
- 4 8
    1 1 6
  - 1 0 8
        8 4
      - 8 4
          0
```

15 a) 35 R 1   b) 77 R 2
c) 36 R 3   d) 36 R 5
e) 25 R 3   f) 53 R 8
g) 42 R 3   h) 56 R 7

16 a)
```
  4 0 5 : 1 5 = 2 7
- 3 0
    1 0 5
  - 1 0 5
        0
```

b)
```
  1 0 8 1 5 : 1 5 = 7 2 1
- 1 0 5
      3 1
    - 3 0
        1 5
      - 1 5
          0
```

c)
```
  1 3 0 8 0 : 2 0 = 6 5 4
- 1 2 0
      1 0 8
    - 1 0 0
          8 0
        - 8 0
            0
```

d)
```
  2 1 0 0 : 2 8 = 7 5
- 1 9 6
      1 4 0
    - 1 4 0
          0
```

e)
```
  4 2 1 6 : 1 7 = 2 4 8
- 3 4
      8 1
    - 6 8
        1 3 6
      - 1 3 6
            0
```

f)
```
  1 1 7 6 : 1 2 = 9 8
- 1 0 8
        9 6
      - 9 6
          0
```

Lösungswort: NULLEN!

17 a) $6^2 = 36$ b) $5^3 = 125$
c) $2^4 = 16$ d) $3^4 = 81$
e) $10^4 = 10\,000$ f) $2^7 = 128$

18 a) $3 \cdot 4 + 5 = 17$
b) $8 + 4 + 2 = 14$
c) $25 + 5 \cdot 4 = 45$
d) $4 + 8 \cdot 2 = 20$
e) $12 + 3 \cdot 5 = 27$
f) $2 \cdot 4 + 8 = 16$

4 Multiplizieren und Dividieren

19 a) 8 − 2 = 6
b) 32 + 32 = 64
c) 37 + 21 = 58
d) 24 − 4 = 20
e) 6 + 20 = 26
f) 5 + 6 − 4 = 7
g) 17 + 4 = 21
h) 8 − 7 = 1

20 a) 3 · 30 − 87 = 3
b) 15 · 7 − 104 = 1
c) 4 · 12 − 5 = 43
d) 20 + 21 − 30 = 11

21 a) Addiere zum Produkt von 7 und 15 das Produkt von 13 und 15.
(7 + 13) · 15 = 20 · 15 = 300
b) Subtrahiere vom Produkt von 9 und 48 das Produkt von 9 und 38.
9 · (48 − 38) = 9 · 10 = 90
c) Subtrahiere vom Produkt von 27 und 7 das Produkt von 17 und 7.
(27 − 17) · 7 = 10 · 7 = 70
d) Addiere zum Produkt von 16 und 33 das Produkt von 4 und 33.
(16 + 4) · 33 = 20 · 33 = 660

22 a) (25 − 15) : 2 = 5
b) 9 · (5 + 6) = 99
c) (45 − 15) · 2 = 60
d) (25 − 5) : 2 = 10
e) (2 + 3 + 4) · 5 = 45
f) (6 : 3 − 1) · 5 = 5
g) (8 · 4 − 5) · 2 = 54
h) (60 : 5 − 4) : 2 = 4

23 a) 5 · 9 · 20
= 5 · 20 · 9
= 100 · 9 = 900
b) 25 · 7 · 4
= 25 · 4 · 7
= 100 · 7 = 700
c) 3 · 25 · 2 · 4
= 25 · 4 · 3 · 2
= 100 · 6 = 600
d) 50 · 3 · 9 · 2
= 50 · 2 · 3 · 9
= 100 · 27 = 2700
e) 40 · 11 · 25
= 40 · 25 · 11
= 1000 · 11 = 11 000
f) 9 · 125 · 7 · 8
= 8 · 125 · 9 · 7
= 1000 · 63 = 63 000

24 a) [Diagramm: 4 →·6→ 24 →·2→ 48; 4 →:5→ 20; 24 →:6→ 4; 48 →:4→ 12; 20 →:10→ 2; 4 →·3→ 12; 12 →·6→ 72; 2 →·18→ 36 →·2→ 72; 4 →·9→ 36]

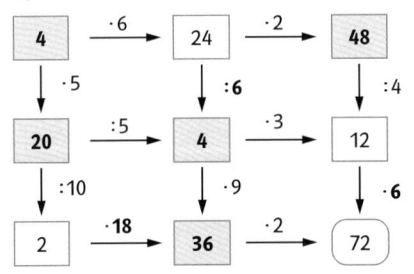

b) [Diagramm: 10 →+15→ 25 →·6→ 150; 10 →·12→ 120; 25 →:5→ 5; 150 →:15→ 10; 120 →:24→ 5 →+5→ 10; 120 →:3→ 40; 5 →·16→ 80; 10 →·10→ 100; 40 →·2→ 80 →+20→ 100]

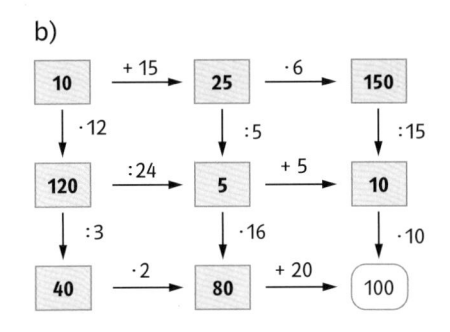

25 a) bis f) siehe Abb. 1 auf nächster Seite unten
Die Rechenanweisungen in Spalte B lauten:
a) =B1*B1
b) =4*B1+3
c) =5*(30-B1)
d) =(B1+3)/2
e) =12*B1*B1-12*B1
f) =(B1+2)*(B1+3)

Seite 109

26 a)
```
  7 6 · 1 4
    7 6
+ 3 0 4
─────────
1 0 6 4
```
b)
```
1 4 7 · 6 3
      8 8 2
+   4 4 1
    1
─────────
9 2 6 1
```
c)
```
5 8 4 : 8 = 7 3
5 6
─────
  2 4
− 2 4
─────
    0
```

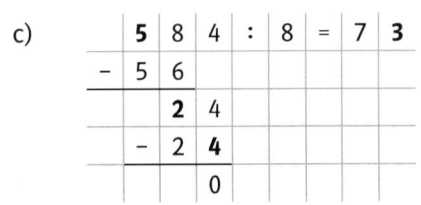

27 a) Pyramide: 3456 / 48, 72 / 4, 12, 6 / 1, 4, 3, 2
b) Pyramide: 192 / 8, 24 / 4, 2, 12 / 2, 2, 1, 12
c) Pyramide: 96 / 8, 12 / 4, 2, 6 / 4, 1, 2, 3 oder 96 / 6, 16 / 3, 2, 8 / 3, 1, 2, 4

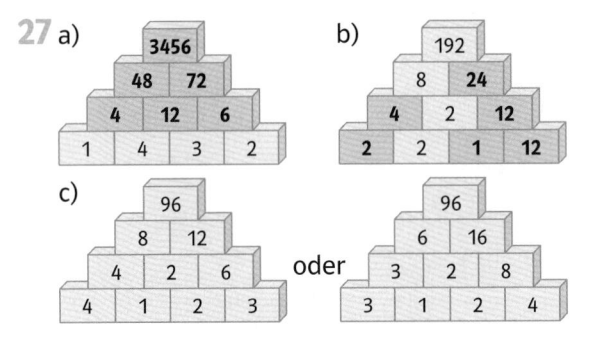

28 a) 24 = 1 · 24 = 2 · 12 = 3 · 8 = 4 · 6
36 = 1 · 36 = 2 · 18 = 3 · 12 = 4 · 9 = 6 · 6
42 = 1 · 42 = 2 · 21 = 3 · 14 = 6 · 7
45 = 1 · 45 = 3 · 15 = 5 · 9
60 = 1 · 60 = 2 · 30 = 3 · 20 = 4 · 15
= 5 · 12 = 6 · 10
b) 60 hat die meisten Produkte.

4 Multiplizieren und Dividieren

29 a) Fehler: Die Ergebnisse der Teilmultiplikationen wurden nicht stellengerecht untereinander geschrieben.
Richtig ist:

	6	5	4	·	3	1
		1	9	6	2	
+				6	5	4
			1	1		
		2	0	2	7	4

b) Fehler: Es wurde die Multiplikation mit Null vergessen. Dadurch standen die Zwischenergebnisse nicht richtig untereinander.
Richtig ist:

	1	3	2	·	4	0	2
			5	2	8		
+			0	0	0		
+				2	6	4	
			1				
		5	3	0	6	4	

c) Fehler: Das Dividieren wurde bei der Einerzahl begonnen.
Richtig ist:

	5	2	8	:	6	=	8	8
−	4	8						
		4	8					
−		4	8					
			0					

30 a) 3 →·3→ 9 →+1→ 10

7 →·3→ 21 →+1→ 22

b) 12 →·3→ 36 →+1→ 37

20 →·3→ 60 →+1→ 61

52 →·3→ 156 →+1→ 157

c) Mögliche Lösung:

15 →·4→ 60 →−10→ 50

31 a) a · b = **b · a**
Es wird das Kommutativgesetz (Vertauschungsgesetz) angewendet.
b) Beim ersten Rechenschritt wird das Kommutativgesetz (Vertauschungsgesetz), beim zweiten Schritt wird das Assoziativgesetz (Verbindungsgesetz) angewendet.

32 a) 25 − (27 − 11) = 25 − 16 = 9
b) 42 − 3 · (52 − 17 − 23) = 42 − 3 · 12
= 42 − 36 = 6
c) 10 − (8 + 4 · 12) : 7 = 10 − (8 + 48) : 7
= 10 − 56 : 7 = 2
d) 15 − (20 − 8 · 2) · 3 = 15 − (20 − 16) · 3
= 15 − 4 · 3 = 3
e) 5 − ((6 + 4) : 2 − 1) = 5 − (10 : 2 − 1)
= 5 − (5 − 1) = 1
f) 15 − ((20 + 68) : 8 − 9) · 5
= 15 − (88 : 8 − 9) · 5 = 15 − (11 − 9) · 5
= 15 − 2 · 5 = 5
g) 50 − (10 − (43 − 19) : 8) · 7 − 1
= 50 − (10 − 24 : 8) · 7 − 1
= 50 − (10 − 3) · 7 − 1 = 50 − 7 · 7 − 1 = 0

33 a) Klammer: (8 + 6) · 4 = 56
b) keine Klammer: 8 + 6 · 4 = 32
c) keine Klammer: 8 · 6 + 4 = 52
d) Klammer: 8 · (6 + 4) = 80
e) Klammer: 8 · (4 + 6) = 80
f) keine Klammer: 8 · 4 + 6 = 38

34 Bereits im ersten Rechenschritt ist „Punkt vor Strich" nicht beachtet worden.
Richtig ist:
a) 32 − 24 : 8 + 2 · 3
= 32 − 3 + 6
= 29 + 6
= 35

b) 12 + (9 − 2 · 4)
= 12 + (9 − 8)
= 12 + 1
= 13

Seite 110

35 a) Rechenanweisung zur Berechnung des Gesamtpreises in B5:
=B3*B2+C3*C2
b) Marc muss für die Eier 5,80 € bezahlen.

	A	B	C
1	Ei-Größe	M	L
2	Preis pro Ei	0,30 €	0,40 €
3	Anzahl der Eier	6	10
4			
5	Gesamtpreis	5,80 €	

4 Multiplizieren und Dividieren

36 a) $42 \cdot 50 = 21 \cdot 2 \cdot 50 = 21 \cdot 100 = 2100$
b) $28 \cdot 25 = 7 \cdot 4 \cdot 25 = 7 \cdot 100 = 700$
c) $250 \cdot 44 = 250 \cdot 4 \cdot 11 = 1000 \cdot 11 = 11\,000$
d) $20 \cdot 55 = 20 \cdot 5 \cdot 11 = 100 \cdot 11 = 1100$
e) $125 \cdot 24 = 125 \cdot 8 \cdot 3 = 1000 \cdot 3 = 3000$
f) $25 \cdot 4848 = 25 \cdot 4 \cdot 1212 = 100 \cdot 1212 = 121\,200$

37 a) $(5 + 4) \cdot 3 - 2 : 1 = 25$
b) $5 + 4 \cdot (3 - 2) : 1 = 9$
oder $5 + 4 \cdot (3 - 2 : 1) = 9$
c) $5 + (4 \cdot 3 - 2) : 1 = 15$

38 Spiel, individuelle Lösungen

39 a) richtig:
$1^3 + 2^3 + 3^3 + 4^3 = 1 + 8 + 27 + 64 = 100 = 10^2$
b) falsch, da:
$3^3 + 4^3 + 5^3 = 27 + 64 + 125 = 216$ und $6^2 = 36$
c) richtig:
$1^3 + 2^3 + 3^3 + 4^3 + 5^3$
$= 1 + 8 + 27 + 64 + 125 = 225 = 15^2$

40 a) $1000 = 10^3$
b) $100\,000 = 10^5$
c) $1\,000\,000 = 10^6$
d) $10\,000\,000 = 10^7$
e) $1\,000\,000\,000 = 10^9$
f) $1\,000\,000\,000\,000 = 10^{12}$

41 a) $1 \cdot 2 + 3 = 5$ } +5
$2 \cdot 3 + 4 = 10$ } +7
$3 \cdot 4 + 5 = 17$ } +9
$4 \cdot 5 + 6 = 26$ } +11
$5 \cdot 6 + 7 = 37$ } +13
$6 \cdot 7 + 8 = 50$ } +15
$7 \cdot 8 + 9 = 65$
Zum vorigen Ergebnis wird von 5 aufwärts die nächstgrößere ungerade Zahl addiert.
b) $4 \cdot 3 - 2 \cdot 1 = 10$ } +4
$5 \cdot 4 - 3 \cdot 2 = 14$ } +4
$6 \cdot 5 - 4 \cdot 3 = 18$ } +4
$7 \cdot 6 - 5 \cdot 4 = 22$ } +4
$8 \cdot 7 - 6 \cdot 5 = 26$ } +4
$9 \cdot 8 - 7 \cdot 6 = 30$ } +4
$10 \cdot 9 - 8 \cdot 7 = 34$
Zum vorigen Ergebnis wird von 10 aufwärts die Zahl 4 addiert.
c) siehe oben

42 Spiel, individuelle Lösungen

Seite 111

43 a) Mia hat jeweils den ersten Faktor verdoppelt und den zweiten Faktor halbiert.
b)

	4	5	·	4				
=		9	0	·	2			
=	1	8	0	·	1	=	1	8	0

		2	5	·	8			
=		5	0	·	4			
=	1	0	0	·	2			
=	2	0	0	·	1	=	2	0	0

		1	5	·	1	6		
=		3	0	·	8			
=		6	0	·	4			
=	1	2	0	·	2			
=	2	4	0	·	1	=	2	4	0

c) $40 \cdot 5$ lässt sich so nicht lösen, da keiner der beiden Faktoren eine 2er-Potenz ist.
d) Ja. Dabei müssen sowohl der Dividend als auch der Divisor halbiert werden:

	2	8	0	0	:	8			
=	1	4	0	0	:	4			
=		7	0	0	:	2			
=		3	5	0	:	1	=	3	5	0

44 a) Der Wert des Produkts wird vervierfacht.
b) Der Wert des Produkts bleibt gleich.
c) Der Wert des Produkts wird mit 9 multipliziert.

45 a) Länge der „Containerschlange":
$18\,000 \cdot 6\,\text{m} = 108\,000\,\text{m} = 108\,\text{km}$
b) Höhe des „Containerturms":
$18\,000 \cdot 25\,\text{dm} = 450\,000\,\text{dm} = 45\,000\,\text{m} = 45\,\text{km}$
c) $18\,000 \cdot 6000 = 108\,000\,000$
In 18 000 Container passen also 108 Millionen Paar Schuhe. Das Containerschiff könnte also die gesamte deutsche Bevölkerung mit einem Paar neuer Schuhe versorgen.

46 Es ist: $12\,345\,679 \cdot 9 = 111\,111\,111$.
Daraus lassen sich die anderen Produkte sehr leicht berechnen:
$12\,345\,679 \cdot 54 = 12\,345\,679 \cdot 9 \cdot 6$
$= 111\,111\,111 \cdot 6$
$= 666\,666\,666$
$12\,345\,679 \cdot 72 = 12\,345\,679 \cdot 9 \cdot 8$
$= 111\,111\,111 \cdot 8$
$= 888\,888\,888$

4 Multiplizieren und Dividieren

47 a) 2,5 kg = 2500 g
2500 : 500 = 5
Ein Blatt Papier wiegt 5 g.
b) Mögliche Lösung für eine Schule mit
400 Schülerinnen und Schülern:
400 · 5 = 2000
2000 g = 2 kg
Höhe: 100 Blätter sind 1,1 cm hoch.
400 Blätter sind 4,4 cm hoch.
Der Stapel aus 400 Blättern Kopierpapier wiegt
2 kg und ist 4,4 cm hoch.
Der verbliebene Stapel Kopierpapier wäre noch
0,5 kg schwer und 1,1 cm hoch.
c) 280 · 500 = 140 000
280 · 2500 = 700 000
700 000 g = 700 kg
Auf der Palette liegen 140 000 Blatt Papier. Die Päckchen wiegen 700 kg.

48 a) Insgesamt sind es 78 Kinder.
3er-Canadier kostet pro Person in €:
40 : 3 = 13 R 1
4er-Canadier kostet pro Person in €:
50 : 4 = 12 R 2
5er-Canadier kostet pro Person in €:
60 : 5 = 12
7er-Canadier kostet pro Person in €:
110 : 7 = 15 R 5
Somit ist das 5er-Canadier-Boot das günstigste Boot.
Jetzt müssen noch alle 78 Kinder verteilt werden:
1. Möglichkeit:
15-mal 5er-Canadier (900 €)
und 1-mal 3er-Canadier (40 €)
2. Möglichkeit:
14-mal 5er-Canadier (840 €)
und 2-mal 4er-Canadier (100 €)
Die Gesamtkosten betragen in beiden Fällen 940 €.
b) Klasse 5 a:
5-mal 5er-Canadier
300 €
Klasse 5 b:
4-mal 5er-Canadier
1-mal 4er-Canadier
1-mal 3er-Canadier
330 €
Klasse 5 c:
4-mal 5er-Canadier
2-mal 3er-Canadier
320 €
Die Gesamtkosten für alle drei Klassen zusammen belaufen sich dann auf 950 €.

5 Geometrie. Vierecke

Kommentare zum Kapitel

Intention des Kapitels

Geometrische Grundbegriffe, die den Lernenden bereits aus der Grundschule bekannt sind, werden in diesem Kapitel mathematisch präzisiert. Dabei liegt der Schwerpunkt sowohl auf der Begriffsbildung als auch auf der zeichnerischen Umsetzung.
Inhalt sind folgende geometrische Grundbegriffe: Strecke, Gerade, Halbgerade, senkrecht, parallel, Abstand, Entfernung, Achsensymmetrie, Punktsymmetrie und Koordinatensystem. Außerdem lernen die Kinder die Figuren der ebenen Geometrie kennen: Quadrat, Rechteck, Parallelogramm und Raute. Ausgehend von Begriffen der Alltagssprache wird der korrekte Gebrauch der Fachsprache eingeübt und Begriffe werden mithilfe ihrer Merkmale klar abgegrenzt.
Die zeichnerische Genauigkeit ist ein zentrales Anliegen der Geometrie und damit auch eine übergeordnete Kompetenz dieses Kapitels. In der Auseinandersetzung mit den mathematischen Inhalten werden von den Lernenden die Kompetenzen des Zeichnens und Konstruierens (Lineal, Geodreieck und Zirkel) aus der Primarstufe weiterentwickelt sowie die Nutzung digitaler Mathematikwerkzeuge (dynamische Geometrie-Software) eingeübt.
Die Kinder lernen weiterhin, dass die charakteristischen Merkmale verschiedener ebener Figuren eine Kategorisierung ermöglichen.
Auch gestalterische und kreative Kompetenzen werden durch einzelne Aufgaben gefördert.

Stundenverteilung

Stundenumfang gesamt: 23 – 28

Lerneinheit	Stunden
Standpunkt und Auftakt	0 – 1
1 Strecke, Gerade und Halbgerade	2
2 Zueinander senkrecht	2
3 Zueinander parallel	2
4 Das Koordinatensystem	2 – 3
5 Entfernung und Abstand	2 – 3
6 Achsensymmetrie und Punktsymmetrie	2 – 3
7 Rechteck und Quadrat	2
8 Parallelogramm und Raute	3
MEDIEN: DGS. Koordinatensystem	1
MEDIEN: DGS. Symmetrie	1
Basistraining, Anwenden. Nachdenken und Rückspiegel	4 – 5

Benötigtes Material

- Buntes Papier
- Streichhölzer
- Geodreieck
- Schere
- Würfel
- Spielkarten
- Gummiband
- Spiegel

Kommentare Seite 114 – 115

Durch die handlungsorientierten Methoden „Falten" und „Legen" werden die Lernenden an die neu zu erschließenden Inhalte der Geometrie herangeführt. Im konkreten Tun, das den Entdeckergeist der Lernenden anspricht, werden mathematische Grundbegriffe wie parallel, senkrecht, Schnittpunkt und Gerade erfahrbar gemacht. Durch die hohe Aktivität der Lernenden wird ein individueller Lernprozess erreicht, bei dem eigene Faltlinien erzeugt, betrachtet und interpretiert werden. Motivierenden Charakter in Form eines Rätsels hat auch das Legen von Streichhölzern zu verschiedenen Figuren.

Lösungen Seite 114 – 115

Seite 114

1 Individuelle Lösungen;
   Beispiel: siehe Bild unten links im Schulbuch

2 Individuelle Lösungen;
   Beispiele: siehe Bild unten mittig und unten rechts im Schulbuch; es können höchstens 6 Schnittpunkte entstehen.

Seite 115

3 Wenn man die Streichhölzer senkrecht zueinander legt, dann ergänzt man mit zwei weiteren Streichhölzern immer zu einem Quadrat.

5 Geometrie. Vierecke

Legt man die Streichhölzer parallel zueinander, dann kann sowohl eine Raute als auch ein Quadrat entstehen.

LE 1 Strecke, Gerade und Halbgerade

Differenzierung in LE 1

Differenzierungstabelle

LE 1 Strecke, Gerade und Halbgerade			
Die Lernenden können ...	○	◐	●
Strecken, Geraden und Halbgeraden zeichnen,	1, 3 li	5 li, 3 re	5 re
Streckenlängen messen,	2		
Strecken, Geraden oder Halbgeraden erkennen,		4 li, 4 re	
		KV 69	KV 69
Gelerntes üben und anwenden.	KV 70	KV 70	KV 70
		AH S. 33	

Kopiervorlagen

KV 69 Wie viele Strecken?
Diese KV ist für leistungsstärkere Lernende geeignet. Vor allem die letzten Aufgaben fordern die Verwendung von Strategien zum geschickten Zählen.

KV 70 Speisekarte: Strecke, Gerade und Halbgerade
Auf mehreren Niveaustufen werden die geometrischen Grundbegriffe eingeübt.
(s. S. 4)

Arbeitsheft
AH S. 33 Strecke, Gerade und Halbgerade

Kommentare Seite 116–117

Zum Einstieg
In der Einstiegsaufgabe wird an den Alltagsbegriff der Strecke angeknüpft. Dabei wird der mathematische Begriff der Strecke (kürzeste Verbindung zwischen zwei Punkten) zum Alltagsbegriff abgegrenzt.

Alternativer Einstieg
Alternativ kann eine handlungsorientierte Aufgabe im Klassenverband gestellt werden: Die Lernenden stellen sich zunächst im Raum auf und verkörpern Punkte. Dann sollen sie mithilfe eines Meterstabs oder einer Schnur die kürzesten Verbindungen zueinander herstellen.

Zu Seite 117, Aufgabe 4, links
Diese Aufgabe erfordert die Einsicht, dass eine Strecke durchaus über einen Punkt hinweg zu einem weiteren Punkt gebildet werden kann. Um alle Strecken zu finden, kann ein Abzeichnen und Markieren mithilfe verschiedener Farben hilfreich sein.

Zu Seite 117, Aufgabe 5, rechts
In Aufgabe 5 rechts wird schon ein intuitives Verständnis der Parallele benötigt.

Lösungen Seite 116–117

Seite 116

Einstieg

→ Vorteile: Eine schnurgerade Verbindung stellt den kürzesten Weg zwischen zwei Orten dar. Wenn man nur gerade Strecken ohne Kurven hat, würden manche Unfälle nicht passieren. Nachteile: Man zerstört vorhandene Landschaften und Orte.
→ Mülheim
→ Ja, auf Wuppertal
→ Individuelle Lösungen, z. B. Bottrop – Gelsenkirchen – Dortmund; Moers – Mülheim – Hagen

Seite 117

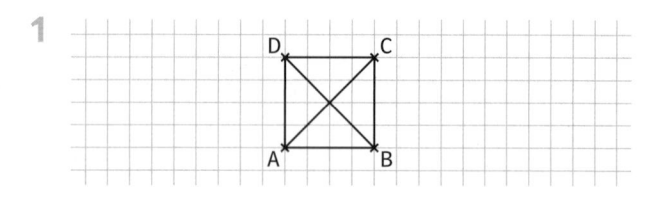

1

2 $\overline{AB} = 3{,}5\,\text{cm}$ $\overline{AC} = 2{,}5\,\text{cm}$ $\overline{AD} = 2\,\text{cm}$

A 3 Strecken und 2 Geraden.
   Das Bogenstück ist weder Strecke noch Gerade.

B linke Figur: $\overline{CD}$ und $\overline{DE}$
   rechte Figur: $\overline{RS}$, $\overline{ST}$ und $\overline{RT}$

5 Geometrie. Vierecke

Seite 117, links

3 a)   b)

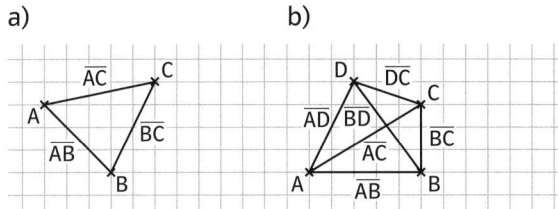

4 a) 6 Strecken
b) $\overline{CD}$; $\overline{DE}$; $\overline{CE}$; $\overline{EF}$; $\overline{DF}$; $\overline{CF}$

5 a), b) und c)

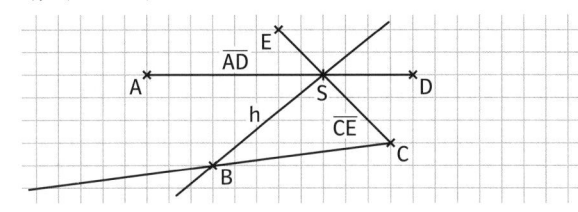

Seite 117, rechts

3

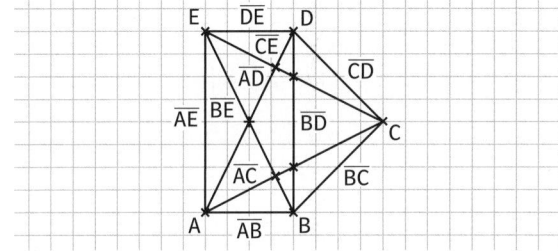

4 a) 10 Strecken:
$\overline{MN}$; $\overline{NP}$; $\overline{PQ}$; $\overline{MQ}$; $\overline{MR}$; $\overline{MP}$; $\overline{NR}$; $\overline{NQ}$; $\overline{RP}$; $\overline{RQ}$
2 Geraden:
• durch die Punkte M und P
• durch die Punkte N und Q
12 Halbgeraden:
An den Punkten M, N, P und Q beginnen jeweils zwei Halbgeraden. Am Punkt R beginnen vier Halbgeraden.
b) 10 Strecken:
$\overline{VW}$; $\overline{VZ}$; $\overline{VX}$; $\overline{VY}$; $\overline{WZ}$; $\overline{WY}$; $\overline{WX}$; $\overline{XY}$; $\overline{XZ}$; $\overline{YZ}$
6 Geraden:
• durch die Punkte V und W
• durch die Punkte V und X
• durch die Punkte V und Y
• durch die Punkte W und X
• durch die Punkte W und Y
• durch die Punkte X und Y
28 Halbgeraden:
An jedem der Punkte V, W, X und Y beginnen sechs Halbgeraden. Am Punkt Z beginnen vier Halbgeraden.

5 Mögliche Lösung:
a)

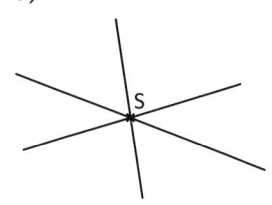

b)

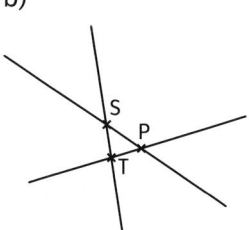

c)

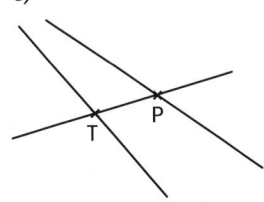

LE 2 Zueinander senkrecht

Differenzierung in LE 2

Differenzierungstabelle

LE 2 Zueinander senkrecht			
Die Lernenden können ...	○	◐	●
überprüfen, ob zwei Geraden oder Strecken senkrecht zueinander sind,	1, 3 li	5 li, 3 re, 5 re	
mit Zeichengeräten zueinander senkrechte Geraden zeichnen,	2, 4 li F 14 (Anfang) KV 71	4 re KV 71	KV 71
Gesetzmäßigkeiten zu Streckenzügen erkennen und Streckenzüge fortsetzen,		6 li	6 re
Gelerntes üben und festigen.		AH S. 34	

5 Geometrie. Vierecke

Kopiervorlagen
KV 71 Die diebische Elster
Diese KV kann eingesetzt werden, um die Genauigkeit und Sauberkeit des Zeichnens von zueinander senkrechten Geraden zu schulen. Die Lernenden bekommen sofort eine Rückmeldung über ihr Handeln. Bei Problemen bietet die klappbare Lösungsspalte eine unmittelbare Fehlerverbesserung und zusätzliches Übungsmaterial.

Inklusion
F 14 Zueinander senkrecht. Abstand

Arbeitsheft
AH S. 34 Zueinander senkrecht

Kommentare — Seite 118–119

Zum Einstieg
Die handlungsorientierte Einstiegsaufgabe führt über das Falten eines Blatts enaktiv an die Begriffsbildung heran. Dies ist besonders für leistungsschwächere Lernende eine Möglichkeit, neue Erkenntnisse in bestehende Denkstrukturen einzubinden.
Die Bearbeitung kann durch die Ich-Du-Wir-Methode sinnvoll bewältigt werden: Zuerst bearbeiten die Lernenden die Faltaufgabe alleine. Danach wird in der Du-Phase das Faltbild zu zweit verglichen. Der Vergleich zeigt als gemeinsames relevantes Merkmal den rechten Winkel. Zudem wird das mathematische Kommunizieren gefördert. Im gemeinsamen Unterrichtsgespräch (Wir-Phase) werden senkrechte Linien im Klassenzimmer gesucht und benannt. Das Suchen von senkrechten Linien auf dem Geodreieck leitet schließlich zur Konstruktion einer Senkrechten über.

Zu Seite 119, Aufgabe 3, rechts
Mögliche Hilfestellung: Für einen besseren Überblick können die Lernenden aufgefordert werden, eine Tabelle zu erstellen.

Zu Seite 119, Aufgabe 4, rechts
Hier wird der Begriff der Parallelität bereits vorweggenommen.

Lösungen — Seite 118–119

Seite 118

Einstieg

→ Es entsteht eine Figur, die vier Felder hat. Die Faltlinien sind senkrecht zueinander.
→ Individueller Abgleich
→ Mögliche Lösungen: Karokästchen auf der Tafel oder im Heft, Fensterkreuze, Fliesen um das Waschbecken, eckige Lichtschalter, Fußbodenkanten in der Ecke des Klassenzimmers, Tafelkanten in der Ecke
→ • die lange Seite und die Mittellinie
  • die beiden gestrichelten Linien bei 45° und bei 135°
  • die beiden kurzen Seiten des Geodreiecks

1 a) a ⊥ b
   b) c nicht senkrecht zu d
   c) e ⊥ f

2 a) und b)

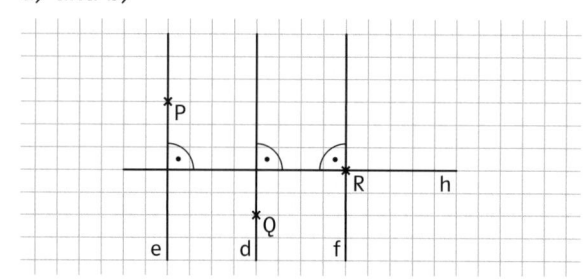

Seite 119

A a ⊥ e, b ⊥ e und c ⊥ d

B

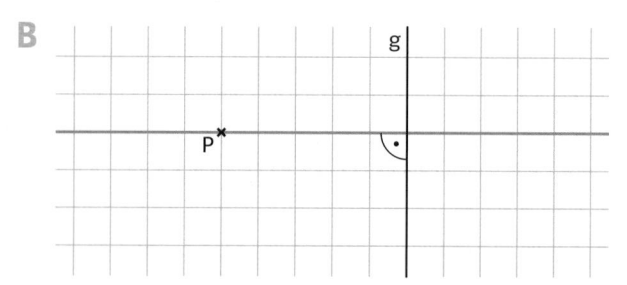

Eine Senkrechte kann auch waagerecht verlaufen. Entscheidend ist der rechte Winkel im Schnittpunkt der beiden Geraden.

Seite 119, links

3 a ⊥ h   b ⊥ g   d ⊥ g   e ⊥ g

5 Geometrie. Vierecke

4

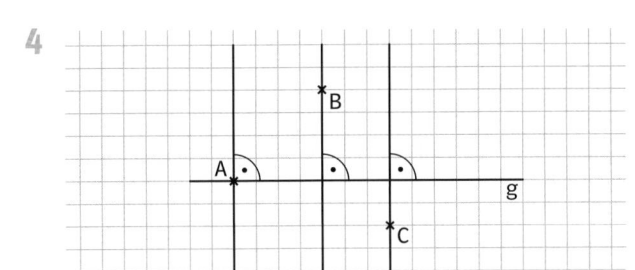

5 a)

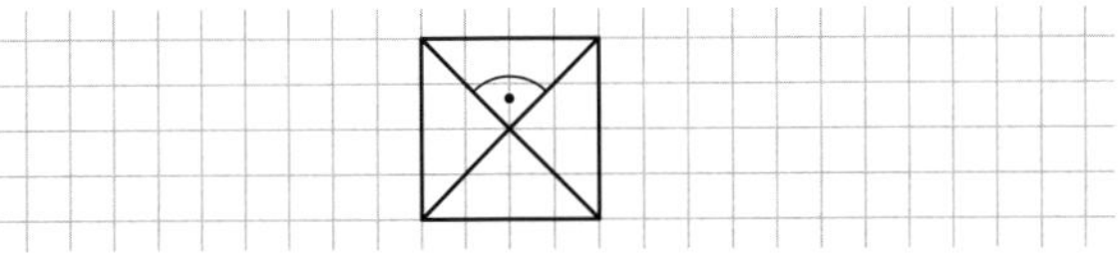

Die Strecken sind senkrecht zueinander.

b)

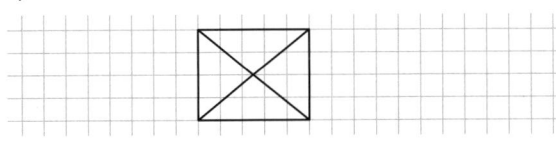

Die Strecken sind nicht senkrecht zueinander.

5 a)

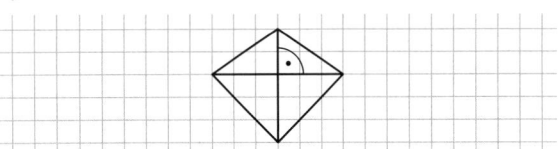

Die Strecken sind senkrecht zueinander.

b)

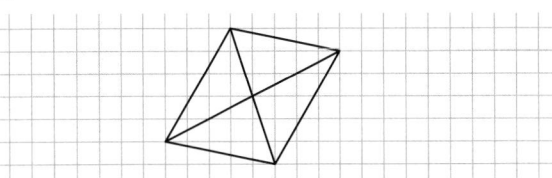

Die Strecken sind nicht senkrecht zueinander.

6

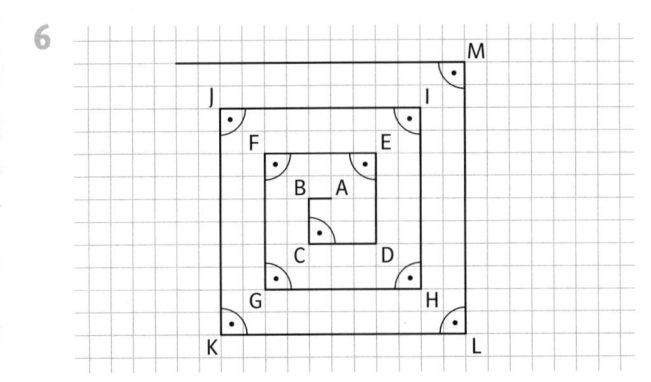

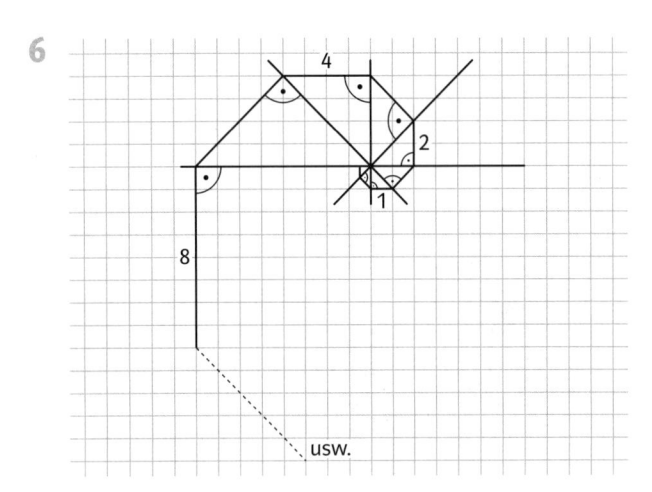

6

LE 3 Zueinander parallel

Differenzierung in LE 3

Seite 119, rechts

3 $j \perp m$ $m \perp h$ $j \perp l$ $h \perp l$

4

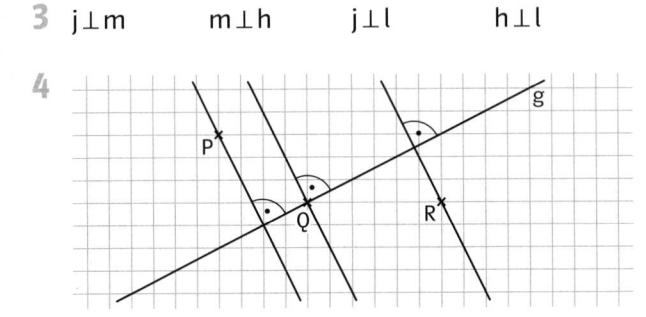

Mögliche Lösungen zu Auffälligkeiten:
- Man braucht das Geodreieck.
- Die drei entstandenen Geraden sind parallel zueinander.

Differenzierungstabelle

LE 3 Zueinander parallel			
Die Lernenden können …	○	◐	●
überprüfen, ob zwei Geraden parallel zueinander sind,	3 li	5 li	
zueinander parallele Geraden zeichnen,	1, 4 li F 15 KV 73	3 re, 4 re, 5 re KV 73	KV 73
Senkrechte und Parallelen erkennen und zeichnen,	2 KV 74 KV 76	KV 72 KV 74 KV 75 KV 76	6 re KV 72 KV 75 KV 76
Gelerntes üben und festigen.		AH S. 35	

5 Geometrie. Vierecke

Kopiervorlagen

KV 72 Wegbeschreibung zur Geburtstagsfeier

KV 73 Filmrolle: Parallelen zeichnen
Die Lernenden üben sich im Formulieren der dargestellten Konstruktion von Parallelen. Dies unterstützt die Sprachförderung der Lernenden nach J. Leisen.

KV 74 Parallele und senkrechte Geraden

KV 75 Senkrechte und Parallele: Eine Zeichenübung
Diese KV bietet eine unmittelbare Rückmeldung über das sorgfältige und genaue Zeichnen der Lernenden: Kriecht die Schnecke nachher nicht auf der gezeichneten Linie, so wurde ungenau gearbeitet.

KV 76 Tandembogen: Geometrie-Diktat
Diese KV bietet Geometrie-Aufträge, die sich die Lernenden gegenseitig diktieren. Hier erfolgt eine sofortige gegenseitige Rückmeldung durch die Lernenden selbst.

Inklusion

F 15 Zueinander parallel
Es findet eine bildhafte Erklärung statt, wie mithilfe der Hilfslinien auf dem Geodreieck parallele Geraden gezeichnet werden können.

Arbeitsheft

AH S. 35 Zueinander parallel

Kommentare — Seite 120–121

Zum Einstieg
Der Einstieg ist die konsequente Fortführung der Einstiegssituation der vorangegangenen Lerneinheit „Zueinander senkrecht". Für leistungsschwächere Lerngruppen bietet sich die hier angebotene enge Führung an. Dabei stellen die Lernenden die abgebildete „Fan-Klatsche" her. Auch diese Aufgabe basiert auf dem E-I-S-Prinzip nach J. Bruner und kann mithilfe der Ich-Du-Wir-Methode umgesetzt werden.
Möglicherweise ungenau gefaltete Klatschen bieten Anlass zur Diskussion.
Mit leistungsstärkeren Klassen kann eine kreative, offenere Aufgabenstellung bearbeitet werden: Die Lernenden sollen beispielsweise eine „Fan-Klatsche" oder einen Fächer ohne Abbild herstellen und gestalten.

Typische Schwierigkeiten
Ungenaue Zeichnungen, die durch motorische Schwächen oder Nachlässigkeit entstehen können, erschweren die selbstständige Korrektur und Fehlererkennung. Abhilfe kann in diesem Fall die Bereitstellung der Lösungen auf Transparentfolie bieten. Die Lernenden legen diese auf ihre Lösungen auf und erkennen Abweichungen deutlich.

Zu Seite 121, Aufgabe 3, links
Diese Aufgabe thematisiert die Unterscheidung des ersten Eindrucks von der Richtigkeit eines Sachverhalts. Gerade vorschnelle Lernende können damit zur Genauigkeit angeregt werden.

Zu Seite 121, Aufgabe 5, links
Operatoren signalisieren, welche Tätigkeiten beim Bearbeiten von Aufgaben erwartet werden: In dieser Aufgabe muss ein Sachverhalt mithilfe der erworbenen Fähigkeiten überprüft werden.

Lösungen — Seite 120–121

Seite 120

Einstieg

→ Individuelle Lösungen
→ Die Faltlinien treffen (berühren) sich nicht, sondern liegen nebeneinander und haben immer den gleichen Abstand zueinander.
→ Mögliche Lösungen: bei gegenüberliegenden Tisch- oder Fensterkanten, bei den gegenüberliegenden Tafelkanten, bei den gegenüberliegenden Kanten des Lichtschalters, bei den gegenüberliegenden Fliesenkanten am Waschbecken
→ die Hilfslinien im Inneren des Geodreiecks (siehe auch Tipp auf S. 121 im Schulbuch)

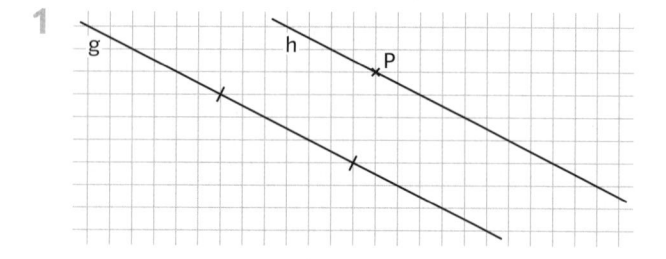

1

5 Geometrie. Vierecke

2 Die Geraden h und i liegen parallel zueinander.

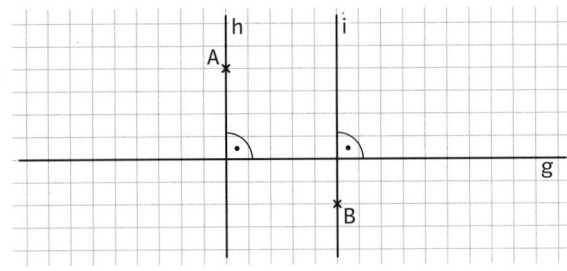

Seite 121

A Beim Zeichnen der Geraden g helfen dir die Gitterlinien in deinem Heft.

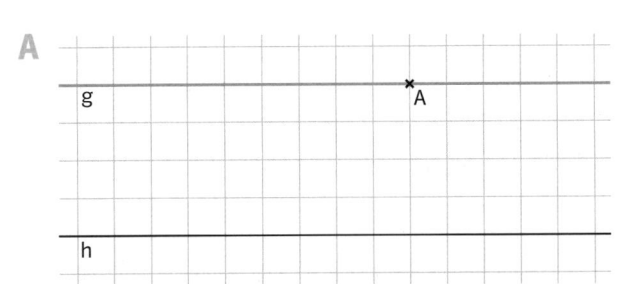

B $\overline{AB} \parallel \overline{GH}$; $\overline{AB} \parallel \overline{EF}$ und $\overline{EF} \parallel \overline{GH}$
Beim Betrachten der vier Strecken erkennt man, dass die Strecke $\overline{CD}$ im Vergleich zu den anderen Strecken schräg verläuft. Das Geodreieck hilft dir bei der Lösung der Aufgabe.

Seite 121, links

3 a ∦ b   a ∥ c   d ∥ e
    c ∦ b   c ∦ d   e ∥ d

4

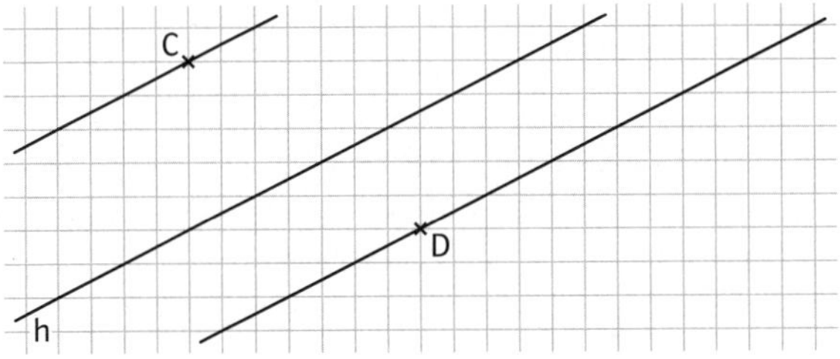

5 a) $\overline{AB} \parallel \overline{CD}$
    b) $\overline{EF} \parallel \overline{GH}$; $\overline{EH} \parallel \overline{FG}$

Seite 121, rechts

3

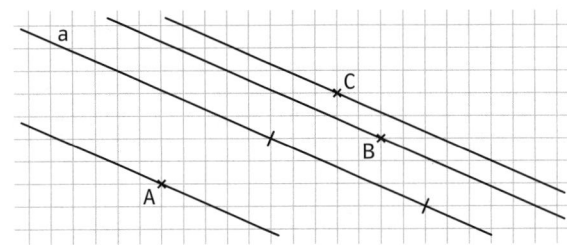

4

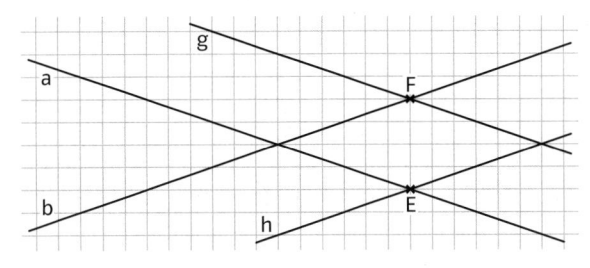

5 a) 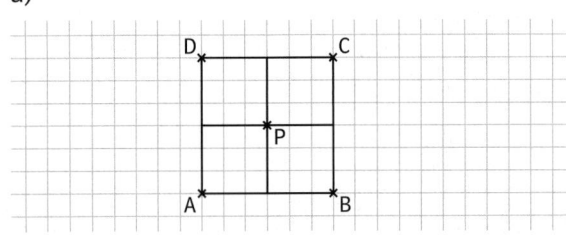
   b)

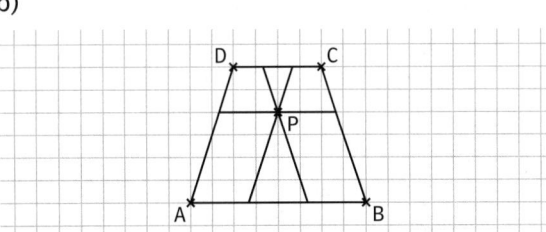

6 a) a ∥ b   b) a ∥ b   c) a ⊥ b

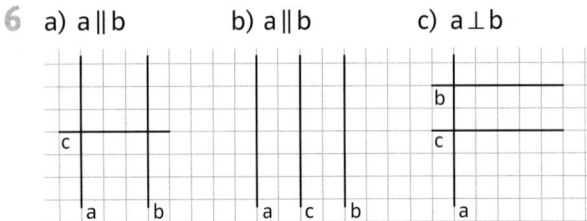

117

5 Geometrie. Vierecke

LE 4 Das Koordinatensystem

Differenzierung in LE 4

Differenzierungstabelle

LE 4 Das Koordinatensystem			
Die Lernenden können ...	○	◐	●
themenspezifische Fachbegriffe verwenden,		SP 10, SP 11	
die Koordinaten eines Punktes aus einem Koordinatensystem ablesen,	1, 3 li, 4 li, 5 li		
Punkte mit gegebenen Koordinaten in ein Koordinatensystem eintragen,	2	6 li	
Punkte mit gegebenen Koordinaten eintragen oder ablesen,		7 li, 8 li, 3 re, 4 re, 5 re	6 re, 7 re
	KV 77 KV 78, KV 79 KV 80	KV 77 KV 78, KV 79 KV 80	KV 77 KV 78, KV 79 KV 80
Gelerntes üben und festigen.		AH S.36	

Kopiervorlagen
KV 77 In Koordinatensystem-City

KV 78 Koordinatensystem – Partnerarbeitsblatt 1
KV 79 Koordinatensystem – Partnerarbeitsblatt 2
Diese KV bieten spielerische Übungen zum Umgang mit dem Koordinatensystem. Besonders wertvoll sind die sofortigen Lösungskontrollen und gegenseitige Rückmeldung durch die Lernenden selbst.

KV 80 Tandembogen: Koordinatensystem-Diktat
Durch die Arbeit zu zweit findet eine unmittelbare Lösungskontrolle statt.

Sprachförderung
SP 10 Das Koordinatensystem (Teil 1)
SP 11 Das Koordinatensystem (Teil 2)

Arbeitsheft
AH S.36 Das Koordinatensystem

Kommentare Seite 122–124

Zum Einstieg
In der Einstiegsaufgabe wird die Charakteristik des Koordinatensystems als Möglichkeit zur Orientierung in der Ebene dargestellt. Durch das Übertragen auf die Darstellung des Labyrinths erfahren die Lernenden dies anhand eines Beispiels. Die Notwendigkeit, die Lage von Punkten deutlich zu beschreiben, wird den Lernenden bewusst. Hierfür wird die mathematische Beschreibung von Punkten im Koordinatensystem durch genau zwei Koordinaten eingeführt.

Alternativer Einstieg
Eine häufige Schwierigkeit ist das Verwechseln der x- und y-Koordinate. Um dieses zu vermeiden, bietet sich ein weiteres Beispiel aus dem Alltag der Lernenden an. Die Lehrperson zeigt dazu auf einer Folie eine gerade Straße mit Hochhäusern und erklärt das „Briefträger-Problem": Um zu den verschiedenen Wohnungen zu gelangen, muss der Briefträger zunächst die Straße entlang gehen (x-Koordinate), um dann das entsprechende Stockwerk hochzusteigen (y-Achse).

Zu Seite 124, Aufgabe 7, links und Aufgabe 7, rechts
Bei diesen beiden Aufgaben wird die Thematik des Einstiegs nochmals aufgenommen.
Eine Teilaufgabe erfordert jeweils eine Arbeit zu zweit: Diese fördert die Kompetenz des Kommunizierens, hier durch das Herausarbeiten der Gemeinsamkeiten und Unterschiede (deutlich gemacht durch den Operator „vergleichen").

Zu Seite 124, Aufgabe 6, rechts
Bei dieser Aufgabe erfolgt die Verifizierung der Zeichnung durch eine Partnerarbeit. Dadurch werden die Kompetenzen der Lernenden im Bereich Kommunikation gestärkt.

Lösungen Seite 122–124

Seite 122

Einstieg

→ Mögliche Lösung:

→ Ausgangspunkt: A(11|5)
→ B(2|1); C(7|6)
→ Mögliche Lösung:

Seite 123

1 A(1|3); B(4|1); C(5|5); D(8|3); E(9|0); F(11|5)

2 a)

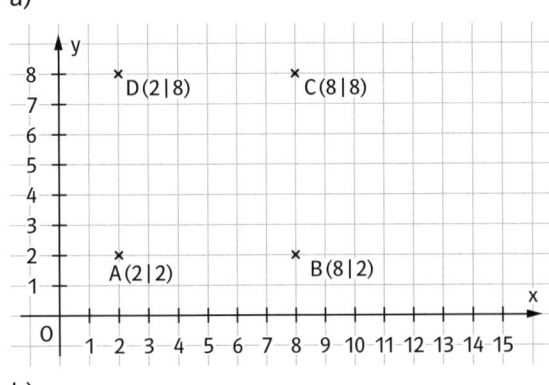

b)
- Weg zu Punkt B: Gehe acht Kästchen nach rechts und zwei Kästchen nach oben.
- Weg zu Punkt D: gehe zwei Kästchen nach rechts und acht Kästchen nach oben.

A A(0|3); B(2|6); C(6|5) und D(6|2)

B E(0|5); F(3|7); G(3|2); H(6|4); I(7|0) und J(10|4)

Seite 123, links

3 a) A(5|1) Schatzkiste
b) B(9|3) Amulett
c) C(3|5) Schwert
d) D(1|2) Ritterhelm
e) E(6|4) Goldmünzen
f) F(4|6) Krone

4

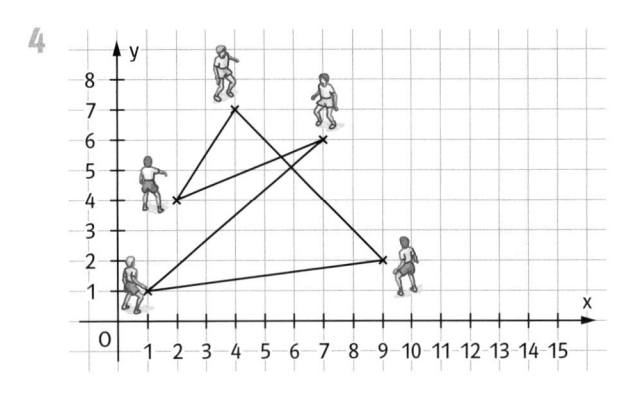

Seite 123, rechts

3 a) A(0|4); B(7|7); C(7|11); D(3|11)
b)

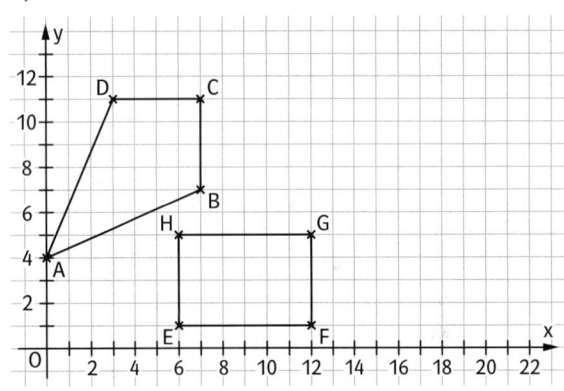

Die Figur EFGH ist ein Rechteck.

4 a)

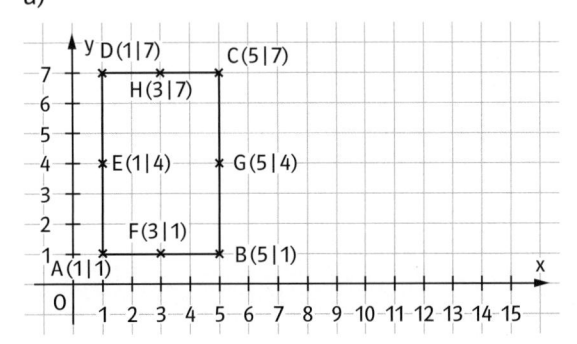

5 Geometrie. Vierecke

b)

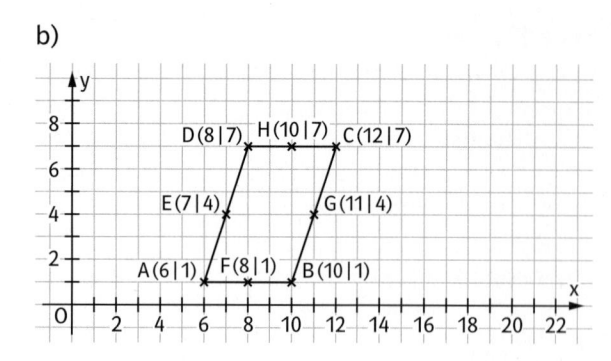

Seite 124, links

5

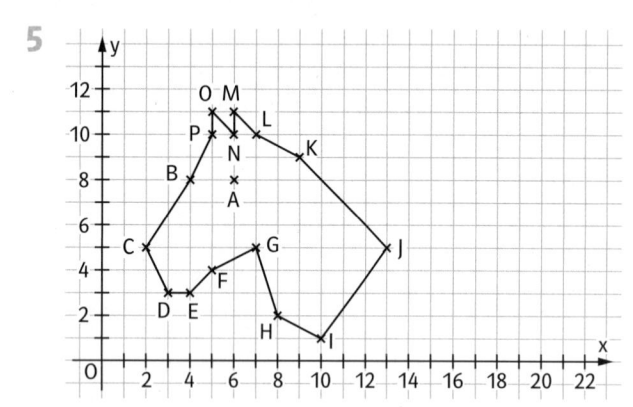

A(6|8); B(4|8); C(2|5); D(3|3); E(4|3);
F(5|4); G(7|5); H(8|2); I(10|1); J(13|5);
K(9|9); L(7|10); M(6|11); N(6|10); O(5|11);
P(5|10)

6 a)

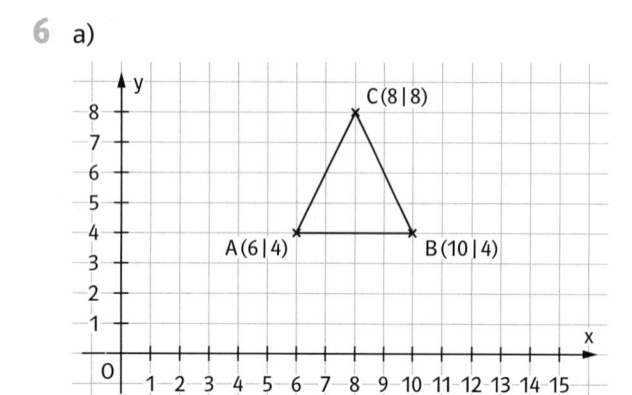

Die entstandene Figur ist ein Dreieck.

b)

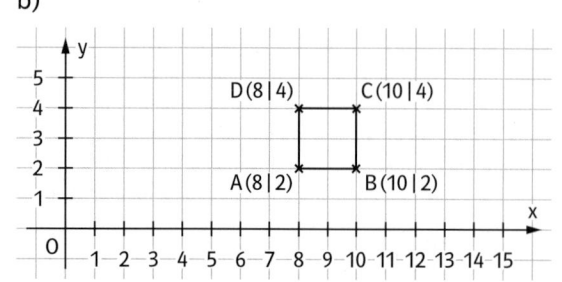

Die entstandene Figur ist ein Quadrat.

7 a)

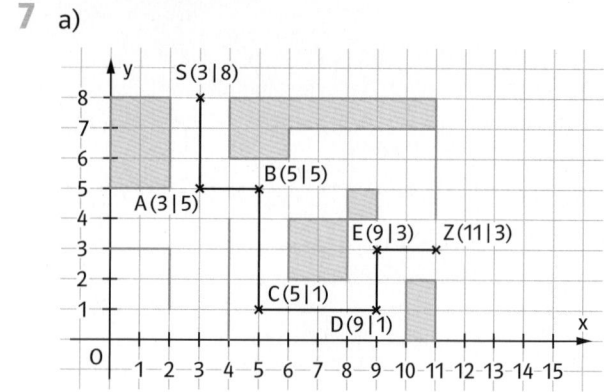

b) S(3|8); A(3|5); B(7|5); C(7|6); D(10|6); E(10|3); Z(11|3)
c) Individueller Abgleich

8

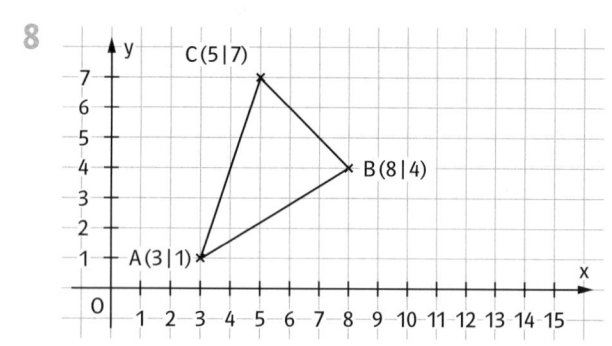

a) Mögliche Lösung: D(5|4); E(6|5)
b) Mögliche Lösung: F(7|5); G(6|6)
c) Mögliche Lösung: H(10|5); I(2|5)

Seite 124, rechts

5 a)

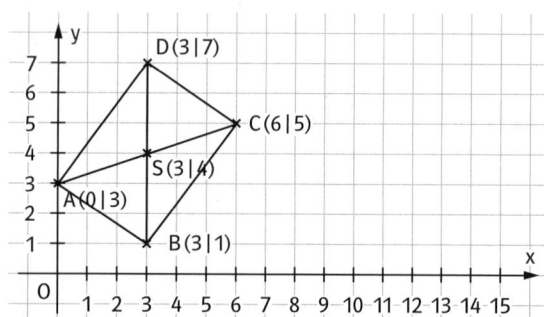

S(3|4)

b)

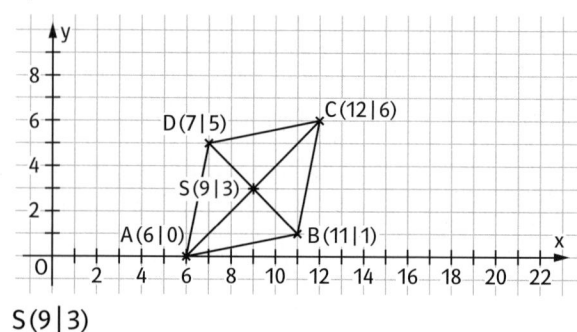

S(9|3)

5 Geometrie. Vierecke

6 a) und b)
Schnabelspitze: A(1|3); B(3|3); C(3|2); D(5|1);
untere Flügelspitze: E(9|1); F(5|3); G(5|4); H(9|6); I(7|6); J(8|8); K(5|5); L(4|6);
obere Flügelspitze: M(5|9); N(2|6); O(2|5); P(3|4); Q(2|4)
c) Individueller Abgleich

7 a) Startpunkt: S(0|3)
Zielpunkt: Z(11|3)
b) 1. Weg: S(0|3); A(1|3); B(1|4); C(3|4); D(3|1); E(4|1); F(4|3); G(5|3); H(5|2); I(7|2); J(7|7); K(8|7); L(8|5); M(9|5); N(9|6); O(10|6); P(10|3); Z(11|3)
2. Weg: S(0|3); A(1|3); B(1|4); C(3|4); D(3|1); E(4|1); F(4|3); G(5|3); H(5|6); I(6|6); J(6|8); K(9|8); L(9|6); M(10|6); N(10|3); Z(11|3)
c) kürzester Weg: 2. Weg
d) Individueller Abgleich

LE 5 Entfernung und Abstand

Differenzierung in LE 5

Differenzierungstabelle

LE 5 Entfernung und Abstand			
Die Lernenden können …	○	◐	●
Entfernungen zeichnen und messen,	1 b), 3 li a), 4 li a), 3 re a)	5 li a)	
Abstände zeichnen und messen,	1 a), 2, 3 li b), 4 li b), 3 re b) F 14	5 li b), 4 re	5 re
Gelerntes üben und festigen.	KV 82	KV 81 KV 82 AH S.37	KV 81 KV 82

Kopiervorlagen

KV 81 Der Abenteurer Großer-Geo-Meister
Für das Bearbeiten der KV ist ein gewisses Maß an Textverständnis nötig. Verschiedene Aufgaben müssen zeichnerisch erfüllt werden, bei denen die gelernten mathematischen Grundbegriffe angewendet werden müssen.

KV 82 Senkrechte, Parallele und Abstand

Inklusion
F 14 Zueinander senkrecht. Abstand

Arbeitsheft
AH S.37 Entfernung und Abstand

Kommentare — Seite 125–126

Zum Einstieg
Das Beispiel aus dem Sport bringt den wesentlichen Unterschied der Begriffe Entfernung und Abstand zur Sprache: Alle Linien stellen Entfernungen zwischen zwei Punkten dar, die rote Linie als kürzeste Entfernung auch den Abstand zur Torlinie.

Zu Seite 126, Aufgabe 5, rechts
In dieser Aufgabe wird das Beschreiben, das heißt das genaue Betrachten, das Kommunizieren und das Notieren der ermittelten Ergebnisse, angeregt. Leistungsstarke Lernende können zusätzlich zu einer Erklärung ihrer Beobachtung animiert werden.

Lösungen — Seite 125–126

Seite 125

Einstieg

→ Die rote Linie ist 11 m lang.
→ Die rote Linie liegt senkrecht zur Torlinie.
→ Die rote Linie ist die kürzeste der drei Linien. Die blaue Linie geht an den rechten Pfosten und ist kürzer als die gelbe Linie. Die gelbe Linie geht in die linke Ecke des Tores. Sie ist die längste Linie.

1 a) Abstand von A zu g: 1 cm
Abstand von B zu g: 1,7 cm
b) A ist 4,5 cm von B entfernt.

2 a)

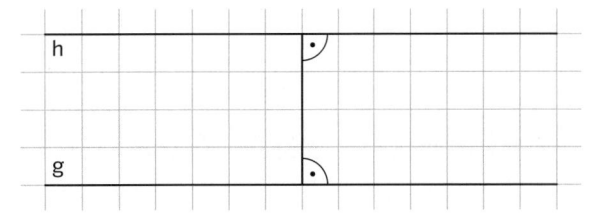

Die Geraden g und h haben einen Abstand von 2 cm.

5 Geometrie. Vierecke

b)

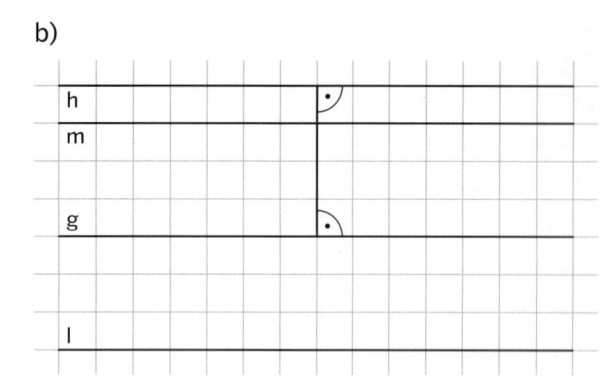

Seite 126

A $\overline{AP}$ = 3,5 cm; $\overline{BP}$ = 2,9 cm; $\overline{CP}$ = 2,0 cm; $\overline{DP}$ = 2,5 cm
Der Abstand von P zu h wird auf der Strecke $\overline{CP}$ abgemessen.
Der Abstand von P zu h beträgt 2,0 cm.

B Der Abstand von Q zu h beträgt 2 cm.
Der Abstand von P zu h beträgt 1 cm.
Der Abstand von R zu h beträgt 1,5 cm.

Seite 126, links

3 a) Die Entfernung der Punkte A und B beträgt 3,9 cm.
b)

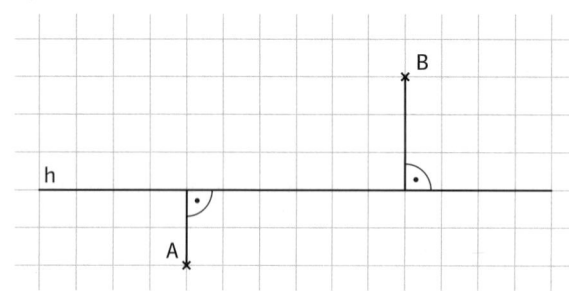

Der Abstand von A zur Geraden h beträgt 1 cm.
Der Abstand von B zur Geraden h beträgt 1,5 cm.

4 a) $\overline{AP}$ = 1,4 cm
$\overline{BP}$ = 1,4 cm
$\overline{CP}$ = 1,8 cm
$\overline{DP}$ = 1,8 cm
$\overline{EP}$ = 1,8 cm
$\overline{FP}$ = 2,2 cm
$\overline{GP}$ = 1,6 cm
$\overline{HP}$ = 2,1 cm

b) Abstand P zu $\overline{AB}$ = 1 cm
Abstand P zu $\overline{BC}$ = 1 cm
Abstand P zu $\overline{CD}$ = 1,5 cm
Abstand P zu $\overline{DA}$ = 1 cm
Abstand P zu $\overline{EF}$ = 1 cm
Abstand P zu $\overline{FG}$ = 1,2 cm
Abstand P zu $\overline{GH}$ = 1,5 cm
Abstand P zu $\overline{EH}$ = 1,5 cm

5 a) und b)

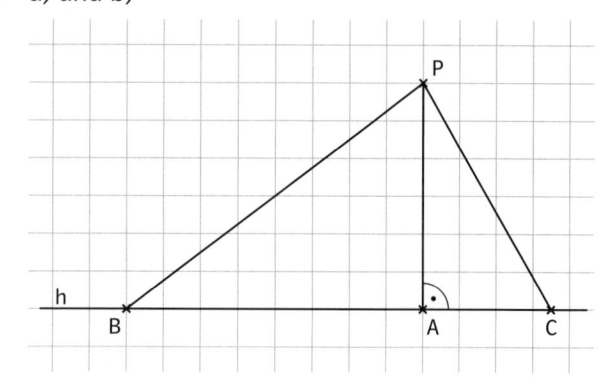

Seite 126, rechts

3 a) $\overline{AP}$ = 2,2 cm
$\overline{BP}$ = 2,8 cm
$\overline{CP}$ = 2,2 cm
$\overline{DP}$ = 1,4 cm
$\overline{EP}$ = 1,8 cm
$\overline{FP}$ = 1,8 cm
$\overline{GP}$ = 2,1 cm

b) Abstand P zu $\overline{AB}$ = 2 cm
Abstand P zu $\overline{BC}$ = 2 cm
Abstand P zu $\overline{CD}$ = 1 cm
Abstand P zu $\overline{DA}$ = 1 cm
Abstand P zu $\overline{EF}$ = 1 cm
Abstand P zu $\overline{FG}$ = 0,7 cm
Abstand P zu $\overline{GE}$ = 1,1 cm

4 Abstand P zu h: 1,4 cm
Abstand R zu h: 1,4 cm
Abstand S zu h: 1,4 cm
Abstand Q zu h: 1,4 cm
Alle vier Punkte haben zur Geraden h den gleichen Abstand. Das liegt daran, dass h parallel zu $\overline{PS}$ und $\overline{QR}$ ist und genau in der Mitte zwischen den beiden Strecken $\overline{PS}$ und $\overline{QR}$ liegt.
Abstand P zu g: 1,5 cm
Abstand R zu g: 1,5 cm
Abstand S zu g: 1,5 cm
Abstand Q zu g: 1,5 cm
Alle vier Punkte haben zur Geraden g den gleichen Abstand. Das liegt daran, dass g parallel zu $\overline{PQ}$ und $\overline{SR}$ ist und genau in der Mitte zwischen den beiden Strecken zu $\overline{PQ}$ und $\overline{SR}$ liegt.

5 Geometrie. Vierecke

5 a)

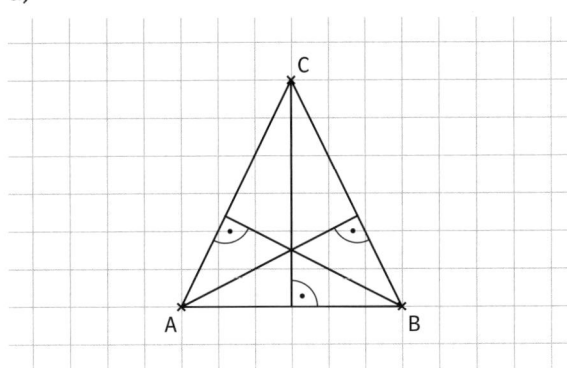

Abstand A zu $\overline{BC}$: 2,7 cm
Abstand B zu $\overline{AC}$: 2,7 cm
Abstand C zu $\overline{AB}$: 3 cm
Da es ein gleichschenkliges Dreieck ist, sind zwei Abstände identisch.

b)

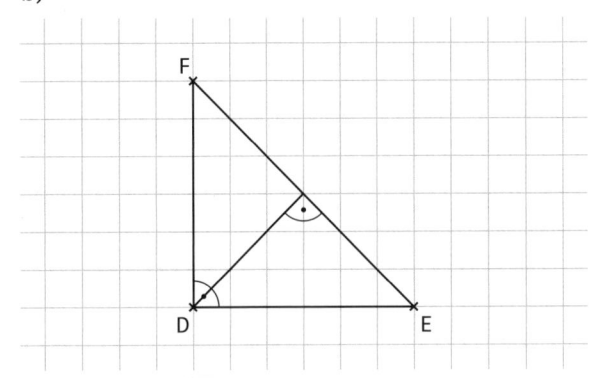

Abstand E zu $\overline{DF}$: 3 cm
Abstand F zu $\overline{DE}$: 3 cm
Abstand D zu $\overline{EF}$: 2,1 cm
Da es ein gleichschenkliges Dreieck ist, sind zwei Abstände identisch.
Da es auch ein rechtwinkliges Dreieck ist, sind die beiden längeren Abstände gleichzeitig die kürzeren Schenkel des Dreiecks.

LE 6 Achsensymmetrie und Punktsymmetrie

Differenzierung in LE 6

Differenzierungstabelle

LE 6 Achsensymmetrie und Punktsymmetrie			
Die Lernenden können ...	○	◐	●
themenspezifische Sätze bilden,	SP 12		
achsensymmetrische Figuren erzeugen und beschreiben,	F 16 KV 83, KV 84	KV 83, KV 84	KV 83, KV 84
Symmetrieachsen erkennen und einzeichnen,	1 a), 3 li, 3 re	5 li, 6 li, 4 re a), 6 re	
das Symmetriezentrum einzeichnen,	1 b)	4 re b)	
eine Achsenspiegelung durchführen,	2	4 li, 7 li, 8 li, 7 re	5 re, 9 re
eine Punktspiegelung durchführen,		8 re	10 re
Gelerntes üben und festigen.		KV 85, KV 86	KV 85, KV 86 KV 87
		AH S. 38	

Kopiervorlagen
KV 83 Klecksbild
KV 84 Klecksbild – Hilfekarte und Profikarte
Diese KV können für einen alternativen Einstieg herangezogen werden. Damit leistungsschwächere Lernende die KV vollständig bearbeiten können, steht eine Hilfekarte zur Verfügung. Für Leistungsstärkere hingegen steht eine Profikarte bereit.

KV 85 Speisekarte: Achsensymmetrie (Teil 1)
KV 86 Speisekarte: Achsensymmetrie (Teil 2)
(s. S. 4)

KV 87 Masken – achsensymmetrische Figuren
Eine anspruchsvolle und kreative Aufgabe für leistungsstarke Kinder.
Benötigtes Material: Gummiband

Inklusion
F 16 Achsensymmetrische Figuren

Sprachförderung
SP 12 Achsensymmetrie

Arbeitsheft
AH S. 38 Achsensymmetrie und Punktsymmetrie

5 Geometrie. Vierecke

Kommentare — Seite 127–129

Zum Einstieg
Durch die Abbildungen im Einstieg und die Verwendung des Begriffs „spiegelbildlich" erhalten die Lernenden einen Bezug zu der Begrifflichkeit „symmetrische Figuren". Mithilfe der Arbeitsanweisungen und der handlungsorientierten Verwendung eines Spiegels wird die Thematik erfahrbar gemacht.

Alternativer Einstieg
Eine ebenfalls handlungsorientierte Alternative ist der Einstieg über die Herstellung von „Klecksbildern" (KV 83 und KV 84): Hierfür wird ein Papier gefaltet (Herstellung einer Symmetrieachse), um dann mit Tinte ein Klecksbild und sein achsensymmetrisches Abbild zu erstellen. Punkt und Bildpunkt können dann an individuellen Kunstwerken markiert und mit einer Verbindungsstrecke versehen werden. Durch das Nachzeichnen der Symmetrieachse wird die senkrechte Beziehung zur Verbindungsstrecke deutlich.

Zu Seite 128, Aufgabe 3, links
Gerade für leistungsschwächere Lernende ermöglicht diese Aufgabe eine handlungsorientierte Prüfung der Ergebnisse.

Zu Seite 128, Aufgabe 5, rechts
Diese Aufgabe ermöglicht individuelle Lösungen. Durch die Teilaufgabe b) ist jedoch eine gegenseitige Kontrolle gesichert.

Zu Seite 128, Aufgabe 5, rechts und zu Seite 129, Aufgabe 7, links und Aufgaben 9 und 10, rechts
In diesen Aufgaben wird auf die Thematik des Koordinatensystems zurückgegriffen. Die erworbenen Kompetenzen werden wiederholt und gefestigt.

Lösungen — Seite 127–129

Seite 127

Einstieg

→ Man zeichnet 3, 4 oder $2\frac{1}{2}$ Spitzen auf den gefalteten Karton.
→ Man sieht dann eine Blüte mit drei Spitzen. Diese Blüte besteht aus zwei spiegelbildlichen Hälften.

Seite 128

1 a) b)

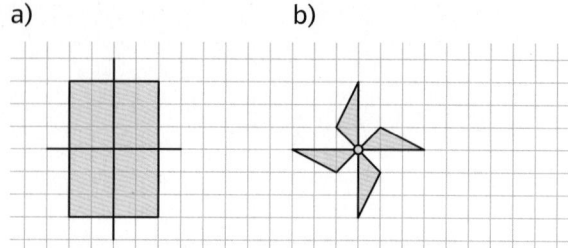

2

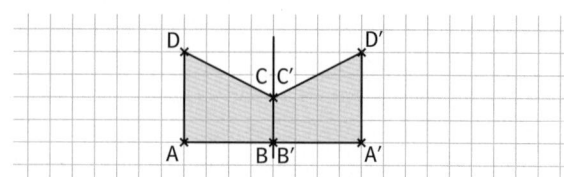

A
Die linke Figur hat eine Symmetrieachse. Die rechte Figur hat zwei Symmetrieachsen. 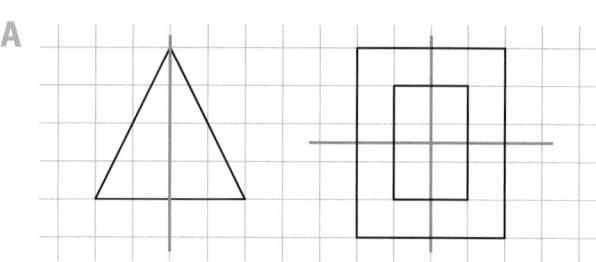

B 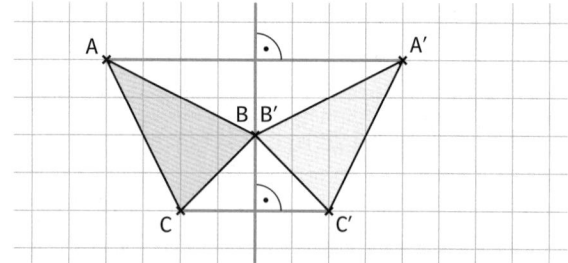
Die Punkte A', B' und C' sind die Bildpunkte. Die Punkte B und B' liegen aufeinander.

Seite 128, links

3

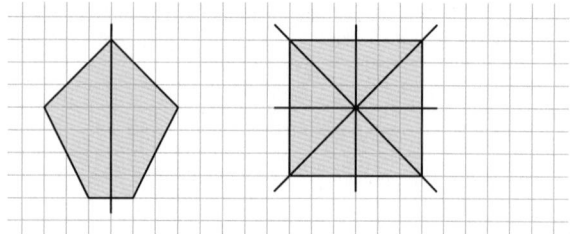

5 Geometrie. Vierecke

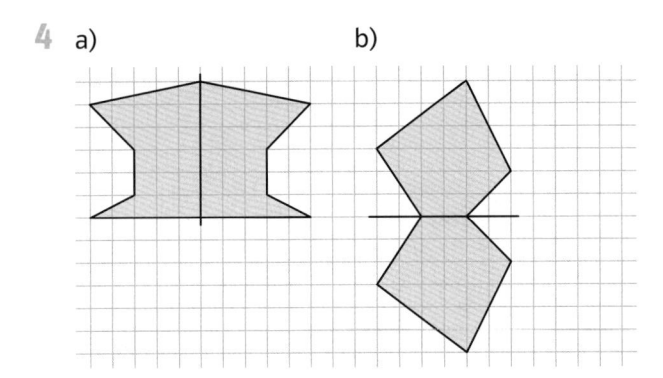

4 a)   b)

Seite 128, rechts

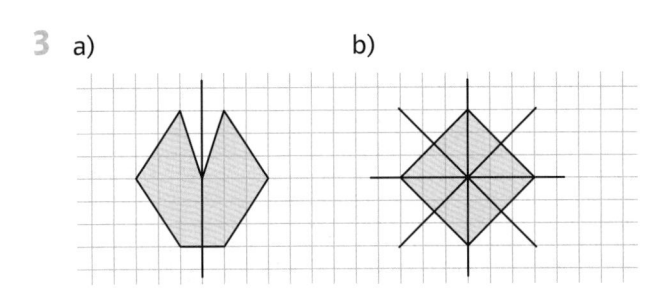

3 a)   b)

4 a)

Kleine Abweichungen in den Blüten-Details werden bei der Symmetriebetrachtung vernachlässigt.
b) Das Buschwindröschen ist punktsymmetrisch.

5 a) Mögliche Lösungen: Durch die Spiegelung des Dreiecks ABC an der Symmetrieachse $\overline{AC}$ entsteht ein Quadrat.

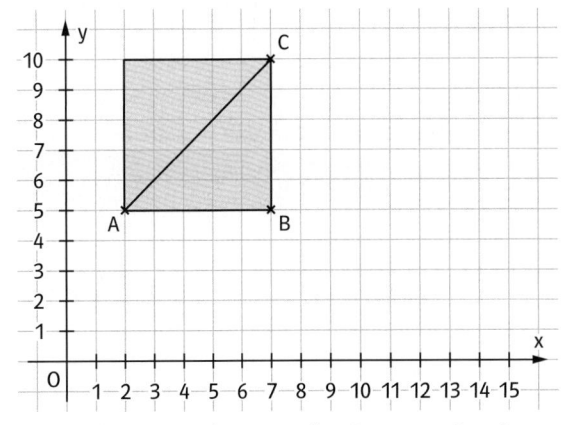

Durch die Spiegelung an der Symmetrieachse $\overline{BC}$ entsteht ein größeres Dreieck.

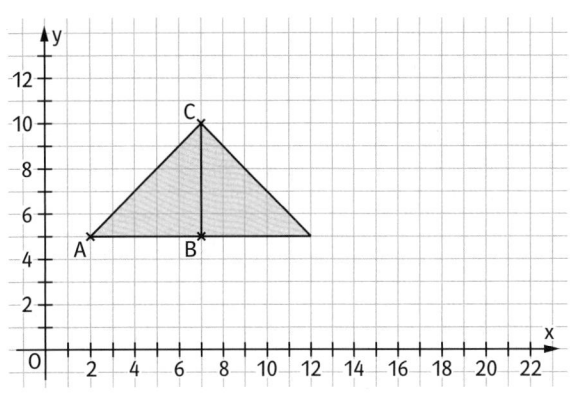

b) Individuelle Lösungen, z.B: Durch die Spiegelung des Dreiecks ABC an der Symmetrieachse $\overline{AB}$ entsteht ein Dreieck mit Bildpunkt C'(7|0).

Seite 129, links

5 Eine Symmetrieachse: A; B; C; D; W; Y
Zwei Symmetrieachsen: X

6 a) Kanada, Schweiz und Schweden
b) Kanada: Die Symmetrieachse verläuft senkrecht zur oberen Kante der Flagge durch die Mitte des Ahornblatts.
Schweiz: Eine Symmetrieachse verläuft parallel und die andere senkrecht zur oberen Kante der Flagge; die beiden Symmetrieachsen liegen senkrecht zueinander.
Schweden: Die Symmetrieachse verläuft parallel zur oberen Kante der Flagge.
c) Mögliche Lösung:
• Deutschland: Die Symmetrieachse verläuft senkrecht zur oberen Kante der Flagge.
• Belgien: Die Symmetrieachse verläuft parallel zur oberen Kante der Flagge.

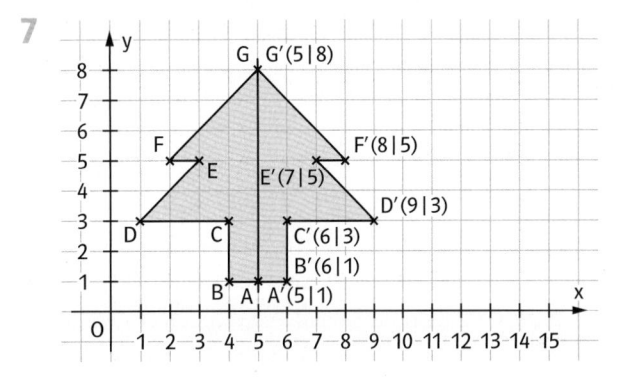

7

5 Geometrie. Vierecke

8 Ausschnitt aus der Lösung:

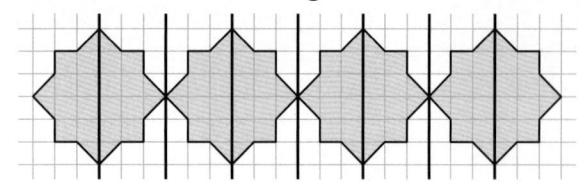

Seite 129, rechts

6 a)

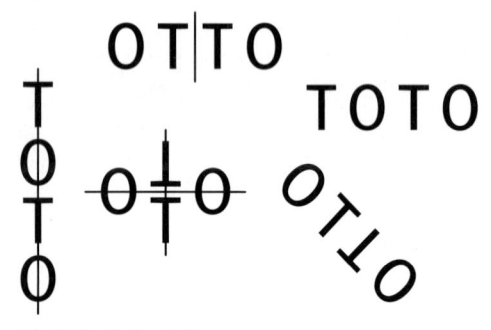

OTTO
TOTO
OTO
OTTO

b) Mögliche Lösung:
BODO, EDE, EBBE, TAT, ICH, CODE

7 a) b)

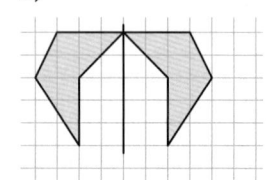

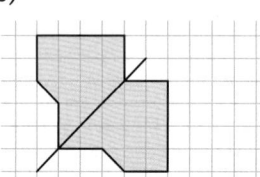

8 a) b)

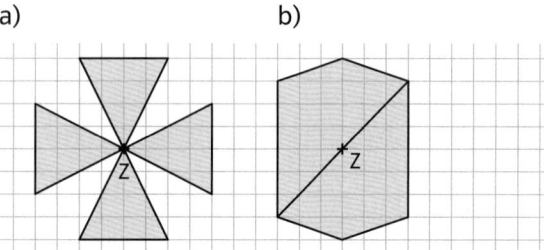

9

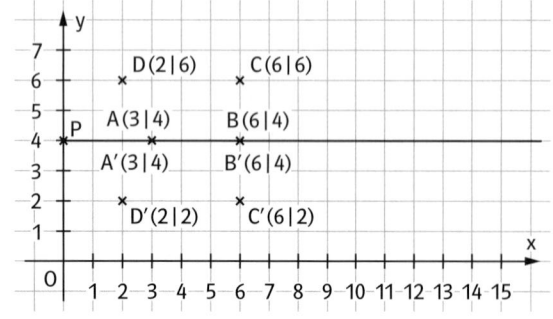

D(2|6) C(6|6)
P A(3|4) B(6|4)
A'(3|4) B'(6|4)
D'(2|2) C'(6|2)

10

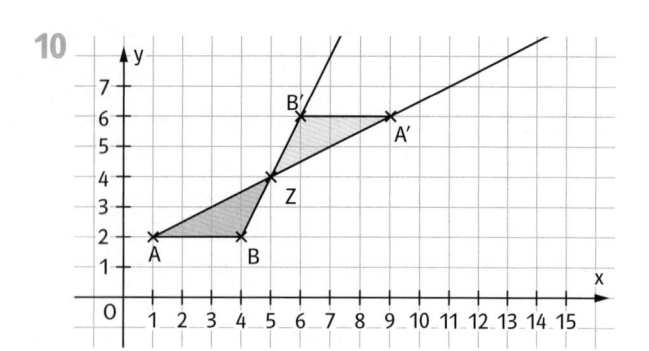

LE 7 Rechteck und Quadrat

Differenzierung in LE 7

Differenzierungstabelle

LE 7 Rechteck und Quadrat			
Die Lernenden können …	○	◐	●
Quadrate und Rechtecke identifizieren,	1		
Quadrate und Rechtecke mit einem Geodreieck zeichnen,	2, 3 li, 4 li F 18 F 19 KV 88	5 li, 3 re, 4 re KV 88	KV 88
Eigenschaften von Figuren untersuchen,		6 li, 5 re, 6 re	7 re
Gelerntes üben und festigen.		AH S.39	

Kopiervorlagen

KV 88 Filmrolle: Rechtecke zeichnen
Die Lernenden üben sich im Formulieren der dargestellten Konstruktion eines Rechtecks. Dies unterstützt die Sprachförderung der Lernenden nach J. Leisen.

Inklusion

F 18 Rechteck
F 19 Quadrat

Arbeitsheft

AH S.39 Rechteck und Quadrat

5 Geometrie. Vierecke

Kommentare — Seite 130–131

Zum Einstieg
Anhand eines Alltagsgegenstands (Papiertaschentuch) entdecken die Lernenden Unterschiede und Gemeinsamkeiten von Quadraten und Rechtecken. Durch das Prüfen der Größe der Rechtecke werden die Lernenden bereits an die Eigenschaft herangeführt, dass gegenüberliegende Seiten gleich lang sind.
Die Suche nach Quadraten und Rechtecken im Klassenzimmer vertieft die Unterscheidung der beiden Figuren an individuellen Beispielen und fordert die Lernenden zu Argumentationen auf. Nach dieser intensiven Beschäftigung mit den Merkmalen fällt die Konstruktion der ebenen Figuren leichter. Besonders die zweite Aufgabe „Wie viele Quadrate entdeckst du?" ist selbstdifferenzierend und spornt leistungsstarke Lernende zu strategischem Vorgehen an.

Zu Seite 131, Aufgabe 5, links und Aufgabe 4, rechts
In diesen Aufgaben wird erneut auf die Thematik des Koordinatensystems zurückgegriffen.

Zu Seite 131, Aufgabe 6, links und Aufgabe 7, rechts
In diesen Aufgaben wird das Begründen durch das Verifizieren einer Aussage geübt: die Fähigkeit, eigene Grundgedanken zu entwickeln, zu argumentieren und einen Zusammenhang herzustellen.

Zu Seite 131, Aufgabe 5, rechts
Diese Aufgabe erfordert die intuitive Nutzung von Quadratzahlen zur Lösungsfindung. Teilaufgabe b) ist dabei selbstdifferenzierend, da die Antworten von der einfachen Verneinung bis zu mathematischen Argumentationen über die Quadratzahlen reichen können.

Lösungen — Seite 130–131

Seite 130

Einstieg

→ Viermal muss das Taschentuch gefaltet werden.
→ • 16 kleine Quadrate;
  • 4 Quadrate aus jeweils 4 kleinen Quadraten
  • 1 Quadrat aus 9 kleinen Quadraten (unterschiedlich positionierbar)
  • 1 Quadrat aus 16 kleinen Quadraten

→ Man kann unterschiedliche Rechtecke bilden (mit unterschiedlicher Länge und/oder Breite).
→ Mögliche Lösung:
  • Rechtecke: Tür, Tafel, Tischplatte
  • Quadrate: Lichtschalter, Wandfliese

1 Rechtecke: A; B; E; F
Quadrate: B; E

2 a) Rechtecke:

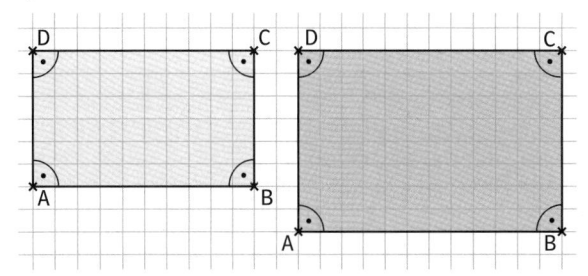

b) Quadrate:

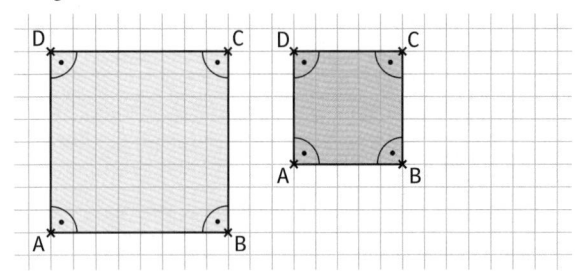

Seite 131

A Rechteck: II; III
Quadrat: III
Figur I und IV sind weder ein Quadrat noch ein Rechteck.

B

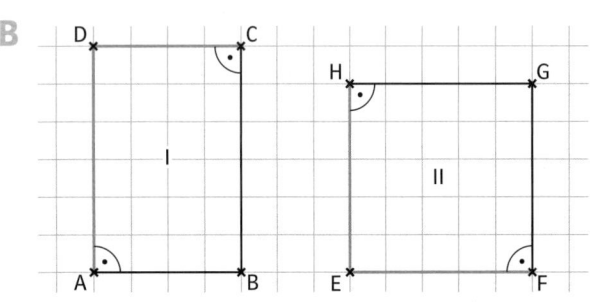

Hier hilft auch das Abzählen von Kästchen.

Seite 131, links

3 a)

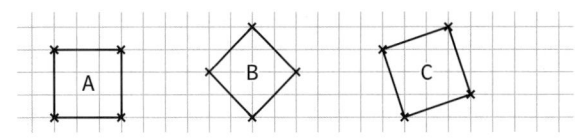

5 Geometrie. Vierecke

b)

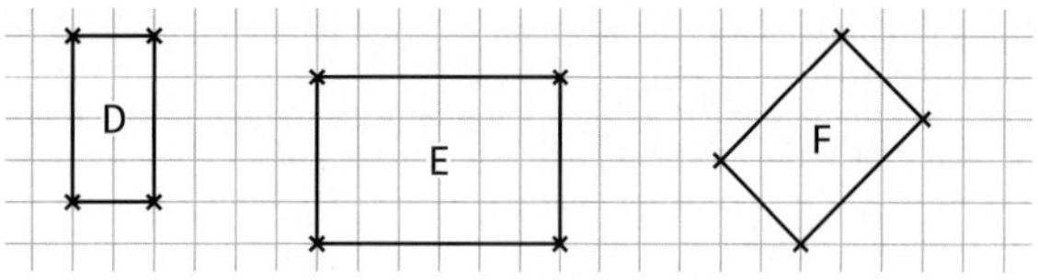

4 a)

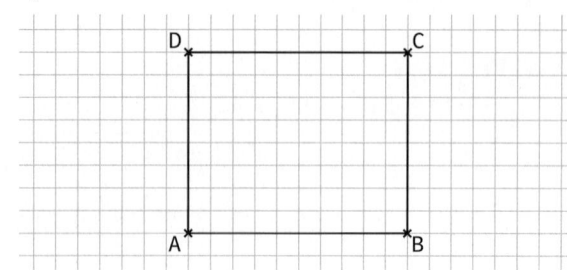

b)

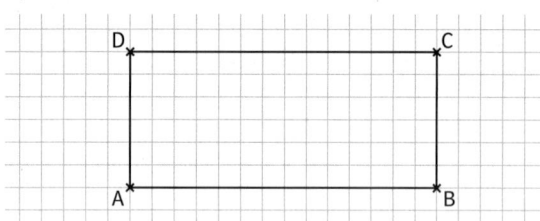

c)

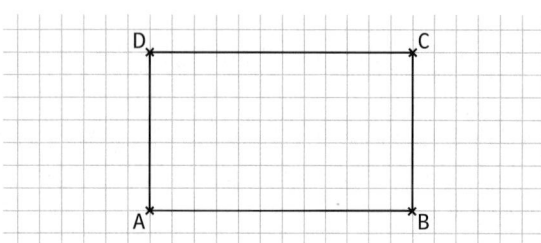

d)

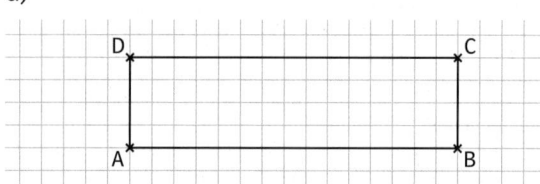

5 a)

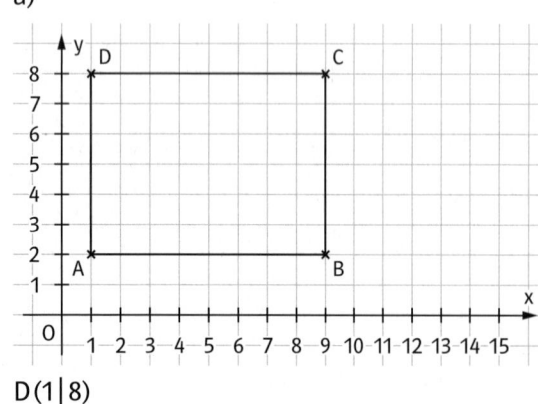

D(1|8)

b)

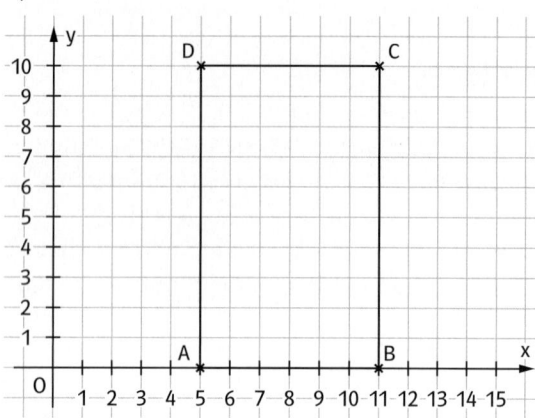

A(5|0)

c)

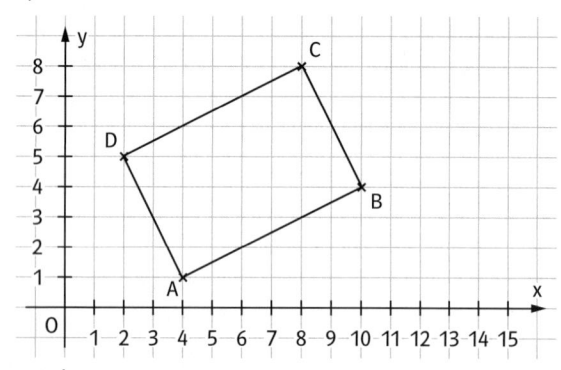

C(8|8)

d)

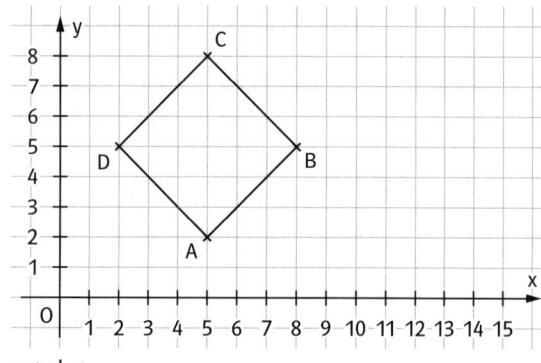

B(8|5)

6 Ein Quadrat hat vier rechte Winkel und vier gleich lange Seiten. Ein Rechteck hat vier rechte Winkel und die gegenüberliegenden Seiten sind gleich lang. Lena hat also recht.

Seite 131, rechts

3 a)

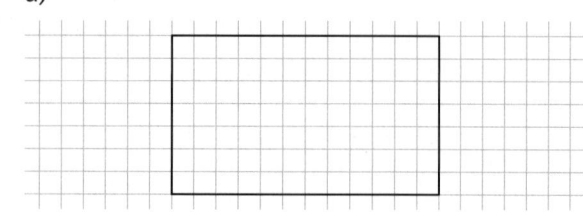

5 Geometrie. Vierecke

b)

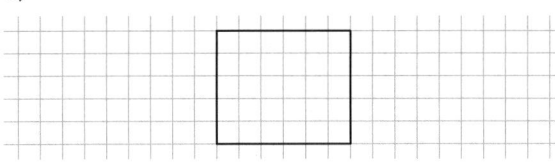

c) Mögliche Lösung:

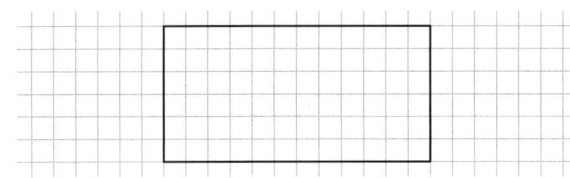

d) Mögliche Lösung:

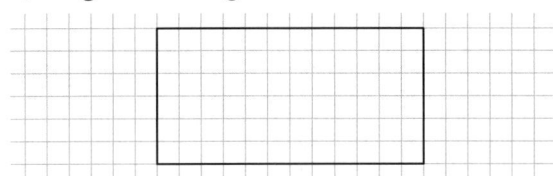

4 a)

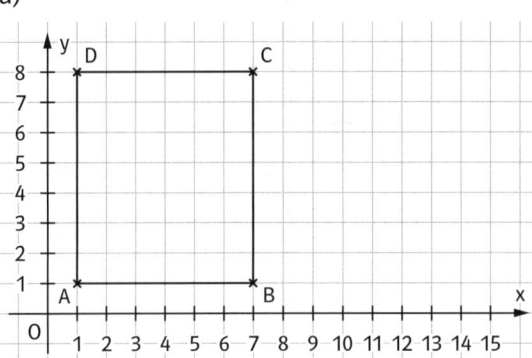

D(1|8)

b)

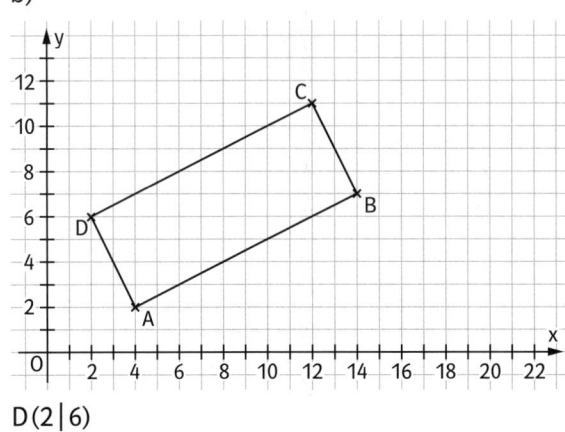

D(2|6)

c)

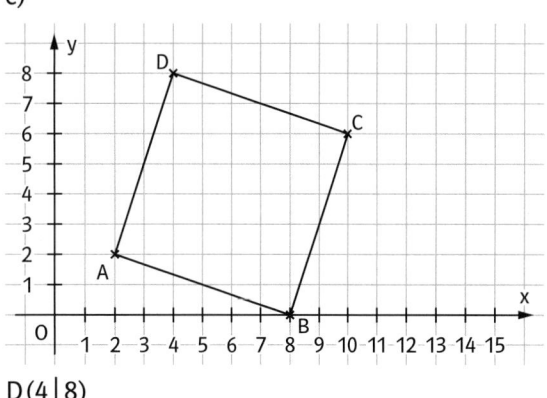

D(4|8)

5 a) Eine Seite des Quadrats muss 8 Kästchen lang sein.
b) Ein Quadrat aus 32 Kästchen zu zeichnen ist nicht möglich, da 32 keine Quadratzahl ist (im Gegensatz zu 64).

6 a) und b)

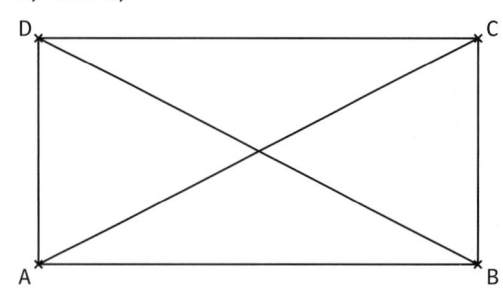

c) Die beiden Diagonalen sind gleich lang. Ihre Länge beträgt jeweils 6,7 cm.
Die Diagonalen sind die Verbindungsstrecken der gegenüberliegenden Eckpunkte, sie verlaufen schräg durch das Rechteck und schneiden sich in einem Punkt.

7 Katharina hat recht. Dies liegt an der gleichen Länge aller Seiten eines Quadrats.

5 Geometrie. Vierecke

LE 8 Parallelogramm und Raute

Differenzierung in LE 8

Differenzierungstabelle

LE 8 Parallelogramm und Raute			
Die Lernenden können ...	○	◐	●
Eigenschaften besonderer Vierecke entdecken,	KV 89	KV 89	8 re KV 89
Parallelogramme und Rauten erkennen,	3 li, 3 re	7 li, 7 re	
besondere Vierecke aus rechtwinkligen Dreiecken legen,		8 li, 6 re	
Parallelogramme und Rauten mit einem Geodreieck zeichnen,	1, 2, 4 li KV 90	5 li, 6 li, 9 li, 4 re, 5 re KV 90	9 re KV 90
Gelerntes üben und festigen.		AH S.40	

Kopiervorlagen

KV 89 Streifenkunde
Diese KV unterstützt die Einstiegsaufgabe im Buch und liefert gleich die Streifen für die Lernenden mit.

KV 90 Filmrolle: Parallelogramme zeichnen
Die Lernenden üben sich im Formulieren der dargestellten Konstruktion eines Parallelogramms. Dies unterstützt die Sprachförderung der Lernenden nach J. Leisen.

Arbeitsheft

AH S.40 Parallelogramm und Raute

Kommentare — Seite 132–134

Zum Einstieg

Für den handlungsorientierten Einstieg im Buch bietet die KV 89 Unterstützung: Mittels der Ich-Du-Wir-Methode wiederholen die Lernenden zunächst die Eigenschaften der bekannten Figuren Rechteck und Quadrat, um dann die relevanten Eigenschaften besonderer Vierecke handelnd zu entdecken. Die Eigenschaften werden zu zweit notiert und anschließend in der Klasse präsentiert und diskutiert.

Zu Seite 133, Aufgabe 3, links und Aufgabe 3, rechts

In diesen beiden Aufgaben werden ähnliche Inhalte differenziert geprüft. Die Differenzierung liegt in der erhöhten Anforderung des Begründens in der rechten Aufgabe, in der eigene Gedanken argumentativ dargestellt werden müssen. So kann hier für Leistungsschwächere und Leistungsstärkere differenziert werden.

Zu Seite 134, Aufgabe 9, links

Diese Aufgabe erfordert hohe sprachliche Kompetenzen. Hier findet eine Selbstdifferenzierung durch die Anzahl der aktiv verwendeten Fachbegriffe statt. Die Lernenden erfahren hierbei auch, wie nützlich und präzise mathematische Begriffe sind.

Zu Seite 134, Aufgabe 6, rechts

Diese Aufgabe hat durch die Anregungen zum handelnden Entdecken und durch die Aufforderung zur Partner- oder Gruppenarbeit einen hohen motivationalen Charakter. Gerade für leistungsstarke Lernende stellt der Operator Begründen eine geeignete Herausforderung dar, eine Behauptung fachsprachlich präzise zu widerlegen.

Lösungen — Seite 132–134

Seite 132

Einstieg

→ Bei den überdeckten Figuren sind je zwei gegenüberliegende Seiten parallel und gleich lang.
→ Die gegenüberliegenden Seiten bleiben parallel, sie verändern aber ihre Länge.
→ Wenn die Kanten der Streifen senkrecht zueinander stehen, dann entstehen Rechtecke.

1 a)

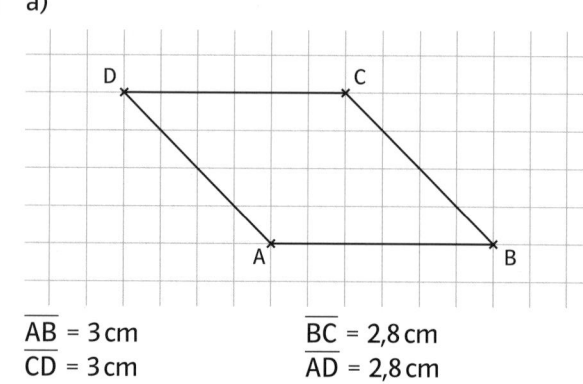

$\overline{AB} = 3\,cm$ $\overline{BC} = 2{,}8\,cm$
$\overline{CD} = 3\,cm$ $\overline{AD} = 2{,}8\,cm$

5 Geometrie. Vierecke

b)

$\overline{AB}$ = 3 cm $\overline{BC}$ = 2,2 cm
$\overline{CD}$ = 3 cm $\overline{AD}$ = 2,2 cm

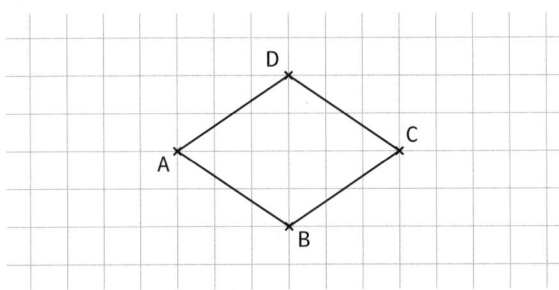

2 a)

b)

Seite 133

A a)   b)

zu a): Der Punkt D ist von C fünf Kästchen entfernt.
zu b): Der Punkt A ist von B sechs Kästchen entfernt.

B Alle vier Figuren sind Parallelogramme.
Nur die Figuren a) und d) haben vier gleich lange Seiten.
Die Vierecke a) und d) sind also Rauten.
Die Figuren b) und c) haben unterschiedlich lange Seiten.
Sie sind keine Rauten.

Seite 133, links

3 a) Parallelogramme: A; C; D; E
(nur B ist kein Parallelogramm)
b) Rauten: D; E

4 a)   b)

c)   d)

5 a) Mögliche Lösung:

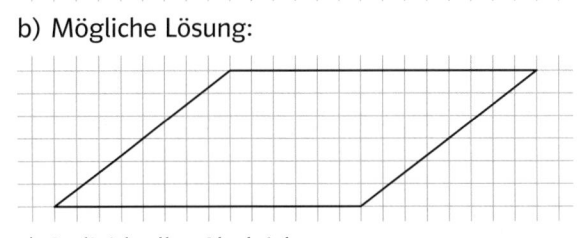

b) Mögliche Lösung:

c) Individueller Abgleich

6 a)

D(6|9)

131

5 Geometrie. Vierecke

b)

C(9|10)

c)

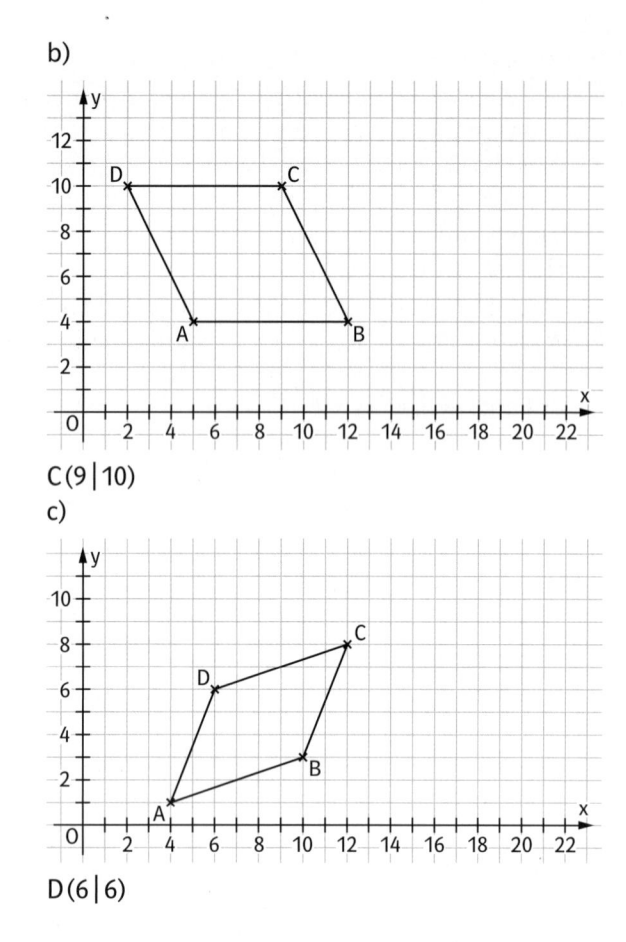

D(6|6)

Seite 133, rechts

3 a) Parallelogramme: B; C; D; E
b) B und D sind Rauten. D ist eine besondere Raute mit vier rechten Winkeln, also ein Quadrat.

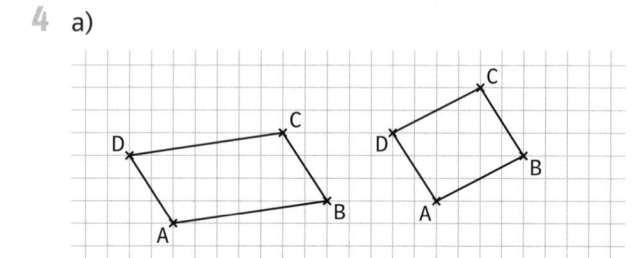

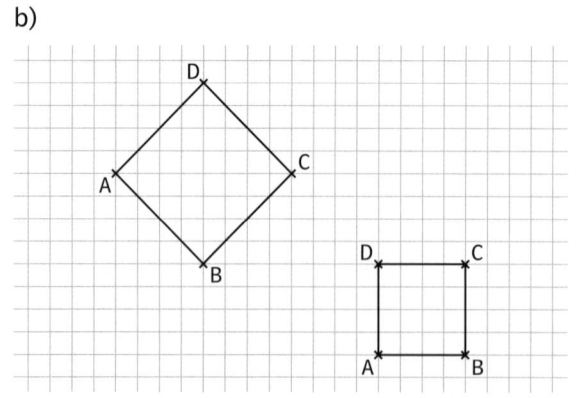

4 a)

b)

Bei der letzten Raute (rechts unten) gibt es mehrere mögliche Lösungen.

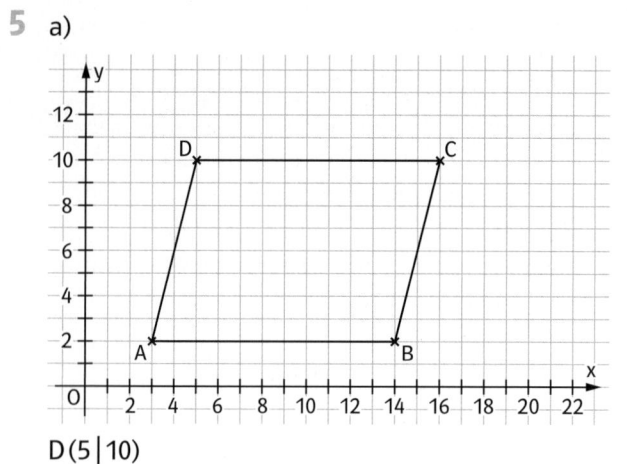

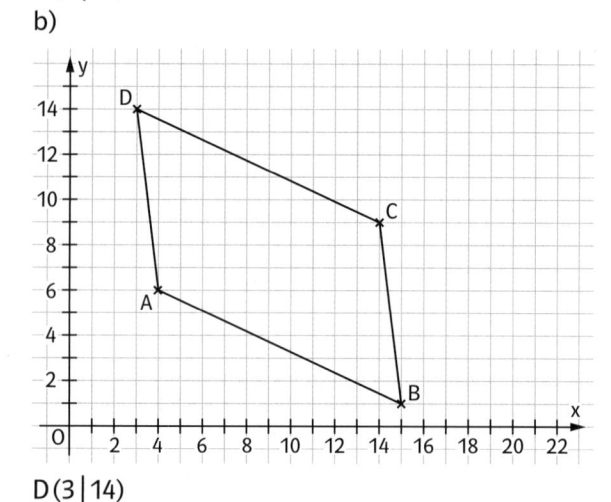

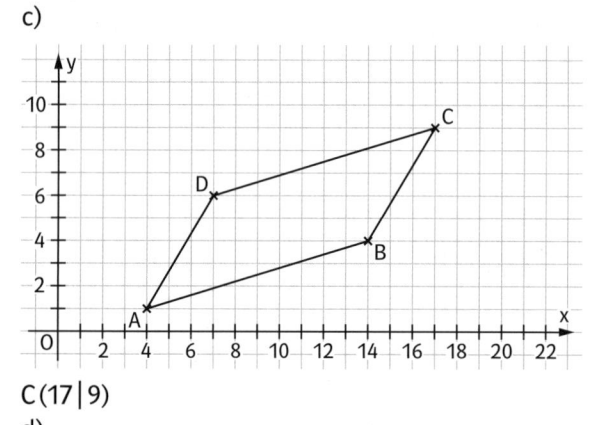

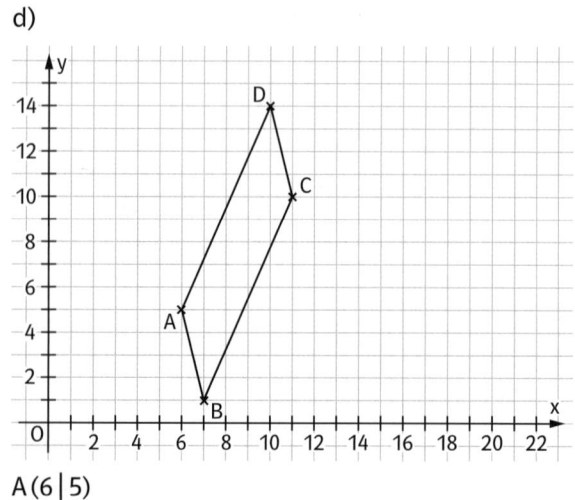

5 a)

D(5|10)

b)

D(3|14)

c)

C(17|9)

d)

A(6|5)

5 Geometrie. Vierecke

Seite 134, links

7 In der Figur verstecken sich insgesamt
9 Rauten: 7 kleine Rauten und 2 große Rauten
(bestehend aus jeweils 4 kleinen Rauten).
Parallelogramme: insgesamt 19;
8 Parallelogramme bestehend aus 2 Rauten;
2 Parallelogramme bestehend aus 3 Rauten;
und die 9 Rauten von oben

8 a) bis e) Mögliche Lösung:

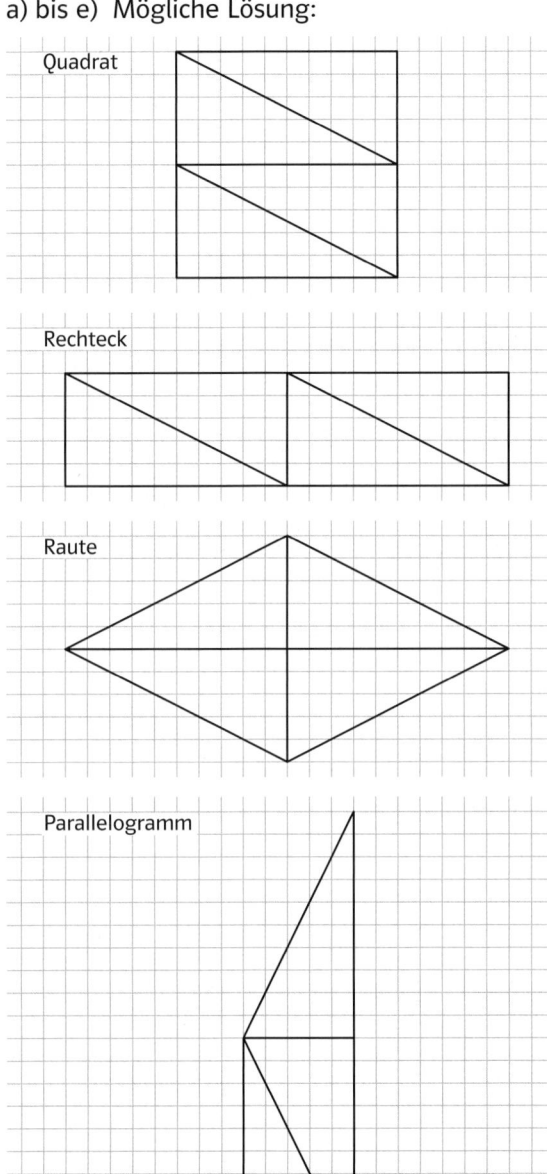

Quadrat

Rechteck

Raute

Parallelogramm

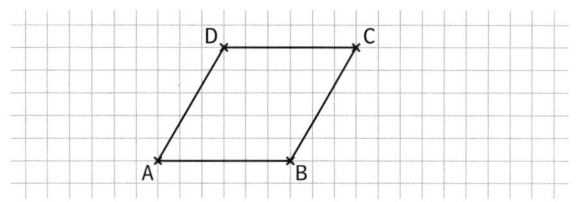

9 a) bis c)

Weg von C zu D: Gehe 6 Kästchen nach links.
Weg von D zu A: Gehe 3 Kästchen nach links
und 5 Kästchen nach unten.

d) Mögliche Lösung:

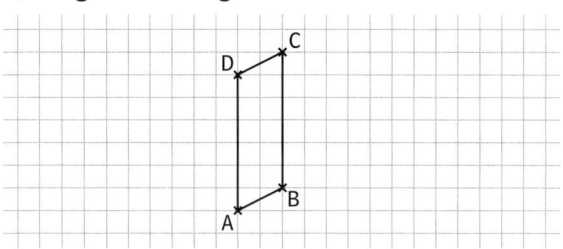

Weg von A zu B: Gehe 2 Kästchen nach rechts
und 1 Kästchen nach oben.
Weg von B zu C: Gehe 6 Kästchen nach oben.
Weg von C zu D: Gehe 2 Kästchen nach links und
1 Kästchen nach unten.
Weg von D zu A: Gehe 6 Kästchen nach unten.

Seite 134, rechts

6 a) bis c) Mögliche Lösung:

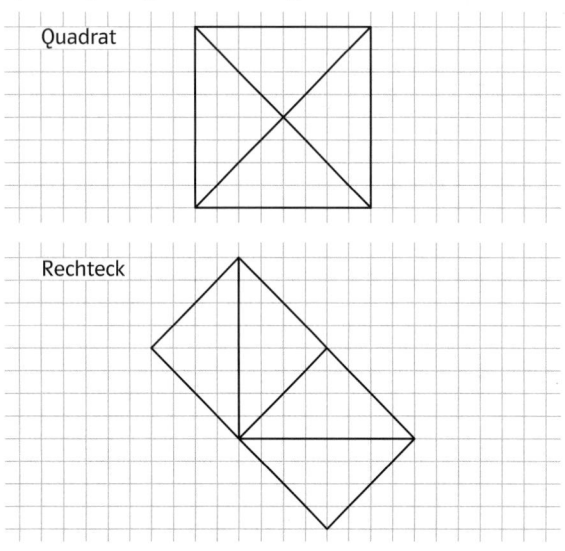

Quadrat

Rechteck

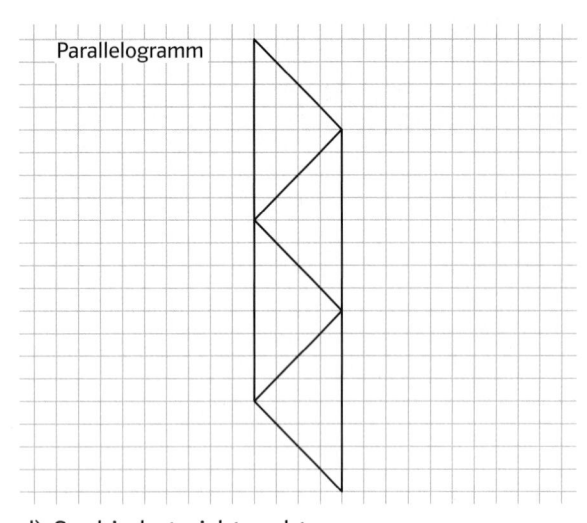

5 Geometrie. Vierecke

Parallelogramm

d) Sophie hat nicht recht.

7 In den großen Fensterrahmen sind Parallelogramme zu erkennen, in den kleinen Fenstern Rechtecke. Jedes Rechteck ist auch ein Parallelogramm.
Parallelogramme in den großen Fensterrahmen von links nach rechts gezählt:
- Erdgeschoss: keine Parallelogramme;
- 1. Stock: 1., 2. und 3. Fensterrahmen;
- 2. Stock: 1. und 3. Fensterrahmen;
- 3. Stock: alle Fensterrahmen;
- 4. Stock: 1. und 3. Fensterrahmen

Die mittleren Fensterscheiben eines Fensterrahmens sind Rechtecke und damit auch Parallelogramme.

8 Es entstehen immer Parallelogramme:
a) b) 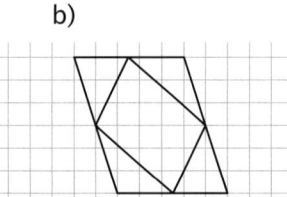
c) 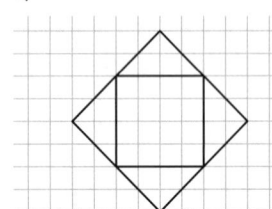 d)

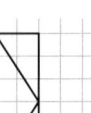

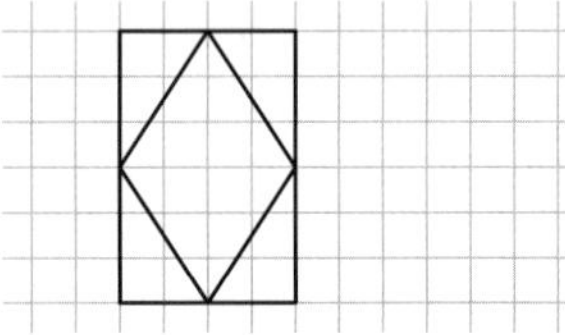

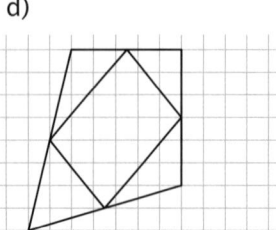

Überprüfung der Vermutung an weiteren Beispielen:

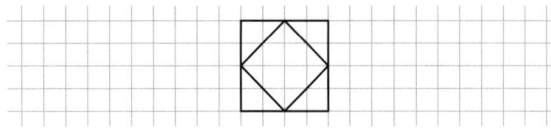

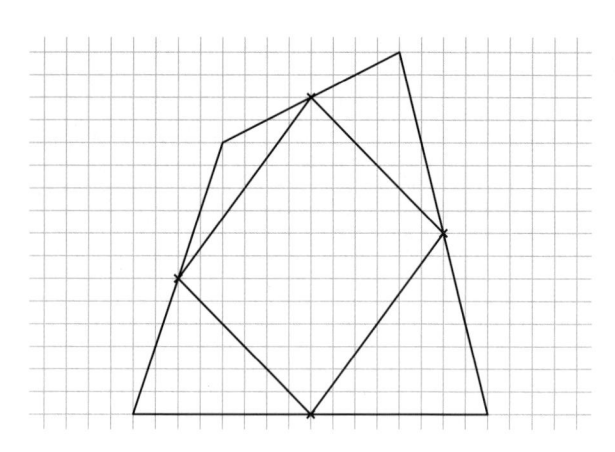

9 a) Mögliche Lösung:

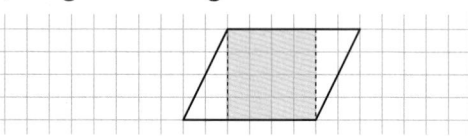

b) Mögliche Lösung:

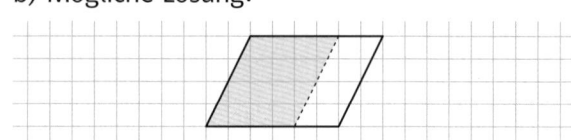

c) Individueller Abgleich

MEDIEN: DGS. Koordinatensystem

Differenzierung in MEDIEN:
DGS. Koordinatensystem

Differenzierungstabelle

MEDIEN: DGS. Koordinatensystem			
Die Lernenden können ...	○	◐	●
mithilfe einer DGS Punkte, Strecken, Halbgeraden und Geraden in einem Koordinatensystem darstellen,	1, 2		
Vielecke, Strecken, Parallelen und Senkrechte mithilfe einer DGS in einem Koordinatensystem darstellen sowie Abstände messen.		3, 4	5

5 Geometrie. Vierecke

Kommentare — Seite 135

Zur Medien-Seite
Auf dieser Seite lernen die Kinder, mit einer dynamischen Geometriesoftware (DGS) umzugehen. Sie lernen, ebene Figuren mithilfe des DGS-Programms in einem Koordinatensystem zu zeichnen und die Länge von Strecken zu bestimmen.

Lösungen — Seite 135

Seite 135

1

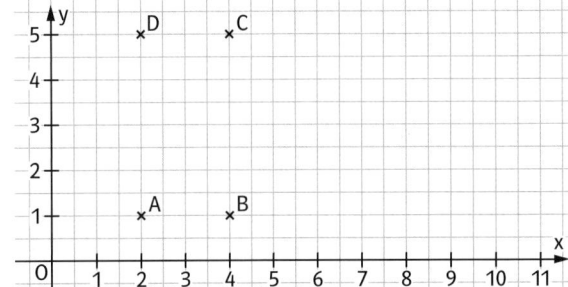

Häufig können Punkte durch das Werkzeug „Punkt" in der Werkzeugleiste oder durch die Eingabe der Koordinaten in der Eingabezeile erstellt werden. Verschieben lassen sie sich, indem man mit gedrückter Maustaste einen Punkt zieht. Man kann einen Punkt umbenennen oder löschen, indem man diese Einstellungen in den Eigenschaften des Punkts ändert. Oft gelangt man durch einen Doppelklick oder einen Rechtsklick auf den Punkt in das Eigenschaften-Fenster.

2 a) bis c)

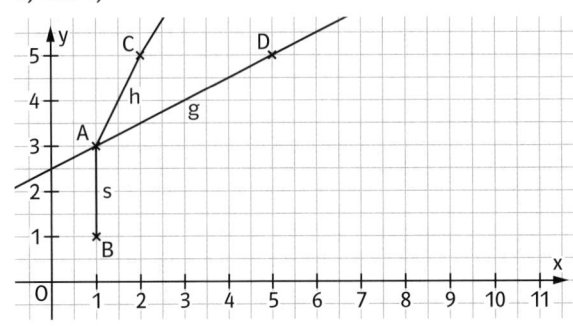

d) Mögliche Lösung:

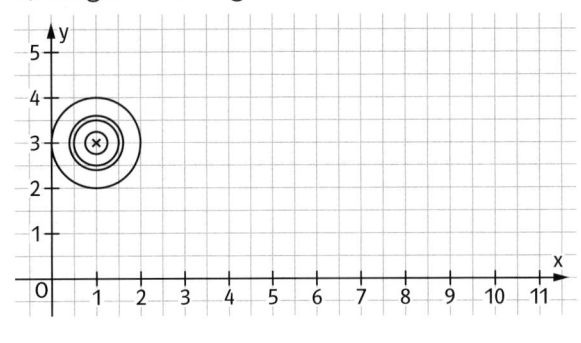

3 Mögliche Lösung:

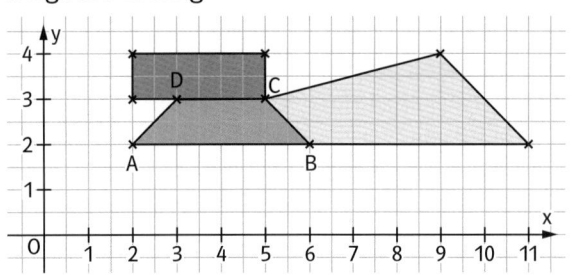

4 Mögliche Lösung:

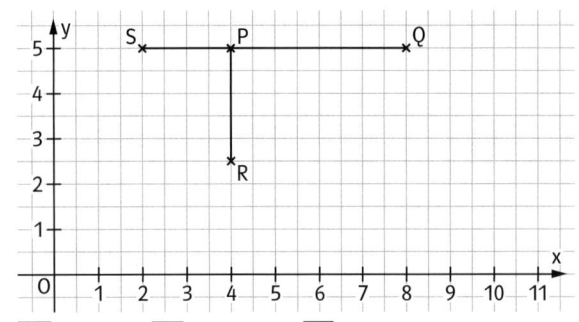

$\overline{PQ}$ = 4 cm; $\overline{PR}$ = 2,5 cm; $\overline{PS}$ = 2 cm

5

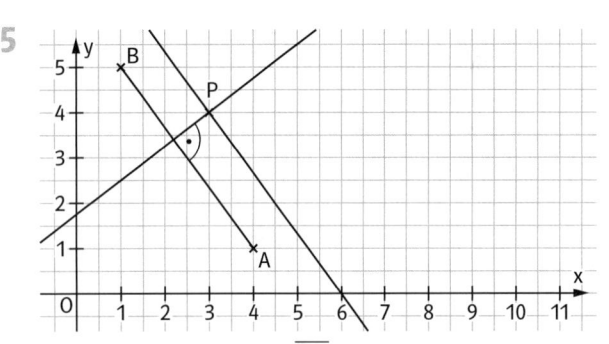

Der Abstand von P zu $\overline{AB}$ beträgt 1,0 cm.

MEDIEN: DGS. Symmetrie

Differenzierung in MEDIEN: DGS. Symmetrie

Differenzierungstabelle

MEDIEN: DGS. Symmetrie			
Die Lernenden können ...	○	◐	●
mithilfe einer DGS ebene symmetrische Figuren erzeugen,	1	2	
mithilfe einer DGS eine punktsymmetrische Figur erzeugen.			3

5 Geometrie. Vierecke

Kommentare — Seite 136

Zur Medien-Seite
Auf dieser Seite erstellen die Lernenden ebene symmetrische Figuren mithilfe einer dynamischen Geometriesoftware. Grundlegende Kompetenzen im Umgang mit einer DGS werden aufgebaut und geschult.

Lösungen — Seite 136

Seite 136

1 a) und b): Es soll die spiegelbildliche Figur, die im Buch gezeigt ist, mit einem Geometrieprogramm erstellt werden. Die Anleitung steht im Schulbuch auf Seite 136.

2 a) b) 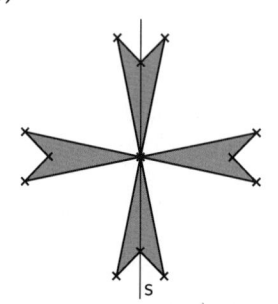
c) 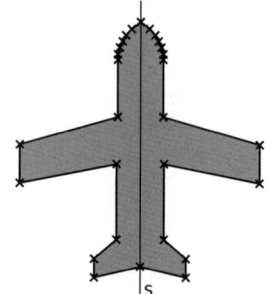 d)

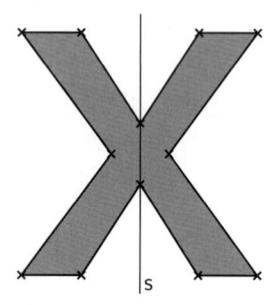

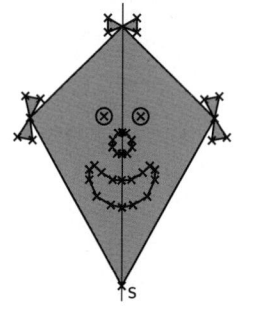

3 a) Mögliche Lösung:

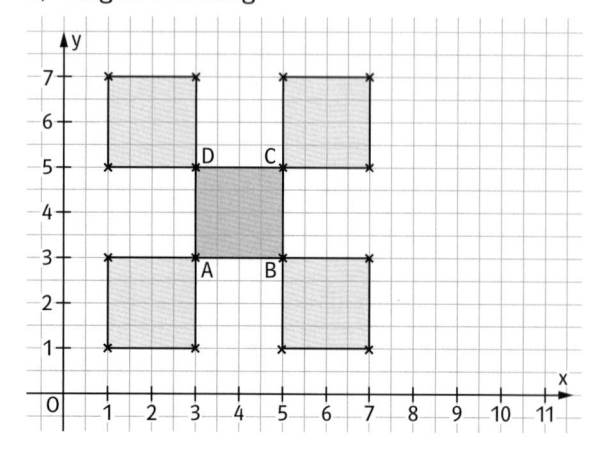

b) Mögliche Lösung:

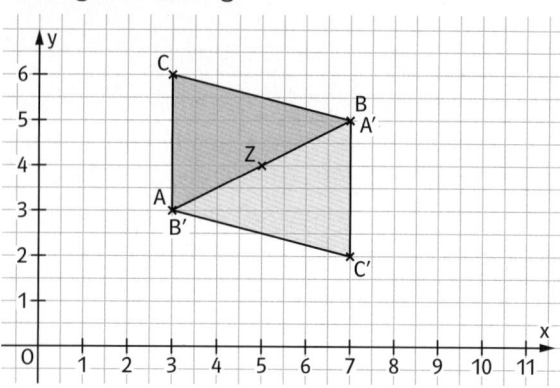

Die entstandene punktsymmetrische Figur ist ein Parallelogramm. Der Punkt A wird auf den Punkt B gespiegelt und der Punkt B auf den Punkt A. Dies liegt daran, dass das Symmetriezentrum in der Mitte der Strecke $\overline{AB}$ liegt.
c) Individuelle Lösungen

5 Geometrie. Vierecke

Basistraining und Anwenden. Nachdenken

Differenzierung im Basistraining und Anwenden. Nachdenken

Differenzierungstabelle

Basistraining und Anwenden. Nachdenken			
Die Lernenden können …	○	◐	●
Strecken, Geraden und Halbgeraden erkennen und zeichnen,	1, 2	21, 25	
zueinander senkrechte und parallele Geraden erkennen und zeichnen,	4, 5, 6, 14	26	
Abstände und Entfernungen maßstäblich messen,	3, 11, 12	30, 36, 37	
Symmetrieachsen in einer Figur erkennen und in eine Figur einzeichnen,	13, 15	38	
achsensymmetrische und punktsymmetrische Figuren erzeugen,		20, 41, 43	
achsensymmetrische Figuren erkennen und zeichnen,	16	39, 40, 42	44, 52
besondere Vierecke erkennen, unterscheiden und zeichnen,	17, 18, 19 KV 91	23, 45, 46, 47, 48, 49, 50, 51 KV 91	KV 91
die Koordinaten eines Punktes im Koordinatensystem ablesen und Punkte mit gegebenen Koordinaten eintragen,	7, 8, 9, 10 KV 92	27, 28, 29 KV 92	32, 33 KV 92
Anwendungsaufgaben lösen,		22, 31	24
Gelerntes üben und festigen.	F 17 KV 93, KV 94 KV 99, KV 100	KV 95, KV 96 KV 99, KV 100 AH S.41, S.42	KV 97, KV 98 KV 99, KV 100

Kopiervorlagen

KV 91 Kunterbunte Viereck-Kunst
KV 92 Vierecke im Koordinatensystem

KV 93 Klassenarbeit A – Geometrie. Vierecke (Teil 1)
KV 94 Klassenarbeit A – Geometrie. Vierecke (Teil 2)
KV 95 Klassenarbeit B – Geometrie. Vierecke (Teil 1)
KV 96 Klassenarbeit B – Geometrie. Vierecke (Teil 2)
KV 97 Klassenarbeit C – Geometrie. Vierecke (Teil 1)
KV 98 Klassenarbeit C – Geometrie. Vierecke (Teil 2)
(s. S. 4)

KV 99 Bergsteigen: Geometrie. Vierecke (Teil 1)
KV 100 Bergsteigen: Geometrie. Vierecke (Teil 2)
(s. S. 4)

Inklusion
F 17 Partnerbogen Geometrie

Arbeitsheft
AH S.41, S.42 Basistraining und Training

Kommentare Seite 138 – 143

Zu Seite 138, Aufgabe 8
Durch das Finden von Fehlern werden erworbene Kompetenzen gefestigt und vertieft: Die Beschreibung von Fehlern erfordert eine tiefere Einsicht in die Thematik und die Fähigkeit, zunächst falsch dargestellte Sachverhalte in eigenen Worten unter Berücksichtigung der Fachsprache sprachlich angemessen wiederzugeben und richtigzustellen.

Zu Seite 141, Aufgabe 31
Aufgabe 31 bietet eine alltagsnahe Anwendung. Die Arbeit zu zweit ermöglicht zudem eine Förderung der kommunikativen Kompetenzen.

Zu Seite 142, Aufgabe 36
In Aufgabe 36 werden die Lernenden aufgefordert zu schätzen. Es lohnt sich, diese Fähigkeit für Alltagssituationen immer wieder zu schulen und zu festigen.

5 Geometrie. Vierecke

Lösungen   Seite 138–143

Seite 138

1 Strecke: $\overline{CD}$
Gerade: h
Halbgerade: g

2 a) $\overline{AB}$ = 1,5 cm $\overline{CD}$ = 3,4 cm
b)

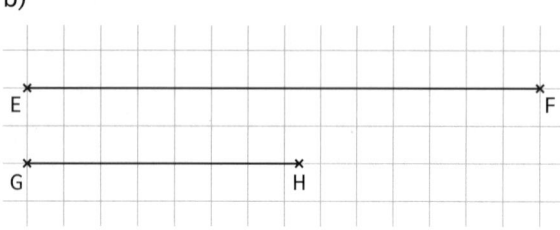

3 Alle Strecken sind 2 cm lang.

4 Parallel: e ∥ f; a ∥ c
Senkrecht: b ⊥ e; b ⊥ f; a ⊥ d; c ⊥ d

5 a) und b)

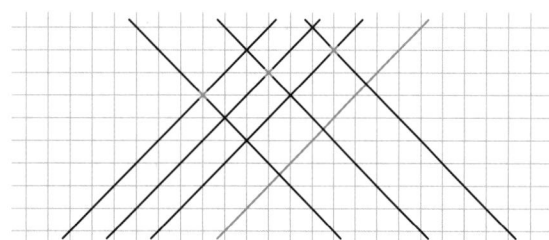

6

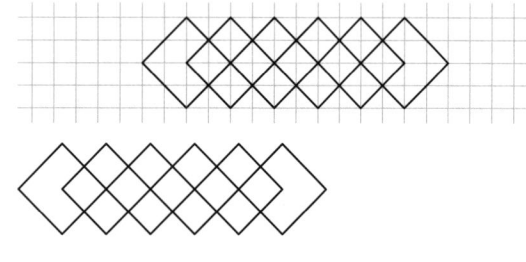

7 A(1|4); B(6|7); C(3|10); D(7|6); E(8|1); F(13|2); G(12|7)

8 Koordinatensystem A: Die Beschriftung der x-Achse und der y-Achse wurde vertauscht.
Koordinatensystem D: Der Punkt P(4|3) wurde falsch eingetragen. Der x-Wert und der y-Wert wurden vertauscht.
Koordinatensystem B und C sind richtig.

Seite 139

9 a) Punkte liegen auf einer Geraden.

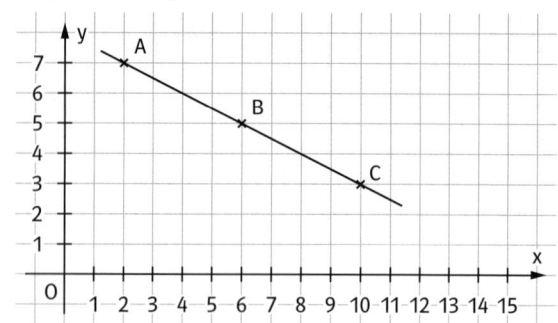

b) Punkte liegen auf einer Geraden.

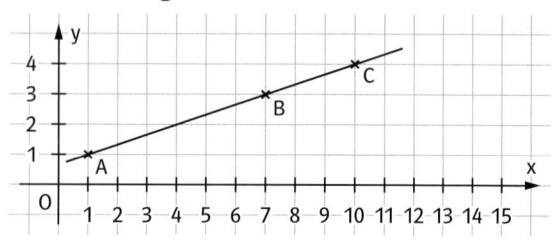

c) Punkte liegen nicht auf einer Geraden.

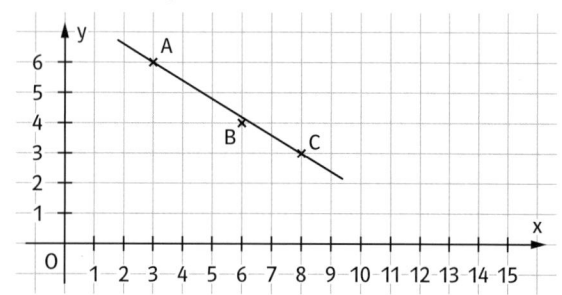

10 a)

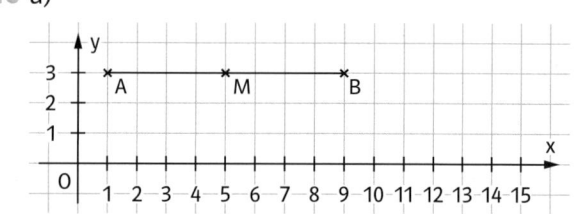

M(5|3)

b)

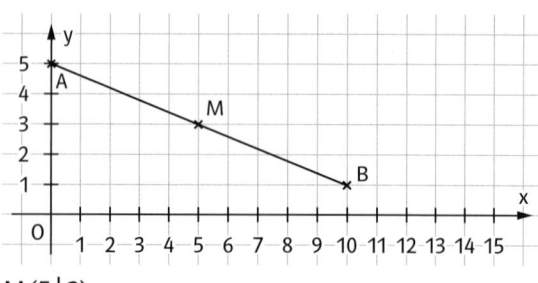

M(5|3)

5 Geometrie. Vierecke

c)

M(4|3)

11 a) und b)

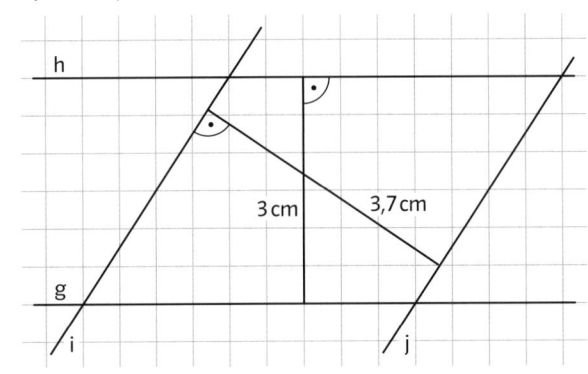

12 a) und b)
Abstand von Punkt P zur Geraden g: 2 cm
Abstand von Punkt Q zur Geraden g: 1 cm

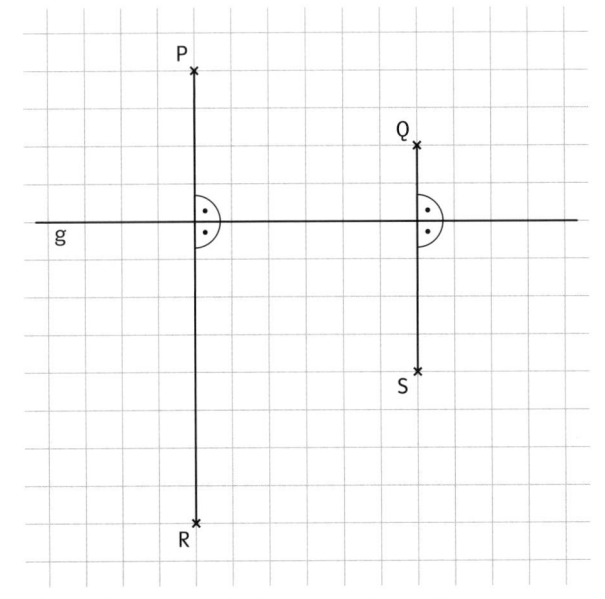

c) Entfernung zwischen P und Q: 3,2 cm
Entfernung zwischen R und S: 3,6 cm

13 a) eine senkrechte Symmetrieachse
b) vier Symmetrieachsen:
• eine senkrechte
• eine waagerechte
• zwei Symmetrieachsen, die die Mittelpunkte der gegenüberliegenden Strecken verbinden

c) zwei Symmetrieachsen:
• eine senkrechte
• eine waagerechte

14

15 a)   b)   c)

16 a)   b)   c)

17 a)

b)

5 Geometrie. Vierecke

c) Summe der Seitenlängen:
linkes Rechteck: 2·4 cm + 2·3 cm = 14 cm
rechtes Rechteck: 2·6 cm + 2·45 mm = 21 cm
linkes Quadrat: 4·5 cm = 20 cm
rechtes Quadrat: 4·35 mm = 140 mm = 14 cm
Das Rechteck mit den Seitenlängen 6 cm und 45 mm hat die größte Summe der Seitenlängen.

18 größtes Quadrat: Seitenlänge von 3 cm

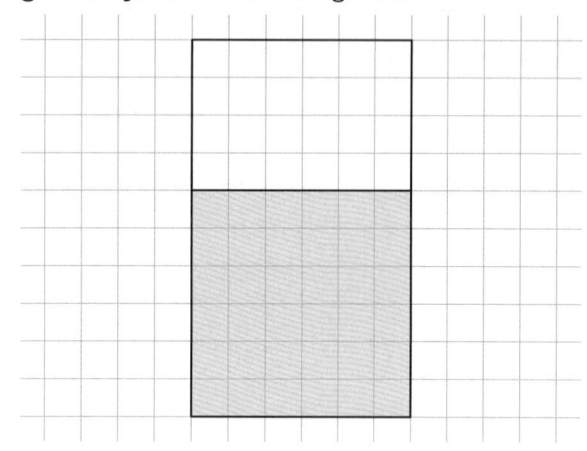

19 a)
- Gehe zwei K nach unten und drei K nach links.
- Markiere den Punkt D.
- Gehe zwei K nach unten und drei K nach rechts.
- Wenn du alles richtig gemacht hast, bist du jetzt wieder bei Punkt A.

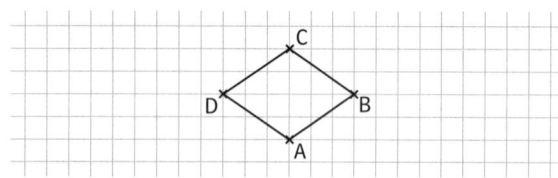

b) Mögliche Lösung:
- Markiere im Heft einen Punkt A.
- Gehe fünf Kästchen (K) nach rechts und ein K nach oben.
- Markiere den Punkt B.
- Gehe drei K nach oben und zwei K nach links.
- Markiere den Punkt C.
- Gehe ein K nach unten und fünf K nach links.
- Markiere den Punkt D.
- Gehe drei K nach unten und zwei K nach rechts.
- Wenn du alles richtig gemacht hast, bist du jetzt wieder bei Punkt A.

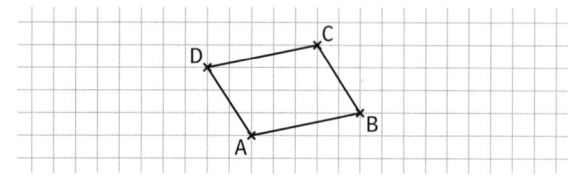

20 Es handelt sich um ein Parallelogramm.

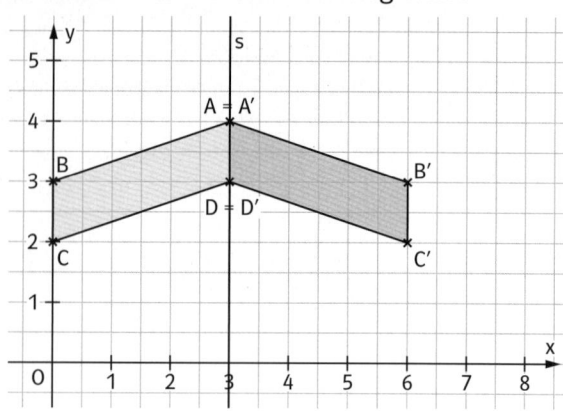

Seite 140

21 a)

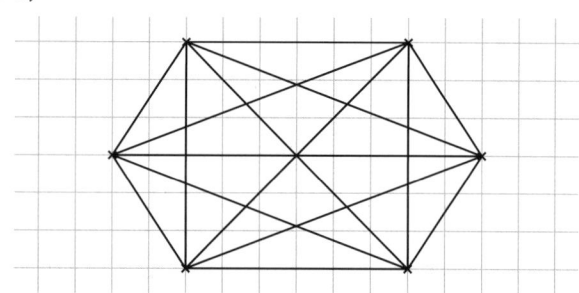

b) Es sind 15 Strecken.
Mögliche Lösung für systematisches Abzählen:
- Vom ersten Punkt aus kann man 5 neue Strecken einzeichnen,
- vom zweiten Punkten aus kann man 4 neue Strecken einzeichnen,
- vom dritten aus 3,
- vom vierten aus 2,
- vom fünften aus 1 und
- vom sechsten ausgehend keine neue Strecke mehr einzeichnen.

5 + 4 + 3 + 2 + 1 + 0 = 15

22 a) In dem Fachwerkhaus stehen die von oben nach unten verlaufenden Balken senkrecht auf den waagerechten Balken. Die Diagonalen am Rand der Hauswand stehen ebenfalls senkrecht zueinander.

b) Alle waagerechten Balken sind zueinander parallel und alle senkrechten Balken sind zueinander parallel.
Außerdem sind alle Diagonalen, die von links unten nach rechts oben verlaufen, zueinander parallel.
Die beiden diagonalen Balken, die links am Fachwerkhaus nur ein Feld von links oben nach rechts unten durchlaufen, sind parallel zueinander.

5 Geometrie. Vierecke

Genauso zueinander parallel sind alle weiteren diagonalen Balken, die von links oben nach rechts unten 2 Felder durchkreuzen.

c) Mögliche Lösung: Die Balken des Fachwerkhauses stehen senkrecht aufeinander oder sind parallel zueinander. Dadurch entstehen viele Rechtecke und Parallelogramme. Die diagonal verlaufenden Balken sind teils zueinander parallel, die Diagonalen am Rand der Hauswand stehen zueinander senkrecht.

23

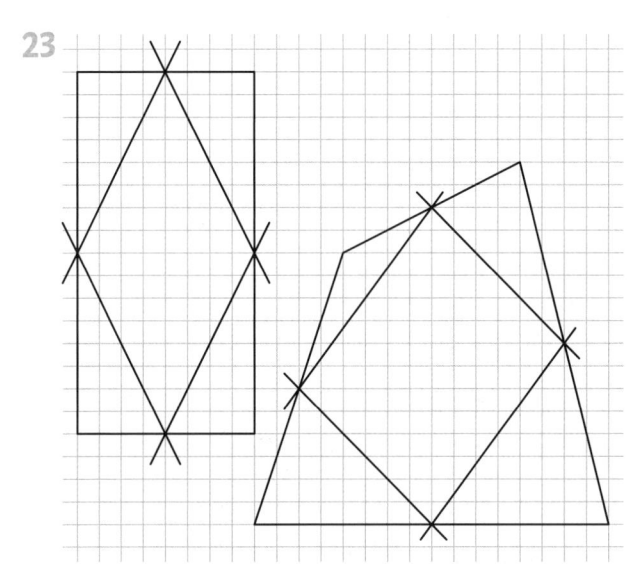

Die gegenüberliegenden Verbindungsgeraden sind jeweils parallel. Im Inneren entstehen Parallelogramme.
Beispiele mit anderen Vierecken:

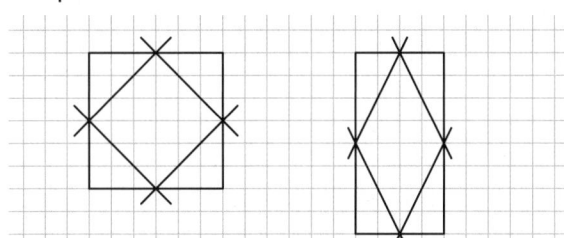

24 a) Mit drei Schnitten kann man 4; 5; 6 oder 7 Stücke erhalten. Es gibt maximal 7 Stücke.

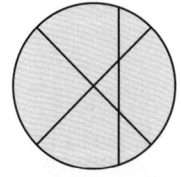

b) Mit vier Schnitten kann man 5; 6; ...; 11 Stücke erhalten. Es gibt maximal 11 Stücke.

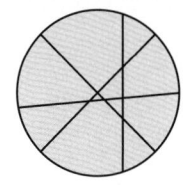

25 a) Es gibt 6 Schnittpunkte.
b) und c) Nein, man muss nicht zeichnen. Denn: Die Anzahl der Schnittpunkte ist das Produkt aus der Anzahl der Geraden durch den einen Punkt und der Anzahl der Geraden durch den anderen Punkt.
$4 \cdot 5 = 20$

26 a) $a \perp c$ b) $a \parallel c$ c) $a \perp c$

27

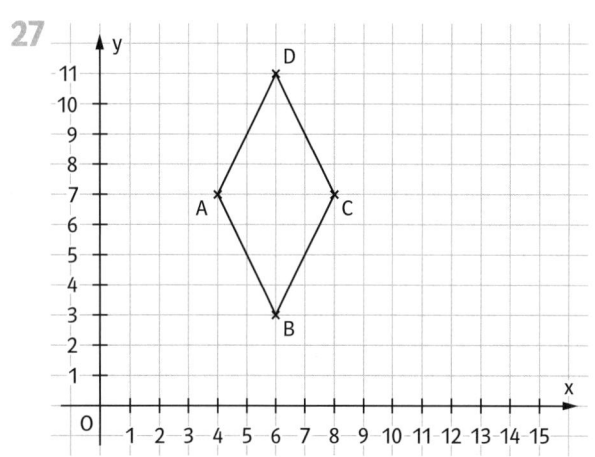

a) Mögliche Lösung: E(6|5); F(6|9)
b) Mögliche Lösung: G(7|5); H(5|9)
c) Mögliche Lösung: I(1|7); J(4|3)

28 a) (4|9)

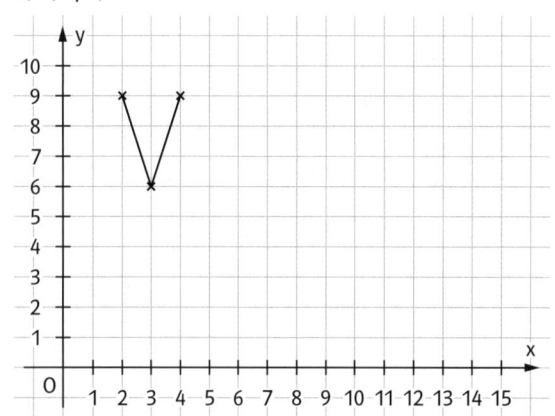

b) (2|6)

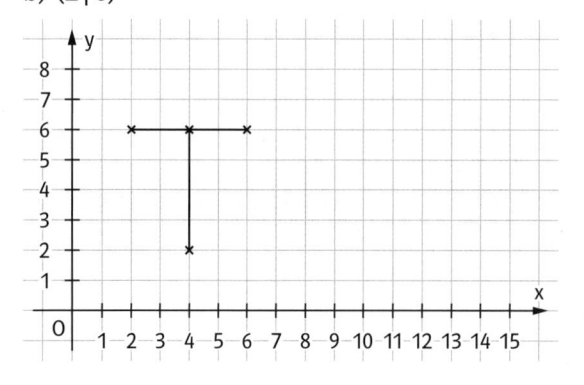

c) (10|4)

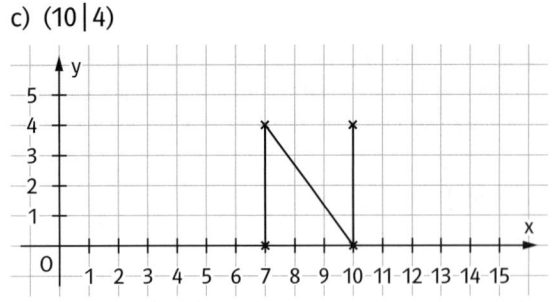

d) Mögliche Aufgabe:
L: (7|8); (10|4); (☐|☐)

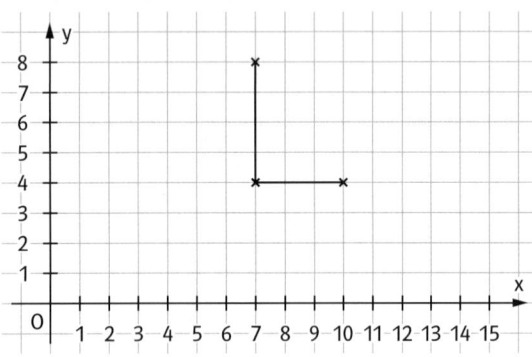

Lösung: (7|4)

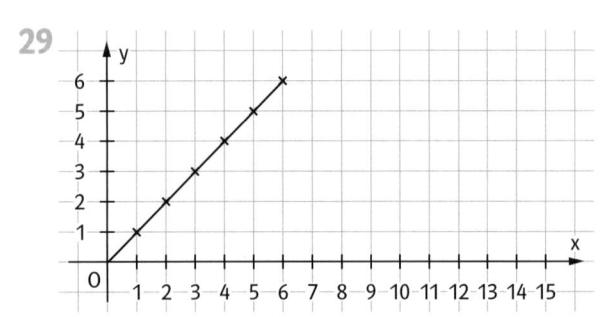

29

Die Punkte liegen alle auf einer Geraden, der Diagonalen des Koordinatensystems.

Seite 141

30 Fehler: Bei den Punkten A und C wurde die Verbindung nicht senkrecht gezeichnet.
Richtig ist:

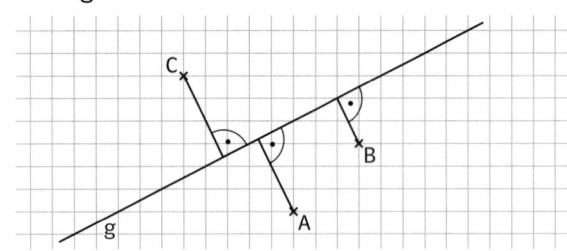

Abstand von g zu Punkt A: 1,8 cm
Abstand von g zu Punkt C: 2 cm

31 a)

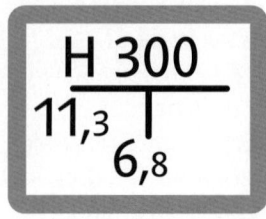

H 300
11,3
6,8

b) Das blaue Schild informiert darüber, dass 6,6 m vor dem Schild und 0,8 m nach links eine Wasserleitung mit dem Durchmesser von 150 mm vorhanden ist.
c) Mögliche Lösung:

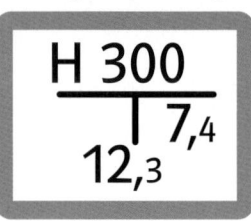

H 300
12,3 7,4

Das rot-weiße Schild informiert die Feuerwehr darüber, dass 12,3 m vor dem Schild und 7,4 m nach rechts ein Wasseranschluss für einen Schlauch mit einer Dicke von 300 mm vorhanden ist.
d) Individuelle Lösungen

32 B(12|2); D(9|4); E(9|6);
F(6|6); G(6|4); H(4|4)

33 a) Spiel; individuelle Lösungen
b) Es kommen 6·6 = 36 Punkte in Betracht.
c) Bei fünf Ergebnissen ist die Augensumme 6.
Bei drei Ergebnissen ist die Augensumme 10.

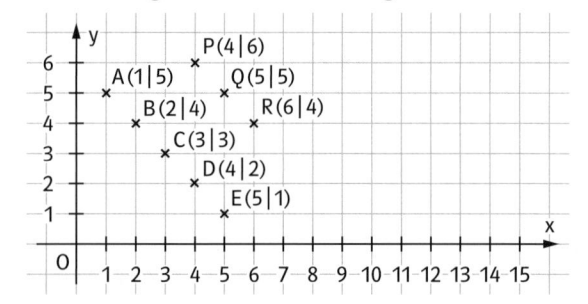

P(4|6)
A(1|5) Q(5|5)
B(2|4) R(6|4)
C(3|3)
D(4|2)
E(5|1)

34 a) 1. Schritt: Parallele zu g durch den Punkt A und Parallele zu h durch den Punkt B zeichnen. Alle Punkte auf den Parallelen haben dann den gleichen Abstand zur jeweiligen Gerade.
2. Schritt: Der Schnittpunkt der beiden Parallelen ergibt den gesuchten Punkt.

5 Geometrie. Vierecke

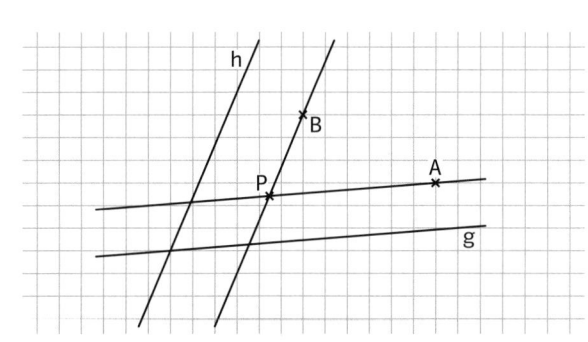

b) Ja, man kann weitere Parallelen zeichnen, die nicht durch die Punkte A und B laufen, aber den gleichen Abstand zur jeweiligen Geraden haben:

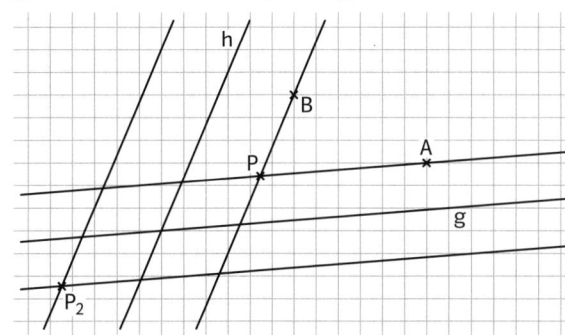

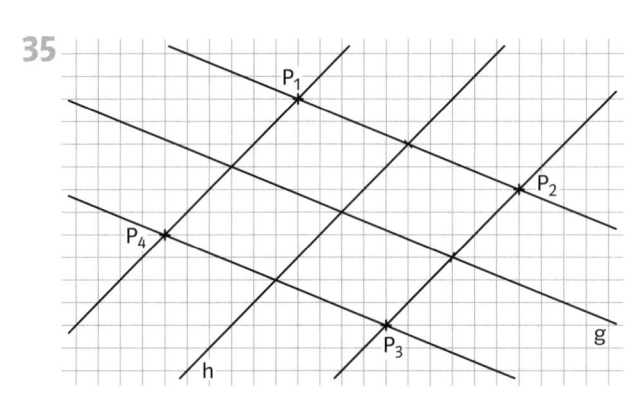

35

Es gibt vier solcher Punkte, da es sowohl zu g als auch zu h zwei Parallelen mit den jeweiligen Abständen gibt. Die vier Schnittpunkte dieser vier Parallelen erfüllen die vorgegebenen Bedingungen.

Seite 142

36 Individuelle Lösungen;
Beispiel für die Zeichnung:

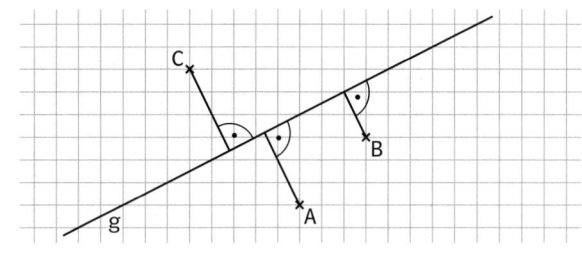

37 $\overline{PQ}$ = 1,8 cm
Abstand g zu h: 1,1 cm
Abstand P zu g: 1,4 cm
Abstand Q zu g: 3,2 cm
Abstand P zu h: 2,5 cm
Abstand Q zu h: 4,3 cm
Zusammen passen:
Abstand P zu h
= Abstand h zu g + Abstand g zu P
Abstand Q zu h
= Abstand h zu g + Abstand g zu Q
Hinweis: Die Werte ergeben sich aus einer Messung im Schulbuch.

38 a) g und i   b) h und j
c) alle   d) keine

39 a) genau eine Symmetrieachse:
A, B, C, D, E, K, M, T, U, V, W, Y
b) genau zwei Symmetrieachsen:
H, I, O, X
c) kein Buchstabe

40 Die linke Karte ist falsch dargestellt. Diese Karte ist achsensymmetrisch mit einer waagerechten Symmetrieachse.
Spielkarten wie die rechte Karte sind dagegen punktsymmetrisch, das Symmetriezentrum befindet sich in der Mitte der Karte. Betrachtet man die obere Hälfte der Karte, guckt der Bube immer in dieselbe Richtung und der Buchstabe wird richtig dargestellt, auch wenn die Karte um das Symmetriezentrum gedreht wird.

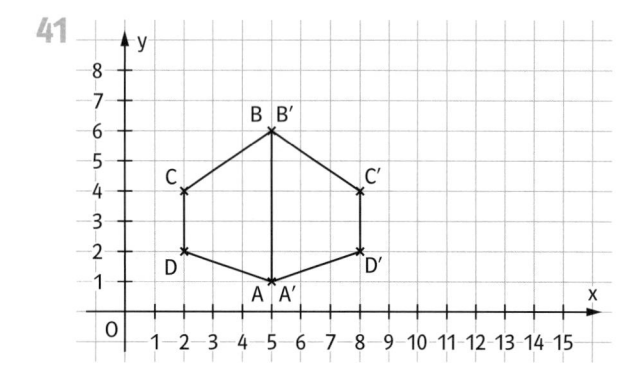

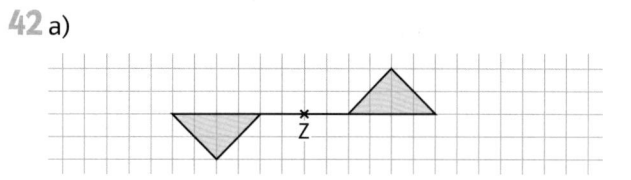

41

42 a)

5 Geometrie. Vierecke

b)

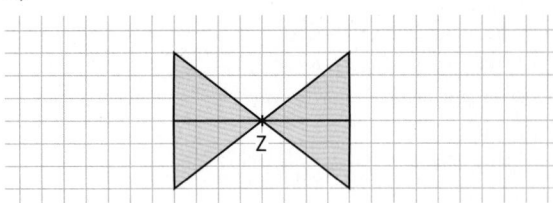

c)

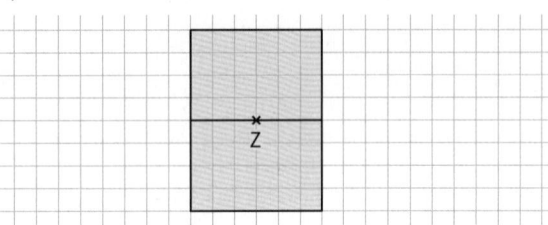

d)

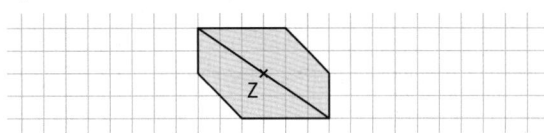

43

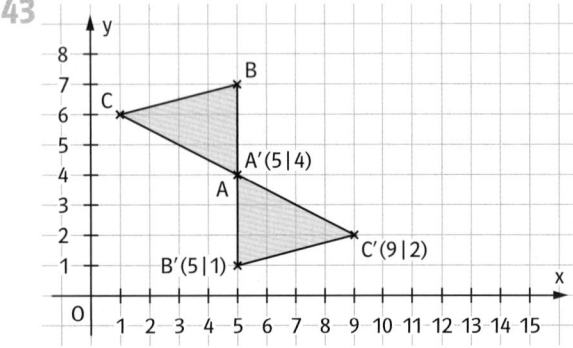

Seite 143

44 a) Mögliche Lösung:

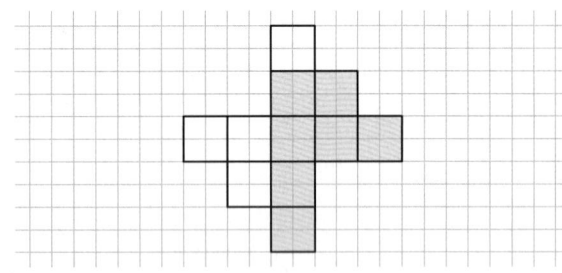

b) Mögliche Lösung:

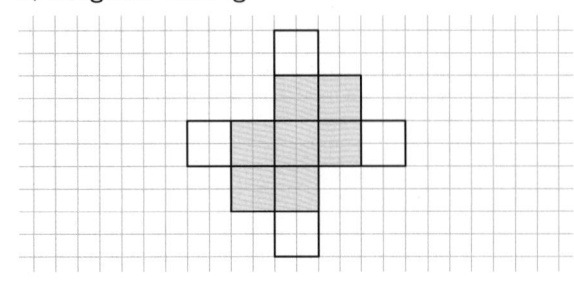

45 Bei Anna entsteht ein Rechteck, die rote Linie ist die Diagonale.

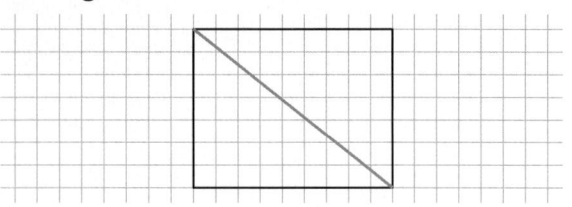

Bei Luca entsteht ein Drachen, die rote Linie ist die Symmetrieachse.

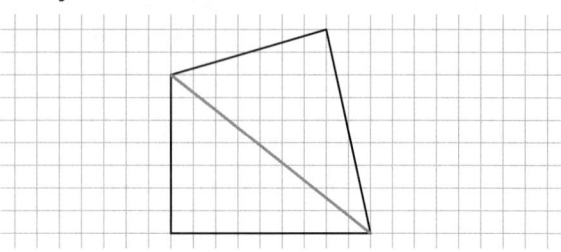

46 6 Quadrate:
- 1 großes Quadrat, bestehend aus 4 kleinen Quadraten:

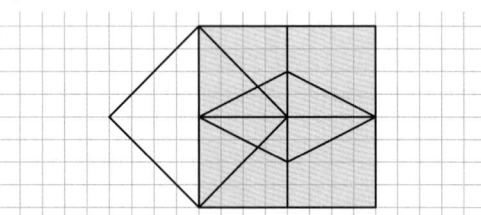

- 1 weiteres Quadrat:

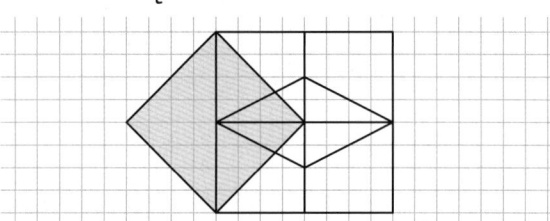

Beispiele für weitere Figuren:
- Parallelogramm/Raute(/Drachen): identisch zu einem der Quadrate

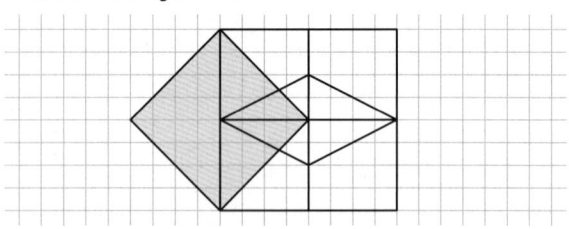

- Parallelogramm/Raute(/Drachen):

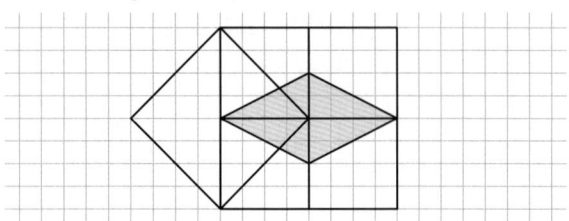

5 Geometrie. Vierecke

- Rechteck/Parallelogramm:

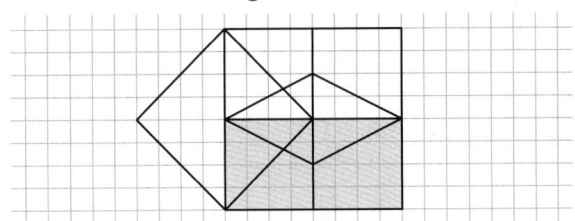

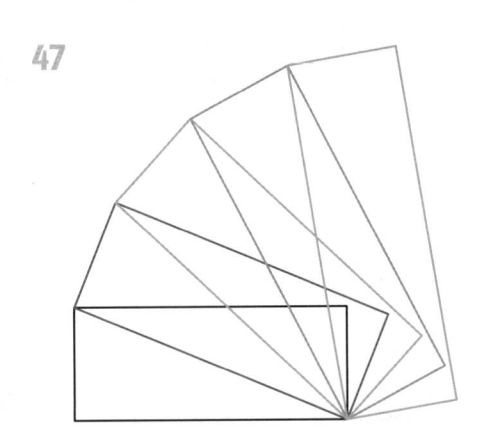

47

48 Holgers Aussage stimmt nicht:
- Bei der Raute stimmt es.
- Beim Rechteck stimmt es nicht (es stimmt nur beim Quadrat als Spezialfall des Rechtecks).

49 a) Individuelle Lösungen
b) Individueller Abgleich

50 a) und b) Individuelle Lösungen; es sollte darauf geachtet werden, dass alle Viereckarten vorkommen (Rechteck; Quadrat; Parallelogramm; Raute).
c) Individueller Abgleich

51 a) Parallelogramm
b) Raute
c) Rechteck

52 Mögliche Lösung: Die Flagge von Großbritannien ist nur punktsymmetrisch. Sie ist nicht achsensymmetrisch, da die roten Diagonalbalken nicht achsensymmetrisch angeordnet sind. Sie liegen mal oben, mal unten im weißen Balken. Die Flagge setzt sich aus der englischen (rotes Kreuz in der Mitte auf weißem Hintergrund), der schottischen (weiße Diagonalen auf blauem Hintergrund) und der nordirischen Flagge (rote Diagonalen auf weißem Hintergrund) zusammen.

6 Größen und Maßstab

Kommentare zum Kapitel

Intention des Kapitels

Die Kinder lernen, wie sich die Größen Geld, Zeit, Masse und Länge jeweils durch Maßzahl und (Maß-)Einheit darstellen lassen. Ein besonderes Augenmerk wird dabei auf das Schätzen dieser Größen im Alltag gelegt.

Es soll außerdem gelernt werden, Einheiten von Größen situationsgerecht auszuwählen, eine Größe von einer Einheit in eine andere Einheit umzuwandeln sowie mit Größen in allen Grundrechenarten zu rechnen.

In der abschließenden Lerneinheit „Sachaufgaben" wird das Arbeiten mit Größen mithilfe von Texten, Diagrammen und Bildern vertieft. Verschiedene prozessbezogene Kompetenzen wie das Argumentieren finden dann besondere Beachtung.

Stundenverteilung

Stundenumfang gesamt: 16–34

Lerneinheit	Stunden
Standpunkt und Auftakt	0–1
1 Schätzen	1–2
2 Geld	1–3
3 Zeit	2–4
4 Masse	2–4
5 Länge	2–4
6 Maßstab	3–4
7 Sachaufgaben	3–5
EXTRA: Mathematik in Beruf und Alltag	0–2
Basistraining, Anwenden. Nachdenken und Rückspiegel	2–5

Benötigtes Material
- Stoppuhren
- Lineal
- Maßband oder Gliedermaßstab („Zollstock")
- Spielgeld
- Waagen
- Atlas oder Karten
- Tabellen aus dem Alltag: Busfahrpläne, Kinoprogramme etc.

Kopiervorlagen

KV 101 Stellenwerttafeln zu Größen
Auf dieser KV befinden sich Stellenwerttafeln zu den Größen Geld, Masse und Länge. Falls beim Umwandeln der Einheiten Probleme auftreten, kann diese KV als Hilfestellung gegeben werden.

KV 102 Lernzirkel – Laufzettel Größen
Diese KV bietet einen geführten Gang durch die Kopiervorlagen zu diesem Kapitel. Es bietet die Möglichkeit, die Lernenden über einen längeren Zeitraum selbstständig arbeiten zu lassen. Über die Kategorien „Pflicht" und „Kür" findet eine Differenzierung statt.

Kommentare Seite 146–147

Das Thema „Größen und Maßstab" kennen die Lernenden bereits aus der Grundschule. Auf den Auftaktseiten wird auf dieses Vorwissen und auf Vorstellungen und Erfahrungen aus der Alltagswelt der Kinder zurückgegriffen. Die auf den Seiten verwendeten Größen Geld und Länge sind bekannt und die Verknüpfung mit Situationen aus der Lebenswelt der Kinder ermöglicht eine selbstständige Bearbeitung dieser Einstiegsaufgaben.

Lösungen Seite 146–147

Seite 146

1 Mögliche Lösung:
Die Familientageskarte lohnt sich für zwei Erwachsene und mindestens ein Kind zwischen 4 und 12 Jahren. Für ein Elternteil mit mindestens drei Kindern zwischen 4 und 12 Jahren lohnt sich die Familientageskarte ebenfalls.

2 Individuelle Lösungen

Seite 147

3 Aus Sicherheitsgründen ist an den Wasserrutschen entweder ein Mindestalter oder eine Mindestgröße angegeben.

6 Größen und Maßstab

LE 1 Schätzen

Differenzierung in LE 1

Differenzierungstabelle

LE 1 Schätzen			
Die Lernenden können ...	○	◐	●
reale Größen (Länge, Masse, Zeit) schätzen,	1, 2, 3, 5 li, 6 li KV 103	4 re KV 103	 KV 103
bewusst Strategien zum Schätzen anwenden,	4 li	7 li, 8 li, 5 re, 6 re	9 li, 7 re
Gelerntes üben und festigen.		AH S. 43	

Kopiervorlagen
KV 103 Schätzen und Messen

Arbeitsheft
AH S. 43 Schätzen

Kommentare — Seite 148–149

Zum Einstieg
Die Einstiegsaufgabe bietet den Lernenden einen heuristischen Zugang zum Thema „Schätzen". Die abgebildeten Pferde als Repräsentanten eignen sich als Schätzhilfe, um die Höhe der Statuen zu schätzen.

Lösungen — Seite 148–149

Seite 148

Einstieg

→ Geschätzte Höhe: 4,50 m
Das Fohlen ist ungefähr 1,50 m hoch und passt dreimal in die Figur.
→ Individueller Abgleich
→ Die Osterinseln befinden sich im Pazifischen Ozean zwischen Neuseeland und Südamerika.

1 Individuelle Lösungen

2 Beginnend mit dem leichtesten Gegenstand: Blatt Papier, Radiergummi, Heft, Smartphone, Schulbuch

3 Individuelle Lösungen
Vorgehen: Man zählt leise die Sekunden mit.

Seite 149

A Im Bild ist der Zaun etwa 1 cm hoch. Das Schulgebäude ist im Bild 3,2 cm hoch. In Wirklichkeit ist das Gebäude also etwas höher als $3 \cdot 2{,}20\,\text{m} = 6{,}60\,\text{m}$.
Das Gebäude ist etwa 7 m hoch.

B 70 bis 90 Schüler und Schülerinnen

Seite 149, links

4 Das Hochhaus wird etwa 6-mal so hoch wie ihre Zimmerdecke sein: $3\,\text{m} \cdot 6 = 18\,\text{m}$

5 Individuelle Lösungen, z. B.:
a) 3 min   b) 8 Stunden   c) 30 min

6 Beginnend mit dem leichtesten Tier:
Ameise, Biene, Blaumeise, Taube, Katze, Hund, Pferd, Elefant

7 Individuelle Lösungen; sinnvoll ist es, die Anzahl der Klassen mit der Anzahl der Kinder in der eigenen Klasse zu multiplizieren.

8 Mögliche Lösung: etwa 100-mal

9 a) Geschätzte Höhe: 12 m
Der Mensch im Vordergrund ist etwa 2 m groß.
Der Mensch passt 6-mal in die Figur.
b) Geschätzte Höhe: 120 m
Die Steinskulptur müsste etwa 10-mal größer sein. Denn eine Hand ist ungefähr 20 cm lang und ein Mensch rund 200 cm groß.

Seite 149, rechts

4 a) Beginnend mit dem langsamsten Lauftempo: Ameise, Elefant, Katze, Hund, Gepard
b) Ja, die Reihenfolge ändert sich.
Beginnend mit dem leichtesten Tier: Ameise, Katze, Hund, Gepard, Elefant
c)

Tier	Gewicht	maximale Geschwindigkeit
Ameise	6–10 mg	3,1 km/h
Hauskatze	3,5–4,5 kg	ca. 48 km/h
Hund (Labrador)	28–35 kg	30–40 km/h
Gepard	ca. 60 kg	bis 93 km/h
Elefant	2–6 Tonnen	ca. 40 km/h

6 Größen und Maßstab

5 Mögliche Lösung für ein Kind mit
1,40 m = 140 cm = 1400 mm:
Bei einer geschätzten Münzendicke von 2 mm benötigt man 700 Münzen.

6 Individuelle Lösungen, z. B.:
38 · 30 = 1140
Ein Jahr hat etwa 38 Schulwochen, eine Schulwoche hat etwa 30 Unterrichtsstunden. Damit verbringt man ungefähr 1140 Stunden in einem Schuljahr in der Schule.

7 Durch Zählen der Menschen an den Eingängen oder durch das Zählen der verkauften Eintrittskarten kann man die Personenzahl ermitteln. Bei Großveranstaltungen ohne Eintrittskarten kann man die Personenzahl auch per Hubschrauber aus der Luft durch Zählen der Menschen pro Quadratmeter ermitteln und dann hochrechnen.

LE 2 Geld

Differenzierung in LE 2

Differenzierungstabelle

LE 2 Geld			
Die Lernenden können …	○	◐	●
mit Geldbeträgen rechnen und dabei auch Geldbeträge in andere Einheiten umwandeln,	1, 2, 3, 4, 5 li F 20 F 21 KV 104	KV 104	KV 104
Geldbeträge der Größe nach ordnen,	6 li	5 re	
Anwendungsaufgaben lösen,	7 li, 8 li, 9 li, 10 li KV 105	11 li, 12 li, 13 li, 6 re, 7 re, 9 re KV 105	8 re, 10 re, 11 re KV 105
Gelerntes üben und festigen.		AH S.44	

Kopiervorlagen

KV 104 ABC-Mathespiel: Rechnen mit Geld
KV 105 Geld umwandeln und Rechnen mit Geld

Inklusion

F 20 Geld
Die Lernenden tragen Geldbeträge am Zahlenstrahl ein und rechnen mit Geldwerten.

F 21 Partnerbogen Kopfrechnen
Die Lernenden üben den Umgang mit Geldbeträgen mithilfe einfacher Kopfrechenaufgaben.

Arbeitsheft

AH S. 44 Geld

Kommentare Seite 150 – 152

Allgemein

Da die Lernenden das Thema Geld bereits aus der Grundschule kennen, liegt der Schwerpunkt des Kapitels nicht auf den Schreibweisen, sondern auf dem Rechnen mit Geld.
Um leistungsschwächeren Lernenden das Arbeiten zu erleichtern, empfiehlt sich das Bereitlegen von Spielgeld.

Zum Einstieg

Die Einstiegsaufgabe greift das unterschiedliche Aussehen der Münzen aus den verschiedenen Euro-Staaten auf. Dieser Einstieg motiviert durch den Alltagsbezug und den Wettbewerbscharakter vor allem in der dritten und vierten Frage.

Lösungen Seite 150 – 152

Seite 150

Einstieg

→ Euro-Münzen:
1-Cent-Münze
2-Cent-Münze
5-Cent-Münze
10-Cent-Münze
20-Cent-Münze
50-Cent-Münze
1-Euro-Münze
2-Euro-Münze

Euro-Scheine:
5-Euro-Schein
10-Euro-Schein
20-Euro-Schein
50-Euro-Schein
100-Euro-Schein
200-Euro-Schein
500-Euro-Schein

→ Die 1-Euro-Münzen unterscheiden sich auf der Rückseite. Dort erkennt man das Herkunftsland. Auch bei den 2-Euro-Münzen und den Cent-Münzen unterscheiden sich die Rückseiten.
→ Mögliche Lösung: Österreich, Niederlande, Italien, Spanien und Deutschland
→ Mögliche Lösung: Türkische Lira, US-Dollar, Schweizer Franken, Pfund in Großbritannien, Renminbi in China, Rupie in Indien

1 a) 2 € 50 ct b) 4 € 52 ct
c) 0 € 99 ct d) 10 € 0 ct

6 Größen und Maßstab

2 a) 8,50 € b) 4,50 € c) 8,05 €
d) 0,45 € e) 45,00 € f) 8,05 €
g) 0,50 € h) 0,19 € i) 0,10 €
j) 0,09 € k) 0,01 € l) 10,10 €

Seite 151

3 a)

		8	7,	8	6	€
+		1	3,	1	4	€
			1	1	1	
	1	0	1,	0	0	€

b)

		3,	4	0	€
+		1,	4	0	€
+		7,	1	0	€
	1				
	1	1,	9	0	€

c)

	7	6,	7	9	€
−	1	2,	4	5	€
	6	4,	3	4	€

d)

	3	0	0,	4	5	€
−	1	8	9,	7	0	€
		1	1	1		
	1	1	0,	7	5	€

4 a) 2 € + 4 € + 1 € = 7 €
b) 10 € − 5 € = 5 €
c) 3 € · 3 = 9 €
d) 20 € : 4 = 5 €

A a) 1,65 € b) 17,00 € c) 9,45 € d) 0,25 €

B a)

		4,	3	9	€
+	1	2	9,	4	5	€
		1		1		
	1	3	3,	8	4	€

b)

	1	8	3,	7	8	€
−		1	2,	5	5	€
	1	7	1,	2	3	€

C a) 2 € + 6 € + 1 € = 9 €
b) 100 € − 8 € = 92 €

Seite 151, links

5 a) 99,99 € b) 88,88 € c) 99,99 €
d) 88,88 € e) 36,90 €

6 Beginnend jeweils mit dem kleinsten Wert:
a) 50 ct; 1,26 €; 26 €; 46,50 €
b) 0,35 €; 300 ct; 37 €; 37,40 €

7 a) 20-€-Schein
10-€-Schein
2-€-Münze
b) 50-€-Schein
2-mal 2-€-Münze
c) 100-€-Schein
20-€-Schein
10-€-Schein
2-€-Münze
1-€-Münze
d) 50-€-Schein
10-€-Schein
2-€-Münze
1-€-Münze
10-ct-Münze
2-mal 2-ct-Münze
e) 100-€-Schein
50-€-Schein
10-€-Schein
5-€-Schein
2-mal 20-ct-Münze
f) 50-€-Schein
2-mal 20-€-Schein
5-€-Schein
2-€-Münze
1-€-Münze
50-ct-Münze
10-ct-Münze
5-ct-Münze
2-mal 2-ct-Münze

8 Mögliche Lösung:
- 2-mal 20-€-Schein
  10-€-Schein
- 20-€-Schein
  10-€-Schein
  3-mal 5-€-Schein
  2-mal 2-€-Münze
  1-€-Münze
- 10-€-Schein
  8-mal 5-€-Schein
- 20-€-Schein
  30-mal 1-€-Münze
- 10-€-Schein
  20-mal 2-€-Münze

9 7,85 € + 23,48 € = 31,33 €
50,00 − 31,33 € = 18,67 €
Frau Singer hat noch 18,67 €.

Seite 151, rechts

5 Beginnend mit dem kleinsten Wert:
a) 62 ct; 6 €; 6,02 €; 620 ct; 62 €
b) 14 ct; 140 ct; 14 €; 14,04 €; 140 €

6 Größen und Maßstab

6 2,00 € − 80 ct = 2,00 € − 0,80 € = 1,20 €
Jahn bekommt 1,20 € zurück.
Folgende Münzen könnten es sein:
1-€-Münze und zwei 10-ct-Münzen.

7 a) Wenn Kati der Verkäuferin 10,10 € gibt, dann bekommt sie eine 50-Cent-Münze zurück. Das ist einfacher zum Rausgeben.
b) Murat gibt 41 €, denn dann kann ihm die Verkäuferin einen 10-Euro-Schein, eine 20-Cent-Münze und eine 10-Cent-Münze zurückgeben. Sonst würde er 9,30 € in mehreren Münzen zurückbekommen. Das wäre komplizierter.

8 3 · 1,95 € + 3,90 € + 5 · 0,90 € = 14,25 €
Frau Halter hat 20,25 € gegeben. Sie erhält 6,00 € zurück.

Seite 152, links

10 24 · 12 € = 288 €
Der Klassenlehrer muss 288 € einsammeln.

11 a) Mit dem Term 5 G + 2 M + 3 H + B lässt sich die Summe aller Lohnkosten in einem Monat berechnen.
G steht für die Lohnkosten für eine Gesellin oder einen Gesellen. Es gibt davon insgesamt fünf, also 5 · G.
M steht für die Lohnkosten für einen Meister. Es gibt zwei Meister, also 2 · M.
H steht für die Lohnkosten für eine Hilfskraft. Es gibt drei Hilfskräfte, also 3 · H.
B steht für die Lohnkosten für eine Bürokraft. Es gibt eine Bürokraft, also B.
b) Berechnung der monatlichen Lohnkosten:
5 · 2612 € + 2 · 3403 € + 3 · 2038 € + 2363 €
= 13 060 € + 6806 € + 6114 € + 2363 €
= 28 343 €
Die monatlichen Lohnkosten betragen 28 343 €.

12 2 · 6,50 € + 2,90 € = 15,90 €
20,00 € − 15,90 € = 4,10 €
Conny bekommt 4,10 € zurück.

13 85,00 € + 42,50 € + 37,90 € = 165,40 €
Die Reparatur kostet 165,40 €.

Seite 152, rechts

9 a) Sie könnte ihm dann einfach einen 10-Euro-Schein als Rückgeld geben.
b) 5,25 € + 2 · 0,70 € = 6,65 €
12,05 € − 6,65 € = 5,40 €
Marvin kauft für 5,40 € Neonfische.
Dafür bekommt er 6 Neonfische.

10 a) 3,80 € + 4,60 € = 8,40 €
Die Eltern haben 15,00 € − 8,40 € = 6,60 € zur Verfügung. Sie könnten zweimal ein gemischtes Eis bestellen oder zwei Cappuccinos.
b) Paul hat ein Eis für 4,90 € gekauft: den Schwarzwaldbecher.
c) Pia hat ein Spaghettieis oder ein gemischtes Eis gegessen.
Spaghettieis: Sie hat mit zwei 2-€-Münzen bezahlt und bekommt eine 20-Cent-Münze zurück.
Gemischtes Eis: Sie hat mit einer 2-€-Münze und einer 1-€-Münze bezahlt und bekommt eine 20-Cent-Münze zurück.
d) Mögliche Lösung: Wenn die drei Personen dasselbe essen, dann könnten sie drei Spaghettieis bestellen.
Ansonsten gibt es viele Möglichkeiten, z. B. ein Spaghettieis und zweimal gemischtes Eis.

11 Rechnung mit gerundeten Werten:
2 · 320 € + 2 · 100 € + 14 · 120 € + 700 €
= 3220 €
Der Urlaub kostet ungefähr 3200 €.

6 Größen und Maßstab

LE 3 Zeit

Differenzierung in LE 3

Differenzierungstabelle

LE 3 Zeit Die Lernenden können ...	○	◐	●
Zeitspannen in andere Zeiteinheiten umwandeln und mit der Zeit rechnen,	1, 2, 5 li, 10 li a)–c)	5 re	
Zeitangaben und Zeiteinheiten situationsgerecht auswählen und zuordnen,	4, 6 li		
Zeitpunkte und Zeitspannen berechnen,	3, 8 li, 10 li d) F 22 KV 106	11 li, 6 re, 9 re KV 106 KV 107	KV 107
Anwendungsaufgaben lösen,	7 li, 9 li	12 li, 13 li, 14 li, 15 li, 7 re, 8 re, 10 re, 11 re	16 li, 12 re, 13 re, 14 re
Gelerntes üben und festigen.		AH S. 45	

Kopiervorlagen
KV 106 Zeitangaben
KV 107 Rechnen mit der Zeit

Inklusion
F 22 Zeit
Diese Inklusions-KV holt leistungsschwächere Lernende ab, indem sie mit Aufgaben zum Ablesen und Ergänzen von Uhrzeiten beginnt. Erst danach erfolgt der Übergang zum Berechnen von Zeitpunkten.

Arbeitsheft
AH S. 45 Zeit

Kommentare Seite 153–156

Allgemein
In dieser Lerneinheit wird ein besonderer Schwerpunkt auf die Berechnung von Zeitspannen gelegt. Diese sind im Alltag der Lernenden von besonderer Bedeutung, z. B. für die Berechnung einer Fahrtdauer anhand eines Fahrplans.

Zum Einstieg
Durch die verschiedenen Arten von Uhren wird an Vorkenntnisse und Erfahrungen aus der Lebenswelt der Lernenden angeknüpft.

Zu Seite 155, Aufgabe 10, links
Neben der Lösung der Aufgabe durch reines Finden der Fehler bietet sich hier zusätzlich eine Fehleranalyse an: Wie kommt es zu dieser falschen Angabe?

Zu Seite 155, Aufgabe 10, rechts und Aufgabe 11, rechts
Das Arbeiten mit diesen Diagrammen bereitet auf die Themen „Zuordnung" und „Funktionen" in den Folgejahren vor.
Des Weiteren bietet sich auch ein Vergleich der beiden Diagramme an, um die Darstellung unterschiedlicher Inhalte zu thematisieren.

Lösungen Seite 153–156

Seite 153

Einstieg

→ Mögliche Lösung: Stoppuhr, Armbanduhr, Uhr im Smartphone, Sonnenuhr, Sanduhr
→ Mögliche Lösung:
  • Sonnenuhr: misst den Stand der Sonne, bei Wolken wird keine Uhrzeit angezeigt
  • Sanduhr: Der Sand braucht eine bestimmte Zeit, um durchzurieseln.

1 a) 60 s; 900 s; 200 s
   b) 60 min; 300 min; 660 min; 960 min
   c) 24 h; 72 h; 120 h; 12 h
   d) 365 d; 730 d; 1460 d

2 a) 1 min; 2 min; 5 min; $\frac{1}{2}$ min
   b) 1 h; 3 h; 5 h
   c) 1 d; 2 d; 3 d; 5 d
   d) 4 Jahre; 8 Jahre; $1\frac{1}{2}$ Jahre

Seite 154

3 a) 50 min   b) 1 h 10 min
   c) 3 h 30 min   d) 11 h 20 min

4 a) in Stunden   b) in Jahren
   c) in Sekunden   d) in Minuten
   e) in Stunden   f) in Tagen

6 Größen und Maßstab

A a) 3 min b) 4 h c) 300 s
   d) 2 d e) 90 min f) 260 s

B a) 3 h 50 min b) 8 h 35 min

Seite 154, links

5 a) 300 s; 1800 s; 3600 s
   b) 30 min; 120 min; 180 min; 1440 min
   c) 48 h; 96 h; 240 h

6 a) tägliche Hausaufgaben: 1 h bis 2 h
   b) nächtlicher Schlaf: 8 h bis 10 h
   c) 400-m-Lauf: 90 s bis 150 s
   d) Arbeitszeit pro Woche: etwa 40 h
   e) Winterschlaf eines Igels: etwa 4 Monate
   f) Sommerferien: $6\frac{1}{2}$ Wochen
   g) eine Halbzeit beim Fußball: $\frac{3}{4}$ h

7 Individuelle Lösungen

8

	Abfahrt	Fahrtdauer	Ankunft
a)	07:30 Uhr	1 h 30 min	**09:00 Uhr**
b)	14:15 Uhr	3 h 45 min	**18:00 Uhr**
c)	12:20 Uhr	**2 h 10 min**	14:30 Uhr
d)	19:25 Uhr	**2 h 5 min**	21:30 Uhr
e)	**08:30 Uhr**	3 h 30 min	12:00 Uhr
f)	**07:05 Uhr**	1 h 55 min	09:00 Uhr

Seite 154, rechts

5 a) 180 s = 3 min b) 120 min = 2 h
   c) 24 h = 1 d d) 48 h = 2 d
   e) 60 min = 1 h

6

	Abfahrt	Fahrtdauer	Ankunft
a)	06:10 Uhr	3 h 46 min	**09:56 Uhr**
b)	11:17 Uhr	**2 h 50 min**	14:07 Uhr
c)	**05:45 Uhr**	4 h 45 min	10:30 Uhr
d)	23:15 Uhr	7 h 50 min	**07:05 Uhr**
e)	18:35 Uhr	**8 h 20 min**	02:55 Uhr
f)	**22:17 Uhr**	7 h 43 min	06:00 Uhr

7 2 h 29 min 20 s − 2 h 1 min 39 s = 27 min 41 s
   27 min 41 s = 1620 s + 41 s = 1661 s
   Eliud Kipchoge war 1661 Sekunden schneller als Son Kitei.

Seite 155, links

9 Die Fahrt dauert 2 Stunden und 48 Minuten.

10 Richtig sind:
   a) 1 Tag = 24 Stunden
   b) 300 Minuten = 5 Stunden
   c) $\frac{1}{2}$ Minute = 30 Sekunden
   d) Von 11:11 Uhr bis 12:00 Uhr sind es 49 Minuten.

11 a) 10:50 Uhr b) 11:40 Uhr c) 15:25 Uhr
   d) 14:55 Uhr e) 06:30 Uhr f) 23:00 Uhr

12 a) Mögliche Lösung:
   Bei 6 Schulstunden (45 min) pro Tag:
   22 h 30 min
   b) Mögliche Lösung:
   Bei zwei großen Pausen (20 min) und drei kleinen Pausen (5 min) pro Tag hat man pro Woche insgesamt 4 h 35 min Pause.
   c) Mögliche Lösung bei 6 Schulstunden:
   Man geht um 07:30 Uhr aus dem Haus und kommt um 13:55 Uhr wieder.
   Das sind 6 h 25 min.

13 a) 18:00 Uhr
   b) 17:00 Uhr
   c) Ja, er hat recht: Bei uns war es 21:00 Uhr.

Seite 155, rechts

8 Freitag: 120 min → mehr als der Durchschnitt
   Samstag: 135 min → mehr als der Durchschnitt
   Sonntag: 55 min → weniger als der Durchschnitt

9 Zur Fehlerkorrektur muss man entweder den Beginn, die Dauer oder das Ende verändern.
   Änderung des Beginns:
   a) 08:00 Uhr b) 20:14:15 Uhr c) 00:59 Uhr
   Änderung der Dauer:
   a) 5 h 10 min b) 45 min c) 23 h 58 min
   Änderung des Endes:
   a) 12:00 Uhr b) 19:30:45 Uhr c) 23:01 Uhr

10 a) Luka ist 3 Stunden unterwegs.
   b) Seine Pause dauert 30 Minuten.
   c) Er fährt 20 km.

11 Mögliche Lösung: Leni ist nach 250 Metern und nach 5 Minuten eingefallen, dass sie ein Heft vergessen hat. Sie geht nach Hause zurück. Dann muss sie das Heft 5 Minuten lang zu Hause suchen. Dann geht sie wieder zur Schule, diesmal läuft sie allerdings schneller.

Seite 156, links

14 a) Der Zug fährt um 18:49 Uhr auf Gleis 3 los. Er kommt um 21:05 Uhr in Köln an. Emma ist 2 h 16 min lang unterwegs.
b) Emma kann mit ihrer Freundin 43 Minuten lang plaudern.

15 Sie muss spätestens um 13:53 Uhr (37 min vorher) losfahren.

16 a) Julius Caesar wurde 56 Jahre alt. Er war 15 Jahre lang Konsul.
b) Nero lebte 31 Jahre. Er war 14 Jahre lang römischer Kaiser.

Seite 156, rechts

12 a) Der RE 11598 braucht von Herzogenrath nach Erkelenz 27 Minuten.
b) Fahrt Kohlscheid – Herrath: 37 Minuten
Fahrt Aachen Hbf – Brachelen: 32 Minuten
Die Fahrt von Kohlscheid nach Herrath dauert fünf Minuten länger.
c) Der RE 10413 braucht 49 Minuten.
d) Er kann um 08:32 Uhr in Rheydt sein.
e) Mögliche Lösung: Frau Müller kommt um 07:40 Uhr in Lindern an. Sie möchte um 08:20 Uhr in Wickrath sein. Schafft sie das?
Antwort: Nein.

13 Julius Caesar rechnete mit einer durchschnittlichen Jahreslänge von 365 Tagen und 6 Stunden. Der Unterschied zur genauen Dauer eines Jahres beträgt 11 min 14 s.

14 a) Julius Caesar hatte eine Abweichung von 11 min 14 s pro Jahr. Diesen Fehler gleicht Papst Gregor XIII. mit seinem Kalender aus, indem er in 400 Jahren drei Schalttage wieder ausfallen lässt.
3 Schalttage = 72 h = 4320 min = 259 200 s
gestrichene Dauer pro Jahr im Schnitt:
259 200 s : 400 = 648 s = 10 min 48 s

Damit bleibt nur noch eine Differenz von 26 s pro Jahr. Das summiert sich aber erst nach etwa 3323 Jahren auf einen Tag auf und ist damit erstmal in Ordnung. (Rechnung: 1 Tag = 24 · 60 · 60 s = 86 400 s; 86 400 s : 26 s ≈ 3323,1)
b) Schaltjahre, die nur durch 100 teilbar waren, sind ausgefallen; übrig blieben also als Schaltjahre diejenigen Jahre, die auch durch 400 teilbar sind. Diese sind: 1600 und 2000
c) Das Jahr 2100 ist kein Schaltjahr, da es durch 100 teilbar ist, aber nicht durch 400.

LE 4 Masse

Differenzierung in LE 4

Differenzierungstabelle

LE 4 Masse			
Die Lernenden können ...	○	◐	●
Masseneinheiten situationsgerecht auswählen und zuordnen,	4, 7 li	5 re, 8 re	
Massenangaben in andere Masseneinheiten umwandeln und Massen berechnen,	1, 2, 3, 5 li, 8 li F 25 KV 108 KV 109 KV 110	9 li, 6 re, 9 re KV 108 KV 109 KV 110 KV 111	KV 108 KV 109 KV 111
Massenangaben der Größe nach ordnen,	6 li		
Anwendungsaufgaben lösen,		10 li, 11 li, 7 re, 10 re, 11 re	12 re
Gelerntes üben und festigen.		AH S. 46	

Kopiervorlagen
KV 108 Massenangaben
KV 109 Massen schätzen, ordnen und umwandeln
KV 110 Domino: Massen umwandeln
KV 111 Tiertrio: Massen umwandeln

Inklusion
F 25 Masse

Arbeitsheft
AH S. 46 Masse

6 Größen und Maßstab

Kommentare — Seite 157–159

Allgemein

In dieser Lerneinheit wird eine Unterscheidung zwischen Masse und Gewicht (bzw. Gewichtskraft) bewusst vermieden, da sie für die Lernenden der Klassenstufe 5 noch nicht nachvollziehbar ist. Die Masse bzw. das Gewicht eines Körpers darf nicht mit der Gewichtskraft verwechselt werden, die auf ihn wirkt. Während die Masse eines Körpers an jedem Ort gleich ist, ist die Gewichtskraft ortsabhängig (z. B.: Erde, Mond). Was umgangssprachlich mit Gewicht bezeichnet wird, ist eigentlich die physikalische Größe Masse. Die Basiseinheit der Masse ist Kilogramm, die Gewichtskraft wird in Newton gemessen.

Zum Einstieg

Der Einstieg ermöglicht eine Vertiefung des Schätzens aus der Lerneinheit 1. Damit die Lernenden eine Vorstellung von der Masse eines Krans aufbauen können, wird auf ein alltagsrelevantes Vergleichsmaß, das Auto mit 1 t, zurückgegriffen.

Zu Seite 158, Aufgabe 7, links

Diese Aufgabe ist besonders geeignet, um bei Lernenden eine Vorstellung für Größenordnungen zu fördern: Die Lernenden ordnen jedem Tier eine Gewichtsangabe zu, wodurch sie Vergleichsgrößen kennenlernen.

Zu Seite 158, Aufgabe 7, rechts

Mögliche Erweiterung: Anstelle der Hühnereier können die Lernenden auch eigene Beispiele suchen und die Masse entsprechend schätzen.

Zu Seite 159, Aufgabe 10, rechts

Im Sinne der Bildung für nachhaltige Entwicklung (BNE) kann Folgendes aufgegriffen werden: Wie groß ist die Masse der DIN-A4-Blätter einer Klasse oder einer Schule in einer Woche, einem Monat oder einem Schuljahr? Wie könnte der Bedarf an DIN-A4-Blättern reduziert werden?

Lösungen — Seite 157–159

Seite 157

Einstieg

→ Der Kran könnte theoretisch 3000 kleine Autos auf einmal hochheben.
→ Die Schlange wäre etwa 12 000 m (12 km) lang.

1
a) 2000 g; 1125 g; 500 g; 5 g; 2250 g
b) 14 000 kg; 3512 kg; 8 kg; 4750 kg
c) 2 t; 19 t; $\frac{1}{2}$ t

Seite 158

2
a) 2100 g   b) 2010 g   c) 2001 g
d) 1500 kg   e) 1050 kg   f) 1005 kg
g) 4,200 g   h) 4,020 g   i) 4,002 g

3
a) 12 500 kg   b) 5700 g   c) 900 g

4
Buch in Gramm
Flugzeug in Tonnen
Blatt Papier in Gramm
Auto in Kilogramm
Lkw-Beladung in Tonnen
Vogelfeder in Milligramm
Fahrrad in Kilogramm
Standardbrief in Gramm

A
a) 1 kg 200 g = **1200** g   b) 5,200 kg = **5200** g
c) 1 t 850 kg = **1850** kg   d) 4 g 300 mg = **4300** mg
e) 2500 g = **2,5** kg   f) 4000 kg = **4** t

B
a) 6 kg 500 g   b) 3 t 500 kg   c) 250 g
d) 6 g   e) 100 mg   f) 10 kg

Seite 158, links

5
a) 2000 g; 800 g; 500 g
b) 3000 kg; 900 kg; 500 kg
c) 3 kg; 3,250 kg
d) 7 t

6 Beginnend mit dem kleinsten Wert:
7000 mg; 750 g; 7 kg; 7,200 kg; $\frac{1}{2}$ t; 7 t

7
Biene: 100 mg   Meise: 15 g
Katze: 4 kg   Affe: 60 kg
Pferd: 350 kg   Elefant: 5 t

Seite 158, rechts

5 Floh; Ameise; Biene; Maus; Hase; Pferd

6 Lösungswörter:
ARM   SKI   HUT
RAD   TOR   OPA

7 4 · 30 · 60 g = 7200 g = 7,200 kg.
Die Eier wiegen zusammen ungefähr 7200 g.

6 Größen und Maßstab

8 100 g: Tafel Schokolade
       Packung Wurst-Scheiben
       250 g: Packung Butter
       Schale Himbeeren
       500 g: Packung Quark
       Packung Margarine
       1 kg: Packung Mehl
       Packung Zucker
Man kann die Ergebnisse durch Wiegen überprüfen.

Seite 159, links

8 a) 690 g; 350 kg; 301 t
    b) 310 kg; 501 g; 103 t
    c) 300 g; 300 t; 450 kg
    d) 3 kg; 7 g; 500 g

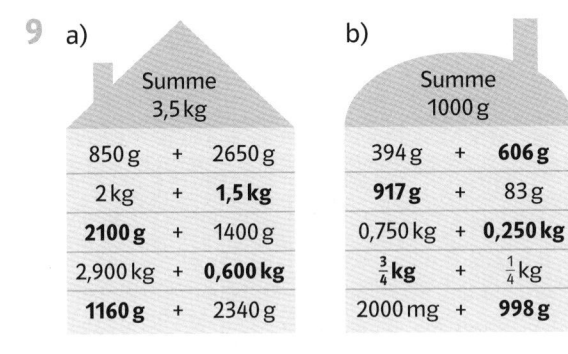

9 a)

Summe 3,5 kg	
850 g +	2650 g
2 kg +	**1,5 kg**
2100 g +	1400 g
2,900 kg +	**0,600 kg**
1160 g +	2340 g

b)

Summe 1000 g	
394 g +	**606 g**
917 g +	83 g
0,750 kg +	**0,250 kg**
$\frac{3}{4}$ kg +	$\frac{1}{4}$ kg
2000 mg +	**998 g**

10 a) Das fertige Brot ist leichter als die Zutaten, da ein Teil des Wassers beim Backen entweicht.
b) Die Zutaten reichen für drei Kinder. Bei zwölf Kindern wird von allen Zutaten die vierfache Menge benötigt: 4 kg Mehl; 2800 ml Wasser; 80 g Salz und 40 g Hefe

11 a) Es wird mit 75 kg pro Person gerechnet.
b) Da vier Erwachsene bereits im Aufzug sind, können zwei weitere Personen nicht mehr zusteigen. Es sei denn sie wiegen zusammen nicht mehr als 50 kg.

Seite 159, rechts

9 a) 1410 g; 1083 kg; 1150 kg
    b) 270 kg; 629 g; 143 t
    c) 900 g; 4200 t; 650 kg
    d) 11 kg; 4 g; 510 g

10 a) 5 g · 5 · 500 = 12 500 g = 12,5 kg
Ein Karton wiegt 12,5 kg.
b) 120 · 5 g = 600 g
Der volle Schnellhefter wiegt somit 628 g.

c) Die 85-ct-Briefmarke wird nicht reichen, da die 4 DIN-A4-Blätter bereits 20 g wiegen und noch die Masse des Briefumschlags dazukommt.
d) 7,5 t = 7500 kg = 7 500 000 g
7 500 000 g : 5 g = 1 500 000
Der Lkw hat 1,5 Millionen Blätter geladen.

11 a) 42 kg : 6 = 7 kg
Auf dem Mond würde die Waage nur 7 kg anzeigen.
b) 29 kg · 6 = 174 kg
Die Waage zeigte auf der Erde 174 kg an.

12 Eine Schraube wiegt ungefähr 5 g.
2000 g : 5 g = 400
In der Packung sind ungefähr 400 Schrauben.

LE 5 Länge

Differenzierung in LE 5

Differenzierungstabelle

LE 5 Länge			
Die Lernenden können ...	○	◐	●
themenspezifische Sätze bilden,		SP 13	
Längeneinheiten situationsgerecht auswählen und zuordnen,	5 KV 114	KV 114	KV 114
Längenangaben in andere Längeneinheiten umwandeln und Längen berechnen,	1, 2, 3, 4, 6 li F 23 F 24 KV 112 KV 113 KV 115	11 li, 12 li, 7 re, 9 re KV 112 KV 113 KV 115	 KV 113 KV 115
Längenangaben der Größe nach ordnen,	7 li		
Längen schätzen und zu Längen realistische Vergleichsgrößen angeben,	8 li, 9 li	6 re	
Anwendungsaufgaben lösen,	10 li	13 li, 14 li, 15 li, 8 re, 10 re, 11 re, 12 re, 13 re	14 re
Gelerntes üben und festigen.		AH S. 47	

Kopiervorlagen
KV 112 Längenangaben
KV 113 Längen messen und umwandeln

6 Größen und Maßstab

KV 114 Längen: Meine Körpermaße
KV 115 Längen vergleichen

Inklusion
F 23 Längen
F 24 Partnerbogen Kopfrechnen
Die Lernenden üben den Umgang mit Längen und Längeneinheiten mithilfe einfacher Kopfrechenaufgaben.

Sprachförderung
SP 13 Größen und Einheiten

Arbeitsheft
AH S. 47 Länge

Kommentare Seite 160–162

Zum Einstieg
Die Aufgabe ermöglicht einen handlungsorientierten Einstieg in die Lerneinheit. Er führt zur Erkenntnis, dass eine Vereinheitlichung der Längenmaße notwendig ist.
Als ausführlich angeleitete Variante bietet sich KV 114 an.

Lösungen Seite 160–162

Seite 160

Einstieg
→ Individuelle Lösungen
→ Die Länge des Klafters (der Körperbreite bei ausgebreiteten Armen) entspricht ungefähr der Körpergröße.

1 a) 40 mm; 34 mm; 5 mm
   b) 80 cm; 67 cm; 200 cm; 7 cm
   c) 30 dm; 5 dm; 5 dm; 45 dm
   d) 3000 m; 2 m; 500 m; 9 m

2 a) **112** cm b) **56** mm c) **345** cm
   d) **8500** m e) **8050** m f) **8005** m

3 a) 9 m 9 dm   b) 3 km 400 m
   c) 12 km 500 m d) 2 m 40 cm
   e) 2 cm 4 mm

Seite 161

4 a) 115 cm   b) 59 dm   c) 2 km 250 m
   d) 4 m 20 cm e) 12 km   f) 7 m 58 cm

5 a) Zentimeter
   b) Meter oder Zentimeter
   c) Millimeter
   d) Meter
   e) Meter
   f) Kilometer

A a) 300 cm = **3** m   b) 14 cm = **140** mm
   c) 7 m 45 cm = **745** cm d) 8000 m = **8** km
   e) 2 km 650 m = **2650** m f) 9 dm 6 cm = **96** cm

B a) 155 cm   b) 1725 m   c) 98 cm 1 mm

Seite 161, links

6
	m	dm	cm	mm
	1,5	15	150	1500
a)	2,5	**25**	**250**	**2500**
b)	**30**	300	3000	30 000
c)	**5,5**	**55**	550	**5500**
d)	**1**	**10**	**100**	1000
e)	0,07	**0,7**	**7**	**70**
f)	**0,08**	**0,8**	8	**80**

7 2 mm; 30 mm; 11 cm; 34 dm; 4 m; 4,02 m; 101 m; 9 km; 9,200 km

8 Beginnend mit dem kürzesten Gegenstand: Speicherstick, Länge eines 5-€-Scheins, Bleistift, Länge eines DIN-A4-Blatts, Pkw, Omnibus, Lkw mit Anhänger, Flugzeug, Länge eines Fußballfelds

9 a) Individuelle Lösungen, aber eher kürzer als 1 m
   b) Individuelle Lösungen
   c) Individuelle Lösungen, Größenordnung 13–14 Kinder-Schritte

Seite 161, rechts

6 Mögliche Lösung:
   a) Sonnenblumenkern; Heft
   b) Smartphone; Packung Taschentücher
   c) Lineal; Heft
   d) Longboard; Ski
   e) 10-Meter-Sprungturm; Yacht
   f) Kreuzfahrtschiff; Zug

6 Größen und Maßstab

7 A: richtig   B: falsch   C: richtig
D: richtig   E: richtig

8 Die Durchfahrtshöhe beträgt 2,10 m.
Das ist wichtig für Fahrzeuge und Pkws mit Dachaufbauten, die eine Gesamthöhe über 2,10 m haben.

9 a) 415 cm = 4 m 15 cm = 4,15 m
534 cm = 5 m 34 cm = 5,34 m
999 cm = 9 m 99 cm = 9,99 m
1010 cm = 10 m 10 cm = 10,10 m
b) 12 dm = 1 m 2 dm = 1,2 m
88 dm = 8 m 8 dm = 8,8 m
123 dm = 12 m 3 dm = 12,3 m
2345 dm = 234 m 5 dm = 234,5 m

Seite 162, links

10 a) Die Staffel muss insgesamt 8 Bahnen schwimmen.
b) Diese Staffel muss 32 Bahnen schwimmen.

11 a) 675 cm   5100 m
b) 28 m   10,5 km
c) 3366 cm = 33,66 m   56,25 m
d) 11,4 cm   1,45 m

12 a) richtig → S   b) richtig → P
c) falsch   d) richtig → O
e) falsch   f) richtig → R
g) richtig → T
Lösungswort: SPORT

13 Die Aussichtsplattform ist 27 m hoch.

14 Autos hintereinander:
8000 m : 10 m = 800
Auf zwei Spuren: 800 · 2 = 1600
In dem zweispurigen Stau stecken 1600 Autos.

15 Mögliche Lösung:
Rhein: 1200 km
Elbe: 1100 km
Donau: 2900 km
Der Unterschied zwischen Donau und Elbe beträgt 1800 km.

Seite 162, rechts

10 Man faltet das Seil 3-mal.
25 000 mm : 8 = 3125 mm
Jedes Teilstück ist 3,125 m lang.

11 a) bis d) Individuelle Lösungen

12 a) 800 g : 50 g = 16
Man braucht 16 Knäuel Wolle.
85 m · 16 = 1360 m
Es wurden 1360 m Wolle verbraucht.
b) 250 g : 50 g = 5
Man braucht 5 Knäuel Wolle.
85 m · 5 = 425 m
Für den Schal wurden 425 m Wolle verbraucht.

13 Mögliche Lösung:
• Wie viele km ist er in der ersten Woche gefahren?
Antwort: Er ist 10,5 km gefahren.
• Wie viele km ist er in den vier Wochen insgesamt gefahren?
Antwort: Er ist 58,2 km gefahren.

14 Mögliche Lösung:

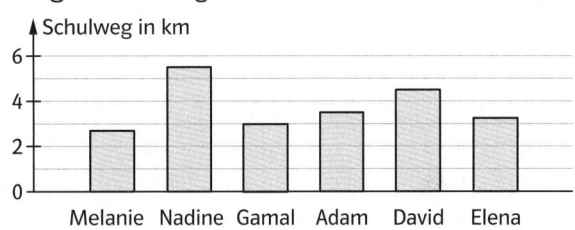

Nadine hat den längsten Schulweg und Melanie den kürzesten.

LE 6 Maßstab

Differenzierung in LE 6

Differenzierungstabelle

LE 6 Maßstab			
Die Lernenden können …	○	◐	●
themenspezifische Fachbegriffe verwenden,		SP 14, SP 15	
erklären, was man unter einem Maßstab versteht,	1		10 re a)
maßstäbliche Zeichnungen anfertigen,	2, 3, 8 li		
Maßstäbe sinnvoll zuordnen,		10 li, 6 re, 8 re	
in maßstäblichen Darstellungen Originallängen ermitteln,	5 li KV 116	9 li, 5 re KV 116	
mit Maßstäben rechnen,	4, 6 li, 7 li	7 re, 9 re	10 re b)
Gelerntes üben und festigen.		AH S. 48	

6 Größen und Maßstab

Kopiervorlagen
KV 116 Maßstab: Wie weit …?

Sprachförderung
SP 14 Maßstab (Teil 1)
SP 15 Maßstab (Teil 2)

Arbeitsheft
AH S. 48 Maßstab

Kommentare — Seite 163–165

Zum Einstieg
Anhand des Fotos erkennen die Lernenden die Bedeutung von maßstäblichen Abbildungen. Anschließend bietet sich die Vertiefung anhand einer Karte an, da dies die wichtigste Anwendung der Maßstäbe ist.

Zu Seite 164, Aufgaben 2 und 3
Eine Zeichnung der maßstäblichen Verkleinerungen (und auch Vergrößerungen) hilft vielen Lernenden beim Verständnisaufbau.

Lösungen — Seite 163–165

Seite 163

Einstieg
→ Individuelle Lösungen
→ Gemessen im Schulbuch: 4 cm
  Im Bild ist der Frosch 5-mal länger als in Wirklichkeit.
→ Mögliche Lösung: Sonnenblumenkern, Fliege, Bienenwabe

1 a) Der Maßstab 1:10 bedeutet: 1 cm auf der Karte entspricht 10 cm in Wirklichkeit.
b) Der Maßstab 1:100 bedeutet: 1 cm auf der Karte entspricht 100 cm in Wirklichkeit.
c) Der Maßstab 1:25 000 bedeutet: 1 cm auf der Karte entspricht 25 000 cm (250 m) in Wirklichkeit.
d) Der Maßstab 1:1 000 000 bedeutet: 1 cm auf der Karte entspricht 1 000 000 cm (10 km) in Wirklichkeit.

Seite 164

2 a) 4 cm im Heft   b) 2 cm im Heft
c) 16 cm im Heft

3 Im Heft: 4 cm lang und 3 cm breit

4 Wohnhaus und Schule sind 1200 m (1,2 km) voneinander entfernt.

A

Maßstab	1 cm auf der Karte sind in Wirklichkeit		
	cm	m	km
1:100	100	1	0,001
1:10 000	10 000	100	0,100
1:50 000	50 000	500	0,500

B 1 cm auf der Karte entspricht 25 000 cm = 250 m in Wirklichkeit.
16 cm entsprechen 16 · 250 m = 4000 m = 4 km.

C Länge:
Die Zecke ist auf dem Bild 2 cm = 20 mm lang.
In Wirklichkeit ist sie also 20 mm : 5 = 4 mm lang.
Breite:
Die Zecke ist auf dem Bild 1 cm = 10 mm breit.
In Wirklichkeit ist sie also 10 mm : 5 = 2 mm breit.

Seite 164, links

5 a) Konstanz liegt 4 km von Meersburg entfernt.
b) Von der Anlegestelle in Meersburg sind es 4 km bis zu den Pfahlbauten.

Seite 164, rechts

5 Der Umfang ohne Tür und Schiebetür beträgt 47 Kästchen.
47 · 40 cm = 1880 cm = 18,80 m
Es werden 18,80 m Fußbodenleisten verlegt.

6 A zu Hausplan
B zu Wanderkarte
C zu Deutschlandkarte
D zu Südamerikakarte
E zu Weltkarte

6 Größen und Maßstab

Seite 165, links

6

	Maßstab	Zeichnung	Wirklichkeit
a)	1:2	10 cm	**20 cm**
b)	1:100	10 cm	**1000 cm**
c)	1:10 000	10 cm	**100 000 cm**
d)	50:1	10 cm	**2 mm**

7

	Maßstab	Zeichnung	Wirklichkeit
a)	1:2	**25 cm**	50 cm
b)	1:100	**9 cm**	9 m
c)	1:10 000	**7 cm**	700 m
d)	2500:1	**7500 mm**	3 mm

8 a) [Zeichnung eines Fisches]

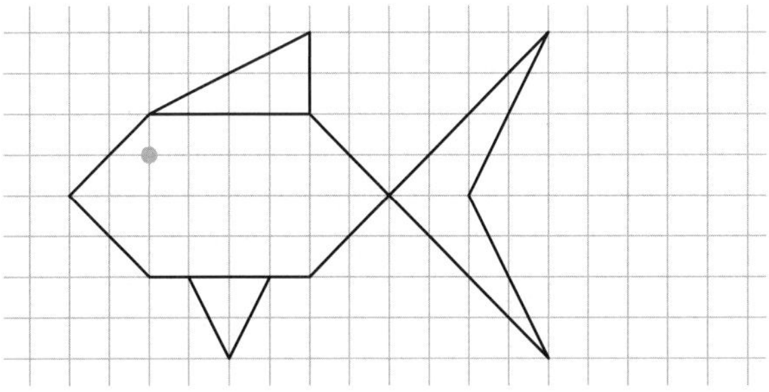

b) Siehe Abb. 1 unten.

c) [Zeichnung eines Fisches]

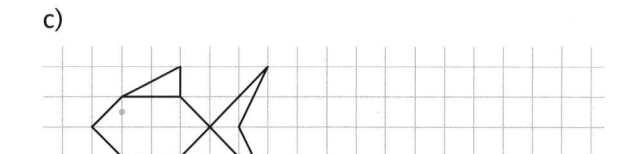

9 Gemessen im Schulbuch: 2,4 cm = 24 mm
In Wirklichkeit ist die Ameise 6 mm groß.

10 a) A   b) C   c) B

Seite 165, rechts

7

	Zeichnung	Wirklichkeit	Maßstab
a)	7 cm	700 cm	**1:100**
b)	9 cm	**900 cm**	1:100
c)	6 cm	**1500 m**	1:25 000
d)	4 cm	2 mm	**20:1**

8 a) A   b) B   c) C

Abb. 1

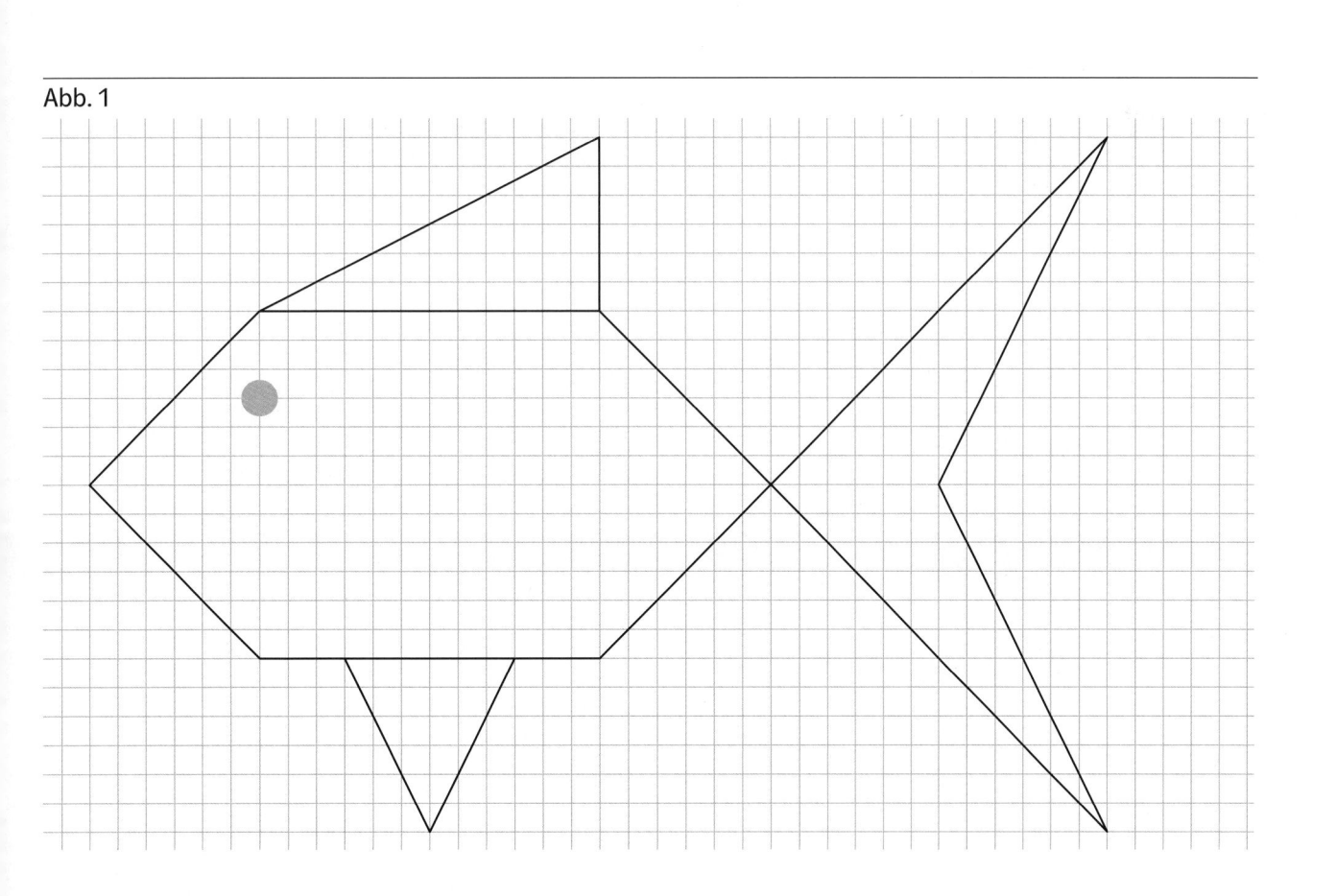

6 Größen und Maßstab

9 a) Es wird jeweils die Spurweite der Normalspur betrachtet.

Name der Spur	Spurweite	Maßstab
2 oder II	64 mm	1:22,5
1 oder I	45 mm	1:32
0 (Null)	32 mm	1:48
S (früher H1)	22,5 mm	1:64
00	18,83 mm	1:76
H0	16,5 mm	1:87
TT	12 mm	1:120
N	9 mm	1:160
Z	6,5 mm	1:220

b) Spurweite der Deutschen Bahn:
16,5 mm · 87 = 1435,5 mm
Die Deutsche Bahn hat eine Spurweite von 1435 mm.
Diese ist die sogenannte Regelspur und liegt in der Realität zwischen 1430 mm und 1465 mm.
c) TT-Schienen haben eine Spurweite von 12 mm. Die H0-Anlage hat den Maßstab 1:87. In diesem Maßstab entsprechen 12 mm der Originalspurweite 12 mm · 87 = 1044 mm = 1,044 m. Die Spurweite der echten Bahn beträgt 1 m. Die Spurweite der TT-Schienen weicht also um 4,4 cm ab. Im Modell sind das aber nur 44 mm : 87 = 0,5 mm. Dieser Fehler ist vernachlässigbar. Die TT-Schienen haben also die richtige Spurweite für die H0-Anlage.

10 a) Beim Maßstab 1:2 ist etwas um die Hälfte verkleinert dargestellt.
Beim Maßstab 2:1 ist etwas doppelt so groß dargestellt.
b) Gemessen im Schulbuch: 1,8 cm
Er ist im Maßstab 2:1 abgebildet.

LE 7 Sachaufgaben

Differenzierung in LE 7

Differenzierungstabelle

LE 7 Sachaufgaben			
Die Lernenden können …	○	◐	●
Sachaufgaben lösen,	1, 2, 3, 4 li, 5 li, 6 li, 7 li, 8 li	4 re, 5 re, 7 re	
aus einem Rechenergebnis eine Empfehlung entwickeln,		9 li, 6 re	
Gelerntes üben und festigen.		AH S. 49	

Arbeitsheft
AH S. 49 Sachaufgaben

Kommentare Seite 166–168

Allgemein
Gerade Sachaufgaben sind für viele Lernende eine große Herausforderung: Einem Text, einer Tabelle, einem Diagramm oder anderen Medien sollen sie Informationen entnehmen. Dabei müssen sie notwendige von nicht notwendigen Informationen trennen. In dieser Lerneinheit wird dazu den Lernenden ein Weg zur strategischen Lösung solcher Aufgaben vorgestellt.
Diese Lerneinheit eignet sich besonders, um die Lesekompetenz der Lernenden zu fördern. Außerdem können weitere Kompetenzen wie die Strukturierung der Situation auf eine Fragestellung, die Übersetzung des Textes in ein mathematisches Modell oder die Anwendung heuristischer Strategien schwerpunktmäßig gefördert werden.

Zum Einstieg
Der im Merkkasten ausführlich dargebotene Lösungsplan kann auf die Einstiegsaufgabe selbst angewendet werden.

6 Größen und Maßstab

Lösungen Seite 166–168

Seite 166

Einstieg

→ 40 · 3,50 € + 30 € + 320 € = 490 €
490 € : 40 = 12,25 €
Sie könnten den Ausflug durchführen.
→ Jedes Kind müsste 12,25 € bezahlen.

1 a) Sinnvoller ist es, wie Emre zu markieren.
b) Der Schullandheim-Aufenthalt kostet 92 Euro pro Kind.

Seite 167

2 Wichtige Angaben:
599 €; 21,50 €; 39,50 €
Nein, 650 € reichen nicht aus.

3 a) Er müsste 9,50 € bezahlen.
b) Ab fünf Stunden (bedeutet: ab der sechsten Stunde) gilt der Tageshöchstsatz.

A Ilja fährt an einem Tag 2 · 4 km = 8 km.
In 4 Wochen gibt es 20 Unterrichtstage.
Ilja fuhr im vergangenen Monat mindestens
20 · 8 km = 160 km.

Seite 167, links

4 12,00 € : 3 = 4,00 €
Möchten nur 3 Kinder Achterbahn fahren, dann lohnt sich das 3-Fahrten-Ticket.
Wenn alle 4 Kinder Achterbahn fahren möchten, können sie das 3-Farten-Ticket und ein Einzelticket kaufen.
12,00 € + 4,50 € = 16,50 €
1650 ct : 4 = 412 ct Rest 2 ct
Dann zahlt jedes Kind ungefähr 4,13 €.

5 a) 3 · 1,50 € = 4,50 €
3 kg Äpfel kosten 4,50 €.
b) 12 € : 6 = 2 €
Eine Flasche kostet 2 €.
c) 1300 g · 5 = 6500 g = 6,5 kg
Man braucht 6,5 kg Äpfel für 5 l Saft.
d) 18 : 6 = 3
Für 1 km braucht Derya 3 Minuten.

6 480 ct : 12 = 40 ct
329 ct : 7 = 47 ct
Das Angebot mit den blauen Heften ist günstiger. Ein Heft kostet 40 Cent.
Der Einzelpreis eines grünen Hefts beträgt 47 Cent.

Seite 167, rechts

4 Wichtige Informationen:
15 Mädchen, 14 Jungen, zwei Lehrkräfte,
6 Stunden, Tagestarif Kinder 8,00 €, Tagestarif Erwachsene 9,00 €
29 · 8,00 € + 2 · 9,00 € = 250 €
Die gesamten Kosten für die Klasse 5 b betragen 250 €.

5 a) Die Zeitungen eines Jahres wiegen zusammen 45 kg.
b) Die Zeitungen kosten für ein Jahr 450 €.

Seite 168, links

7 a) Für ihre 200 € bekommt Frau Cicek 244 CHF.
b) Für 100 € bekommt man 82 GBP.
Für 100 € bekommt man 135 USD.

8 Die gesamte Laufstrecke war ungefähr 70 000 km lang.

9 a) Dauer der Fahrten:
• 5 h 26 min
• 5 h 58 min
• 5 h 26 min
• 5 h 35 min
b) Mögliche Lösung: Frau Schnell könnte die erste, zweite oder dritte Verbindung wählen. Da die Fahrtzeit bei der ersten und dritten Verbindung identisch und kürzer ist, würde ich ihr eine dieser beiden Verbindungen empfehlen.

Seite 168, rechts

6 a) Folgende Großpackungen lohnen sich:
Pasta, Saft, Farbe
Der Reis ist in der Großpackung im Verhältnis gesehen teurer. Da lohnt sich die Großpackung also nicht.
Die beiden Schokoladenpreise sind im Verhältnis gesehen identisch.
b) Wenn Herr Wagner nur 20 l Farbe benötigt, ist es für ihn günstiger, zwei 10-l-Eimer Farbe zu kaufen. Er bezahlt dann statt 37,50 € nur 34,00 €.

6 Größen und Maßstab

7 a) Die Fahrt dauert 6 Tage. Also ist man am Samstag in Wladiwostok.
b) Bezogen auf das Jahr 2020: Es wurde vor 129 Jahren mit dem Bau begonnen.
c) Individuelle Lösungen

EXTRA: Mathematik in Beruf und Alltag

Differenzierung in EXTRA: Mathematik in Beruf und Alltag

Differenzierungstabelle

EXTRA: Mathematik in Beruf und Alltag			
Die Lernenden können ...	○	◐	●
berufsbezogene Sachaufgaben lösen,	1	2	
alltagsbezogene Sachaufgaben lösen.			3

Kommentare   Seite 169

Allgemein
Diese Extra-Seite bietet eine Anknüpfung an die berufliche Orientierung.

Lösungen   Seite 169

Seite 169

1 168 · 18 € + 2100 € = 5124 €
Sie verdienten im vergangenen Monat zusammen 5124 €.

2 a) Montag: 9 Stunden Arbeitszeit
Dienstag: 9 Stunden Arbeitszeit
Mittwoch: 9 Stunden Arbeitszeit
Donnerstag: 9 Stunden Arbeitszeit
Freitag: 8 Stunden Arbeitszeit
b) 44 Arbeitsstunden, also verdiente er 616 €
c) Mögliche Lösung:

Tag	Fahrt-beginn	1. Pause	2. Pause	Fahrt-ende
Samstag	6:30	11:00 – 11:45	14:00 – 14:15	16:00

8,5 Stunden Arbeitszeit
Herr Paul verdient 119 €.

3 a) Reitkleidung: 253 €
Pferd samt Pferdeausstattung: 2600 €
Gesamtkosten: 2853 €

b) Die jährlichen Kosten betragen 2245 €.
c) Fütterung und Pflege:
(1,5 h · 7) : 2 = 10,5 h : 2 = 5,25 h = 5 h 15 min
Jedes Kind müsste pro Woche 5 h 15 min Zeit aufbringen.
d) 3 · 12 € · 52 = 1872 €
Die jährlichen Kosten für Melissas Reitstunden würden 1872 € betragen.

Basistraining und Anwenden. Nachdenken

Differenzierung im Basistraining und Anwenden. Nachdenken

Differenzierungstabelle

Basistraining und Anwenden. Nachdenken			
Die Lernenden können ...	○	◐	●
Größen schätzen und messen,	1, 2, 3, 16, 17, 21	24, 32, 40	
mit Größen rechnen und dabei auch Einheiten umwandeln,	4, 5, 9, 10, 11, 12, 13, 15 KV 117	33, 34, 35 KV 117 KV 118	44 KV 118
mit Maßstäben und maßstäblichen Zeichnungen umgehen,	18, 19, 20	41	42
Anwendungsaufgaben lösen,	6, 7, 8, 14, 17	22, 23, 25, 26, 27, 28, 29, 30, 31, 36, 37, 38, 39	43, 45, 46
Gelerntes üben und festigen.	KV 119 KV 120, KV 121 KV 126	KV 119 KV 122, KV 123 KV 126	KV 119 KV 124, KV 125 KV 126
	AH S. 50, S. 51		

Kopiervorlagen
KV 117 Warum gibt es verschiedene Maßeinheiten?
KV 118 Größenangaben mit Komma
KV 119 Speisekarte: Größen und Maßstab
(s. S. 4)

KV 120 Klassenarbeit A – Größen und Maßstab (Teil 1)

KV 121 Klassenarbeit A – Größen und Maßstab (Teil 2)

KV 122 Klassenarbeit B – Größen und Maßstab (Teil 1)

KV 123 Klassenarbeit B – Größen und Maßstab (Teil 2)

KV 124 Klassenarbeit C – Größen und Maßstab (Teil 1)

6 Größen und Maßstab

KV 125 Klassenarbeit C – Größen und Maßstab
(Teil 2)
(s. S. 4)

KV 126 Bergsteigen: Größen und Maßstab
(s. S. 4)

Arbeitsheft
AH S. 50, S. 51 Basistraining und Training

Lösungen Seite 171 – 175

Seite 171

1 a) Mögliche Lösung:
Breite Zeigefinger: etwa 1 cm
Abstand Daumen – Zeigefinger: etwa 5 cm
Abstand Daumen – Mittelfinger: etwa 6 cm
b) Individuelle Lösungen

2 Geodreieck, Stück Kreide, Stift, Heft

3 eine Kugel Eis, Geodreieck, Kinokarte, Mathematikbuch, Fernseher, Auto, Haus

4 a) 0,40 €; 44 ct; 4,04 €; 4 € 40 ct; 44,04 €
b) 3 mm; 30 mm; 3,3 cm; 3 dm; 3 m; 3,03 m; 0,300 km
c) 7 mg; 7 g; 7,7 g; 70 g; 700 g; 7,070 kg; 0,700 t

5 Lösungswort: fussball

6 Mögliche Lösung:
• Fünf 2-€-Münzen
• Drei 2-€-Münzen und vier 1-€-Münzen
• Vier 2-€-Münzen und zwei 1-€-Münzen

7 a) 1,59 € + 2 · 0,99 € + 1,49 € + 1,11 € = 6,17 €
Matti muss 6,17 € bezahlen.
b) Wenn er ihr 10,17 € gibt, dann bekommt er 4,00 € zurück. Diese kann sie ihm mithilfe von 2-€-Münzen oder 1-€-Münzen zurückgeben, ohne Cent-Münzen zu benötigen.

8 a) Mögliche Lösung: Die Zeitspanne einer Unterrichtsstunde beträgt 45 Minuten.
b) Mögliche Lösung:
Beginn der großen Pause: 9:30 Uhr
Ende der großen Pause: 9:50 Uhr
Die große Pause dauert 20 Minuten.

9 a) 180 min b) 300 s c) 48 h
d) 2 min e) 30 min f) 3 h

10

	Abfahrt	Fahrtdauer	Ankunft
a)	07:00 Uhr	130 min	**09:10 Uhr**
b)	**09:45 Uhr**	2 h 15 min	12:00 Uhr
c)	14:30 Uhr	**3 h 45 min**	18:15 Uhr
d)	11:50 Uhr	11 h 10 min	**23:00 Uhr**

Seite 172

11 a) 1500 g b) 2785 g c) 4650 kg
d) 13 001 kg e) 400 mg f) 1700 mg

12 a) 9,500 kg b) 9,500 t c) 0,950 kg
d) 0,095 g e) 9,005 t f) 9,050 kg

13 a) 23,969 kg b) 70 000 kg = 70 t
c) 2380 g = 2,380 kg d) 115 g
e) 4000 g = 4 kg f) 91 kg

14 1,5 t = 1500 kg; 1500 kg : 30 kg = 50
Es müssten 50 Säcke sein.

15 a) 250 cm > 2 m 5 cm
b) 3,70 m = 370 cm
c) 1 km 100 m > 10 100 cm
d) 17 mm = 1,7 cm
e) 14 dm = 1 m 40 cm
f) 2500 m > 2,050 km
g) 150 cm > 1 m 5 cm
h) 999 m 99 cm < 1 km

16 Individuelle Lösungen

17 a) Mögliche Lösung: Eine Etage ist ungefähr 3 m hoch. Die Terrasse befindet sich dann in ungefähr 21 m Höhe.
b) Mögliche Lösung: Bei einer Stufenhöhe von 17,5 cm muss Familie Hoch 120 Stufen nach oben steigen.
c) Mögliche Lösung:

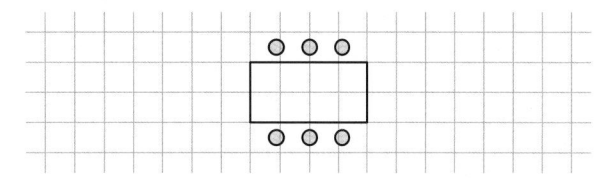

Der Tisch sollte etwa 2 m lang und 1 m breit sein.

18 a) Der Maßstab 1 : 100 bedeutet:
1 cm entspricht 100 cm (1 m) in Wirklichkeit.
b) Der Maßstab 1 : 1 000 000 bedeutet:
1 cm entspricht 1 000 000 cm (10 km) in Wirklichkeit.
c) Der Maßstab 5 : 1 bedeutet:
5 cm entspricht 1 cm in Wirklichkeit.

6 Größen und Maßstab

19 a) Gemessen im Schulbuch:
5 cm lang und 1,6 cm breit
In Wirklichkeit: 250 cm lang und 80 cm breit
b)

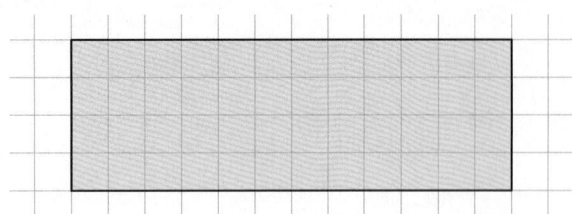

20 Der Maßstab 1 : 5 000 000 bedeutet, dass 1 cm auf der Karte in Wirklichkeit 5 000 000 cm (50 km) sind.
Berlin und Paris sind 900 km Luftlinie voneinander entfernt.

Seite 173

21 Nein, kann er nicht, da ein Pkw durchschnittlich 4 – 5 Meter lang ist. Da der Innenraum deutlich kürzer ist, kann Herr Braun das Kantholz in einem normalen Pkw nicht transportieren.

22 a) Mögliche Lösung: Für ein 11-jähriges Kind wird ein monatliches Taschengeld von 16 € empfohlen.
b) Mögliche Lösung: Ein 11-jähriges Kind bekommt mehr als doppelt so viel Taschengeld als eigentlich empfohlen wird.

23 a) 10 · 0,70 € + 10 · 0,85 € + 10 · 1,60 € = 31,50 €
Nein, 30 € reichen nicht.
b) Ein Großbrief (innerhalb Deutschlands) ist ein Brief bis 500 g Gewicht. Eine Briefmarke kostet 1,60 €.
Seine Maße sind maximal 35,3 × 25 × 2 cm.
c) Portokosten für einen Kompaktbrief:
deutschlandweit: 1,00 €
international: 1,70 €

24 Geschätzte Werte:
- Tritthöhe: 17 cm
- Trittlänge: 25 cm
- Stufenanzahl: 10

10 · (17 cm + 25 cm) = 420 cm
Da der Sari über die Stufen leicht gespannt liegt, ist er kürzer.
Der Sari ist geschätzt 4 m lang.

25 a) Zeitunterschiede:
- zwischen 1. und 2. Staffel: 4 min 35 s
- zwischen 1. und 3. Staffel: 15 min 28 s
- zwischen 1. und 4. Staffel: 16 min 10 s
- zwischen 2. und 3. Staffel: 10 min 53 s
- zwischen 2. und 4. Staffel: 11 min 35 s
- zwischen 3. und 4. Staffel: 42 s

b) 16 min 10 s = 970 s
Sie hätte um 971 s schneller sein müssen.

26 a) SA: Sonnenaufgang um 05:01 Uhr
SU: Sonnenuntergang um 21:38 Uhr
MA: Mondaufgang um 15:31 Uhr
MU: Monduntergang um 01:23 Uhr
b) • Tageslänge (16 h 37 min)
• Mondscheindauer bei wolkenlosem Himmel (9 h 52 min)

27 a) In Frankreich schlafen die Menschen am längsten.
b) Die Menschen in Deutschland schlafen 26 Minuten weniger als die Menschen in den USA.
c) Individuelle Lösungen

Seite 174

28 Durchschnittlicher Wasserverbrauch eines 4-Personen-Haushalts:
- pro Tag: 480 Liter
- pro Monat: 14 400 Liter
- pro Jahr: 175 200 Liter

29 a) Marc hat 11 Stunden geschlafen.
b) Aline kann 9 Stunden und 50 Minuten schlafen.

30 Am Ende der 2. Halbzeit wurden 5 Minuten nachgespielt.

31 a) In 2 h kommt er 120 km weit.
In $1\frac{1}{2}$ h kommt er 90 km weit.
b) Für 180 km braucht er 3 h.
c) Wenn er 90 km/h fährt, dann braucht er 2 h für 180 km.

32
Tafel Schokolade	→ 100 g
Schulbuch	→ 650 g
1 kg Tomaten	→ 1000 g
Brief mit 3 Blättern Papier	→ 19 g
1 Liter Wasser	→ 1000 g
Auto	→ 1,480 t

6 Größen und Maßstab

33

	t	kg	g
a)	6,250	**6250**	**6 250 000**
b)	**0,250**	250	**250 000**
c)	**3,350**	**3350**	3 350 000
d)	**0,350**	350	**350 000**
e)	**1,500**	1500	**1 500 000**
f)	0,050	**50**	**50 000**

34 a) **88** kg + 245 kg = 333 kg
b) **1125** g + 875 g = 2 kg
c) 45,500 t − **33,500** t = 12 t
d) 170 g + **15 000** mg = 185 g
e) 500 g + **0,500** kg = 1 kg

35 a) 5,77 kg   b) 20,45 t   c) 4,29 kg
d) 10,95 kg   e) 31,2 kg   f) 0,25 kg

36 a) Sie tragen 7,95 kg nach Hause.
b) Individuelle Lösungen

37 Der Blauwal wiegt 175 t.

Seite 175

38 Mögliche Lösung: Bei einer geschätzten Klassenzimmerlänge von 10 m passt das Zimmer etwa 36-mal in das Passagierschiff.

39 a) Die Fahrkarten kosten für Familie Halter insgesamt 108 €.
b) Der Höhenunterschied zwischen der Berg- und der Talstation beträgt 1122 m.

40 Ein Fußballfeld hat eine Länge von rund 100 m. Aussage C ist richtig.

41 Das Haus ist in Wirklichkeit 11 m lang und 9,5 m breit.

42 Individuelle Recherche, zum Beispiel:
- Maßstab in Stadtgebieten: 1:500 oder 1:1000
- möglicher Maßstab in Landgebieten: je nach Region unterschiedlich; z. B. 1:1250 bis zu 1:5000
- Viele Karten sind mittlerweile aber digitalisiert. Damit kann man sie in unterschiedlichen Maßstäben ausdrucken und Änderungen leichter eintragen.

Es gibt unterschiedliche Maßstäbe, weil die Flurkarten an verschiedene örtliche Gegebenheiten angepasst werden müssen. Außerdem spielt die Größe der dargestellten Flurstücke eine Rolle.

In der Stadt sind die Flurstücke häufig kleiner als auf dem Land. Damit man die nummerierten Flurstücke genau erkennen kann, ist die maßstäbliche Darstellung für Flurkarten in Stadtgebieten größer.

43 Gemessen im Schulbuch: 2,5 cm und 3,3 cm
In Wirklichkeit: 20 cm und 26,4 cm
Das Mathematikbuch ist im Maßstab 1:8 dargestellt.

44 Sven wiegt 40,5 kg, Pia wiegt 34,5 kg.

45 Die orangenen Kugeln wiegen jeweils 180 g.
Die grünen Würfel wiegen jeweils 120 g.
Der lila Kegel wiegt 300 g.

46 40 000 t + 2200 t + 18 400 t + 300 t = 60 900 t
60 900 t : 20 t = 3045
Mit den Belastungen aus dem Rhein könnte man 3045 Güterwaggons beladen.
3045 · 15 m = 45 675 m = 45,675 km
Das gäbe einen Zug von 45,675 km Länge.

7 Umfang und Flächeninhalt

Kommentare zum Kapitel

Intention des Kapitels
In Kapitel 5 wurden die ebenen Figuren, wie zum Beispiel das Rechteck oder Quadrat, aufgrund ihrer Eigenschaften unterschieden und gezeichnet. Im vorliegenden Kapitel geht es nun um die Berechnung des Flächeninhalts und auch des Umfangs der Figuren.
Dabei wird der Flächeninhalt zweier Figuren zunächst verglichen durch Auslegen mit kleineren, gleich großen Flächen. Danach wird das Prinzip des Auslegens verfeinert, indem Einheitsquadrate verwendet werden. Diese handelnden Methoden werden schließlich abgelöst durch das rechnerische Verfahren. Neben der Berechnung des Flächeninhalts und des Umfangs wird auch auf eine Abgrenzung der beiden Begriffe eingegangen. Die zur Berechnung unerlässlichen Flächenmaße sowie ihre Umwandlung werden in diesem Zusammenhang eingeführt und geübt.

Stundenverteilung
Stundenumfang gesamt: 15–23

Lerneinheit	Stunden
Standpunkt und Auftakt	0–2
1 Flächeninhalt	2
2 Flächenmaße	3–5
3 Rechtecke	3–4
EXTRA: Flächeninhalte schätzen	0–1
4 Rechtwinklige Dreiecke	2
5 Zusammengesetzte Figuren	2–3
Basistraining, Anwenden. Nachdenken und Rückspiegel	3–4

Benötigtes Material
- Schere
- verschiedenfarbiges Tonpapier
- Karton
- Gliedermaßstäbe („Zollstöcke")

Kommentare — Seite 178–179

Die Begriffsbildung zu Umfang und Flächeninhalt wird durch einfache Legeübungen angebahnt. Dabei geht es nicht um das Verbalisieren, sondern vielmehr um eine intuitive Annäherung an die Thematik.
Die Lernenden erkennen, dass aus den gleichen Flächenteilen unterschiedliche Figuren gelegt werden können, deren Flächeninhalt gleich bleibt. Der handelnde Aspekt steht dabei im Vordergrund. Besonders in Aufgabe 3 werden die Lernenden durch einen Forscherauftrag motiviert, ihre Vermutung selbstständig zu überprüfen.

Lösungen — Seite 178–179

Seite 178

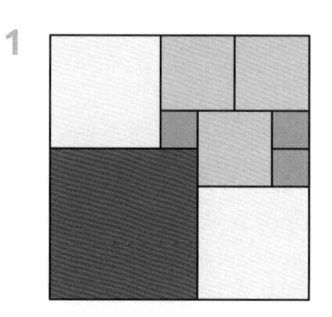

1

2 Die Länge des Weges außen um die Figur herum ist beim Rechteck länger als beim Quadrat: Die Seitenlängen des Rechtecks entsprechen nämlich nicht überall den Seitenlängen des Quadrats. Beim pinken Dreieck und bei der blauen Figur wird beim Rechteck jeweils eine längere Seite als beim Quadrat zum Weg um die Figur hinzugerechnet. Beim Zusammenlegen hilft das Material im Schnittpunkt-Code: Dort befinden sich die Teile in passender Abmessung.

Seite 179

3 Das T und das Häuschen sind gleich groß. Beide Vorlagen sind im Schnittpunkt-Code zu finden.

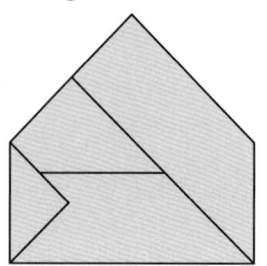

7 Umfang und Flächeninhalt

LE 1 Flächeninhalt

Differenzierung in LE 1

Differenzierungstabelle

LE 1 Flächeninhalt			
Die Lernenden können ...	○	◐	●
Flächeninhalte durch Zusammenlegen vergleichen,	KV 127, KV 128	KV 127, KV 128	KV 127, KV 128
den Flächeninhalt einer Figur in Kästcheneinheiten angeben und damit auch Flächeninhalte vergleichen,	1, 2, 3 li, 4 li	5 li, 3 re, 4 re	
Anwendungen bearbeiten,	KV 129	6 li KV 129	5 re KV 129
Gelerntes üben und festigen.		AH S.52	

Kopiervorlagen

KV 127 Flächeninhalte vergleichen – Partnerarbeitsblatt 1
KV 128 Flächeninhalte vergleichen – Partnerarbeitsblatt 2
Diese beiden Kopiervorlagen können auch als alternativer Einstieg eingesetzt werden.

KV 129 Flächeninhalt und Raubtiere
Der Inhalt dieser LE kann hier auf zwei Schwierigkeitsgraden geübt und angewendet werden.

Arbeitsheft
AH S.52 Flächeninhalt

Kommentare Seite 180–181

Zum Einstieg
In der Einstiegsaufgabe werden die Lernenden aufgefordert, eine intuitive Vermutung über die Flächeninhalte der abgebildeten Figuren anzustellen. Zur Überprüfung ihrer Vermutung sollen sie selbst eine Strategie entwickeln: Durch die im Hintergrund erkennbaren Kästchen liegt das Grundprinzip des Messens durch Auszählen als Strategie nahe. Diese Aufgabe kann im Unterrichtsgespräch oder auch in Gruppen- oder Partnerarbeit bearbeitet werden. In leistungsschwächeren Lerngruppen bietet sich eine Besprechung der Figuren 4, 5 und 6 an. Hierbei sollte thematisiert werden, dass sich zwei halbe Kästchen zu einem ganzen Kästchen ergänzen lassen.

Alternativer Einstieg
Alternativ kann mit KV 127 und KV 128 eine handlungsorientierte Aufgabe zu zweit bearbeitet werden.
Hier wirkt die Forscherfrage (Welches ist größer?) motivierend. Die geäußerte Vermutung der Lernenden wird nun selbstständig und handlungsorientiert überprüft. Dabei legen beide Lernende mit denselben Teilflächen die zwei unterschiedlichen Figuren. In der aktiv-entdeckenden Auseinandersetzung mit der Thematik gewinnen die Lernenden durch die angeleiteten Zerlegungs- und Ergänzungsstrategien die fundamentale Erkenntnis der Flächengleichheit beider Figuren.

Zu Seite 181, Aufgabe 5, links
In Aufgabe 5 links werden die Lernenden aufgefordert, eine eigene Strategie zu entwickeln, um Flächeninhalte schneller vergleichen zu können. Neben der Förderung von Problemlösekompetenzen wird durch die kooperative Sozialform das mathematische Argumentieren und Kommunizieren geübt. Diese Aufgabe ist aufgrund der unterschiedlichen Lösungsansätze außerdem selbstdifferenzierend.

Zu Seite 181, Aufgabe 5, rechts
Diese Aufgabe fördert durch ihren Wettbewerbscharakter die Motivation der Lernenden.

Lösungen Seite 180–181

Seite 180

Einstieg

→ Figuren 1; 2 und 3 im Vergleich, beginnend mit der kleinsten Figur: Figur 2; Figur 3; Figur 1
Figuren 4; 5 und 6 im Vergleich, beginnend mit der kleinsten Figur: Figur 6; Figur 5; Figur 4
alle sechs Figuren im Vergleich, beginnend mit der kleinsten Figur:
Figur 2 und 6; Figur 3; Figur 5; Figur 4; Figur 1

1 rote Figur: 38 Kästchen
   blaue Figur: 34 Kästchen
   Die rote Figur ist größer.

2 Figur A: 18 Kästchen
   Figur B: 15 Kästchen
   Figur C: 18 Kästchen
   Die Figuren A und C haben den gleichen Flächeninhalt.

7 Umfang und Flächeninhalt

A Ganze Kästchen: 3 + 4·5 + 3 = 26
Der Flächeninhalt der grünen Figur ist 26 Kästchen.

B Flächeninhalte der beiden Figuren bestimmen:
- lila Figur
  ganze Kästchen: 4 + 4·5 + 4 = 28
  dazu noch 2 halbe Kästchen, also ein ganzes
  Flächeninhalt insgesamt: 29 Kästchen
- blaue Figur
  ganze Kästchen: 3 + 5·5 = 28
  dazu noch 2 halbe Kästchen, also ein ganzes
  Flächeninhalt insgesamt: 29 Kästchen
  Damit haben die beiden Figuren denselben Flächeninhalt.

Seite 181, links

3 Figur A: 18 Kästchen
Figur B: 18 Kästchen
Figur C: 16 Kästchen
Die Figuren A und C sind gleich groß.

4 Das Quadrat hat einen Flächeninhalt von 50 Kästchen.

5 blaues Rechteck: 7·6 = 42
grüner Rahmen: 11·8 − 7·6 = 46
Der grüne Rahmen ist größer als das blaue Rechteck.

6 Mögliche Lösung:
a)   b)   c)

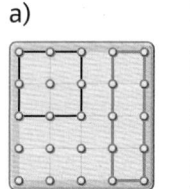

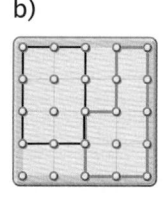

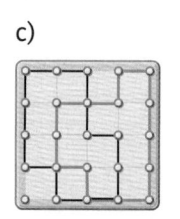

Seite 181, rechts

3 Anton: etwa 35 Kästchen
Berta: etwa 37 Kästchen
Zuerst zählt man die ganzen Kästchen, dann setzt man die übrigen immer zu einem ganzen Kästchen zusammen und zählt sie dazu.

4 a) 6:2 = 3; also 3 K
b) 8:2 = 4; also 4 K
c) 16:2 + 4:2 = 8 + 2 = 10; also 10 K
d) 4 + 4·(3:2) + 4·(2:2) = 4 + 6 + 4 = 14;
also 14 K
e) 2·(8:2) + 2·(12:2) = 8 + 12 = 20;
also 20 K

5 Spiel, individuelle Lösungen

LE 2 Flächenmaße

Differenzierung in LE 2

Differenzierungstabelle

LE 2 Flächenmaße			
Die Lernenden können …	○	◐	●
in Figuren Zentimeterquadrate einzeichnen und damit Flächeninhalte vergleichen,	F 26		
Flächenmaße (Flächeneinheiten) situationsgerecht auswählen und zuordnen,	1, 14 li	13 re	
Flächeninhaltsangaben in andere Flächenmaße (Flächeneinheiten) umwandeln,	2, 3 li, 4 li, 5 li, 6 li, 7 li, 3 re, 4 re, 5 re KV 131 KV 132 KV 133	8 li, 9 li, 6 re, 7 re KV 130 KV 132 KV 133	11 re, 12 re KV 130 KV 132 KV 133
mit Flächeninhaltsangaben rechnen,		10 li, 11 li, 12 li, 8 re, 9 re KV 134	10 re KV 134
Anwendungsaufgaben lösen,		13 li, 15 li, 16 li, 17 li	18 li, 19 li, 14 re, 15 re
Gelerntes üben und festigen.	KV 135, KV 136, KV 137	KV 135, KV 136, KV 137	KV 135, KV 136, KV 137
			AH S. 53

Kopiervorlagen

KV 130 Domino: Flächenmaße
Spielerisch wird das Umwandeln von Flächenmaßen (Flächeneinheiten) geübt.

KV 131 Stellenwerttafel: Flächenmaße umwandeln
Besonders für leistungsschwächere Lernende bietet diese Kopiervorlage eine Hilfe beim Umwandeln. Die Tabelle kann auch laminiert und dann mehrmals verwendet werden.

KV 132 Affenfelsen: Umwandeln von Flächenmaßen
Auf differenzierten Wegen üben die Lernenden das Umwandeln von Flächenmaßen.
(s. S. 4)

7 Umfang und Flächeninhalt

KV 133 Speisekarte: Flächenmaße und Kommaschreibweise
(s. S. 4)

KV 134 ABC-Mathespiel: Flächenmaße
Eine spielerische Einübung des Rechnens mit Flächenmaßen. Der Wettbewerbscharakter wirkt motivierend.

KV 135 Das große Mathedinner
zu Flächenmaßen (1): Checkliste
KV 136 Das große Mathedinner
zu Flächenmaßen (2): Lösungen Checkliste
KV 137 Das große Mathedinner
zu Flächenmaßen (3): Die Menüs
(s. S. 4)

Inklusion
F 26 Flächen vergleichen

Arbeitsheft
AH S. 53 Flächenmaße

Kommentare Seite 182–185

Zum Einstieg
Je nach Zeit kann die Einstiegsaufgabe mit der Lerngruppe frontal mit Magnetkarten an der Tafel oder in Gruppenarbeit mit farbigem Tonpapier durchgeführt werden.
Ebenfalls denkbar ist zunächst das reine Nachvollziehen der Aufgabe und anschließend das selbstständige Ergänzen des Tafelaufschriebs.
Diese Aufgabe ist selbstdifferenzierend: Leistungsstärkeren Lernenden wird der Zusammenhang mit den Quadratzahlen ins Auge fallen. Die zweite Teilaufgabe kann besonders von leistungsschwächeren Lernenden zeichnerisch durchgeführt werden. Sie führt auf die Umrechnungszahl 100 bei der Umwandlung von Flächeneinheiten.

Typische Schwierigkeiten
Wie bereits bei den Längeneinheiten fällt einigen Lernenden die Umwandlung von Flächeneinheiten schwer. Zwei Fehler tauchen dabei immer wieder auf:
Zum einen treten Schwierigkeiten in der Wenn-dann-Beziehung auf: Wenn die Einheit größer wird, dann wird die Maßzahl kleiner.
Zum anderen bildet die Umrechnungszahl 100, im Gegensatz zu der Umrechnungszahl 10 bei den Längeneinheiten, häufig ein Problem.

Zu Seite 184, Aufgabe 9, rechts
Mögliche Hilfestellung: Wandle so um, dass kein Komma mehr vorhanden ist.

Zu Seite 184, Aufgabe 10, rechts
Die Teilaufgaben a) bis c) erfordern nicht unbedingt eine Umwandlung.

Zu Seite 185, Aufgabe 14, links und Aufgabe 13, rechts
Die Aufgaben sind inhaltlich ähnlich, erhalten durch die Aufgabenstellung jedoch eine Differenzierung: Aufgabe 13 rechts fordert von den Lernenden ein, Aussagen zu überprüfen.

Zu den Aufgaben auf Seite 185
Diese Aufgaben erfordern die sinnvolle Verwendung von Maßeinheiten, die Anwendung der Grundrechenarten im Zusammenhang mit dem Umwandeln von Flächenmaßen (Flächeneinheiten) sowie ein großes Maß an Textverständnis.

Lösungen Seite 182–185

Seite 182

Einstieg

→
Seitenlänge	Quadrate
1	1
2	4
3	9
4	16
5	25
6	36
7	49
8	64
9	81
10	100

→ In ein 1-dm-Quadrat passen einhundert 1-cm-Quadrate.

Seite 183

1 Wohnungsfläche: 1 a
   Fläche eines Punktes: 1 mm²
   Schultafel: 1 m²
   Fußballfeld: 1 ha
   Fläche einer Stadt: 1 km²
   Fläche einer Hand: 1 dm²
   Fläche einer Taste: 1 cm²

7 Umfang und Flächeninhalt

2
a) 6 m² = 600 dm²
b) 3 dm² = 300 cm²
c) 90 dm² = 9000 cm²
d) 3 m² 12 dm² = 312 dm²
e) 500 dm² = 5 m²
f) 200 m² = 2 a
g) 542 dm² = 5 m² 42 dm²
h) 4260 cm² = 42 dm² 60 cm²

A
a) 600 dm²
b) 700 cm²
c) 1245 dm²
d) 2431 dm²

B
a) 7 m² 50 dm²
b) 4 dm² 25 cm²
c) 54 m² 32 dm²
d) 6 dm² 70 cm²
e) 2 m² 55 dm²

Seite 183, links

3
a) 700 dm²
b) 900 cm²
c) 800 mm²
d) 1700 dm²
e) 4500 dm²
f) 4000 dm²
g) 500 m²
h) 5000 m²

4
a) 625 dm²
b) 215 dm²
c) 1527 dm²
d) 5650 dm²
e) 572 cm²
f) 5572 cm²
g) 215 cm²
h) 2418 cm²

5
a) 500 m²; 6 m²; 95 m²
b) 75 cm²; 800 cm²; 20 000 cm²
c) 7 000 000 dm²; 9 dm²; 500 dm²
d) 300 mm²; 40 000 mm²; 11 000 000 000 000 mm²

6
a) 5 cm²
b) 3 dm²
c) 9 a
d) 7 ha
e) 80 km²
f) 64 m²
g) 92 dm²
h) 100 cm²

Seite 183, rechts

3
a) 5685 dm²
b) 2061 cm²
c) 942 a
d) 231 ha
e) 467 mm²
f) 790 dm²
g) 5130 dm²
h) 7209 cm²

4
a) 75,86 cm²
b) 34,86 m²
c) 47,26 dm²
d) 93,61 a
e) 39,7 ha
f) 39,07 ha

5
a) 6512 dm² = 65,12 m²
b) 9820 cm² = 98,20 dm²
c) 1947 mm² = 19,47 cm²
d) 1337 m² = 13,37 a
e) 3672 cm² = 36,72 dm²
f) 3457 a = 34,57 ha

6
a) 4 m² 3 dm² = **403** dm²
b) 60 dm² 9 cm² = **6009** cm²
c) 35,70 m² = 35 m² **70** dm²
d) 80 cm² 40 mm² = **80,40** cm²

Seite 184, links

7
a) 2 a 15 m²
b) 6 m² 32 dm²
c) 7 m² 65 dm²
d) 72 m² 65 dm²
e) 6 cm² 28 mm²
f) 67 cm² 28 mm²
g) 1 ha 20 a
h) 2 ha 25 a

8
a) 2,75 dm²
b) 3,45 m²
c) 12,78 dm²
d) 23,48 m²
e) 1,83 m²
f) 18,23 m²
g) 7,56 a
h) 17,56 a

9
a) 245 dm²
b) 2245 dm²
c) 825 cm²
d) 1825 cm²
e) 765 mm²
f) 7265 dm²
g) 305 mm²
h) 2580 dm²

10
a) 534 cm²
b) 534 cm²
c) 2063 m²
d) 1749 mm²
e) 1140 dm²
f) 100 m² = 1 a
g) 912 dm²
h) 229 cm²

11
a) 70 m²
b) 216 cm²
c) 198 ha
d) 100 m²
e) 13 mm²
f) 8 a
g) 15 cm²
h) 16 dm²

12
a) 375 dm² = 3,75 m²
b) 624 dm² = 6,24 m²
c) 3280 dm² = 32,8 m²
d) 2360 cm² = 23,60 dm²
e) 3366 mm² = 33,66 cm²
f) 6307 mm² = 63,07 cm²
g) 6472 a = 64,72 ha
h) 602 ha = 6,02 km²

13 672 m² : 6 = 112 m²
Die Fläche einer Wohnung beträgt 112 m².

Seite 184, rechts

7
a) 2 dm² 38 cm²
b) 45 m² 70 dm²
c) 35 a 9 m²
d) 5 ha 3 a
e) 24 km² 50 ha
f) 40 ha 2 a
g) 70 cm² 70 mm²
h) 99 cm² 99 mm²

8
a) 30-mal
b) 20-mal
c) 6-mal
d) 10-mal
e) 30-mal
f) 12-mal
g) 70-mal
h) 1-mal

9
a) 9570 dm² = 95,70 m²
b) 41 dm² = 0,41 m²
c) 15 680 cm² = 156,80 dm²
d) 61 m² = 0,61 a
e) 25 840 ha = 258,4 km²

7 Umfang und Flächeninhalt

f) 1610 ha = 16,10 km²
g) 909 dm² = 9,09 m²
h) 37 m² = 0,37 a

10 a) 450 dm² + 560 dm² = 1010 dm²
b) 625 m² + 780 m² = 1405 m²
c) 3020 a − 2822 a = 198 a
d) 3225 cm² − 2250 cm² = 975 cm²
e) 1540 cm² + 1230 cm² + 610 cm² = 3380 cm²
f) 8 400 000 cm² + 2564 cm² + 5030 cm²
 = 8 407 594 cm²
g) 1250 ha + 356 ha = 1606 ha
h) 698 a − 598 a = 100 a

11 a) 5,0607 km²; 9,71 km²; 7,825 947 km²
b) 9400 ha; 6,97 ha; 0,51 ha; 2,5471 ha
c) 60 000 a; 7100 a; 0,20 a; 0,6241 a

12 a) 48,08 m²   b) 9205,40 m²
c) 3900,06 a   d) 40 080 mm²

Seite 185, links

14 Wohnzimmer: m²
Handydisplay: cm²
Briefmarke: mm²
Fußballfeld: a oder ha
Großstadt: km²
Heftseite: cm² oder dm²
Teppich: m²
Papiertaschentuch: cm² oder dm²

15 1 km² = 10 000 a
10 000 a − 7500 a = 2500 a = 25 ha
Der Landwirt hat noch 25 ha zur Verfügung.

16 12 ha 9 a = 1209 a = 120 900 m²
120 900 m² : 4 = 30 225 m²
Jedes Kind erhält 302,25 a des Feldes.

17 1650 a − 420 a = 1230 a
1230 a : 2 = 615 a = 61 500 m²
Jedes Grundstück ist 61 500 m² groß.

18 12 m² = 1200 dm²; es ist egal, für welches Zimmer sich Louisa entscheidet, da beide Zimmer den gleichen Flächeninhalt haben.

19 20 m² = 200 000 cm²
Das Bild enthält 200 000 Mosaiksteine.

Seite 185, rechts

13 Spiel, individuelle Lösungen

14 2,65 ha − 1,70 ha = 265 a − 170 a = 95 a = 9500 m²
9500 m² : 300 m² ≈ 31,7
Es kann höchstens 31 Grundstücke geben.

15 a) 19 000 ha = 190 km²
357 385 km² + 190 km² = 357 575 km²
b) 70 542 km² − 34 113 km² = 36 429 km²
Bayern ist um 36 429 km² größer als Nordrhein-Westfalen.

LE 3 Rechtecke

Differenzierung in LE 3

Differenzierungstabelle

LE 3 Rechtecke			
Die Lernenden können ...	○	◐	●
den Flächeninhalt und den Umfang von Quadrat und Rechteck berechnen,	1, 2, 3, 4 li, 5 li, 4 re F 27 F 28	6 re, 7 re, 9 re	
die Seitenlänge eines Quadrats oder eines Rechtecks aus dem Flächeninhalt berechnen,		6 li, 5 re	8 re, 10 re
Anwendungsaufgaben lösen,		7 li, 8 li	9 li, 11 re, 12 re
	KV 138, KV 139	KV 138, KV 139	KV 138, KV 139
Gelerntes üben und festigen.	F 29 KV 140, KV 15	KV 140, KV 15	KV 140, KV 15
	AH S. 54		

Kopiervorlagen
KV 138 Aus dem Sport: Rechtecke auf dem Tennisplatz (Teil 1)
KV 139 Aus dem Sport: Rechtecke auf dem Tennisplatz (Teil 2)

KV 140 Fitnesstest: Berechnungen zu Rechtecken
Auf mehreren Niveaustufen üben die Lernenden die Berechnungen zu Rechtecken.
KV 15 Fitnesstest: Trainerliste für die Pinnwand (s. S. 4)

Inklusion
F 27 Umfang
F 28 Flächeninhalt
F 29 Partnerbogen Geometrie

7 Umfang und Flächeninhalt

Arbeitsheft
AH S. 54 Rechtecke

Kommentare — Seite 186–188

Zum Einstieg
Auch hier wird die anschauliche und den Lernenden mittlerweile bekannte Methode des Auslegens eingesetzt: Die Fläche des Volleyballfelds wird mit Einheitsquadraten ausgelegt. Motiviert wird die Strategiefindung durch die Tatsache, dass ein vollständiges Auslegen zeitintensiv ist.
Mögliche Ergänzung: Ein anderes Beispiel kann von den Lernenden selbstständig im Heft mit Quadratzentimetern ausgelegt werden.

Alternativer Einstieg
Um in besonders heterogenen Lerngruppen einen Lerneffekt ohne Über- und Unterforderung zu ermöglichen, bietet sich ein handlungsorientiertes Vorgehen an: Dabei sollen aus einem Draht mit 24 cm Länge unterschiedliche Rechtecke gebildet werden. Diese Aufgabe ist selbstdifferenzierend, da die Lernenden unterschiedlich viele Lösungen finden werden. Zudem ist sowohl ein handelndes, ausprobierendes Vorgehen mithilfe des Drahts als auch ein rein kognitives Lösen möglich.

Zu Seite 187, Aufgabe 6, links und Aufgabe 5, rechts
Beide Aufgaben erfordern die Berechnung einer Seitenlänge eines Rechtecks über den gegebenen Flächeninhalt und die andere Seitenlänge. Aufgabe 6 links leitet das Vorgehen mithilfe eines Beispiels an. Bei Bedarf kann dieses Beispiel auch leistungsstärkeren Lernenden als Hilfestellung gegeben werden.

Zu Seite 187, Aufgabe 7, rechts
Aufgabe 7 rechts zielt auf den Vergleich von einem Rechteck und einem flächengleichen Quadrat ab. Anschaulich mithilfe einer Zeichnung erkennen die Lernenden, dass bei flächengleichen Figuren der Umfang nicht gleich sein muss.

Zu Seite 187, Aufgabe 8, rechts
Diese Aufgabe führt intuitiv an die Quadratzahlen heran.

Zu Seite 188, Aufgabe 9, links
In handlungsorientierter kooperativer Unterrichtsform werden mehrere Inhalte und Kompetenzen verknüpft: Messen, Flächeninhaltsberechnung, Umwandlung von Flächeneinheiten, Runden und Dividieren.

Zu Seite 188, Aufgabe 12, rechts
Mit dieser Aufgabe werden mehrere Kompetenzen gefordert und gefördert: Zunächst muss ein Sachverhalt analysiert werden, um eine Regel zu finden. Diese muss dann in Partner- oder Gruppenarbeit mathematisch kommuniziert werden. Die eigene Lösung wird dann an zwei Beispielen überprüft und bewertet.

Lösungen — Seite 186–188

Seite 186

Einstieg

→ Jonas und Eva zählen die 1-m-Quadrate entlang der Breite und entlang der Länge des Feldes. Dann multiplizieren sie diese Zahlen:
$9 \cdot 18 = 162$, also $162\,m^2$

Seite 187

1 Flächeninhalt: $A = 5\,cm \cdot 2\,cm = 10\,cm^2$
Umfang: $u = 2 \cdot 5\,cm + 2 \cdot 2\,cm = 14\,cm$

2 a) Flächeninhalt: $A = 11\,dm \cdot 9\,dm = 99\,dm^2$
Umfang: $u = 2 \cdot 11\,dm + 2 \cdot 9\,dm = 40\,dm$
b) Flächeninhalt: $A = 12\,m \cdot 4\,m = 48\,m^2$
Umfang: $u = 2 \cdot 12\,m + 2 \cdot 4\,m = 32\,m$

3 Flächeninhalt: $A = 8\,cm \cdot 8\,cm = 64\,cm^2$
Umfang: $u = 4 \cdot 8\,cm = 32\,cm$

A

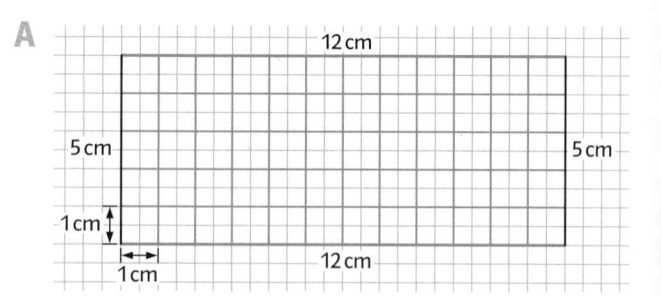

Aus der Zeichnung:
Es sind 5 Reihen zu je 12 Quadraten mit 1 cm Seitenlänge, also $5 \cdot 12 = 60$ Quadrate.
Der Flächeninhalt A beträgt $60\,cm^2$.
Das Rechteck hat zwei Seiten mit 12 cm Länge und zwei Seiten mit 5 cm Länge.
$u = 12\,cm + 12\,cm + 5\,cm + 5\,cm = 34\,cm$
Der Umfang u beträgt 34 cm.

7 Umfang und Flächeninhalt

Rechnung:
Flächeninhalt:
A = 12 cm · 5 cm = 60 cm²
Der Flächeninhalt A beträgt 60 cm².
Umfang:
u = 2 · 12 cm + 2 · 5 cm = 34 cm
Der Umfang u beträgt 34 cm.

B Flächeninhalt:
A = 26 m · 12 m = 312 m²
Der Flächeninhalt A beträgt 312 m².
Umfang:
u = 2 · 26 m + 2 · 12 m = 76 m
Der Umfang u beträgt 76 m.

Seite 187, links

4 a) Flächeninhalt: 40 cm²
Umfang: 26 cm
b) Flächeninhalt: 36 cm²
Umfang: 26 cm
c) Flächeninhalt: 44 cm²
Umfang: 30 cm
d) Flächeninhalt: 10 cm²
Umfang: 22 cm

5 a)

Quadrat	Flächeninhalt	Umfang
1. Quadrat	A = 1 cm²	u = 4 cm
2. Quadrat	A = 4 cm²	u = 8 cm
3. Quadrat	A = 9 cm²	u = 12 cm
4. Quadrat	A = 16 cm²	u = 16 cm

b)

Seitenlänge	Flächeninhalt	Umfang
5 cm	A = 25 cm²	u = 20 cm
6 cm	A = 36 cm²	u = 24 cm
7 cm	A = 49 cm²	u = 28 cm
8 cm	A = 64 cm²	u = 32 cm
9 cm	A = 81 cm²	u = 36 cm
10 cm	A = 100 cm²	u = 40 cm
11 cm	A = 121 cm²	u = 44 cm
12 cm	A = 144 cm²	u = 48 cm

6 a) b = 6 cm b) b = 10 m
c) b = 12 dm d) b = 20 m
e) b = 40 dm

Seite 187, rechts

4 a) Flächeninhalt: 120 m²
Umfang: 46 m
b) Flächeninhalt: 132 m²
Umfang: 46 m
c) Flächeninhalt: 270 dm²
Umfang: 66 dm
d) Flächeninhalt: 204 m²
Umfang: 58 m

5 a) 20 m b) 9 cm c) 4 mm
d) 11 m e) 1 dm f) 12 m

6 a) 729 m² = 7 a 29 m² b) 225 m² = 2 a 25 m²
c) 625 m² = 6 a 25 m² d) 529 m² = 5 a 29 m²

7 a) und b) zu A: Quadrat mit 4 cm Seitenlänge
(Flächeninhalt 16 cm²)
zu B: Quadrat mit 6 cm Seitenlänge
(Flächeninhalt 36 cm²)
c) zu A: Umfang Rechteck: 20 cm
zu A: Umfang Quadrat: 16 cm
zu B: Umfang Rechteck: 30 cm
zu B: Umfang Quadrat: 24 cm
Die Umfänge der Rechtecke sind jeweils größer als die Umfänge der Quadrate.

8 a) 5 cm b) 9 cm c) 11 cm

Seite 188, links

7 Die Fläche des Gemäldes beträgt 3900 m².

8 kleinstmögliches Spielfeld:
A = 90 m · 45 m = 4050 m²;
u = 2 · 90 m + 2 · 45 m = 270 m
größtmögliches Spielfeld:
A = 120 m · 90 m = 10 800 m²;
u = 2 · 120 m + 2 · 90 m = 420 m
Spielfeldgröße für internationale Spiele:
A = 105 m · 68 m = 7140 m²;
u = 2 · 105 m + 2 · 68 m = 346 m
Die Spielfeldgröße und der Umfang für internationale Spiele liegen ungefähr in der Mitte zwischen der Mindestgröße und der größtmöglichen Größe eines Fußballfelds.

9 a) Länge des Mathematikbuchs: 26,5 cm
Breite des Mathematikbuchs: 20 cm
Klassenzimmer individuell, Beispiel:
Breite: 5 m
Länge: 12 m
b) Flächeninhalt des Mathematikbuchs:
A = 265 mm · 200 mm = 53 000 mm² = 5,30 dm²
Flächeninhalt des Beispiel-Klassenzimmers:
A = 5 m · 12 m = 60 m²
c) Für das angenommene Beispiel-Klassenzimmer haben beide nicht recht. Hierfür braucht man 1132 Bücher.

7 Umfang und Flächeninhalt

Seite 188, rechts

9 a) Flächeninhalt: 400 dm² = 4 m²
   Umfang: 116 dm = 11,6 m
   b) Flächeninhalt: 1800 cm² = 18 dm²
   Umfang: 324 cm = 32,4 dm
   c) Flächeninhalt: 3000 dm² = 30 m²
   Umfang: 524 dm = 52,4 m
   d) Flächeninhalt: 990 dm² = 9,9 m²
   Umfang: 666 dm = 66,6 m
   e) Flächeninhalt: 250 mm² = 2,5 cm²
   Umfang: 110 mm = 11 cm
   f) Flächeninhalt: 2000 dm² = 20 m²
   Umfang: 810 dm = 81 m

10 Die Seiten sind 5 cm und 15 cm lang.
   Der Flächeninhalt beträgt 75 cm².

11 a) Beginnend mit dem kleinsten Flächeninhalt:
   Flächeninhalt Grundstück A: 500 m²;
   Flächeninhalt Grundstück C: 520 m²;
   Flächeninhalt Grundstück B: 540 m²
   b) Quadratmeterpreis Grundstück A: 140 €/m²;
   Quadratmeterpreis Grundstück B: 120 €/m²;
   Quadratmeterpreis Grundstück C: 125 €/m²
   Das Grundstück B ist mit 120 €/m² am günstigsten.

12 a) Siehe Tabelle 1
   b) Vergrößert man die Seitenlänge eines Quadrats um 1, dann vergrößert sich der Flächeninhalt des neuen Quadrats nach folgender Regel: Der Wert des Flächeninhalts wächst um den 2-fachen Kantenlängenwert des vorherigen Quadrats plus 1.
   c) Regel: 2 · 25 + 1 = 51
   Kontrollrechnung:
   25 · 25 = 625
   26 · 26 = 676
   676 − 625 = 51
   Das Ergebnis passt zur Regel.

EXTRA: Flächeninhalte schätzen

Differenzierung in EXTRA: Flächeninhalte schätzen

Differenzierungstabelle

EXTRA: Flächeninhalte schätzen			
Die Lernenden können …	○	◐	●
große Flächen schätzen.	1	2	

Kommentare Seite 189

Zur Extra-Seite
Nicht immer ist es möglich, die Größe von Flächen zu messen. Auf dieser Extra-Seite lernen die Kinder durch ein heuristisches Verfahren (Stützpunktvorstellungen), die Größe von großen Flächen zu schätzen.

Lösungen Seite 189

Seite 189

1 Mögliche Lösung:
   Damit man um die Platte herumlaufen kann, benötigt man etwa einer Meter Platz auf jeder Seite.
   Flächeninhalt für eine Tischtennisplatte mit 1 m = 100 cm Platz an allen Seiten:
   A = (100 cm + 275 cm + 100 cm)
   · (100 cm + 152 cm + 100 cm)
   = 167 200 cm²
   Flächeninhalt für fünf Platten:
   A = 5 · 167 200 cm²
   = 836 000 cm²
   = 83,6000 m²
   Für die fünf Platten mit ausreichend Platz zwischen den einzelnen Platten, müssten auf dem Schulhof etwa 83,6 m² frei sein.

Tabelle 1:

Seitenlänge in cm	1	2	3	4	5	6	7	8	9	10	11	12	13	14	15	16	17	18	19	20
Flächeninhalt in cm²	1	4	9	16	25	36	49	64	81	100	121	144	169	196	225	256	289	324	361	400
Differenz in cm²		3	5	7	9	11	13	15	17	19	21	23	25	27	29	31	33	35	37	39

2 Mögliche Lösung:

Ein einzelnes Blatt Küchenpapier hat eine Breite von etwa 20 cm und eine Länge von etwa 25 cm.
Flächeninhalt für ein Papier:
$A = 20\,cm \cdot 25\,cm = 500\,cm^2$
Flächeninhalt für eine Rolle:
$A = 50 \cdot 500\,cm^2 = 25\,000\,cm^2$
Flächeninhalt von acht Rollen:
$A = 8 \cdot 25\,000\,cm^2 = 200\,000\,cm^2 = 20\,m^2$
Die acht Küchenrollen haben insgesamt einen Flächeninhalt von $20\,m^2$. Wenn der Klassenraum eine Größe von etwa $25\,m^2$ hat, kann dieser nicht vollständig mit den acht Rollen Küchenpapier ausgelegt werden.

LE 4 Rechtwinklige Dreiecke

Differenzierung in LE 4

Differenzierungstabelle

LE 4 Rechtwinklige Dreiecke			
Die Lernenden können ...	○	◐	●
den Flächeninhalt und den Umfang von rechtwinkligen Dreiecken berechnen,	1, 2, 3 li, 4 li, 3 re	5 li, 4 re, 5 re	
die Seitenlänge eines rechtwinkligen Dreiecks aus dem Flächeninhalt berechnen,	6 li		
die Formel zur Berechnung des Flächeninhalts und des Umfangs von rechtwinkligen Dreiecken bestimmen,		6 re	
Gelerntes üben und festigen.		AH S. 55	

Arbeitsheft
AH S. 55 Rechtwinklige Dreiecke

Kommentare Seite 190–191

Zum Einstieg

In der Einstiegsaufgabe werden zur Berechnung des Flächeninhalts eines rechtwinkligen Dreiecks zwei mögliche Lösungswege dargestellt. Ben will den Flächeninhalt mit Maßquadraten ausmessen. Mia knüpft an Bekanntes an und verfolgt die Ergänzungsstrategie, mit der sie zielgerichtet die Formel aus dem Flächeninhalt des Rechtecks ableiten kann.

Typische Schwierigkeiten

Zu beachten ist, dass die Lernenden bei der Berechnung des Flächeninhalts des rechtwinkligen Dreiecks erkennen, welche Seiten des Dreiecks brauchbar sind.

Zu Seite 191, Aufgabe 5, links und Aufgabe 4, rechts

In beiden Aufgaben werden die Lernenden durch den Operator Erklären dazu angeregt, gefundene Fehler zu kommunizieren. Dadurch werden die Lernenden an das Verwenden einer präzisen Fachsprache herangeführt.

Lösungen Seite 190–191

Seite 190

Einstieg

→ Ein Einheitsquadrat besteht aus je 4 Kästchen des Karopapiers. Ben schaut, wie viele Einheitsquadrate benötigt werden, um die Fläche des Dreiecks damit abzudecken. Er zählt insgesamt vier Einheitsquadrate.

→ Seitenlängen des Rechtecks: 4 cm und 2 cm
$A_{Rechteck} = 4\,cm \cdot 2\,cm$
$A_{Rechteck} = 8\,cm^2$

→ Das Rechteck besteht aus zwei gleich großen Dreiecken. Damit ist die Fläche des Dreiecks halb so groß wie die Fläche des Rechtecks.
Flächeninhalt des Dreiecks:
$A = A_{Rechteck} : 2$
$A = 8\,cm^2 : 2$
$A = 4\,cm^2$

1 a) Berechnung des Flächeninhalts A:
$A = (3\,cm \cdot 4\,cm) : 2 = 12\,cm^2 : 2 = 6\,cm^2$
Der Flächeninhalt beträgt $6\,cm^2$.
Berechnung des Umfangs u:
$u = 4\,cm + 3\,cm + 5\,cm = 12\,cm$
Der Umfang beträgt 12 cm.

7 Umfang und Flächeninhalt

b) Berechnung des Flächeninhalts A:
A = (5 cm · 12 cm) : 2 = 60 cm² : 2 = 30 cm²
Der Flächeninhalt beträgt 30 cm².
Berechnung des Umfangs u:
u = 5 cm + 12 cm + 13 cm = 30 cm
Der Umfang beträgt 30 cm.

c) Berechnung des Flächeninhalts A:
A = (6 cm · 8 cm) : 2 = 42 cm² : 2 = 21 cm²
Der Flächeninhalt beträgt 21 cm².
Berechnung des Umfangs u:
u = 8 cm + 6 cm + 19 cm = 24 cm
Der Umfang beträgt 24 cm.

d) Berechnung des Flächeninhalts A:
A = (8 cm · 15 cm) : 2 = 120 cm² : 2 = 60 cm²
Der Flächeninhalt beträgt 120 cm².
Berechnung des Umfangs u:
u = 8 cm + 15 cm + 17 cm = 40 cm
Der Umfang beträgt 40 cm.

2 Zeichnung im Maßstab 1 : 2

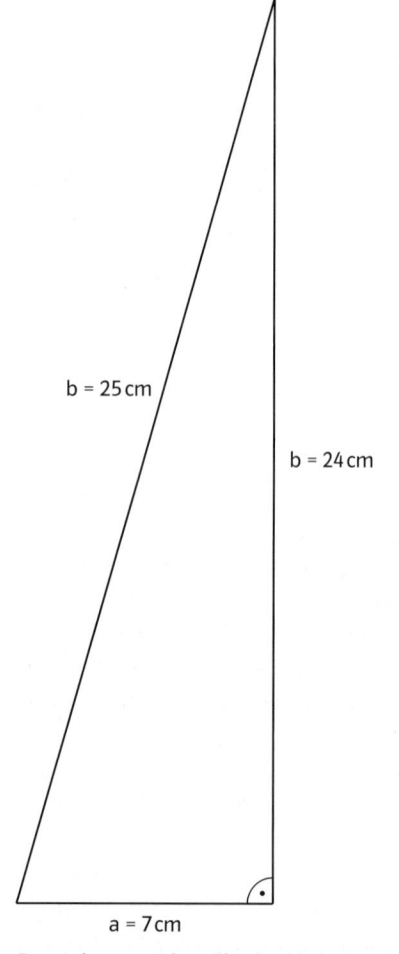

b = 25 cm
b = 24 cm
a = 7 cm

Berechnung des Flächeninhalts A:
A = (7 cm · 24 cm) : 2 = 168 cm² : 2 = 84 cm²
Der Flächeninhalt beträgt 84 cm².
Berechnung des Umfangs u:
u = 7 cm + 24 cm + 25 cm = 56 cm
Der Umfang beträgt 56 cm.

Seite 191

A Umfang u:
u = 20 cm + 21 cm + 29 cm = 70 cm
Der Umfang beträgt 70 cm.
Flächeninhalt A:
A = (20 cm · 21 cm) : 2 = 240 cm² : 2 = 210 cm²
Der Flächeninhalt beträgt 210 cm².

B a) A = (5 cm · 14 cm) : 2 = 70 cm² : 2 = 35 cm²
Der Flächeninhalt beträgt 35 cm².
b) A = (4 cm · 10 cm) : 2 = 40 cm² : 2 = 20 cm²
Der Flächeninhalt beträgt 20 cm².

Seite 191, links

3 Zeichnung im Maßstab 1 : 2

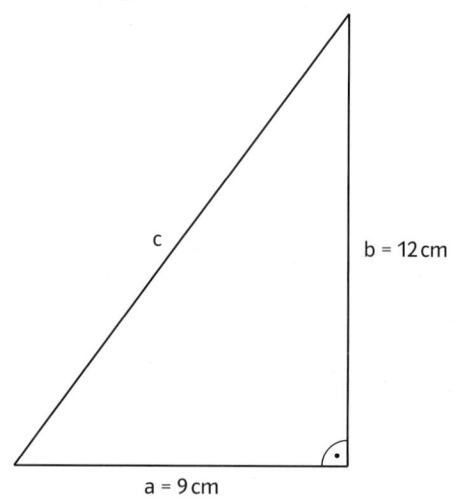

c
b = 12 cm
a = 9 cm

Man misst: c = 15 cm
Berechnung des Umfangs u:
u = 9 cm + 12 cm + 15 cm = 36 cm
Der Umfang beträgt 36 cm.
Berechnung des Flächeninhalts A:
A = (9 cm · 12 cm) : 2 = 108 cm² : 2 = 54 cm²
Der Flächeninhalt beträgt 54 cm².

4 a) A = (2 cm · 2 cm) : 2 = 4 cm² : 2 = 2 cm²
Der Flächeninhalt beträgt 2 cm².
b) A = (2 cm · 3 cm) : 2 = 6 cm² : 2 = 3 cm²
Der Flächeninhalt beträgt 3 cm².

5 a) Bei der Berechnung des Flächeninhalts hat man vergessen, das Produkt der zwei Längen durch 2 zu dividieren.
Richtig ist:
A = (5 cm · 8 cm) : 2 = 40 cm² : 2 = 20 cm²
b) Bei der Berechnung des Umfangs hat man die Seitenlängen miteinander multipliziert, statt sie zu addieren.
Richtig ist:
u = 3 cm + 4 cm + 5 cm = 12 cm

7 Umfang und Flächeninhalt

6

	a	b	A
a)	5 cm	6 cm	**15 cm²**
b)	**5 cm**	10 cm	25 cm²
c)	12 cm	**7 cm**	42 cm²

Seite 191, rechts

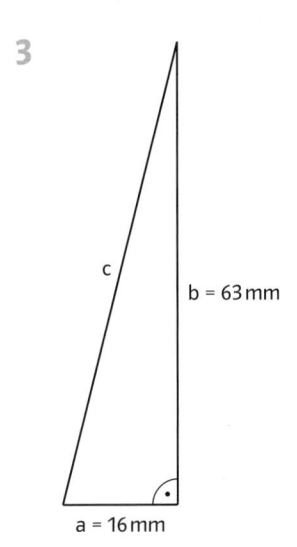

3

c
b = 63 mm
a = 16 mm

Man misst: c = 65 mm
Berechnung des Umfangs u:
u = 16 mm + 63 mm + 65 mm = 144 mm
Der Umfang beträgt 144 mm.
Berechnung des Flächeninhalts A:
A = (16 mm · 63 mm) : 2 = 1008 mm² : 2 = 504 mm²
Der Flächeninhalt beträgt 504 mm².

4 a) Es wurden die falschen Seiten miteinander multipliziert.
Richtig ist:
A = (6 cm · 8 cm) : 2 = 48 cm² : 2 = 24 cm²
b) Die Umwandlung der Seitenlängen in mm ist richtig durchgeführt, danach wurden aber zwei Fehler gemacht. Das Produkt der Seitenlängen hat man nicht durch 2 dividiert und danach das Ergebnis nicht richtig in cm² umgewandelt. Die Maßzahl hätte man dabei durch 100 dividieren müssen.
Richtig ist:
A = (25 mm · 20 mm) : 2 = 500 mm² : 2
  = 250 mm² = 2,5 cm²

5 Der Flächeninhalt wird als Summe der Flächeninhalte der zwei rechtwinkligen Dreiecke berechnet.
A_1 = (1 cm · 4 cm) : 2 = 2 cm²
A_2 = (3 cm · 4 cm) : 2 = 6 cm²
A = A_1 + A_2 = 2 cm² + 6 cm² = 8 cm²
Der Flächeninhalt A des Dreiecks beträgt 8 cm².

6 Formel für den Flächeninhalt:
A = (x · y) : 2
Formel für den Flächeninhalt:
u = x + y + z

LE 5 Zusammengesetzte Figuren

Differenzierung in LE 5

Differenzierungstabelle

LE 5 Zusammengesetzte Figuren			
Die Lernenden können ...	○	◐	●
den Flächeninhalt und den Umfang von zusammengesetzten Figuren berechnen,	1, 2, 3 li, 4 li	3 re, 4 re	5 re, 6 re
problemorientierte Aufgaben zum Thema lösen,		5 li, 6 li	7 li, 7 re
Gelerntes üben und festigen.	KV 141	KV 141	KV 141
		AH S. 56	

Kopiervorlagen
KV 141 Mathedorf: Zusammengesetzte Figuren
Diese Kopiervorlage differenziert auf drei Niveaustufen: Die Lernenden entscheiden dabei selbst, welche zusammengesetzten Figuren sie wählen und wie sie ihre Fähigkeiten einschätzen.

Arbeitsheft
AH S. 56 Zusammengesetzte Figuren

Kommentare   Seite 192 – 194

Zum Einstieg
Die Einstiegsaufgabe ist auch für leistungsschwächere Lerngruppen geeignet, da die Strategie des Zerlegens hier bereits vorgegeben ist. Davon ausgehend werden die Lernenden durch die Aufgabenstellung dazu angeregt, eigene Zerlegungen zu finden. Dabei ist es das Ziel, einen möglichst einfachen und schnellen Lösungsweg zu entdecken. Leistungsstärkere Lernende werden erkennen, dass eine Differenz hier am schnellsten zum Ziel führt. Im Unterrichtsgespräch können die verschiedenen Strategien (Zerlegungs- und Ergänzungsstrategien) präsentiert und mathematisch diskutiert werden.

7 Umfang und Flächeninhalt

Zu Seite 193, Aufgabe 3, links
Diese Aufgabe fordert zum Durchführen beider Vorgehensweisen auf. Dadurch üben die Lernenden beide Strategien gleichermaßen. Durch den Aufgabenteil c) sollen sie bewusst darüber nachdenken, wann welche Strategie sinnvoller ist.

Zu Seite 193, Aufgabe 4, rechts
Durch das Zeichnen werden sich die Lernenden der genauen Form der Figur bewusster. So fällt das Finden der Zerlegung leichter.

Zu Seite 194, Aufgabe 5, links
Die Lernenden erkennen, dass verschiedene Figuren den gleichen Umfang, aber unterschiedlich große Flächeninhalte haben können. Das Quadrat hat dabei den größten Flächeninhalt (Isoperimetrische Fläche).

Zu Seite 194, Aufgabe 6, rechts
Diese Aufgabe schult den Blick für Flächenbeziehungen: Leistungsstärkere Lernende werden erkennen, dass das Versetzen zweier Figur-Teile zu einem Quadrat führt.

Lösungen — Seite 192–194

Seite 192

Einstieg

→ Mögliche Berechnung der Wandfläche (ohne Tür und ohne Fenster) durch Zerlegung in Rechtecke und Addition der Teilflächen:
$A = 2 \cdot (0{,}5\,m \cdot 3\,m) + 2 \cdot (1\,m \cdot 1\,m)$
$\quad + 1{,}5\,m \cdot 1\,m + 1{,}5\,m \cdot 3\,m$
$= 3\,m^2 + 2\,m^2 + 1{,}5\,m^2 + 4{,}5\,m^2$
$= 11\,m^2$

→ Mögliche Zerlegung:

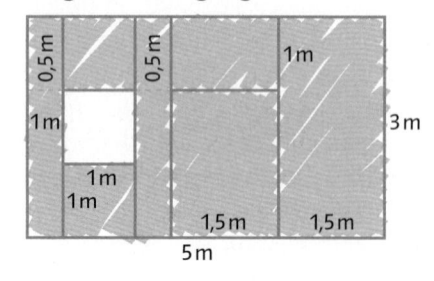

→ Man kann auch zuerst die gesamte Wandfläche berechnen und davon die Flächen von Tür und Fenster subtrahieren:
- Gesamte Wandfläche: $A = 3\,m \cdot 5\,m = 15\,m^2$
- Fläche Fenster: $A = 1\,m \cdot 1\,m = 1\,m^2$
- Fläche Tür: $A = 1{,}5\,m \cdot 2\,m = 3\,m^2$
- Gelb zu streichende Wandfläche:
  $A = 15\,m^2 - 1\,m^2 - 3\,m^2 = 11\,m^2$

Seite 193

1 a) und b) Mögliche Zerlegung in Rechtecke:

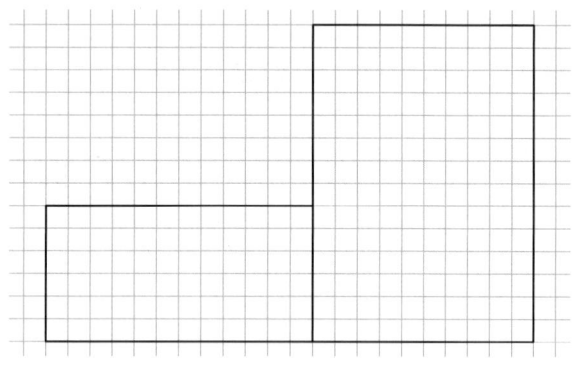

$A = 3\,cm \cdot 6\,cm + 5\,cm \cdot (3\,cm + 4\,cm)$
$\quad = 18\,cm^2 + 35\,cm^2 = 53\,cm^2$.

a) und b) Ergänzung zu einem Rechteck:

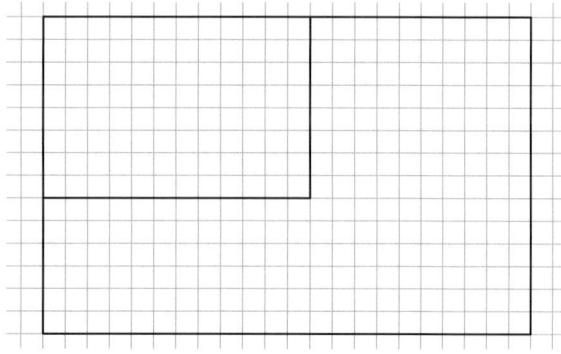

$A = 11\,cm \cdot (3\,cm + 4\,cm) - (6\,cm \cdot 4\,cm)$
$\quad = 77\,cm^2 - 24\,cm^2 = 53\,cm^2$.
Der Flächeninhalt beträgt $53\,cm^2$.

c) $u = 3\,cm + 6\,cm + 4\,cm + 5\,cm + 7\,cm + 11\,cm$
$\quad = 36\,cm$
Der Umfang beträgt $36\,cm$.

2 a) Buchstabe U, z. B. mit Ergänzung:
$A = 6\,cm \cdot 5\,cm - 2\,cm \cdot 4\,cm = 22\,cm^2$
Der Flächeninhalt A von U beträgt $22\,cm^2$.
Buchstabe O, z. B. mit Ergänzung:
$A = 6\,cm \cdot 5\,cm - 2\,cm \cdot 3\,cm = 24\,cm^2$
Der Flächeninhalt A von O beträgt $24\,cm^2$.

b) Umfang von U:
$u = 5\,cm + 6\,cm + 5\,cm + 2\,cm$
$\quad + 4\,cm + 2\,cm + 4\,cm + 2\,cm$
$= 30\,cm$
Der Umfang u von U beträgt $30\,cm$.

7 Umfang und Flächeninhalt

A a) Zerlegung in zwei Rechtecke mit den Seitenlängen 12 cm; 3 cm und 8 cm; 2 cm
$A = 12\,cm \cdot 3\,m + 8\,cm \cdot 2\,cm = 52\,cm^2$
Der Flächeninhalt A beträgt 52 cm².

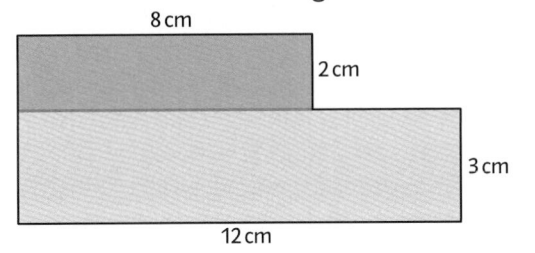

oder
Zerlegung in zwei Rechtecke mit den Seitenlängen 8 cm; 5 cm und 4 cm; 3 cm
$A = 8\,cm \cdot 5\,cm + 4\,cm \cdot 3\,cm = 52\,cm^2$
Der Flächeninhalt A beträgt 52 cm².

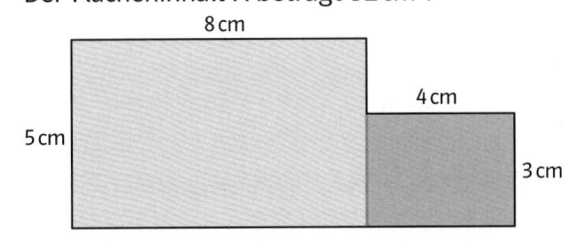

oder
Ergänzung zu einem Rechteck mit den Seitenlängen 12 cm; 5 cm durch ein Rechteck mit den Seitenlängen 4 cm; 2 cm
$A = 12\,cm \cdot 5\,cm - 4\,cm \cdot 2\,cm = 52\,cm^2$
Der Flächeninhalt A beträgt 52 cm².

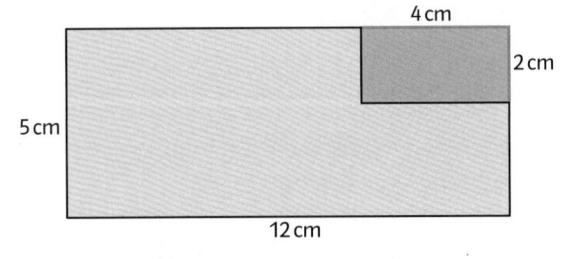

b) Der Rand besteht aus 6 Strecken.
u = 12 cm + 3 cm + 4 cm + 2 cm + 8 cm + 5 cm
  = 34 cm.
Der Umfang u beträgt 34 cm.

B Am einfachsten berechnet man den Flächeninhalt durch Ergänzung:
Die zusammengesetzte Figur wird durch ein Quadrat mit der Seitenlänge 2 cm zu einem Quadrat mit der Seitenlänge 6 cm ergänzt.
$A = 6\,cm \cdot 6\,cm - 2\,cm \cdot 2\,cm = 32\,cm^2$
Der Flächeninhalt A beträgt 32 cm².

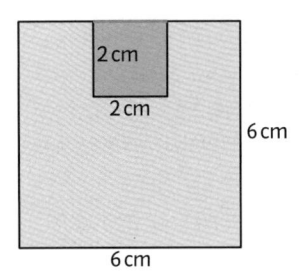

Seite 193, links

3 a) Figur A:
$A = 5\,cm \cdot 3\,cm + 3\,cm \cdot 3\,cm = 24\,cm^2$
Figur B:
$A = 5\,cm \cdot 2\,cm + 2\,cm \cdot 3\,cm = 16\,cm^2$
Figur C:
$A = 3\,cm \cdot 7\,cm + 2\,cm \cdot 3\,cm = 27\,cm^2$
Figur D:
$A = 7\,cm \cdot 2\,cm + 1\,cm \cdot 4\,cm + 2\,cm \cdot 2\,cm = 22\,cm^2$
b) Figur
A: $A = 6\,cm \cdot 5\,cm - 3\,cm \cdot 2\,cm = 24\,cm^2$
Figur B:
$A = 5\,cm \cdot 5\,cm - 3\,cm \cdot 3\,cm = 16\,cm^2$
Figur C:
$A = 7\,cm \cdot 6\,cm - 3\,cm \cdot 2\,cm - 3\,cm \cdot 3\,cm = 27\,cm^2$
Figur D:
$A = 5\,cm \cdot 7\,cm - 2\,cm \cdot 2\,cm - 3\,cm \cdot 3\,cm = 22\,cm^2$
c) Individuell; meist wird das Ergänzen als einfacher empfunden.

4 Die Figur wird zu einem Rechteck ergänzt.
$A = 7\,cm \cdot 4\,cm - (3\,cm \cdot 3\,cm):2$
$= 28\,cm^2 - 4{,}5\,cm^2$
$= 23{,}5\,cm^2$
Der Flächeninhalt A der Figur beträgt 23,5 cm².

Seite 193, rechts

3 Flächeninhalt: Die Figur kann in ein Rechteck und ein Dreieck zerlegt werden.
$A = 4\,m \cdot 6\,m + (4\,m \cdot 3\,m):2$
$= 24\,m^2 + 6\,m^2$
$= 30\,m^2$
Der Flächeninhalt A der Figur beträgt 30 m².
Umfang:
u = 4 m + 6 m + 5 m + 3 m + 6 m = 24 m
Der Umfang u der Figur beträgt 24 m.

7 Umfang und Flächeninhalt

4 Mögliche Zerlegung in vier Quadrate und vier Rechtecke:

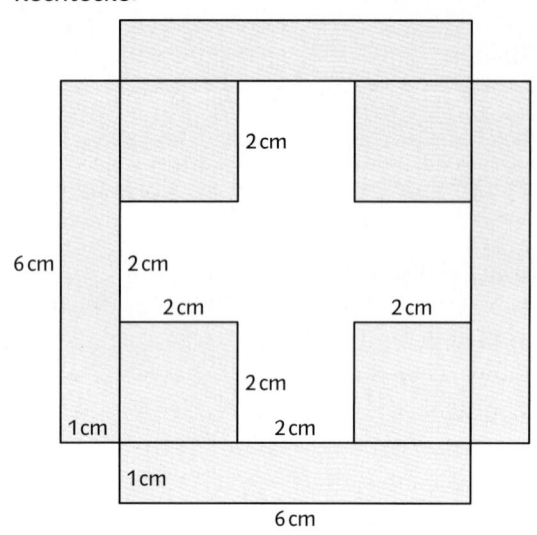

Flächeninhalt:
A = 4 · (6 cm · 1 cm) + 4 · (2 cm · 2 cm)
  = 24 cm² + 16 cm² = 40 cm²
Der Flächeninhalt A der Figur beträgt 40 cm².

Seite 194, links

5 a) Man kann die einzelnen Flächen B, C, D, E, F als Teilflächen sehen, die so entstanden sind, dass man aus dem ursprünglichen Quadrat in A Schritt für Schritt Rechtecke herausgeschnitten hat. Flächeninhalte, beim größten beginnend:
A > B > C > D = E > F
Umfänge: Durch das Herausschneiden von Rechtecken aus dem ursprünglichen Quadrat, wird der Rand eingeklappt. Die Länge der Randstücke ändert sich nicht. Also sind die Umfänge aller Figuren gleich.
b) Mögliche Lösung:

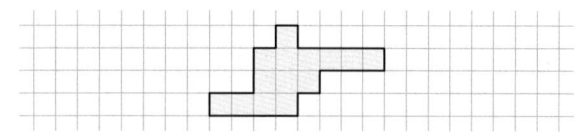

6 Spiel, individuelle Lösungen

7 Mögliche Lösung (es gibt noch viele weitere Beispiele):

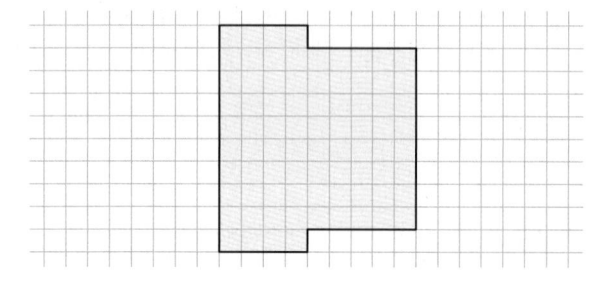

Seite 194, rechts

5 a) Durch Zerlegung und Addition:
A = 2 · (2 cm · 2 cm) + 6 cm · 6 cm = 44 cm²
Durch Ergänzung und Subtraktion:
A = 10 cm · 6 cm − 4 · (2 cm · 2 cm) = 44 cm²
b) Umfang: u = 2 · 6 cm + 10 · 2 cm = 32 cm
c) Marie hat recht: An den Ecken werden 2 Abschnitte der Länge 2 cm durch genau 2 Abschnitte der Länge 2 cm ersetzt. Daher ist der Umfang gleich.

6 a) A = 9 cm · 6 cm − 2 cm · 1 cm − 3 cm · 1 cm
        − 1 cm · 1 cm − 1 cm · 2 cm − 2 cm · 2 cm
        − 2 cm · 3 cm
     = 36 cm²
b) Man kann das Ergebnis schneller finden, indem man zwei Teilfiguren verschiebt:
• Man fügt das links außen angehängte Quadrat (Seitenlänge 2 cm) in die Aussparung oben ein.
• Man fügt das rechts außen angehängte Rechteck (Seitenlängen 3 cm; 1 cm) in die Aussparung unten ein.
Die Figur wird damit zum Quadrat mit der Seitenlänge 6 cm. Der Flächeninhalt ist 36 cm².

7 a) Umfang: u = 48 cm

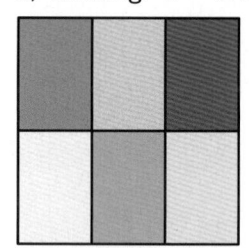

b) Umfang: u = 80 cm

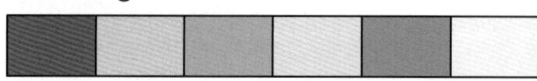

7 Umfang und Flächeninhalt

Basistraining und Anwenden. Nachdenken

Differenzierung im Basistraining und Anwenden. Nachdenken

Differenzierungstabelle

Basistraining und Anwenden. Nachdenken			
Die Lernenden können ...	○	◐	●
Flächeninhalte in Kästcheneinheiten messen und auch vergleichen,	1		
Flächeninhaltsangaben in andere Flächenmaße (Flächeneinheiten) umwandeln,	2, 3	12, 13	
mit Flächenmaßen (Flächeneinheiten) rechnen,	4, 7	5, 23, 24, 25, 26	
den Flächeninhalt und den Umfang von Rechtecken und rechtwinkligen Dreiecken berechnen,	6, 8, 14	16, 17, 19, 28, 29	18, 21, 22
die fehlende Seitenlänge eines Rechtecks berechnen,	9	15	
den Flächeninhalt und den Umfang von zusammengesetzten Figuren berechnen,	11	10, 30, 31, 32	33
Zerlegungen durchführen,		20	27
Gelerntes üben und festigen.	KV 142, KV 143, KV 148	KV 144, KV 145, KV 148	KV 146, KV 147, KV 148
		AH S. 57, S. 58	

Kopiervorlagen

KV 142 Klassenarbeit A – Umfang und Flächeninhalt (Teil 1)

KV 143 Klassenarbeit A – Umfang und Flächeninhalt (Teil 2)

KV 144 Klassenarbeit B – Umfang und Flächeninhalt (Teil 1)

KV 145 Klassenarbeit B – Umfang und Flächeninhalt (Teil 2)

KV 146 Klassenarbeit C – Umfang und Flächeninhalt (Teil 1)

KV 147 Klassenarbeit C – Umfang und Flächeninhalt (Teil 2)
(s. S. 4)

KV 148 Bergsteigen: Umfang und Flächeninhalt
(s. S. 4)

Arbeitsheft
AH S. 57, S. 58 Basistraining und Training

Kommentare — Seite 196–199

Zu Seite 197, Aufgabe 13
Diese Aufgabe fordert indirekt dazu auf, nochmals alle Umwandlungsmöglichkeiten zu erkennen und zu wiederholen. Außerdem stärkt sie die Kompetenzen der Lernenden durch das Finden von Fehlern.

Zu Seite 198, Aufgabe 21
Aufgabe 21 fordert die Lernenden dazu auf, Längenbeziehungen zu analysieren. Nur so gelangen sie zu den fehlenden Seitenlängen.

Zu Seite 198, Aufgabe 24 und Aufgabe 25
Die Aufgaben 24 und 25 stellen zwei klassische Sachaufgaben dar, die die Übung und Vertiefung der Grundrechenarten anregen.

Lösungen — Seite 196–199

Seite 196

1 a) Figur A: 20 Kästchen
   Figur B: 16 Kästchen
   Figur C: 24 Kästchen
   Figur D: 20 Kästchen
   b) Die Figuren A und D haben mit jeweils 20 Kästchen den gleichen Flächeninhalt.
   c) Die Figur B hat mit 16 Kästchen den kleinsten, die Figur C mit 24 Kästchen den größten Flächeninhalt.

2 a) $8\,m^2 = \mathbf{800}\,dm^2$ b) $7\,cm^2 = \mathbf{700}\,mm^2$
   c) $45\,m^2 = \mathbf{4500}\,dm^2$ d) $5\,a = \mathbf{500}\,m^2$
   e) $22\,a = \mathbf{2200}\,m^2$ f) $25\,m^2 = \mathbf{2500}\,dm^2$
   g) $20\,m^2 = \mathbf{2000}\,dm^2$ h) $10\,dm^2 = \mathbf{1000}\,cm^2$

3 a) $2\,m^2\ 50\,dm^2$ b) $3\,m^2\ 54\,dm^2$
   c) $34\,dm^2\ 60\,cm^2$ d) $34\,dm^2\ 66\,cm^2$
   e) $7\,ha\ 20\,a$ f) $7\,ha\ 2\,a$
   g) $56\,a\ 78\,m^2$ h) $50\,a\ 8\,m^2$

4 a) $25\,m^2$ b) $50\,dm^2$
   c) $110\,m^2$ d) $99\,a$
   e) $100\,a = 1\,ha$ f) $49\,mm^2$

7 Umfang und Flächeninhalt

5 a) 745 dm² + 695 dm² = 1440 dm²
b) 1260 ha + 75 ha = 1335 ha
c) 5791 a − 4299 a = 1492 a
d) 1374 m² − 708 m² = 666 m²
e) 7450 dm² + 600 dm² + 1371 dm² = 9421 dm²
f) 6100 ha + 1900 ha = 8000 ha
g) 800 cm² + 80 cm² − 10 cm² = 870 cm²
h) 506 300 dm² + 3790 dm² = 510 090 dm²

6 a) Flächeninhalt: 20 cm²; Umfang: 18 cm
b) Flächeninhalt: 24 cm²; Umfang: 22 cm
c) Flächeninhalt: 150 m²; Umfang: 50 m
d) Flächeninhalt: 36 dm²; Umfang: 24 dm
e) Flächeninhalt: 21 km²; Umfang: 20 km
f) Flächeninhalt: 450 dm²; Umfang: 90 dm
g) Flächeninhalt: 2400 m² = 24 a; Umfang: 200 m
h) Flächeninhalt: 450 m²; Umfang: 86 m

7 a) 5-mal b) 2-mal c) 8-mal
d) 50-mal e) 20-mal f) 11-mal

8 a) A = 21 cm²; u = 20 cm
b) A = 30 cm²; u = 30 cm
c) A = 16 dm²; u = 16 dm

9 a) 5 m b) 6 cm c) 10 m
d) 25 cm e) 2 m f) 5 cm

10 a) A = 36 cm²; u = 30 cm
b) A = 38 cm²; u = 32 cm

Seite 197

11 Grünes Kreuz: u = 40 Kästchen
Blaues Kreuz: u = 32 Kästchen
Oranges Podest: u = 26 Kästchen
Das grüne Kreuz hat den größten Umfang.

12 a) 1035 dm² b) 1005 dm² c) 2008 cm²
d) 208 dm² e) 707 dm² f) 770 dm²
g) 7070 dm² h) 7007 dm²

13 Mögliche Lösung:
a) 2,5 m² = 2 m² **50** dm²
2,05 m² = 2 m² 5 dm²
b) 40,02 m² = 40 m² **2** dm²
40,20 m² = 40 m² 20 dm²
c) 60 m² + 6 dm² = **60,06** m²
60 m² + **600** dm² = 66 m²
d) 4,80 a + 20 m² = **500** m²
4,80 **m²** + 20 m² = 24,80 m²
e) 10 cm² · 10 = **100 cm²**
1 dm² · 10 = 10 dm²
f) 30 dm² · 50 = **15** m²
3 m² · 50 = 150 m²
g) 50 m² : 25 = **200** dm²
50 m² : **250** = 20 dm²

14 a) Der Punkt D liegt bei D(0|6).

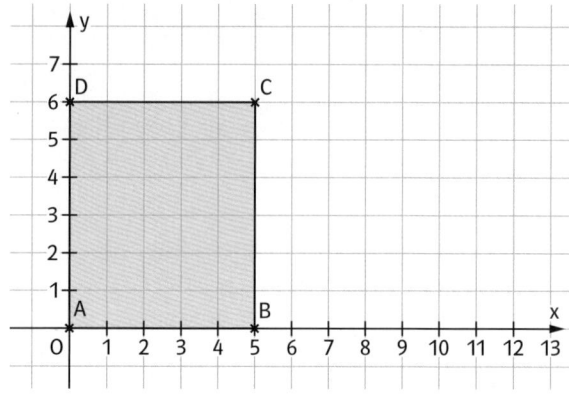

b) und c) Umfang und Flächeninhalt hängen von der Wahl der Einheiten im Koordinatensystem ab.
Eine Einheit = 0,5 cm = 5 mm:
u = 110 mm = 11 cm; A = 750 mm² = 7,5 cm²
Eine Einheit = 1,0 cm:
u = 22 cm; A = 30 cm²

15

	Länge a	Breite b
a)	10 m	**1 m**
b)	1 m	**10 m**
c)	5 m	**2 m**
d)	5 dm	**200 dm**
e)	2 m	**5 m**
f)	2 dm	**500 dm**
g)	4 m	**2,5 m**
h)	4 cm	**25 000 cm**

16 a) A = x · y
b) u = 2 · x + 2 · y
c)

x	y	A	u
6 cm	7 cm	**42 cm²**	**26 cm**
8 cm	3 cm	24 cm²	**22 cm**
13 cm	**9 cm**	117 cm²	**44 cm**
5 cm	**7 cm**	**35 cm²**	24 cm

17 a) Flächeninhalte:
1. Partner   2. Partner
A: 120 cm²   B: 120 cm²
C: 120 cm²   D: 120 cm²
E: 120 cm²   F: 120 cm²

b) Umfänge:

1. Partner	2. Partner
A: 46 cm	B: 58 cm
C: 86 cm	D: 52 cm
E: 68 cm	F: 44 cm

Je schmaler das Rechteck bei gleichem Flächeninhalt ist, umso größer ist der Umfang.

18 a) Mögliche Lösungen:

Länge	Breite	Flächeninhalt	Umfang
1 cm	144 cm	144 cm²	290 cm
2 cm	72 cm	144 cm²	148 cm
3 cm	48 cm	144 cm²	102 cm
4 cm	36 cm	144 cm²	80 cm
6 cm	24 cm	144 cm²	60 cm
8 cm	18 cm	144 cm²	52 cm
9 cm	16 cm	144 cm²	50 cm
12 cm	12 cm	144 cm²	48 cm

b) Das Rechteck mit den Seitenlängen 12 cm hat den kleinsten Umfang. Es ist ein Quadrat.
c) Ja, das Rechteck mit den Seitenlängen 1 cm und 144 cm hat einen größeren Umfang als 288 cm, nämlich 290 cm.

Seite 198

19 a) Flächeninhalt: $A = 6\,cm \cdot 3\,cm = 18\,cm^2$
Umfang: $u = 2 \cdot 6\,cm + 2 \cdot 3\,cm = 18\,cm$
Die Maßzahl beim Umfang in cm und beim Flächeninhalt in cm² ist gleich.
b) Das Quadrat mit der Seitenlänge 4 cm.
Flächeninhalt: $A = 4\,cm \cdot 4\,cm = 16\,cm^2$
Umfang: $u = 4 \cdot 4\,cm = 16\,cm$

20 a) und b) Es werden immer kleinere Quadrate bis am Ende zwei 1-cm-Quadrate übrig sind.

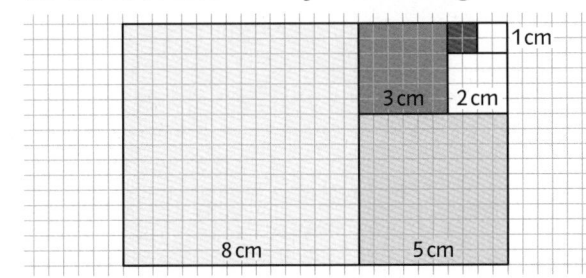

21 Die Seitenlängen aller gleichfarbigen Quadrate sind gleich. Somit ergeben sich folgende Seitenlängen:
blaue Quadrate: 6 cm
grüne Quadrate: 5 cm
gelbe Quadrate: 1 cm + 3 cm = 4 cm
rote Quadrate: 3 cm
lila Quadrate: 1 cm

Umfang des Rechtecks:
$u = 2 \cdot (5\,cm + 4\,cm + 6\,cm) + 2 \cdot (6\,cm + 5\,cm)$
$= 2 \cdot 15\,cm + 2 \cdot 11\,cm$
$= 30\,cm + 22\,cm = 52\,cm$
Flächeninhalt des Rechtecks:
$A = 15\,cm \cdot 11\,cm = 165\,cm^2$

22 a)

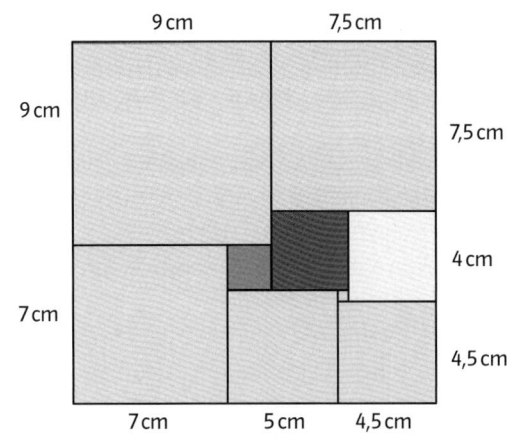

b) Die Seiten des Rechtecks sind 16 cm und 16,5 cm lang.
Zum Flächeninhalt: Das Rechteck enthält $16 \cdot 16$ ganze 1-cm-Quadrate und 16 halbe 1-cm-Quadrate.
Flächeninhalt: $16 \cdot 16 + 8 = 264$; also $264\,cm^2$
Man kann die Längen auch in mm angeben:
$16,5\,cm = 165\,mm$; $16\,cm = 160\,mm$
Flächeninhalt:
$A = 165\,mm \cdot 160\,mm = 26\,400\,mm^2 = 264\,cm^2$

23 Jedes Teil ist 430 m² groß.

24 a) Die gesamte Fläche ist 700 m² groß.
b) Die Erneuerung der Böden kostet 16 800 €.

25 Gewächshäuser und Wege:
$6 \cdot 250\,m^2 + 300\,m^2 = 1800\,m^2$
zusätzlich vier Beete:
$1800\,m^2 + 4 \cdot 100\,m^2 = 2200\,m^2$
Es ist noch Platz für die vier Beete, da insgesamt $22,5\,a = 2250\,m^2$ Platz zur Verfügung stehen.

Seite 199

26 a) Die gesamte Blattfläche ist $3\,960\,000\,cm^2$ groß.
b) Die gesamte Blattfläche ist 396 m² groß.
c) 8 Jungbuchen könnten die Blattfläche des alten Baumes ersetzen.

7 Umfang und Flächeninhalt

27 Ein Quadrat mit dem Flächeninhalt 1 m² hat die Seitenlänge 1 m = 1000 mm. Daher kann man ein Quadrat in 1000 Streifen zerlegen mit der Breite von 1 mm und der Länge von 1 m. Ein Aneinanderlegen zu einem Streifen ergibt eine Länge von 1000 · 1 m = 1000 m = 1 km.

28 a) Rechenanweisungen:
- für E2: =A2+B2+C2
- für D3: =(A3*B3)/2

Um D3 zu berechnen, muss zuerst B3 berechnet werden.

b) Berechnung des Wertes von B3:
b = u − a − c
b = 40 cm − 8 cm − 17 cm = 15 cm
Der Wert kann mit der Rechenanweisung =E3-A3-C3 berechnet werden.

c) In D4 ist wohl eine falsche Rechenanweisung eingesetzt worden, und zwar:
=A4*B4. Hier wurde vergessen durch 2 zu teilen.
Richtig ist: =(A4*B4)/2
Damit erhält man für D4 den Wert 24 cm².

29 a) A = 16 cm · 9 cm = 144 cm²
b) Eine Seite des Quadrats muss 12 cm lang sein.

30 a)

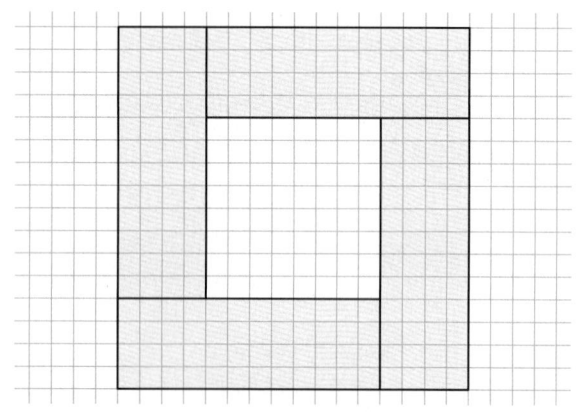

b) Mögliche Lösungen, z. B.:
- A = 4 · (2 cm · 6 cm) = 48 cm²
- A = 8 cm · 8 cm − 4 cm · 4 cm = 48 cm²

c) Individuelle Lösungen

31 u = 38 cm; A = 66 cm²
Zeichnung: Individuelle Lösung

32 1 Kästchen ist 0,5 cm lang.
a) Mögliche Zerlegung:

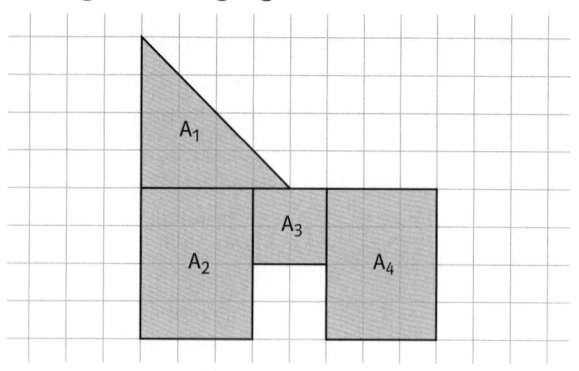

A_1: (2 cm · 2 cm) : 2 = 2 cm²
$A_2 = A_4$: 2 cm · 1,5 cm = 3 cm²
A_3: 1 cm · 1 cm = 1 cm²
$A = A_1 + 2 · A_2 + A_3$
   = 2 cm² + 6 cm² + 1 cm² = 9 cm²
Der Flächeninhalt A der Figur beträgt 9 cm².

b) Ergänzen zu einem Quadrat mit 4 cm Seitenlänge:

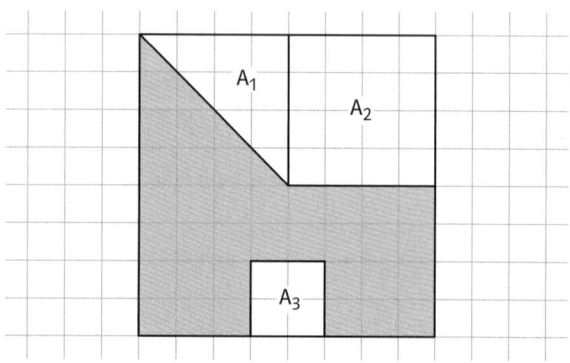

A_{gesamt}: 4 cm · 4 cm = 16 cm²
A_1 = (2 cm · 2 cm) : 2 = 2 cm²
A_2 = 2 cm · 2 cm = 4 cm²
A_3 = 1 cm · 1 cm = 1 cm²
$A = A_{gesamt} − A_1 − A_2 − A_3$
   = 16 cm² − 2 cm² − 4 cm² − 1 cm² = 9 cm²
Der Flächeninhalt A der Figur beträgt 9 cm².

c) Individuelle Lösungen
Das Zerlegen fällt vielen leichter, weil man nur drei verschiedene Teilflächen addieren muss.

33 a) Mögliche Beobachtung: Die meisten Umfänge haben gerade Zahlen als Maßzahlen; immer dann, wenn die Seitenlängen ganzzahlig sind.
b) Die meisten Figuren in den Aufgaben setzen sich aus Rechtecken zusammen. Setzt man in dem Beispiel die blaue Figur aus acht 1-cm-Quadraten zusammen, so hat die anfängliche Figur einen Umfang von 16 cm.

Das Anfügen eines weiteren 1-cm-Quadrats an die vorhandene Figur wirkt folgendermaßen auf den Umfang:
- linke Position: Der Umfang steigt um 2 cm.
- mittlere Position: Der Umfang sinkt um 2 cm.
- rechte Position: Der Umfang bleibt gleich.

Andere Anlegemöglichkeiten gibt es nicht. Der anfängliche Umfang hat eine gerade Maßzahl. Die Maßzahl bleibt beim Anlegen immer gerade.

8 Brüche

Kommentare zum Kapitel

Intention des Kapitels
Viele Brüche, vor allem $\frac{1}{2}$, $\frac{1}{3}$ und $\frac{1}{4}$, sind den Lernenden bereits aus ihrem Alltag vertraut. Dadurch ist zwar ein Anschluss an die Lebenswelt gewährleistet, jedoch sind diese Brüche noch sehr eng mit Größen, z.B. $\frac{1}{2}$ Liter oder $\frac{1}{4}$ Stunde, verknüpft. In diesem Kapitel liegt daher der Schwerpunkt auf der Grundvorstellung zu Bruchteilen eines Ganzen. Darüber hinaus wird die Bruchschreibweise eingeführt und der Aufbau der Brüche soll mit der oben genannten Grundvorstellung verknüpft werden. Darauf aufbauend wird an Vorerfahrungen der Lernenden angeschlossen, indem das Verständnis zu Bruchteilen von Größen gefördert wird. Abschließend wird die Dezimalschreibweise eingeführt.

Stundenverteilung
Stundenumfang gesamt: 9–18

Lerneinheit	Stunden
Standpunkt und Auftakt	0–1
1 Bruchteile erkennen und darstellen	3–5
2 Bruchteile von Größen	2–4
3 Dezimalzahlen	2–4
Basistraining, Anwenden. Nachdenken und Rückspiegel	2–4

Benötigtes Material
- Schere
- Lineal
- Würfel

Kommentare — Seite 202–203

Auf den Auftaktseiten wird auf Vorerfahrungen zum Thema Bruchteile aus der Alltagswelt der Kinder zurückgegriffen. Dabei wird auch schon auf die Problematik verwiesen, dass es Situationen gibt, in denen nicht gerecht geteilt werden kann, sodass auf die Notwendigkeit der Zahlbereichserweiterung vorbereitet wird.

Lösungen — Seite 202–203

Seite 202

1 Wenn keine Schokolinse übrig bleiben soll, können sie so geteilt werden:
- 2 Personen: jeder bekommt 18 Stück
- 3 Personen: jeder bekommt 12 Stück
- 4 Personen: jeder bekommt 9 Stück
- 5 Personen: geht nicht
- 6 Personen: jeder bekommt 6 Stück
- 7 Personen: geht nicht
- 8 Personen: geht nicht
- 9 Personen: jeder bekommt 4 Stück
- 12 Personen: jeder bekommt 3 Stück
- 18 Personen: jeder bekommt 2 Stück
- 36 Personen: jeder bekommt 1 Stück

Der Kuchen kann gerecht zerschnitten werden: Falls der Kuchen zum Beispiel schon in 8 Stücke zerschnitten wurde:
- 2 Personen: jeder bekommt 4 Stücke
- 4 Personen: jeder bekommt 2 Stücke
- 8 Personen: jeder bekommt 1 Stück

Seite 203

2 Nicht immer kann man gerecht teilen. Die 12 Murmeln auf der Schulbuchseite lassen sich gut auf zwei Personen aufteilen. Jede Person erhält zwei große und vier kleine Murmeln. Bei fünf Personen geht das nicht, da 12 nicht durch 5 teilbar ist. Bei drei Personen kann man zwar jeder Person vier Murmeln zuteilen, jedoch wären die großen Murmeln ungerecht aufgeteilt.

8 Brüche

LE 1 Bruchteile erkennen und darstellen

Differenzierung in LE 1

Differenzierungstabelle

LE 1 Bruchteile erkennen und darstellen			
Die Lernenden können ...	○	◐	●
Brüche lesen und verstehen,	SP 16, SP 17		
Brüche notieren,	1		
Bruchteile von der symbolischen in die zeichnerische Darstellung übersetzen und umgekehrt,	2, 3, 4, 5 li, 6 li, 7 li, 5 re F 30 KV 149 KV 150, KV 151	8 li, 9 li, 11 li, 12 li, 13 li, 14 li, 15 li, 7 re, 8 re, 11 re, 12 re, 13 re, 15 re KV 149 KV 150, KV 151	14 re, 16 re KV 150, KV 151
Alltagsaussagen überprüfen, Urteile formulieren und begründen,	10 li	6 re	
Brüche vergleichen und nach der Größe ordnen,		9 re	10 re
Gelerntes üben und festigen.		AH S.59, S.60	

Kopiervorlagen

KV 149 Die Bruchschreibweise

KV 150 Domino: Brüche (1)

KV 151 Domino: Brüche (2)

Inklusion

F 30 Bruchteile erkennen und darstellen

Sprachförderung

SP 16 Domino: Brüche (Teil 1)
SP 17 Domino: Brüche (Teil 2)

Arbeitsheft

AH S.59 Bruchteile erkennen und darstellen (1)
AH S.60 Bruchteile erkennen und darstellen (2)

Kommentare Seite 204–207

Zum Einstieg

Die handlungsorientierte Einstiegsaufgabe schließt direkt an die Vorerfahrungen der Lernenden an. Durch die Faltungen entstehen gleich große Teile des ganzen Blatts: So können enaktiv Bruchteile eines Ganzen dargestellt werden. Diese selbstdifferenzierende Aufgabe fordert auch leistungsstärkere Lernende, da sie besondere Bruchteile falten und zu Begründungen aufgefordert werden können. Durch den Verzicht auf Begründungen kommen auch leistungsschwächere Lernende mit einfacheren Faltungen zu Ergebnissen.

Prozessbezogene Kompetenzen

Auf Seite 206 und auf Seite 207 werden in verschiedenen Aufgaben prozessbezogene Kompetenzen gefördert. So zum Beispiel das Kommunizieren (Aufgabe 13 links), das Argumentieren (Aufgaben 9 links, 10 links, 7 rechts, 10 rechts, 16 rechts) und das Beweisen (Aufgabe 8 rechts).

Zu Seite 205, Aufgabe 5, rechts

Diese Aufgabe motiviert durch die Partnerarbeit und fördert die kommunikativen Kompetenzen der Lernenden.

Zu Seite 206, Aufgabe 7, links

Die Lernenden können erkennen, dass ein Bruchteil auf verschiedene Arten dargestellt werden kann, sodass die Grundvorstellung vom Bruchteil eines Ganzen gefestigt wird.

Zu Seite 206, Aufgabe 9, rechts und Aufgabe 10, rechts

Die Lernenden können in Aufgabe 9 rechts zunächst ikonisch und dann symbolisch erarbeiten, wie man Brüche ordnen kann. In Aufgabe 10 rechts wird dies weiter vertieft.

Zu Seite 207, Aufgabe 11, rechts

Hier können die Lernenden erkennen, dass ein Bruch auf verschiedene Arten dargestellt werden kann. Um dies zu verdeutlichen, bietet sich ein Vergleich der verschiedenen in der Lerngruppe erzeugten Lösungen an.

8 Brüche

Lösungen Seite 204–207

Seite 204

Einstieg

→ Die Felder auf einem Blatt sind gleich groß.
→ Mögliche Lösungen:

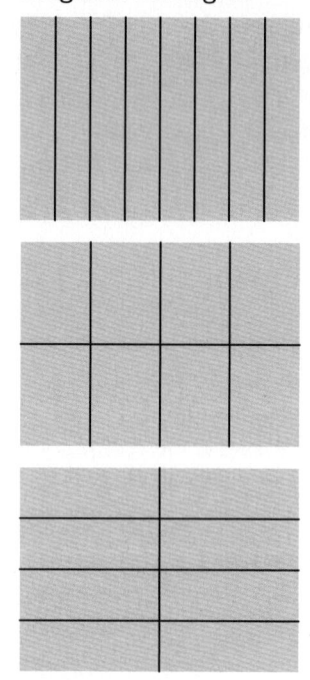

→ Mögliche Lösung:

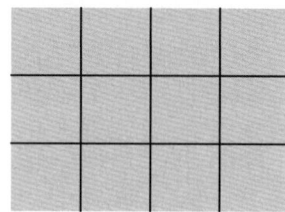

1 a) $\frac{1}{2}$; $\frac{1}{3}$; $\frac{2}{3}$; $\frac{3}{4}$; $\frac{8}{10}$

b) Mögliche Lösung: $\frac{1}{7}$; $\frac{2}{7}$; $\frac{4}{7}$; $\frac{5}{7}$; $\frac{7}{7}$

c) Mögliche Lösung: $\frac{3}{2}$; $\frac{3}{3}$; $\frac{3}{4}$; $\frac{3}{8}$; $\frac{3}{10}$

2 a) 3 gleich große Teile; $\frac{1}{3}$

b) 6 gleich große Teile; $\frac{1}{6}$

c) 4 gleich große Teile; $\frac{1}{4}$

d) 6 gleich große Teile; $\frac{1}{6}$

e) 9 gleich große Teile; $\frac{1}{9}$

Seite 205

3 a) zwei Fünftel; $\frac{2}{5}$ b) zwei Sechstel; $\frac{2}{6}$

c) drei Achtel; $\frac{3}{8}$ d) sieben Zwölftel; $\frac{7}{12}$

e) vier Neuntel; $\frac{4}{9}$

4 a) $\frac{1}{3}$ b) $\frac{1}{5}$ c) $\frac{5}{9}$

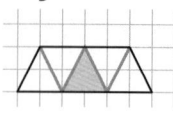

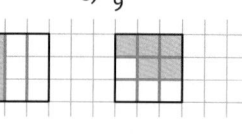

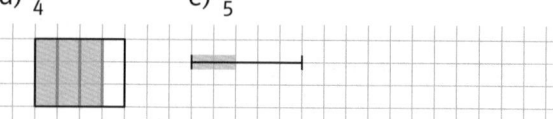

d) $\frac{3}{4}$ e) $\frac{2}{5}$

A a) $\frac{4}{10}$ b) $\frac{7}{9}$ c) $\frac{3}{5}$

B Mögliche Lösung:
a) $\frac{3}{5}$

b) $\frac{7}{10}$

c) $\frac{9}{20}$

Seite 205, links

5 a) zwei Drittel; Z $\frac{2}{3}$

b) zwei Sechstel; A $\frac{2}{6}$

c) sieben Zehntel; U $\frac{7}{10}$

d) vier Neuntel; N $\frac{4}{9}$

Lösungswort: ZAUN

6 a) $\frac{5}{12}$ b) $\frac{7}{16}$

Seite 205, rechts

5 a) A: Der Buchstabe L macht $\frac{7}{25}$ der Gesamtfläche aus.
B: Der Buchstabe S macht $\frac{10}{25}$ der Gesamtfläche aus.

b) Mögliche Aufgabe:

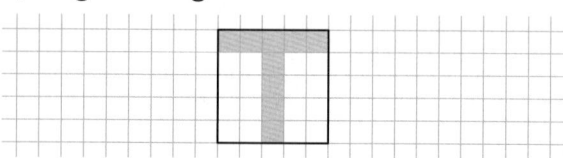

Der Buchstabe T macht $\frac{9}{25}$ der Gesamtfläche aus.

8 Brüche

6 a) Wir teilen etwas in zwei Teile und jeder bekommt einen Teil, also die Hälfte $\left(\frac{1}{2}\right)$.
b) Die Spielzeit ist in zwei gleiche Teile geteilt, im ersten Teil $\left(\frac{1}{2}\right)$ fiel das Tor.
c) Die Spielzeit ist in drei gleiche Teile geteilt, zwei Teile $\left(\frac{2}{3}\right)$ müssen noch gespielt werden. Ein Teil $\left(\frac{1}{3}\right)$ der Spielzeit ist schon vorüber.
d) Im Mittelalter wurde die Ernte der Bauern in zehn gleiche Teile geteilt. Einen Teil $\left(\frac{1}{10}\right)$ davon mussten die Bauern an die Fürsten abgeben. Die restlichen 9 Teile $\left(\frac{9}{10}\right)$ durften die Bauern behalten.

Seite 206, links

7 A zu 2: $\frac{3}{4}$ B zu 4: $\frac{2}{5}$ C zu 1: $\frac{2}{3}$ D zu 3: $\frac{1}{2}$

8 a) blau: $\frac{2}{5}$; gelb: $\frac{3}{5}$
b) blau: $\frac{6}{15}$; gelb: $\frac{9}{15}$
c) blau: $\frac{5}{16}$; gelb: $\frac{6}{16}$; rot: $\frac{5}{16}$
d) blau: $\frac{4}{13}$; gelb: $\frac{3}{13}$; rot: $\frac{6}{13}$

9 a) $\frac{4}{9}$ ist richtig.
Sabrina hat für den Nenner nur die weißen Dreiecke gezählt.
b) $\frac{5}{6}$ ist richtig.
Sabrina hat den Zähler und den Nenner vertauscht.
c) $\frac{4}{7}$ ist richtig.
Sabrina hat sich beim Nenner verzählt.
d) ist richtig
e) $\frac{3}{5}$ ist richtig.
Sabrina hat den nicht markierten Bruchteil benannt.

Seite 206, rechts

7 a) $\frac{4}{9}$ ist richtig.
Für den Nenner müssen alle Kreisteile gezählt werden.
b) Das Rechteck wurde nicht in gleich große Teile geteilt; so kann man keinen Bruchteil angeben.
c) $\frac{3}{7}$ ist richtig.
$\frac{4}{7}$ dagegen stimmt für den weißen Bruchteil.
d) ist richtig

8 Individuelles Nachprüfen

9 a) A: $\frac{1}{5}$; B: $\frac{1}{8}$; C: $\frac{1}{3}$; D: $\frac{1}{4}$; E: $\frac{1}{6}$; F: $\frac{1}{7}$
b) größter Bruchteil: $\frac{1}{3}$
kleinster Bruchteil: $\frac{1}{8}$
c) Der Stammbruch mit dem kleinsten Nenner stellt den größten Bruchteil dar, da die einzelnen Teilstücke am größten sind.
Der Stammbruch mit dem größten Nenner stellt den kleinsten Bruchteil dar, da die einzelnen Teilstücke am kleinsten sind.

10 Beginnend mit dem kleinsten Bruch:
$\frac{3}{8}$; $\frac{3}{7}$; $\frac{3}{6}$; $\frac{3}{5}$
Da alle Brüche den gleichen Zähler haben, schaut man sich nur die Nenner an: Der Bruch mit dem größten Nenner stellt den kleinsten Bruchteil dar, da die einzelnen Teilstücke am kleinsten sind.

Seite 207, links

10 Jans Aussage ist nicht sinnvoll: Es ist nicht entscheidend, ob die Pizza in 6 oder in 8 Teile geteilt wird, da die Pizza dabei gleich groß bleibt.

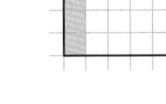

11 a)   b) 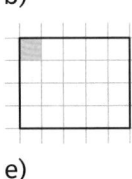   c) 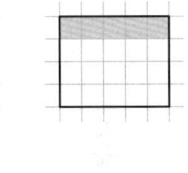
    d) 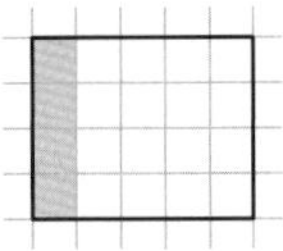   e)

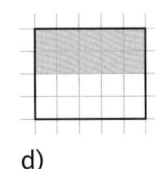

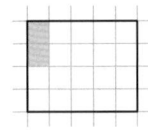

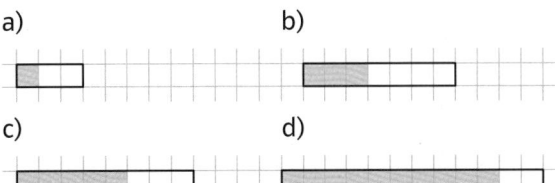

12 a)   b)
     c) 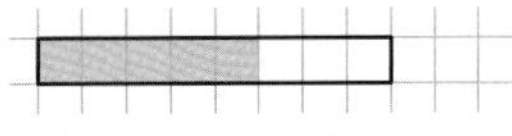   d)

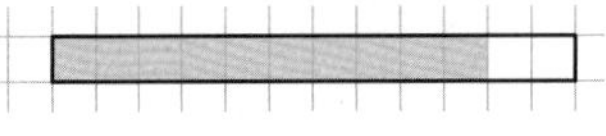

13 Mögliche Aufgabe:

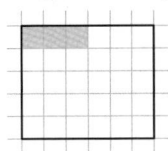

Lösung: $\frac{1}{10}$

8 Brüche

14 a) 1 Kästchen b) 7 Kästchen
   c) 4 Kästchen d) 8 Kästchen
   e) 9 Kästchen f) 10 Kästchen

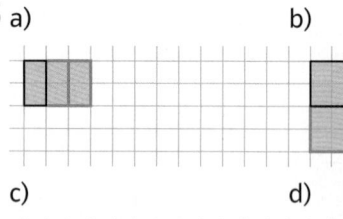

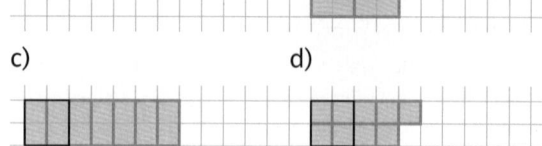

15 a) b) c) d)

Seite 207, rechts

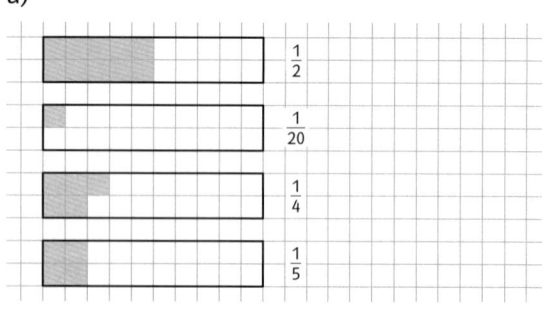

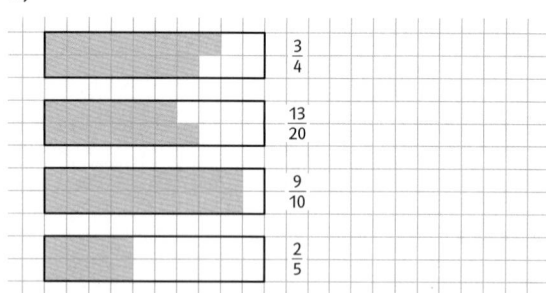

11 a) $\frac{1}{2}$, $\frac{1}{20}$, $\frac{1}{4}$, $\frac{1}{5}$

b) $\frac{3}{4}$, $\frac{13}{20}$, $\frac{9}{10}$, $\frac{2}{5}$

12 a) 4 Kästchen b) 14 Kästchen
    12 Kästchen   16 Kästchen
    18 Kästchen   15 Kästchen
    11 Kästchen   24 Kästchen

13 a) Mögliche Lösung: $\frac{3}{4}$, $\frac{8}{15}$, $\frac{13}{18}$, $\frac{5}{11}$

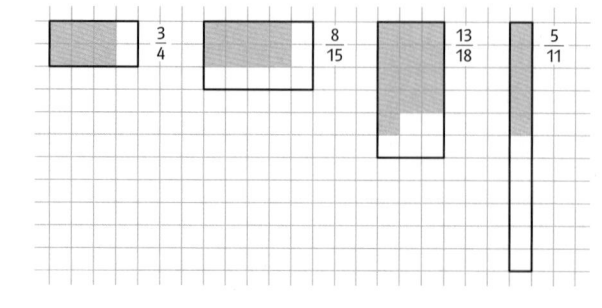

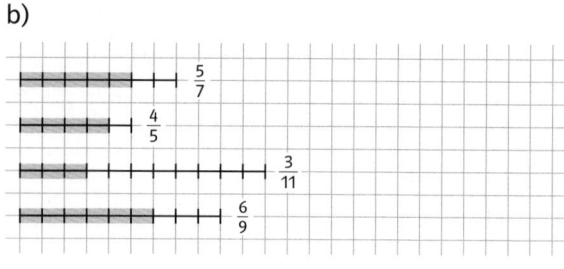

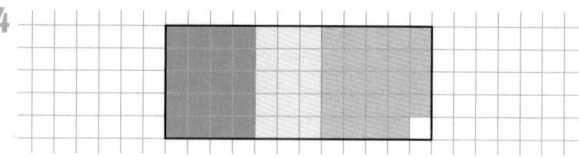

b) $\frac{5}{7}$, $\frac{4}{5}$, $\frac{3}{11}$, $\frac{6}{9}$

14 Ein weißes Kästchen und damit $\frac{1}{60}$ bleibt frei.

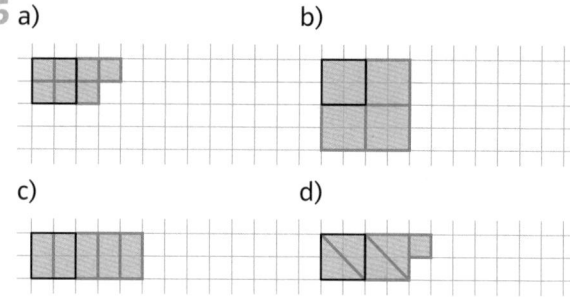

15 a) b) c) d)

16 Sven hat recht.
Man kann das Rechteck in 15 gleich große Teile teilen. Die gefärbte Fläche entspricht dann zwei Teilen.

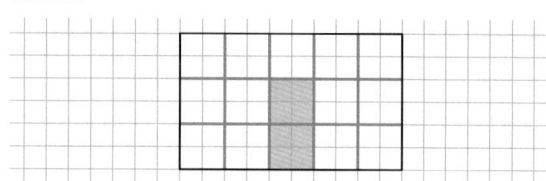

LE 2 Bruchteile von Größen

Differenzierung in LE 2

Differenzierungstabelle

LE 2 Bruchteile von Größen			
Die Lernenden können ...	○	◐	●
Bruchteile von Größen richtig zuordnen,	1, 6 li		
mit Brüchen als Maßzahlen umgehen und Größen umwandeln,	2, 3, 4 li, 5 li KV 152	7 li, 4 re, 5 re, 6 re KV 152 KV 153	8 li, 7 re, 8 re KV 152 KV 153
Gelerntes üben und festigen.			AH S. 61

8 Brüche

Kopiervorlagen
KV 152 Speisekarte: Bruchteile von Größen (s. S. 4)

KV 153 Tandembogen: Bruchteile von Größen

Arbeitsheft
AH S. 61 Bruchteile von Größen

Kommentare — Seite 208–209

Zum Einstieg
Diese Einstiegsaufgabe knüpft an die alltäglichen Erfahrungen der Lernenden an. Die verschiedenen Repräsentanten bieten einen motivierenden Sprechanlass für den Einstieg in die Thematik.

Alternativer Einstieg
Ein Bruchteil einer Größe ist in vielen Fällen nicht mehr handlungsorientiert erfahrbar, da nicht immer greifbar. Daher empfiehlt es sich in leistungsschwächeren Lerngruppen, diese Lerneinheit über die Größe der Länge einzuleiten: Die Bruchteile einer Länge können die Lernenden zeichnerisch und damit handlungsorientiert erfahren. Erst danach sollten abstraktere Größen und der Rechenalgorithmus vertieft werden.

Lösungen — Seite 208–209

Seite 208

Einstieg

→ Sergej soll die größere Quark-Packung und den kleineren Joghurt kaufen.
Zum Quark: 500 g sind die Hälfte von einem Kilogramm und lassen sich damit als $\frac{1}{2}$ kg schreiben.
Zum Joghurt: 250 g sind ein Viertel von einem Kilogramm und lassen sich damit als $\frac{1}{4}$ kg schreiben.

1 a) $\frac{1}{3}$ € b) $\frac{3}{4}$ h c) $\frac{1}{4}$ kg d) $\frac{3}{10}$ m

2 a) $\frac{1}{10}$ cm = 1 mm; $\frac{2}{10}$ cm = 2 mm; $\frac{3}{10}$ cm = 3 mm; $\frac{4}{10}$ cm = 4 mm; $\frac{5}{10}$ cm = 5 mm
b) $\frac{1}{100}$ € = 1 ct; $\frac{2}{100}$ € = 2 ct; $\frac{3}{100}$ € = 3 ct; $\frac{4}{100}$ € = 4 ct; $\frac{5}{100}$ € = 5 ct
c) $\frac{1}{1000}$ kg = 1 g; $\frac{2}{1000}$ kg = 2 g; $\frac{3}{1000}$ kg = 3 g; $\frac{4}{1000}$ kg = 4 g; $\frac{5}{1000}$ kg = 5 g
d) $\frac{1}{12}$ Jahr = 1 Monat; $\frac{2}{12}$ Jahr = 2 Monate; $\frac{3}{12}$ Jahr = 3 Monate; $\frac{4}{12}$ Jahr = 4 Monate; $\frac{5}{12}$ Jahr = 5 Monate

3 a) 5 dm; 2 dm; 250 m
b) 50 ct; 20 ct; 2 ct
c) 1 g; 200 kg; 125 g
d) 15 min; 1 h; 2 Monate

Seite 209

A a) $\frac{1}{5}$ cm = 2 mm b) $\frac{9}{10}$ dm = 9 cm
c) $\frac{3}{4}$ km = 750 m d) $\frac{3}{5}$ m = 6 dm (60 cm)

B a) $\frac{1}{4}$ kg = **250** g b) $\frac{1}{10}$ € = **10** ct
c) $\frac{3}{4}$ m = **75** cm d) $\frac{2}{3}$ h = **40** min

Seite 209, links

4 a) 0 h 30 min b) 0 h 45 min

5 a) $\frac{1}{2}$ kg = 500 g b) $\frac{1}{8}$ kg = 125 g
c) $\frac{3}{4}$ kg = 750 g

6 $\frac{1}{3}$ Jahr = 4 Monate $\frac{1}{4}$ Jahr = 3 Monate
$\frac{1}{2}$ t = 500 kg $\frac{2}{4}$ kg = 500 g
$\frac{5}{6}$ h = 50 min $\frac{4}{5}$ h = 48 min

7 a) $\frac{1}{4}$ t = **250** kg b) $\frac{2}{5}$ cm = **4** mm
c) $\frac{7}{20}$ € = **35** ct d) $\frac{2}{5}$ cm² = **40** mm²
e) $\frac{3}{4}$ km = **750** m f) $\frac{7}{10}$ kg = **700** g
g) $\frac{2}{3}$ h = **40** min h) $\frac{3}{8}$ Tag = **9** h

8 a) 500 g = $\frac{1}{2}$ kg b) 250 g = $\frac{1}{4}$ kg
c) 15 min = $\frac{1}{4}$ h d) 10 min = $\frac{1}{6}$ h
e) 6 h = $\frac{1}{4}$ Tag f) 1 Monat = $\frac{1}{12}$ Jahr

Seite 209, rechts

4 a) 0 h 20 min b) 0 h 5 min

5 a) $\frac{1}{2}$ cm² = 50 mm² b) $\frac{3}{4}$ m² = 75 dm²
c) $\frac{3}{5}$ ha = 60 a

8 Brüche

6
a) $\frac{2}{5}$ cm = **4** mm
b) $\frac{3}{5}$ m² = **60** dm²
c) $\frac{4}{5}$ min = **48** s
d) $\frac{21}{50}$ m = **42** cm
e) $\frac{13}{20}$ km = **650** m
f) $\frac{7}{8}$ km = **875** m

7
a) 200 g = $\frac{1}{5}$ kg
b) 100 g = $\frac{1}{10}$ kg
c) 20 min = $\frac{1}{3}$ h
d) 6 min = $\frac{1}{10}$ h
e) 5 min = $\frac{1}{12}$ h
f) 25 min = $\frac{5}{12}$ h

8 50 g; 100 g; 150 g; 250 g; 300 g; 350 g; 400 g; 500 g; 550 g; 600 g; 650 g; 750 g; 800 g; 850 g; 900 g

LE 3 Dezimalzahlen

Differenzierung in LE 3

Differenzierungstabelle

LE 3 Dezimalzahlen			
Die Lernenden können …	○	◐	●
Dezimalzahlen lesen und verstehen,		SP 18, SP 19	
Zahlen in der Wortform als Dezimalzahl oder als Bruch schreiben,	1	10 re	
Dezimalzahlen in die Stellenwerttafel eintragen,	2, 4 li, 7 li, 4 re KV 154	7 re KV 154	
Dezimalzahlen in die Bruchdarstellung überführen und umgekehrt,	3, 5 li, 6 li, 5 re	6 re, 8 re, 9 re, 11 re	
Größenangaben in eine andere Einheit umwandeln,	8 li	9 li, 10 li, 11 li	12 re
Gelerntes üben und festigen.		AH S. 62	

Kopiervorlagen
KV 154 Dezimalschreibweise

Sprachförderung
SP 18 Domino: Dezimalzahlen (Teil 1)
SP 19 Domino: Dezimalzahlen (Teil 2)

Arbeitsheft
S. 62 Dezimalzahlen

Kommentare — Seite 210–212

Zur Veranschaulichung und leichteren Umwandlung von Dezimalzahlen in Brüche und umgekehrt arbeiten die Lernenden in dieser Lerneinheit vor allem mit der Stellenwerttafel. Dadurch lassen sich auch Fehler und Schwierigkeiten bei Dezimalzahlen mit einer Null unter den Dezimalen vermeiden.
Beim Lesen von Dezimalzahlen sollte unbedingt auf die korrekte Sprechweise geachtet werden.

Zum Einstieg
Die Einstiegsaufgabe greift das Thema Zeitmessung auf und regt eine Diskussion über die Notwendigkeit und die Genauigkeit von Dezimalzahlen an. Eine weiterführende Aufgabenstellung könnte sein, die Lernenden die Rundenzeiten der Größe nach ordnen und begründen zu lassen, wie die Zeitunterschiede zu Stande kommen.

Zu Seite 211, Aufgabe 7, links und rechts
Diese Aufgaben können alternativ auch mit einem Würfel bearbeitet werden. Dazu muss jedes Team mit einem Würfel dreimal würfeln und die drei Zahlen dann in die Stellenwerttafel einordnen.

Zu Seite 211, Aufgabe 4, rechts
Die Aufgabe thematisiert das Ordnen von Dezimalzahlen und bereitet die Lernenden auf Klasse 6 vor. Leistungsschwächere Lernende können die Dezimalzahlen zunächst ungeordnet in die Stellenwerttafel eintragen und danach erst ordnen.

Zu Seite 212
Der Großteil der Aufgaben dieser Seite sind kumulative Aufgaben, die das Wissen über Dezimalzahlen mit dem Wissen über Größen vernetzen. Besonders Gesetzmäßigkeiten beim Umrechnen von Einheiten und Überführen der Schreibweisen ineinander können hier eingeübt werden.

Zu Seite 212, Aufgabe 10, links
Im Unterrichtsgespräch kann die Umwandlung von Größen in kleinere Größen oder in Brüche thematisiert werden, um aufzuzeigen, dass es mehrere Lösungsmöglichkeiten gibt.

8 Brüche

Zu Seite 212, Aufgabe 11, links
Durch das Finden von Fehlern werden erworbene Kompetenzen gefestigt und vertieft: Die Benennung von Fehlern erfordert immer eine tiefere Einsicht in die Thematik und die Fähigkeit, zunächst falsch dargestellte Sachverhalte mithilfe erlernter Fachbegriffe zu umschreiben und dann richtigzustellen.

Lösungen Seite 210–212

Seite 210

Einstieg

→ Runde 2 war am schnellsten. Runde 5 war die langsamste Runde.
→ Erste Nachkommastelle: Zehntelsekunde
   Zweite Nachkommastelle: Hundertstelsekunde
→ Mögliche Lösung: Durch die Angabe mehrerer Nachkommaziffern wird eine Angabe genauer und es kann eindeutig festgestellt werden, welcher Läufer am schnellsten war.

1 a) 3,7 b) 0,15 c) 2,06
    d) 4,404 e) 30,02 f) 0,005

2

Dezimalzahl	Ganze				Dezimale		
	ZT	T	H	Z , E	z	h	t
a) 3,6				3 ,	6		
b) 0,18				0 ,	1	8	
c) 1,565				1 ,	5	6	5
d) 205,2			2	0 , 5	2		
e) 8,203				8 ,	2	0	3
f) 10 000,01	1	0	0	0 , 0	0	1	
g) 9090,909		9	0	9 , 0	9	0	9
h) 37 801,549	3	7	8	0 , 1	5	4	9

Seite 211

3

Dezimalzahl	0,3	0,7	0,01	0,23	0,6	0,31	1,9	0,03	1,003
Bruch	$\frac{3}{10}$	$\frac{7}{10}$	$\frac{1}{100}$	$\frac{23}{100}$	$\frac{6}{10}$	$\frac{31}{100}$	$1\frac{9}{10}$	$\frac{3}{100}$	$1\frac{3}{1000}$

A

Dezimalzahl	Stellenwerttafel					Sprechweise	Bruch
	Ganze		Dezimale				
	Z	E ,	z	h	t		
0,58		0 ,	5	8		null Komma fünf acht	$\frac{58}{100}$
1,58		1 ,	5	8		eins Komma fünf acht	$1\frac{58}{100}$
0,205		0 ,	2	0	5	null Komma zwei null fünf	$\frac{205}{1000}$
15,01	1	5 ,	0	1		fünfzehn Komma null eins	$15\frac{1}{100}$
5,17		5 ,	1	7		fünf Komma eins sieben	$5\frac{17}{100}$
0,050		0 ,	0	5	0	null Komma null fünf null	$\frac{50}{1000}$

Seite 211, links

4

	Dezimalzahl	Stellenwerttafel						Sprechweise
		Ganze			Dezimale			
		H	Z	E ,	z	h	t	
a)	1,5			1 ,	5			eins Komma fünf
	2,7			2 ,	7			zwei Komma sieben
	3,25			3 ,	2	5		drei Komma zwei fünf
	16,84		1	6 ,	8	4		sechzehn Komma acht vier
b)	7,04			7 ,	0	4		sieben Komma null vier
	15,02		1	5 ,	0	2		fünfzehn Komma null zwei
	0,458			0 ,	4	5	8	null Komma vier fünf acht
	200,35	2	0	0 ,	3	5		zweihundert Komma drei fünf
c)	0,03			0 ,	0	3		null Komma null drei
	0,105			0 ,	1	0	5	null Komma eins null fünf
	10,5		1	0 ,	5			zehn Komma fünf
	10,01		1	0 ,	0	1		zehn Komma null eins

d) siehe Tabelle, Sprechweise

5 a) 25,3 b) 6,25
    c) 10,9 d) 3,033

6 a) $1{,}7 = 1 + \frac{7}{10}$ b) $2{,}5 = 2 + \frac{5}{10}$
    c) $0{,}31 = \frac{3}{10} + \frac{1}{100}$ d) $1{,}64 = 1 + \frac{6}{10} + \frac{4}{100}$

193

8 Brüche

7 a) Beispiel: 3,61

E	z	h
•••	••• •••	•

Beispiel: 0,19

E	z	h
	•	••• ••• •••

b) größte Zahl: 9,10

E	z	h
••• ••• •••	•	

Nimmt man an, dass man mehr als 9 Plättchen in eine Spalte verteilen kann, dann ist die größte Zahl 10,00.

E	z	h
••• ••• ••••		

kleinste Zahl: 0,19

E	z	h
	•	••• ••• •••

Verteilt man alle 10 Plättchen in die Hundertstelspalte, erhält man 0,10 als kleinste Zahl.

E	z	h
		••••• •••••

Seite 211, rechts

4

Dezimalzahl	Z	E	z	h	t
0,042		0	0	4	2
0,204		0	2	0	4
2,004		2	0	0	4
2,402		2	4	0	2
12,402	1	2	4	0	2

5 a) $3 + \frac{7}{10} + \frac{1}{100}$ b) $\frac{2}{10} + \frac{5}{100}$
c) $4 + \frac{1}{100}$ d) $2 + \frac{3}{10} + \frac{8}{100} + \frac{9}{1000}$

6 $0,55 = 5\,z + 5\,h = \frac{55}{100}$
$5\,Z + 5\,z = 50\frac{5}{10} = 50,5$
$5\,z + 5\,t = \frac{505}{1000} = 0,505$

7 a) Beispiel: 3,36

E	z	h	t
•••	•••	••• •••	

b) größte Zahl: 93,0

Z	E	z	h	t
••••• ••••	•••			

Nimmt man an, dass man mehr als 9 Plättchen in eine Spalte verteilen kann, dann ist die größte Zahl 120,0.

Z	E	z	h	t
••••• ••••• ••				

kleinste Zahl: 0,039

Z	E	z	h	t
			•••	••••• ••••

Verteilt man alle 12 Plättchen in die Tausendstelspalte, erhält man 0,012 als kleinste Zahl.

Z	E	z	h	t
				••••• ••••• ••

Seite 212, links

8 a) 5 mm = **0,5** cm
b) 300 m = **0,3** km
c) 4 cm = **0,4** dm = **0,04** m
d) 2 mm = **0,2** cm = **0,02** dm = **0,002** m

9 a) 1,5 cm = 1 cm 5 mm
1 m 5 dm = 1,5 m
1 m 50 cm = 1,50 m
1,05 m = 1 m 5 cm
1,005 m = 1 m 5 mm
Es bleibt ein Kärtchen übrig:
10 cm 5 mm
b) 10 cm 5 mm = 10,5 cm = 0,105 m

10 Erdbeer-Cupcakes-Rezept:
0,5 kg Erdbeeren = 500 g Erdbeeren
0,15 kg Zucker = 150 g Zucker
0,2 kg Mehl = 200 g Mehl
0,125 kg Butter = 125 g Butter
0,02 kg Frischkäse = 20 g Frischkäse
0,05 kg Puderzucker = 50 g Puderzucker

11 a) 5,07 m = 5 m **7 cm**
Erklärung: Die Maßzahl „7" ist richtig, aber dazu wurde die falsche Maßeinheit notiert.
b) 3,25 kg = 3 kg **250 g**
Erklärung: Bei der Umrechnung in Gramm wurde eine Null vergessen.
c) 12,12 dm = 12 dm **1 cm 2 mm**
Erklärung: Hier wurde falsch umgerechnet. Falsche Maßzahlen und Maßeinheiten.
d) 4,001 kg = 4 kg **1 g**
Erklärung: Bei der Umrechnung in Gramm wurde falsch umgerechnet.

Seite 212, rechts

8 a) 0,004   b) 0,04   c) 0,4
d) 0,34   e) 0,25   f) 0,975
g) 0,003   h) 8,357   i) 1,01

9 $2\,m + \frac{2}{100}\,m = 2{,}02\,m$

$20\,m + \frac{2}{100}\,m = 20{,}02\,m$

$2\,m + \frac{2}{10}\,m = 2{,}2\,m$

$2\,m + \frac{2}{1000}\,m = 2{,}002\,m$

10 a) $\frac{4}{10}\,€ = 0{,}4\,€$ b) $\frac{8}{1000}\,km = 0{,}008\,km$

c) $\frac{7}{100}\,ha = 0{,}07\,ha$ d) $\frac{12}{1000}\,kg = 0{,}012\,kg$

e) $\frac{25}{100}\,€ = 0{,}25\,€$ f) $\frac{600}{1000}\,km = 0{,}6\,km$

g) $\frac{250}{1000}\,l = 0{,}25\,l$

11 a) $7\,cm = 0{,}7\,dm = \frac{7}{10}\,dm$

$30\,ct = 0{,}30\,€ = \frac{30}{100}\,€$

$83\,m^2 = 0{,}83\,a = \frac{83}{100}\,a$

$500\,kg = 0{,}5\,t = \frac{500}{1000}\,t$

b) $105\,ct = 1{,}05\,€ = \frac{105}{100}\,€ = 1\frac{5}{100}\,€$

$328\,ha = 3{,}28\,km^2 = \frac{328}{100}\,km^2 = 3\frac{28}{100}\,km^2$

$427\,g = 0{,}427\,kg = \frac{427}{1000}\,kg$

$9\,cm^2 = 0{,}09\,dm^2 = \frac{9}{100}\,dm^2$

c) $8610\,kg = 8{,}61\,t = \frac{8610}{1000}\,t = 8\frac{610}{1000}\,t$

$23\,mm = 2{,}3\,cm = \frac{23}{10}\,cm = 2\frac{3}{10}\,cm$

$481\,dm^2 = 4{,}81\,m^2 = \frac{481}{100}\,m^2 = 4\frac{81}{100}\,m^2$

$330\,m = 0{,}33\,km = \frac{330}{1000}\,km$

12 Rezept für Schoko-Cupcakes mit Früchten:
80 g Kakao = 0,08 kg Kakao
150 g Mehl = 0,15 kg Mehl
200 g Butter = 0,2 kg Butter
250 g Crème fraîche = 0,25 kg Crème fraîche
180 g Zucker = 0,18 kg Zucker

Basistraining und Anwenden. Nachdenken

Differenzierung im Basistraining und Anwenden. Nachdenken

Differenzierungstabelle

Basistraining und Anwenden. Nachdenken			
Die Lernenden können …	○	◐	●
mit Brüchen umgehen,	1, 2, 3, 5, 7, 10	11, 14, 15, 16, 18, 19, 20, 21, 25	17
mit Dezimalzahlen umgehen,	4, 6, 8, 9, 22	24, 26, 28, 29, 30	31
Anwendungsaufgaben lösen,		12, 13, 23, 27	32
Gelerntes üben und festigen.	KV 155, KV 156 KV 161	KV 157, KV 158 KV 161	KV 159, KV 160 KV 161
	AH S. 63, S. 64		

Kopiervorlagen
KV 155 Klassenarbeit A – Brüche (Teil 1)
KV 156 Klassenarbeit A – Brüche (Teil 2)
KV 157 Klassenarbeit B – Brüche (Teil 1)
KV 158 Klassenarbeit B – Brüche (Teil 2)
KV 159 Klassenarbeit C – Brüche (Teil 1)
KV 160 Klassenarbeit C – Brüche (Teil 2)
(s. S. 4)

KV 161 Bergsteigen: Brüche
(s. S. 4)

Arbeitsheft
AH S. 63, S. 64 Basistraining und Training

Kommentare   Seite 214 – 217

Zu Seite 217, Aufgabe 27
Durch eine Vielzahl verschiedener möglicher Lösungen wird die Begriffsbildung unterstützt und somit werden die prozessbezogenen Kompetenzen Argumentieren und Kommunizieren in besonderer Weise gefördert.

8 Brüche

Lösungen   Seite 214–217

Seite 214

1 a) [Zahlenstrahl: $\frac{1}{8}$ kg bei 125 g, $\frac{2}{8}$ kg bei 250 g, $\frac{3}{8}$ kg bei 375 g, $\frac{4}{8}$ kg bei 500 g]

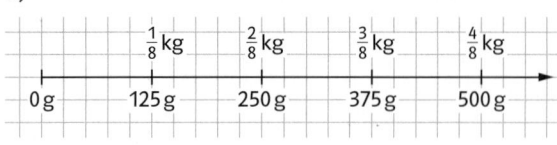

b) [Zahlenstrahl: $\frac{1}{10}$ km bei 100 m, $\frac{2}{10}$ km bei 200 m, $\frac{3}{10}$ km bei 300 m, $\frac{4}{10}$ km bei 400 m]

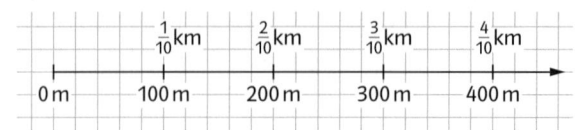

c) [Zahlenstrahl: $\frac{1}{10}$ h bei 6 min, $\frac{2}{10}$ h bei 12 min, $\frac{3}{10}$ h bei 18 min, $\frac{4}{10}$ h bei 24 min]

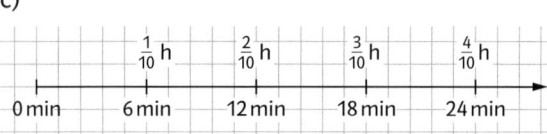

2 a) $\frac{2}{5}$ b) $\frac{5}{6}$ c) $\frac{5}{12}$
    d) $\frac{3}{8}$ e) $\frac{17}{25}$ f) $\frac{7}{12}$

3 a) $\frac{2}{5}$ 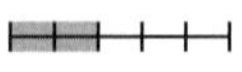   b) $\frac{3}{4}$ 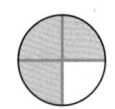   c) $\frac{5}{8}$ 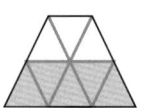   d) $\frac{11}{15}$

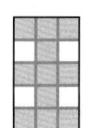

4 a) $\frac{5}{10}; \frac{3}{10}; \frac{7}{10}; \frac{9}{10}; \frac{8}{10}$
    b) $\frac{93}{100}; \frac{72}{100}; \frac{14}{100}; \frac{39}{100}$
    c) $\frac{179}{100}; \frac{754}{100}; \frac{364}{100}; \frac{987}{100}$

5 a) Der Blumenkohl wiegt 0,5 kg = 500 g.
    b) Die Orangen wiegen 0,25 kg = 250 g.
    c) Die Kartoffeln wiegen 2,5 kg = 2500 g.

6 a) 1,5 cm = 15 mm
    b) 0,7 cm = 7 mm
    c) 4,8 cm = 48 mm

7 a) 15 min = $\frac{1}{4}$ h
    b) 45 min = $\frac{3}{4}$ h
    c) 210 min = $\frac{7}{2}$ h = $3\frac{1}{2}$ h

8 a) 0,1; 0,19
    b) 0,9; 0,37
    c) 0,326; 0,625

9 a) $\frac{1}{10}$ m; $\frac{321}{1000}$ km; $\frac{45}{100}$ m
    b) $\frac{56}{100}$ €; $\frac{40}{100}$ €; $\frac{5}{100}$ €

Seite 215

10 a) $\frac{5}{6}$ b) $\frac{1}{5}$ c) $\frac{2}{7}$
     d) $\frac{9}{16}$ e) $\frac{5}{8}$ f) $\frac{5}{9}$
     g) $\frac{7}{10}$ h) $\frac{5}{12}$ i) $\frac{4}{8}$

11 Fläche A: $\frac{12}{48}$ Fläche B: $\frac{6}{48}$ Fläche C: $\frac{6}{48}$
     Fläche D: $\frac{6}{48}$ Fläche E: $\frac{18}{48}$

12 $\frac{13}{20}$ des Kuchens sind noch übrig.
     $\frac{7}{20}$ des Kuchens sind bereits gegessen.

13 Gefäß 1 ist weniger als halb voll, da das Gefäß nach oben hin breiter wird.
Gefäß 2 ist genau halb voll.
Gefäß 3 ist mehr als halb voll, da das Gefäß nach oben hin schmaler wird.

14 a) $\frac{1}{3}$; $\frac{1}{4}$ entspricht einem Viertelkreis und damit einem Winkel von 90°; der Winkel ist allerdings größer als 90° (und $\frac{1}{3} > \frac{1}{4}$).
b) $\frac{2}{3}$; das Rechteck lässt sich in drei Teile teilen, von denen dann ein Teil dem gefärbten Teil entspricht.
c) $\frac{3}{5}$; der gefärbte Teil ist etwas größer als der weiße Teil; dies passt dazu, dass $\frac{3}{5}$ größer als $\frac{1}{2}$ ist; bei $\frac{2}{3}$ dagegen müsste der gefärbte Teil doppelt so groß wie der weiße Teil sein.
d) $\frac{1}{3}$; die Figur lässt sich in drei Teile teilen, von denen dann ein Teil dem gefärbten Teil entspricht.

15 a) A: $\frac{8}{16} = \frac{1}{2}$ B: $\frac{13}{16}$
     C: $\frac{11}{16}$ D: $\frac{17}{32}$
b) Mögliche Lösungen:

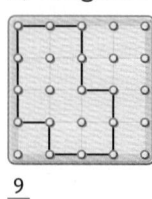

$\frac{9}{16}$ 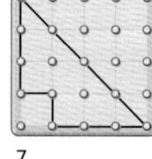 $\frac{7}{16}$

8 Brüche

16 a) Rudolf hat nicht recht, denn die Bruchteile sind gleich groß: $\frac{1}{5}$.
b) Rudolf hat nicht recht, denn die Bruchteile sind gleich groß: $\frac{3}{4}$.

Seite 216

17 a) orange: $\frac{4}{20} = \frac{2}{10} = \frac{1}{5}$
blau: $\frac{5}{20} = \frac{1}{4}$
gelb: $\frac{11}{20}$
b) orange: $\frac{2}{10} = \frac{1}{5}$
blau: $\frac{3}{10}$
gelb: $\frac{5}{10} = \frac{1}{2}$
c) orange: $\frac{3}{10}$
blau: $\frac{5}{10} = \frac{1}{2}$
gelb: $\frac{2}{10} = \frac{1}{5}$

18 $\frac{1}{2}$:

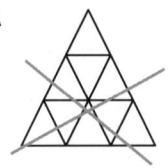

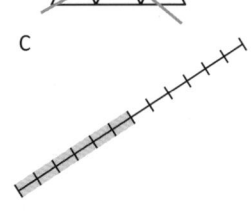

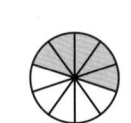

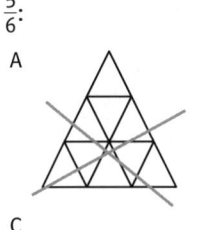

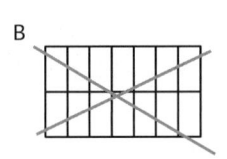

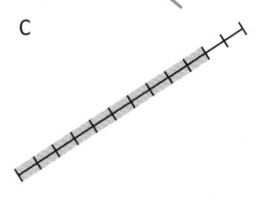

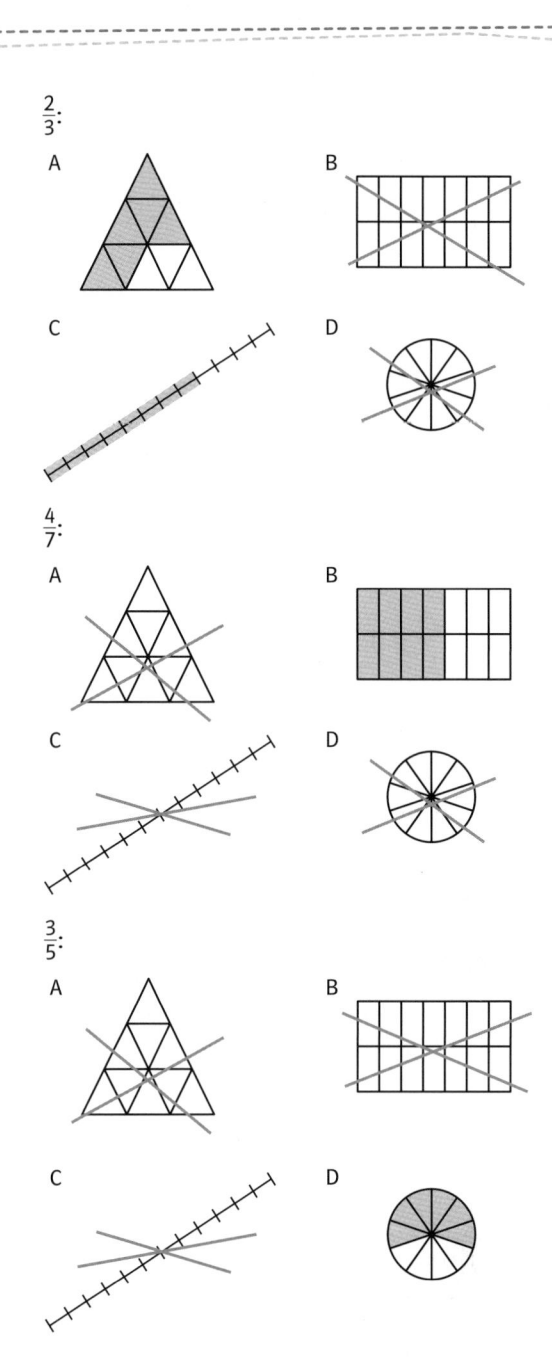

$\frac{5}{6}$:

$\frac{2}{3}$:

$\frac{4}{7}$:

$\frac{3}{5}$:

19 Beginnend mit dem größten Bruch:

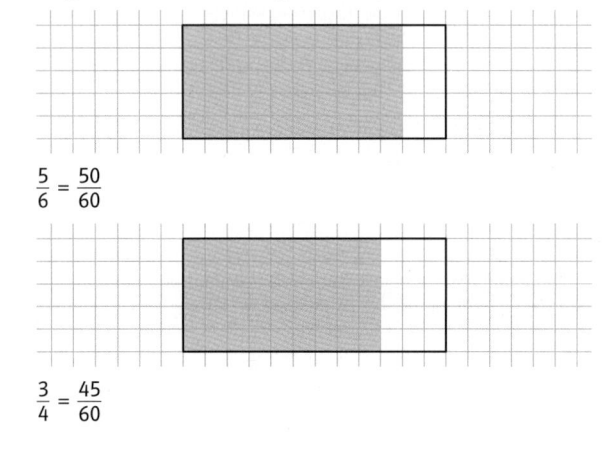

$\frac{5}{6} = \frac{50}{60}$

$\frac{3}{4} = \frac{45}{60}$

8 Brüche

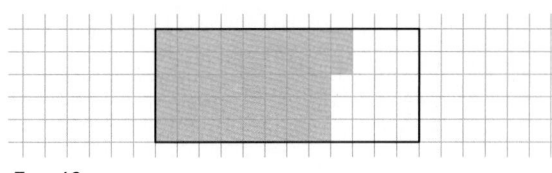

$\frac{7}{10} = \frac{42}{60}$

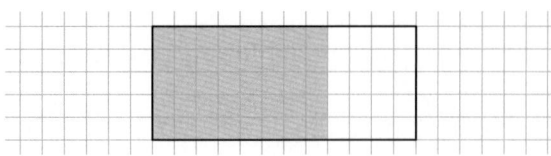

$\frac{2}{3} = \frac{40}{60}$

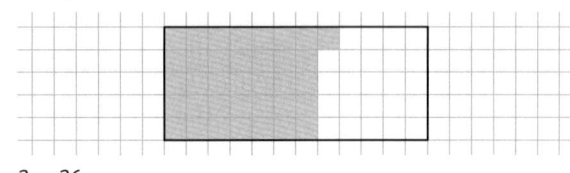

$\frac{3}{5} = \frac{36}{60}$

20 a) $\frac{5}{100} = \frac{1}{20}$ der Fläche bleiben weiß.

b) Im 1-cm²-Raster:

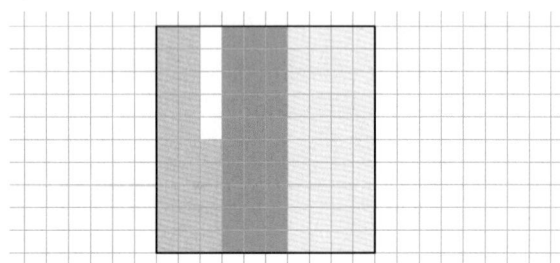

rot: 25 cm²
blau: 40 cm²
gelb: 30 cm²
weiß: 5 cm²

21 a) Eine Stange ist $\frac{1}{30}$ des Quaders.

b) Ein Würfel ist $\frac{1}{90}$ des Quaders.

22 a) $\frac{7}{100}$ m = 0,07 m b) $\frac{4}{10}$ € = 0,40 €

c) $\frac{2}{1000}$ kg = 0,002 kg d) $\frac{14}{100}$ m² = 0,14 m²

e) $\frac{25}{1000}$ km = 0,025 km

23

	Abfahrt	Fahrtdauer	Ankunft
a)	08:30 Uhr	$\frac{3}{4}$ h	**09:15 Uhr**
b)	12:07 Uhr	$\frac{1}{2}$ h	12:37 Uhr
c)	**14:54 Uhr**	$\frac{1}{4}$ h	15:09 Uhr
d)	18:32 Uhr	$2\frac{2}{3}$ h	**21:12 Uhr**
e)	**10:00 Uhr**	$1\frac{5}{12}$ h	11:25 Uhr

24 Mögliche Lösung:
a) 325 dm = 32,5 m b) 3 m 25 cm = 3,25 m
c) 325 m = 0,325 km d) 3,25 m = 32,5 dm

Seite 217

25 a) $\frac{1}{3}$ h; $\frac{1}{4}$ min; $\frac{1}{4}$ Tag; $\frac{1}{4}$ Jahr

b) $\frac{1}{10}$ kg; $\frac{1}{2}$ kg; $\frac{1}{4}$ kg; $\frac{5}{100}$ kg = $\frac{1}{20}$ kg

c) $\frac{1}{2}$ cm; $\frac{1}{10}$ km; $\frac{3}{4}$ m; $\frac{1}{5}$ km

26 0,375 kg = $\frac{375}{1000}$ kg = 375 g = $\frac{3}{8}$ kg

0,75 kg = $\frac{750}{1000}$ kg = 750 g = $\frac{3}{4}$ kg

0,6 kg = $\frac{600}{1000}$ kg = 600 g = $\frac{3}{5}$ kg

0,06 kg = $\frac{60}{1000}$ kg = 60 g = $\frac{3}{50}$ kg

27 a) Mögliche Lösung: b)

c) Es sind insgesamt 5 Seiten erforderlich.
Mögliche Aufteilung:

d) Beispiele für mögliche Aufteilungen:

28 a) 0,257
0,275
0,527
0,572

b) 42 Möglichkeiten:

7,520	75,20	752,0
7,502	75,02	750,2
7,250	72,50	725,0
7,205	72,05	720,5
7,052	70,52	705,2
7,025	70,25	702,5

50,27 502,7
50,72 507,2
52,70 527,0
52,07 520,7
57,20 572,0
57,02 570,2

20,57 205,7
20,75 207,5
25,07 250,7
25,70 257,0
27,05 270,5
27,50 275,0

c) Mögliche Lösung:
0,572   0,752   5,027   5,072

29 a) 7,400 kg b) 12,83 m²
7,040 kg   12,38 m²
7,004 kg   12,03 m²
3,215 kg   9,70 m²
3,015 kg   9,07 m²
3,005 kg   0,06 m²

30 a) $0,1 \text{ cm} = \frac{1}{10} \text{ cm} = 1 \text{ mm}$

$0,6 \text{ dm} = \frac{6}{10} \text{ dm} = 6 \text{ cm}$

$0,09 \text{ €} = \frac{9}{100} \text{ €} = 9 \text{ ct}$

$0,07 \text{ cm}^2 = \frac{7}{100} \text{ cm}^2 = 7 \text{ mm}^2$

$0,2 \text{ m} = \frac{2}{10} \text{ m} = 2 \text{ dm}$

$0,21 \text{ €} = \frac{21}{100} \text{ €} = 21 \text{ ct}$

b) $0,45 \text{ €} = \frac{45}{100} \text{ €} = 45 \text{ ct}$

$0,63 \text{ ha} = \frac{63}{100} \text{ ha} = 63 \text{ a}$

$0,81 \text{ m}^2 = \frac{81}{100} \text{ m}^2 = 81 \text{ dm}^2$

$0,73 \text{ €} = \frac{73}{100} \text{ €} = 73 \text{ ct}$

$0,025 \text{ kg} = \frac{25}{1000} \text{ kg} = 25 \text{ g}$

$0,74 \text{ a} = \frac{74}{100} \text{ a} = 74 \text{ m}^2$

c) $0,04 \text{ km}^2 = \frac{4}{100} \text{ km}^2 = 4 \text{ ha}$

$0,941 \text{ km} = \frac{941}{1000} \text{ km} = 941 \text{ m}$

$0,006 \text{ t} = \frac{6}{1000} \text{ t} = 6 \text{ kg}$

$0,37 \text{ kg} = \frac{370}{1000} \text{ kg} = 370 \text{ g}$

$0,10 \text{ €} = \frac{10}{100} \text{ €} = 10 \text{ ct}$

$0,021 \text{ km} = \frac{21}{1000} \text{ km} = 21 \text{ m}$

31 a) $3,5 \text{ km} = \frac{3500}{1000} \text{ km}$ b) $12,07 \text{ m} = \frac{1207}{100} \text{ m}$

$2,05 \text{ kg} = \frac{2050}{1000} \text{ kg}$ $20,03 \text{ km} = \frac{20\,030}{1000} \text{ km}$

$70,08 \text{ €} = \frac{7008}{100} \text{ €}$ $91,07 \text{ m}^2 = \frac{9107}{100} \text{ m}^2$

32 a) Bei einem Zählwerk ändern sich die einzelnen Ziffern aufsteigend von 0 bis 9 und beginnen dann wieder bei 0.
Wechselt eine Ziffer von 9 auf 0, dann erhöht sich die Ziffer links daneben um 1.
b) Die erste Dezimale muss 11-mal weiterrücken, damit 15,51 erscheint.
c) Die zweite Dezimale muss 110-mal weiterrücken, damit 15,51 erscheint (oder von 15,51 ausgehend dann 16,61).

Daten   F 1   **1**

Strichlisten und Diagramme

1 Ergänze die Tabellen.

a)

Strichliste	III	ЖН I	ЖН ЖН	ЖН ЖН ЖН IIII	ЖН ЖН ЖН ЖН ЖН
Anzahl	3				

b)

Strichliste	III				
Anzahl	3	8	10	11	20

Beispiel

Bei der Wahl der Klassenvertretung …

Name	Josie
Strichliste	IIII
Anzahl	4

Anzahl – Josie: 4

2 Meine neue Klasse. Erkundige dich.

In meiner Klasse sind _____ Kinder:

_____ Mädchen und _____ Jungen.

In einer anderen 5. Klasse sind _____ Kinder:

_____ Mädchen und _____ Jungen.

Lerntipp! ➜ *Vielleicht musst du nachfragen.*

Klasse		meine Klasse	Nachbarklasse
Jungen	Strichliste		
	Anzahl		
Mädchen	Strichliste		
	Anzahl		

3 a) In Klasse 5c sind vier Mädchen 10 Jahre und zwei Jungen 10 Jahre alt.
Male das Diagramm farbig aus.

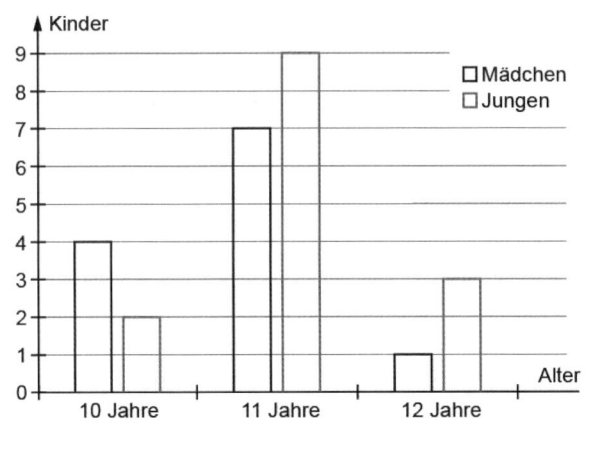

Kinder-Diagramm:
- 10 Jahre: Mädchen 4, Jungen 2
- 11 Jahre: Mädchen 7, Jungen 9
- 12 Jahre: Mädchen 1, Jungen 3

b) Lies aus dem Diagramm die Werte ab. Übertrage sie in die Tabelle.

Klasse 5c		10 Jahre	11 Jahre	12 Jahre
Mädchen	Strichliste			
	Anzahl			
Jungen	Strichliste			
	Anzahl			

c) Beantworte die Fragen:

Wie viele Jungen sind in der 5c? _____

Wie viele Mädchen sind in der 5c? _____

Wie viele Kinder sind insgesamt in der 5c? _____

Daten F 2 **1**

Säulendiagramme

1 Auf den Bildern sehen die drei Fernsehtürme etwa gleich groß aus.

Beispiel

a) Welcher Turm ist am größten? _____

b) Welcher Turm ist am kleinsten? _____

c) Vergleiche deine Lösung mit der deiner Partnerin oder deines Partners.

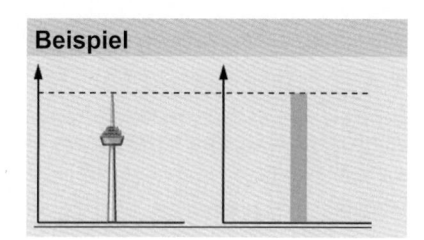

Was stellt ihr fest? _____

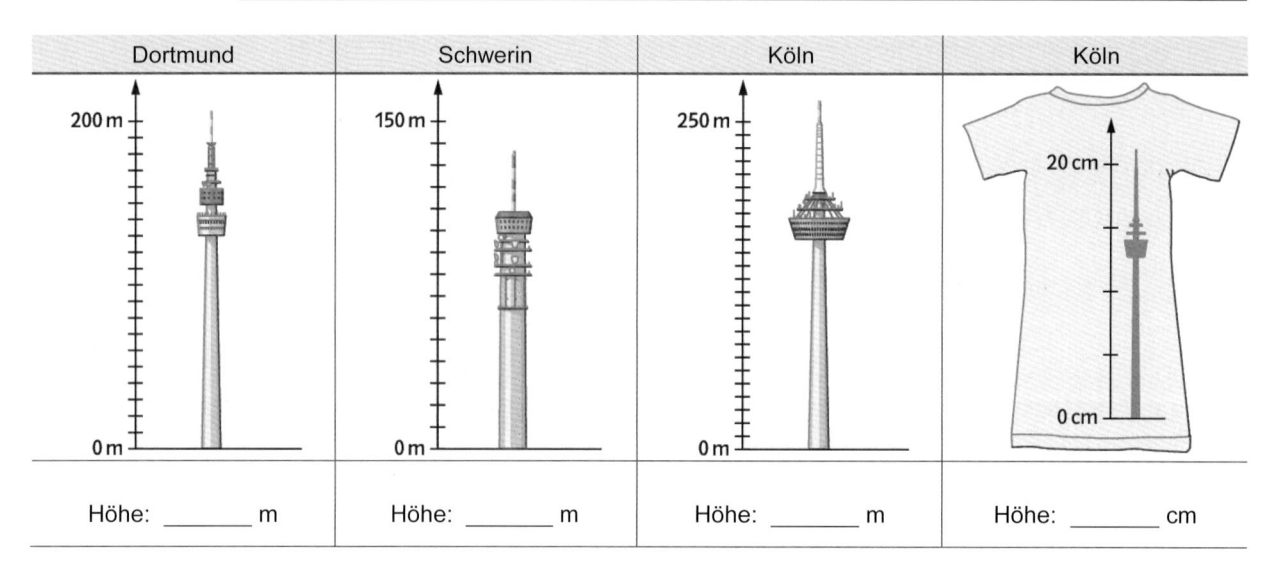

Dortmund	Schwerin	Köln	Köln
200 m	150 m	250 m	20 cm … 0 cm
Höhe: _____ m	Höhe: _____ m	Höhe: _____ m	Höhe: _____ cm

2 Die Skala verrät mehr. Lies die Turmhöhen ab und ergänze die Werte unter den Bildern.

3 Ergänze das Säulendiagramm.

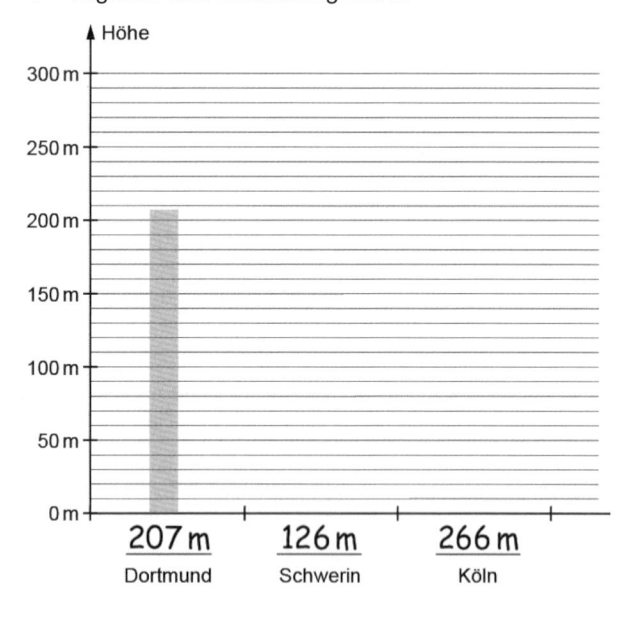

Höhe

207 m Dortmund   126 m Schwerin   266 m Köln

4 Lies die Höhen für Tokio und Moskau ab. Zeichne Säulen für Shanghai und Hannover ein.

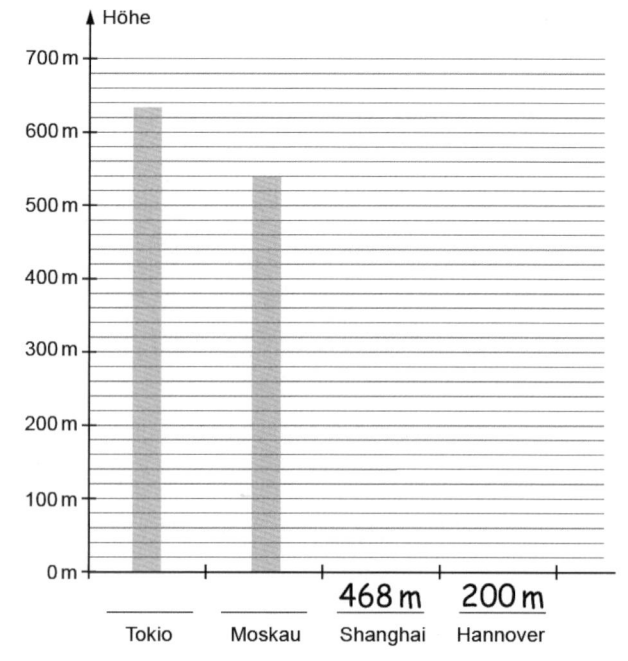

Höhe

_____ Tokio   _____ Moskau   468 m Shanghai   200 m Hannover

Natürliche Zahlen F 3 **2**

Zahlen runden und darstellen

1 Hannah, Fritz und ihre Mutter kaufen ein.

a) Hannah hat die Preise auf einem Zahlenstrahl markiert.
Lies die Preise genau ab und trage sie in die Kästchen ein:

Beispiel
Runden auf Zehner $24 \approx 20$ aber $25 \approx 30$

20 21 22 23 24 | 25 26 27 28 29 30
abrunden — aufrunden

11 €

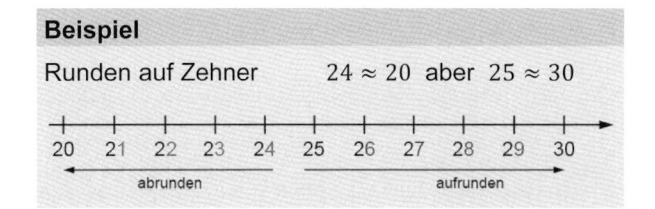

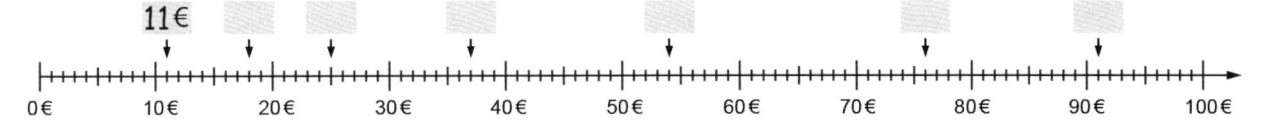

0 € 10 € 20 € 30 € 40 € 50 € 60 € 70 € 80 € 90 € 100 €

b) Fritz hat die Einkaufspreise gerundet. Dafür benutzt er nur die Zahlen der Zehnerreihe:
10 €, 20 €, 30 €, 40 €, 60 €, 80 €, 90 €. Er hat einen Fehler gemacht. Kreise ihn ein und korrigiere.

2 Lottas Vater kauft ein. Auch er hat die Preise auf einem Zahlenstrahl markiert.

a) Lies die Preise genau ab und trage sie in die Kästchen ein.

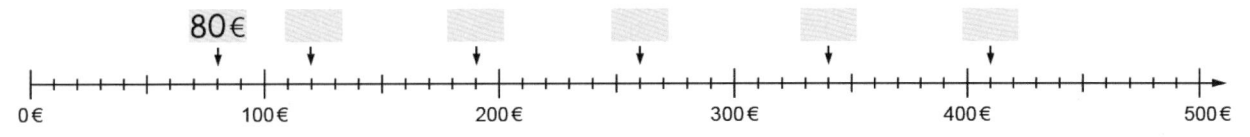

80 €

0 € 100 € 200 € 300 € 400 € 500 €

b) Runde die Preise bei jedem Pfeil auf Hunderter.

$80 € \approx 100 €$; _____

3 a) Ute hat folgende Preise notiert: 12 €, 32 €, 49 €, 87 €, 98 €. Markiere sie auf dem Zahlenstrahl.

0 € 10 € 20 € 30 € 40 € 50 € 60 € 70 € 80 € 90 € 100 €

b) Runde Utes Preise auf Zehner und markiere die gerundeten Werte farbig.

4 Du gehst mit 20 € einkaufen.
Reicht das Geld?

deine Ausgaben	ja ☺	nein ☹
9,98 € + 9,00 €		
6,90 € + 12,50 €		
4 · 5,10 €		
5,01 € + 0,99 € + 14 €		
2 · 8,96 €		

5 Hannahs Mutter hat das Autokennzeichen DO BU 199.

a) Hannah hat gerundet und sagt: „Unser Auto hat das Kennzeichen DO BU 200." Darf sie das?

_____

b) Denke dir Autokennzeichen aus deiner Stadt aus. Wähle Zahlen, die nahe bei einem Hunderter liegen und trage sie in die Autoschilder ein.

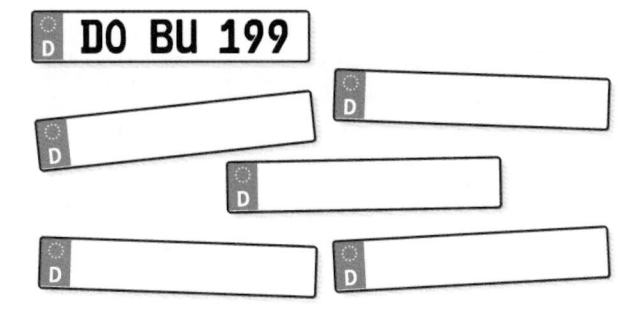

DO BU 199

Natürliche Zahlen F 4

Ordnen. Vorgänger. Nachfolger

1 Ergänze die folgenden Sätze durch „ist kleiner als" oder „ist größer als".

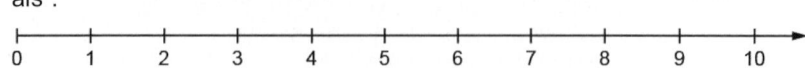

```
0  1  2  3  4  5  6  7  8  9  10
```

Beispiel
„4 ist kleiner als 5" und „5 ist größer als 4".
```
0  1  2  3  4  5  6  7
```

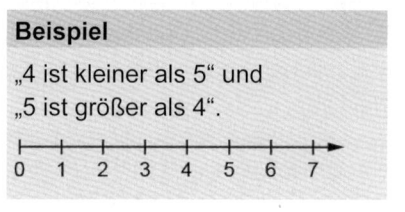

a) 1 __ist kleiner als__ 5   b) 2 _____ 7   c) 8 _____ 6

d) 2 _____ 9   e) 18 _____ 6   f) 8 _____ 16

2 Ordne die Zahlen, beginne mit der kleinsten Zahl.

a) 7; 4; 9: __4; 7; 9__   b) 3; 15; 11: _____   c) 12; 9; 8: _____

d) 23; 8; 19: _____   e) 13; 41; 7; 23: _____   f) 10; 100; 20; 35: _____

3 Welche Zahlen liegen

a) zwischen 4 und 7: __5, 6__   b) zwischen 1 und 4: _____

c) zwischen 7 und 10: _____   d) zwischen 9 und 13: _____

e) zwischen 11 und 13: _____   f) zwischen 14 und 19: _____

4 Die Nachbarn einer natürlichen Zahl heißen *Vorgänger* oder *Nachfolger*!

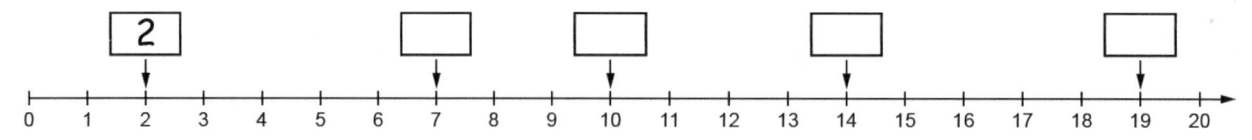

a) Ergänze die vier markierten Zahlen auf dem Zahlenstrahl.
b) Markiere alle Vorgänger (linke Nachbarn) rot.
c) Markiere alle Nachfolger (rechte Nachbarn) grün.
d) Übertrage deine Eintragungen in die Tabelle.

Vorgänger	Zahl	Nachfolger
1	2	3
	7	
	10	
	14	
18		

5 Felix: „Der Nachfolger von vier ist fünf!" Anna: „Falsch, der Vorgänger von sechs ist fünf!" Wer hat recht? Begründe.

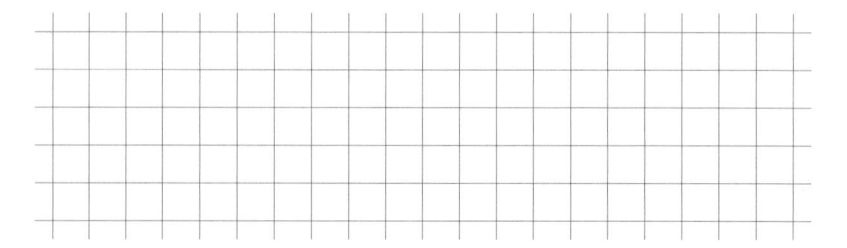

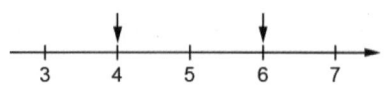

Addieren und Subtrahieren F 5   3

Schneidet an der dicken Linie aus. Rechnet im Kopf. Kontrolliert gegenseitig eure Lösungen.

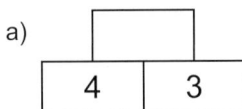

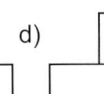

Partnerbogen Kopfrechnen

1 Addiere.
a) 2 + 7 = ☐
b) 6 + 9 = ☐
c) 9 + 15 = ☐

2 Addiere.
a) 20 + 40 = ☐
b) 80 + 60 = ☐
c) 100 + 170 = ☐

3 Subtrahiere.
a) 8 − 6 = ☐
b) 16 − 7 = ☐
c) 30 − 12 = ☐

4 Subtrahiere.
a) 80 − 50 = ☐
b) 130 − 60 = ☐
c) 300 − 120 = ☐

5 Welche Zahl fehlt in der Additionsmauer?

a) ☐ / 4 | 3
b) ☐ / 7 | 9
c) 8 / 5 | ☐
d) 12 / ☐ | 2
e) ☐ / 16 | 17

6 Welche Zahl fehlt in der Subtraktionsmauer?

a) 7 | 2 / ☐
b) 18 | 12 / ☐
c) 7 | ☐ / 1
d) 19 | ☐ / 11
e) ☐ | 7 / 11

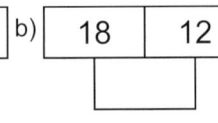

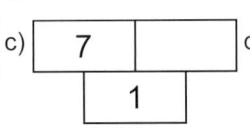

Partnerbogen Kopfrechnen – Lösungen

1 Addiere.
a) 2 + 7 = **9**
b) 6 + 9 = **15**
c) 9 + 15 = **24**

2 Addiere.
a) 20 + 40 = **60**
b) 80 + 60 = **140**
c) 100 + 170 = **270**

3 Subtrahiere.
a) 8 − 6 = **2**
b) 16 − 7 = **9**
c) 30 − 12 = **18**

4 Subtrahiere.
a) 80 − 50 = **30**
b) 130 − 60 = **70**
c) 300 − 120 = **180**

5 Welche Zahl fehlt in der Additionsmauer?

a) **7** / 4 | 3
b) **16** / 7 | 9
c) 8 / 5 | **3**
d) 12 / **10** | 2
e) **33** / 16 | 17

6 Welche Zahl fehlt in der Subtraktionsmauer?

a) 7 | 2 / **5**
b) 18 | 12 / **6**
c) 7 | **6** / 1
d) 19 | **8** / 11
e) **18** | 7 / 11

Addieren und Subtrahieren   F 6   3

Schriftliche Addition

1 Übersetze in eine schriftliche Addition.

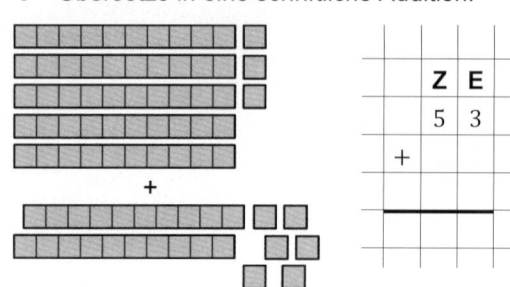

	Z	E
	5	3
+		

Beispiel

$43 + 37 = 80$

	Z	E
	4	3
+	3	7
	1	
	8	0

2 Addiere schriftlich.

	Z	E
	3	3
+	1	2

	Z	E
	5	0
+	4	8

	Z	E
	7	3
+	2	5

	Z	E
	4	5
+	3	5

	Z	E
	7	5
+	1	6

3 Schreibe die Aufgabe untereinander und rechne aus.

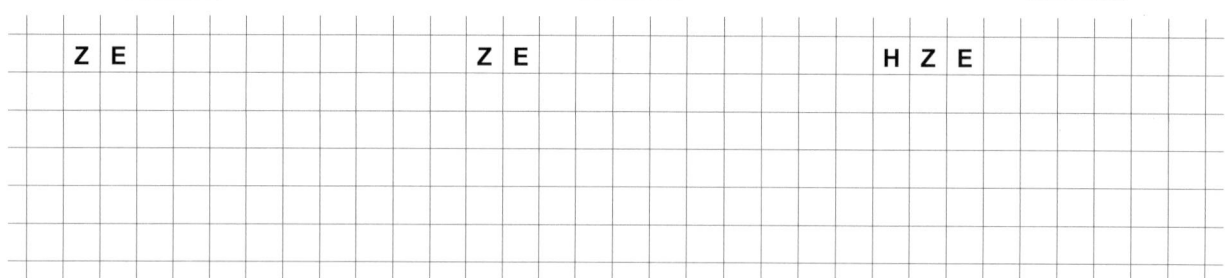

$30 + 45 =$ _____ $42 + 24 =$ _____ $124 + 158 =$ _____

4 Das sind Rechenmauern. Addiere die Zahlen benachbarter Steine.

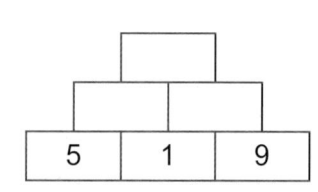

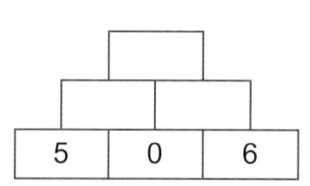

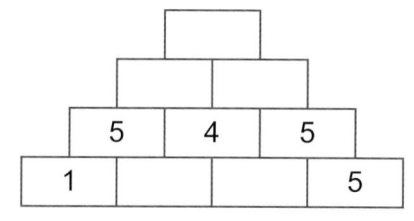

| 5 | 1 | 9 |

| 5 | 0 | 6 |

| | 5 | 4 | 5 |
| 1 | | | | 5 |

5 Die Klassen 5a und 5b haben Wandertag.

a) In der 5a sind 26 Kinder, in der 5b sind 29 Kinder.

Es sind _____ Kinder unterwegs.

b) Sie fahren mit dem Bus zu einem Museum, das 35 km entfernt liegt. Danach besuchen sie einen Park 24 km weiter.

An diesem Tag sind sie insgesamt _____ km gefahren.

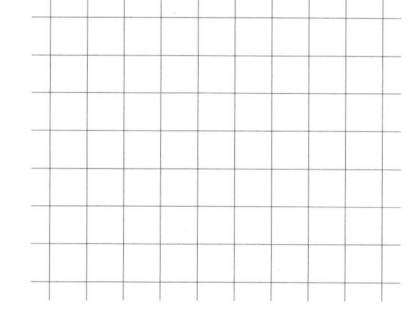

Addieren und Subtrahieren F 7 **3**

Schriftliche Subtraktion

1 Übersetze in eine schriftliche Subtraktion.

Z	E
4	6
−	

Beispiel

74 − 37 = **37**

Z	E
7	4
− 3	7
1	
3	7

2 Subtrahiere schriftlich.

Z	E
4	7
− 2	5

Z	E
5	9
− 4	0

Z	E
8	7
− 5	4

Z	E
4	5
− 3	5

Z	E
7	5
− 1	6

3 Schreibe die Aufgabe untereinander und rechne aus.

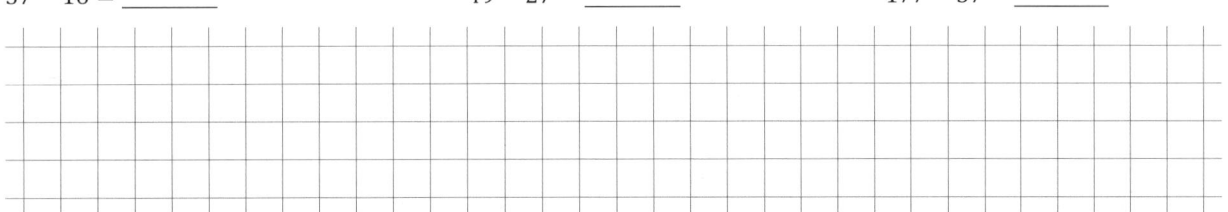

37 − 16 = _____   49 − 27 = _____   177 − 57 = _____

4 Das sind Rechenmauern. Subtrahiere die Zahlen benachbarter Steine von links nach rechts.

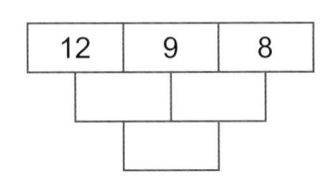

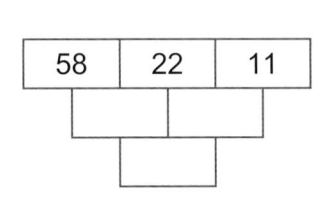

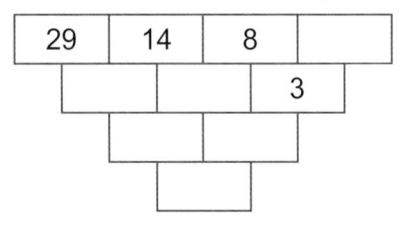

| 12 | 9 | 8 |

| 58 | 22 | 11 |

29	14	8	
			3

5 Die Klassen 5a und 5b fahren in einen Freizeitpark.

a) In der 5a und 5b sind zusammen 52 Kinder.
21 Kinder haben eine Busfahrkarte.

Es müssen noch _____ Kinder Fahrkarten kaufen.

b) Die Lehrkräfte haben für die Getränke 78 € eingesammelt.
Im Freizeitpark bezahlen sie aber nur 52 €.

Es bleiben noch _____ € übrig.

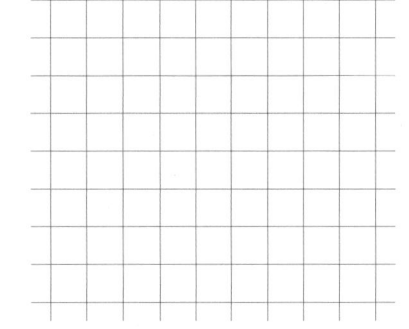

Addieren und Subtrahieren F 8

Platzhalter

Man bestimmt Platzhalter in Additions- und Subtraktionsaufgaben, indem man die Umkehraufgabe löst.

Beispiel

$5 + \square = 9$ $17 - \square = 12$

$9 - 5 = \square$ $17 - 12 = \square$

$\square = 4$ $\square = 5$

also $5 + 4 = 9$ also $17 - 5 = 12$

1 Bestimme den Platzhalter.

a) $11 + \_\_ = 15$ b) $5 + \_\_ = 13$

c) $\_\_ + 12 = 19$ d) $9 - \_\_ = 2$

e) $26 - \_\_ = 21$ f) $\_\_ - 3 = 18$

g) $\_\_ + 73 = 95$ h) $69 - \_\_ = 26$

i) $25 + \_\_ = 57$ j) $\_\_ - 26 = 32$

2 Bestimme den Platzhalter.

a) $3 + 2 + \_\_ = 10$ b) $11 + 5 + \_\_ = 19$ c) $20 - 10 - \_\_ = 6$ d) $20 - 5 - \_\_ = 9$

3 Ergänze die fehlenden Zahlen.

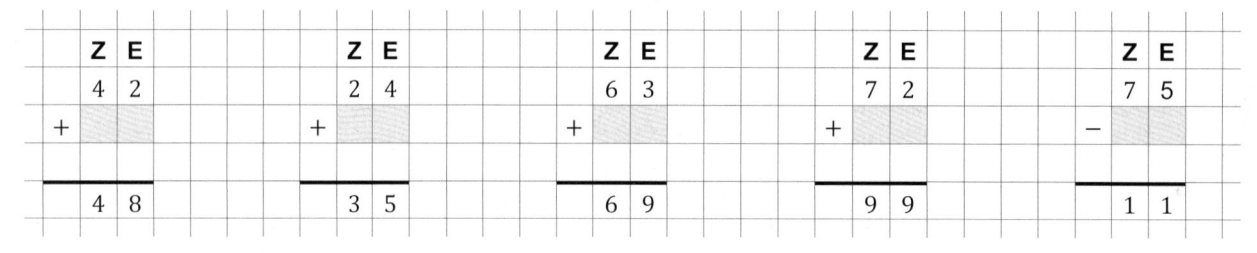

Z	E		Z	E		Z	E		Z	E		Z	E
4	2		2	4		6	3		7	2		7	5
+			+			+			+			−	
4	8		3	5		6	9		9	9		1	1

4 Trage die fehlenden Zahlen in die Rechenmauer ein. Addiere die Zahlen benachbarter Steine.

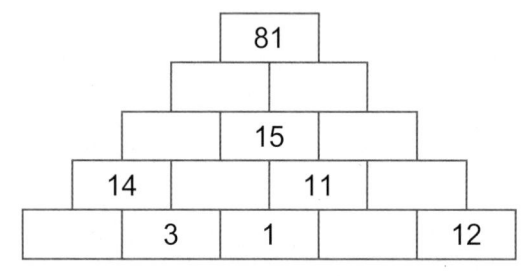

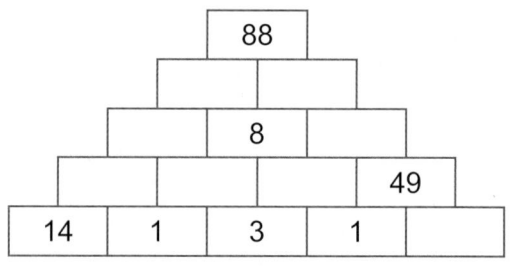

Mauer 1: Spitze 81; Zeile 2: _, 15; Zeile 3: 14, 11, _; Basis: _, 3, 1, _, 12

Mauer 2: Spitze 88; Zeile 2: _, 8; Zeile 3: _, _, 49; Basis: 14, 1, 3, 1, _

5 Finde die Regel und vervollständige die Zahlenreihen.

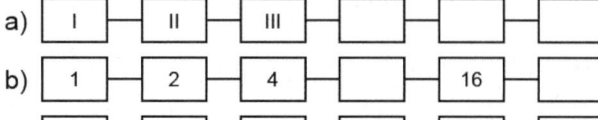

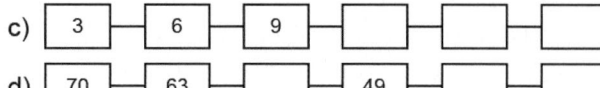

a) I — II — III — _ — _ — _

b) 1 — 2 — 4 — _ — 16 — _

c) 3 — 6 — 9 — _ — _ — _

d) 70 — 63 — _ — 49 — _ — _

Multiplizieren und Dividieren   F 9   **4**

Schneidet an der dicken Linie aus. Rechnet im Kopf. Kontrolliert gegenseitig eure Lösungen.

Partnerbogen Kopfrechnen

1 Multipliziere.
a) 2 · 5 = ☐
b) 3 · 5 = ☐
c) 5 · 5 = ☐
d) 10 · 5 = ☐

2 Multipliziere.
a) 2 · 9 = ☐
b) 8 · 9 = ☐
c) 9 · 9 = ☐
d) 10 · 9 = ☐

3 Dividiere.
a) 8 : 2 = ☐
b) 16 : 2 = ☐
c) 20 : 2 = ☐
d) 2 : 2 = ☐

4 Dividiere.
a) 8 : 4 = ☐
b) 24 : 4 = ☐
c) 80 : 4 = ☐
d) 4 : 4 = ☐

5 Welche Zahl fehlt in der Multiplikations-Mauer?

a) ☐ / 4, 3
b) ☐ / 2, 9
c) 15 / 5, ☐
d) 20 / ☐, 2
e) ☐ / 10, 11

6 Welche Zahl fehlt in der Divisions-Mauer?

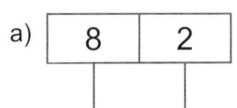

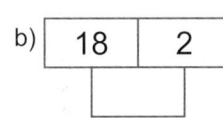

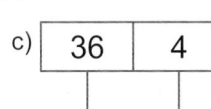

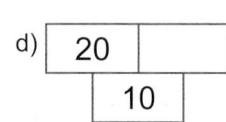

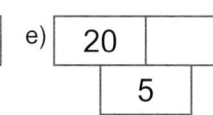

a) 8, 2 / ☐
b) 18, 2 / ☐
c) 36, 4 / ☐
d) 20, ☐ / 10
e) 20, ☐ / 5

Partnerbogen Kopfrechnen – Lösungen

1 Multipliziere.
a) 2 · 5 = **10**
b) 3 · 5 = **15**
c) 5 · 5 = **25**
d) 10 · 5 = **50**

2 Multipliziere.
a) 2 · 9 = **18**
b) 8 · 9 = **72**
c) 9 · 9 = **81**
d) 10 · 9 = **90**

3 Dividiere.
a) 8 : 2 = **4**
b) 16 : 2 = **8**
c) 20 : 2 = **10**
d) 2 : 2 = **1**

4 Dividiere.
a) 8 : 4 = **2**
b) 24 : 4 = **6**
c) 80 : 4 = **20**
d) 4 : 4 = **1**

5 Welche Zahl fehlt in der Multiplikations-Mauer?

a) **12** / 4, 3
b) **18** / 2, 9
c) 15 / 5, **3**
d) 20 / **10**, 2
e) **110** / 10, 11

6 Welche Zahl fehlt in der Divisions-Mauer?

a) 8, 2 / **4**
b) 18, 2 / **9**
c) 36, 4 / **9**
d) 20, **2** / 10
e) 20, **4** / 5

Schriftliche Multiplikation I

Beispiel

ohne Übertrag

4	3	·	2
		8	6

Einer: 2 · 3 = 6, schreibe 6
Zehner: 2 · 4 = 8, schreibe 8

Beispiel

mit Übertrag

5	7	·	3
1		7	1

Einer: 3 · 7 = 21
schreibe 1,
übertrage 2 Zehner
Zehner: 3 · 5 = 15;
15 + 2 = 17
schreibe 7, übertrage 1 Hunderter
Hunderter: schreibe 1

1 Multipliziere schriftlich.
a) 23 · 2 b) 34 · 2
c) 41 · 2 d) 32 · 2
e) 44 · 2 f) 62 · 2

2 Multipliziere schriftlich. Achte auf den Übertrag.
a) 24 · 3 b) 25 · 3
c) 37 · 3 d) 43 · 3
e) 52 · 3 f) 68 · 3

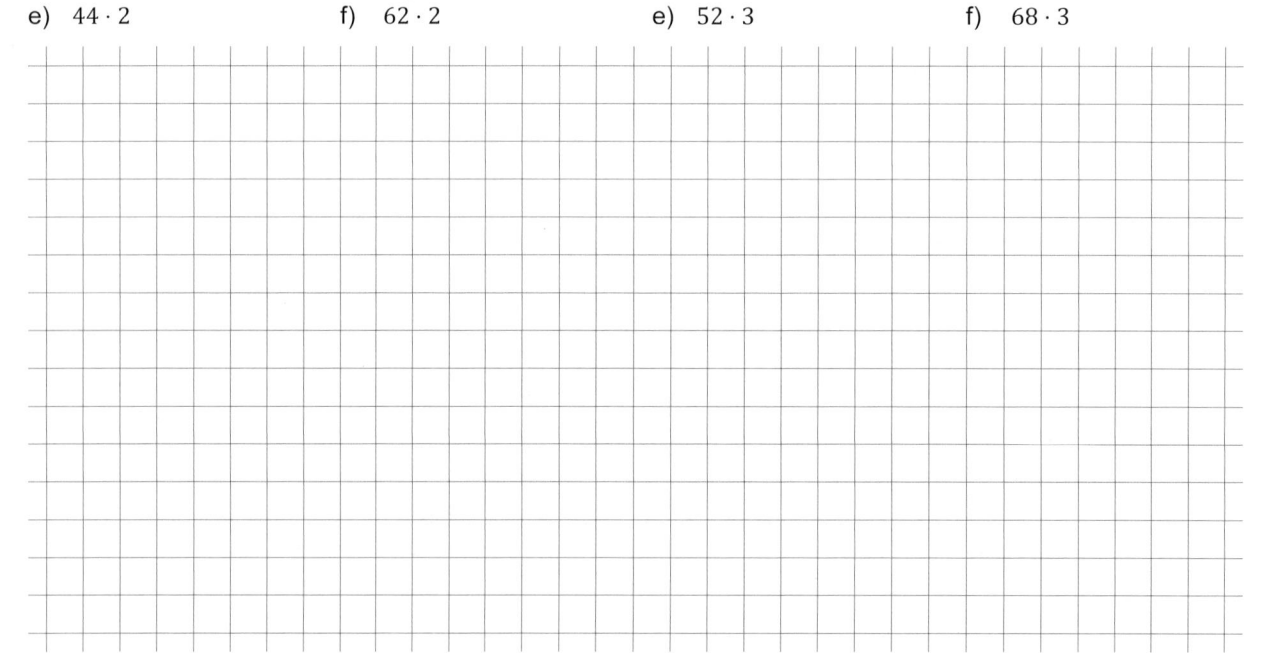

3 Suche den Fehler. Rechne richtig im Heft.
a) 32 · 3
   98
b) 29 · 3
   627

4 Vier Kinder bringen für Bücher jeweils 18 Euro mit in die Schule.
Wie viel Euro sammelt die Lehrkraft ein?

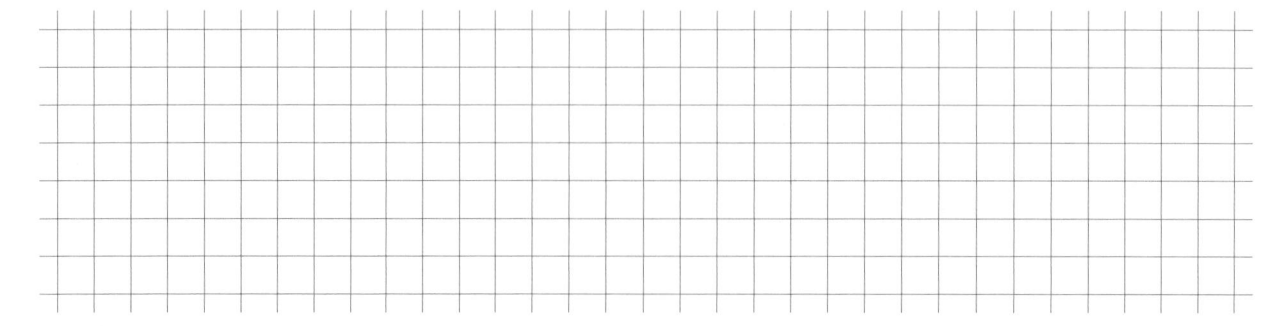

Schriftliche Multiplikation II

1 Rechne im Heft. Multipliziere schriftlich.
a) 24 · 12
b) 33 · 13
c) 31 · 24
d) 32 · 23

2 Rechne im Heft. Multipliziere schriftlich.
Achte auf den Übertrag.
a) 23 · 82
b) 32 · 46
c) 26 · 34
d) 87 · 35

3 Rechne im Heft. Multipliziere schriftlich.
Achte auf die Nullen.
a) 210 · 8
b) 320 · 5
c) 206 · 6
d) 308 · 5

Beispiel

1.	8	2	·	3	4

2.	8	2	·	3	4
		2	4	6	

3 · 2 = 6; schreibe 6
3 · 8 = 24; schreibe 4, übertrage 2
Hunderter: schreibe 2

3.	8	2	·	3	4
		2	4	6	
	3	2	8		

4 · 2 = 8; schreibe 8
4 · 8 = 32; schreibe 2, übertrage 3
Hunderter: schreibe 3

4.	8	2	·	3	4
		2	4	6	
+	3	2	8		
	2	7	8	8	

Teilprodukte addieren

4 Fritz hat in der Klassenarbeit Fehler bei der Multiplikation gemacht. Suche den Fehler. Rechne richtig im Heft.

a) 2 7 · 7
   1 4 4 9

b) 3 4 0 · 9
   2 7 3 6

c) 4 0 9 · 3
   1 2 7

5 Der Museumsbesuch kostet 12 Euro Eintritt pro Person.
a) In der Klasse sind 26 Kinder. Wie viel Euro muss die Lehrkraft einsammeln?
b) Leider sind drei Kinder in der Klasse krank und können nicht mitfahren. Die Lehrkraft gibt ihnen das Geld zurück. Wie viel Euro gibt sie zurück? Wie viel muss sie im Museum noch bezahlen?
c) Im Museum sind an diesem Morgen fünf Klassen angemeldet. Das sind insgesamt 118 Kinder. Wie viel Euro wird an der Kasse von diesen fünf Klassen eingenommen?

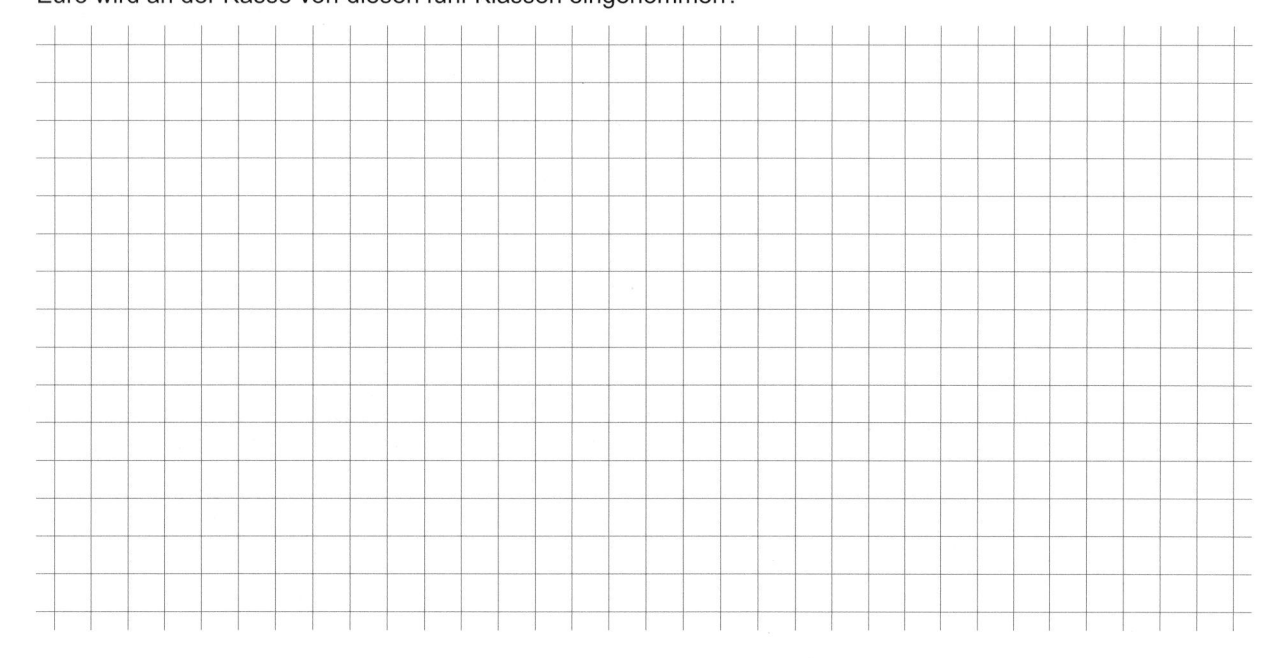

Multiplizieren und Dividieren   F 12   **4**

Schriftliche Division I

1 Dividiere schriftlich.

a) 32 : 2 =   b) 86 : 2 =

Beispiel

84 : 6 = 14
− 6
  24
− 24
   0

c) 346 : 2 =   d) 550 : 2 =

2 Dividiere schriftlich.

a) 65 : 5 =   b) 95 : 5 =   c) 135 : 5 =

3 Klaus hat dividiert und dabei Fehler gemacht. Finde die Fehler und rechne richtig im Heft.

a) 366 : 3 = 221
    − 6
      6
    − 6
      3
    − 3
      0

b) 416 : 4 = 14
    − 4
    016
    − 16
       0

c) 2416 : 4 = 64
    − 24
     016
    − 16
       0

4 Dividiere schriftlich.

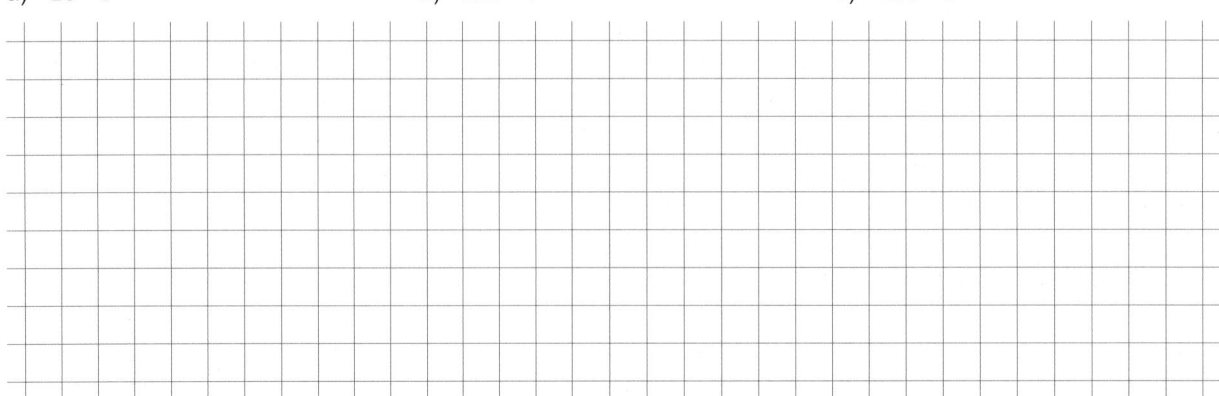

a) 28 : 4 =   b) 280 : 4 =   c) 150 : 5 =

Schriftliche Division II

1 Dividiere schriftlich. Überlege bei den Nullen.

a) 128 : 4 =

b) 255 : 5 =

c) 408 : 4 =

d) 488 : 4 =

Beispiel

186 : 6 = 31
−18
  06
− 06
   0

2 Für einen Tagesausflug mietet die Klasse 5b zusätzlich einen Kleinbus. Der Bus kostet 96 Euro.
a) Den Preis müssen acht Kinder unter sich aufteilen. Wie viel Euro zahlt jedes Kind?
b) Es fahren nur sechs Kinder mit. Wie viel Euro zahlt jetzt jedes Kind?

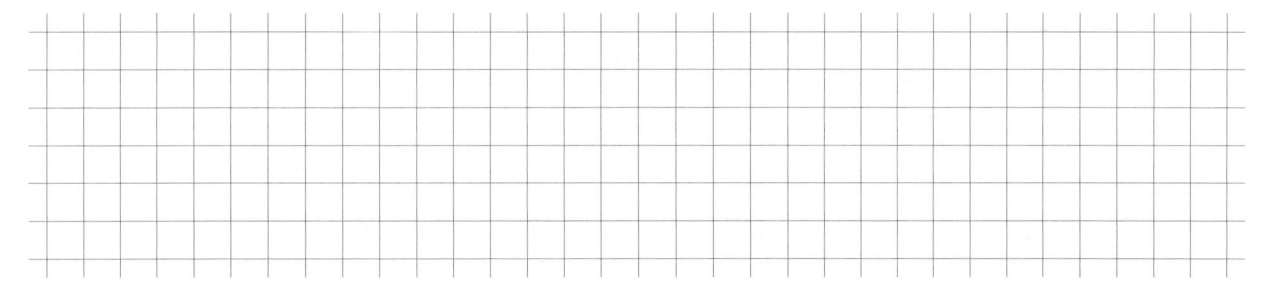

3 An einer Schule werden 5 Euro für Kopien eingesammelt. In diesem Schuljahr waren das insgesamt 675 Euro. Wie viele Kinder haben Geld abgegeben?

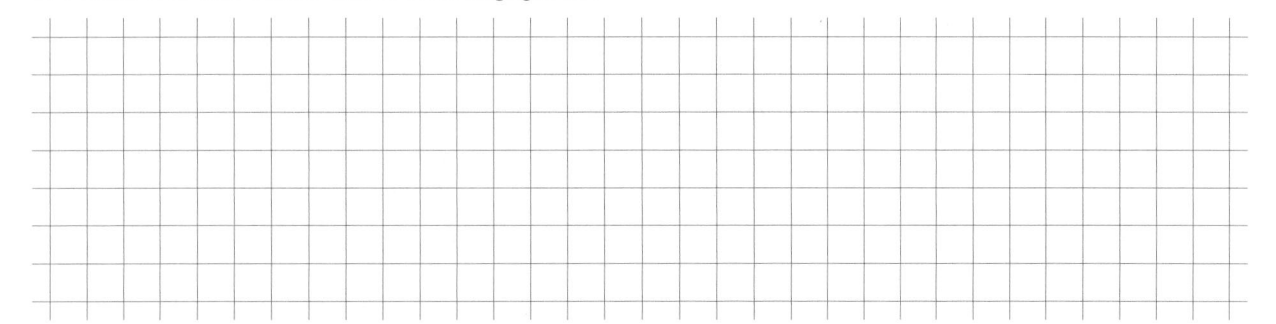

4 Hannah fährt mit dem Fahrrad zur Schule. Das sind pro Woche 20 km.
a) Wie viele Kilometer fährt Hannah täglich?
b) Hannah war krank und nur an vier Tagen in der Schule. Wie viele Kilometer ist sie in dieser Woche gefahren?

Geometrie. Vierecke F 14 **5**

Zueinander senkrecht. Abstand

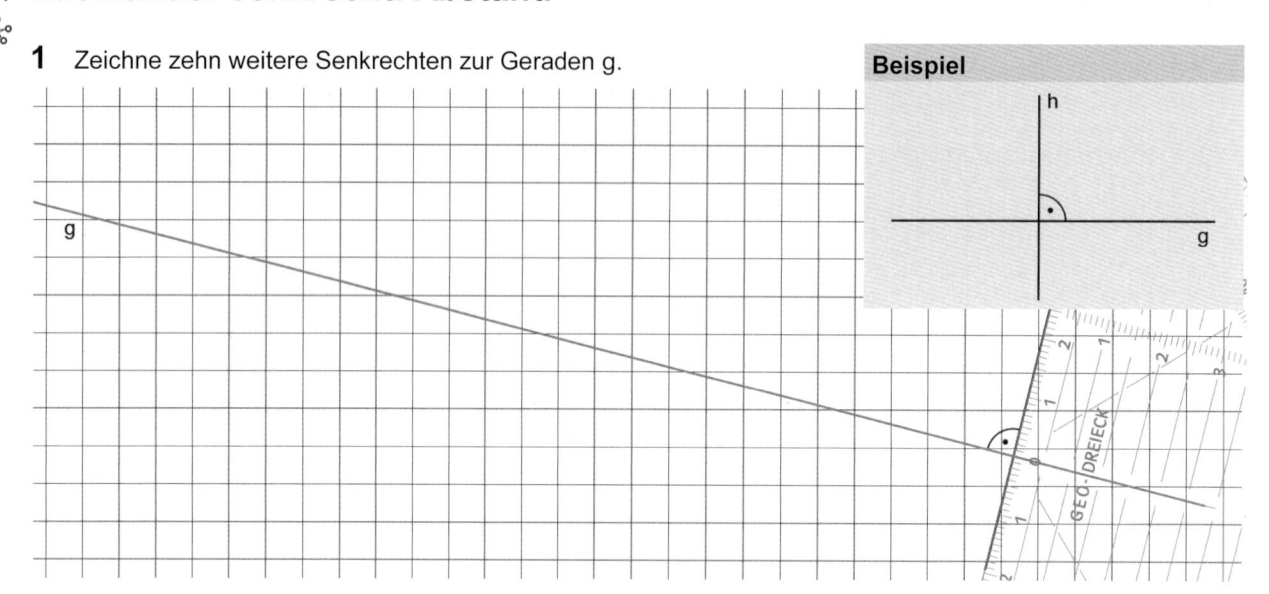

1 Zeichne zehn weitere Senkrechten zur Geraden g.

Beispiel

2 a) Die Seiten von Quadraten stehen senkrecht zueinander.
Ergänze die angefangenen Figuren zu Quadraten.
b) Zeichne drei noch größere Quadrate in dein Heft.

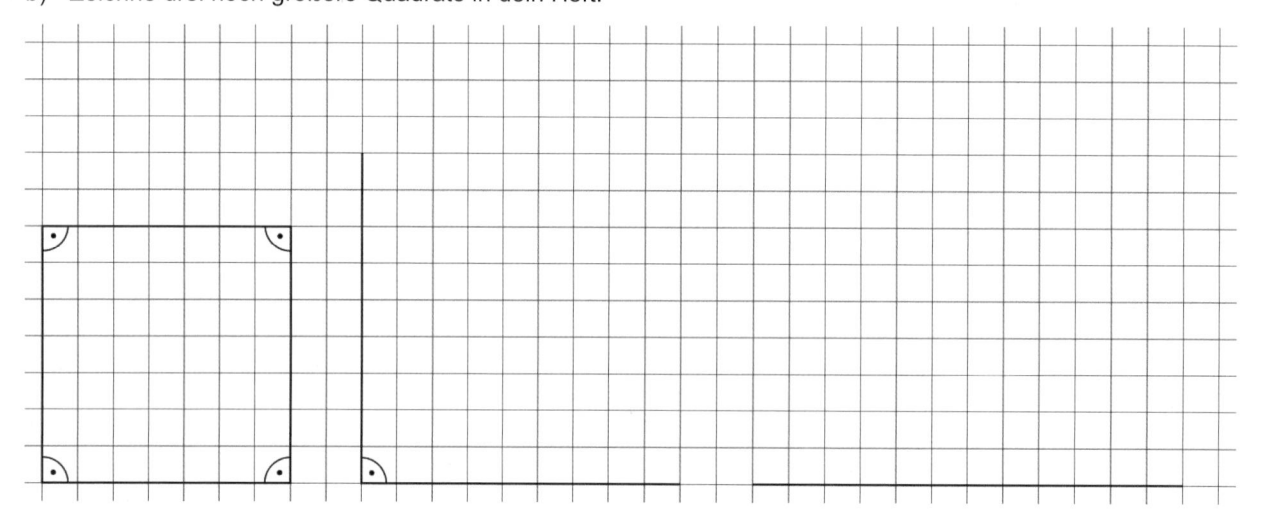

3 Der Abstand ist die kürzeste Entfernung zwischen einem Punkt und einer geraden Linie.
Zeichne Senkrechten ein.
Miss dann den Abstand der einzelnen Punkte von der Geraden g.
Beispiel: Der Abstand von P zu g beträgt 2 cm.

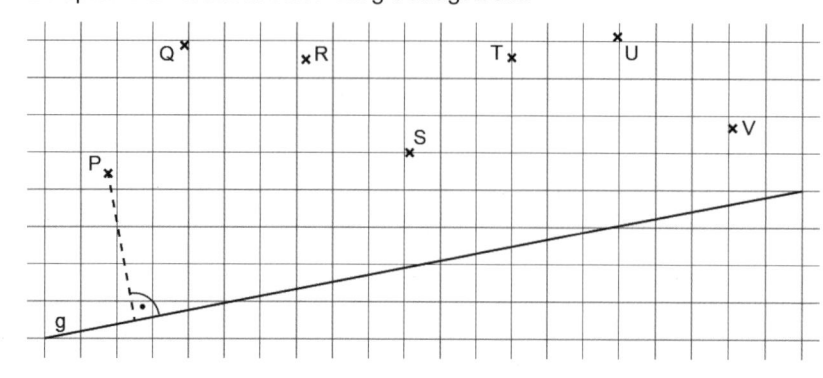

Abstand von	in cm
P zu g	2
Q zu g	
R zu g	
S zu g	
T zu g	
U zu g	
V zu g	

© Ernst Klett Verlag GmbH, Stuttgart 2022 | www.klett.de | Alle Rechte vorbehalten. Von dieser Druckvorlage ist die Vervielfältigung für den eigenen Unterrichtsgebrauch gestattet. Die Kopiergebühren sind abgegolten.

Abbildungen: imprint, Zusmarshausen
Text: Norbert Burghaus

Geometrie. Vierecke F 15 **5**

Zueinander parallel

1 a) Zeichne Parallelen in das Rechteck.
Die Parallelen haben einen Abstand von 1 cm zueinander.
b) Zeichne eine weitere Figur mit Parallelen in dein Heft.
Das neue Rechteck ist 14 cm lang und 10 cm breit.

Beispiel
a
b

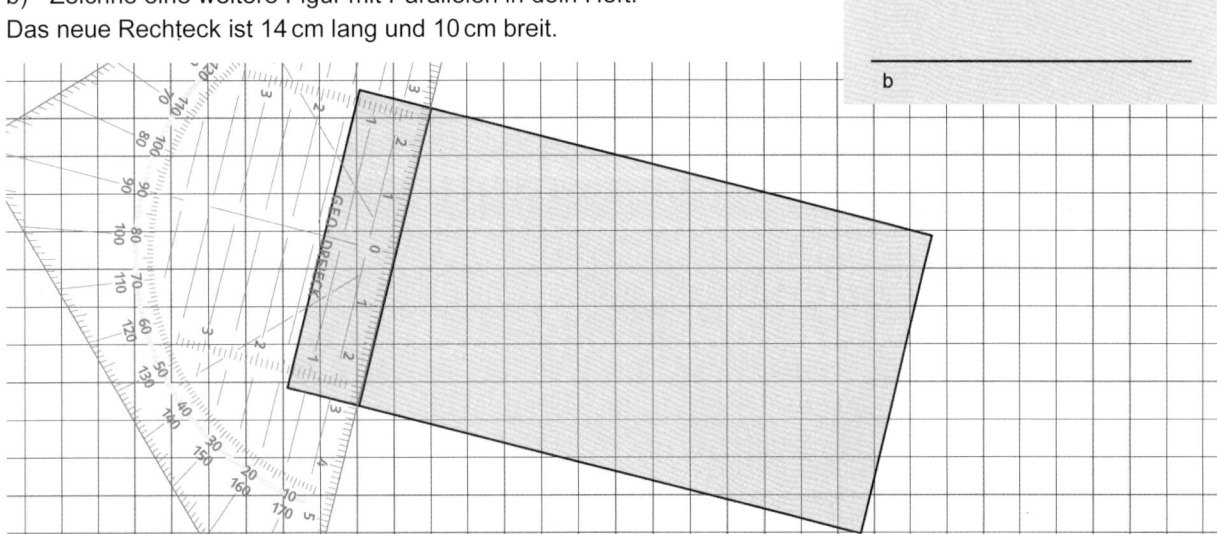

2 a) Färbe parallele Linien jeweils in der gleichen Farbe. Du kommst mit vier Farben aus.
b) Erweitere das Muster.

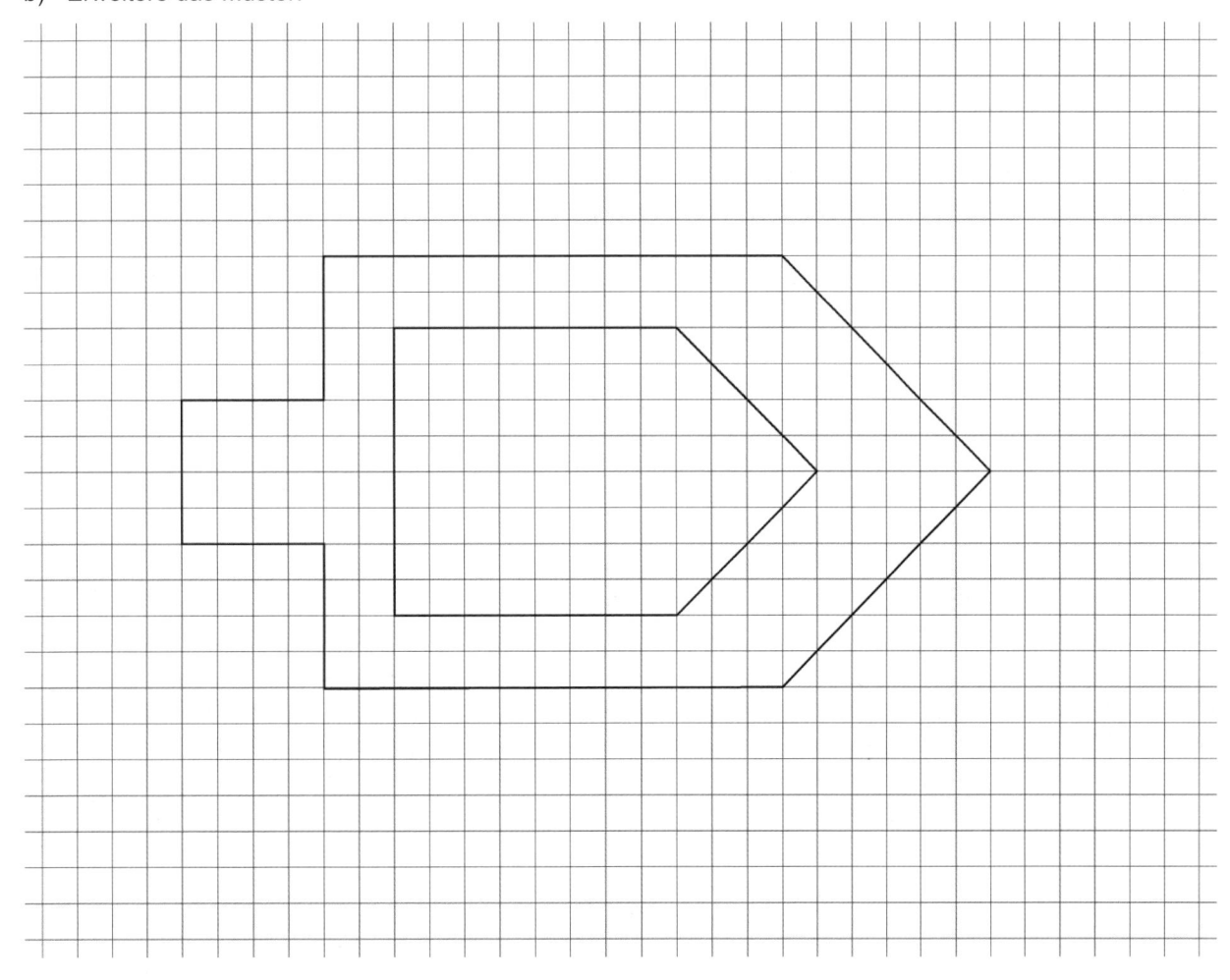

Geometrie. Vierecke F 16

Achsensymmetrische Figuren

1 Stelle Klecksbilder mit hübschen Mustern her.

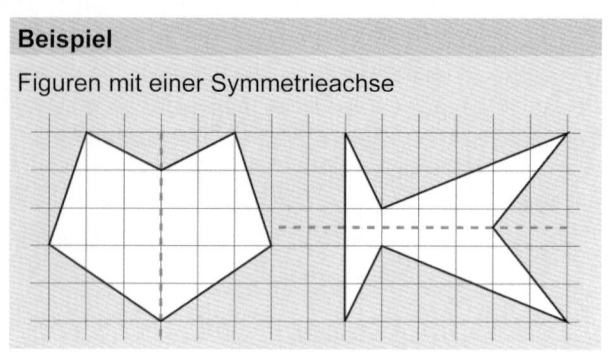

Beispiel
Figuren mit einer Symmetrieachse

2 Achsensymmetrische Figuren kann man in der Mitte zusammenfalten.
Schneide diese Figuren aus. Falte sie so, dass zwei Hälften aufeinanderliegen.

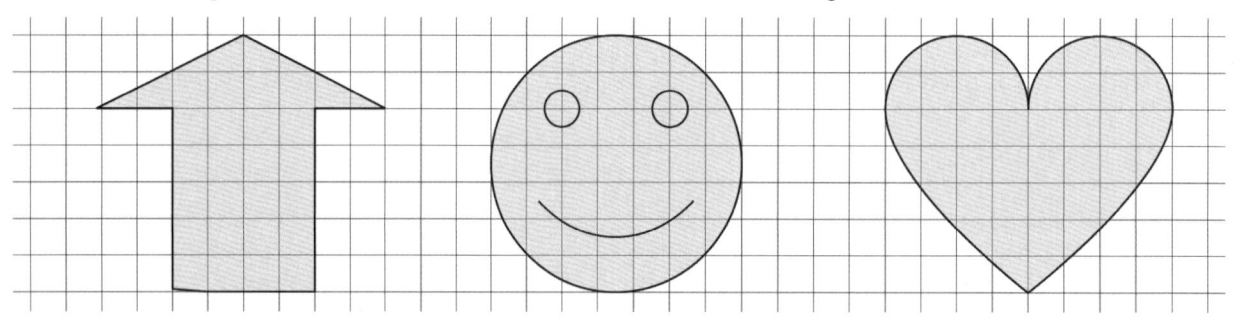

3 Bei diesen Figuren gibt es mehrere Möglichkeiten, sie so zu falten, dass zwei Hälften aufeinanderliegen.
Schneide die Figuren aus. Falte sie so, dass zwei Hälften aufeinanderliegen.
Findest du mehr als eine Möglichkeit?

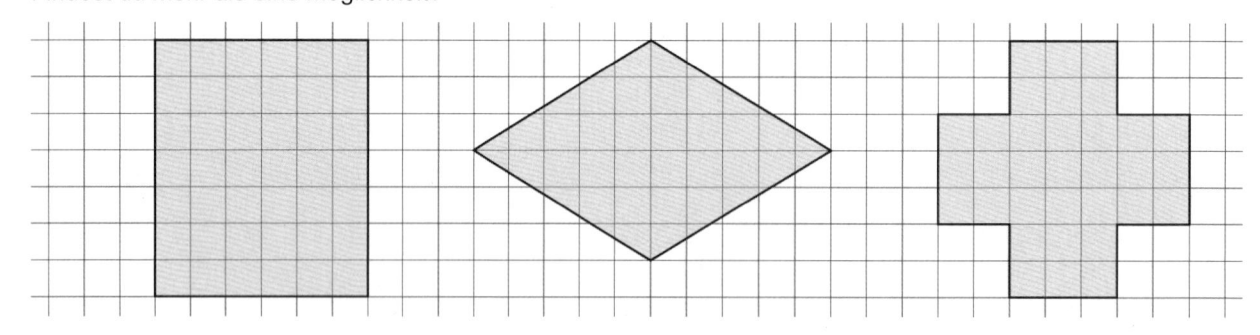

4 a) Male die beiden Nationalflaggen aus.
b) Welche Flagge ist achsensymmetrisch?
c) Suche in deinem Atlas weitere symmetrische Flaggen. Zeichne sie in dein Heft.

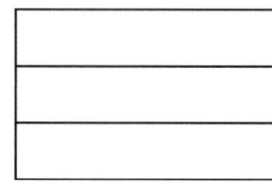

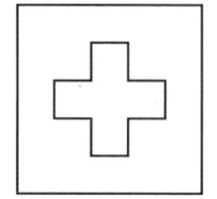

Deutschland   Schweiz

Geometrie. Vierecke

Schneidet an der dicken Linie aus. Kontrolliert gegenseitig eure Lösungen.

Partnerbogen Geometrie

1 Welche Linien sind keine Symmetrieachsen der Figur?

a) b) 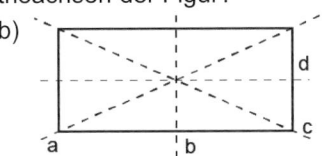 c)

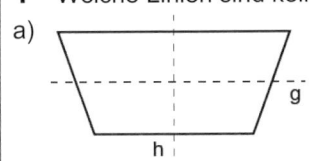

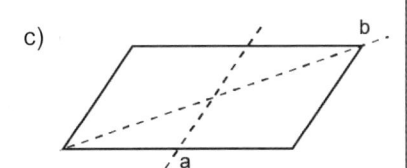

2 a) Welche Linien liegen senkrecht zueinander? 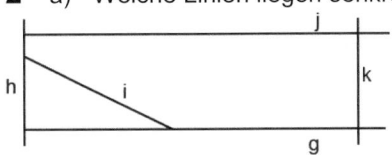   b) Welche Linien liegen parallel zueinander?

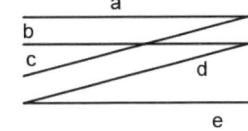

3 Lies die Koordinaten der Punkte ab.

a) b)

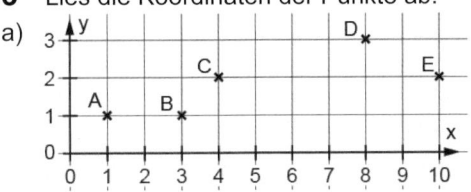

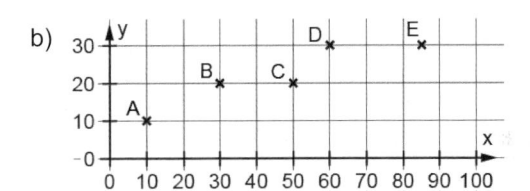

Partnerbogen Geometrie – Lösungen

1 a) g ist keine Symmetrieachse.
b) a und c sind keine Symmetrieachsen.
c) a und b sind keine Symmetrieachsen.

2 a) $h \perp g$; $h \perp j$; $k \perp g$; $k \perp j$
b) $a \parallel b$; $a \parallel e$; $b \parallel e$; $c \parallel d$

3 a) $A(1|1)$; $B(3|1)$; $C(4|2)$; $D(8|3)$; $E(10|2)$
b) $A(10|10)$; $B(30|20)$; $C(50|20)$; $D(60|30)$; $E(85|30)$

Geometrie. Vierecke F 18

Rechteck

1 Felix hat ein Rechteck gezeichnet.
Miss die Seitenlängen aus.

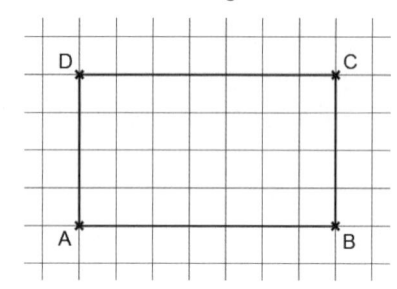

Beispiel

Die Bildfolge zeigt, wie man in vier Schritten ein Rechteck zeichnet, ohne die Karos im Heft zu Hilfe zu nehmen.
Die Eckpunkte werden meist mit A, B, C, D bezeichnet.

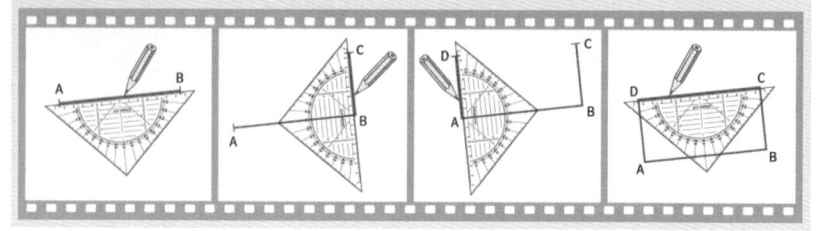

2 Miss mit deinem Geodreieck die Seitenlängen der Rechtecke. Schreibe an alle Seiten die genauen Längen.

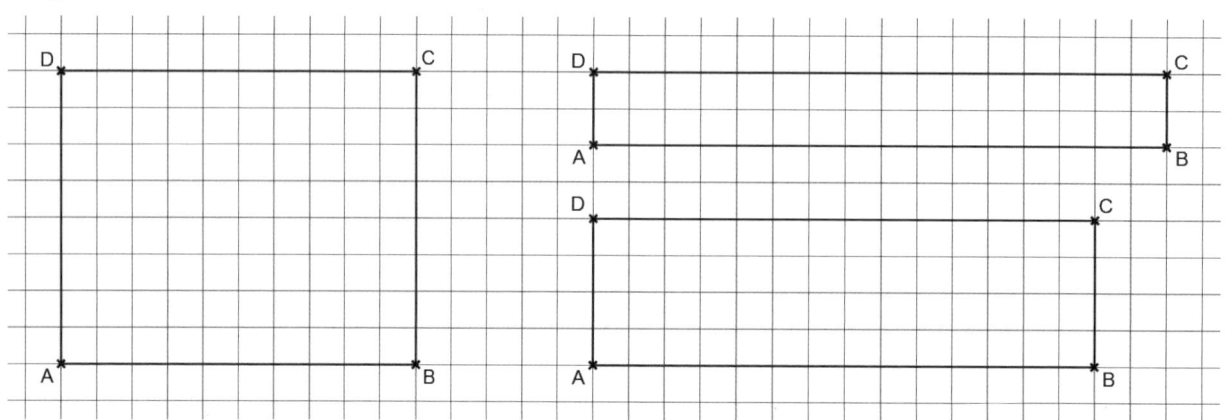

3 Ergänze die Figuren mit deinem Geodreieck zu Rechtecken. Miss auch die Seitenlängen.

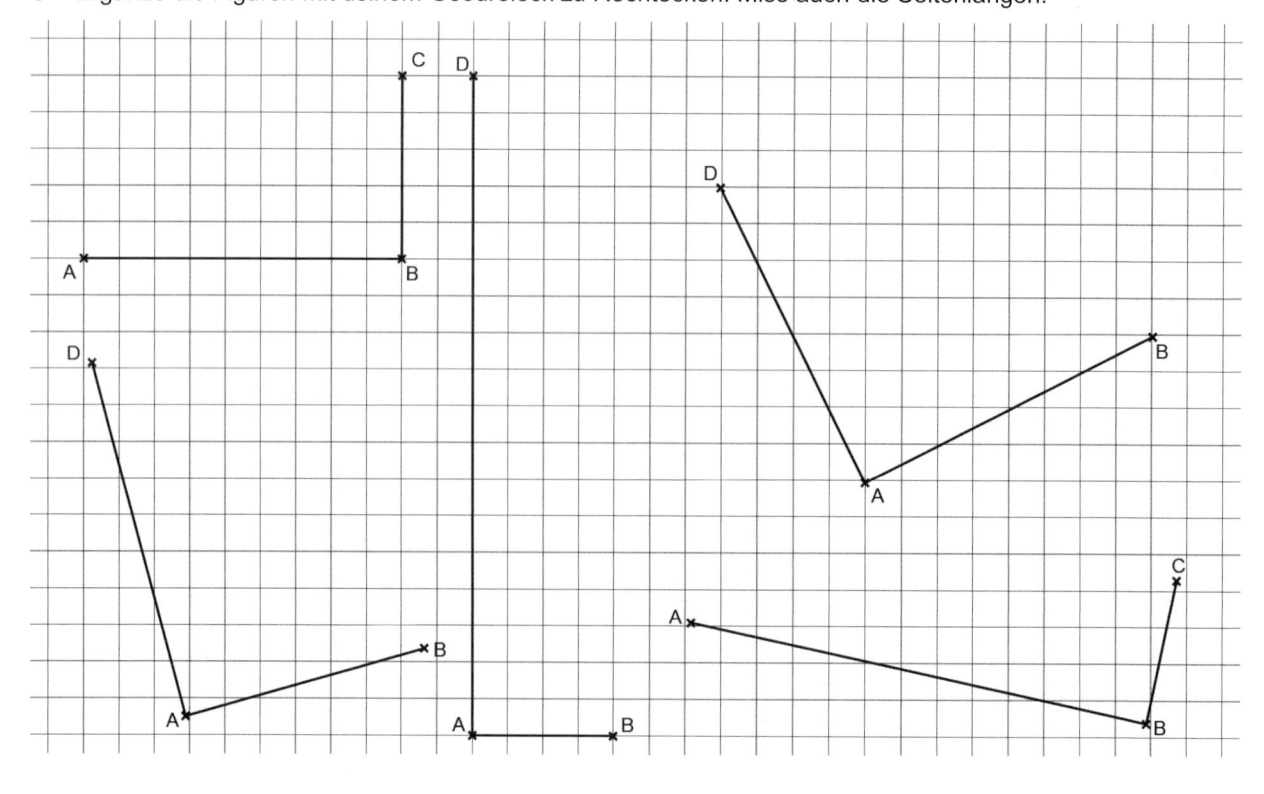

Geometrie. Vierecke   F 19   **5**

Quadrat

1 Lotta hat Rechtecke gezeichnet. Davon sind sogar fünf Quadrate.
a) Schreibe an alle Vierecke die Seitenlängen.
b) Male alle Quadrate rot aus.

Beispiel

Ein Quadrat hat vier gleich lange Seiten und vier rechte Winkel.

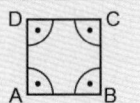

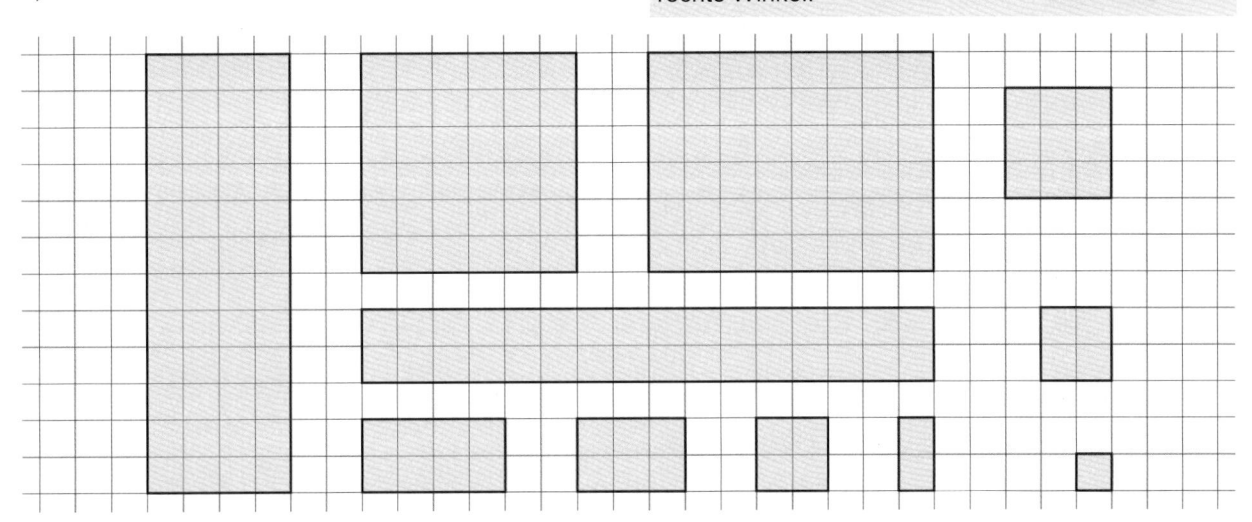

2 Ergänze die Figuren zu einem Quadrat.
a) Zähle die Kästchen ab (2 Kästchen = 1 cm) und notiere alle Seitenlängen.

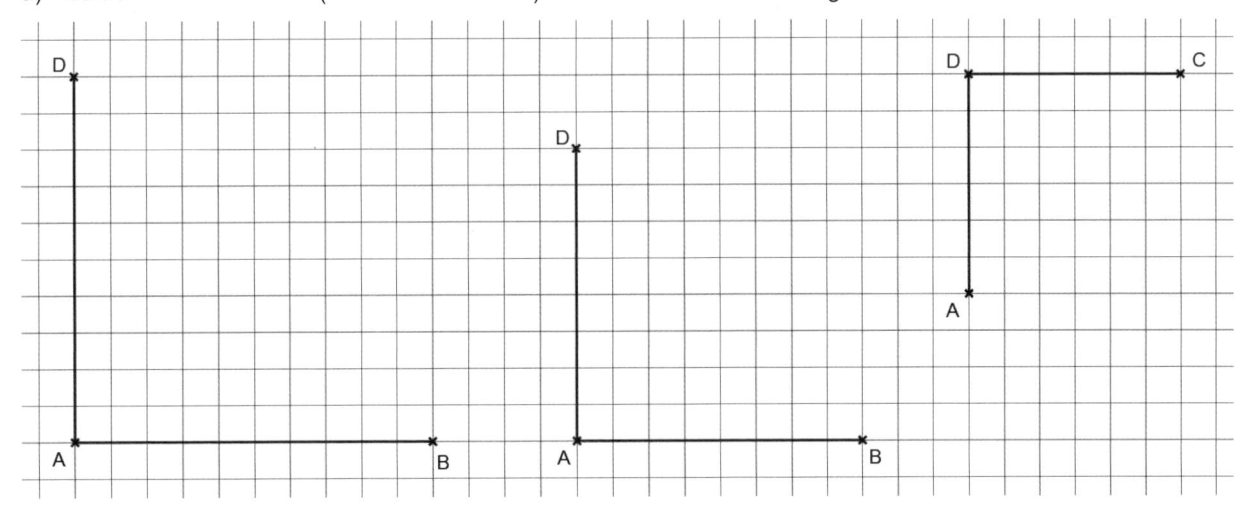

b) Ergänze die Figuren mit deinem Geodreieck zu einem Quadrat.

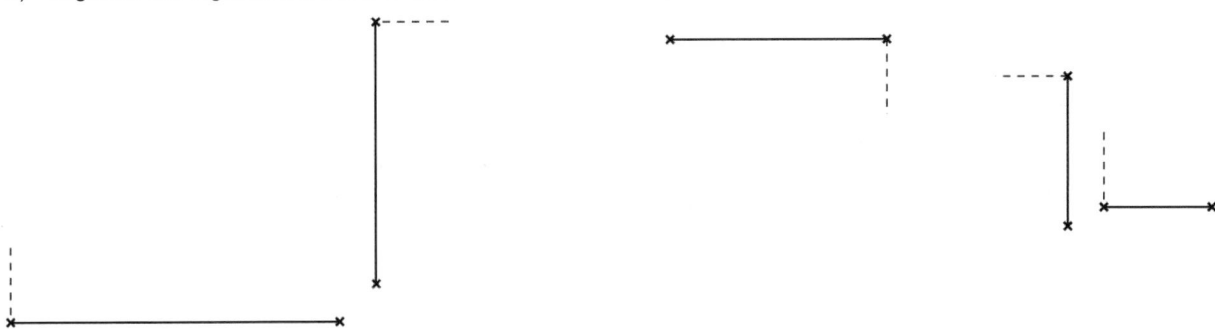

3 Zeichne in dein Heft Quadrate mit der Seitenlänge 5 cm; 6 cm und 7 cm.

Größen und Maßstab F 20

Geld

1 a) Lies die eingetragenen Werte in € ab.

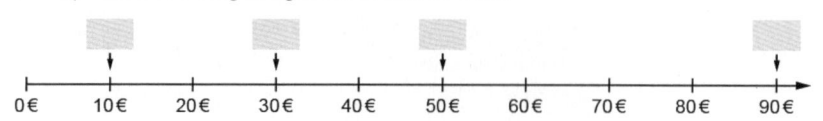

0€ 10€ 20€ 30€ 40€ 50€ 60€ 70€ 80€ 90€

Beispiel
100 ct = 1 €

b) Lies die eingetragenen Werte ab. Schreibe sie in € und ct in die Tabelle.

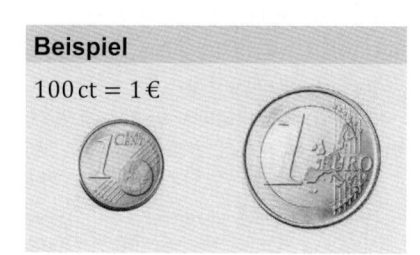

A (0,05€) B (0,20€) C (0,40€) D (0,70€)

0€ 0,05€ 0,10€ 0,15€ 0,20€ 0,25€ 0,30€ 0,35€ 0,40€ 0,45€ 0,50€ 0,55€ 0,60€ 0,65€ 0,70€ 0,75€

	A	B	C	D
in Euro	0,05€			
in Cent				

2 a) Kennzeichne die Geldwerte auf dem Zahlenstrahl.

A = 5 ct   B = 30 ct   C = 50 ct   D = 75 ct   E = 85 ct   F = 120 ct

0€ 10 ct 20 ct 30 ct 40 ct 50 ct 60 ct 70 ct 80 ct 90 ct 100 ct 110 ct 120 ct

b) Kennzeichne die Geldwerte auf dem Zahlenstrahl.

A = 15 ct   B = 85 ct   C = 0,50 €   D = 1,70 €   E = 1 €   F = 1,90 €

0 ct 10 ct 20 ct 30 ct 40 ct 50 ct 60 ct 70 ct 80 ct 90 ct 100 ct 110 ct 120 ct 130 ct 140 ct 150 ct 160 ct 170 ct 180 ct 190 ct 200 ct

3 a) Addiere die Geldwerte. Schreibe an die Pfeile passende Aufgaben.

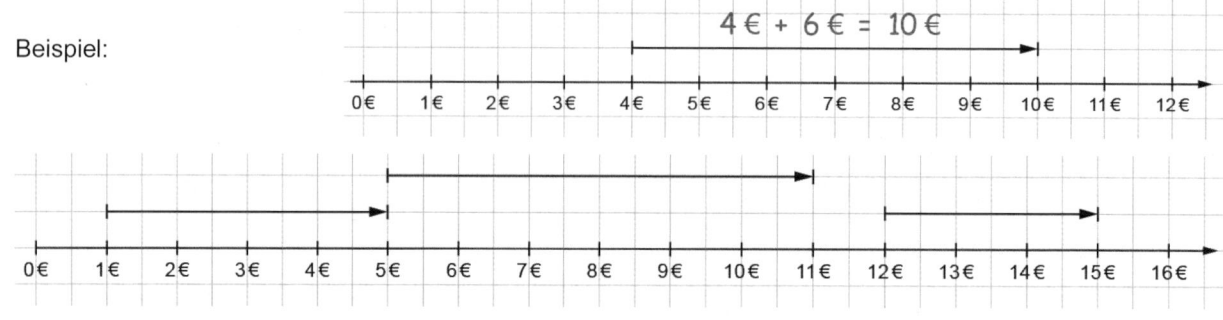

Beispiel: 4 € + 6 € = 10 €

0€ 1€ 2€ 3€ 4€ 5€ 6€ 7€ 8€ 9€ 10€ 11€ 12€

0€ 1€ 2€ 3€ 4€ 5€ 6€ 7€ 8€ 9€ 10€ 11€ 12€ 13€ 14€ 15€ 16€

b) Subtrahiere die Geldwerte. Schreibe an die Pfeile passende Aufgaben.

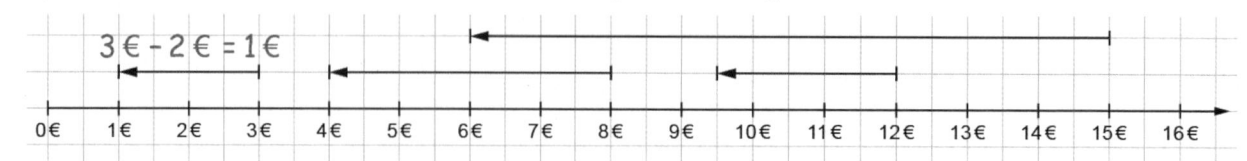

3 € − 2 € = 1 €

0€ 1€ 2€ 3€ 4€ 5€ 6€ 7€ 8€ 9€ 10€ 11€ 12€ 13€ 14€ 15€ 16€

4 Klaus kauft ein. Wie viel muss er bezahlen?

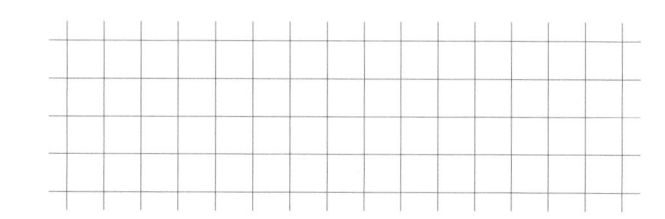

KAFFEE 500g 4,90 €   Bananen 1,30 €   Butter 1,40 €

Größen und Maßstab F 21 **6**

Schneidet an der dicken Linie aus. Rechnet im Kopf. Kontrolliert gegenseitig eure Lösungen.

Partnerbogen Kopfrechnen

1 Wandle die Größen um.
a) 100 ct   b) 80 ct   c) 10 ct   d) 50 ct   e) 120 ct   f) ☐   g) ☐   h) ☐
   1 €   0,80 €   ☐   ☐   ☐   0,20 €   0,70 €   3 €

2 Addiere.
a) 2 € + 5 € = ☐
b) 6 € + 4 € = ☐
c) 7 € + 5 € = ☐

3 Addiere.
a) 1 € + 50 ct = ☐
b) 2 € + 10 ct = ☐
c) 4 € + 40 ct = ☐

4 Subtrahiere.
a) 9 € − 5 € = ☐
b) 10 € − 8 € = ☐
c) 15 € − 9 € = ☐

5 Subtrahiere.
a) 1 € − 50 ct = ☐
b) 1 € − 80 ct = ☐
c) 1 € − 95 ct = ☐

6 Lies die Geldwerte in € ab.

[Zahlenstrahl von 0 € bis 140 € mit Markierungen A, B, C, D, E, F]

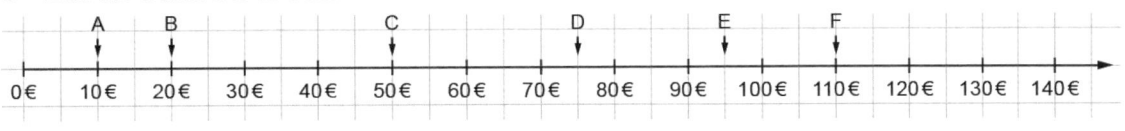

A = ☐ €   B = ☐ €   C = ☐ €   D = ☐ €   E = ☐ €   F = ☐ €

7 Lies die Werte in ct ab. Wandle dann in € um.

[Zahlenstrahl von 0 ct bis 140 ct mit Markierungen A, B, C, D, E, F]

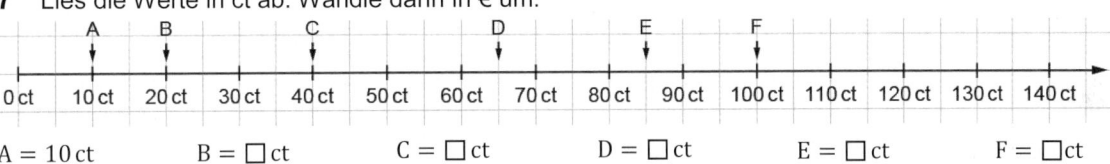

A = 10 ct   B = ☐ ct   C = ☐ ct   D = ☐ ct   E = ☐ ct   F = ☐ ct
10 ct = 0,10 €   ☐ ct = ☐ €   ☐ ct = ☐ €   ☐ ct = ☐ €   ☐ ct = ☐ €   ☐ ct = ☐ €

Partnerbogen Kopfrechnen – Lösungen

1 Wandle die Größen um.
a) 100 ct   b) 80 ct   c) 10 ct   d) 50 ct   e) 120 ct   f) **20 ct**   g) **70 ct**   h) **300 ct**
   1 €   0,80 €   **0,10 €**   **0,50 €**   **1,20 €**   0,20 €   0,70 €   3 €

2 Addiere.
a) 2 € + 5 € = **7 €**
b) 6 € + 4 € = **10 €**
c) 7 € + 5 € = **12 €**

3 Addiere.
a) 1 € + 50 ct = **1,50 €**
b) 2 € + 10 ct = **2,10 €**
c) 4 € + 40 ct = **4,40 €**

4 Subtrahiere.
a) 9 € − 5 € = **4 €**
b) 10 € − 8 € = **2 €**
c) 15 € − 9 € = **6 €**

5 Subtrahiere.
a) 1 € − 50 ct = **0,50 €**
b) 1 € − 80 ct = **0,20 €**
c) 1 € − 95 ct = **0,05 €**

6 Lies die Geldwerte in € ab.

[Zahlenstrahl von 0 € bis 140 € mit Markierungen A, B, C, D, E, F]

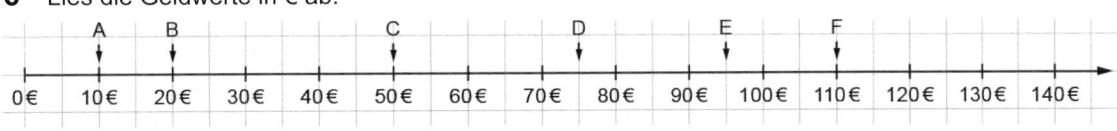

A = **10 €**   B = **20 €**   C = **50 €**   D = **75 €**   E = **95 €**   F = **110 €**

7 Lies die Werte in ct ab. Wandle dann in € um.

[Zahlenstrahl von 0 ct bis 140 ct mit Markierungen A, B, C, D, E, F]

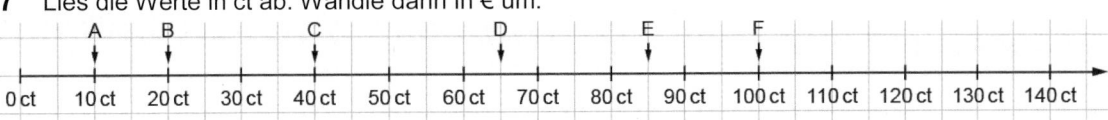

A = 10 ct   B = **20** ct   C = **40** ct   D = **65** ct   E = **85** ct   F = **100** ct
10 ct = 0,10 €   **20 ct = 0,20 €**   **40 ct = 0,40 €**   **65 ct = 0,65 €**   **85 ct = 0,85 €**   **100 ct = 1 €**

Größen und Maßstab F 22 **6**

Zeit

1 Wie spät ist es auf der Bahnhofsuhr?

_____ : _____ : _____

Beispiel
1 Stunde = 60 Minuten
1 h = 60 min
1 Minute = 60 Sekunden
1 min = 60 s

2 a) Notiere jeweils die beiden möglichen Uhrzeiten.

7 Uhr					
19 Uhr					

b) Zeichne die Zeiger ein und ergänze die Tabelle.

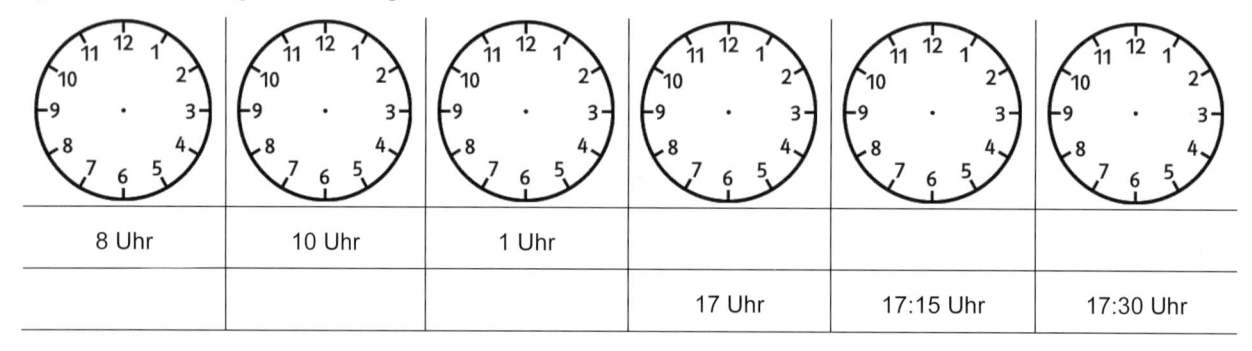

8 Uhr	10 Uhr	1 Uhr			
			17 Uhr	17:15 Uhr	17:30 Uhr

3 Markiere die Uhrzeiten auf dem Zahlenstrahl.
A = 1 Uhr, B = 4 Uhr, C = 5:30 Uhr, D = 6 Uhr, E = 9 Uhr, F = 9:15 Uhr, G = 4:30 Uhr,
H = „Viertel nach acht", I = „Mitternacht"

```
|----|----|----|----|----|----|----|----|----|----|----|----|→
0:00 1:00 2:00 3:00 4:00 5:00 6:00 7:00 8:00 9:00 10:00 11:00 12:00
```

4 a) Wir fahren mit der Bahn.

Abfahrt	Fahrzeit	Ankunft
15:00 Uhr	30 min	
15:00 Uhr	2 h	
15:45 Uhr	2 h	
16:00 Uhr		17:00 Uhr
16:00 Uhr		17:15 Uhr

b) Hannah hat nicht aufgepasst: Finde die Fehler!

Abfahrt	Fahrzeit	Ankunft
9:00 Uhr	9 min	18:00 Uhr
9:00 Uhr	2 h	9:02 Uhr
9:00 Uhr	5 min	9:50 Uhr
15:00 Uhr	5 min	15:50 Uhr
15:00 Uhr	100 min	16:00 Uhr

Größen und Maßstab F 23 **6**

Längen

1 a) Übertrage die Punkte vom Zahlenstrahl.

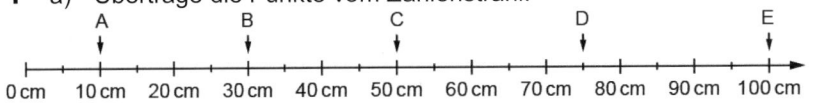

Beispiel
100 cm = 1 m

A = 10 cm   B = _____ cm   C = _____ cm   D = _____ cm   E = _____ cm

b) Wandle die Werte aus Teilaufgabe a) in m um.

A = 0,1 m   B = _____ m   C = _____ m   D = _____ m   E = _____ m

2 a) Trage die Längen auf dem Zahlenstrahl ein.
A = 1 cm   B = 6 cm   C = 7 cm   D = 15 cm   E = 16 cm   F = 20 cm

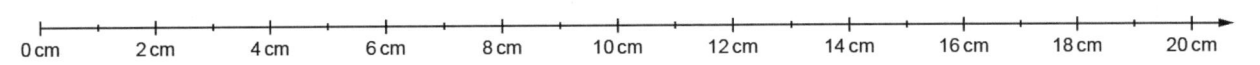

b) Trage die Längen auf dem Zahlenstrahl ein.
A = 10 cm; B = 30 cm; C = 42 cm; D = 68 cm; E = 100 cm; F = 1,2 m; G = 1,4 m; H = 1,42 m; I = 1,5 m

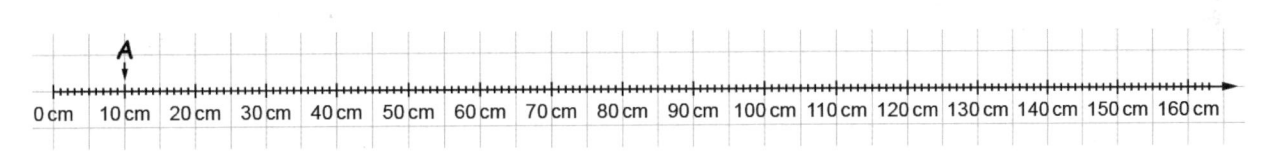

3 Ergänze die Additionsaufgaben. Das Ergebnis ist immer 100 cm = 1 m. Der Zahlenstrahl hilft.

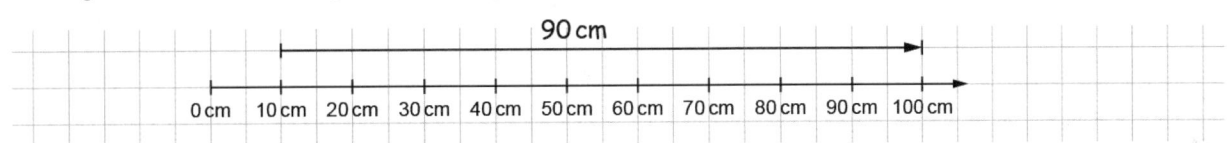

Beispiele: 10 cm + **90 cm** = 100 cm   0,1 m + **0,9** m = 1 m

a) 20 cm + _____ cm = 100 cm   b) 0,2 m + _____ m = 1 m

   30 cm + _____ cm = 100 cm   0,3 m + _____ m = 1 m

   50 cm + _____ cm = 100 cm   0,7 m + _____ m = 1 m

   85 cm + _____ cm = 100 cm   0,75 m + _____ m = 1 m

   95 cm + _____ cm = 100 cm   0,99 m + _____ m = 1 m

Größen und Maßstab F 24 **6**

Schneidet an der dicken Linie aus. Rechnet im Kopf. Kontrolliert gegenseitig eure Lösungen.

Partnerbogen Kopfrechnen

1 Wandle die Größen um.

a) 100 cm b) 80 cm c) 10 cm d) 60 cm e) 150 cm f) ☐ g) ☐ h) ☐
   1 m   0,80 m   ☐   ☐   ☐   0,20 m 0,80 m 2 m

2 Addiere.
a) $3\,m + 5\,m = \square$
b) $6\,m + 4\,m = \square$
c) $7\,m + 6\,m = \square$

3 Addiere.
a) $1\,m + 50\,cm = \square$
b) $3\,m + 20\,cm = \square$
c) $5\,m + 50\,cm = \square$

4 Subtrahiere.
a) $7\,m - 5\,m = \square$
b) $10\,m - 9\,m = \square$
c) $21\,m - 9\,m = \square$

5 Subtrahiere.
a) $1\,m - 50\,cm = \square$
b) $1\,m - 70\,cm = \square$
c) $1\,m - 99\,cm = \square$

6 Lies die markierten Werte ab.

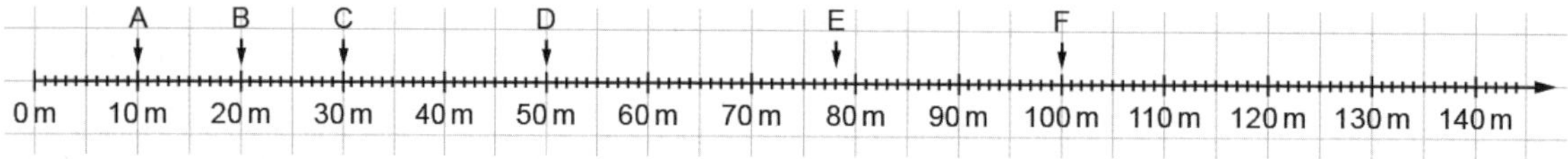

A = ☐ m   B = ☐ m   C = ☐ m   D = ☐ m   E = ☐ m   F = ☐ m

7 Lies die Werte in cm ab. Wandle dann in m um.

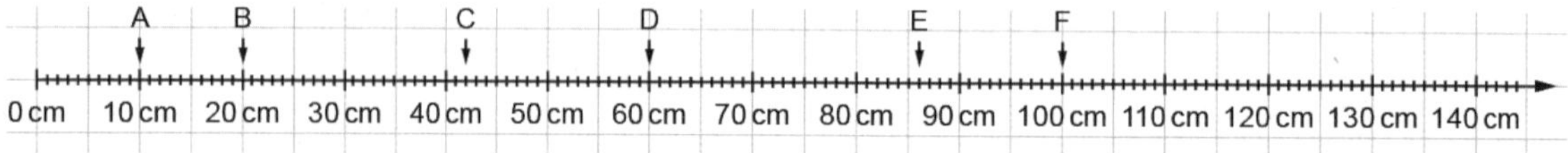

A = 10 cm   B = ☐ cm   C = ☐ cm   D = ☐ cm   E = ☐ cm   F = ☐ cm
10 cm = 0,1 m   ☐ cm = ☐ m   ☐ cm = ☐ m   ☐ cm = ☐ m   ☐ cm = ☐ m   ☐ cm = ☐ m

Partnerbogen Kopfrechnen – Lösungen

1 Wandle die Größen um.

a) 100 cm b) 80 cm c) 10 cm d) 60 cm e) 150 cm f) **20 cm** g) **80 cm** h) **200 cm**
   1 m   0,80 m   **0,10 m** **0,60 m** **1,50 m** 0,20 m   0,80 m   2 m

2 Addiere.
a) $3\,m + 5\,m = \mathbf{8\,m}$
b) $6\,m + 4\,m = \mathbf{10\,m}$
c) $7\,m + 6\,m = \mathbf{13\,m}$

3 Addiere.
a) $1\,m + 50\,cm = \mathbf{1,50\,m}$
b) $3\,m + 20\,cm = \mathbf{3,20\,m}$
c) $5\,m + 50\,cm = \mathbf{5,50\,m}$

4 Subtrahiere.
a) $7\,m - 5\,m = \mathbf{2\,m}$
b) $10\,m - 9\,m = \mathbf{1\,m}$
c) $21\,m - 9\,m = \mathbf{12\,m}$

5 Subtrahiere.
a) $1\,m - 50\,cm = \mathbf{0,50\,m}$
b) $1\,m - 70\,cm = \mathbf{0,30\,m}$
c) $1\,m - 99\,cm = \mathbf{0,01\,m}$

6 Lies die markierten Werte ab.

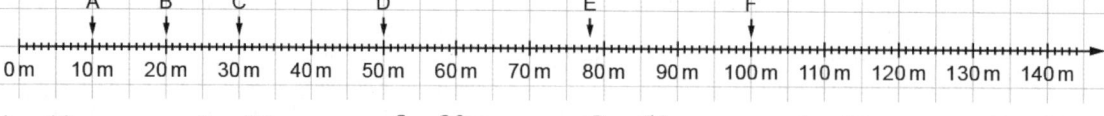

A = **10 m**   B = **20 m**   C = **30 m**   D = **50 m**   E = **78 m**   F = **100 m**

7 Lies die Werte in cm ab. Wandle dann in m um.

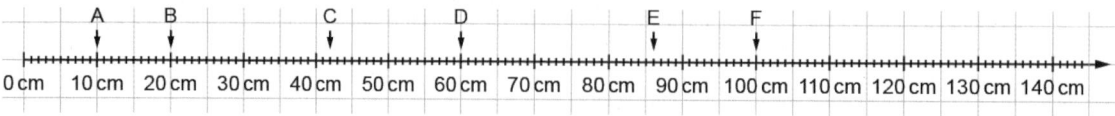

A = 10 cm   B = **20 cm**   C = **42 cm**   D = **60 cm**   E = **86 cm**   F = **100 cm**
10 cm = 0,1 m   20 cm = **0,20 m**   42 cm = **0,42 m**   60 cm = **0,60 m**   86 cm = **0,86 m**   100 cm = **1 m**

Größen und Maßstab F 25 **6**

Masse

1 Ordne die Massen nach ihrer Größe.

a) 14 g; 7 g; 19 g; 2 g: _2 g_

b) 90 g; 120 g; 35 g; 900 g: _____

c) 4 kg; 12 kg; 7 kg; 16 kg: _____

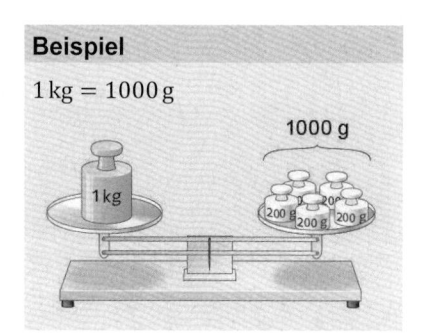

Beispiel
1 kg = 1000 g

2 Lies die Werte in kg ab und vervollständige die Tabelle.

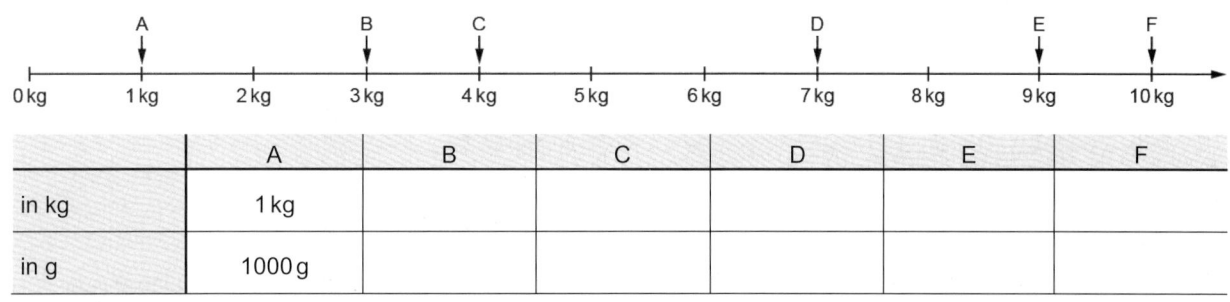

	A	B	C	D	E	F
in kg	1 kg					
in g	1000 g					

3 Kennzeichne die Werte auf dem Zahlenstrahl.

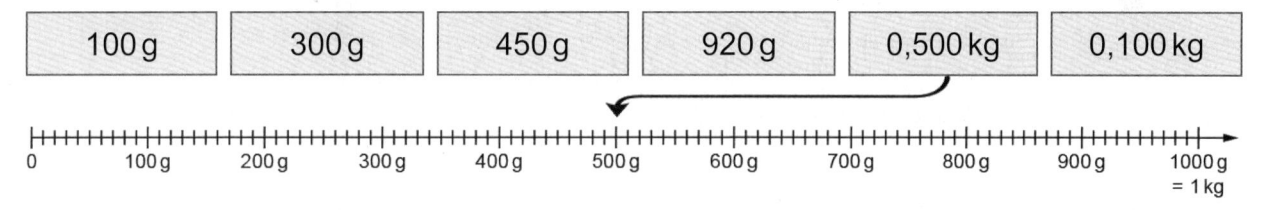

| 100 g | 300 g | 450 g | 920 g | 0,500 kg | 0,100 kg |

4 Rechnen mit Massen.
Beispiel: 2 kg + 5 kg = 7 kg

a) Addiere die Massen. Schreibe an die Pfeile die passenden Aufgaben.

b) Subtrahiere die Massen. Schreibe an die Pfeile die passenden Aufgaben.

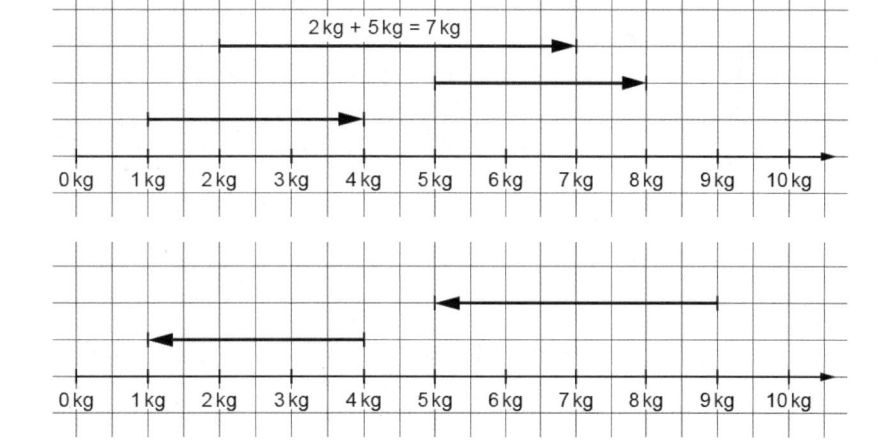

5 Ein Lkw wird mit schweren Kisten beladen. Wie viel kg wiegen die drei Kisten zusammen?

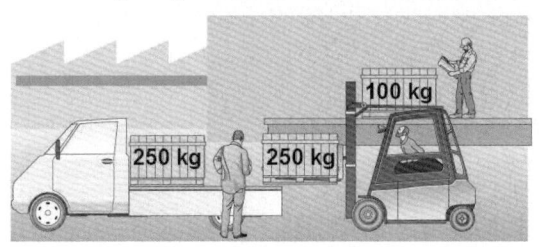

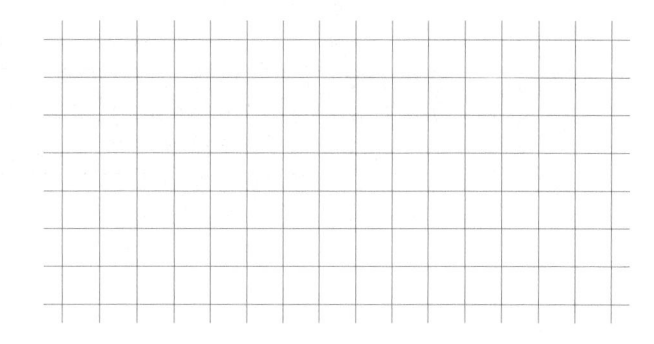

Umfang und Flächeninhalt F 26 **7**

Flächen vergleichen

Flächen kannst du vergleichen, indem du sie mit gleich großen Flächenstücken auslegst.
Der Flächeninhalt ist gleich, wenn du gleich viele Flächenstücke verwendet hast.

Beispiel

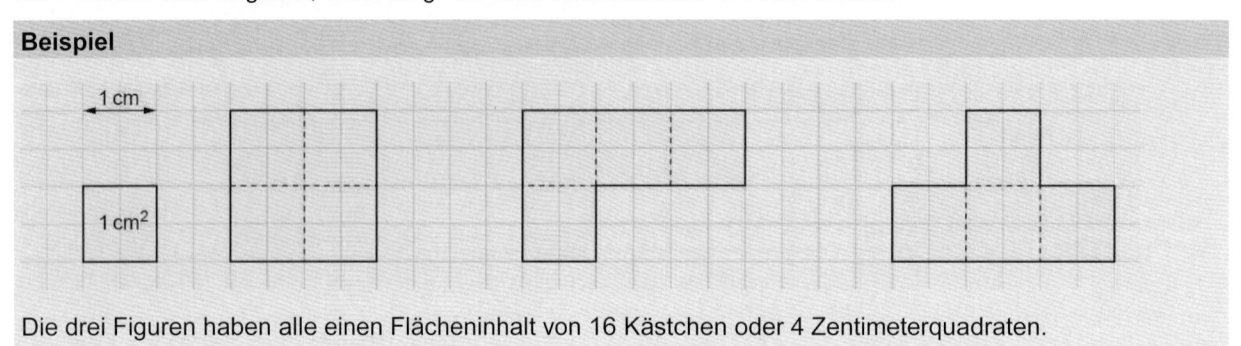

Die drei Figuren haben alle einen Flächeninhalt von 16 Kästchen oder 4 Zentimeterquadraten.

1 Färbe die Zentimeterquadrate (cm²) der Figuren im Beispiel mit vier Farben ein.

2 a) Färbe in den Figuren die Zentimeterquadrate (cm²) verschieden ein und entscheide,
b) welche Figur den größten Flächeninhalt hat.   c) welche Figur den kleinsten Flächeninhalt hat.

Figur _____ hat den größten Flächeninhalt.   Figur _____ hat den kleinsten Flächeninhalt.

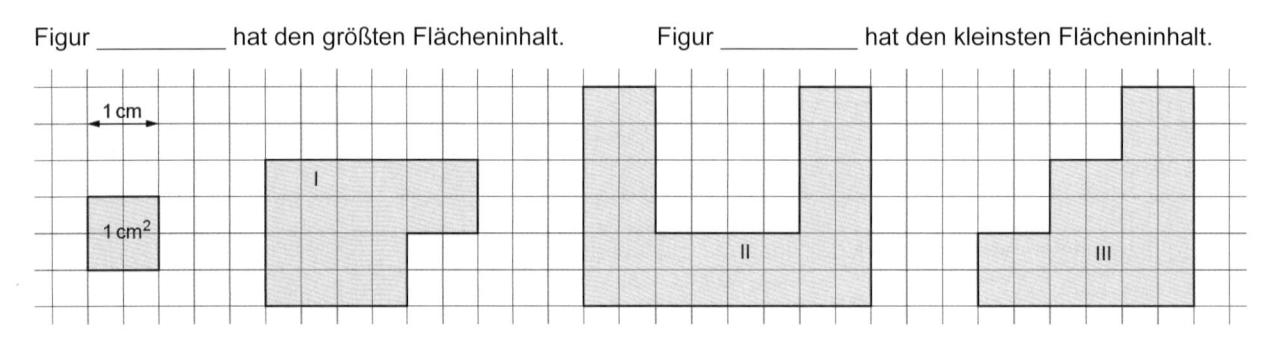

3 a) Zähle die Zentimeterquadrate (cm²) in den Figuren der Aufgabe 2 und trage sie in die Tabelle ein.
b) In ein Zentimeterquadrat (cm²) passen vier Kästchen.
Wie viele Kästchen haben die Figuren aus Aufgabe 2?
Überprüfe dein Zählen mit einer Rechnung.

	cm²	Kästchen
I		
II		
III		

4 a) Zeichne drei verschiedene Figuren, die einen Flächeninhalt von jeweils 5 cm² haben.
b) Zähle auch die Kästchen und überprüfe damit den Flächeninhalt deiner Figuren.

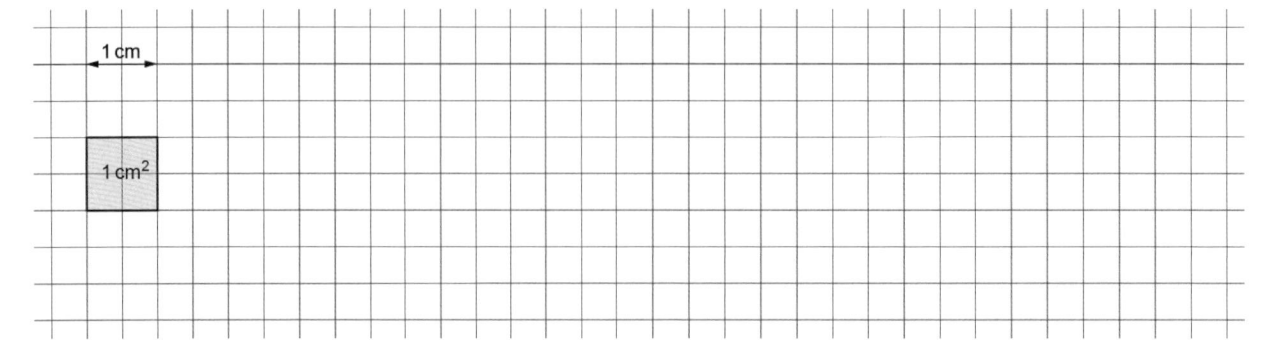

Umfang und Flächeninhalt F 27

Umfang

1 Dominik zäunt für seinen Hasen ein Stück Rasen ab. Wie viel Meter Zaun braucht er dafür?

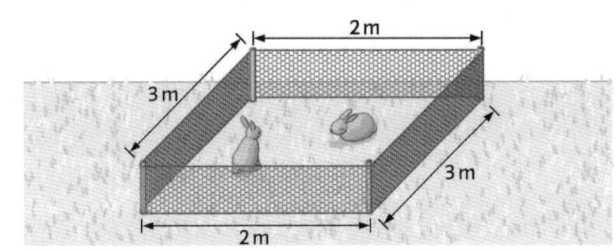

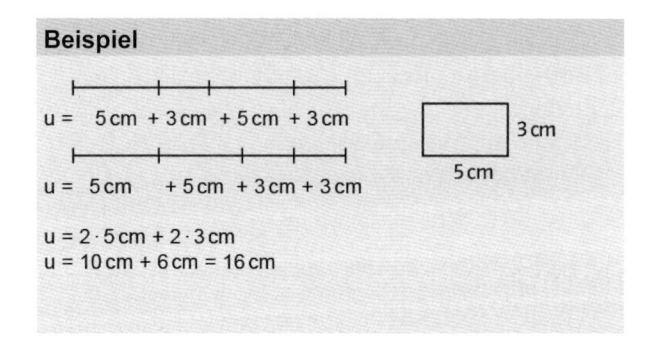

Beispiel

$u = 5\,cm + 3\,cm + 5\,cm + 3\,cm$

$u = 5\,cm + 5\,cm + 3\,cm + 3\,cm$

$u = 2 \cdot 5\,cm + 2 \cdot 3\,cm$

$u = 10\,cm + 6\,cm = 16\,cm$

2 Bestimme den Umfang u der drei Rechtecke wie oben im Beispiel.

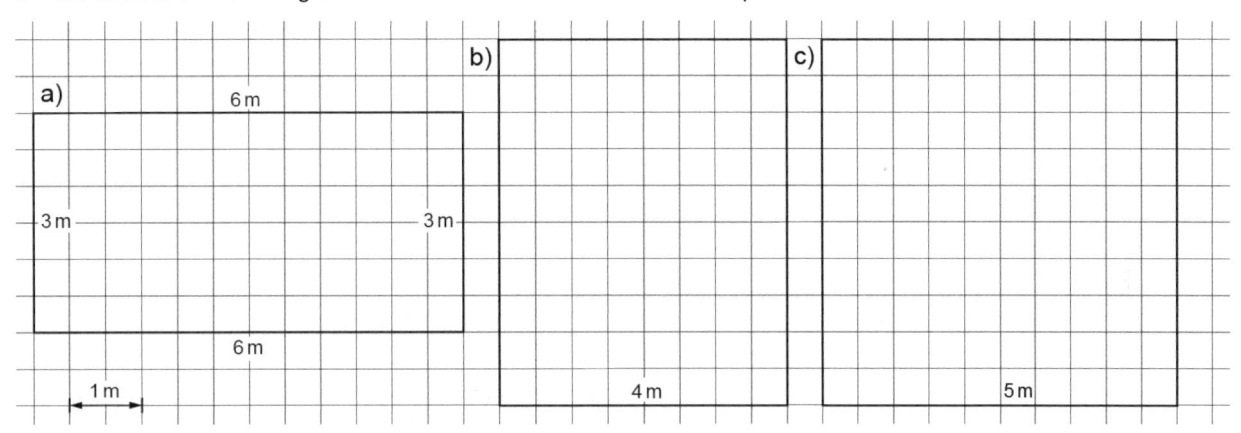

a) 6 m × 3 m (mit 1 m Raster)

b) Rechteck mit Breite 4 m

c) Rechteck mit Breite 5 m

3 Ergänze mit deinem Geodreieck die Quadrate. Bestimme den Umfang u der Quadrate.

a) Seitenlänge = 5 cm

b) Seitenlänge = 4 cm

c) Seitenlänge = 6 cm

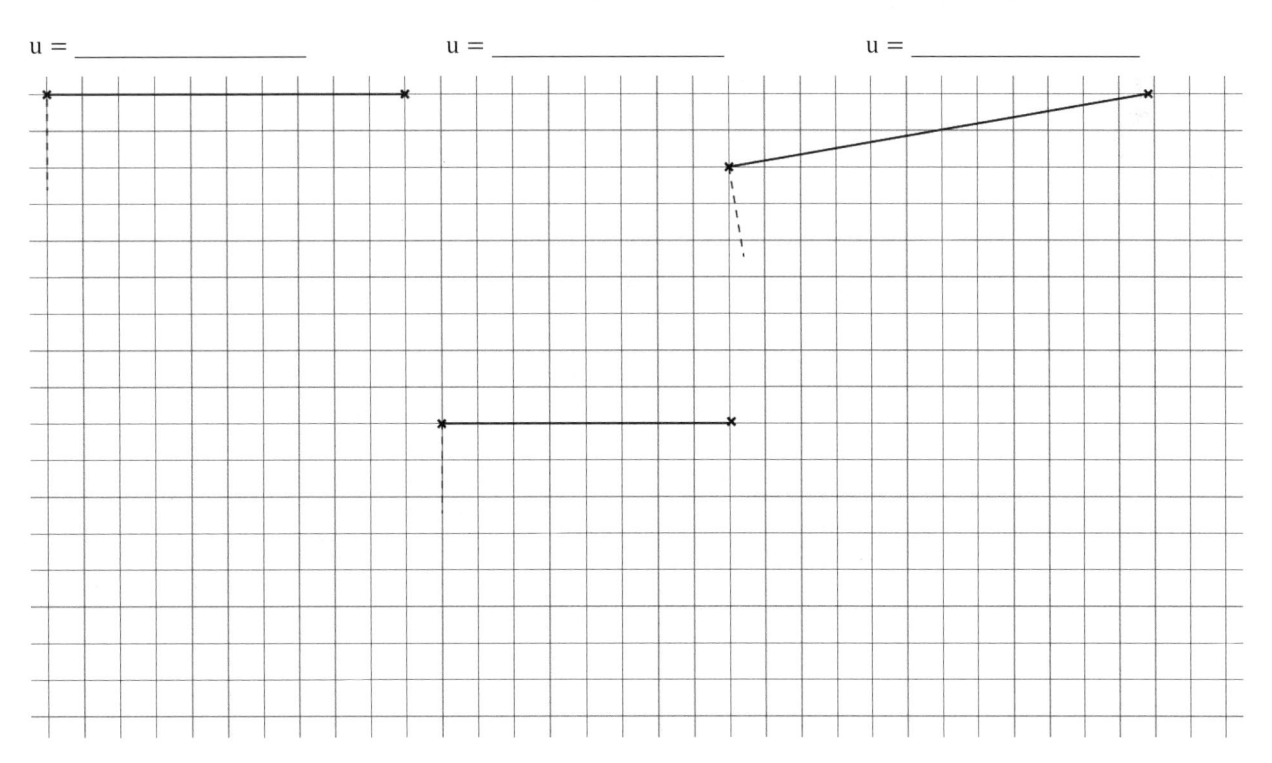

u = _____

u = _____

u = _____

4 Zeichne Rechtecke in dein Heft. Bestimme den Umfang u der Rechtecke.

Umfang und Flächeninhalt F 28

Flächeninhalt

1 Flächen kann man mit gleich großen Flächenstücken auslegen, zum Beispiel mit Quadraten.
Bestimme durch Auszählen den Flächeninhalt A der drei Rechtecke.

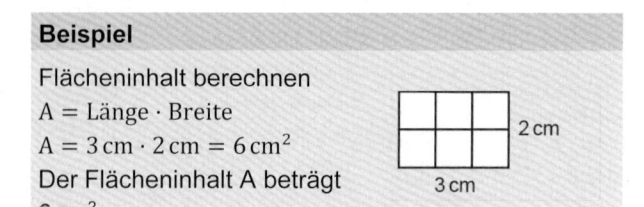

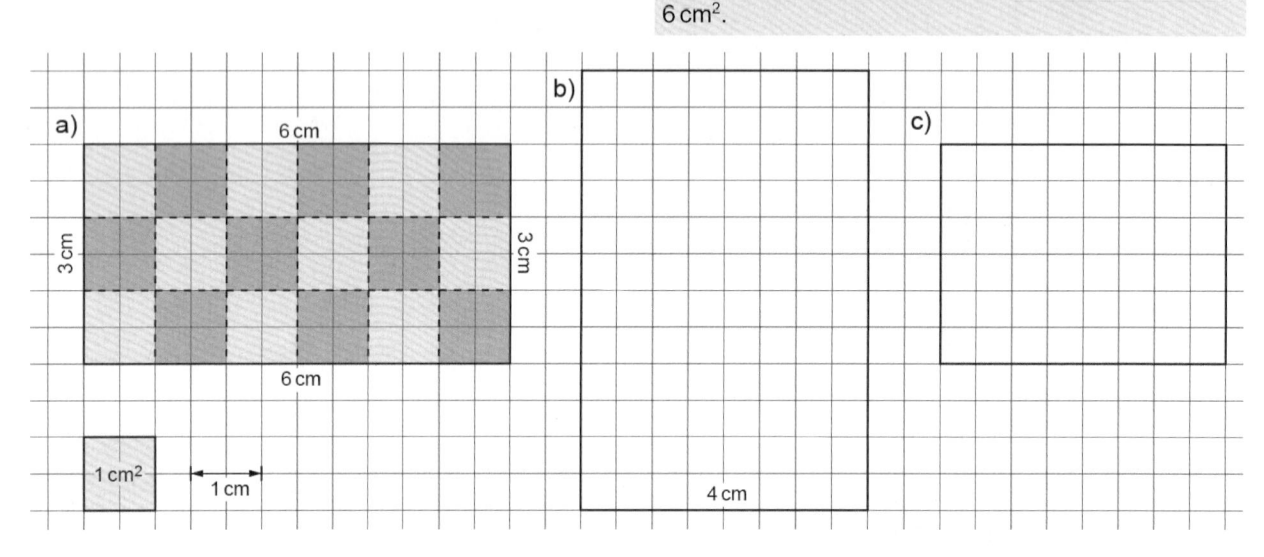

Beispiel
Flächeninhalt berechnen
A = Länge · Breite
A = 3 cm · 2 cm = 6 cm²
Der Flächeninhalt A beträgt 6 cm².

a) A = _____ cm²   b) A = _____ cm²   c) A = _____ cm²

2 Bestimme den Flächeninhalt A der drei Rechtecke.

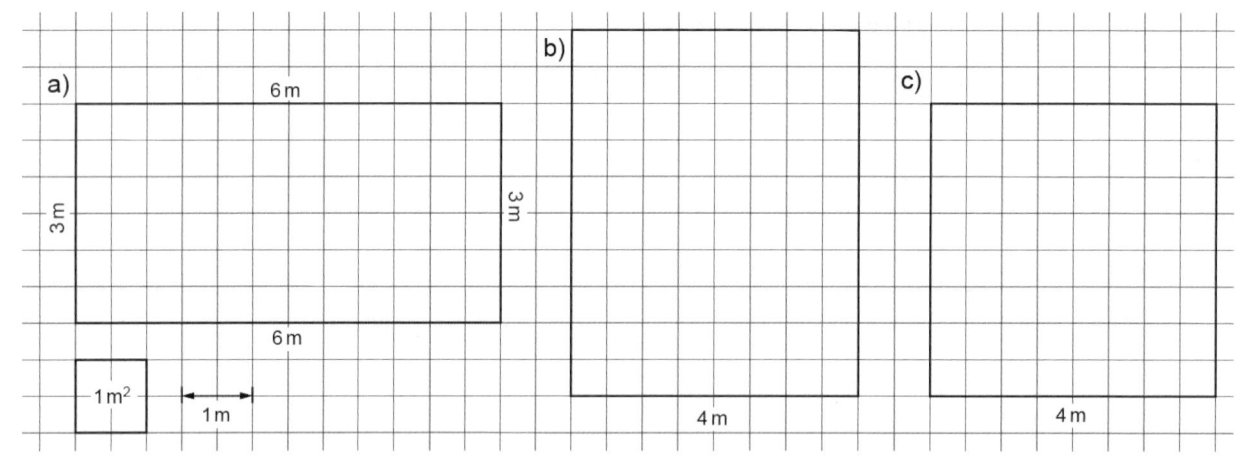

a) Länge = 6 m; Breite = 3 m	b) Länge = 4 m; Breite =	c) Länge = ; Breite =
A = 6 m · 3 m = 18 m²	A =	A =

3 Zeichne in dein Heft die folgenden Rechtecke. Bestimme den Flächeninhalt A durch Auszählen oder mit einer Rechnung.

a) Länge = 4 cm; Breite = 7 cm	b) Länge = 5 cm; Breite = 6 cm
A =	A =

Umfang und Flächeninhalt F 29 **7**

Schneidet an der dicken Linie aus. Kontrolliert gegenseitig eure Lösungen.

Partnerbogen Geometrie

1 Welches dieser Vierecke ist ein Rechteck? Welches ist ein Quadrat?

a) b)  c) 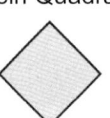 d)

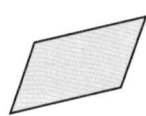

_____ _____ _____ _____

2 Bestimme den Umfang u und den Flächeninhalt A.

a) b) c)

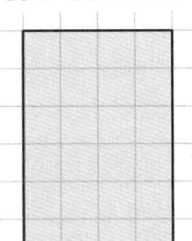

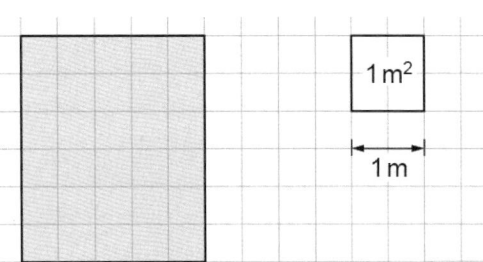

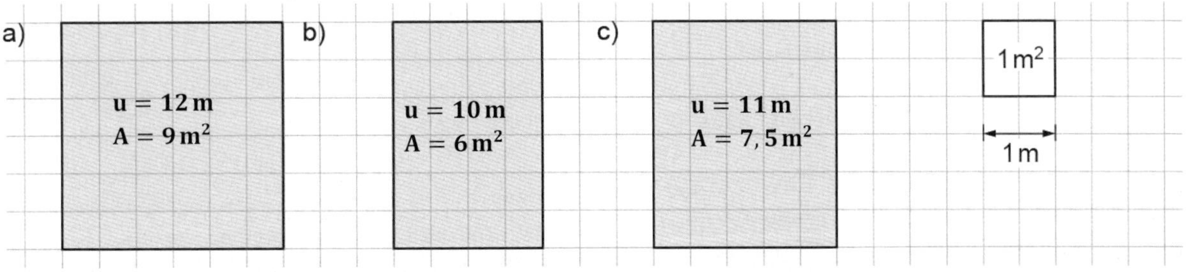

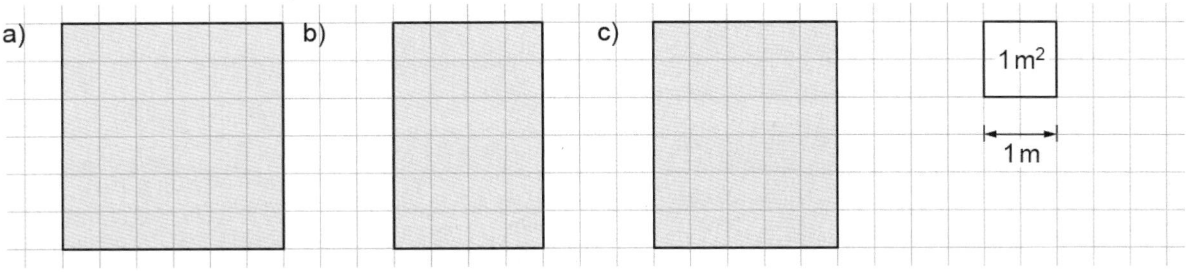

$1\,m^2$

$1\,m$

3 Berechne die fehlenden Größen der Rechtecke.

a) Länge = 4 m Breite = 4 m u = ☐ m A = ☐ m^2
b) Länge = 5 m Breite = 5 m u = ☐ m A = ☐ m^2
c) Länge = 3 m Breite = 2 m u = ☐ m A = ☐ m^2
d) Länge = 4 m Breite = ☐ m u = ☐ m A = 8 m^2

Partnerbogen Geometrie – Lösungen

1 Welches dieser Vierecke ist ein Rechteck? Welches ist ein Quadrat?

a) 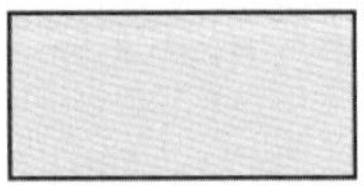 b)  c)  d)

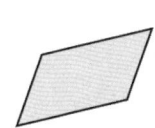

Rechteck **Quadrat** **Quadrat** **keines**

2 Bestimme den Umfang u und den Flächeninhalt A.

a) u = 12 m, A = 9 m^2
b) u = 10 m, A = 6 m^2
c) u = 11 m, A = 7,5 m^2

$1\,m^2$

$1\,m$

3 Berechne die fehlenden Größen der Rechtecke.

a) Länge = 4 m Breite = 4 m u = **16** m A = **16** m^2
b) Länge = 5 m Breite = 5 m u = **20** m A = **25** m^2
c) Länge = 3 m Breite = 2 m u = **10** m A = **6** m^2
d) Länge = 4 m Breite = **2** m u = **12** m A = **8** m^2

© Ernst Klett Verlag GmbH, Stuttgart 2022 | www.klett.de | Alle Rechte vorbehalten. Von dieser Druckvorlage ist die Vervielfältigung für den eigenen Unterrichtsgebrauch gestattet. Die Kopiergebühren sind abgegolten.

Abbildungen: imprint, Zusmarshausen
Text: Norbert Burghaus

Brüche   F 30   **8**

Bruchteile erkennen und darstellen

1 Fülle die Lücken wie im Beispiel.

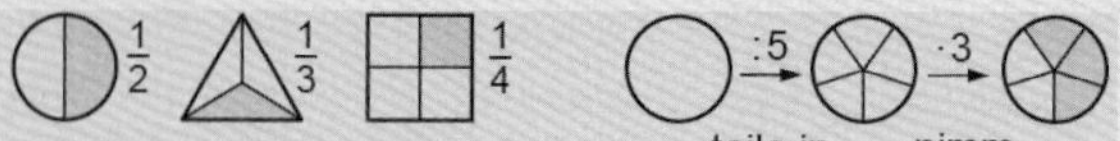

	Das Ganze	aufgeteilt in	Bruch
	 ⊕	3 Teile	$\frac{1}{3}$
a)	 (8 Teile)	___ Teile	——
b)	 (6 Teile)	___ Teile	——
c)	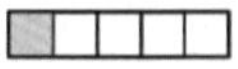 ▭▭▭▭▭	___ Teile	——

Beispiel

$\frac{1}{2}$ ein Halbes | $\frac{1}{3}$ ein Drittel | $\frac{1}{4}$ ein Viertel | :5 teile in 5 gleich große Teile | ·3 nimm 3 Teile davon $\frac{3}{5}$

		aufgeteilt in	Bruch
d)	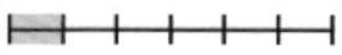 ├─┼─┼─┼─┼─┤	___ Teile	——
e)	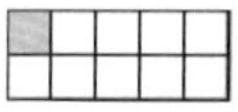 ▭▭▭▭▭	___ Teile	——
f)	 ├─┼─┼─┼─┤	___ Teile	——

2 Färbe in den Figuren den Bruchteil ein.

a) $\frac{1}{3}$ rot

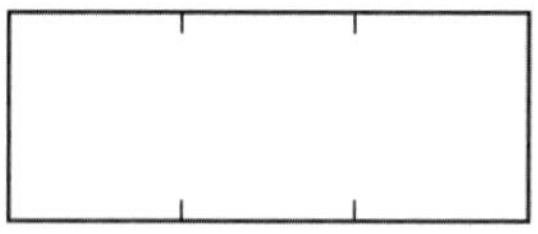

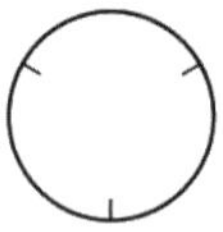

b) $\frac{1}{4}$ rot

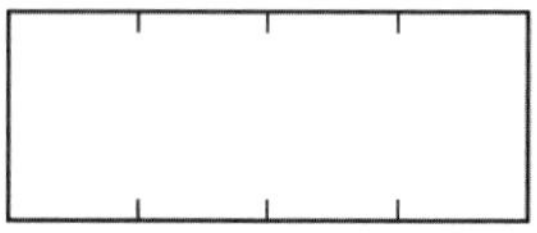

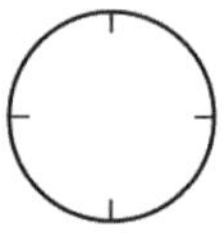

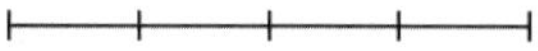

3 Bearbeite die Tabelle.

	das Ganze (ein Kuchen)	aufgeteilt in	davon sind übrig	gefärbt sind (Bruch)	gegessen wurde	ungefärbt sind (Bruch)
a)	 ⊕	3 Teile	2 Teile	$\frac{2}{3}$	1 Teil	
b)	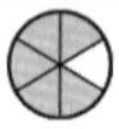 ⊛					
c)	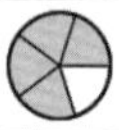 ⊘					

4 Welcher Bruchteil ist dargestellt?

a)  ⊕ ——   b) 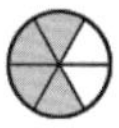 ⊛ ——   c)  ⊛ ——   d)  ⊛ ——   e)  ⊛ ——   f) ⊛ ——

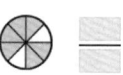

5 Färbe $\frac{3}{8}$ ein.

a)

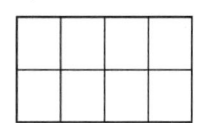

b)

c)

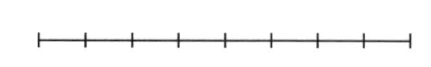

Lösungen des Inklusionsmaterials

1 Daten

Strichlisten und Diagramme, F 1

1 a)

Strichliste	III	JHT I	JHT JHT	JHT JHT IIII	JHT JHT JHT JHT
Anzahl	3	6	10	14	20

b)

Strichliste	III	JHT III	JHT JHT	JHT JHT I	JHT JHT JHT JHT
Anzahl	3	8	10	11	20

2 Individuelle Lösungen

3 a)

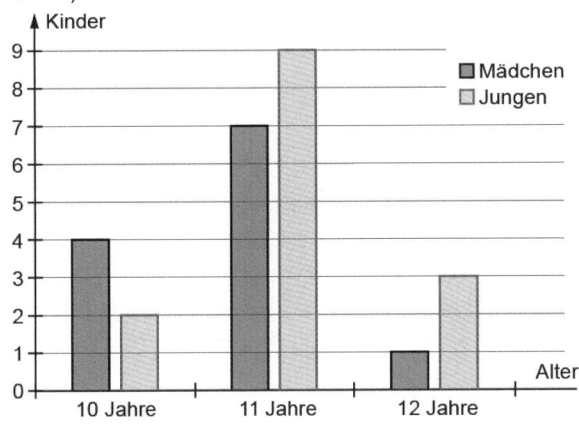

b)

Klasse 5c		10 Jahre	11 Jahre	12 Jahre
Mädchen	Strichliste	IIII	JHT II	I
	Anzahl	4	7	1
Jungen	Strichliste	II	JHT IIII	III
	Anzahl	2	9	3

c) Es sind 14 Jungen in der 5c.
Es sind 12 Mädchen in der 5c.
Es sind insgesamt 26 Kinder in der 5c.

Säulendiagramme, F 2

1 a) Köln
b) Schwerin
c) Mögliche Lösung: Die drei Fernsehtürme sehen auf den Bildern etwa gleich groß aus. An den verschiedenen Skalen kann man jedoch die tatsächliche Größe der Türme ablesen.

2 Dortmund ca. 210 m; Schwerin ca. 130 m; Köln ca. 270 m; Köln (T-Shirt) ca. 21 cm

3

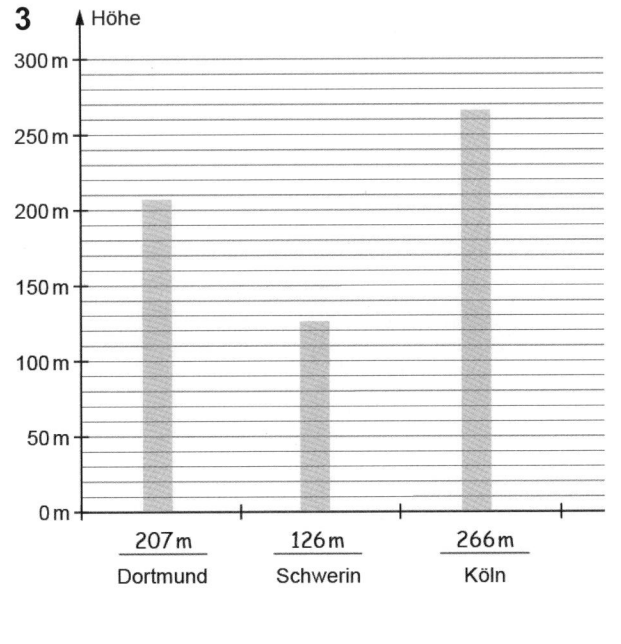

4

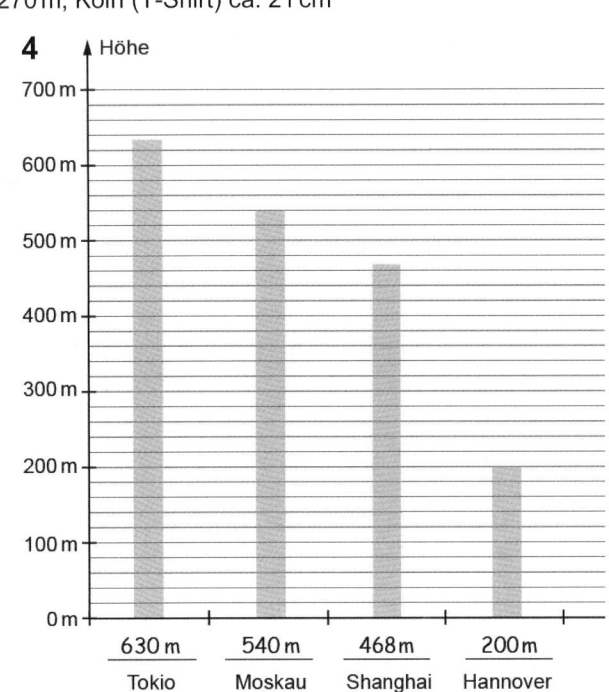

LF 1

2 Natürliche Zahlen

Zahlen runden und darstellen, F 3

1 a) 11 €, 18 €, 25 €, 37 €, 54 €, 76 €, 91 €   b) 60 € ist falsch; denn 54 € ≈ 50 €

2 a) 80 €, 120 €, 190 €, 260 €, 340 €, 410 €
b) 80 € ≈ 100 €; 120 € ≈ 100 €; 190 € ≈ 200 €; 260 € ≈ 300 €; 340 € ≈ 300 €; 410 € ≈ 400 €

3 a) und b)

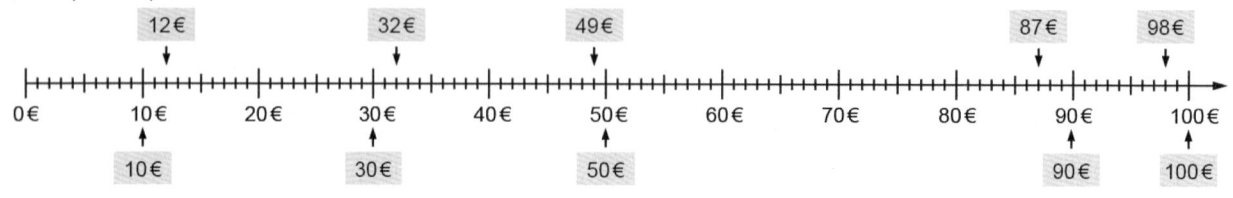

deine Ausgaben	ja ☺	nein ☹
9,98 € + 9,00 €	☺	
6,90 € + 12,50 €	☺	
4 · 5,10 €		☹
5,01 € + 0,99 € + 14 €	☺	
2 · 8,96 €	☺	

4 (siehe Tabelle)

5 a) nein
b) Individuelle Lösungen

Ordnen. Vorgänger. Nachfolger, F 4

1 a) 1 ist kleiner als 5   b) 2 ist kleiner als 7   c) 8 ist größer als 6
d) 2 ist kleiner als 9   e) 18 ist größer als 6   f) 8 ist kleiner als 16

2 a) 4; 7; 9   b) 3; 11; 15   c) 8; 9; 12
d) 8; 19; 23   e) 7; 13; 23; 41   f) 10; 20; 35; 100

3 a) 5; 6   b) 2; 3   c) 8; 9
d) 10; 11; 12   e) 12   f) 15; 16; 17; 18

4

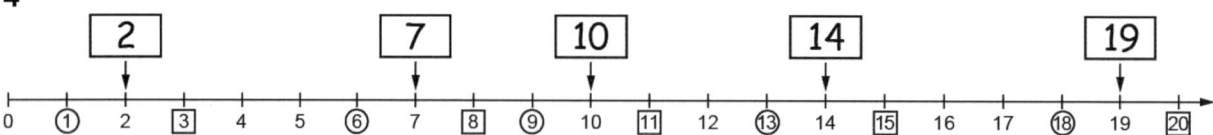

○ Vorgänger   ☐ Nachfolger

Vorgänger	Zahl	Nachfolger
1	2	3
6	7	8
9	10	11
13	14	15
18	19	20

5 Der Vorgänger steht immer vor der Zahl, der Nachfolger nach der Zahl. Deshalb ist fünf der Nachfolger von vier und gleichzeitig der Vorgänger von sechs. Somit haben beide recht.

3 Addieren und Subtrahieren

Partnerbogen Kopfrechnen, F 5

Die Lösungen befinden sich auf der Kopiervorlage.

Schriftliche Addition, F 6

1

Z	E
5	3
+2	6
7	9

2

Z	E
3	3
+1	2
4	5

Z	E
5	0
+4	8
9	8

Z	E
7	3
+2	5
9	8

Z	E
4	5
+3	5
1	
8	0

Z	E
7	5
+1	6
1	
9	1

3 30 + 45 = **75**   42 + 24 = **66**   124 + 158 = **282**

Z	E
3	0
+4	5
7	5

Z	E
4	2
+2	4
6	6

H	Z	E
1	2	4
+1	5	8
	1	
2	8	2

4

```
        16
      6    10
    5    1    9
```

```
        11
      5     6
    5    0    6
```

```
            18
          9    9
        5    4    5
      1    4   0   5
```

5 a)

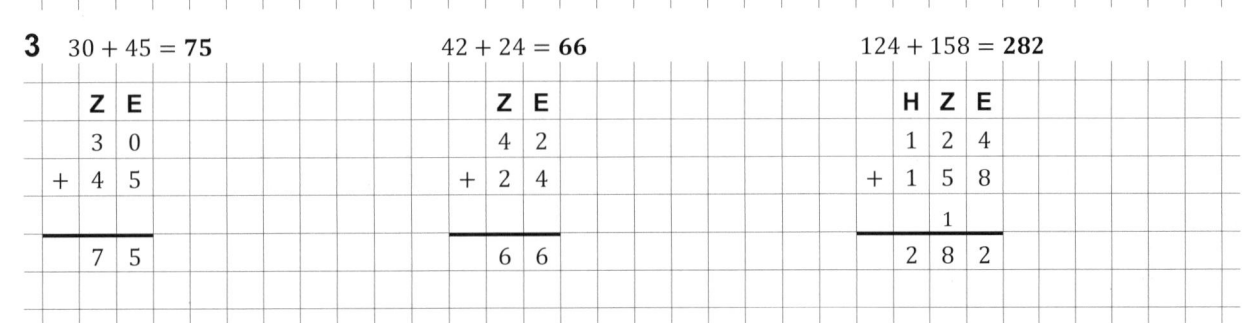

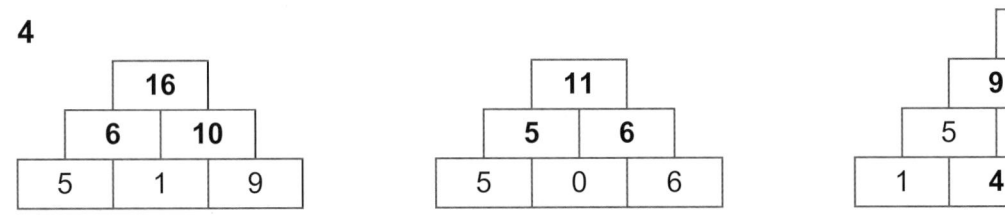

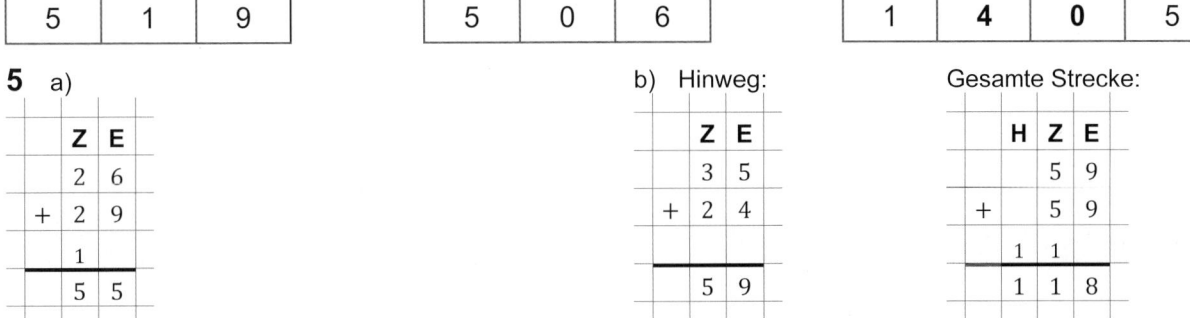

Z	E
2	6
+2	9
1	
5	5

Es sind **55** Kinder unterwegs.

b) Hinweg:

Z	E
3	5
+2	4
5	9

Gesamte Strecke:

H	Z	E
	5	9
+	5	9
	1	1
1	1	8

An diesem Tag sind sie insgesamt **118 km** gefahren.

LF 3

Schriftliche Subtraktion, F 7

1

Z	E
4	6
−2	4
2	2

2

Z	E		Z	E		Z	E		Z	E		Z	E
4	7		5	9		8	7		4	5		7	5
−2	5		−4	0		−5	4		−3	5		−1	6
												1	
2	2		1	9		3	3		1	0		5	9

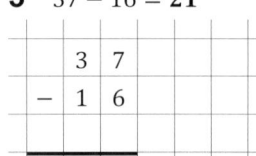

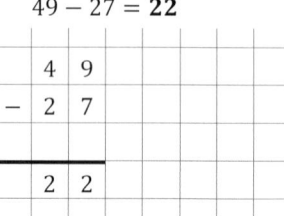

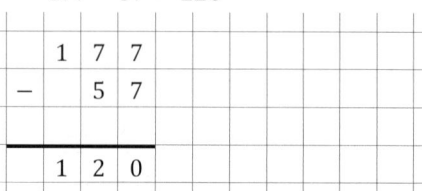

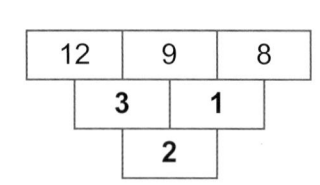

3   37 − 16 = **21**   49 − 27 = **22**   177 − 57 = **120**

Z	E		Z	E		H	Z	E
3	7		4	9		1	7	7
−1	6		−2	7			5	7
2	1		2	2		1	2	0

4

12	9	8
	3	1
	2	

58	22	11
	36	11
	25	

29	14	8	5
	15	6	3
		9	3
		6	

5 a)

Z	E
5	2
−2	1
3	1

Es müssen noch **31** Kinder Fahrkarten kaufen.

b)

Z	E
7	8
−5	2
2	6

Es bleiben noch **26** € übrig.

Platzhalter, F 8

1 a) 11 + **4** = 15   b) **5** + 8 = 13   c) 7 + **12** = 19   d) 9 − **7** = 2
   e) 26 − **5** = 21   f) **21** − 3 = 18   g) **22** + 73 = 95   h) 69 − **43** = 26
   i) 25 + **32** = 57   j) **58** − 26 = 32

2 a) 3 + **2** + 5 = 10   b) 11 + **5** + 3 = 19   c) 20 − 10 − **4** = 6   d) 20 − 5 − **6** = 9

LF 4

3

Z	E		Z	E		Z	E		Z	E		Z	E
4	2		2	4		6	3		7	2		7	5
+	6	+	1	1	+		6	+	2	7	−	6	4
4	8		3	5		6	9		9	9		1	1

4

```
          81
       33    48
     18   15    33
   14    4    11    22
 11   3    1    10   12
```

```
          88
       27    61
     19    8    53
   15    4    4    49
 14   1    3    1    48
```

5

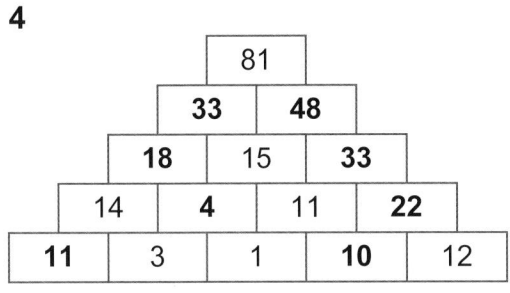

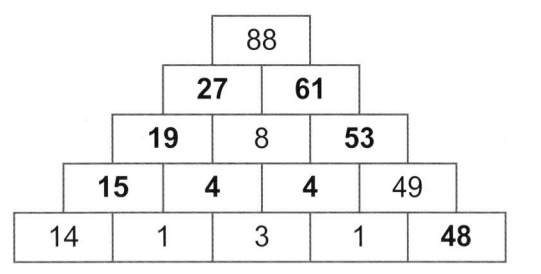

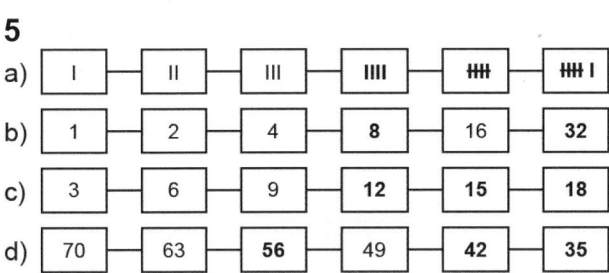

a) I — II — III — IIII — IIII I — IIII II

b) 1 — 2 — 4 — 8 — 16 — 32

c) 3 — 6 — 9 — 12 — 15 — 18

d) 70 — 63 — 56 — 49 — 42 — 35

4 Multiplizieren und Dividieren

Partnerbogen Kopfrechnen, F 9

Die Lösungen befinden sich auf der Kopiervorlage.

Schriftliche Multiplikation I, F 10

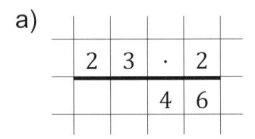

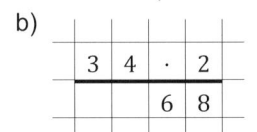

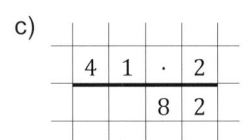

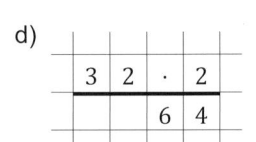

1

a) 2 3 · 2
     4 6

b) 3 4 · 2
     6 8

c) 4 1 · 2
     8 2

d) 3 2 · 2
     6 4

e) 4 4 · 2
     8 8

f) 6 2 · 2
   1 2 4

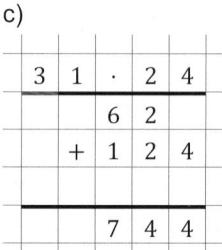

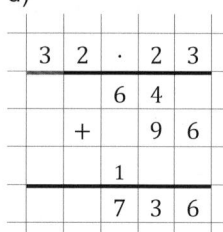

2

a) 24 · 3 = 72
b) 25 · 3 = 75
c) 37 · 3 = 111
d) 43 · 3 = 129
e) 52 · 3 = 156
f) 68 · 3 = 204

3 a) Die Einer wurden falsch multipliziert; $3 \cdot 2$ ergibt 6 und nicht 8.
Richtig ist:

32 · 3 = 96

b) Der Übertrag der Einer bei der Rechnung $3 \cdot 9 = 27$ wurde als Zehner geschrieben, anstatt als Übertrag gemerkt. Danach wurde $3 \cdot 2 = 6$ als Hunderter geschrieben.
Richtig ist:

29 · 3 = 87

Einer: $3 \cdot 9 = 27$; schreibe 27, übertrage 2 Zehner
Zehner: $3 \cdot 2 = 6$;
$6 + 2 = 8$; schreibe 8

4 $18 \cdot 4\,€ = 72\,€$
Die Lehrkraft sammelt 72 € ein.

Schriftliche Multiplikation II, F 11

1
a) 24 · 12; 24; +48; 288
b) 33 · 13; 33; +99; 429
c) 31 · 24; 62; +124; 744
d) 32 · 23; 64; +96; 736

2
a) 23 · 82; 184; +46; 1886
b) 32 · 46; 128; +192; 1472
c) 26 · 34; 78; +104; 884
d) 87 · 35; 261; +435; 3045

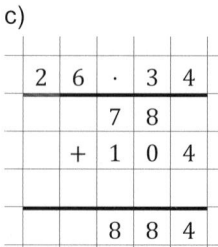

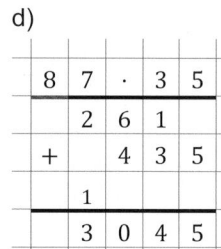

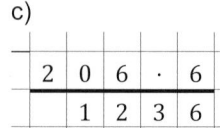

3
a) 210 · 8 = 1680
b) 320 · 5 = 1600
c) 206 · 6 = 1236
d) 308 · 5 = 1540

4 a) Fritz hat den Übertrag der Einer bei der Rechnung $7 \cdot 7 = 49$ als Zehner geschrieben, anstatt als Übertrag gemerkt. Danach hat er $7 \cdot 2 = 14$ als Hunderter und Tausender geschrieben.
Richtig ist:

	2	7	·	7
		1	8	9

Einer: $7 \cdot 7 = 49$; schreibe 9, übertrage 4 Zehner
Zehner: $7 \cdot 2 = 14$;
$14 + 4 = 18$; schreibe 8, übertrage 1 Hunderter
Hunderter: schreibe 1

b) Fritz hat bei der Berechnung die Null des ersten Faktors an der Einerstelle nicht beachtet. Zusätzlich hat er sich bei der Berechnung der Zehner und Hunderter die Überträge nicht gemerkt und diese direkt geschrieben.
Richtig ist:

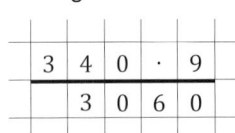

3	4	0	·	9
	3	0	6	0

Einer: $9 \cdot 0 = 0$; schreibe 0
Zehner: $9 \cdot 4 = 36$; schreibe 6, übertrage 3 Hunderter
Hunderter: $9 \cdot 3 = 27$;
$27 + 3 = 30$; schreibe 0, übertrage 3 Tausender
Tausender: schreibe 3

c) Fritz hat bei der Berechnung die Null des ersten Faktors an der Zehnerstelle nicht beachtet.
Richtig ist:

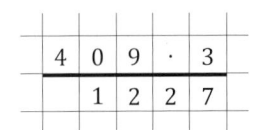

4	0	9	·	3
	1	2	2	7

Einer: $3 \cdot 9 = 27$; schreibe 7, übertrage 2 Zehner
Zehner: $3 \cdot 0 = 0$;
$0 + 2 = 2$; schreibe 2 Zehner
Hunderter: $3 \cdot 4 = 12$; schreibe 2, übertrage 1 Tausender
Tausender: schreibe 1

5 a) $26 \cdot 12\,€ = 312\,€$
Die Lehrkraft muss 312 € einsammeln.
b) $3 \cdot 12\,€ = 36\,€$
Die Lehrkraft gibt 36 € zurück.
$312\,€ - 36\,€ = 276\,€$
Im Museum muss sie 276 € bezahlen.
c) $118 \cdot 12\,€ = 1416\,€$
Einnahmen an der Museumskasse: 1416 €.

Schriftliche Division I, F 12

1

a)
```
  3 2 : 2 = 1 6
- 2
  ─
  1 2
- 1 2
  ───
    0
```

b)
```
  8 6 : 2 = 4 3
- 8
  ─
  0 6
- 0 6
  ───
    0
```

c)
```
  3 4 6 : 2 = 1 7 3
- 2
  ─
  1 4
- 1 4
  ───
    0 6
  - 0 6
    ───
      0
```

d)
```
  5 5 0 : 2 = 2 7 5
- 4
  ─
  1 5
- 1 4
  ───
    1 0
  - 1 0
    ───
      0
```

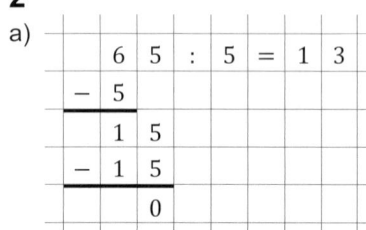

2

a)
```
  6 5 : 5 = 1 3
- 5
  ─
  1 5
- 1 5
  ───
    0
```

b)
```
  9 5 : 5 = 1 9
- 5
  ─
  4 5
- 4 5
  ───
    0
```

c)
```
  1 3 5 : 5 = 2 7
- 1 0
  ───
    3 5
  - 3 5
    ───
      0
```

3 a) Klaus hat beim Berechnen mit der kleinsten Stelle des Dividenden angefangen. Er hätte mit der höchsten Stelle anfangen müssen.

Richtig ist:

```
  3 6 6 : 3 = 1 2 2
- 3
  ─
  0 6
- 0 6
  ───
    0 6
  - 0 6
    ───
      0
```

b) Klaus hat beim Berechnen nicht auf die Null geachtet.

Richtig ist:

```
  4 1 6 : 4 = 1 0 4
- 4
  ─
  0 1    Beachte: „1 durch 4 geht null-mal."
- 0 0
  ───
    1 6
  - 1 6
    ───
      0
```

c) Klaus hat beim Berechnen nicht auf die Null geachtet.
Richtig ist:

```
  2 4 1 6 : 4 = 6 0 4
- 2 4
      0 1    Beachte: „1 durch 4 geht null-mal."
    - 0 0
        1 6
      - 1 6
          0
```

4 a)
```
  2 8 : 4 = 7
- 2 8
    0
```

b)
```
  2 8 0 : 4 = 7 0
- 2 8
    0 0
  - 0 0
      0
```

c)
```
  1 5 0 : 5 = 3 0
- 1 5
    0 0
  - 0 0
      0
```

Schriftliche Division II, F 13

1

a)
```
  1 2 8 : 4 = 3 2
- 1 2
    0 8
  - 0 8
      0
```

b)
```
  2 5 5 : 5 = 5 1
- 2 5
    0 5
  - 0 5
      0
```

c)
```
  4 0 8 : 4 = 1 0 2
- 4
  0 0
- 0 0
    0 8
  - 0 8
      0
```

d)
```
  4 8 8 : 4 = 1 2 2
- 4
  0 8
- 0 8
    0 8
  - 0 8
      0
```

2 a) 96 € : 8 = 12 €
Das sind 12 € pro Kind.

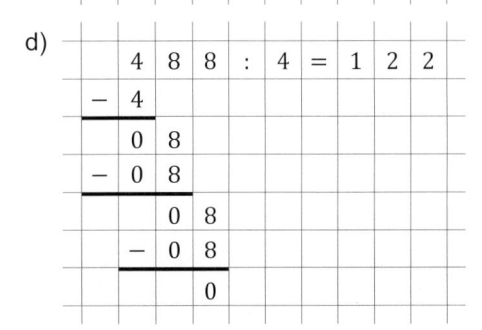

b) 96 € : 6 = 16 €
Das sind 16 € pro Kind.

3 675 € : 5 € = 135
Es haben 135 Kinder bezahlt.

LF 9

4 a) 20 km : 5 = 4 km
Hannah fährt 4 km täglich.

b) 4 · 4 km = 16 km
Hannah fährt in dieser Woche 16 km.

5 Geometrie. Vierecke

Zueinander senkrecht. Abstand, F 14

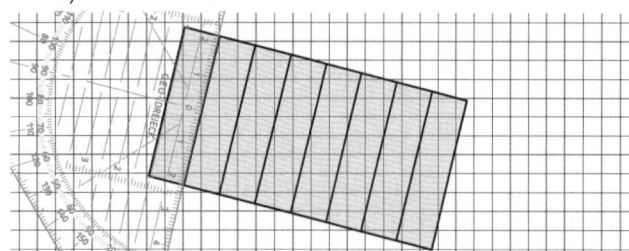

1 Mögliche Lösung:

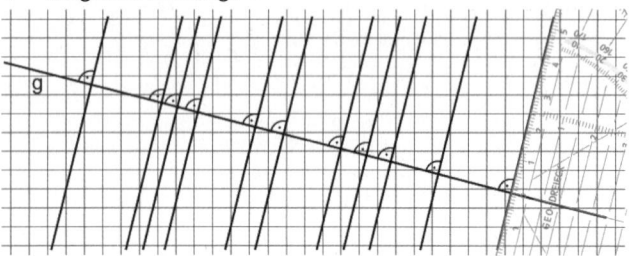

2 a)

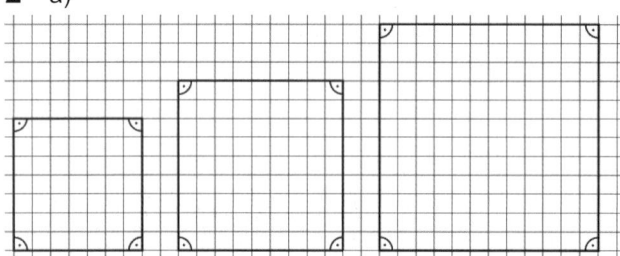

b) Individuelle Lösungen

3

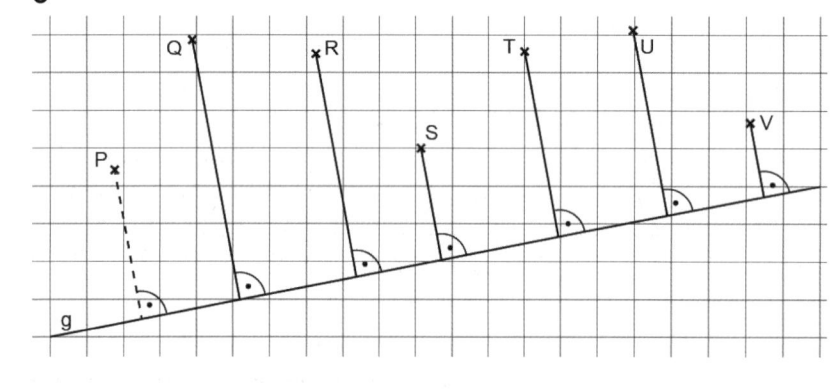

Abstand von	in cm
P zu g	2
Q zu g	3,5
R zu g	3
S zu g	1,5
T zu g	2,5
U zu g	2,5
V zu g	1

Zueinander parallel, F 15

1 a)

b) Mögliche Lösung:

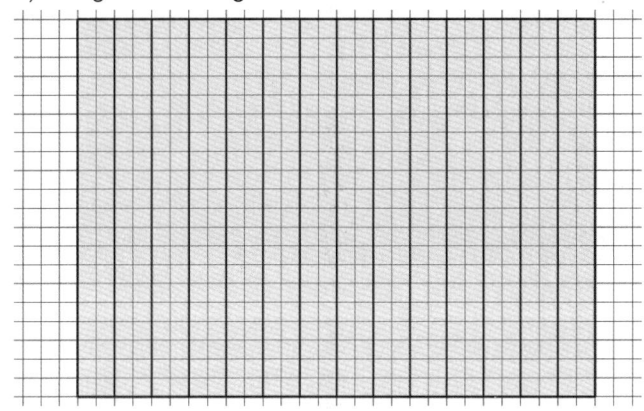

2 a) und b) Individuelle Lösungen

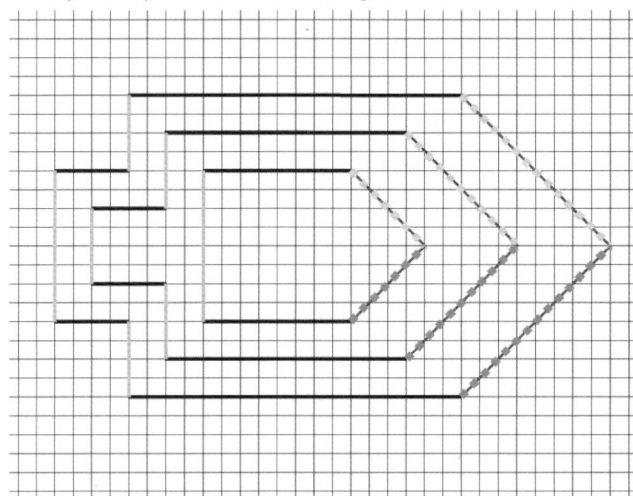

Achsensymmetrische Figuren, F 16

1 Individuelle Lösungen

2 Entlang dieser Linien kann man falten:

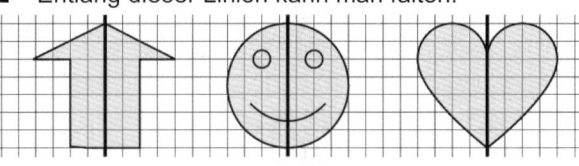

3 Entlang dieser Linien kann man falten:

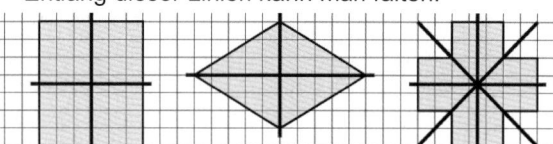

4 a)

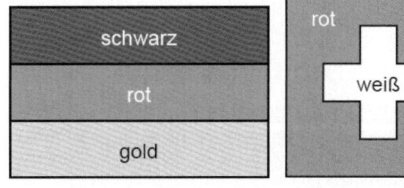

b) Beide Flaggen sind achsensymmetrisch. Die Schweizer Flagge hat sogar vier Symmetrieachsen.
c) Individuelle Lösungen

Partnerbogen Geometrie, F 17

Die Lösungen befinden sich auf der Kopiervorlage.

LF 11

Rechteck, F 18

1 3,5 cm und 2 cm

2 Linkes Rechteck: 5 cm und 4 cm
Oberes Rechteck: 8 cm und 1 cm
Unteres Rechteck: 7 cm und 2 cm

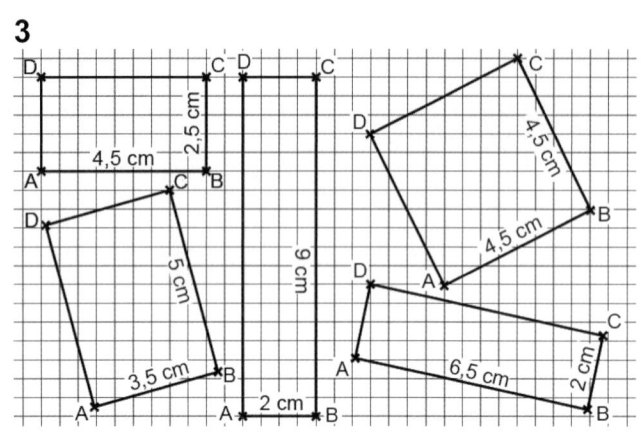

3

Quadrat, F 19

1 a) und b)

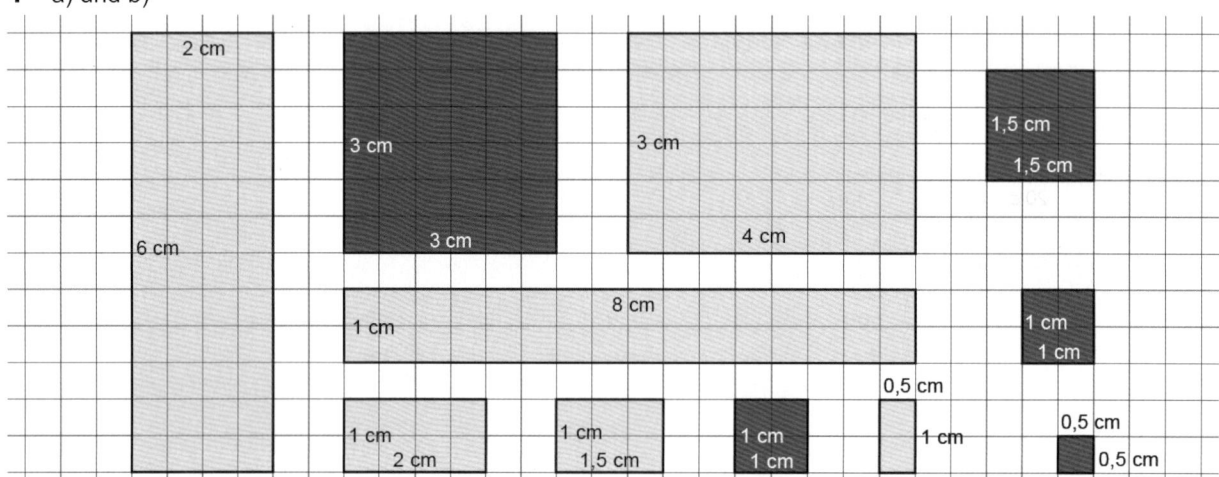

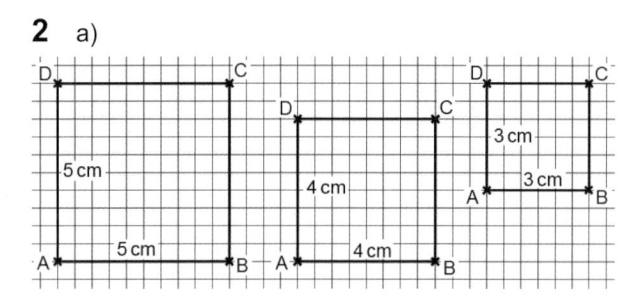

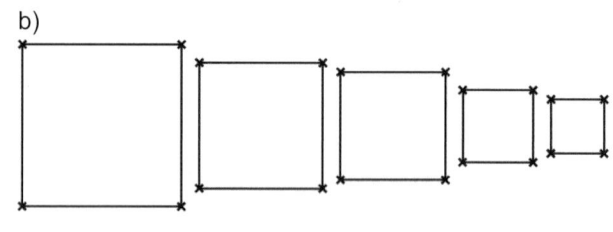

2 a)

b)

LF 12

3

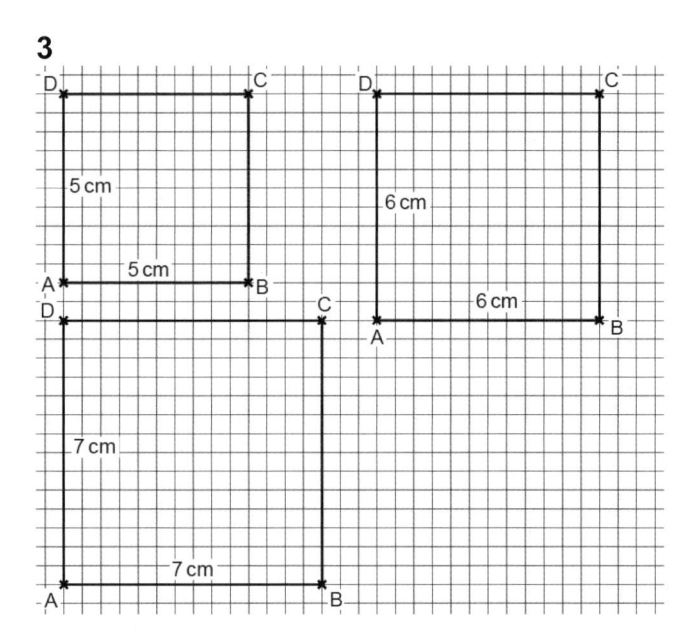

6 Größen und Maßstab

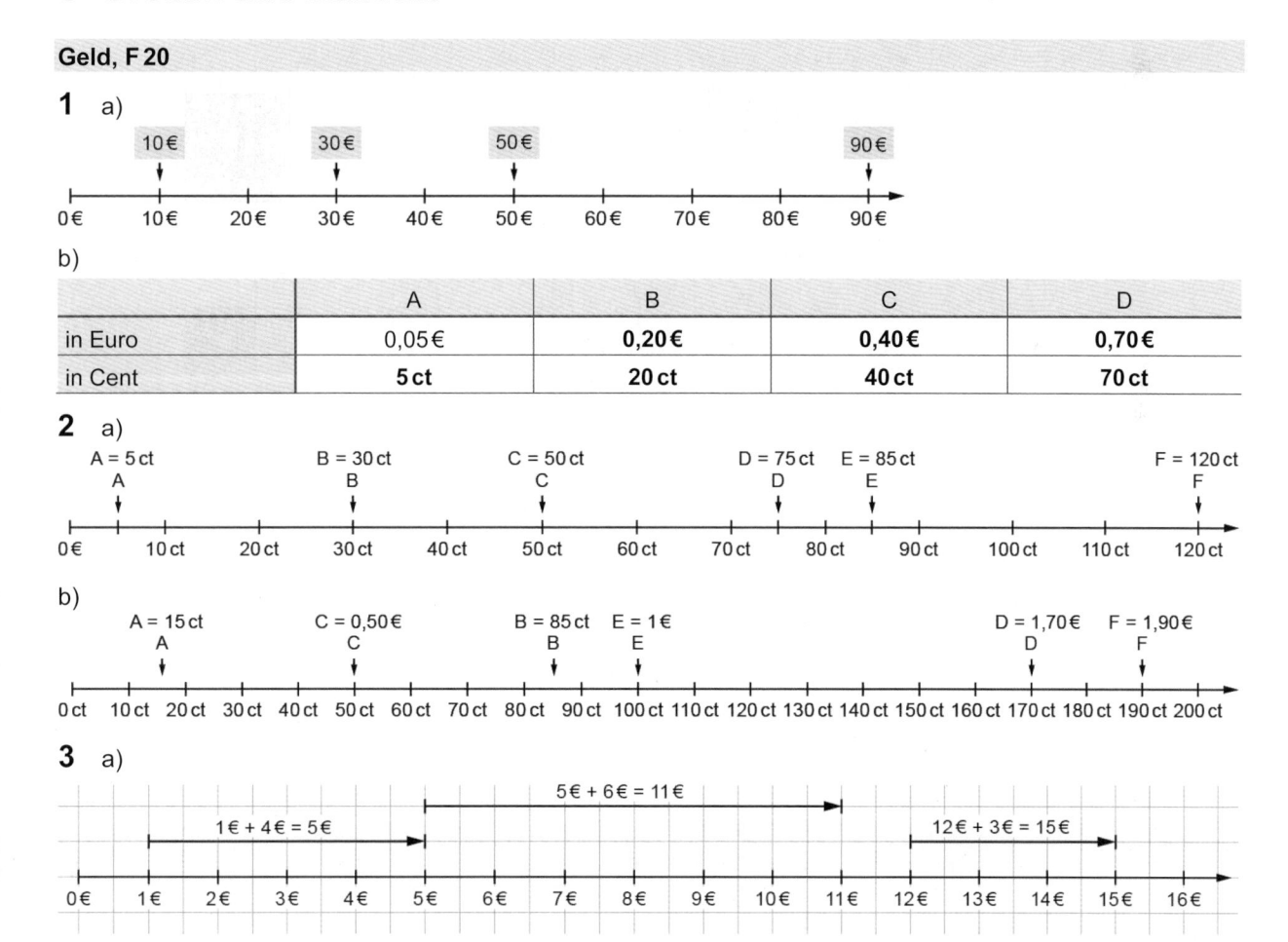

Geld, F 20

1 a)

b)

	A	B	C	D
in Euro	0,05 €	**0,20 €**	**0,40 €**	**0,70 €**
in Cent	**5 ct**	20 ct	40 ct	70 ct

2 a)
A = 5 ct, B = 30 ct, C = 50 ct, D = 75 ct, E = 85 ct, F = 120 ct

b)
A = 15 ct, C = 0,50 €, B = 85 ct, E = 1 €, D = 1,70 €, F = 1,90 €

3 a)
1 € + 4 € = 5 €
5 € + 6 € = 11 €
12 € + 3 € = 15 €

LF 13

b)

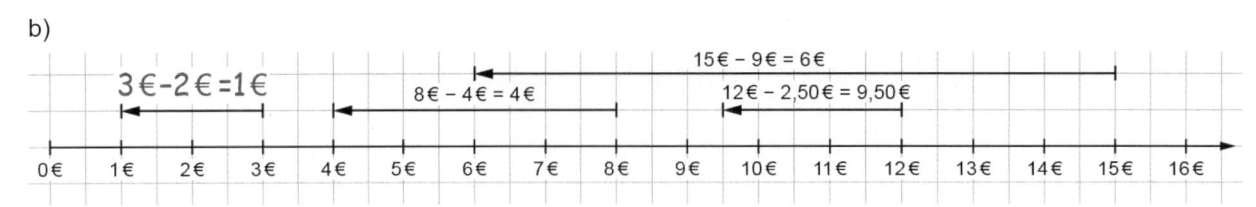

$3€ - 2€ = 1€$ $8€ - 4€ = 4€$ $15€ - 9€ = 6€$ $12€ - 2,50€ = 9,50€$

0€ 1€ 2€ 3€ 4€ 5€ 6€ 7€ 8€ 9€ 10€ 11€ 12€ 13€ 14€ 15€ 16€

4 $4,90€ + 1,30€ + 1,40€ = 7,60€$

Partnerbogen Kopfrechnen, F 21

Die Lösungen befinden sich auf der Kopiervorlage.

Zeit, F 22

1 12:15:38 Uhr

2 a)

7 Uhr	11 Uhr	2 Uhr	3 Uhr	4:30 Uhr	12 Uhr
19 Uhr	23 Uhr	14 Uhr	15 Uhr	16:30 Uhr	0 Uhr

b)

8 Uhr	10 Uhr	1 Uhr	5 Uhr	5:15 Uhr	5:30 Uhr
20 Uhr	22 Uhr	13 Uhr	17 Uhr	17:15 Uhr	17:30 Uhr

3

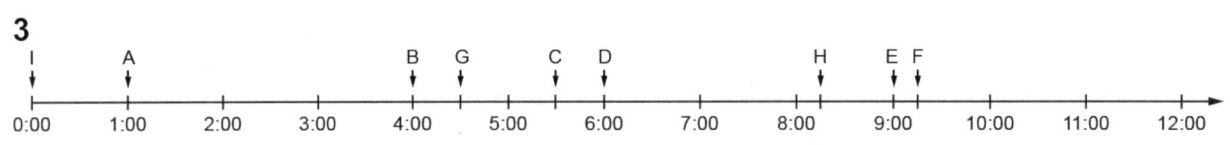

I A   B G C D   H E F
0:00 1:00 2:00 3:00 4:00 5:00 6:00 7:00 8:00 9:00 10:00 11:00 12:00

4 a)

Abfahrt	Fahrzeit	Ankunft
15:00 Uhr	30 min	15:30 Uhr
15:00 Uhr	2 h	17:00 Uhr
15:45 Uhr	2 h	17:45 Uhr
16:00 Uhr	1 h	17:00 Uhr
16:00 Uhr	1 h 15 min	17:15 Uhr

b) Richtig ist 9:09 Uhr; 11:00 Uhr; 9:05 Uhr; 50 min; 60 min

Längen, F 23

1 a) B = 30 cm; C = 50 cm; D = 75 cm; E = 100 cm b) B = 0,3 m; C = 0,5 m; D = 0,75 m; E = 1 m

2 a) A = 1 cm; B = 6 cm; C = 7 cm; D = 15 cm; E = 16 cm; F = 20 cm

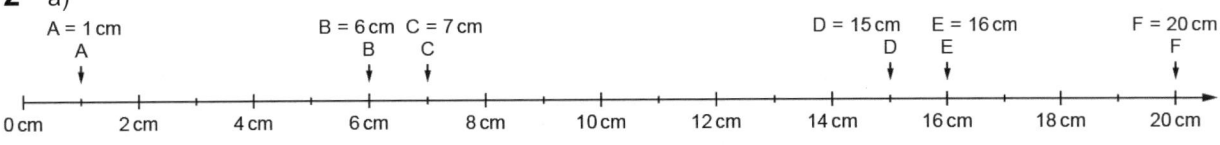

b) A = 10 cm; B = 30 cm; C = 42 cm; D = 68 cm; E = 100 cm; F = 1,2 m; G = 1,4 m; H = 1,42 m; I = 1,5 m

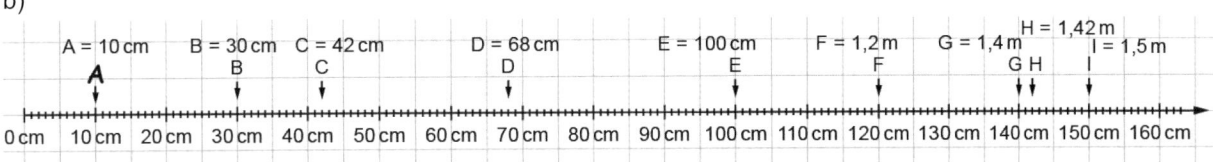

3 a) 20 cm + **80** cm = 100 cm
30 cm + **70** cm = 100 cm
50 cm + **50** cm = 100 cm
85 cm + **15** cm = 100 cm
95 cm + **5** cm = 100 cm

b) 0,2 m + **0,8** m = 1 m
0,3 m + **0,7** m = 1 m
0,7 m + **0,3** m = 1 m
0,75 m + **0,25** m = 1 m
0,99 m + **0,01** m = 1 m

Partnerbogen Kopfrechnen, F 24

Die Lösungen befinden sich auf der Kopiervorlage.

Masse, F 25

1 a) 2 g; 7 g; 14 g; 19 g   b) 35 g; 90 g; 120 g; 900 g   c) 4 kg; 7 kg; 12 kg; 16 kg

2

	A	B	C	D	E	F
in kg	1 kg	3 kg	4 kg	7 kg	9 kg	10 kg
in g	1000 g	3000 g	4000 g	7000 g	9000 g	10 000 g

3 100 g; 300 g; 450 g; 920 g; 0,500 kg; 0,100 kg

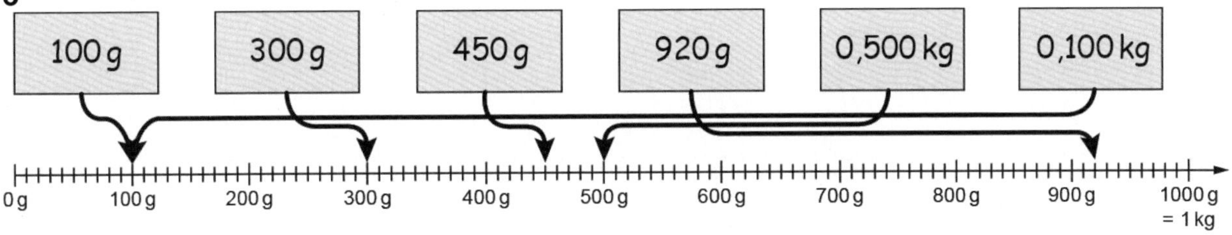

4 a) 2 kg + 5 kg = 7 kg; 5 kg + 3 kg = 8 kg; 1 kg + 3 kg = 4 kg

LF 15

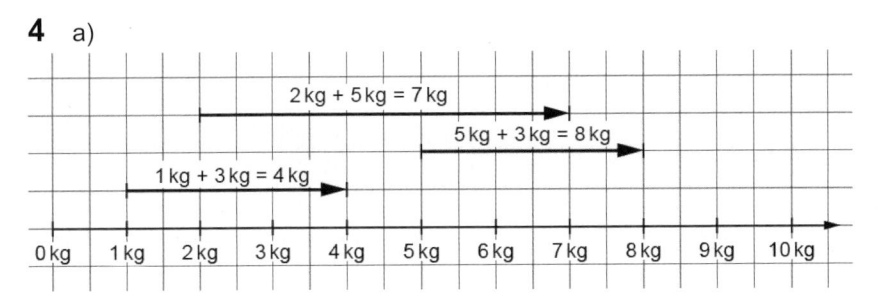

b)

```
     4kg - 3kg = 1kg          9kg - 4kg = 5kg
0kg  1kg  2kg  3kg  4kg  5kg  6kg  7kg  8kg  9kg  10kg
```

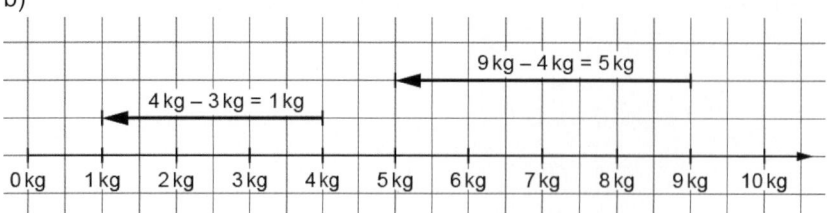

5

	2	5	0
+	2	5	0
+	1	0	0
	1		
	6	0	0

Die drei Kisten wiegen zusammen 600 kg.

7 Umfang und Flächeninhalt

Flächen vergleichen, F 26

1 Individuelle Lösungen

2 a) Individuelle Lösungen
b) Figur II hat den größten Flächeninhalt.
c) Figur I hat den kleinsten Flächeninhalt.

3 a) und b)

	cm²	Kästchen
I	5	20
II	8	32
III	6	24

4 a) und b) Individuelle Lösungen
Jede Figur sollte aus 20 Kästchen bestehen.

Umfang, F 27

1 $u = 2 \cdot 2\,m + 2 \cdot 3\,m = 10\,m$
Dominik braucht 10 m Zaun.

2 a) $u = 18\,m$ b) $u = 18\,m$ c) $u = 20\,m$

3 a) u = 20 cm b) u = 16 cm c) u = 24 cm

4 Individuelle Lösungen

Flächeninhalt, F 28

1 a) $A = 18\,cm^2$ b) $A = 24\,cm^2$ c) $A = 12\,cm^2$

2 a) Länge = 6 m; Breite = 3 m b) Länge = 4 m; Breite = 5 m c) Länge = 4 m; Breite = 4 m
$A = 6\,m \cdot 3\,m = 18\,m^2$ $A = 4\,m \cdot 5\,m = 20\,m^2$ $A = 4\,m \cdot 4\,m = 16\,m^2$

3 a) $A = 4\,cm \cdot 7\,cm = 28\,cm^2$ b) $A = 5\,cm \cdot 6\,cm = 30\,cm^2$

Partnerbogen Geometrie, F 29

Die Lösungen befinden sich auf der Kopiervorlage.

8 Brüche

Bruchteile erkennen und darstellen, F 30

1

	Das Ganze	aufgeteilt in	Bruch		Das Ganze	aufgeteilt in	Bruch
a)		8 Teile	$\frac{1}{8}$	d)		6 Teile	$\frac{1}{6}$
b)		6 Teile	$\frac{1}{6}$	e)		10 Teile	$\frac{1}{10}$
c)		5 Teile	$\frac{1}{5}$	f)		4 Teile	$\frac{1}{4}$

2 a) $\frac{1}{3}$ rot

b) $\frac{1}{4}$ rot

3

	das Ganze (ein Kuchen)	aufgeteilt in	davon sind übrig	gefärbt sind (Bruch)	gegessen wurde	ungefärbt sind (Bruch)
a)		3 Teile	2 Teile	$\frac{2}{3}$	1 Teil	$\frac{1}{3}$
b)	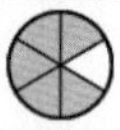	6 Teile	5 Teile	$\frac{5}{6}$	1 Teil	$\frac{1}{6}$
c)	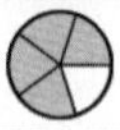	5 Teile	4 Teile	$\frac{4}{5}$	1 Teil	$\frac{1}{5}$

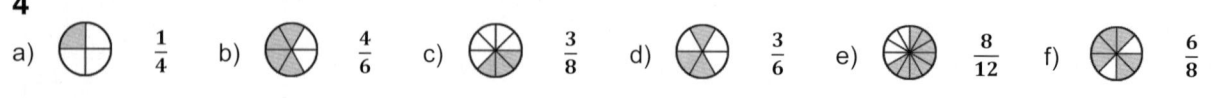

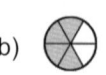

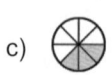

4
a) $\frac{1}{4}$ b) $\frac{4}{6}$ c) $\frac{3}{8}$ d) $\frac{3}{6}$ e) $\frac{8}{12}$ f) $\frac{6}{8}$

5 a)   b) 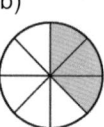   c)

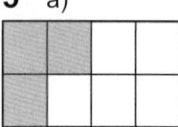

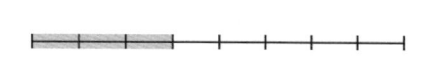

Daten   SP 1   **1**

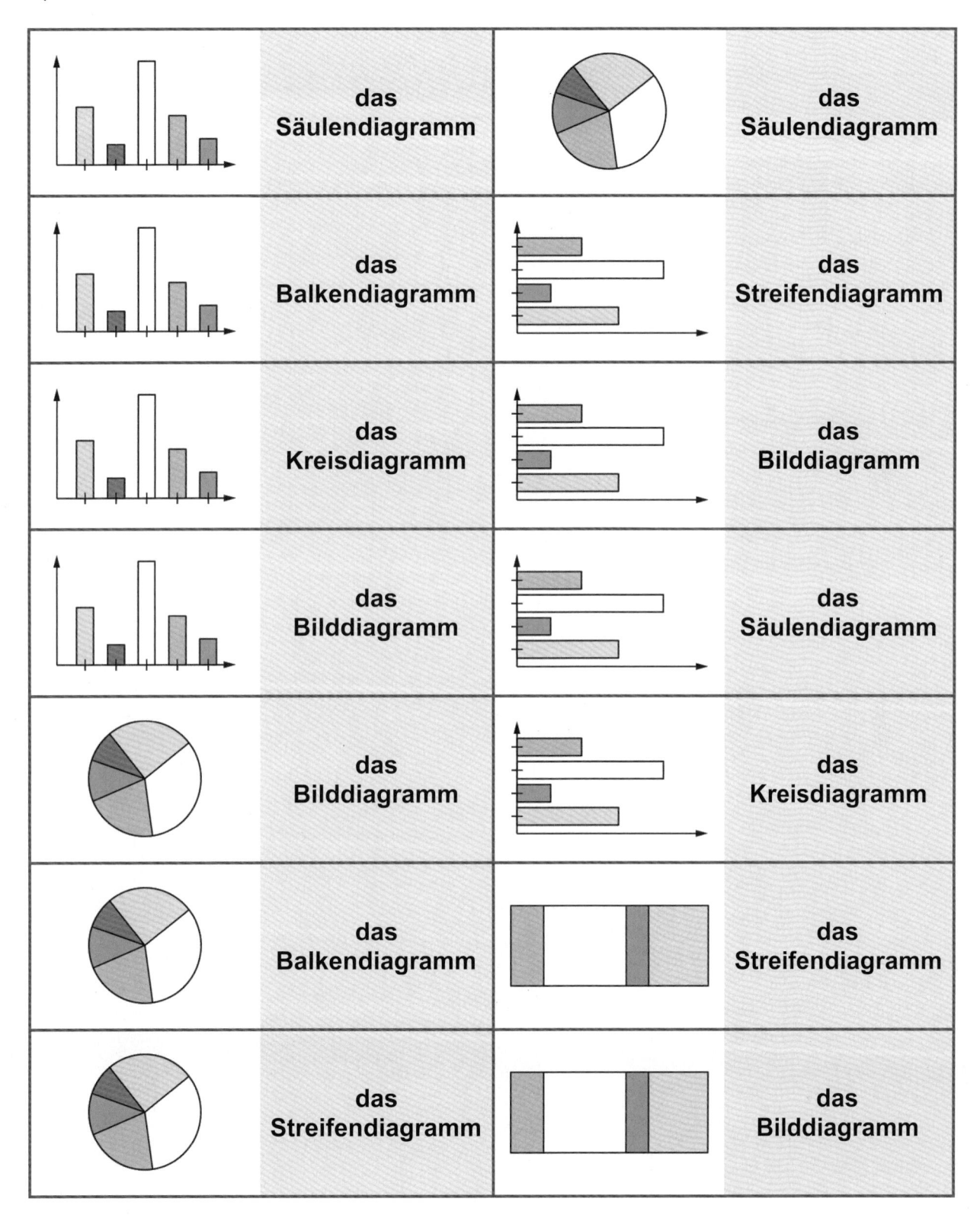

Domino: Diagramme (Teil 1)

Schneidet die Dominosteine an den **dicken** Linien aus.
Spielt Domino.

[Säulendiagramm Bild]	das Säulendiagramm	[Kreisdiagramm Bild]	das Säulendiagramm
[Säulendiagramm Bild]	das Balkendiagramm	[Balkendiagramm Bild]	das Streifendiagramm
[Säulendiagramm Bild]	das Kreisdiagramm	[Balkendiagramm Bild]	das Bilddiagramm
[Säulendiagramm Bild]	das Bilddiagramm	[Balkendiagramm Bild]	das Säulendiagramm
[Kreisdiagramm Bild]	das Bilddiagramm	[Balkendiagramm Bild]	das Kreisdiagramm
[Kreisdiagramm Bild]	das Balkendiagramm	[Streifendiagramm Bild]	das Streifendiagramm
[Kreisdiagramm Bild]	das Streifendiagramm	[Streifendiagramm Bild]	das Bilddiagramm

Daten   SP 2   **1**

👥 **Domino: Diagramme (Teil 2)**
✂️

[Balkenbild]	das Balkendiagramm	[Luftballons]	das Kreisdiagramm
[Balkenbild]	das Kreisdiagramm	[Luftballons]	das Balkendiagramm
[Luftballons]	das Streifendiagramm	[Luftballons]	das Säulendiagramm

Natürliche Zahlen SP 3 **2**

Domino: Natürliche Zahlen (Teil 1)

Schneidet die Dominosteine an den **dicken** Linien aus.
Spielt Domino.

1	eins	8	eins
1	zwei	8	zwei
2	drei	9	drei
2	vier	9	vier
3	fünf	10	fünf
3	sechs	10	sechs
4	sieben	11	sieben

© Ernst Klett Verlag GmbH, Stuttgart 2022 | www.klett.de | Alle Rechte vorbehalten. Von dieser Druckvorlage ist die Vervielfältigung für den eigenen Unterrichtsgebrauch gestattet. Die Kopiergebühren sind abgegolten.   Text: Birgit Willerding

Domino: Natürliche Zahlen (Teil 2)

4	acht	11	acht
5	neun	12	neun
5	zehn	12	zehn
6	elf	13	elf
6	zwölf	13	zwölf
7	dreizehn	20	dreizehn
7	zwanzig	20	zwanzig

Natürliche Zahlen SP 5 **2**

Memory: Natürliche Zahlen (leichte Variante)

Schneidet die Karten an den **dicken** Linien aus.
Spielt Memory.

4 vier	4 vier	32 zweiund-dreißig	32 zweiund-dreißig	155 hundert-fünfund-fünfzig	12 zwölf
12 zwölf	1 eins	1 eins	155 hundert-fünfund-fünfzig	8 acht	8 acht
91 einund-neunzig	91 einund-neunzig	7 sieben	2 zwei	2 zwei	6 sechs
6 sechs	7 sieben	11 elf	11 elf	14 vierzehn	14 vierzehn
29 neunund-zwanzig	29 neunund-zwanzig	75 fünfund-siebzig	75 fünfund-siebzig	131 hundert-einund-dreißig	131 hundert-einund-dreißig
48 achtund-vierzig	48 achtund-vierzig	3 drei	3 drei	34 vierund-dreißig	34 vierund-dreißig
43 dreiund-vierzig	43 dreiund-vierzig	5 fünf	5 fünf		

Text: Birgit Willerding

Natürliche Zahlen SP 6 2

Memory: Natürliche Zahlen (schwierige Variante)

Schneidet die Karten an den **dicken** Linien aus.
Spielt Memory.

4	vier	32	zweiund-dreißig	155	zwölf
12	1	eins	hundert-fünfund-fünfzig	8	acht
91	einund-neunzig	7	2	zwei	6
sechs	sieben	11	elf	14	vierzehn
29	neunund-zwanzig	75	fünfund-siebzig	131	hundert-einund-dreißig
48	achtund-vierzig	3	drei	34	vierund-dreißig
43	dreiund-vierzig	5	fünf		

Addieren und Subtrahieren SP 7 **3**

Addition und Subtraktion

Setze die Wörter an den passenden Stellen ein.

Summe	Subtraktion	Addition	Differenz	Summanden
dreizehn	minus	Minuend	Summe	ist gleich
plus	Subtrahend	Differenz		

Plus-Rechnen

Das Zeichen + gehört zur _____.

Die Zahlen, die addiert werden, heißen _____.

Das Ergebnis heißt _____.

Man spricht die Rechnung aus dem Beispiel so:

Fünf _____ acht ist gleich _____.

Beispiel
5 + 8 = 13
1. Summand   2. Summand   Summe

Minus-Rechnen

Das Zeichen − gehört zur _____.

Die erste Zahl heißt Minuend.

Die Zahl, die abgezogen wird, heißt Subtrahend.

Das Ergebnis heißt _____.

Man spricht die Rechnung aus dem Beispiel so:

Fünfzehn _____ drei _____ zwölf.

Beispiel
15 − 3 = 12
_____ _____ Differenz

Wir fassen zusammen:

Das Ergebnis der Addition heißt _____. Das Ergebnis der Subtraktion heißt _____.

Multiplikation und Division

Setze die Wörter an den passenden Stellen ein.

mal	Produkt	vierundzwanzig	Dividend	Faktoren
geteilt durch	Multiplikation	Divisor	Produkt	Quotient
Division	ist gleich	Quotient		

Mal-Rechnen

Das Zeichen · gehört zur _____.

Die Zahlen, die multipliziert werden, heißen _____.

Das Ergebnis heißt _____.

Man spricht die Rechnung aus dem Beispiel so:

Sechs _____ vier ist gleich _____.

Beispiel

| 6 | · | 4 | = | 24 |
| 1. Faktor | | 2. Faktor | | Produkt |

Geteilt-Rechnen

Das Zeichen : gehört zur _____.

Die erste Zahl heißt Dividend.

Die Zahl, duch die geteilt wird, heißt Divisor.

Das Ergebnis heißt _____.

Man spricht die Rechnung aus dem Beispiel so:

Fünfzehn _____ drei _____ fünf.

Beispiel

15	:	3	=	5
				Quotient
_____		_____		

Wir fassen zusammen:

Das Ergebnis der Multiplikation heißt _____. Das Ergebnis der Division heißt _____.

Rechenregeln

Schneide alle Kärtchen an den **dicken** Linien aus. Sortiere sie so, dass sinnvolle Sätze entstehen. Bring die Sätze dann in die passende Reihenfolge.

Addition heißt, dass die Summe	bei der Multiplikation, Division, Addition und Subtraktion.
Bei der Division werden zwei	Punktrechnung vor Strichrechnung oder Punkt vor Strich.
Bei der Subtraktion wird eine Zahl	hat die Division Vorrang.
Diese Regel heißt auch:	mehrerer Zahlen gebildet wird. Es steht ein + dazwischen.
Grundsätzlich rechnet man	dann musst du zuerst den Ausdruck in der Klammer ausrechnen.
Multiplikation bedeutet, dass zwischen	von der anderen abgezogen. Es steht ein − dazwischen.
Wenn in einer Aufgabe Subtraktion und Division vorkommen,	von links nach rechts.
Wenn in einer Aufgabe Addition und Multiplikation vorkommen,	dann hat die Multiplikation Vorrang.
Wenn eine Klammer in der Aufgabe vorkommt,	also rechnest du zuerst $3 \cdot 4 = 12$ und dann $5 + 12 = 17$.
Wir wiederholen zuerst, welche Rechenzeichen verwendet werden,	den Zahlen ein · steht.
Zum Beispiel: $5 + 3 \cdot 4$ Die Multiplikation hat Vorrang,	Zahlen geteilt, es steht ein : dazwischen.

Geometrie. Vierecke

Das Koordinatensystem (Teil 1)

Setze die Wörter an den passenden Stellen ein.

y-Richtung	Zahlen	Achsen	rechts	Ursprung	oben
Abstände	zeichnest	x-Richtung	erste	Punkte	Koordinaten
y-Achse	Koordinate	x-Achse			

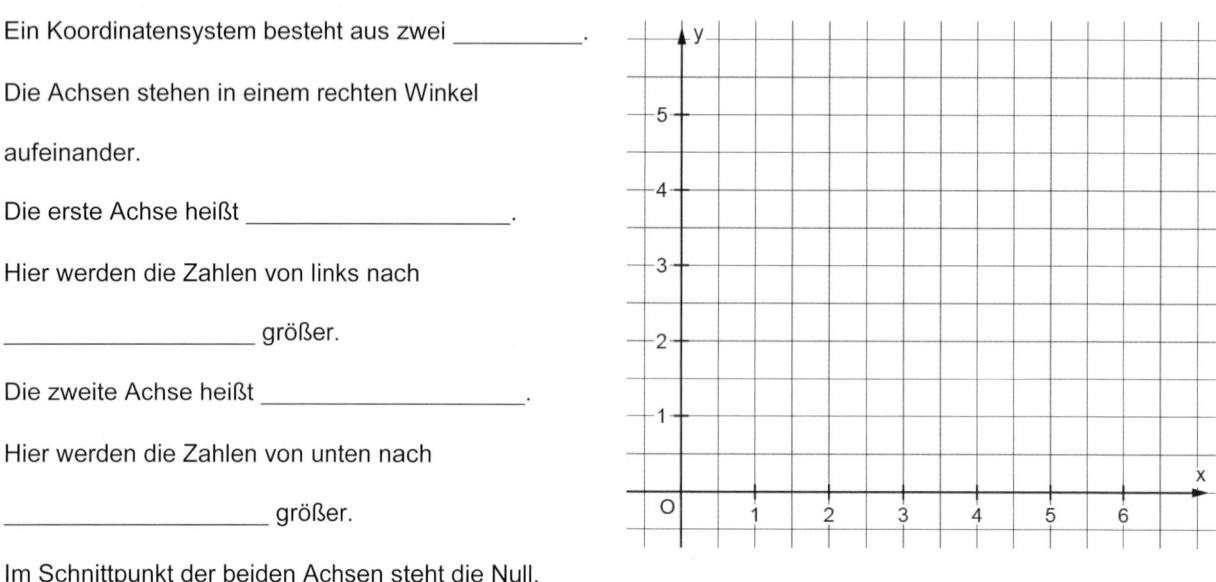

Ein Koordinatensystem besteht aus zwei _____.

Die Achsen stehen in einem rechten Winkel aufeinander.

Die erste Achse heißt _____.

Hier werden die Zahlen von links nach _____ größer.

Die zweite Achse heißt _____.

Hier werden die Zahlen von unten nach _____ größer.

Im Schnittpunkt der beiden Achsen steht die Null.

Diese Stelle heißt _____ des Koordinatensystems.

Die _____ zwischen den Markierungen für die _____ sind alle gleich groß.

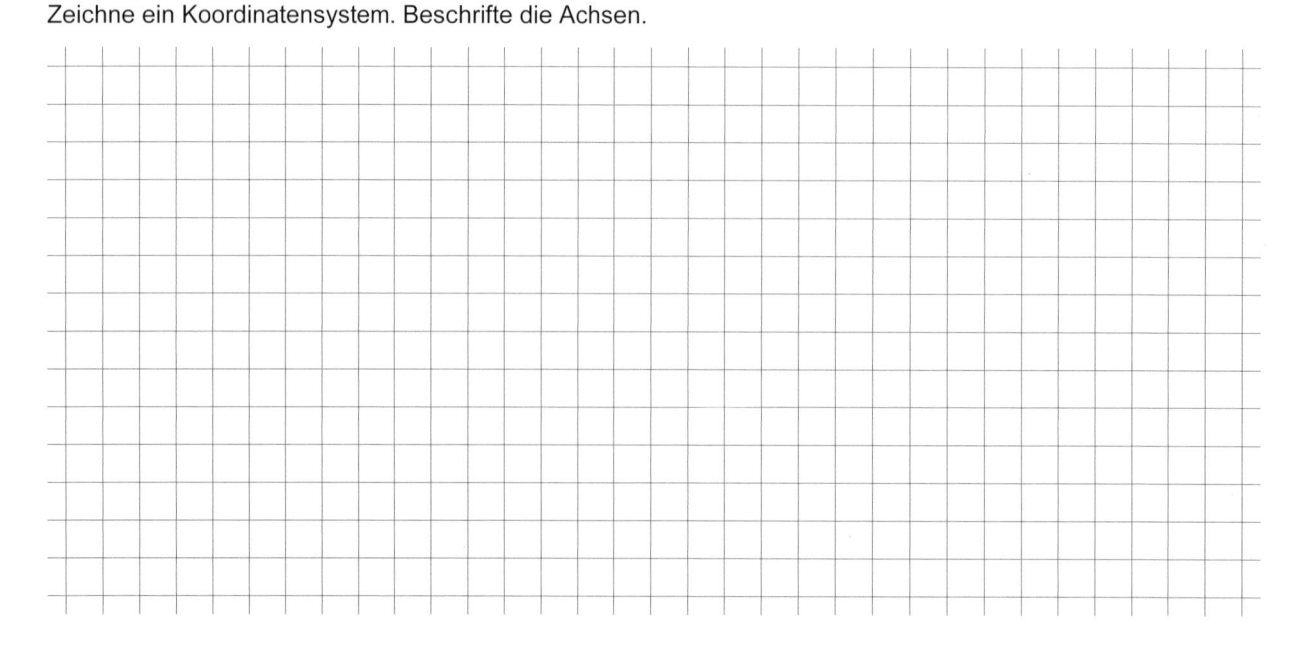

Zeichne ein Koordinatensystem. Beschrifte die Achsen.

Das Koordinatensystem (Teil 2)

In ein Koordinatensystem kannst du _____ eintragen.

Ein Punkt hat zwei _____. Die _____ Koordinate gibt die x-Richtung an.

Die zweite _____ gibt die y-Richtung an.

Kurz schreibt man dies so: P (3 | 2).

3 ist die Koordinate in _____.

2 ist die Koordinate in _____.

Du willst den Punkt P einzeichnen?

Gehe von der Null aus 3 Einheiten nach rechts (in x-Richtung).

Gehe von dort dann zwei Einheiten nach oben (in y-Richtung).

Hier _____ du den Punkt P ein.

Trage die Punkte in dein Koordinatensystem ein:
A (6 | 1)
B (1 | 5)
C (4 | 4)
D (0 | 3)

Geometrie. Vierecke SP 12

Achsensymmetrie

Schneide alle Kärtchen aus. Sortiere sie so, dass sinnvolle Sätze entstehen.
Bring die Sätze dann in die passende Reihenfolge.

Die Achse, an der man die Figur spiegelt,	2 Symmetrieachsen.
Die Figur ⬭ hat	bei der Figur ★ .
Denke dir selber	man sie an einer bestimmten Achse spiegelt. (Du kannst das mit einem Spiegel ausprobieren.)
Ein Beispiel für eine achsensymmetrische Figur	eine Figur mit 4 oder 6 Symmetrieachsen aus.
Eine Figur kann auch mehr als eine	heißt Symmetrieachse.
Es gibt Figuren, die gleich aussehen, wenn	ist .
Figuren, die nach der Spiegelung an einer Achse noch genauso aussehen	Symmetrieachse haben.
Man findet 8 Symmetrieachsen	wie vorher, heißen achsensymmetrisch.

Größen und Maßstab   SP 13   **6**

Größen und Einheiten

Schneide alle Kärtchen aus. Sortiere sie so, dass sinnvolle Sätze entstehen.
Bring die Sätze dann in die passende Reihenfolge.

Du möchtest	bleibt eine Länge.
Dazu nimmst du ein Lineal,	Tonne (t), Kilogramm (kg), Gramm (g), Milligramm (mg), …
Die Angabe 13 macht keinen Sinn, wenn	und die dazugehörenden Einheiten.
Es macht einen Unterschied, ob es	gleich 10 Dezimeter: $1\,\text{m} = 10\,\text{dm}$.
Also: Zentimeter, Meter, Dezimeter,…	sind Einheiten.
Das, was du misst,	ist die **Einheit**.
Noch mal: **Was** man misst,	Stunden (h), Minuten (min), Sekunden (s), Tage, Wochen, …
Wie man es angibt,	du nicht dazu sagst, in welcher **Einheit** die Zahl angegeben wird.
Du kennst noch andere Größen,	ist eine Größe. Beim Bleistift misst du die Länge.
Zur Größe Zeit gehören die Einheiten	zum Beispiel: Zeit, Masse, Geld, …
Zur Größe Masse gehören die Einheiten	ist die **Größe**.
Zur Größe Geld gehören in Deutschland die Einheiten	die Länge eines Bleistifts messen.
Man kann Einheiten umrechnen. Zum Beispiel ist ein Meter	hältst es an den Bleistift und misst 13.
Aber Größen kann man nicht umrechnen. Eine Länge	Euro (€) und Cent (ct). In anderen Ländern wird die Währung in anderen Einheiten angegeben.
Nimm dir einen Moment Zeit. Schreibe alle Größen auf, die du kennst,	13 Zentimeter oder 13 Millimeter sind.

Größen und Maßstab SP 14

Maßstab (Teil 1)

Setze die Wörter an den passenden Stellen ein.

Angabe	entspricht	fassen	größer	Maßstab
Käfer	Landkarten	Länge	lang	umrechnen
Maßstab	Modellauto	Zentimeter	zweite	Foto

Was bedeutet „Maßstab 1 : 100"? Wo kommt diese _____ vor?

Man findet den Maßstab oft auf _____ oder bei Modellen.

Die erste Zahl ist die _____ auf der Karte oder dem Modell.

Die _____ Zahl gibt die entsprechende Länge im Original an.

Ein Beispiel:

Ein _____ hat eine Länge von 4 cm.

Es ist im _____ von 1 : 100 gebaut.

Dann ist das echte Auto 100-mal so _____, wie das Modellauto:

Also 400 cm oder 4 m.

Jedem Zentimeter im Bild entsprechen 100 _____ (oder 1 Meter) im Original.

4 cm entsprechen dann 400 cm.

Größen und Maßstab SP 15 **6**

Maßstab (Teil 2)

Noch ein Beispiel:

Auf einem _____ ist ein Käfer zu sehen.

Der Maßstab ist mit 5 : 1 angegeben.

Der Käfer ist auf dem Foto vom Kopf bis zum Hinterteil 5 cm lang.

Dann ist der _____ tatsächlich nur 1 cm lang.

In diesem Fall ist das Tier auf dem Bild also _____ als das Original.

Manchmal musst du die Längeneinheit _____ :

Auf einer Landkarte ist der _____ 1 : 2 000 000 angegeben.

1 cm auf der Landkarte _____ also 2 000 000 cm in der Wirklichkeit.

2 000 000 cm sind 20 000 m oder 20 km.

Man schreibt in der Mathematik kurz: 1 cm ≙ 20 km.

Das Zeichen ≙ bedeutet „entspricht".

Wir _____ zusammen:

Maßstab = Länge im Bild (Karte, Modell) : Länge im Original

Brüche   SP 16   **8**

Domino: Brüche (Teil 1)

Schneidet die Dominosteine an den **dicken** Linien aus.
Spielt Domino.

1	eins	$\frac{1}{100}$	eins
1	zehn	$\frac{1}{100}$	zehn
1	ein Zehntel	$\frac{1}{1000}$	ein Zehntel
1	ein Hundertstel	$\frac{1}{1000}$	ein Hundertstel
10	ein Tausendstel	$\frac{1}{1000}$	ein Tausendstel
10	ein Zehn-tausendstel	$\frac{1}{1000}$	ein Zehn-tausendstel
10	ein Hundert-tausendstel	$\frac{1}{10000}$	ein Hundert-tausendstel

Domino: Brüche (Teil 2)

10	eins	$\frac{1}{10000}$	eins
$\frac{1}{10}$	zehn	$\frac{1}{10000}$	zehn
$\frac{1}{10}$	ein Zehntel	$\frac{1}{10000}$	ein Zehntel
$\frac{1}{10}$	ein Hundertstel	$\frac{1}{100000}$	ein Hundertstel
$\frac{1}{10}$	ein Tausendstel	$\frac{1}{100000}$	ein Tausendstel
$\frac{1}{100}$	ein Zehn-tausendstel	$\frac{1}{100000}$	ein Zehn-tausendstel
$\frac{1}{100}$	ein Hundert-tausendstel	$\frac{1}{100000}$	ein Hundert-tausendstel

Brüche   SP 18

Domino: Dezimalzahlen (Teil 1)

Schneidet die Dominosteine an den **dicken** Linien aus.
Spielt Domino.

0,01	null Komma null eins	0,03	null Komma null eins
0,01	null Komma eins	0,03	null Komma eins
0,01	null Komma zwei	0,009	null Komma zwei
0,01	null Komma null drei	0,009	null Komma null drei
0,1	null Komma null null neun	0,009	null Komma null null neun
0,1	null Komma neun acht vier	0,009	null Komma neun acht vier
0,1	fünf Komma sechs sieben sieben	0,984	fünf Komma sechs sieben sieben

Domino: Dezimalzahlen (Teil 2)

0,1	null Komma null eins	0,984	null Komma null eins
0,2	null Komma eins	0,984	null Komma eins
0,2	null Komma zwei	0,984	null Komma zwei
0,2	null Komma null drei	5,677	null Komma null drei
0,2	null Komma null null neun	5,677	null Komma null null neun
0,03	null Komma neun acht vier	5,677	null Komma neun acht vier
0,03	fünf Komma sechs sieben sieben	5,677	fünf Komma sechs sieben sieben

Lösungen des Sprachförderungsmaterials

1 Daten

Domino: Diagramme (Teil 1 und 2), SP 1 und SP 2

Die Diagrammgrafik wird dem jeweiligen Wort zugeordnet.

2 Natürliche Zahlen

Domino: Natürliche Zahlen (Teil 1 und 2), SP 3 und SP 4

Die Zahl wird dem jeweiligen Zahlwort zugeordnet.

Memory: Natürliche Zahlen (leichte Variante), SP 5

Ein Paar wird aus zwei gleichen Karten gebildet.

Memory: Natürliche Zahlen (schwierige Variante), SP 6

Ein Paar wird aus einer Zahl mit dem jeweiligen Zahlwort gebildet.

3 Addieren und Subtrahieren

Addition und Subtraktion, SP 7

Plus-Rechnen
Das Zeichen + gehört zur **Addition**.
Die Zahlen, die addiert werden, heißen **Summanden**.
Das Ergebnis heißt **Summe**.

Beispiel				
5	+	8	=	13
1. Summand		2. Summand		Summe

Man spricht die Rechnung aus dem Beispiel so:
Fünf **plus** acht ist gleich **dreizehn**.

Minus-Rechnen
Das Zeichen − gehört zur **Subtraktion**.
Die erste Zahl heißt Minuend.
Die Zahl, die abgezogen wird, heißt Subtrahend.
Das Ergebnis heißt **Differenz**.

Beispiel				
15	−	3	=	12
Minuend		**Subtrahend**		Differenz

Man spricht die Rechnung aus dem Beispiel so:
Fünfzehn **minus** drei **ist gleich** zwölf.

Wir fassen zusammen:
Das Ergebnis der Addition heißt **Summe**. Das Ergebnis der Subtraktion heißt **Differenz**.

4 Multiplizieren und Dividieren

Multiplikation und Division, SP 8

Mal-Rechnen
Das Zeichen · gehört zur **Multiplikation**.
Die Zahlen, die multipliziert werden, heißen **Faktoren**.
Das Ergebnis heißt **Produkt**.

Beispiel

6	·	4	=	24
1. Faktor		2. Faktor		Produkt

Man spricht die Rechnung aus dem Beispiel so:
Sechs **mal** vier ist gleich **vierundzwanzig**.

Geteilt-Rechnen
Das Zeichen : gehört zur **Division**.
Die erste Zahl heißt Dividend.
Die Zahl, durch die geteilt wird, heißt Divisor.
Das Ergebnis heißt **Quotient**.

Beispiel

15	:	3	=	5
Dividend		**Divisor**		Quotient

Man spricht die Rechnung aus dem Beispiel so:
Fünfzehn **geteilt durch** drei **ist gleich** fünf.

Wir fassen zusammen:
Das Ergebnis der Multiplikation heißt **Produkt**. Das Ergebnis der Division heißt **Quotient**.

Rechenregeln, SP 9

Wir wiederholen zuerst, welche Rechenzeichen verwendet werden,	bei der Multiplikation, Division, Addition und Subtraktion.
Multiplikation bedeutet, dass zwischen	den Zahlen ein · steht.
Bei der Division werden zwei	Zahlen geteilt, es steht ein : dazwischen.
Addition heißt, dass die Summe	mehrerer Zahlen gebildet wird. Es steht ein + dazwischen.
Bei der Subtraktion wird eine Zahl	von der anderen abgezogen. Es steht ein − dazwischen.
Grundsätzlich rechnet man	von links nach rechts.
Wenn in einer Aufgabe Addition und Multiplikation vorkommen,	dann hat die Multiplikation Vorrang.
Zum Beispiel: $5 + 3 \cdot 4$ Die Multiplikation hat Vorrang,	also rechnest du zuerst $3 \cdot 4 = 12$ und dann $5 + 12 = 17$.
Wenn in einer Aufgabe Subtraktion und Division vorkommen,	hat die Division Vorrang.
Diese Regel heißt auch:	Punktrechnung vor Strichrechnung oder Punkt vor Strich.
Wenn eine Klammer in der Aufgabe vorkommt,	dann musst du zuerst den Ausdruck in der Klammer ausrechnen.

5 Geometrie. Vierecke

Das Koordinatensystem (Teil 1 und 2), SP 10 und SP 11

Ein Koordinatensystem besteht aus zwei **Achsen**.
Die Achsen stehen in einem rechten Winkel aufeinander.
Die erste Achse heißt **x-Achse**.
Hier werden die Zahlen von links nach **rechts** größer.
Die zweite Achse heißt **y-Achse**.
Hier werden die Zahlen von unten nach **oben** größer.
Im Schnittpunkt der beiden Achsen steht die Null.
Diese Stelle heißt **Ursprung** des Koordinatensystems.
Die **Abstände** zwischen den Markierungen für die **Zahlen** sind alle gleich groß.

In ein Koordinatensystem kannst du **Punkte** eintragen.
Ein Punkt hat zwei **Koordinaten**.
Die **erste** Koordinate gibt die x-Richtung an.
Die zweite **Koordinate** gibt die y-Richtung an.
Kurz schreibt man dies so: P(3|2).
3 ist die Koordinate in **x-Richtung**.
2 ist die Koordinate in **y-Richtung**.

Du willst den Punkt P einzeichnen?
Gehe von der Null aus 3 Einheiten nach rechts (in x-Richtung).
Gehe von dort dann zwei Einheiten nach oben (in y-Richtung).
Hier **zeichnest** du den Punkt P ein.

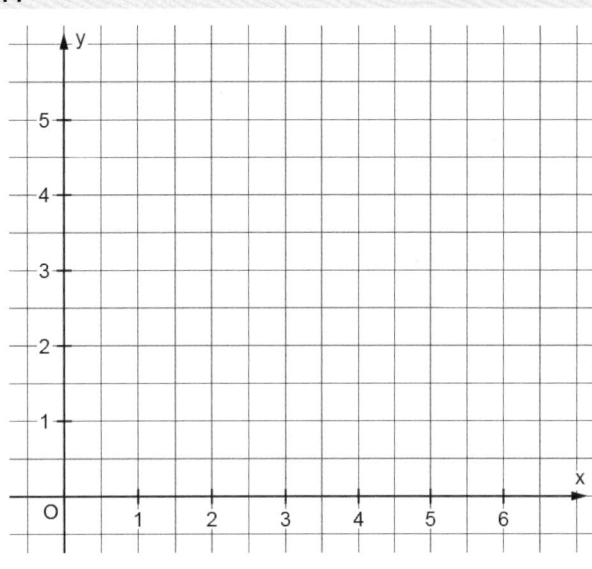

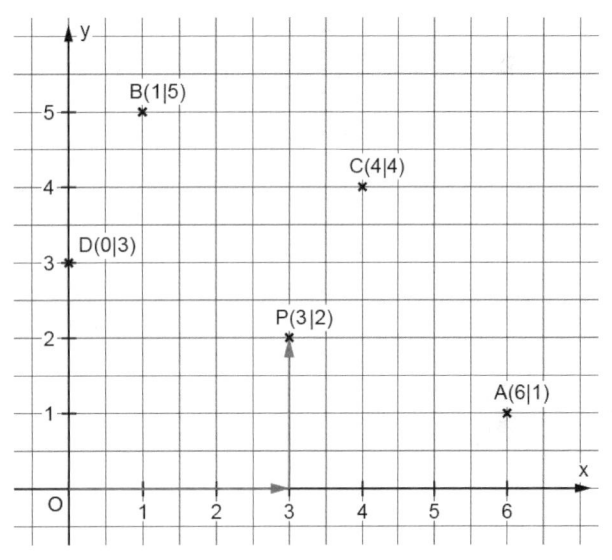

Achsensymmetrie, SP 12

Es gibt Figuren, die gleich aussehen, wenn	man sie an einer bestimmten Achse spiegelt. (Du kannst das mit einem Spiegel ausprobieren.)
Figuren, die nach der Spiegelung an einer Achse noch genauso aussehen	wie vorher, heißen achsensymmetrisch.
Die Achse, an der man die Figur spiegelt,	heißt Symmetrieachse.
Ein Beispiel für eine achsensymmetrische Figur	ist .
Eine Figur kann auch mehr als eine	Symmetrieachse haben.
Die Figur hat	2 Symmetrieachsen.
Man findet 8 Symmetrieachsen	bei der Figur .
Denke dir selber	eine Figur mit 4 oder 6 Symmetrieachsen aus.

LSP 5

6 Größen und Maßstab

Größen und Einheiten, SP 13

Du möchtest	die Länge eines Bleistifts messen.
Dazu nimmst du ein Lineal,	hältst es an den Bleistift und misst 13.
Die Angabe 13 macht keinen Sinn, wenn	du nicht dazu sagst, in welcher **Einheit** die Zahl angegeben wird.
Es macht einen Unterschied, ob es	13 Zentimeter oder 13 Millimeter sind.
Also: Zentimeter, Meter, Dezimeter, …	sind Einheiten.
Das, was du misst,	ist eine Größe. Beim Bleistift misst du die Länge.
Noch mal: **Was** man misst,	ist die **Größe**.
Wie man es angibt,	ist die **Einheit**.
Du kennst noch andere Größen,	zum Beispiel: Zeit, Masse, Geld, …
Zur Größe Zeit gehören die Einheiten	Stunden (h), Minuten (min), Sekunden (s), Tage, Wochen, …
Zur Größe Masse gehören die Einheiten	Tonne (t), Kilogramm (kg), Gramm (g), Milligramm (mg), …
Zur Größe Geld gehören in Deutschland die Einheiten	Euro (€) und Cent (ct). In anderen Ländern wird die Währung in anderen Einheiten angegeben.
Man kann Einheiten umrechnen, zum Beispiel ist ein Meter	gleich 10 Dezimeter: $1\,m = 10\,dm$.
Aber Größen kann man nicht umrechnen. Eine Länge	bleibt eine Länge.
Nimm dir einen Moment Zeit. Schreibe alle Größen auf, die du kennst,	und die dazugehörenden Einheiten.

Maßstab (Teil 1 und 2), SP 14 und SP 15

Was bedeutet „Maßstab 1 : 100"? Wo kommt diese **Angabe** vor?
Man findet den Maßstab oft auf **Landkarten** oder bei Modellen.
Die erste Zahl ist die **Länge** auf der Karte oder dem Modell.
Die **zweite** Zahl gibt die entsprechende Länge im Original an.
Ein Beispiel:
Ein **Modellauto** hat eine Länge von 4 cm.
Es ist im **Maßstab** von 1 : 100 gebaut.
Dann ist das echte Auto 100-mal so **lang**, wie das Modellauto:
Also 400 cm oder 4 m.
Jedem Zentimeter im Bild entsprechen 100 **Zentimeter** (oder 1 Meter) im Original.
4 cm entsprechen dann 400 cm.

Noch ein Beispiel:
Auf einem **Foto** ist ein Käfer zu sehen.
Der Maßstab ist mit 5 : 1 angegeben.
Der Käfer ist auf dem Foto vom Kopf bis zum Hinterteil 5 cm lang.
Dann ist der **Käfer** tatsächlich nur 1 cm lang.
In diesem Fall ist das Tier auf dem Bild also **größer** als das Original.

Manchmal musst du die Längeneinheit **umrechnen**:
Auf einer Landkarte ist der **Maßstab** 1 : 2 000 000 angegeben.
1 cm auf der Landkarte **entspricht** also 2 000 000 cm in der Wirklichkeit.
2 000 000 cm sind 20 000 m oder 20 km.
Man schreibt in der Mathematik kurz: $1\,\text{cm} \;\hat{=}\; 20\,\text{km}$.
Das Zeichen $\hat{=}$ bedeutet „entspricht".
Wir **fassen** zusammen:
Maßstab = Länge im Bild (Karte, Modell) : Länge im Original

8 Brüche

Domino: Brüche (Teil 1 und 2), SP 16 und SP 17

Der Bruch wird den jeweiligen Wörtern zugeordnet.

Domino: Dezimalzahlen (Teil 1 und 2), SP 18 und SP 19

Die Dezimalzahl wird den jeweiligen Wörtern zugeordnet.

Daten KV 1 **1**

Unsere Klasse: Einfache Strichlisten

1. Geschlecht

		Anzahl
Mädchen		
Jungen		

2. Geburtsmonat

Monat	Jan.	Feb.	März	April	Mai	Juni	Juli	Aug.	Sept.	Okt.	Nov.	Dez.
Strichliste												
Anzahl												

3. Anzahl der Geschwister

		Anzahl
null		
eins		
zwei		
drei		
mehr als drei		

4. Haustiere

		Anzahl
keine		
Katze		
Hund		
Kaninchen		
andere Haustiere		

5. Wie kommen du und die anderen Kinder deiner Klasse in die Schule?

		Anzahl
zu Fuß		
Fahrrad		
Bus		
Auto		
anders		

6. Was ist der Lieblingssport von dir und den anderen Kindern deiner Klasse?

		Anzahl

Daten KV 2

Der Fehlerfinder – Aufgaben: Säulendiagramme zeichnen

1 Marie und Tim haben eine Umfrage in ihrem Freundeskreis gemacht, welche Getränke sie am liebsten mögen. Ergänze die Tabelle.

Getränk	Apfelsaft	Wasser	Limonade	Tee	Sonstige
Strichliste	|||| ||	||||	
Häufigkeitstabelle		3	8		3

2 Zeichne das Säulendiagramm. Wähle 0,5 cm für ein Getränk. Zeichne die Säulen 1 cm breit und lass 0,5 cm Abstand zwischen den Säulen.

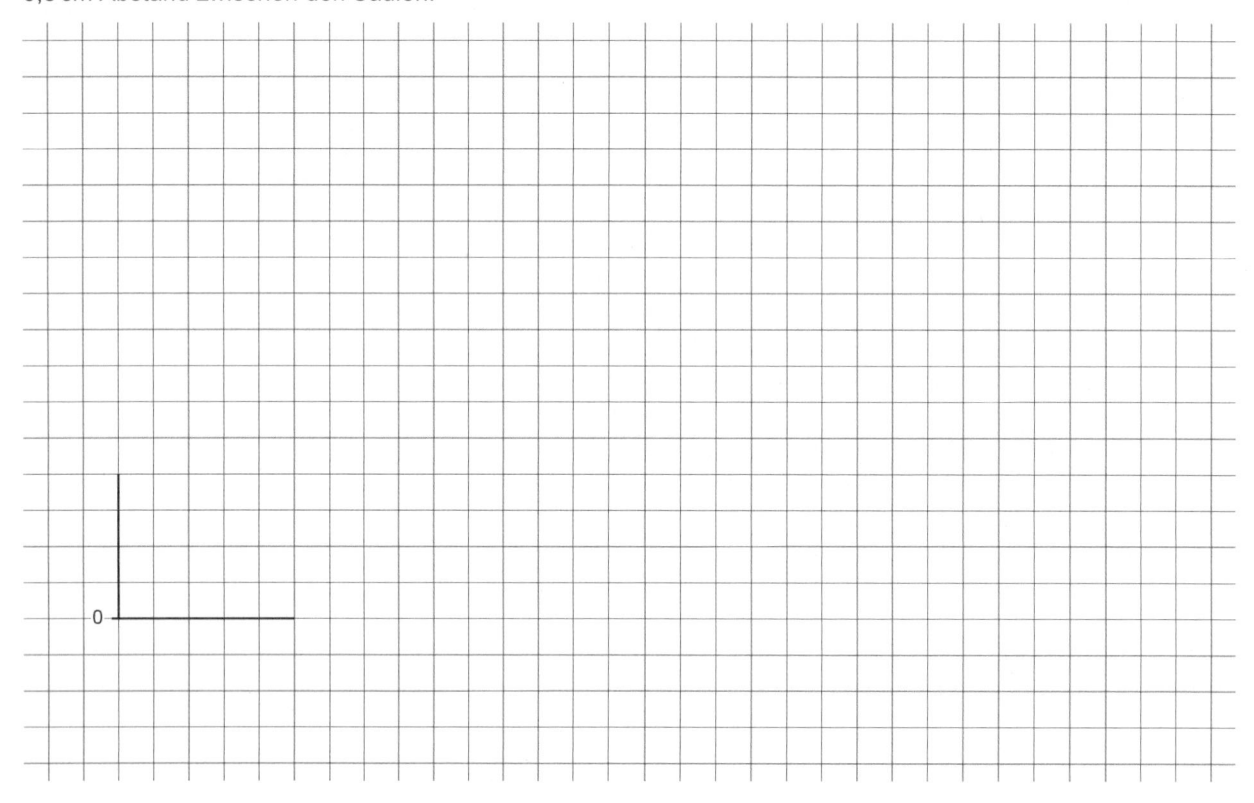

3 Hole dir nun die Lösung und lege sie neben dein Säulendiagramm. Prüfe, ob du alles richtig gemacht hast. Hast du einen Fehler gemacht? Dann finde heraus, welchen Fehler du gemacht hast und korrigiere ihn. Der Fehlerfinder hilft dir dabei.

30 Minuten

Daten KV 3 **1**

Der Fehlerfinder – Lösungen: Säulendiagramme zeichnen

1

Getränk	Apfelsaft	Wasser	Limonade	Tee	Sonstige
Strichliste	ЖІІ	III	ЖІІІ	IIII	III
Häufigkeitstabelle	7	3	8	4	3

2

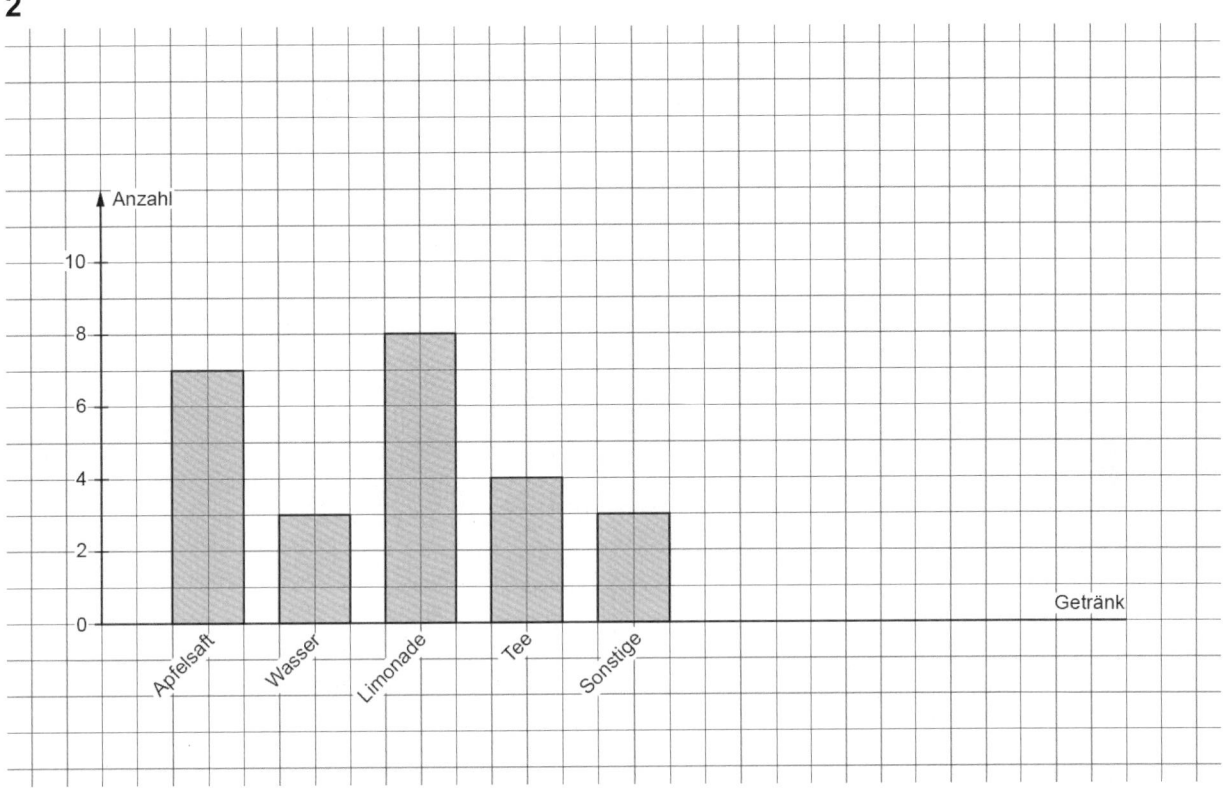

(Säulendiagramm: Apfelsaft 7, Wasser 3, Limonade 8, Tee 4, Sonstige 3; Hochachse „Anzahl" mit Einteilung 0, 2, 4, 6, 8, 10; Rechtsachse „Getränk")

Fehlerfinder

Fehler 1: Deine Achseneinteilung ist falsch.

Die Einteilung der Hochachse muss bei Diagrammen immer regelmäßig sein.
Knicke die obere Hälfte des Blatts an der gestrichelten Linie nach hinten.
Zeichne das Diagramm noch einmal in dein Heft.
Prüfe mit deinem Lineal, ob auch wirklich 0,5 cm (ein Kästchen) zwischen 0 und 1 und zwischen 1 und 2 und zwischen 2 und 3 … ist.
Knicke das Blatt wieder nach oben und vergleiche mit der Lösung.

Fehler 2: Du hast eine oder mehrere Säulen falsch eingezeichnet.

Kontrolliere, ob deine Häufigkeitstabelle stimmt.
Stimmt die Höhe der Säulen damit überein?
Knicke die obere Hälfte des Blatts an der gestrichelten Linie nach hinten.
Zeichne das Diagramm noch einmal in dein Heft.
Benutze beim Einzeichnen der Säulen ein Lineal.
Miss die Säulen ab – so vermeidest du Fehler.
Knicke das Blatt wieder nach oben und vergleiche mit der Lösung.

Daten KV 4

Speisekarte: Daten vergleichen

Stelle dir ein Menü aus Vorspeise, Hauptspeise und Nachspeise zusammen und löse die Aufgaben.

Vorspeise:

Erstelle in deinem Heft eine Rangliste und gib Minimum, Maximum und Spannweite an.

15 cm; 7 cm; 20 cm; 23 cm; 5 cm; 11 cm; 2 cm	1 h 3 min; 59 min; 2 h 12 min; 59 min; 1 h 34 min; 57 min; 2 h 1 min; 59 min; 1 h 16 min; 2 h 12 min

Hauptspeise:

Hier haben sich Fehler eingeschlichen. Finde sie und schreibe die Verbesserungen in dein Heft.

Urliste: 5; 4; 1; 6; 2; 13; 4; 17; 13; 15; 4; 9 Rangliste: 1; 4; 4; 2; 6; 13; 13; 13; 9; 15 Minimum: 2 Maximum: 15 Spannweite: 1	Urliste: 12 cm; 50 mm; 15 cm; 4 cm; 75 mm; 50 mm; 14 cm; 4 cm; 8 cm; 50 mm Rangliste: 4 cm; 4 cm; 4 cm; 50 mm; 8 cm; 12 cm; 15 cm; 14 cm; 75 mm Minimum: 4 cm Maximum: 75 mm Spannweite: 71 cm

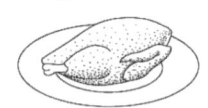

Nachspeise:

Malik hat eine Woche lang jeden Tag seine Zeit zur Schule gestoppt (in Minuten).

	Mo	Di	Mi	Do	Fr
morgens	7	9	6	7	8

a) Erstelle die Rangliste und bestimme Minimum, Maximum und Spannweite.
b) Was bedeuten Minimum und Maximum? Schreibe jeweils einen Satz dazu.
c) Zeichne das Säulendiagramm.

Mona hat eine Woche lang jeden Tag ihre Zeit zur Schule gestoppt (in Minuten).

	Mo	Di	Mi	Do	Fr
morgens	11	10	13	11	14
mittags	12	12	11	14	13

a) Erstelle die Rangliste über alle Werte und bestimme die Kennwerte.
b) An welchem Tag ist der größte Unterschied zwischen morgens und mittags?
c) Zeichne das Balkendiagramm. Trage morgens und mittags in verschiedenen Farben untereinander ein.

45 Minuten

Daten KV 5 **1**

Nicos erstes Plakat

Um sich neu Gelerntes besser einprägen zu können, gestaltet jedes Kind ein Plakat.
Jedes Plakat führt die wichtigsten Punkte zu einem Thema kurz und übersichtlich auf.

Nico hat das Thema „Strichlisten und Diagramme" gewählt.
Hier seht ihr sein Plakat:

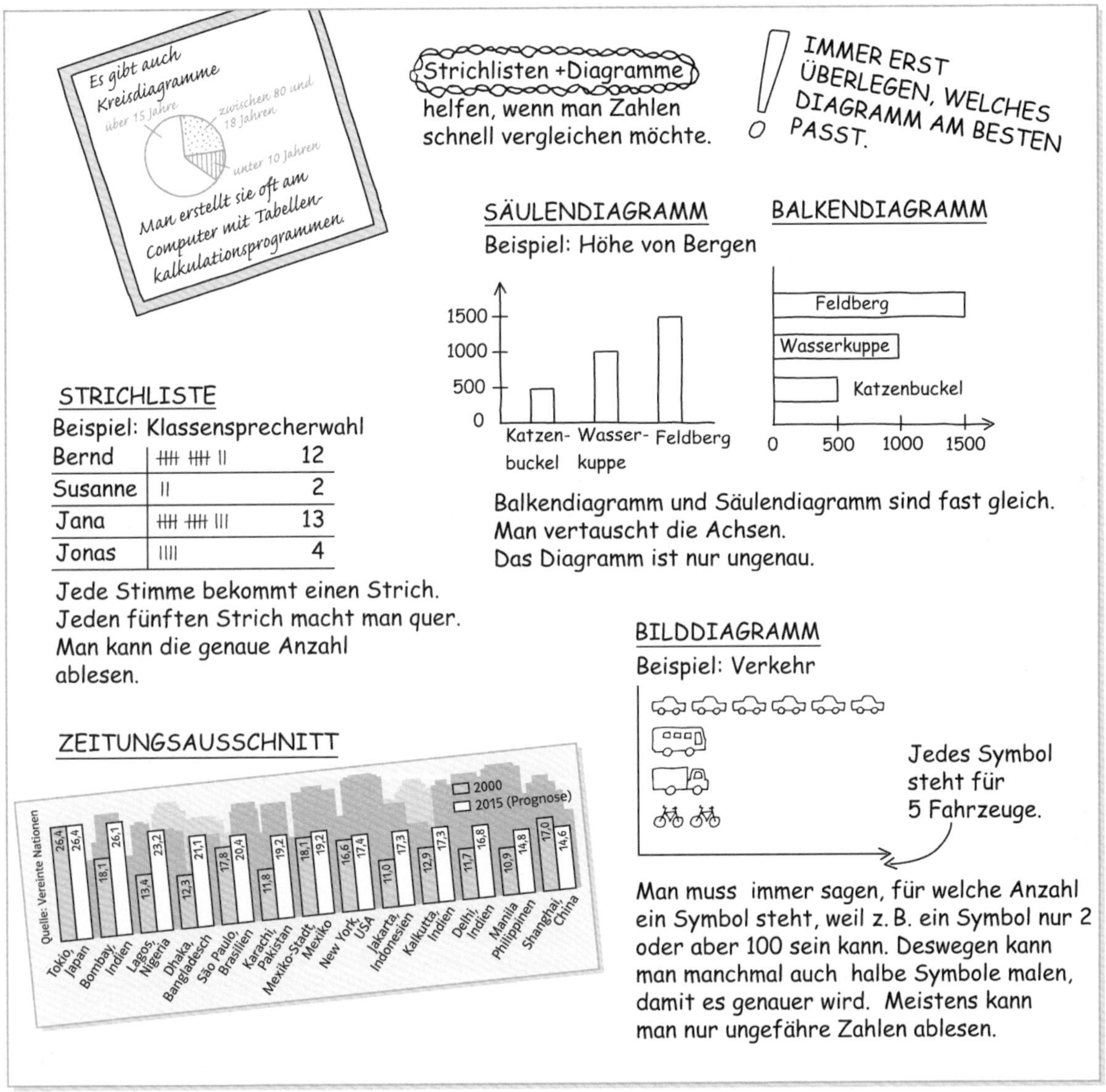

Bildet zunächst kleine Gruppen. Betrachtet gemeinsam Nicos Plakat.

1 Notiert, was euch an Nicos Plakat gut gefällt.

2 Einiges kann man bestimmt besser machen. Welche Tipps würdet ihr Nico geben?
Besprecht eure Ergebnisse in der Klasse.

3 Gestaltet eigene Plakate zu verschiedenen Themen. Sicher kann euch eure Lehrkraft bei der Auswahl der Themen helfen. Überlegt, was auf eurem Plakat auf jeden Fall stehen sollte und wie ihr diese Inhalte kurz und übersichtlich darstellen könnt.

4 Hängt die Plakate auf und besprecht sie gemeinsam in der gleichen Weise wie Nicos Plakat.

Klassenarbeit A – Daten (Teil 1)

1 Ergänze die Tabelle.

Lieblingsspiel	Kartenspiel	Brettspiel	Ballspiel	Fangspiel
Strichliste		IIII		JHT III
Häufigkeitstabelle	7		13	

2 Die Klasse 5d hat ihre Klassenvertretung gewählt.

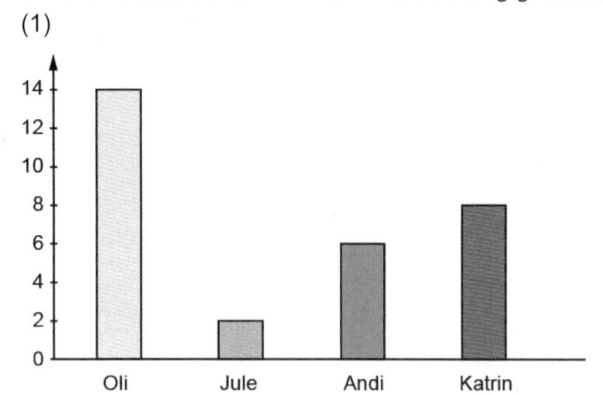

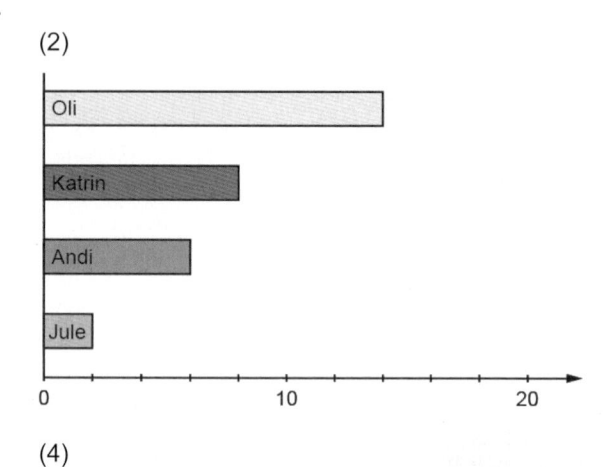

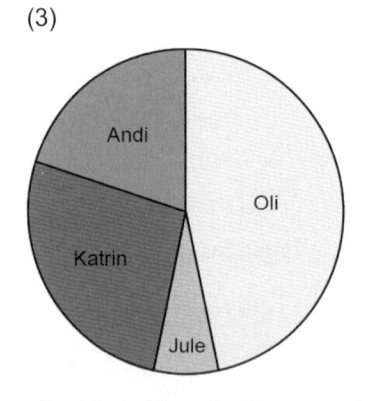

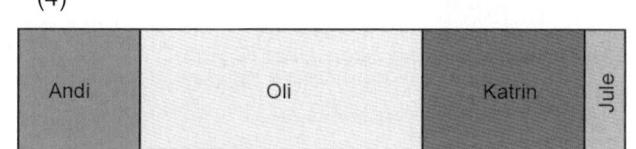

(1) (2) (3) (4)

a) Wie heißen die Diagrammtypen?

(1) _____ (2) _____

(3) _____ (4) _____

b) Kreuze nur die richtigen Aussagen an.

Aussage	richtig
Katrin hat die zweitmeisten Stimmen.	☐
Andi ist Klassenvertreter.	☐
Jule hat nur 3 Stimmen.	☐
Andi und Katrin haben zusammen genauso viele Stimmen wie Oli.	☐
Die Jungen haben mehr Stimmen als die Mädchen.	☐

Daten KV 7

Klassenarbeit A – Daten (Teil 2)

3 Marie und ihre Freundinnen und Freunde haben zusammen eine ganze Packung Kekse gegessen. Ergänze die Tabelle und vervollständige das Säulendiagramm.

Name	Marie	Nils	Lara	Ali	Sophie
Strichliste		ЖТ III		IIII	
Häufigkeitstabelle	6		9		7

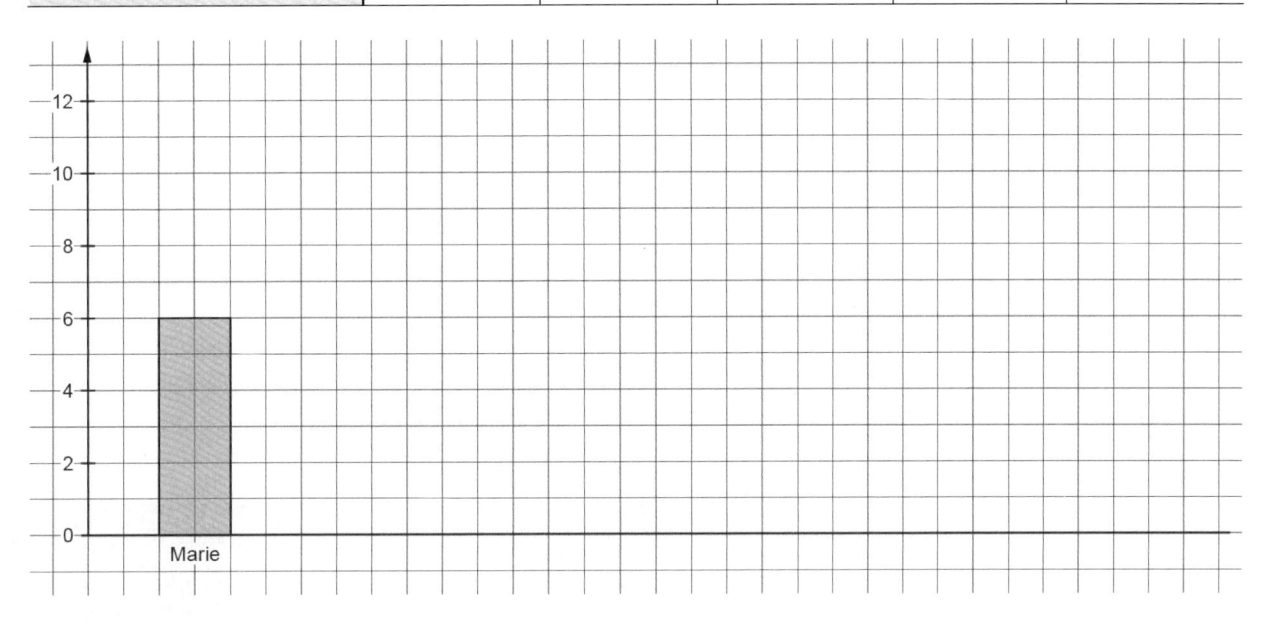

Checkliste: Ich kann ...	Aufgabe	☺	😐	☹
Strichlisten und Häufigkeitstabellen erstellen,	1	☐	☐	☐
Diagramme lesen,	2	☐	☐	☐
Daten in Diagrammen darstellen.	3	☐	☐	☐

Klassenarbeit B – Daten (Teil 1)

1 Für das Fest des Sportvereins haben sich aus den verschiedenen Abteilungen Freiwillige für anstehende Aufgaben gemeldet.

	Aufbau	Getränkeverkauf	Crêpes backen	Abbau
Abteilung Handball		III		ЖН II
Abteilung Turnen	ЖН	ЖН ЖН IIII	ЖН III	II
Abteilung Schwimmen	ЖН ЖН ЖН II	I	ЖН ЖН II	IIII

a) Wie viele Freiwillige der Abteilung Turnen haben sich für den Aufbau gemeldet?

b) Wie viele Freiwillige haben sich insgesamt für den Getränkeverkauf gemeldet?

c) Wie viele Freiwillige der Abteilung Schwimmen haben sich insgesamt gemeldet?

2 Bei einem Würfelspiel haben die Spielenden folgende Punkte erreicht:

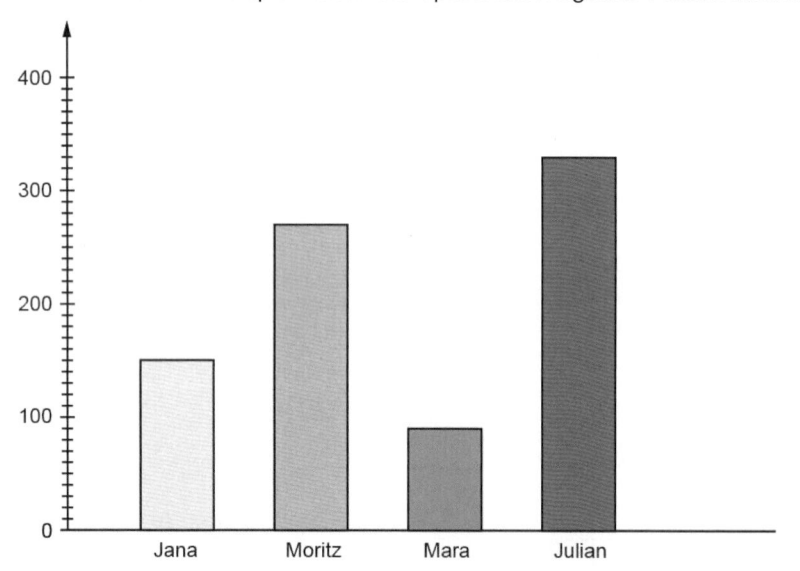

a) Wer hat die meisten Punkte? _____

b) Wie viele Punkte haben Jana und Moritz zusammen? _____

c) Wie viele Punkte haben alle gemeinsam? _____

d) Wie viele Punkte hat Julian mehr als Mara? _____

Daten KV 9 **1**

Klassenarbeit B – Daten (Teil 2)

3 Beim Dosenwerfen erreichen Mario und seine Freunde unterschiedlich viele Treffer.

Mario	Patrick	Mustafa	Kai
12	9	2	8

Zeichne das Säulendiagramm und das Balkendiagramm.

Säulendiagramm: Balkendiagramm:

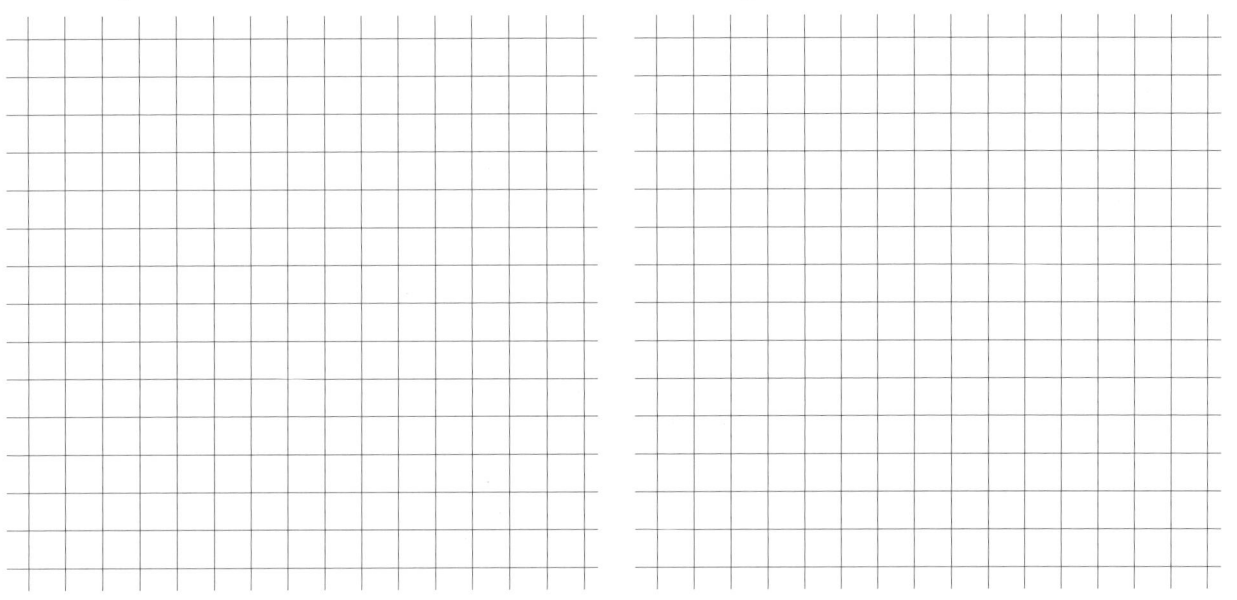

Checkliste: Ich kann ...	Aufgabe	☺	😐	☹
Daten aus Strichlisten entnehmen,	1	☐	☐	☐
Diagramme lesen,	2	☐	☐	☐
Daten in Diagrammen darstellen.	3	☐	☐	☐

Text: Katja Welz

Für Teil 1 und 2: 45 Minuten

Daten   KV 10   **1**

Klassenarbeit C – Daten (Teil 1)

1 Die Schule hat eine Umfrage zu den Schulwegen unter den fünften Klassen gemacht. 78 Kinder (5a: 23 Kinder; 5b: 27 Kinder) haben daran teilgenommen.
Ergänze die verschmutzte Liste.

	5a	5b	5c
Fahrrad	JHT JHT	▓	JHT IIII
Auto	▓	JHT JHT III	III
Bus	JHT III	JHT II	▓
zu Fuß	III	III	JHT

2 Bei einer Umfrage zum Urlaub haben fünf Familien folgende Angaben gemacht.

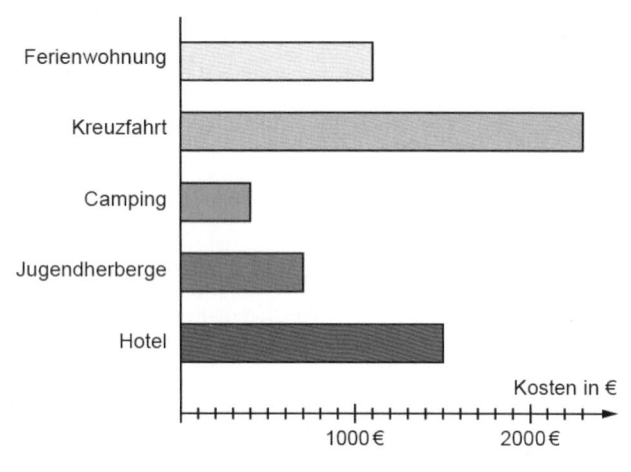

a) Wie viel kostete der teuerste Urlaub?
_____

b) Wie viel kostete der günstigste Urlaub?
_____

c) Wie viel Euro günstiger war der Urlaub in der Ferienwohnung im Vergleich zum Hotel?
_____

d) Wie viel gaben alle Familien zusammen aus?
_____

e) Peter hat versucht, das Balkendiagramm in ein Säulendiagramm umzuwandeln. Dabei sind ihm Fehler passiert. Schreibe alle Fehler auf:

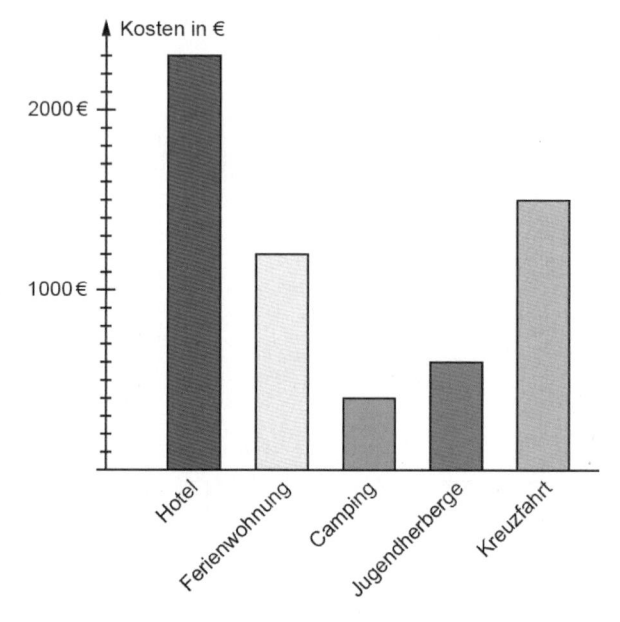

_____
_____
_____
_____

Für Teil 1 und 2: 45 Minuten

Daten   KV 11   **1**

Klassenarbeit C – Daten (Teil 2)

3 Beim Dosenwerfen hängt folgende Punkteliste aus. Zeichne das Säulendiagramm und das Streifendiagramm. Wähle eine passende Einheit.

Imke	11 Punkte
Maik	9 Punkte
Henry	35 Punkte
Salia	44 Punkte

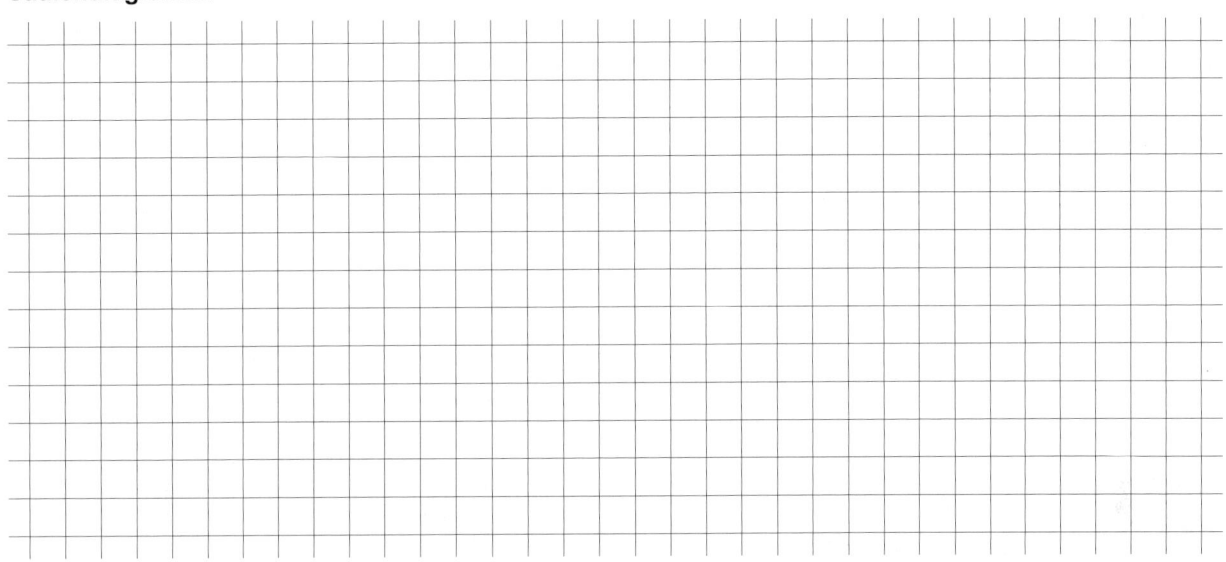

Säulendiagramm:

Streifendiagramm:

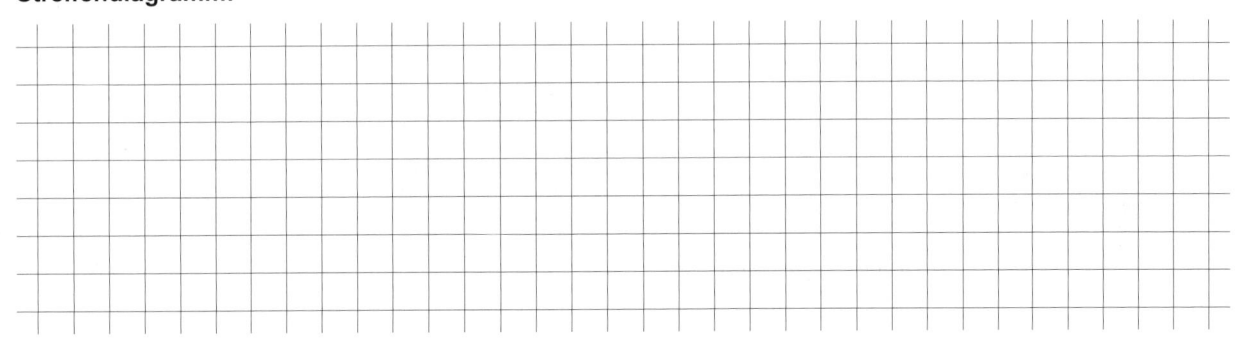

Checkliste: Ich kann ...	Aufgabe	☺	😐	☹
Strichlisten vervollständigen,	1	☐	☐	☐
Diagramme lesen und Fehler anderer erkennen,	2	☐	☐	☐
Daten in Diagrammen darstellen.	3	☐	☐	☐

Für Teil 1 und 2: 45 Minuten

Daten

KV 12

Bergsteigen: Daten – zu den Schulbuchseiten 24–27

Nr. 21

Nr. 17

Nr. 18; 20

Nr. 4; 6

Nr. 10; 11

Nr. 5; 7

Nr. 16; 19

Nr. 1; 3

Nr. 8; 13

Nr. 2

© Ernst Klett Verlag GmbH, Stuttgart 2022 | www.klett.de | Alle Rechte vorbehalten. Von dieser Druckvorlage ist die Vervielfältigung für den eigenen Unterrichtsgebrauch gestattet. Die Kopiergebühren sind abgegolten.

Abbildungen: Menzel, Tom, Scharbeutz/Klingberg
Text: Ulrich Laumann

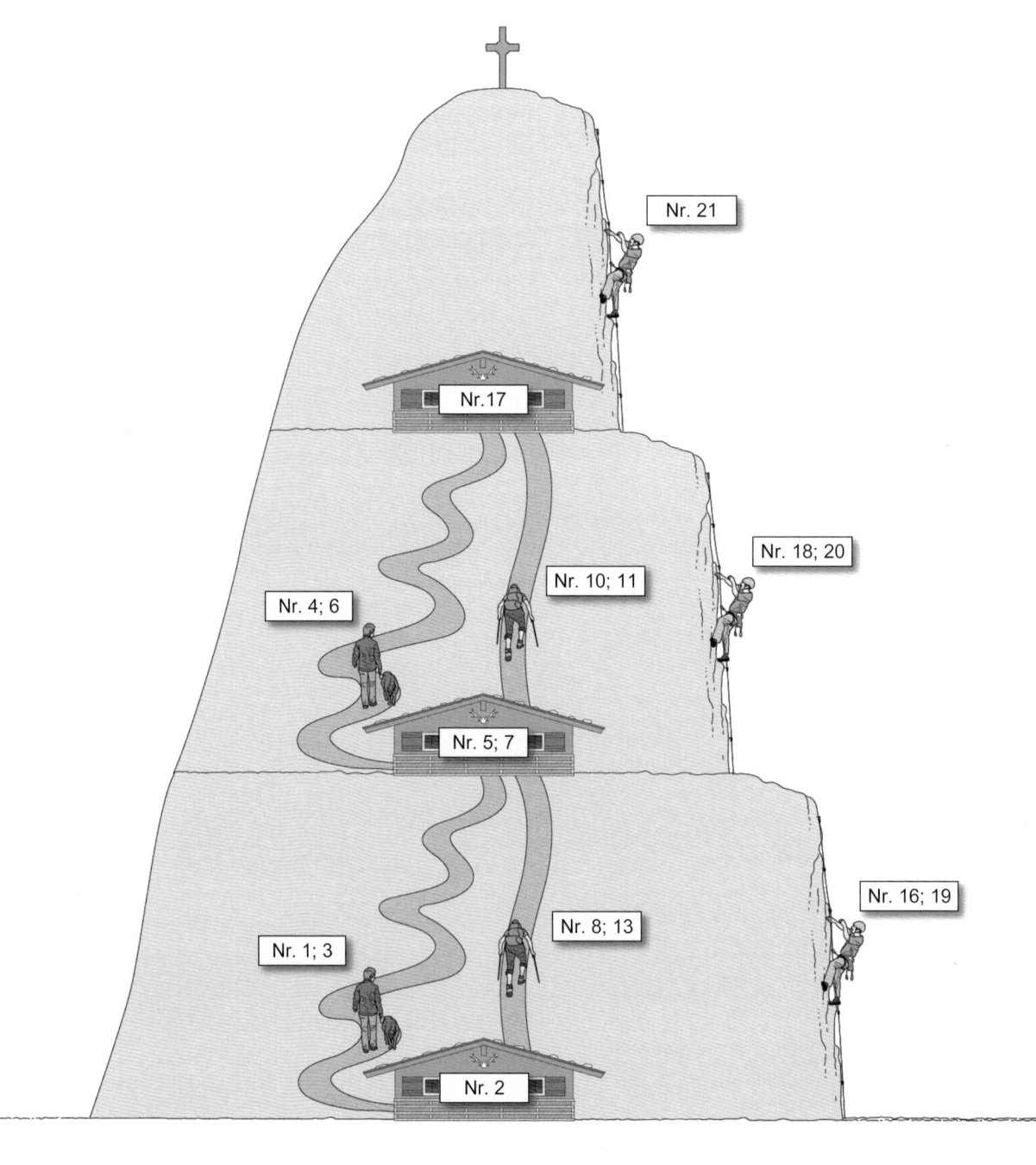

60 Minuten

Natürliche Zahlen KV 13 **2**

Zahlen am Zahlenstrahl

Material: Lineal oder Geodreieck

Auf diesem Arbeitsblatt ist der Abstand der Zahlen $1\,\text{cm} = 10\,\text{mm}$. Hier kannst du mithilfe des Geodreiecks oder mit dem Lineal eine Zahl auf dem Zahlenstrahl genau eintragen oder ablesen.

Beispiel: Die Zahl 15 eintragen:
1. Du legst die Null auf dem Geodreieck oder Lineal auf die Null vom Zahlenstrahl.
2. Bei 15 mm zeichnest du nun den Markierungsstrich in den Zahlenstrahl ein. Achte darauf, dass der Markierungsstrich auf dem Zahlenstrahl durchgezogen ist.
3. Schreibe jetzt die Zahl 15 über den Markierungsstrich.

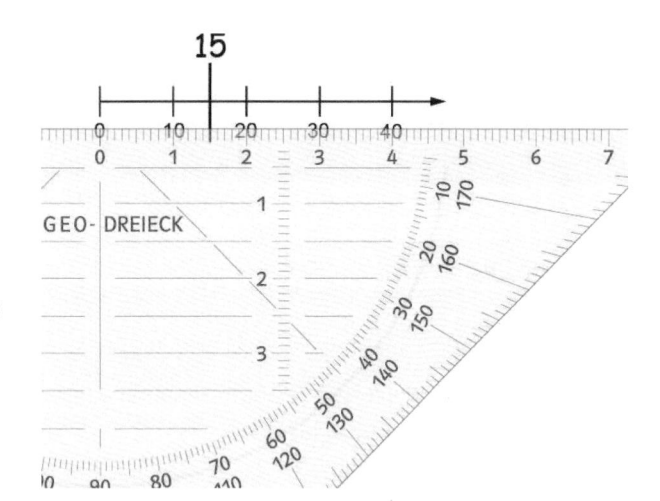

1 Markiere folgende Zahlen auf dem Zahlenstrahl mit dem Geodreieck oder mit dem Lineal. Schreibe die Zahl über den Markierungsstrich.

a) 14; 49; 7; 21; 56; 35; 119; 84

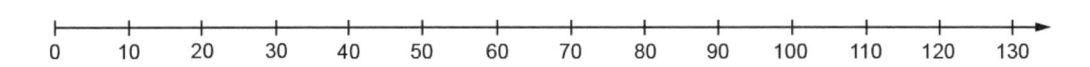

b) 72; 121; 29; 115; 8; 46; 101; 17

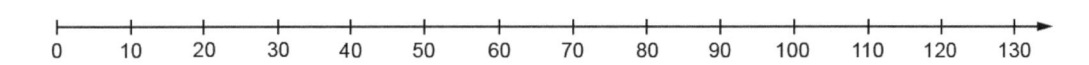

c) 300; 70; 620; 1110; 870; 460; 1250; 700

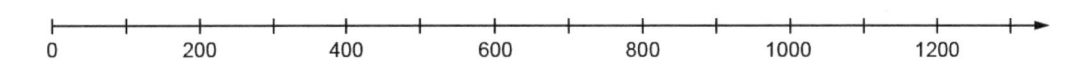

d) 100; 550; 1190; 250; 1220; 1060; 320; 1300

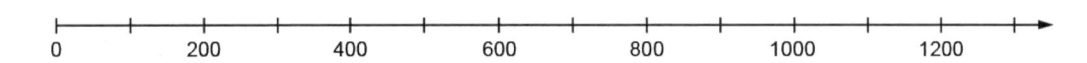

2 Auf welche Zahlen zeigen die Pfeile? Schreibe sie auf.

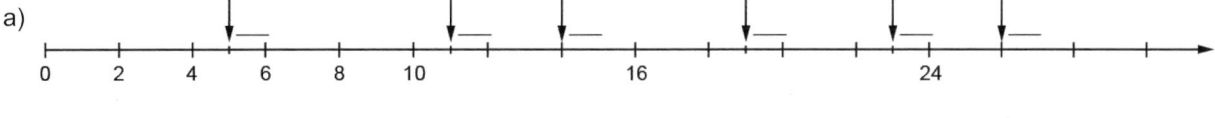

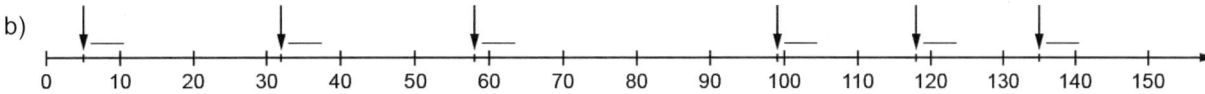

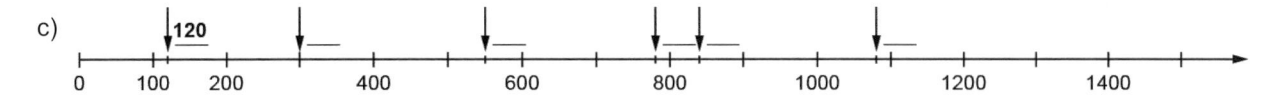

a)

b)

c)

20 Minuten

Natürliche Zahlen KV 14

Fitnesstest: Zahlen ordnen

Freizeitsport	Leistungssport

1. Trainingseinheit: Vergleiche die Zahlen. Setze das passende Zeichen ein: < oder >.
4 Punkte (jeweils ein Punkt)

Freizeitsport	Leistungssport
a) 35 ☐ 53	a) 89 ☐ 98
b) 780 ☐ 380	b) 313 ☐ 331
c) 16 ☐ 61	c) 521 ☐ 512
d) 345 ☐ 543	d) 1998 ☐ 1989

2. Trainingseinheit: Welche Zahlen kannst du einsetzen? Notiere eine der Möglichkeiten.
3 Punkte (jeweils halber Punkt)

a) 54 > ___ > 52 > ___ > 49 > ___ > 42   a) 742 < ___ < 745 < ___ < 751 < ___ < 755

b) 368 < ___ < 370 < ___ < 373 < ___ < 377 b) 995 > ___ > 991 > ___ > 989 > ___ > 980

3. Trainingseinheit: Lies die markierten Zahlen ab.
3 Punkte (jeweils ein Punkt)

Zahlenstrahl links: 0, 5, 25, 40 (mit drei markierten Zahlen)
Zahlenstrahl rechts: 0, 9, 15, 24 (mit drei markierten Zahlen)

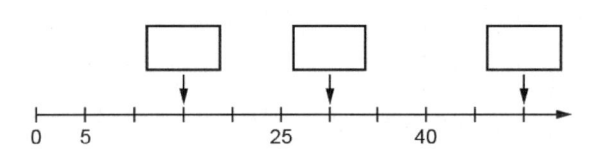

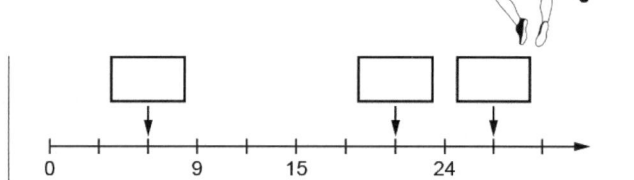

4. Trainingseinheit: Trage die Zahlen am Zahlenstrahl ein.
4 Punkte (jeweils halber Punkt)

350; 250; 550; 425   110; 85; 130; 125

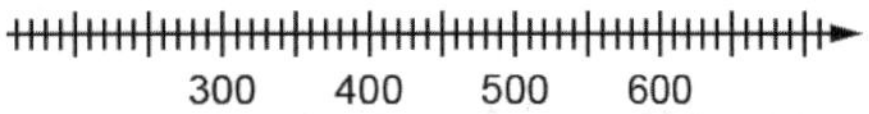

Zahlenstrahl: 300, 400, 500, 600   Zahlenstrahl: 100, 150

5. Trainingseinheit: Zeichne einen geeigneten Zahlenstrahl und trage die Zahlen ein.
3 Punkte (jeweils ein Punkt)

25; 50; 125   2540; 2620; 2670

Erreichte Punkte	0 – 4	5 – 7	8 – 11	12 – 15	16 – 17
	Ich muss noch Einiges üben.	Ich habe noch einige Lücken.	Ich verstehe schon viel.	Ich beherrsche den Stoff fast sicher.	Ich beherrsche den Stoff sicher.

45 Minuten

Natürliche Zahlen   KV 15   **2**

Fitnesstest: Trainerliste für die Pinnwand

Wenn du eine Trainingseinheit erfolgreich abgeschlossen hast, dann kannst du dich hier eintragen.

Freizeitsport		Leistungssport
Trainerinnen und Trainer:		Trainerinnen und Trainer:
Trainerinnen und Trainer:		Trainerinnen und Trainer:
Trainerinnen und Trainer:		Trainerinnen und Trainer:
Trainerinnen und Trainer:		Trainerinnen und Trainer:
Trainerinnen und Trainer:		Trainerinnen und Trainer:

© Ernst Klett Verlag GmbH, Stuttgart 2022 | www.klett.de | Alle Rechte vorbehalten. Von dieser Druckvorlage ist die Vervielfältigung für den eigenen Unterrichtsgebrauch gestattet. Die Kopiergebühren sind abgegolten.

Abbildungen: Menzel, Tom, Scharbeutz/Klingberg
Text: Sarah Bahnmüller

Natürliche Zahlen   KV 16 **2**

Das große Mathedinner zu großen Zahlen (1): Checkliste

Bevor du dich gleich durch die Menüs „essen" darfst, bereitest du dich in der Checkliste vor. Die Checkliste sagt dir, bei welchem Gang du welches Menü (1, 2 oder 3) „isst".

1. Bearbeite die Checkliste (auf Seite 1).
2. Korrigiere deine Antworten mithilfe der Lösungen (auf Seite 2).
3. Markiere in der Checkliste, welche Menüs du nimmst:
   Du hast leider kein richtiges Ergebnis.   → Menü 1
   Du hast ein richtiges Ergebnis.   → Menü 2
   Du hast beide Aufgaben richtig gelöst.   → Menü 3
4. „Iss" dich dann durch deine Menüs (auf Seite 3).

Checkliste

			Menü 1	Menü 2	Menü 3
Getränk	**1**	Wie viele Nullen hat die Zahl? a) 35 Millionen _____ b) 421 Billionen _____			
Suppe	**2**	Schreibe in Worten. a) 4 234 086 510 _____ _____ b) 900 010 021 000 000 _____ _____			
Salat	**3**	Schreibe die Zahlwörter in Ziffern: a) zwölf Millionen zweihundertachtzigtausendvierhunderteinunddreißig _____ b) dreiundzwanzig Billionen zweihundert Millionen _____			
Hauptgang	**4**	Wie heißt der Vorgänger? a) 4 Millionen _____ b) 5 003 000 _____			
Nachspeise	**5**	Wie heißt der Nachfolger? a) 2 367 699 _____ b) 7 969 999 _____			

© Ernst Klett Verlag GmbH, Stuttgart 2022 | www.klett.de | Alle Rechte vorbehalten. Von dieser Druckvorlage ist die Vervielfältigung für den eigenen Unterrichtsgebrauch gestattet. Die Kopiergebühren sind abgegolten.

Abbildungen: Menzel, Tom, Scharbeutz/Klingberg
Text: Sarah Bahnmüller

Für Teil 1, 2 und 3: 45 Minuten

Natürliche Zahlen   KV 17   **2**

Das große Mathedinner zu großen Zahlen (2): Lösungen Checkliste

Hiermit kannst du deine Lösungen in der Checkliste überprüfen.

Lösungen Checkliste

		Menü 1	Menü 2	Menü 3
Getränk	**1** a) 6 Nullen b) 12 Nullen			
Suppe	**2** a) vier Milliarden zweihundertvierunddreißig Millionen sechsundachtzigtausendfünfhundertzehn b) neunhundert Billionen zehn Milliarden einundzwanzig Millionen			
Salat	**3** a) 12 280 431 b) 23 000 200 000 000			
Hauptgang	**4** a) 3 999 999 b) 5 002 999			
Nachspeise	**5** a) 2 367 700 b) 7 970 000			

Natürliche Zahlen KV 18 **2**

Das große Mathedinner zu großen Zahlen (3): Die Menüs

	Menü 1	Menü 2	Menü 3
Getränk	**1** Schreibe als Zahl. a) Eintausend _____ b) 1 Million _____ c) 1 Milliarde _____ _____ d) 1 Billion _____ _____	**1** Schreibe als Zahl und ergänze. a) 36 Millionen _____ b) 244 Milliarden _____ _____ c) 1 Milliarde = _____ Millionen d) 1 000 000 Millionen = 1 _____	**1** Ergänze. a) 1 Billion = 1000 _____ b) 1 Milliarde = _____ Tausender c) _____ Millionen = 34 Billiarden d) 5999 Millionen = _____ Milliarden
Suppe	**2** Schreibe in Worten. 500 555	**2** Schreibe in Worten. 3 200 400 300 001	**2** Schreibe in Worten. 6 700 080 009 000 000
Salat	**3** Schreibe in Ziffern. zwanzig Millionen _____ einunddreißig Milliarden siebenhunderttausendeins _____	**3** Schreibe in Ziffern. zwei Millionen achthunderttausenddreihunderteinundzwanzig _____ siebenundzwanzig Billionen sechshunderteins Millionen _____	**3** Schreibe in Ziffern. dreihundertdrei Milliarden dreiunddreißig Millionen _____ einhundertelf Billionen einhunderteins Millionen einhundert _____
Hauptgang	**4** Notiere den Vorgänger. 23 345 671 _____ 23 345 670 _____ 450 000 800 _____	**4** Notiere den Vorgänger. 56 890 900 _____ 56 890 000 _____ 563 709 000 _____	**4** Notiere den Vorgänger. 37 000 000 _____ 37 000 090 _____ 37 009 000 _____
Nachspeise	**5** Notiere den Nachfolger. 21 943 455 _____ 21 943 499 _____	**5** Notiere den Nachfolger. 340 987 999 _____ 67 999 899 _____	**5** Notiere den Nachfolger. 340 80 999 _____ 89 889 999 _____

Für Teil 1, 2 und 3: 45 Minuten

Natürliche Zahlen KV 19

Phasenspiel – ein Würfelspiel zu großen Zahlen

Spiel für Neulinge	Spiel für Fortgeschrittene	Spiel für Profis
1. Würfelt jeweils fünfmal und notiert die gewürfelten Zahlen.	1. Würfelt jeweils sechsmal und notiert die gewürfelten Zahlen.	1. Würfelt jeweils sechsmal und notiert die gewürfelten Zahlen.
2. Spielt nun zu zweit (jeweils mit den eigenen Zahlen) die 6 Phasen durch und notiert, wer die entsprechende Phase gewonnen hat.		2. Spielt nun zu dritt (jeweils mit den eigenen Zahlen) die 6 Phasen durch und notiert, wer die entsprechende Phase gewonnen hat.
3. Das Spiel gewonnen hat, wer die meisten Phasen gewonnen hat.		

Spielplan für Neulinge und Fortgeschrittene:

Phase	Aufgabe	Person A Meine Ziffern: ___ ___ ___ ___ ___ ___	Person B Meine Ziffern: ___ ___ ___ ___ ___ ___	Wer hat gewonnen?
1	Bilde die größte Zahl aus deinen Ziffern.			
2	Bilde die kleinste Zahl aus deinen Ziffern.			
3	Bilde eine Zahl, die möglichst nahe an 50 000 (500 000) liegt.			
4	Bilde die größte gerade Zahl.			
5	Bilde die kleinste ungerade Zahl.			
6	Bilde zwei Zahlen mit möglichst geringer Differenz.			

Spielplan für Profis:

Phase	Aufgabe	Person A Meine Ziffern: ___ ___ ___ ___ ___ ___	Person B Meine Ziffern: ___ ___ ___ ___ ___ ___	Person C Meine Ziffern: ___ ___ ___ ___ ___ ___	Wer hat gewonnen?
1	Bilde die größte Zahl aus deinen Ziffern.				
2	Bilde die kleinste Zahl aus deinen Ziffern.				
3	Bilde eine Zahl, die möglichst nahe an 500 000 liegt.				
4	Bilde die größte gerade Zahl.				
5	Bilde die kleinste ungerade Zahl.				
6	Bilde zwei Zahlen mit möglichst geringer Differenz.				

Text: Sarah Bahnmüller

30 Minuten

Natürliche Zahlen

KV 20

2

Tandembogen Große Zahlen

Schneidet an der dicken Linie aus. Kontrolliert gegenseitig eure Lösungen.

Tandembogen: Große Zahlen

Aufgaben für Person A

1 Lies die Zahl laut vor.
a) 4 086 510
b) 900 000 050 000
c) 25 000 000 370

2 Wie viele Nullen hat die Zahl?
a) 300 Millionen
b) 10 Milliarden
c) 40 Billionen

3 Wie heißt der Vorgänger?
a) 3 Millionen
b) 30 Milliarden
c) 4 002 000

4 Wie heißt der Nachfolger?
a) 71 293 499
b) 8 989 999
c) 1 999 999 999

Lösungen für Person B

1 a) 2 Millionen 68 Tausend 710
b) 300 Milliarden 20 Tausend
c) 41 Milliarden 510

2 a) 7   b) 11   c) 12

3 a) 1 Million 999 Tausend 999
b) 299 Milliarden 999 Millionen 999 Tausend 999
c) 2 Millionen 999

4 a) 5 Millionen 327 Tausend 300
b) 39 Millionen 900 Tausend
c) 800 Millionen

Tandembogen: Große Zahlen

Aufgaben für Person B

1 Lies die Zahl laut vor.
a) 2 068 710
b) 300 000 020 000
c) 41 000 000 510

2 Wie viele Nullen hat die Zahl?
a) 30 Millionen
b) 100 Milliarden
c) 4 Billionen

3 Wie heißt der Vorgänger?
a) 2 Millionen
b) 300 Milliarden
c) 2 001 000

4 Wie heißt der Nachfolger?
a) 5 327 299
b) 39 899 999
c) 799 999 999

Lösungen für Person A

1 a) 4 Millionen 86 Tausend 510
b) 900 Milliarden 50 Tausend
c) 25 Milliarden 370

2 a) 8   b) 10   c) 13

3 a) 2 Millionen 999 Tausend 999
b) 29 Milliarden 999 Millionen 999 Tausend 999
c) 4 Millionen 1 Tausend 999

4 a) 71 Millionen 293 Tausend 500
b) 8 Millionen 990 Tausend
c) 2 Milliarden

20 Minuten

Natürliche Zahlen

Zahlenbaukasten – Große Zahlen

Material: Schere, Klebstoff

Schneide die Zahlenkarten aus. Lege sie so aneinander, dass …

a) eine möglichst große Zahl entsteht. _____

b) eine möglichst kleine Zahl entsteht. _____

c) eine möglichst große ungerade Zahl entsteht.

_____

d) eine möglichst kleine siebenstellige Zahl entsteht.

_____

e) eine möglichst große achtstellige Zahl entsteht.

_____

f) eine möglichst kleine Zahl mit fünf Kärtchen entsteht. _____

g) eine Zahl entsteht, die möglichst nahe an 10 Millionen liegt. _____

Trage die Lösungen ein und klebe die Aufgaben mit den Antworten in dein Heft.

0	5	9
17	52	104

20 Minuten

Natürliche Zahlen KV 22 **2**

ABC-Mathespiel: Runden

Einfache Spielvariante:

A = 24 093
B = 15 987
C = 283 416
D = 9 054
E = 16 438
F = 13 341
G = 86 539
H = 712 367
I = 908 752
J = 3 675
K = 1 234 567
L = 9 876 543
M = 508 641

Schwierige Spielvariante:

N = 798 999
O = 96 528 314
P = 6 350 899
Q = 9 099 089
R = 59 079
S = 99 999
T = 109 395
U = 299 898 345
V = 987 654 321
W = 123 456 789
X = 99 000 999
Y = 89 898 898
Z = 652 989 543

Mein Name: _____

Spielanleitung:
1. Ein Kind zählt das Alphabet durch, ein anderes ruft „stopp". Für die einfache Spielvariante buchstabiert ihr von A bis M, für die schwierige Spielvariante von N bis Z.
2. Jedes Kind der Gruppe schreibt die Zahl zum passenden Buchstaben in das Anfangsfeld hinein.
3. Fülle die Zeile aus und rufe „fertig". Danach darf jedes Kind noch sein Feld fertig ausfüllen.
4. Kontrolliere und zähle für eine richtige Antwort einen Punkt.

Anfangsfeld	Runden auf Zehner	Runden auf Hunderter	Runden auf Tausender	Runden auf Zehntausender	Punkte

Text: Sarah Bahnmüller

30 Minuten

Natürliche Zahlen — KV 23 — **2**

Das Pyramiden-Spiel

Material: Schere

Spielbeschreibung:
1. Schneide die 25 Quadrate an den dickeren Linien aus.
2. Lege die Kärtchen so zusammen, dass angrenzende Zahlen mit den Zahlen und Rundungsvorschriften übereinstimmen. (Die grauen Felder markieren den Rand.)
3. Bei richtiger Lösung erhältst du einen Lösungssatz.

30 Minuten

Natürliche Zahlen

KV 24

Zählst du noch oder schätzt du schon?

Habt ihr euch auch schon mal gefragt, wie viele Nüsse eigentlich in einem Päckchen sind?

1 Schaut euch das Päckchen Nüsse an. Was schätzt ihr: Wie viele Nüsse sind im Päckchen? _____

Wie kommt ihr auf diese Zahl? _____

_____

2 Gedankenexperiment: Überlegt, wie ihr genauer schätzen könntet. Wie würdet ihr vorgehen, wenn ihr das Päckchen öffnet und den Inhalt auf einer Tischplatte verteilt? Tipp: Schnur oder Draht könnten euch helfen.

a) Das Rechteck soll die Tischplatte darstellen. Skizziert und beschreibt, wie ihr vorgeht.

b) Überlegt euch, ob eure Methode zum Schätzen gut war. Wie hättet ihr anders oder genauer vorgehen können?

45 Minuten

Zweiersystem: Schokoladen-Stücke

1 Die Kinder der Klasse 5a essen gerne Schokolade. Sie zeichnen eine Tabelle, aus der sie ablesen können, wie viele Schokoladen-Stücke sie gegessen haben. Ergänze die Tabelle.

Name	16	8	4	2	1	Gegessene Schokoladen-Stücke	Zahl im Zweiersystem
Ole		1	0	0	1	$1 \cdot 1 + 1 \cdot 8 = 9$	1001_2
Jutta			1	1	0	$1 \cdot 2 + 1 \cdot 4 = 6$	110_2
Marlon	1	0	1	1	0	$1 \cdot 16 + 1 \cdot 4 + 1 \cdot 2 = 22$	10110_2
Ruben		1	0	1	1	$1 \cdot 8 + 1 \cdot 2 + 1 \cdot 1 = 11$	1011_2
Luca	1	0	0	0	0	$1 \cdot 16 = 16$	10000_2
Tarcan		1	1	1	1	$1 \cdot 8 + 1 \cdot 4 + 1 \cdot 2 + 1 \cdot 1 = 15$	1111_2

2 Wie muss die Tabelle ausgefüllt werden, wenn die Kinder folgende Anzahl an Schokoladen-Stücken essen? Du darfst nur Einsen und Nullen eintragen.

Name	16	8	4	2	1	Gegessene Schokoladen-Stücke	Zahl im Zweiersystem
Ole	0	0	0	0	1	1	1_2
Jutta	0	0	0	1	0	2	10_2
Marlon	0	0	0	1	1	3	11_2
Ruben	0	0	1	0	0	4	100_2
Luca	0	1	0	0	1	9	1001_2
Tarcan	0	1	0	1	0	10	1010_2
Lilli	0	1	0	1	1	11	1011_2
Pascal	0	1	1	0	1	13	1101_2
Luis	0	1	1	1	0	14	1110_2

Natürliche Zahlen KV 26 **2**

Trimino: Zweiersystem

Material: Schere, Klebstoff

Der Clown jongliert mit großen Dreiecken, die aus kleineren Dreiecken zusammengesetzt sind. Ein Dreieck ist auseinandergefallen. Schneide die Teile aus und setze sie richtig zusammen. Es passt immer eine Zahl aus dem Zehnersystem zu einer aus dem Zweiersystem. Die grauen Felder markieren den Rand des Dreiecks. Klebe die entstandene Figur dann in dein Heft.

30 Minuten

Natürliche Zahlen KV 27

Domino: Römische Zahlen (1)

Material: Schere

Bildet Dreier- oder Vierer-Gruppen. Jede Gruppe erhält ein Dominospiel. Schneidet die Dominosteine an den dickeren Linien aus. Legt die Steine umgedreht auf den Tisch und mischt sie.
Verteilt alle Dominosteine gleichmäßig unter euch. Wer zuerst an der Reihe ist, legt einen Dominostein auf den Tisch, z. B. IV | 94 . Versucht dann der Reihe nach anzulegen, indem ihr entweder die römische Zahl IV oder die arabische Zahl 94 übersetzt. Wer einen passenden Stein hat, darf anlegen. Gewonnen hat, wer zuerst keinen Dominostein mehr hat.

DXII	28	XXVIII	19	XIX	251
CCLI	1244	MCCXLIV	7	VII	29
XXIX	69	LXIX	14	XIV	1271
MCCLXXI	9	IX	129	CXXIX	411
CDXI	10	X	17	XVII	114
CXIV	21	XXI	124	CXXIV	93
XCIII	1	I	33	XXXIII	35
XXXV	500	D	78	LXXVIII	1000

Für Teil 1 und 2: 45 Minuten

Domino: Römische Zahlen (2)

M	250	CCL	25	XXV	122
CXXII	420	CDXX	4	IV	94
XCIV	331	CCCXXXI	1666	MDCLXVI	27
XXVII	74	LXXIV	603	DCIII	18
XVIII	1019	MXIX	210	CCX	444
CDXLIV	23	XXIII	2509	MMDIX	177
CLXXVII	24	XXIV	119	CXIX	68
LXVIII	517	DXVII	341	CCCXLI	5
V	509	DIX	201	CCI	95
XCV	88	LXXXVIII	524	DXXIV	512

Die Suche nach dem Schatz von Caesar

Wir befinden uns im alten Rom im Jahre 46 v. Chr. Die Zeiten sind hart. Julius Caesar hat leider für eines seiner ausgiebigen Gelage (großes Essen) die komplette Staatskasse vernichtet, sodass er seine letzten Geldreserven anbrechen muss. Diese hatte er vor langer Zeit extra zu diesem Zweck tief unten im Keller seines Palastes vergraben. Aber wo? In der weisen Absicht, den Schatz vor Räubern zu schützen, hatte er das Geld im unübersichtlichen Kellergewölbe gut versteckt. Um den richtigen Weg zum Schatz zu finden, musst du dich an folgende Anweisungen halten:

Der erste Raum ist durch START vorgegeben. In diesem Raum müssen die arabischen Zahlen in den Ecken addiert werden. Das Ergebnis findet sich als römische Zahl in einem der unmittelbar angrenzenden Räume. Dorthin führt der Weg. In gleicher Weise gelangt man so – Schritt für Schritt – weiter bis zu einem Raum, von dem aus es nicht mehr weitergeht, weil das Ergebnis der Addition in keinem angrenzenden Raum zu finden ist. In diesem Raum befindet sich der Schatz! Kannst du ihn finden?

30 Minuten

Natürliche Zahlen KV 30

Klassenarbeit A – Natürliche Zahlen

1 a) Trage die Zahlen ein.

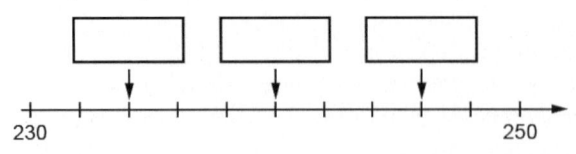

```
230                    250
```

b) Zeichne einen geeigneten Zahlenstrahl für folgende Zahlen: 30; 35; 39; 41

2 a) Ordne die Zahlen von klein nach groß: 115; 15; 48; 51; 511; 84

_____

b) Drücke mit < oder > aus: 538 ist kleiner als 583. _____

c) Streiche die falsche Zahl in der Reihe: 517 < 523 < 513 < 531 < 560

3 a) Schreibe als Zahl: zwei Millionen siebenhunderttausendfünfhunderteins _____

b) Schreibe als Wort: 247 741 _____

c) Ergänze die Tabelle.

Vorgänger	Zahl	Nachfolger
34 287		
	6999	

4 Runde.

Zahl	auf Hunderter	auf Tausender	auf Zehntausender
28 259			
178 462			

Checkliste: Ich kann ...	Aufgabe	☺	😐	☹
Zahlen am Zahlenstrahl darstellen,	1	☐	☐	☐
natürliche Zahlen ordnen,	2	☐	☐	☐
mit großen Zahlen umgehen,	3	☐	☐	☐
Zahlen runden.	4	☐	☐	☐

45 Minuten

Natürliche Zahlen KV 31 **2**

Klassenarbeit B – Natürliche Zahlen

1 a) Trage die Zahlen ein.

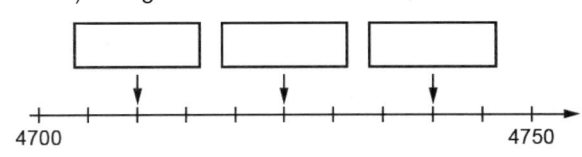

[Zahlenstrahl von 4700 bis 4750 mit drei Pfeilen]

b) Zeichne einen geeigneten Zahlenstrahl für folgende Zahlen: 86; 91; 97; 102

2 a) Drücke mit < oder > aus: 4256 liegt zwischen 4265 und 4250. _____

b) Setze jeweils eine passende Zahl ein: _____ < 517 < 523 < _____ < 531 < _____ < 560

3 a) Schreibe als Zahl: dreihundertzwanzig Millionen siebenhunderttausenddreiundzwanzig

b) Schreibe als Wort: 5 207 811 _____

c) Ergänze die Tabelle.

Vorgänger	Zahl	Nachfolger
65 289		
	8 689 999	

4 Runde.

Zahl	auf Hunderter	auf Tausender	auf Zehntausender
198 462			
3 464 552			

Checkliste: Ich kann ...	Aufgabe	☺	😐	☹
Zahlen am Zahlenstrahl darstellen,	1	☐	☐	☐
natürliche Zahlen ordnen,	2	☐	☐	☐
mit großen Zahlen umgehen,	3	☐	☐	☐
Zahlen runden.	4	☐	☐	☐

45 Minuten

Natürliche Zahlen   KV 32   **2**

Klassenarbeit C – Natürliche Zahlen (Teil 1)

1 a) Trage die Zahlen ein.

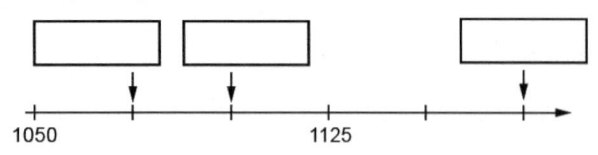

```
   ┌────┐  ┌────┐          ┌────┐
   └────┘  └────┘          └────┘
      ↓       ↓               ↓
───┼───┼───┼───┼───┼───┼───┼───┼──→
  1050            1125
```

b) Zeichne einen geeigneten Zahlenstrahl für folgende Zahlen:
6400; 6600; 7300; 8800; 10 400

c) Zeichne einen geeigneten Zahlenstrahl für folgende Zahlen:
1 000 000; 9 000 000; 2 500 000; 4 450 000

2 a) Ordne die Zahlen von klein nach groß: 101 010; 100 101; 101 000; 110 011; 100 111

b) Setze alle passenden Ziffern ein: 5127 < 52 ☐ 5 < 5293

3 a) Schreibe als Zahl: dreihundertzwei Milliarden siebenhundertsechstausendzwanzig

b) Schreibe als Wort: 89 507 011

c) Ergänze die Tabelle.

Vorgänger	Zahl	Nachfolger
	15 989 999	
		786 970 000

Für Teil 1 und 2: 45 Minuten

Natürliche Zahlen · KV 33 · 2

Klassenarbeit C – Natürliche Zahlen (Teil 2)

4 Runde.

Zahl	auf ZT	auf HT	auf Millionen
198 379 462			
3 978 851 899			

5 Welches Raster eignet sich besser, um die Anzahl der Schoko-Linsen zu schätzen? Übertrage dieses Raster und schätze die Anzahl der Schoko-Linsen.

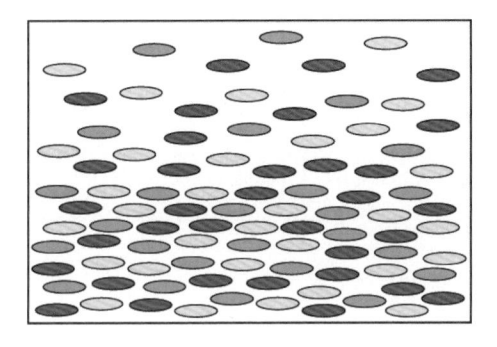

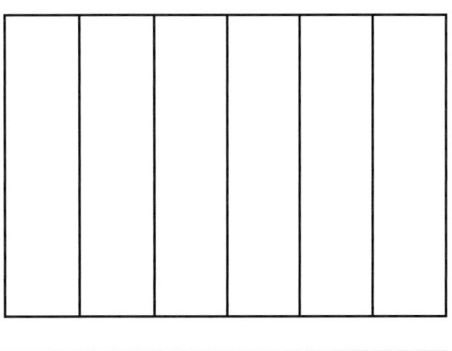

Schätzung: _____

_____

_____

Checkliste: Ich kann ...	Aufgabe	☺	😐	☹
Zahlen am Zahlenstrahl darstellen,	1	☐	☐	☐
natürliche Zahlen ordnen,	2	☐	☐	☐
mit großen Zahlen umgehen,	3	☐	☐	☐
Zahlen runden,	4	☐	☐	☐
eine große Anzahl durch Rastern schätzen.	5	☐	☐	☐

Natürliche Zahlen KV 34 **2**

Bergsteigen: Natürliche Zahlen – zu den Schulbuchseiten 46–49

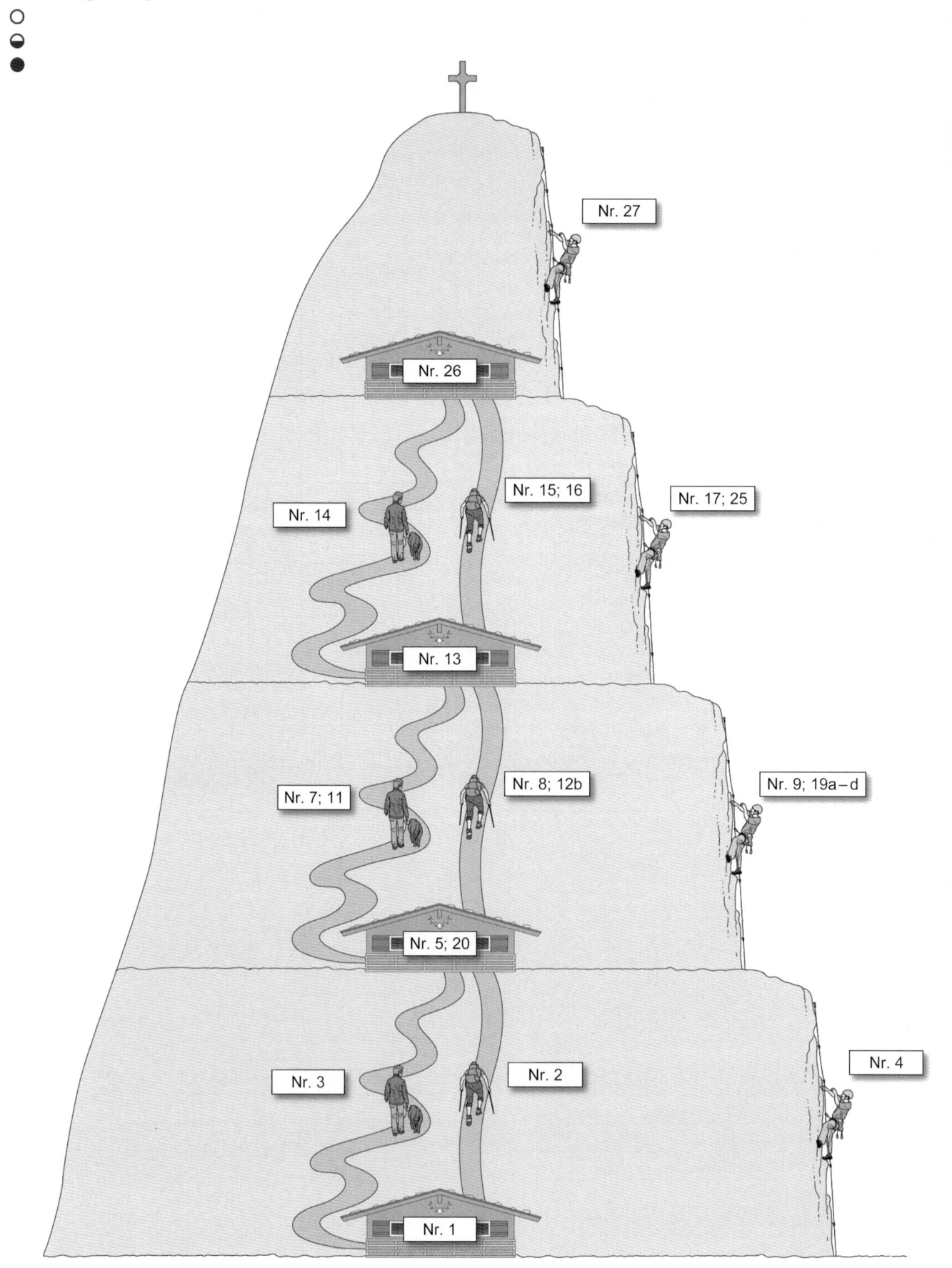

Nr. 27

Nr. 26

Nr. 14   Nr. 15; 16   Nr. 17; 25

Nr. 13

Nr. 7; 11   Nr. 8; 12b   Nr. 9; 19a–d

Nr. 5; 20

Nr. 3   Nr. 2   Nr. 4

Nr. 1

© Ernst Klett Verlag GmbH, Stuttgart 2022 | www.klett.de | Alle Rechte vorbehalten. Von dieser Druckvorlage ist die Vervielfältigung für den eigenen Unterrichtsgebrauch gestattet. Die Kopiergebühren sind abgegolten.

Abbildungen: Menzel, Tom, Scharbeutz/Klingberg
Text: Ulrich Laumann

60 Minuten

Addieren und Subtrahieren KV 35 **3**

Kopfrechnen: Addition und Subtraktion

1 Spielt zu zweit: Holt euch einen Würfel.
- Einfache Spielvariante: Würfelt beide eine zweistellige Zahl (2-mal würfeln).
- Mittelschwere Spielvariante: Würfelt beide eine dreistellige Zahl (3-mal würfeln).
- Schwere Spielvariante: Würfelt beide eine sechsstellige Zahl (6-mal würfeln).

Addiert eure beiden Zahlen. Schreibt dazu jeweils die Aufgabe und das Ergebnis in eure Hefte. Vergleicht dann eure Ergebnisse. Bildet fünf weitere Aufgaben.

2 Spielt zu zweit: Nehmt zwei verschiedenfarbige Stifte.
Spielt im Wechsel. Die erste Person sucht einen Luftballon, dessen Zahlen nicht die Summe 100 ergeben. Die andere Person muss diesen Luftballon im Heft nachrechnen. Wenn das Ergebnis tatsächlich nicht 100 ist, dürft ihr den Ballon mit eurer Farbe anmalen. Wer hat am Ende mehr Ballons?

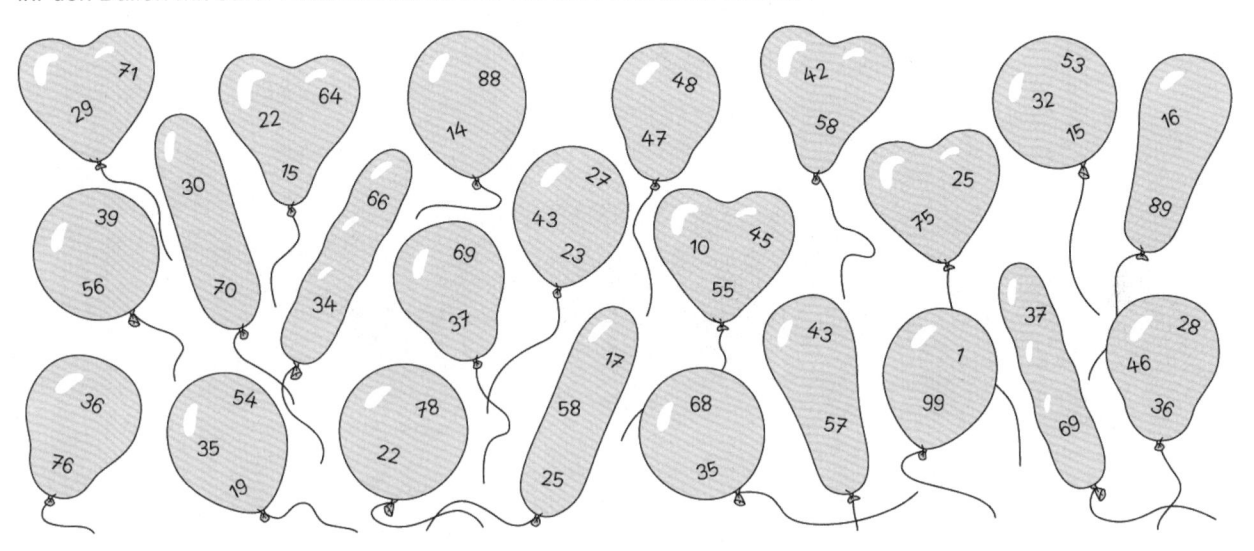

3 Suche dir eine Schwierigkeitsstufe aus und berechne im Kopf. Nutze dabei Rechenvorteile.

gute Kopfrechen-Fähigkeiten	Kopfrechen-Profi
a) $54 + 38$	a) $87 + 134$
b) $74 + 49 + 21$	b) $26 + 83 + 107$
c) $200 - 32 - 8 - 4$	c) $134 - 40 - 18 - 6$
d) $14 + 12 + 13 + 11 + 17 + 16$	d) $21 + 23 + 25 + 20 + 26 + 22 + 29 + 24$
e) $15 + 21 + 9 + 23 + 16 + 24 + 25$	e) $7 + 32 + 12 + 22 + 5 + 16 + 8 + 33 + 25$
f) $100 - 14 - 6 - 21 - 9 - 13 - 15 - 2$	f) $333 - 11 - 22 - 33 - 44 - 55 - 66$
g) $16 + 22 - 7 + 19 - 11 + 25 - 10 + 8$	g) $55 - 8 - 12 + 22 + 6 - 32 - 9 + 16 + 42$
h) $105 + 15 + 35 - 21 - 11 + 26 - 46 - 10$	h) $600 - 240 - 130 - 60 + 310 + 20 + 400$

45 Minuten

Affenfelsen: Addieren

Lösungen
oben:
23 195 + 87 638 = 110 833
95 741 + 23 456 = 119 197
71 342 + 26 167 = 97 509
Mitte: 819 178; 280 997; 5829
unten: 49 999; 7688; 891

```
    2     9 5
+     7 6 3 8
  1 0 8
```

```
  9 7     1
+     3 4 5
  1 9     9 7
```

```
  7 1 3 4
+       1 6 7
  9 7     9
```

```
  4 6 3 3 9 9
+     6 5 7 8 2
+ 2 8 9 9 9 7
```

```
    9 3 6 5 4
+   9 7 6 3 8
+   8 9 7 0 5
```

```
+ 2 5 7 8
+ 3 2 5 1
```

```
  1 2 2 2 3
+     5 4 0 4
+ 3 2 3 7 2
```

```
      3 7 1
+ 2 0 1 5
+ 5 3 0 2
```

```
  5 5 5
+ 3 3 6
```

20 Minuten

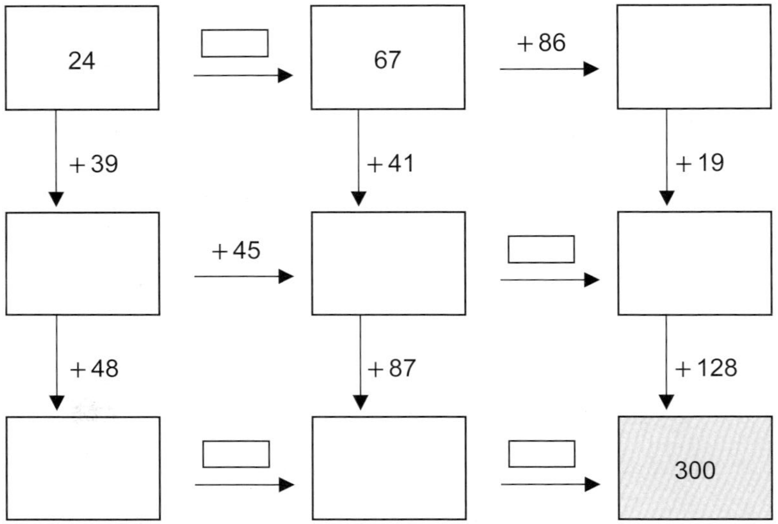

Rechennetze I

1 Berechne die fehlenden Zahlen.

56	+47 →		+65 →	
+17 ↑		↑		↑
	+54 →		+87 →	
+83 ↑		↑		↑
	+28 →		+116 →	**300**

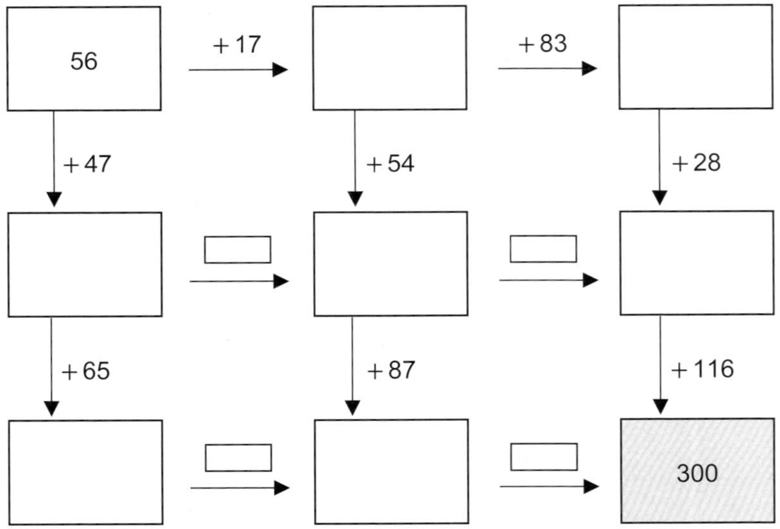

2 Berechne die fehlenden Zahlen.

75	+39 →		+86 →	
+60 ↑		+46 ↑		+12 ↑
	+25 →		+52 →	
+65 ↑		+47 ↑		+188 ↑
	+7 →		+193 →	

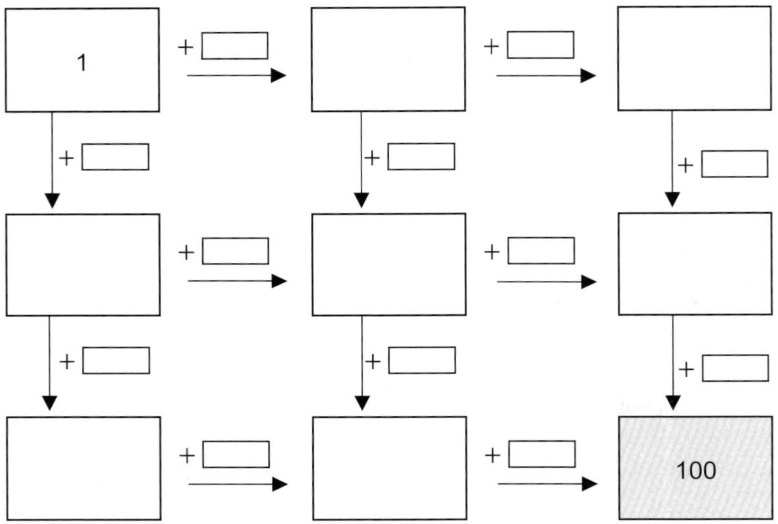

4 Berechne die fehlenden Zahlen.

24	+39 →		+48 →	
↑		+45 ↑		↑
67	+41 →		+87 →	
+86 ↑		↑		↑
	+19 →		+128 →	**300**

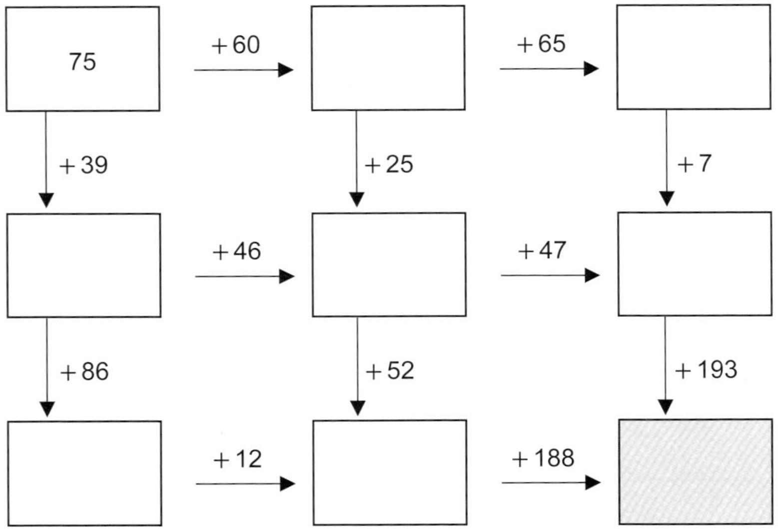

3 Setze verschiedene Zahlen so ein, dass der darauffolgende Summand jeweils größer ist als der vorhergehende.

1	+ →		+ →	
+ ↑		+ ↑		+ ↑
	+ →		+ →	
+ ↑		+ ↑		+ ↑
	+ →		+ →	**100**

30 Minuten

Rechennetze II

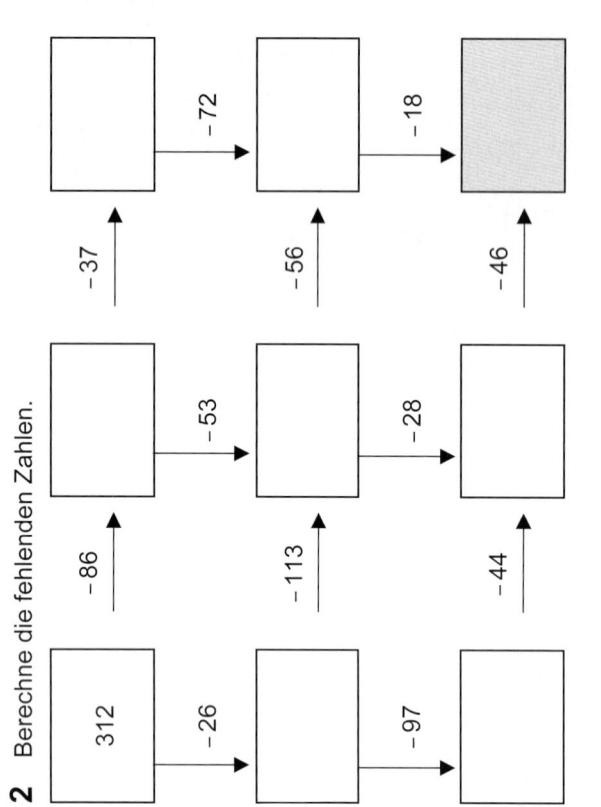

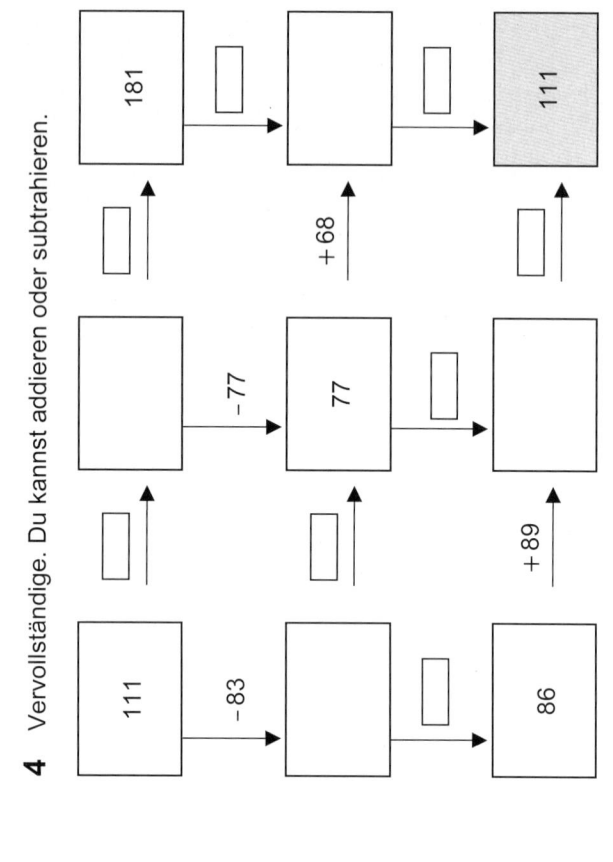

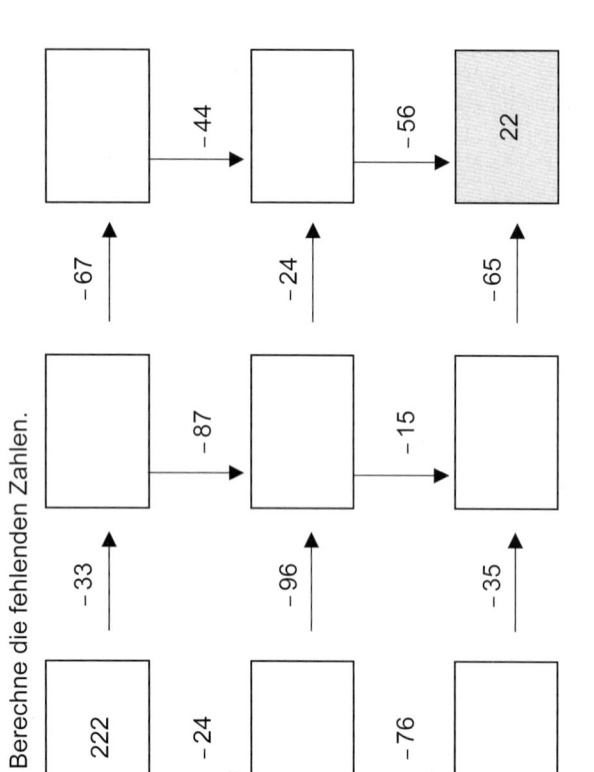

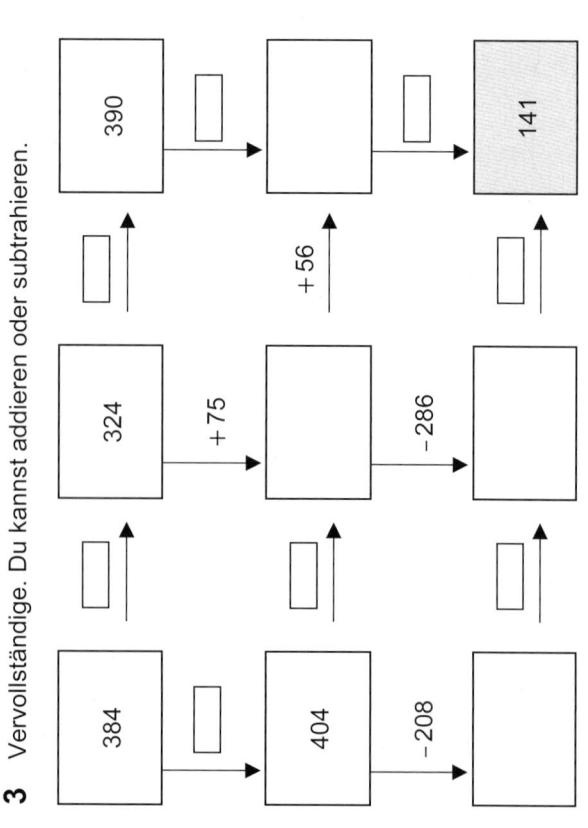

1 Berechne die fehlenden Zahlen.

2 Berechne die fehlenden Zahlen.

3 Vervollständige. Du kannst addieren oder subtrahieren.

4 Vervollständige. Du kannst addieren oder subtrahieren.

Addieren und Subtrahieren — KV 39 — 3

Fitnesstest: Klammerregeln

Freizeitsport	Leistungssport

1. Trainingseinheit: Beschreibe, wie du vorgehst.
2 Punkte (jeweils halber Punkt)

Freizeitsport	Leistungssport
$20 - (15 + 2)$	$20 - (15 - (5 + 2))$
Man muss die _____ beachten.	Zuerst rechnet man _____
Zuerst rechnet man _____	Dann rechnet man _____
Dann rechnet man _____	Zum Schluss rechnet man _____
Ergebnis: _____	Ergebnis: _____

2. Trainingseinheit: Berechne und beachte die Klammern.
4 Punkte (jeweils ein Punkt)

Freizeitsport	Leistungssport
a) $15 + (10 + 7) + 5$ = _____	a) $88 + (37 + 23) - 16 + 14$ = _____
b) $15 - (10 - 7) + 5$ = _____	b) $88 - (37 - 23) - (16 + 14)$ = _____
c) $15 - (10 - 7) - 5$ = _____	c) $88 - (37 + 23 - 16) + 14$ = _____
d) $15 - ((10 + 7) - 5)$ = _____	d) $88 - (37 - (23 - 16)) + 14$ = _____

3. Trainingseinheit: Setze eine Klammer, sodass das Ergebnis stimmt.
3 Punkte (jeweils ein Punkt)

Freizeitsport	Leistungssport
a) $30 - 15 + 5 = 10$	a) $75 - 45 + 8 = 22$
b) $350 - 100 - 50 = 300$	b) $80 - 32 - 9 + 4 = 61$
c) $600 - 300 + 200 - 100 = 0$	c) $144 - 25 - 19 + 2 = 98$

4. Trainingseinheit: Setze eine Klammer, sodass das Ergebnis möglichst groß wird.
2 Punkte

Freizeitsport	Leistungssport
$8 - 5 - 2 + 1 =$ _____	$70\,000 - 500 - 200 + 100 =$ _____

Erreichte Punkte	0–3	4–5	6–8	9–10	11
	Ich muss noch Einiges üben.	Ich habe noch einige Lücken.	Ich verstehe schon viel.	Ich beherrsche den Stoff fast sicher.	Ich beherrsche den Stoff sicher.

45 Minuten

Addieren und Subtrahieren KV 40 **3**

Rennbahn

Beginnt beim Start und baut eine „Autorennstrecke". Drückt die Länge jeder Rennstrecke mithilfe eines Terms aus, der die Variablen x und y enthält.

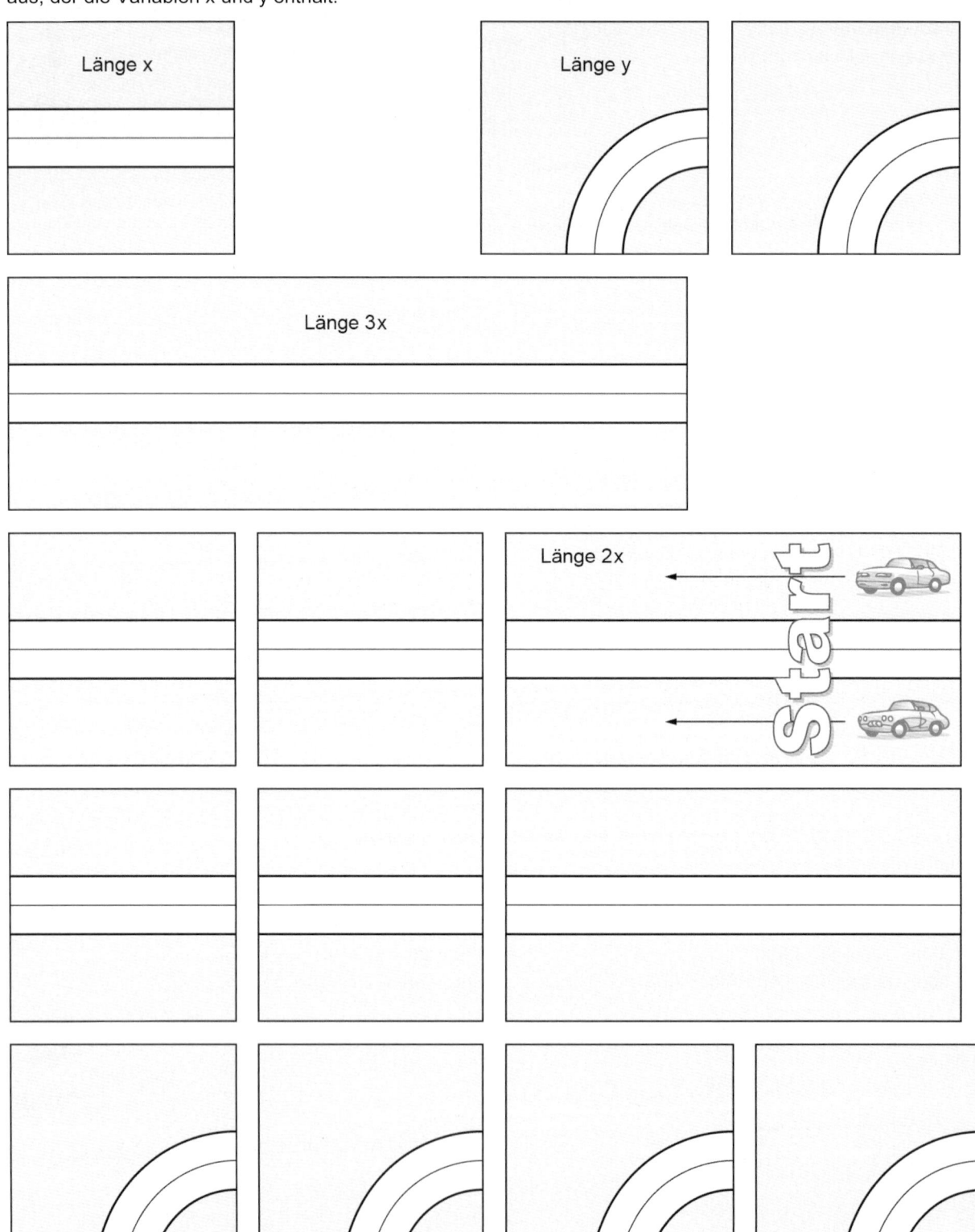

Länge x

Länge y

Länge 3x

Länge 2x

30 Minuten

Addieren und Subtrahieren KV 41 **3**

Überschlagen

Klaus: Ich runde beim Überschlag immer nur auf eine Stelle. Beispiel: 1640 = 2000

Mara: Ich runde beim Überschlagen auf zwei Stellen, wenn möglich. Beispiel: 1640 = 1600

1 Arbeitet zu zweit. Entscheidet euch, wer nach der Regel von Klaus rundet und wer nach der Regel von Mara. Berechnet nach dem Runden auch das genaue Ergebnis.

Aufgabe	Klaus	Mara	genaues Ergebnis
453 + 255			
3207 + 2672			
9785 + 8835			
4993 + 2849			

2 Vergleicht eure Ergebnisse von Aufgabe 1.
a) Habt ihr die gleichen genauen Ergebnisse?
b) Wer ist mit seinem gerundeten Wert näher dran?
c) Welche Vorteile und Nachteile hat das Verfahren von Mara?

d) Wann ist es eurer Meinung nach sinnvoll, auf nur eine Stelle zu runden?

3 Überprüft jeweils durch Überschlag, ob das Ergebnis stimmen kann. Schreibt ein „r" für richtig und ein „f" für falsch. Rechnet zur Sicherheit noch genau. Vergleicht dann eure Ergebnisse.

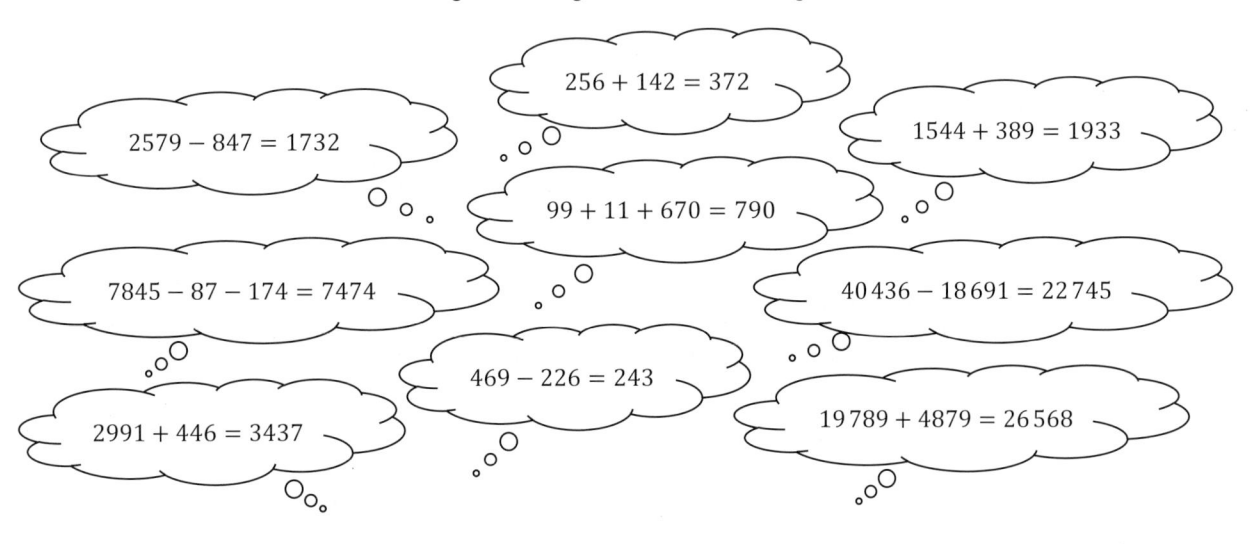

- 256 + 142 = 372
- 2579 − 847 = 1732
- 1544 + 389 = 1933
- 99 + 11 + 670 = 790
- 7845 − 87 − 174 = 7474
- 40436 − 18691 = 22745
- 469 − 226 = 243
- 2991 + 446 = 3437
- 19789 + 4879 = 26568

Addieren und Subtrahieren   KV 42   **3**

Domino: Überschlagen

Material: Schere

Schneidet die Dominosteine entlang der dickeren Linien aus. Mischt die Dominosteine und legt sie offen auf dem Tisch aus.

Sucht die Startkarte. Rechts auf der Karte steht eine Rechnung. Überschlagt diese Rechnung im Kopf – sie muss nicht genau gerechnet werden. Eure Aufgabe ist es, eine Dominokarte zu finden, die auf der linken Hälfte eine Zahl hat, welche eurem Überschlag entspricht. Nur wenn ihr euch gar nicht sicher seid, solltet ihr die Aufgabe genau rechnen.

Start	$36\,000 - 21\,677 + 4712$	$19\,035$	$9270 - (1986 + 720)$
6564	$92\,706 - 19\,861 + 44\,431$	$117\,276$	$468\,036 + 572\,094$
$1\,040\,130$	$962\,266 - (358\,478 + 448\,901)$	$154\,887$	$37\,844 + 1582 - 18\,114$
$21\,312$	$12\,386 - (7358 - 450)$	5478	$48\,351 + 15\,288 - 47\,150$
$16\,489$	$927\,063 + 198\,613 - 72\,099$	$1\,053\,577$	$1\,048\,500 - (88\,437 + 75\,002)$
$885\,061$	$12\,587 + 41\,889 - 3714$	$50\,762$	$8644 - (4843 - 1002)$
4803	$251\,093 + 258\,998 + 150\,694 + 153\,963$	$814\,748$	$63\,099 - (1599 + 4849)$
$56\,651$	$44\,499 + 75\,112 + 1652$	$121\,263$	Ziel

Klassenarbeit A – Addieren und Subtrahieren (Teil 1)

1 Addiere schriftlich.

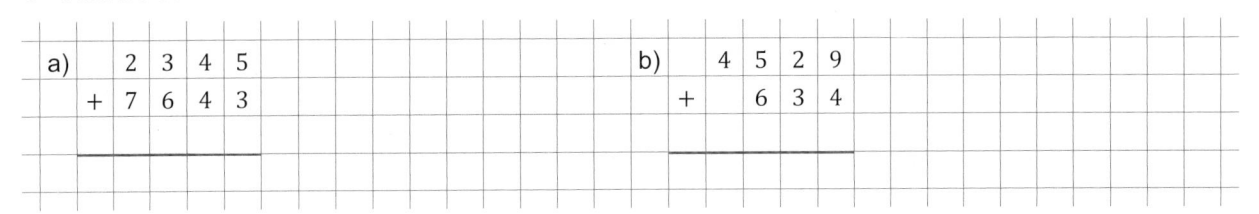

a) 2345 + 7643

b) 4529 + 634

2 Addiere schriftlich.
a) 3889 + 8733

b) 7822 + 5299

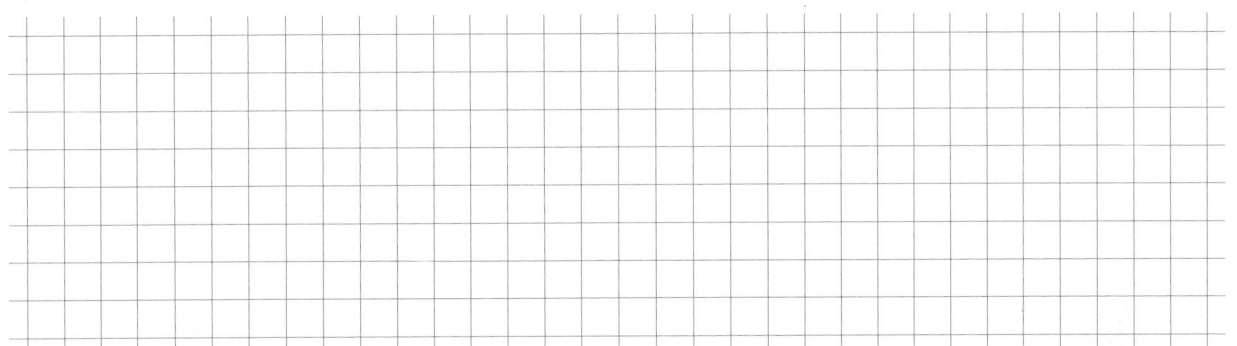

3 Subtrahiere schriftlich.

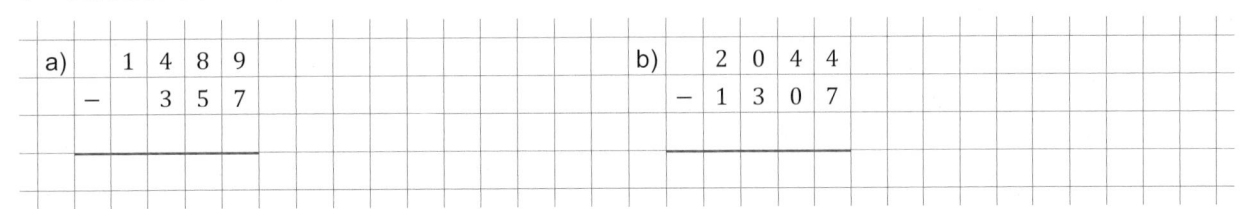

a) 1489 − 357

b) 2044 − 1307

4 Subtrahiere schriftlich.
5222 − 311

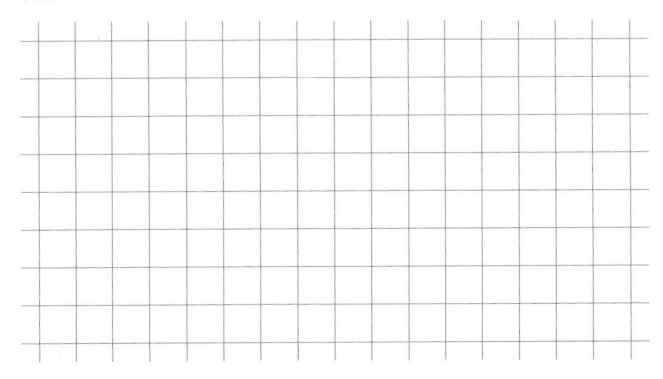

5 Berechne. Achte auf die Klammern.

a) 310 − (128 + 72) = _____

b) 3 + (5 − (2 + 1)) = _____

Addieren und Subtrahieren KV 44

Klassenarbeit A – Addieren und Subtrahieren (Teil 2)

6 Schreibe als Term.

a) Subtrahiere 7 von einer Zahl. _____

b) Addiere eine Zahl und 23. _____

7 Rechne vorteilhaft.

$39 + 75 + 25 + 41 =$ _____

8 Die Tabelle zeigt das Ergebnis der Schulsprecherwahl an der Albert-Einstein-Schule.

Tabea	Karen	Josip	Ben	Clara
187	145	212	79	216

a) Wie viele Stimmen wurden abgegeben? Rechne schriftlich.

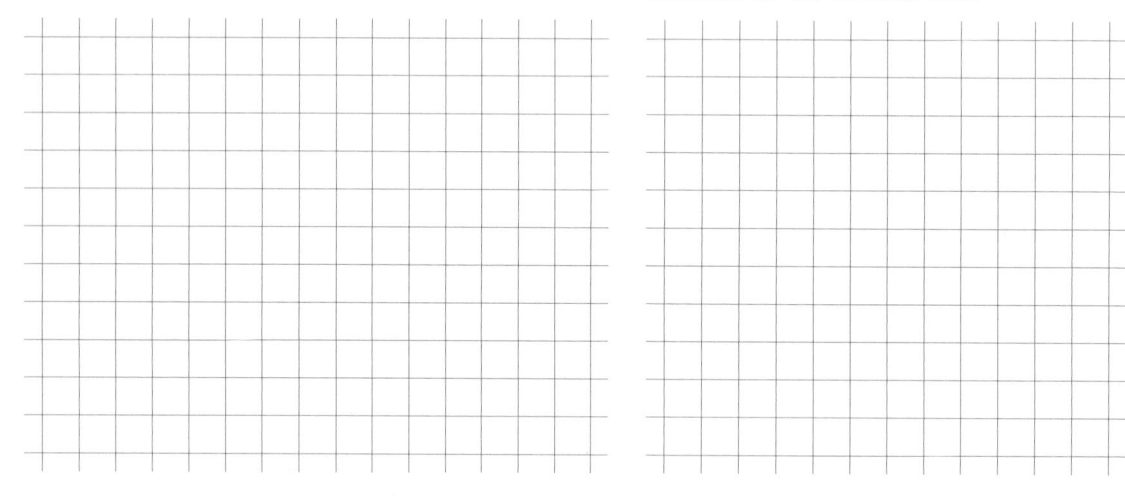

b) Haben Josip und Clara zusammen mehr Stimmen als die anderen drei?

Checkliste: Ich kann ...	Aufgabe	☺	😐	☹
Zahlen schriftlich addieren,	1; 2	☐	☐	☐
Zahlen schriftlich subtrahieren,	3; 4	☐	☐	☐
Klammerregeln anwenden,	5	☐	☐	☐
Beschreibungen in Terme übersetzen,	6	☐	☐	☐
Rechengesetze anwenden,	7	☐	☐	☐
Sachaufgaben lösen.	8	☐	☐	☐

© Ernst Klett Verlag GmbH, Stuttgart 2022 | www.klett.de | Alle Rechte vorbehalten. Von dieser Druckvorlage ist die Vervielfältigung für den eigenen Unterrichtsgebrauch gestattet. Die Kopiergebühren sind abgegolten.

Text: Nicole Müller

Für Teil 1 und 2: 60 Minuten

Klassenarbeit B – Addieren und Subtrahieren (Teil 1)

1 Addiere schriftlich.

a)
```
  2 3 3 4
+ 3 5 5 3
+ 3 1 1 2
─────────
```

b)
```
    2 4 4 5
+ 6 7 5 7 4
+     4 5 9
───────────
```

2 Addiere schriftlich.

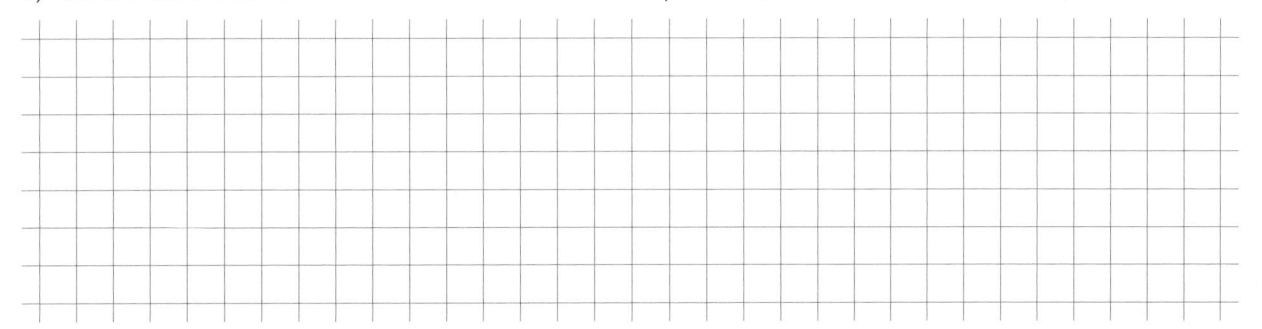

a) 8723 + 4231 + 1899

b) 9312 + 22 829 + 5288

3 Subtrahiere schriftlich.

a)
```
  2 2 5 5
- 1 2 8 5
─────────
```

b)
```
  5 9 8 8
-   6 2 3
-   1 7 2
─────────
```

4 Subtrahiere schriftlich.

8212 − 789

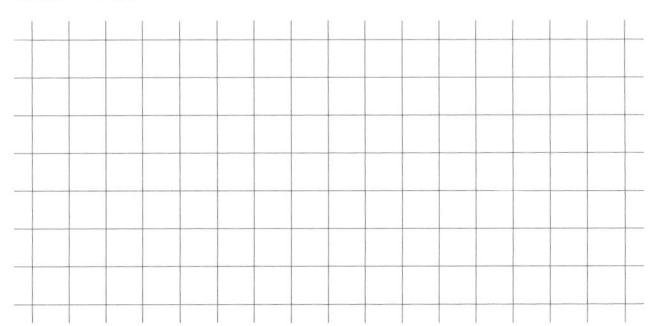

5 Ergänze die fehlende Zahl.

a) $18 + (\_\_\_\_ - 17) = 25$

b) $\_\_\_\_ - (38 - 17) = 20$

Addieren und Subtrahieren KV 46 3

Klassenarbeit B – Addieren und Subtrahieren (Teil 2)

6 Schreibe zuerst den Term und berechne dann seinen Wert für $a = 5$:
Addiere zu 7 die Summe von 65 und a.

_____

7 Rechne vorteilhaft.
$125 + 17 + 119 + 73 + 311 + 375$

= _____

8 Eine Theatergruppe hat ihre Einnahmen in einer Tabelle aufgelistet:

Tag 1	Tag 2	Tag 3	Tag 4	Tag 5
2435 €	983 €	875 €	1077 €	4349 €

a) Berechne schriftlich, wie hoch die Einnahmen insgesamt waren.

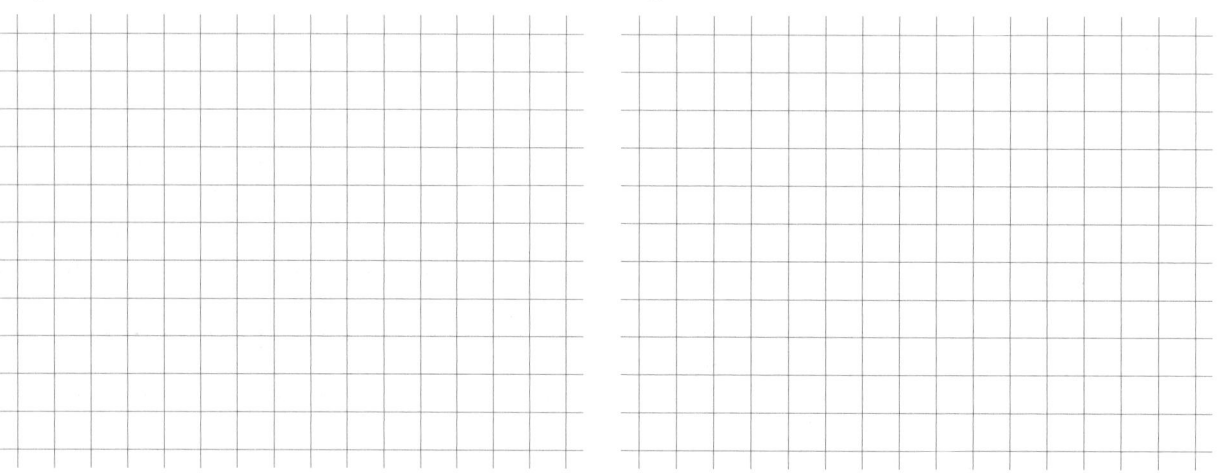

b) Wie groß war der größte Unterschied bei den Tageseinnahmen?

Checkliste: Ich kann ...	Aufgabe	☺	😐	☹
Zahlen schriftlich addieren,	1; 2	☐	☐	☐
Zahlen schriftlich subtrahieren,	3; 4	☐	☐	☐
Klammerregeln anwenden,	5	☐	☐	☐
Beschreibungen in Terme übersetzen und den Wert eines Terms berechnen,	6	☐	☐	☐
Rechengesetze anwenden,	7	☐	☐	☐
Sachaufgaben lösen.	8	☐	☐	☐

© Ernst Klett Verlag GmbH, Stuttgart 2022 | www.klett.de | Alle Rechte vorbehalten. Von dieser Druckvorlage ist die Vervielfältigung für den eigenen Unterrichtsgebrauch gestattet. Die Kopiergebühren sind abgegolten.

Text: Nicole Müller

Für Teil 1 und 2: 60 Minuten

Klassenarbeit C – Addieren und Subtrahieren (Teil 1)

1 Addiere schriftlich.

a)
```
    2 5 0 1 2 4
+       2 8 3 9
+     1 1 7 8 8
```

b)
```
  2 8 9 0 1 2 4
+       7 7 5 8 8
+       9 9 9 9 9
```

2 Addiere schriftlich.

a) $137 + 2476 + 56821$

b) $244\,001 + 248 + 9999$

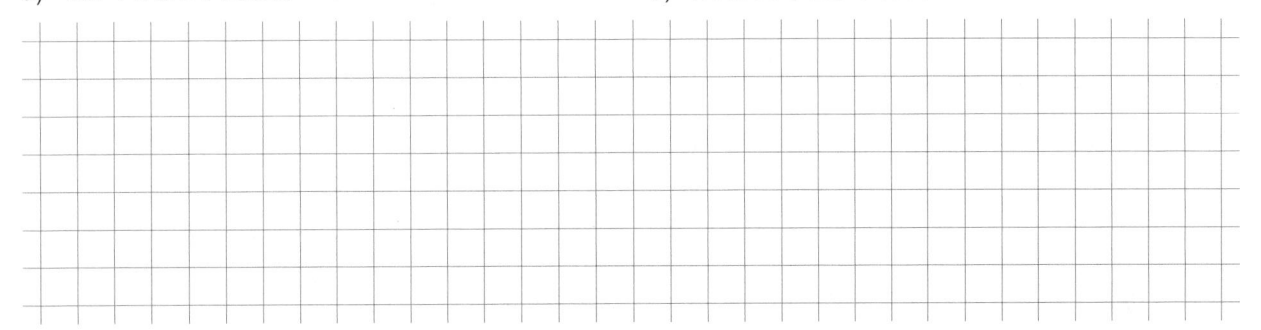

3 Subtrahiere schriftlich.

a)
```
  1 1 1 1 3 8
−         3 9 9
−     8 0 5 1 2
```

b)
```
  8 7 9 0 8 3 5
− 2 9 3 5 2 7 7
− 1 1 1 2 8 9 7
```

4 Subtrahiere schriftlich.

$200\,000 − 9510 − 142$

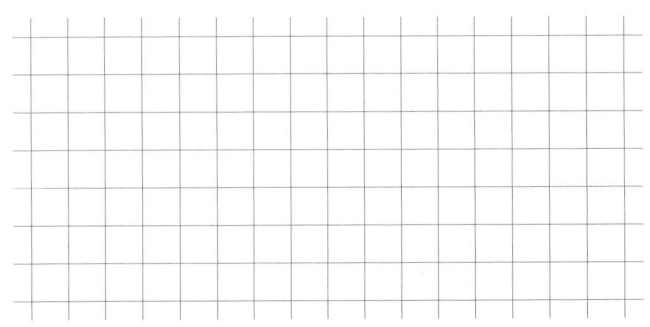

5 Ergänze die fehlende Zahl.

$200 − (18 + (\underline{} − 11) − 12) = 192$

Klassenarbeit C – Addieren und Subtrahieren (Teil 2)

6 Schreibe zuerst den Term und berechne dann seinen Wert für $x = 4$:
Addiere die Summe von 66 und x zur Differenz von 22 und x.

_____

7 Rechne vorteilhaft.
$340 - 32 + 53 - 44 - 61 + 26$

= _____

8 Ein Kaufhaus hat seine Einnahmen in einer Tabelle aufgelistet:

Januar bis März (1. Quartal)	April bis Juni (2. Quartal)	Juli bis September (3. Quartal)	Oktober bis Dezember (4. Quartal)
975 889 €	1 008 537 €	1 277 112 €	1 870 534 €

a) Überschlage schriftlich, wie hoch die Einnahmen insgesamt waren.

b) Wie groß ist die Differenz der Einnahmen zwischen dem stärksten und schwächsten Zeitraum?

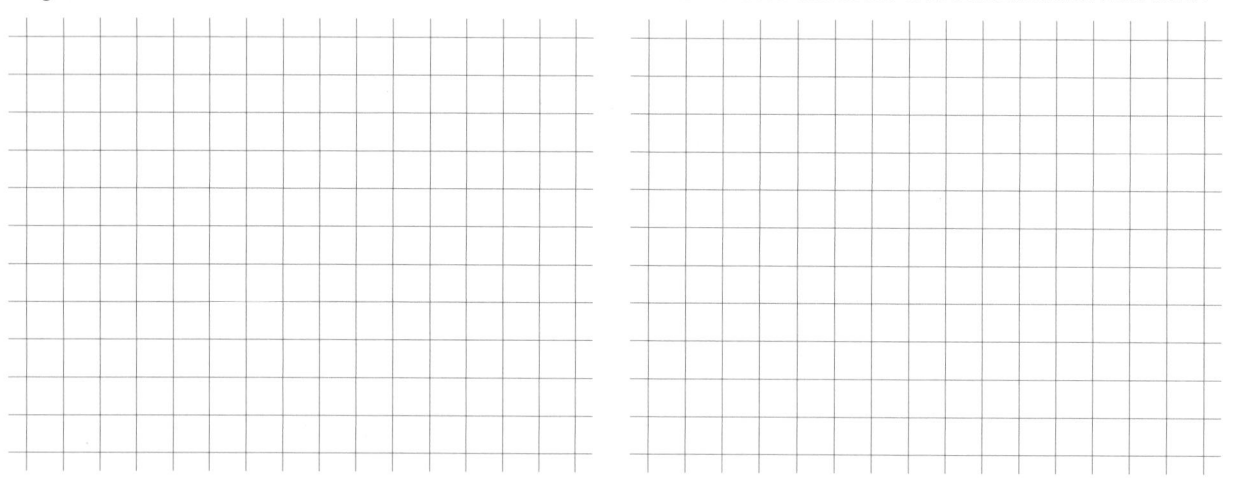

Checkliste: Ich kann ...	Aufgabe	☺	😐	☹
Zahlen schriftlich addieren,	1; 2	☐	☐	☐
Zahlen schriftlich subtrahieren,	3; 4	☐	☐	☐
Klammerregeln anwenden,	5	☐	☐	☐
Beschreibungen in Terme übersetzen und den Wert eines Terms berechnen,	6	☐	☐	☐
Rechengesetze anwenden,	7	☐	☐	☐
Sachaufgaben lösen.	8	☐	☐	☐

Für Teil 1 und 2: 60 Minuten

Addieren und Subtrahieren KV 49 **3**

Bergsteigen: Addieren und Subtrahieren – zu den Schulbuchseiten 72–77

- Nr. 24
- Nr. 45
- Nr. 37
- Nr. 41a
- Nr. 20c, d
- Nr. 38
- Nr. 39
- Nr. 20a, b
- Nr. 19c, d
- Nr. 42a, b
- Nr. 42c, d
- Nr. 19a, b
- Nr. 12
- Nr. 28
- Nr. 32
- Nr. 16
- Nr. 2b, c
- Nr. 8
- Nr. 33
- Nr. 2a

120 Minuten

Multiplizieren und Dividieren KV 50 **4**

Schriftliche Multiplikation

1 Multiplikationsrätsel. Berechne zuerst alle Aufgaben im Kopf oder rechne sie schriftlich im Heft. Übertrage dann deine Ergebnisse in das Rätsel.

	A	B		M		N		P	Q		Y	Z
	E		F			O			U	V		
			G		L			R		W		
	C		H	I			S					
	D			K			T					

waagerecht
- A 11 · 2 = ____
- D 12 · 5 = ____
- E 3 · 55 = ____
- G 7 · 9   = ____
- H 30 · 15 = ____
- K 8 · 5   = ____
- L 17 · 2 = ____
- M 4 · 68 = ____
- O 3 · 12 = ____
- P 14 · 7 = ____
- S 7 · 8   = ____
- T 12 · 9 = ____
- U 24 · 3 = ____
- W 7 · 49 = ____
- Y 7 · 3   = ____

senkrecht
- A Die Faktoren sind 3 und 7.
- B Das Produkt aus 7 und 38 heißt …
- C Multipliziere 4 mit sich selbst.
- F Die Faktoren heißen 89 und 6.
- I Das Produkt aus 6 und 9 ist …
- L Multipliziere 12 mit 25.
- N Berechne das 6-Fache von 39.
- Q Verdreifache 29.
- R Das Produkt aus 18 und 20 ist …
- S Die Faktoren sind 3 und 17.
- V Vervielfache 47 mit 5.
- Z Das Neunfache von 17 ist …

2 Rechne schriftlich.

a) 312 · 3
   11 001 · 5
   2121 · 32
   3201 · 23

b) 225 · 4
   4380 · 9
   569 · 16
   27 384 · 27

c) 334 · 212
   2325 · 408
   1913 · 230
   4670 · 300

d) 123 · 4769
   294 · 7691
   947 · 6912
   476 · 9129

3 a) Bilde mit den Ziffern ⁴ ⁶ ⁷ ⁹ eine dreistellige Zahl und multipliziere sie mit der vierten Ziffer. Es gibt verschiedene Möglichkeiten. Schreibe die Aufgaben in dein Heft und berechne das Ergebnis.
b) Bilde ebenfalls mit den Ziffern zweistellige Zahlen und multipliziere sie miteinander. Rechne im Heft.
c) Bilde mit den vier Ziffern und einem Malpunkt die größtmögliche und die kleinstmögliche Zahl.

4 Kreuzzahlrätsel

	1	2		3	
4					
		5	6		7
8					
			9		
	10				

waagerecht
1. 34 · 47
5. 217 · 39
8. 91 · 48
9. 33 · 23
10. 72 · 13

senkrecht
2. 147 · 38
3. 24 · 34
4. 503 · 14
6. 23 · 212
7. 39 · 87

45 Minuten

Multiplizieren und Dividieren KV 51 **4**

Trimino: Multiplizieren

Material: Schere

Schneidet die Teile aus. Mischt die Teile und legt sie offen auf dem Tisch aus. Legt das Start-Teil aus. Ihr müsst nun abwechselnd Teile anlegen. Alle Zahlen und Rechnungen, die angelegt werden, müssen zueinander passen.

Tipp: Mit einer Überschlagsrechnung könnt ihr euch manchmal längere Rechnungen ersparen.

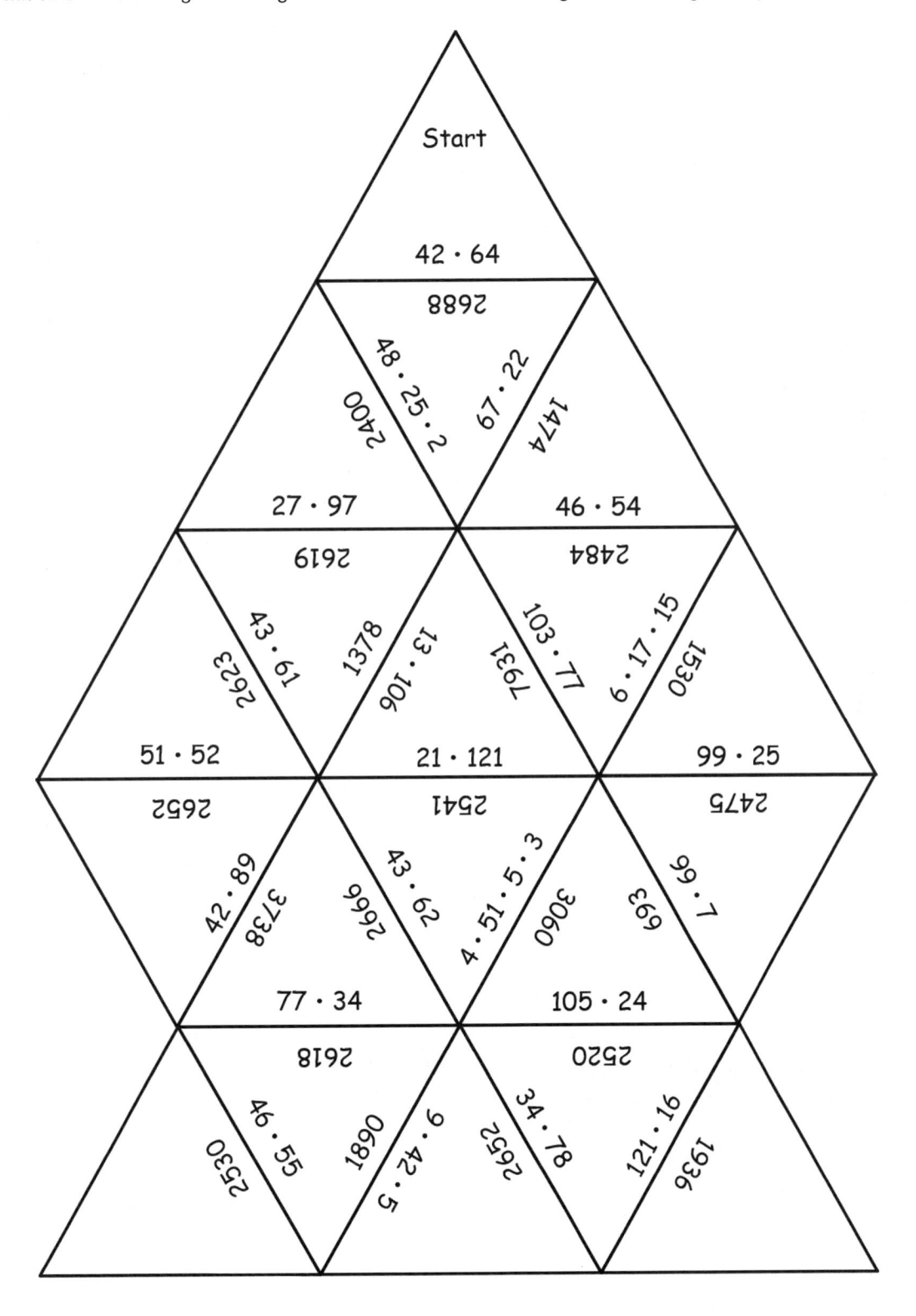

30 Minuten

Multiplizieren und Dividieren   KV 52   **4**

Speisekarte: Produkte und Potenzen

Stelle dir ein Menü aus Vorspeise, Hauptspeise und Nachspeise zusammen und löse die Aufgaben.

Vorspeise:

Berechne.

a) $8 \cdot 7 = $ _____

b) $42 \cdot 6 = $ _____

c) $40 \cdot 13 = $ _____

d) $29 \cdot 45 = $ _____

Berechne.

a) $9 \cdot 24 = $ _____

b) $39 \cdot 17 = $ _____

c) $55 \cdot 24 = $ _____

d) $234 \cdot 37 = $ _____

Hauptspeise:

Überschlage die Rechnung: Ordne, ohne zu rechnen, das richtige Ergebnis zu.
Kontrolliere anschließend, indem du schriftlich in deinem Heft rechnest.
Lösungen zur Auswahl: 17 468; 3807; 70 645; 2992; 2491; 5208; 205 869; 16 468; 2409; 26 596

a) $44 \cdot 68 = $ _____

b) $423 \cdot 9 = $ _____

c) $53 \cdot 47 = $ _____

d) $71 \cdot 995 = $ _____

a) $358 \cdot 46 = $ _____

b) $397 \cdot 44 = $ _____

c) $489 \cdot 421 = $ _____

d) $109 \cdot 244 = $ _____

Nachspeise:

Schreibe die Potenz als Produkt und berechne ihren Wert.

a) $1^5 = $ _____

b) $11^2 = $ _____

c) $9^3 = $ _____

Vergleiche und setze eines der Zeichen <, > oder = ein.

a) $5^2 \square 4^3$

b) $11^2 \square 2^6$

c) $6^3 \square 13^2$

45 Minuten

Multiplizieren und Dividieren   KV 53   **4**

Schriftliche Division

1 Divisionsquiz

72 : 9 =	561	G		
63 : 7 =	6	E		
48 : 12 =	197	N		
105 : 15 =	493	I		
Dividiere 78 durch 13.	7	H		
Berechne den fünften Teil von 985.	4	C		
5118 : 6 =	835	E		
Berechne den Quotienten aus 2702 und 7.	386	O		
20 875 : 25 =	853	K		
5152 : 14 =	368	N		
Der Dividend heißt 10 846, der Divisor 22.	9	E		
Teile 8415 durch 15.	8	R		

Trage die richtigen Ergebnisse zusammen mit den richtigen Lösungsbuchstaben hier ein. Wenn du richtig gerechnet hast, ergibt sich ein Lösungswort.

2 Rechne schriftlich.
a) 384 : 4   b) 4886 : 7   c) 4886 : 7
   882 : 7   2130 : 5   7625 : 5
   975 : 5   6048 : 9   9872 : 8
   978 : 3   2048 : 4   8472 : 6
   1578 : 6   2048 : 8   7035 : 3

3
a) 372 : 12   b) 3888 : 16   c) 625 : 25
   690 : 15   5764 : 11   2430 : 54
   693 : 11   6409 : 17   2232 : 31
   756 : 14   4572 : 18   9912 : 42
   975 : 13   6897 : 19   42 532 : 98

4 Achte auf die Nullen im Ergebnis.
a) 6120 : 17   b) 26 664 : 44
   9671 : 19   18 240 : 32
   87 696 : 12   207 207 : 69
   69 000 : 15   665 000 : 95

5 Kreuzzahlrätsel

1	2		3		4	
5					6	7
		8				
	9					10
11				12		
			13			

waagerecht
1. 225 : 15
3. 3150 : 3
5. 240 : 12
6. 1212 : 3
8. 12 012 : 4
9. 5050 : 5
10. 88 : 2
11. 990 : 9
12. 4800 : 4
13. 241 812 : 3

senkrecht
1. 750 : 6
2. 750 : 15
3. 5005 : 5
4. 1086 : 2
7. 121 212 : 3
9. 888 : 8
10. 12 000 : 30

45 Minuten

Multiplizieren und Dividieren   KV 54   **4**

Verbindung der Rechenarten

1 Ausschneiden und Ordnen:
Schneide die Teile aus, bringe sie in die richtige Reihenfolge und klebe sie als Beispielaufgabe in dein Heft.

| $560 - (100 - 9) \cdot 2 - 1$ | 377 | Beispielaufgabe für Rechenausdrücke |

| 1. Punktrechnung in der Klammer | $560 - 91 \cdot 2 - 1$ | $378 - 1$ |

| $560 - (100 - 45 : 5) \cdot 2 - 1$ | 2. Klammer | $560 - 182 - 1$ |

| 4. von links nach rechts | 3. Punktrechnung vor Strichrechnung |

2 Löse wie im Beispiel von Aufgabe 1. Du kannst auch im Heft rechnen.

a) $360 - (6 + 4 \cdot 8) - 8 =$ _____

b) $230 - 5 \cdot (28 + 12) + 7 \cdot 5 =$ _____

c) $3^3 + 22 - (45 - 15) : 6 =$ _____

d) $445 \cdot 2 - (5^2 - 16) : 3 + 17 - 5 \cdot 8 =$ _____

3 Knobelaufgabe: Welche Zahl musst du für die Variable x einsetzen?
a) $39 - 6 : x = 37$ b) $5 + x \cdot 6 - 3 = 14$
c) $(x + 12) : 4 = 5$ d) $x^2 - 4 \cdot 3 = 4$

Wenn du in den Aufgaben 2 und 3 richtig gerechnet hast, erhältst du als Lösungswort etwas, auf das man manchmal gerne verzichtet.

Lösung	4	8	314	864	44	2	3	65
Buchstabe	K	R	H	E	M	O	W	O

Lösungswort: ___ ___ ___ ___ ___ ___ ___ ___
               2a) 2b) 2c) 2d) 3a) 3b) 3c) 3d)

4 Darfst du die Klammer weglassen? Begründe.

a) $345 - (12 : 2)$ _____

b) $(4 - 2)^2$ _____

c) $(480 - 80) : 20$ _____

Multiplizieren und Dividieren KV 55 **4**

Domino: Distributivgesetz

Material: Schere

Spielbeschreibung: Dieses Spiel könnt ihr zu zweit spielen.

Zur Vorbereitung schneidet ihr die 21 abgebildeten Dominosteine entlang den dickeren Linien aus. Anschließend müsst ihr versuchen, die Dominosteine (wie bei einem normalen Domino) so in eine geschlossene Kette zu legen, dass auf angrenzenden Steinen gleichwertige Rechenausdrücke stehen.

$2 + 3$	$10 \cdot (5 + 7)$	$50 + 70$	$12 \cdot (5 - 3)$	$60 - 48 + 12$	$2 \cdot (3 + 2 + 5)$
$6 + 4 + 10$	$7 \cdot (5 + 4 - 7)$	$35 + 28 - 49$	$4 \cdot (6 - 3 + 7)$	$24 - 12 + 28$	$13 \cdot (7 + 9)$
$91 + 117$	$12 \cdot (120 - 8)$	$1440 - 96$	$15 \cdot (2 + 15)$	$30 + 225$	$(2 + 9 + 1) \cdot 4$
$8 + 36 + 4$	$(7 + 19 - 1) \cdot 1$	$7 + 19 - 1$	$(13 + 9) \cdot 11$	$143 + 99$	$(2 + 10) \cdot 17$
$34 + 170$	$(17 - 8 + 3) \cdot 6$	$102 - 48 + 18$	$(5 + 25) \cdot 5$	$25 + 125$	$(15 - 9) \cdot 9$
$135 - 81$	$(10 + 100) \cdot 3$	$30 + 300$	$2 \cdot (3 + 2)$	$6 + 4$	$6 \cdot (5 + 1)$
$30 + 6$	$2 \cdot (10 - 4)$	$20 - 8$	$3 \cdot (9 - 3)$	$27 - 9$	$1 \cdot (2 + 3)$

45 Minuten

Multiplizieren und Dividieren KV 56 **4**

Domino: Übersetzen

Material: Schere

Spielbeschreibung: Dieses Spiel könnt ihr zu zweit spielen. Schneidet die Dominosteine entlang der dickeren Linien aus. Legt die Dominosteine offen auf dem Tisch aus. Legt den Start-Dominostein aus. Legt nun Dominosteine an, bei denen der Rechenausdruck und die Beschreibung zusammenpassen.

Start	$(20 + 5) \cdot 50$	Multipliziere die Summe der Summanden 20 und 5 mit 50.	$(16 \cdot 4) - (49 : 7)$
Subtrahiere den Quotienten von 49 und 7 vom Produkt aus 16 und 4.	$(20 - 5) \cdot 2 - 50$	Subtrahiere 50 vom doppelten Differenzwert der Zahlen 20 und 5.	$(7 - (16 : 4)) + 2$
Subtrahiere den Quotienten aus 16 und 4 von 7 und addiere 2 zum Ergebnis.	$((20 \cdot 5) - 50) : 5$	Subtrahiere 50 vom Produkt aus 20 und 5 und dividiere das Ergebnis durch 5.	$16 \cdot 4 - (4 \cdot 7)$
Bilde die Differenz aus dem Vierfachen von 16 und dem Produkt der Zahlen 4 und 7.	$50 : 2 - (20 - 5)$	Subtrahiere von der Hälfte von 50 die Differenz von 20 und 5.	$4 \cdot 7 + (16 + 7)$
Addiere zum Siebenfachen von 4 die Summe aus 16 und 7.	$(16 + 4 + 7) : 3$	Bilde folgenden Quotienten: Der Dividend ist die Summe aus 16; 4 und 7. Der Divisor ist 3.	$20 : 5 + 2 \cdot (50 - 20)$
Addiere zum Quotienten aus 20 und 5 den doppelten Differenzwert der Zahlen 50 und 20.	$50 - 20 : 5$	Subtrahiere von 50 den Quotienten aus 20 und 5.	Ziel

Multiplizieren und Dividieren — KV 57 — **4**

Das große Mathedinner zur Multiplikation und Division (1): Checkliste

Bevor du dich gleich durch die Menüs „essen" darfst, bereitest du dich in der Checkliste vor.
Die Checkliste sagt dir, bei welchem Gang du welches Menü (1, 2 oder 3) „isst".

1. Bearbeite die Checkliste (auf Seite 1).
2. Korrigiere deine Antworten mithilfe der Lösungen (auf Seite 2).
3. Markiere in der Checkliste, welche Menüs du nimmst:
Du hast leider kein richtiges Ergebnis. → Menü 1
Du hast ein richtiges Ergebnis. → Menü 2
Du hast beide Aufgaben richtig gelöst. → Menü 3
4. „Iss" dich dann durch deine Menüs (auf Seite 3).

Checkliste

			Menü 1	Menü 2	Menü 3
Getränk	**1**	Multipliziere schriftlich im Heft. a) $637 \cdot 42 =$ _____ b) $13 \cdot 149 =$ _____			
Suppe	**2**	Dividiere schriftlich im Heft. a) $210\,763 : 7 =$ _____ b) $4673 : 12 =$ _____			
Salat	**3**	Ergänze. a) $2^5 =$ _____ b) $\_\_\_^3 = 27$			
Zwischengang	**4**	Berechne vorteilhaft. a) $3 \cdot 25 \cdot 4 \cdot 5 \cdot 20 \cdot 2 =$ _____ b) $2 \cdot 8 \cdot 17 \cdot 5 \cdot 125 =$ _____			
Hauptgang	**5**	Beachte die Rechenregeln. a) $3 \cdot 12 - 40 : 8 + 14 =$ _____ b) $80 : ((39 - 24) \cdot 4 - 20) =$ _____			
Nachspeise	**6**	Entscheide, ob das Ausklammern Vorteile bietet, und rechne dann. a) $25 \cdot 39 + 54 \cdot 39 + 21 \cdot 39 =$ _____ b) $124 \cdot 41 - 64 \cdot 41 - 50 \cdot 41 =$ _____			

Multiplizieren und Dividieren KV 58 **4**

Das große Mathedinner zur Multiplikation und Division (2): Lösungen Checkliste

Hiermit kannst du deine Lösungen in der Checkliste überprüfen.

Lösungen Checkliste

				Menü 1	Menü 2	Menü 3
Getränk	**1**	a) 26754	b) 1937			
Suppe	**2**	a) 30109	b) 389 Rest 5			
Salat	**3**	a) $2^5 = \mathbf{32}$	b) $\mathbf{3^3} = 27$			
Zwischengang	**4**	a) $3 \cdot 25 \cdot 4 \cdot 5 \cdot 20 \cdot 2 = 3 \cdot (25 \cdot 4) \cdot (5 \cdot 20) \cdot 2$ $= 3 \cdot 100 \cdot 100 \cdot 2 = 60\,000$ b) $2 \cdot 8 \cdot 17 \cdot 5 \cdot 125 = (2 \cdot 5) \cdot (8 \cdot 125) \cdot 17 = 10 \cdot 1000 \cdot 17$ $= 170\,000$				
Hauptgang	**5**	a) $3 \cdot 12 - 40 : 8 + 14 = 36 - 5 + 14 = 45$ b) $80 : ((39 - 24) \cdot 4 - 20) = 80 : (15 \cdot 4 - 20) = 80 : 40 = 2$				
Nachspeise	**6**	a) $25 \cdot 39 + 54 \cdot 39 + 21 \cdot 39 = 39 \cdot (25 + 54 + 21) = 39 \cdot 100$ $= 3900$ b) $124 \cdot 41 - 64 \cdot 41 - 50 \cdot 41 = 41 \cdot (124 - 64 - 50) = 41 \cdot 10$ $= 410$				

Multiplizieren und Dividieren KV 59 **4**

Das große Mathedinner zur Multiplikation und Division (3): Die Menüs

Alle Aufgaben findest du in deinem Schulbuch beim Basistraining und beim Anwenden. Nachdenken von Kapitel 4.

	Menü 1	Menü 2	Menü 3
Getränk	S. 107, Nr. 3 a) S. 107, Nr. 9 a) und c)	S. 107, Nr. 9 f) und h) S. 109, Nr. 26 a) und b)	S. 107, Nr. 9 e) bis h) S. 109, Nr. 29 a) und b)
Suppe	S. 107, Nr. 6 a)	S. 108, Nr. 15 e) bis h)	S. 108, Nr. 15 f) bis h) S. 109, Nr. 29 c)
Salat	S. 108, Nr. 17 a) und b)	S. 108, Nr. 17 c) bis f)	S. 110, Nr. 39
Zwischengang	S. 108, Nr. 23 a) bis c)	S. 108, Nr. 23 d) bis f)	S. 110, Nr. 36
Hauptgang	S. 108, Nr. 19 a) bis d) S. 108, Nr. 20	S. 110, Nr. 36 S. 109, Nr. 33 a) bis c)	S. 109, Nr. 31 S. 110, Nr. 37
Nachspeise	S. 108, Nr. 21 a) bis c)	S. 108, Nr. 21 d) bis f)	S. 108, Nr. 21 f) bis h)

ABC-Mathespiel: Grundrechenarten

Schwierige Spielvariante:

N = 315
O = 171
P = 135
Q = 198
R = 108
S = 225
T = 216
U = 144
V = 189
W = 171
X = 99
Y = 135
Z = 225

Einfache Spielvariante:

A = 36
B = 900
C = 27
D = 15
E = 21
F = 30
G = 66
H = 24
I = 33
J = 42
K = 81
L = 130
M = 300

Mein Name: _____

Spielanleitung:
1. Ein Kind zählt das Alphabet durch, ein anderes ruft „stopp". Für die einfache Spielvariante buchstabiert ihr von A bis M, für die schwierige Spielvariante von N bis Z.
2. Jedes Kind der Gruppe schreibt die Zahl zum passenden Buchstaben in das Anfangsfeld hinein.
3. Fülle die Zeile aus und rufe „fertig". Danach darf jedes Kind noch sein Feld fertig ausfüllen.
4. Kontrolliere und zähle für eine richtige Antwort einen Punkt.

Anfangsfeld	+77	−15	·22	:3	Punkte

20 Minuten

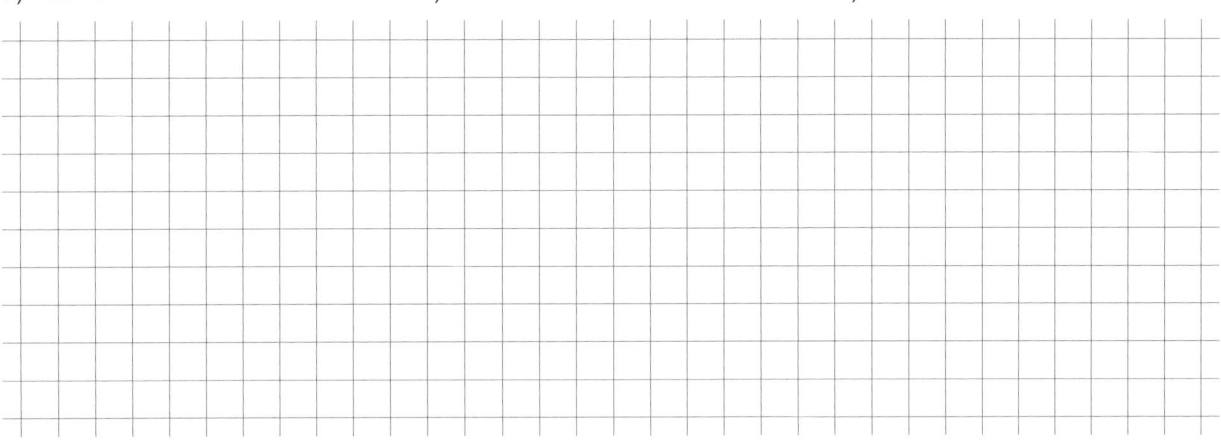

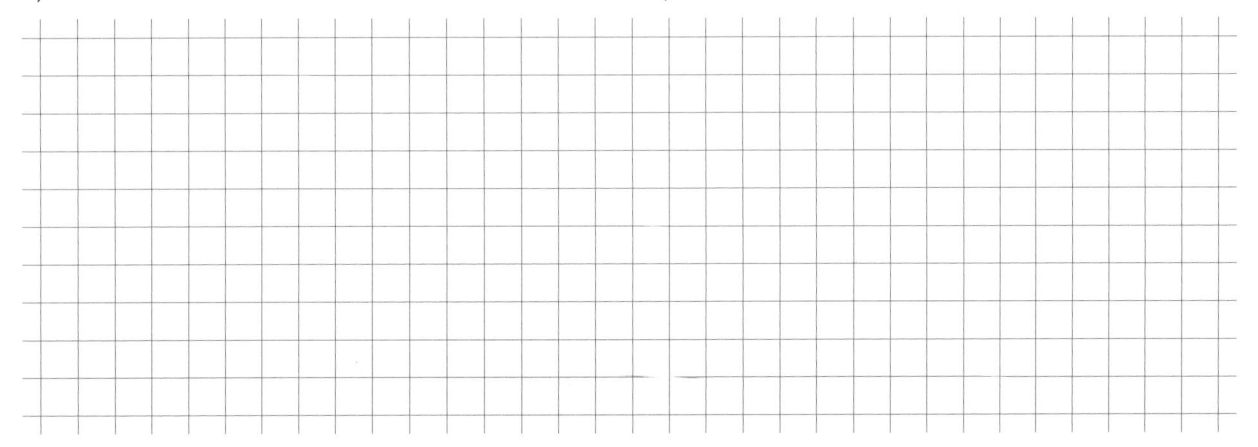

Klassenarbeit A – Multiplizieren und Dividieren (Teil 1)

1 Berechne schriftlich. Mache vorher den Überschlag.
a) $68 \cdot 4$ b) $58 \cdot 15$ c) $579 \cdot 7$

2 Nutze Rechenvorteile.

a) $13 \cdot 4 \cdot 250 =$ _____

b) $50 \cdot 3 \cdot 7 \cdot 2 =$ _____

3 a) Schreibe das Produkt als Potenz: $7 \cdot 7 \cdot 7 =$ _____

b) Schreibe das Produkt als Potenz: $x \cdot x =$ _____

c) Schreibe die Potenz als Produkt: $3^5 =$ _____

d) Schreibe als Zehnerpotenz: $10 \cdot 10 \cdot 10 \cdot 10 =$ _____

4 Dividiere schriftlich und kennzeichne dann in der Aufgabe den Quotienten, Divisor und Dividend.
a) $976 : 8$ b) $469 : 7$

Multiplizieren und Dividieren   KV 62   4

Klassenarbeit A – Multiplizieren und Dividieren (Teil 2)

5 Beachte die Rechenregeln. Schreibe alle Zwischenschritte auf.

a) $10 + 6 - 2 \cdot 5 =$ _____

b) $5 - (8 + 6) : 7 =$ _____

6 Klammere aus und berechne.

$8 \cdot 49 + 2 \cdot 49 =$ _____

7 Insa duscht gerne, einmal morgens nach dem Aufstehen und einmal abends bevor sie ins Bett geht. Für eine Dusche verbraucht sie 15 Liter Wasser. Wie viel Liter Wasser verbraucht sie in einem Monat?

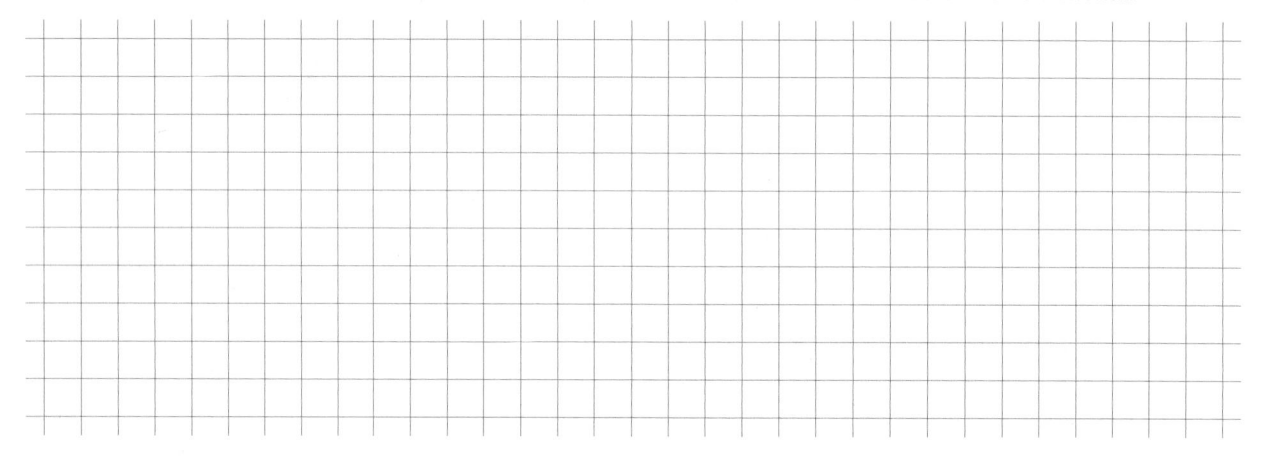

Checkliste: Ich kann ...	Aufgabe	☺	😐	☹
Zahlen schriftlich multiplizieren,	1	☐	☐	☐
vorteilhaft rechnen,	2	☐	☐	☐
Produkte als Potenz schreiben und umgekehrt,	3	☐	☐	☐
Zahlen schriftlich dividieren,	4	☐	☐	☐
Rechenregeln beachten,	5	☐	☐	☐
Faktoren ausklammern,	6	☐	☐	☐
Sachaufgaben lösen.	7	☐	☐	☐

© Ernst Klett Verlag GmbH, Stuttgart 2022 | www.klett.de | Alle Rechte vorbehalten. Von dieser Druckvorlage ist die Vervielfältigung für den eigenen Unterrichtsgebrauch gestattet. Die Kopiergebühren sind abgegolten.

Text: Nicole Müller

Für Teil 1 und 2: 60 Minuten

Klassenarbeit B – Multiplizieren und Dividieren (Teil 1)

1 Berechne schriftlich. Mache vorher den Überschlag.

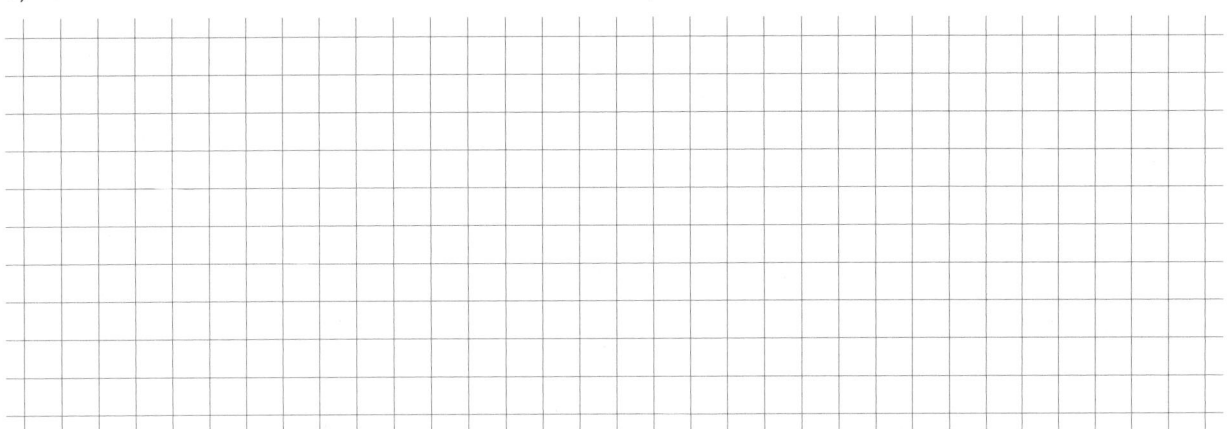

a) $654 \cdot 31$ b) $768 \cdot 63$

2 Nutze Rechenvorteile.

a) $25 \cdot 7 \cdot 4 \cdot 2 \cdot 50 =$ _____

b) $8 \cdot 5 \cdot 3 \cdot 125 \cdot 2 =$ _____

3 Addiere das Produkt von 12 und 36 und das Produkt aus 12 und 14. Rechne vorteilhaft.

4 Michael hat beim Rechnen **Fehler** gemacht. Erkläre, was Michael falsch gemacht hat und verbessere.

a) $4 \cdot 4 \cdot 4 = 3^4$ _____

b) $7 + 7 + 7 + 7 + 7 = 7^5$ _____

c) $a \cdot a = 2 \cdot a$ _____

Multiplizieren und Dividieren KV 64 **4**

Klassenarbeit B – Multiplizieren und Dividieren (Teil 2)

5 Dividiere schriftlich und kennzeichne dann in der Aufgabe den Quotienten, Divisor und Dividend.

a) $6069 : 17$

b) $12\,367 : 13 = $ _____ R _____

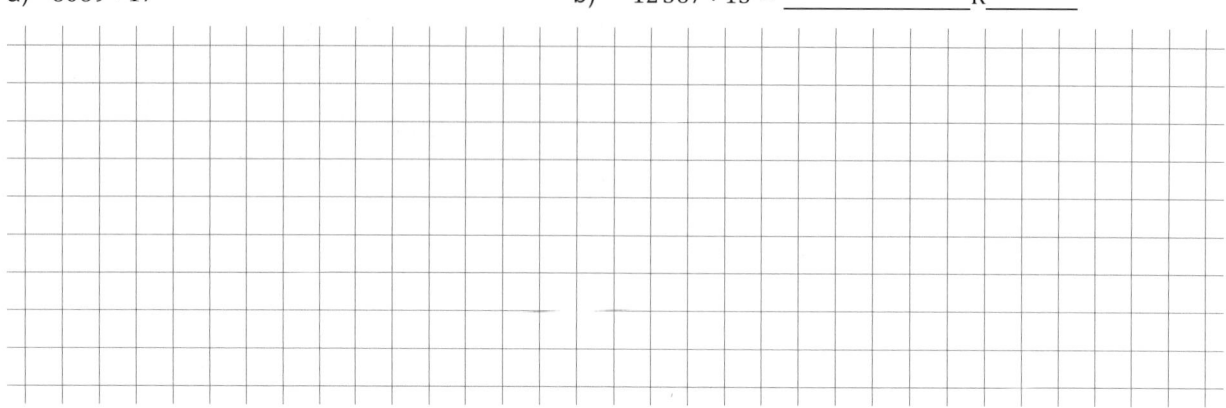

6 Beachte die Rechenregeln. Schreibe alle Zwischenschritte auf.

a) $42 - 12 \cdot 3 + 63 : 7 - 4 = $ _____

b) $13 - ((8 + 4) : 2 - 3) = $ _____

7 Ariane kauft ein Handy. Es kostet beim Sofortkauf 249 €. Sie zahlt 150 € sofort, den Rest mit 6 Monatsraten zu je 21 €. Um wie viel Euro wird das Handy dadurch teurer?

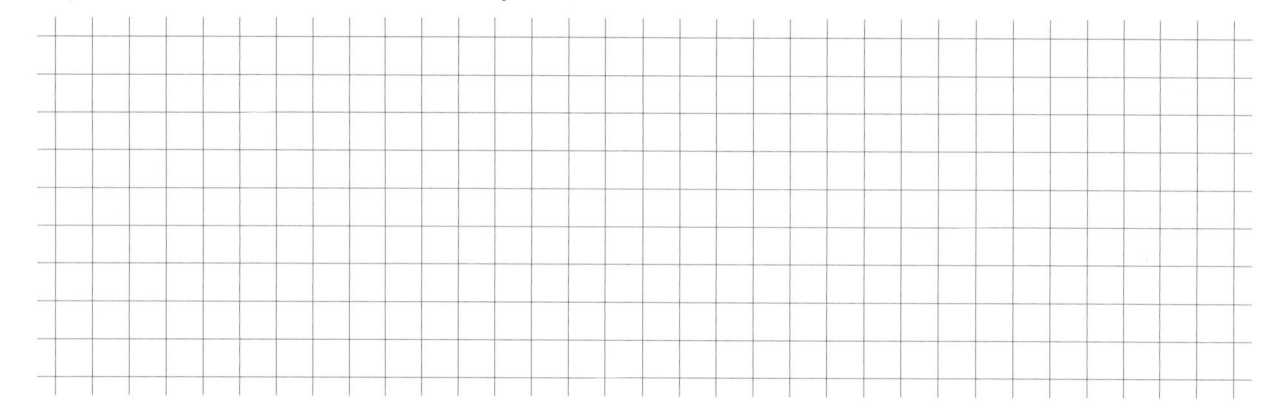

Checkliste: Ich kann ...	Aufgabe	☺	😐	☹
Zahlen schriftlich multiplizieren,	1	☐	☐	☐
vorteilhaft rechnen,	2	☐	☐	☐
Beschreibungen in Rechnungen übersetzen,	3	☐	☐	☐
Produkte als Potenz schreiben und dabei Fehler anderer entdecken,	4	☐	☐	☐
Zahlen schriftlich dividieren,	5	☐	☐	☐
Rechenregeln beachten,	6	☐	☐	☐
Sachaufgaben lösen.	7	☐	☐	☐

© Ernst Klett Verlag GmbH, Stuttgart 2022 | www.klett.de | Alle Rechte vorbehalten. Von dieser Druckvorlage ist die Vervielfältigung für den eigenen Unterrichtsgebrauch gestattet. Die Kopiergebühren sind abgegolten.

Text: Nicole Müller

Für Teil 1 und 2: 60 Minuten

Klassenarbeit C – Multiplizieren und Dividieren (Teil 1)

1 Berechne schriftlich. Mache vorher den Überschlag.
a) $4848 \cdot 25$
b) $9778 \cdot 24$

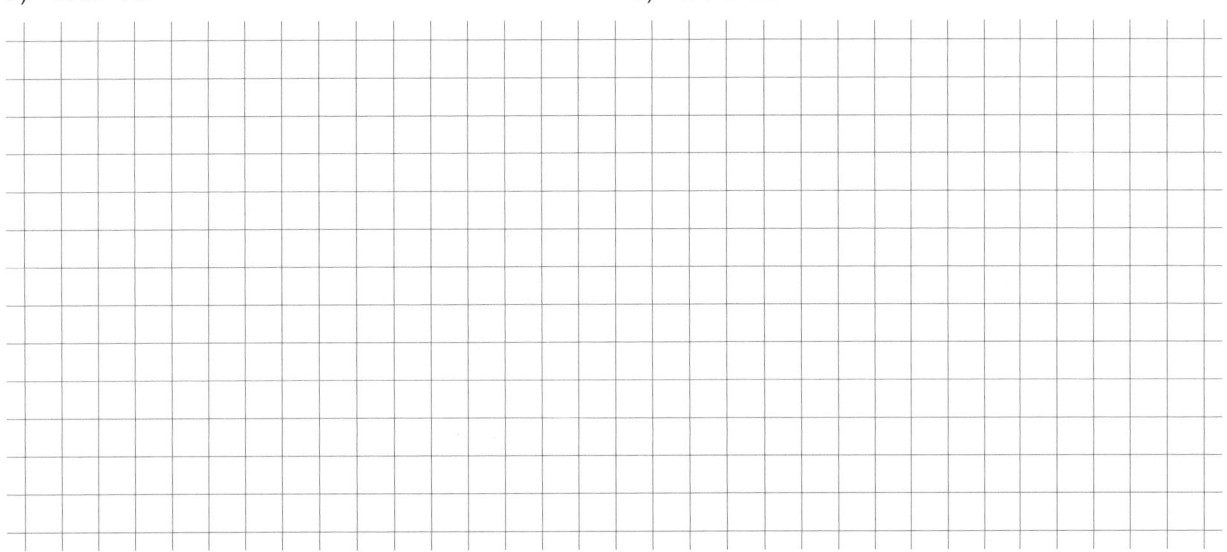

2 Nutze Rechenvorteile.

a) $17 \cdot 50 \cdot 125 \cdot 4 \cdot 80 =$ _____

b) $5 \cdot 5 \cdot 75 \cdot 4 \cdot 200 =$ _____

c) $21 \cdot 131 - 21 \cdot 111 =$ _____

3 Jana hat beim Rechnen **Fehler** gemacht. Erkläre, was Jana falsch gemacht hat und verbessere.

$12 + (9 - 2 \cdot 4)$
$= 12 + 7 \cdot 4$
$= 19 \cdot 4$
$= 76$

4 a) Schreibe als Zehnerpotenz: eine Milliarde _____

b) Welcher Wert lässt sich einsetzen? $x^3 = 64$

Multiplizieren und Dividieren KV 66

Klassenarbeit C – Multiplizieren und Dividieren (Teil 2)

5 Mache zuerst einen Überschlag. Dividiere dann schriftlich und achte auf den Rest.
a) $5092 : 14$
b) $12368 : 13$

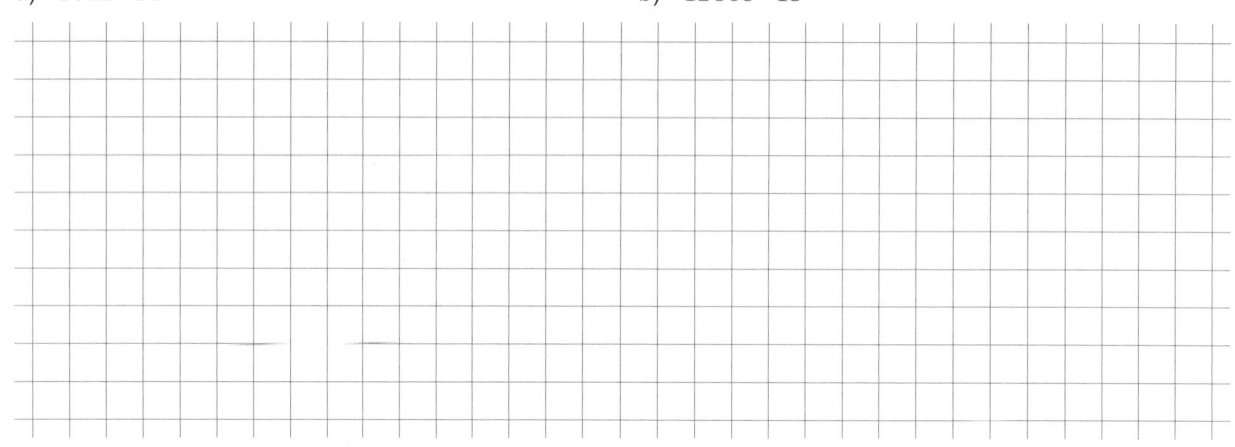

6 Beachte die Rechenregeln. Schreibe alle Zwischenschritte auf.

$8 \cdot 5 + 42 : 6 - (26 - 9) =$ _____

7 Ein Päckchen DIN-A4-Kopierpapier beinhaltet 500 Blatt. Es wiegt 2,5 kg und ist ungefähr 5,5 cm hoch.
a) Wie schwer sind 10 Blatt Papier?
b) Wie schwer und wie hoch wäre der Stapel Kopierpapier von zwei Schulwochen, wenn jedes Kind eurer Klasse pro Tag fünf Kopien erhält? Schätze, bevor du rechnest.

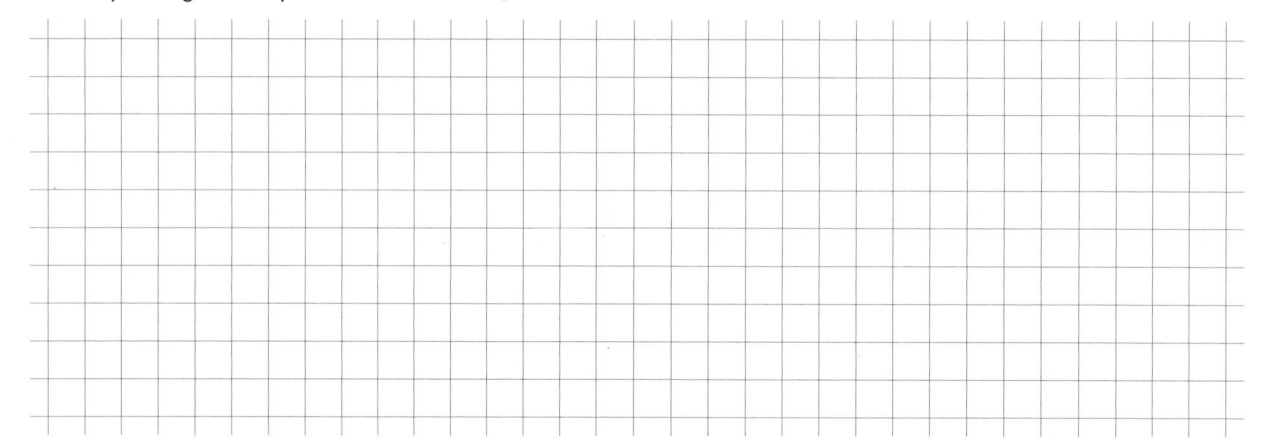

Checkliste: Ich kann ...	Aufgabe	☺	☺	☹
Zahlen schriftlich multiplizieren,	1	☐	☐	☐
vorteilhaft rechnen,	2	☐	☐	☐
Rechenregeln beachten und dabei Fehler anderer erkennen,	3; 6	☐	☐	☐
mit Potenzen rechnen,	4	☐	☐	☐
Zahlen schriftlich dividieren,	5	☐	☐	☐
Sachaufgaben lösen.	7	☐	☐	☐

Text: Nicole Müller

Für Teil 1 und 2: 60 Minuten

Multiplizieren und Dividieren KV 67 **4**

Bergsteigen: Multiplizieren und Dividieren – zu den Schulbuchseiten 107–111 (Teil 1)

Nr. 17e–f
Nr. 39
Nr. 40
Nr. 17a–d

Nr. 26a
Nr. 24a
Nr. 46
Nr. 23

Nr. 9
Nr. 27a
Nr. 29a, b
Nr. 10

Für Teil 1 und 2: 120 Minuten

Multiplizieren und Dividieren — KV 68 — **4**

Bergsteigen: Multiplizieren und Dividieren – zu den Schulbuchseiten 107–111 (Teil 2)

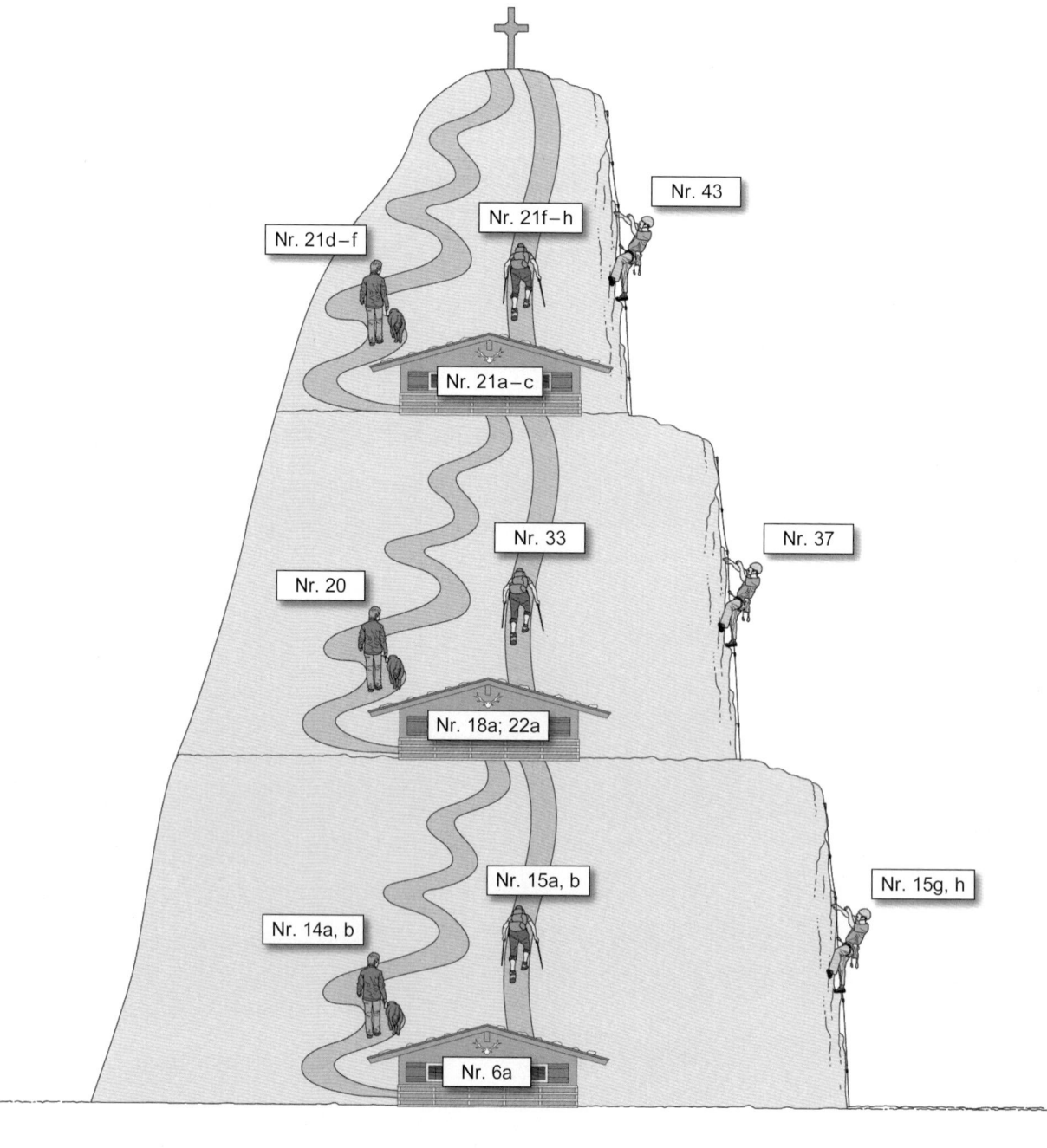

Nr. 21d–f
Nr. 21f–h
Nr. 43
Nr. 21a–c
Nr. 20
Nr. 33
Nr. 37
Nr. 18a; 22a
Nr. 14a, b
Nr. 15a, b
Nr. 15g, h
Nr. 6a

Für Teil 1 und 2: 120 Minuten

Geometrie. Vierecke KV 69 **5**

Wie viele Strecken?

1 Zähle die Strecken.

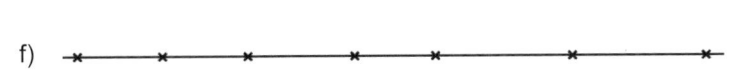

a) ×————————× Anzahl der Strecken: ☐

b) ×————×————————× ☐

c) ×————×————×————× ☐

d) ×————×————×————×————× ☐

e) ×————×————×————×————×————× ☐

f) ×————×————×————×————×————×————× ☐

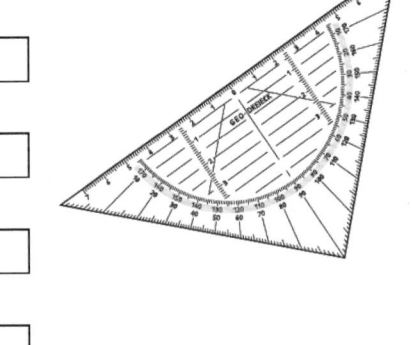

Wie bist du beim Abzählen vorgegangen, um keine Strecke zu vergessen?

_____

_____

2 Zähle auch hier die Strecken. Denke an die Ergebnisse aus Aufgabe 1.

a) ☐

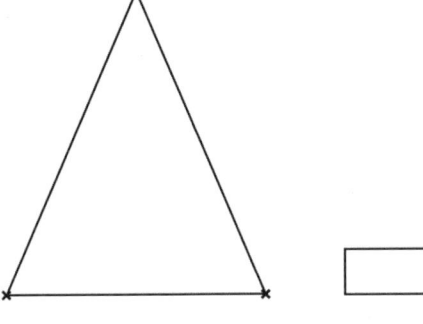

b) ☐

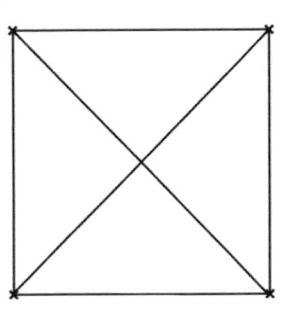

c) ☐

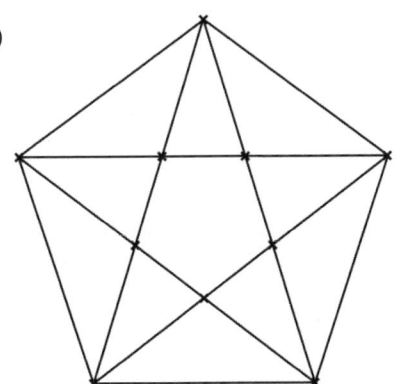

d) ☐

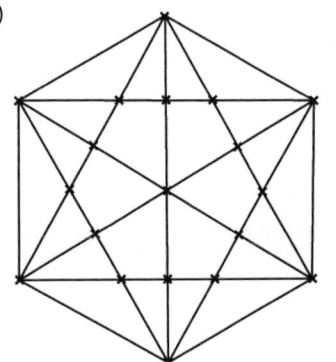

Wie bist du vorgegangen? _____

_____

30 Minuten

Geometrie. Vierecke KV 70 **5**

Speisekarte: Strecke, Gerade und Halbgerade

Stelle dir ein Menü aus Vorspeise, Hauptspeise und Nachspeise zusammen und löse die Aufgaben.

Vorspeise:

a) Wie viele Halbgeraden können in einem Punkt beginnen?
_____

b) Wie viele Geraden kann man durch zwei Punkte zeichnen?
_____

a) Von einer Halbgeraden kann man immer nur ein Stück zeichnen. Erkläre.
_____

b) Drei Punkte sind mit Strecken miteinander verbunden. Wie viele Strecken ergeben sich?
_____

Hauptspeise:

a) Zeichne die Strecke $\overline{BC}$.
b) Zeichne eine Gerade durch den Punkt D.
c) Verbinde alle Punkte durch Strecken und miss folgende Längen.

$\overline{AB}$: _____ $\overline{AC}$: _____

$\overline{AD}$: _____ $\overline{BD}$: _____

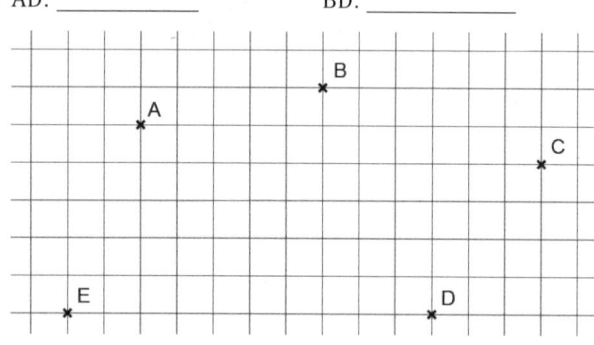

a) Zeichne eine Gerade durch zwei beliebige Punkte ein und benenne sie.
b) Verbinde alle Punkte durch Strecken und miss ihre Längen.
_____

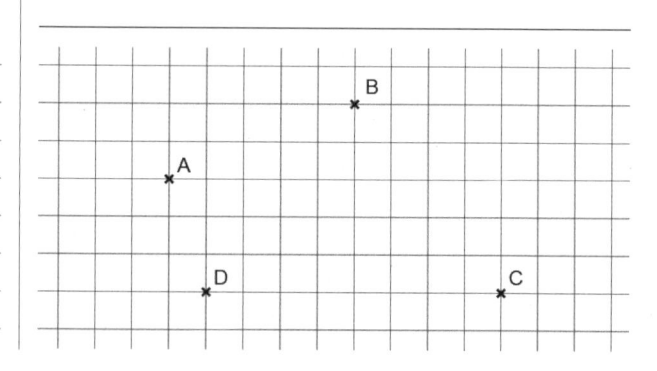

Nachspeise:

Zeichne auf der Rückseite ...
a) ... drei Geraden, die sich dreimal schneiden.
b) ... drei Geraden, die sich einmal schneiden.

Zeichne auf der Rückseite ...
a) ... drei Geraden, die sich nicht schneiden.
b) ... drei Geraden, die sich zweimal schneiden.

45 Minuten

Geometrie. Vierecke KV 71

Die diebische Elster

Knicke zunächst die Lösungsspalte nach hinten, sodass du sie nicht mehr sehen kannst.

1 Die Elster Edeltraud hat auf ihrem Beutezug einige Gegenstände gestohlen. Zeichne Edeltrauds Fluggeraden und finde heraus, was nun in ihrem Nest zu finden ist. Edeltraud fliegt …
a) durch den Punkt A auf der Geraden i, die zu g senkrecht ist.
b) durch den Punkt B auf der Geraden k, die zu h senkrecht ist.
c) durch den Punkt C auf der Geraden m, die zu e senkrecht ist.
Welche Gegenstände konnte sie auf ihren Flügen sammeln?
Knicke die Lösungsspalte nach vorne und kontrolliere deine Lösung.

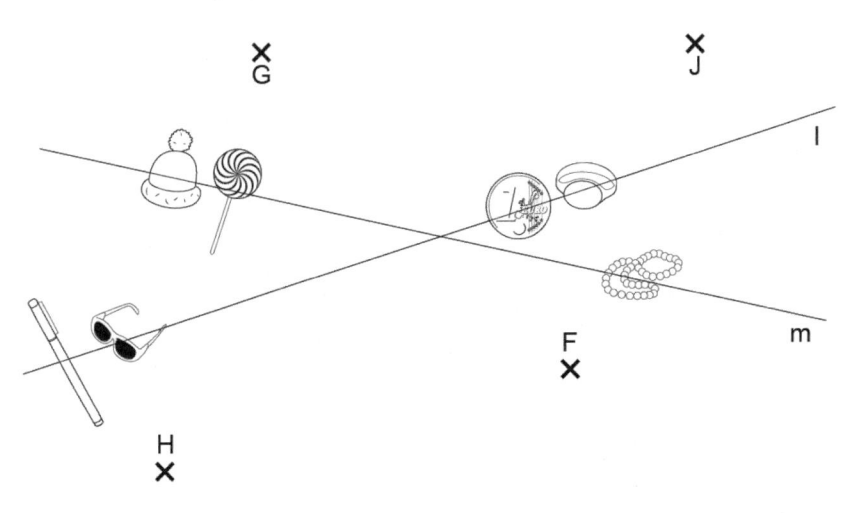

Lösung zu **1**:
☑ Ich habe herausgefunden, dass in Edeltrauds Nest eine Mütze, eine Münze und ein Stift ist.

☒ Ich habe einen oder mehrere Gegenstände falsch.
→ Übe noch einmal das genaue Anlegen des Geodreiecks.

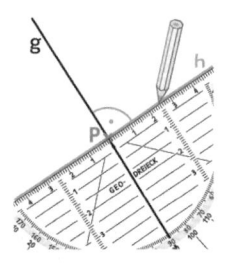

Welcher Gegenstand liegt auf der Geraden n durch D, die zu e senkrecht ist?

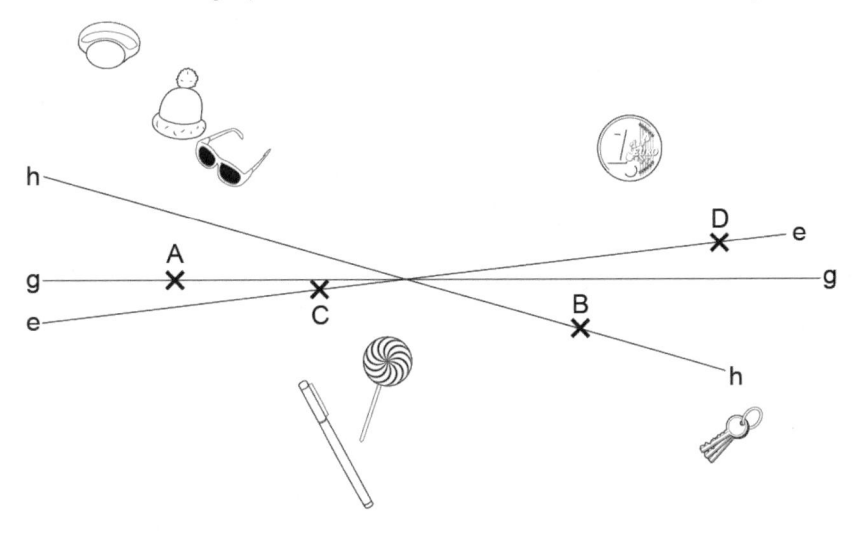

2 Noch einmal startet Elster Edeltraud zu einem Beutezug. Zeichne wieder ihre Fluggeraden und finde heraus, was sie erbeuten kann. Edeltraud fliegt …
a) durch den Punkt F auf der Geraden o, die zu l senkrecht ist.
b) durch den Punkt G auf der Geraden p, die zu m senkrecht ist.
c) durch den Punkt H auf der Geraden q, die zu l senkrecht ist.
Knicke die Lösungsspalte nach vorne und kontrolliere deine Lösung.

Lösung zu **2**:
☑ Ich habe herausgefunden, dass in Edeltrauds Nest eine Münze, ein Lolly und eine Brille ist.

☒ Ich habe einen oder mehrere Gegenstände falsch.
→ Übe noch einmal das genaue Anlegen des Geodreiecks.

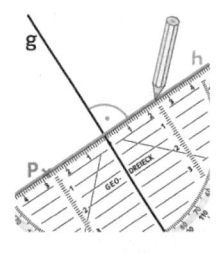

Welcher Gegenstand liegt auf der Geraden r durch J, die zu m senkrecht ist?

Lösungen der Randspalte:
Zu 1: Schlüssel
Zu 2: Kette

30 Minuten

Geometrie. Vierecke

Wegbeschreibung zur Geburtstagsfeier

Annika feiert ihren Geburtstag und hat befreundete Kinder eingeladen. Für Mara hat sie eine Wegbeschreibung geschrieben. Fertige einen Plan an, in den du alle Wege einzeichnest und beschriftest. 100 m entsprechen 1 cm. Wenn du genau zeichnest, kommst du bei Annika an.

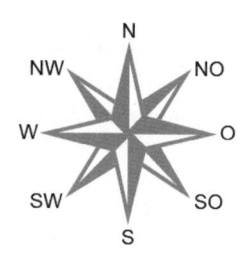

Gehe von deinem Haus aus auf dem Herderweg bis zum Baum. Der Herderweg verläuft senkrecht zur Startstraße. Biege dann in die senkrecht zum Herderweg und in Richtung Osten verlaufende Mühlenstraße ein. Gehe nach 400 Metern direkt auf der Postallee bis zur Post. Gehe 200 m die Straße entlang, die senkrecht zur Postallee verläuft, und zwar in südwestlicher Richtung. Dann kommst du zur Kleinen Gasse, die parallel zur Postallee verläuft. Gehe 150 m in nordwestlicher Richtung in die Kleine Gasse hinein. Dann kommst du zur Hauptstraße, die senkrecht zur Kleinen Gasse in südwestlicher Richtung verläuft. Zu der Hauptstraße senkrecht gehen in südöstlicher Richtung drei parallele Wege ab: Nach 150 Metern befindet sich der Amselweg, der direkt zur Bäckerei führt, nach weiteren 100 Metern der Drosselweg und von dort aus nach weiteren 50 Metern der Finkenweg. Auf dem Finkenweg musst du noch 500 Meter laufen – dann bist du bei meiner Geburtstagsfeier.

Geometrie. Vierecke

Filmrolle: Parallelen zeichnen

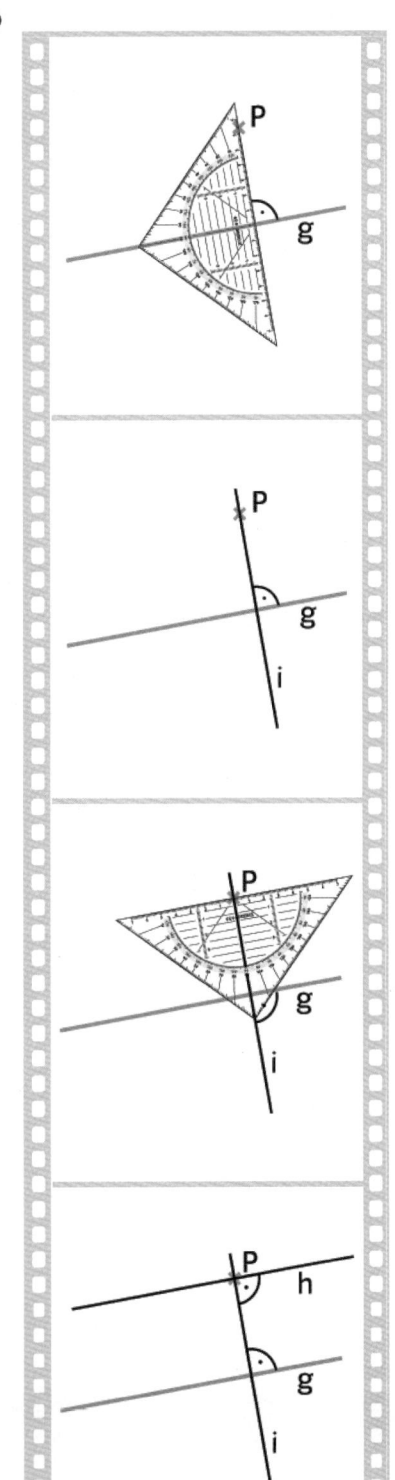

Mache zu jedem Bild eine kurze Beschreibung, was man tun muss.

Geometrie. Vierecke

KV 74

Parallele und senkrechte Geraden

Material: Geodreieck, Buntstifte

1 a) Du brauchst vier Farben: Zeichne alle zueinander parallelen Geraden mit derselben Farbe ein.
b) Zeichne die rechten Winkel ∟, falls vorhanden, mit einer fünften Farbe ein.

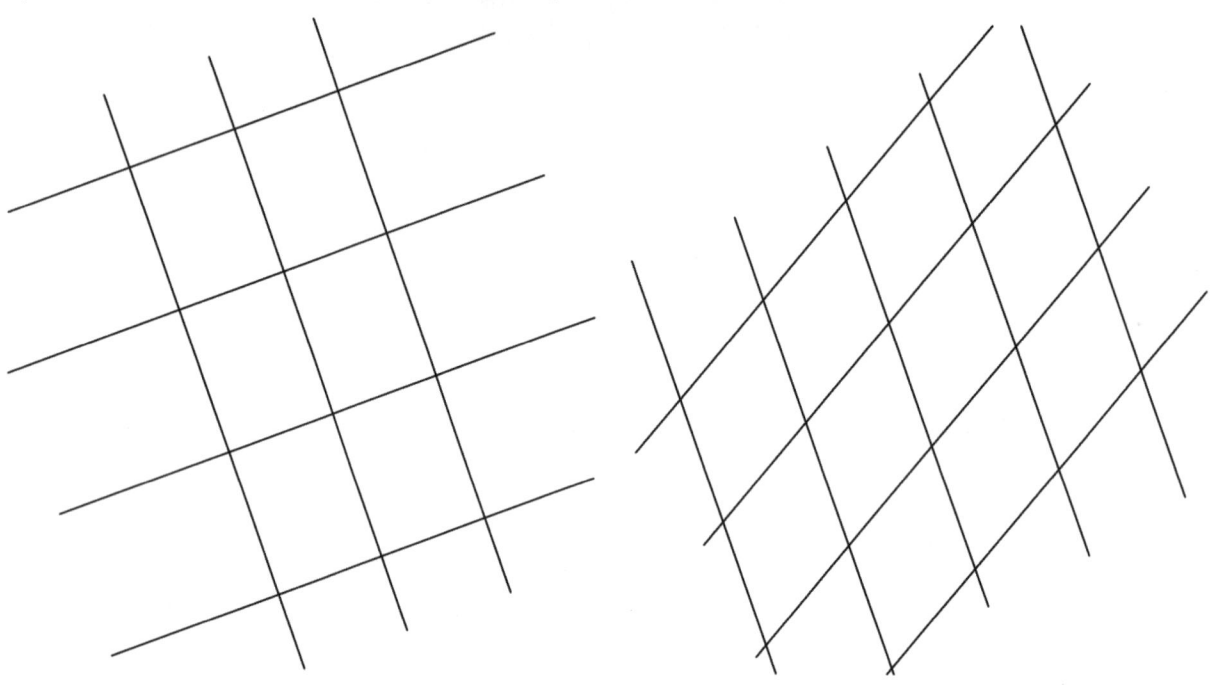

2 a) Prüfe mit dem Geodreieck, welche der Geraden zueinander senkrecht sind und schreibe sie auf.
b) Prüfe mit dem Geodreieck, welche der Geraden zueinander parallel sind und schreibe sie auf.

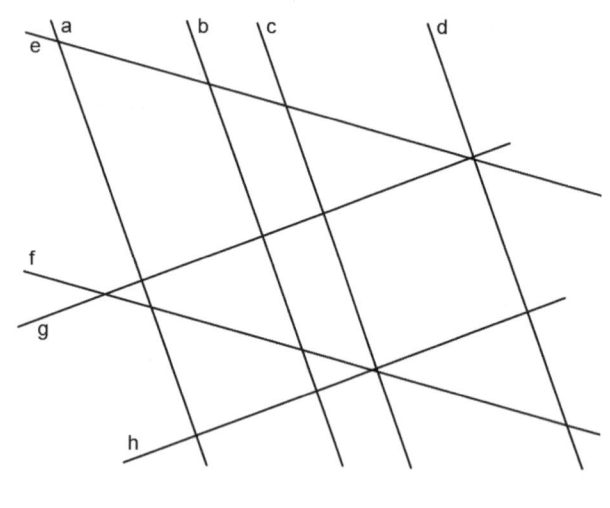

a) $a \perp g$

_____ ; _____
_____ ; _____
_____ ; _____
_____ ; _____
_____ ; _____
_____ ; _____
_____ ; _____
_____ ; _____

b) $a \parallel b$

_____ ; _____
_____ ; _____
_____ ; _____
_____ ; _____
_____ ; _____
_____ ; _____
_____ ; _____
_____ ; _____

15 Minuten

Geometrie. Viercke KV 75 **5**

Senkrechte und Parallele: Eine Zeichenübung

Hier kannst du üben, möglichst genau senkrechte und parallele Linien zu zeichnen.

1 Setze die Figur fort. Wenn du genau arbeitest, kriecht die Schnecke genau auf einer der Linien deiner Figur.

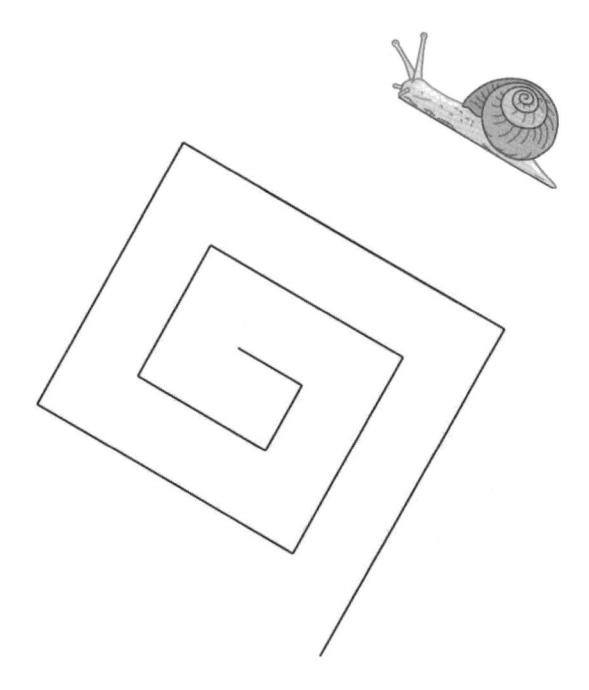

2 Zeichne weitere Parallelen. Du erhältst lauter kleine Dreiecke. Male sie so aus, dass ein schönes Muster entsteht. Schneide dein Muster aus und klebe es in dein Heft.

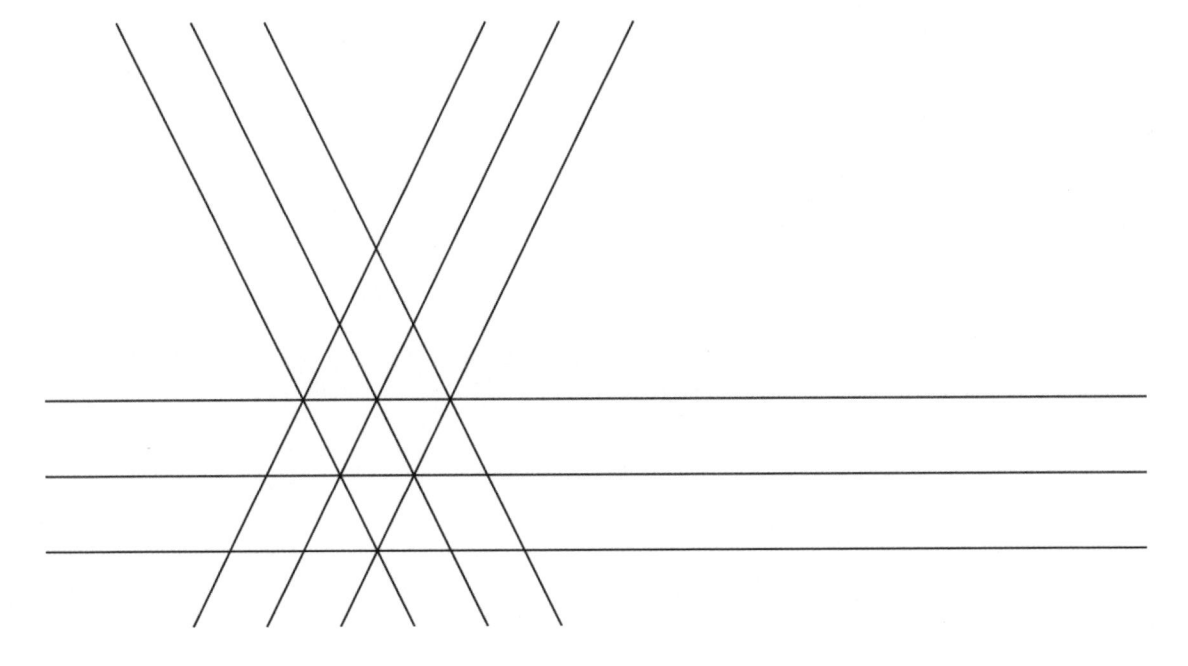

Geometrie. Vierecke KV 76

👥 Tandembogen 🚲 Geometrie-Diktat

Schneidet an der dicken Linie aus. Kontrolliert gegenseitig eure Lösungen.

Tandembogen: Geometrie-Diktat

Aufgaben für Person A

Diktiere Person B die beiden Geometrie-Diktate.
Beachte: Nach jeder Zeile warten. Jede Zeile höchstens zweimal wiederholen.

Erstes Geometrie-Diktat

1 Zeichne zwei parallele Geraden a und b.
2 Zeichne einen Punkt Q, der zwischen den beiden Geraden liegt.
3 Zeichne durch Q eine Senkrechte zu a. Nenne sie s.
4 Frage: Welche Lage haben s und b zueinander?

Zweites Geometrie-Diktat

1 Zeichne zwei senkrechte Geraden a und b.
2 Zeichne den Punkt P. Er liegt auf a *und nicht auf b*.
3 Zeichne durch P eine Parallele zu b. Nenne sie s.
4 Frage: Welche Lage haben s und a zueinander?

Lösungen für Person B

Erstes Diktat
s und b sind senkrecht zueinander.

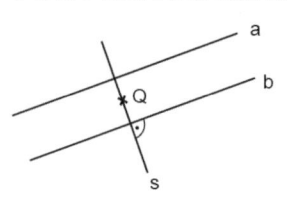

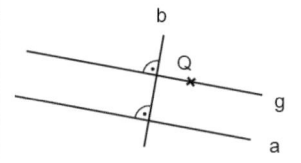

Zweites Diktat
s und a sind senkrecht zueinander.

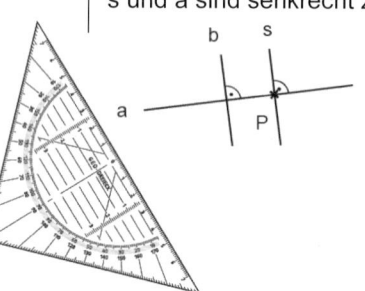

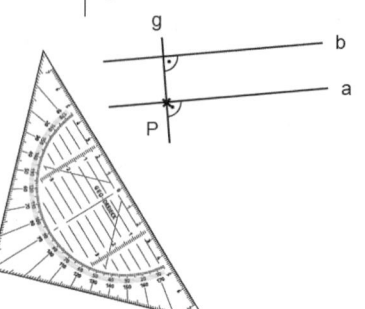

✂

Tandembogen: Geometrie-Diktat

Aufgaben für Person B

Diktiere Person A die beiden Geometrie-Diktate.
Beachte: Nach jeder Zeile warten. Jede Zeile höchstens zweimal wiederholen.

Erstes Geometrie-Diktat

1 Zeichne zwei senkrechte Geraden a und b.
2 Zeichne einen Punkt Q, der auf keiner der beiden Geraden liegt.
3 Zeichne durch Q eine Parallele zu a. Nenne sie g.
4 Frage: Welche Lage haben g und b zueinander?

Zweites Geometrie-Diktat

1 Zeichne zwei parallele Geraden a und b.
2 Markiere einen Punkt P auf a.
3 Zeichne durch P eine Senkrechte zu b. Nenne sie g.
4 Frage: Welche Lage haben g und a zueinander?

Lösungen für Person A

Erstes Diktat
g und b sind senkrecht zueinander.

Zweites Diktat
g und a sind senkrecht zueinander.

30 Minuten

In Koordinatensystem-City

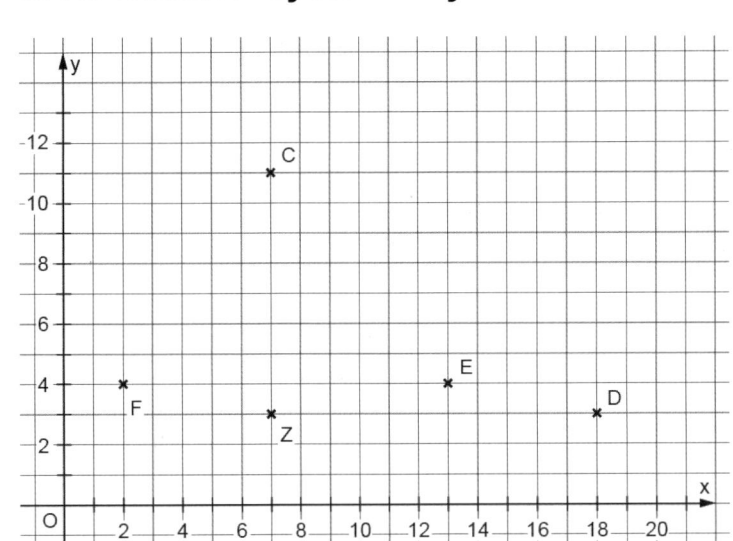

In Koordinatensystem-City ist alles in Koordinaten angegeben. Mach dich auf den Weg.

Kleinstadt	Großstadt
1 Gehe vom Koordinatenursprung aus 6 Kästchen nach rechts und 4 Kästchen nach oben und kennzeichne den Punkt mit P. Die x-Koordinate ist _____ und die y-Koordinate _____. Der Punkt heißt P(___|___).	**1** Gehe vom Koordinatenursprung aus 13 Kästchen nach rechts und 9 Kästchen nach oben und kennzeichne den Punkt mit Q. Der Punkt heißt _____.
2 Die Stadt plant folgende Neubauten: – ein Hochhaus H(12|8) – einen Spielplatz S(18|12) – eine Infotafel I(1|4) – eine Kirche K(8|2) Zeichne die Neubauten ein.	**2** Die Stadt plant folgende Neubauten: – ein Shoppingzentrum S(1|10) – Eine Kirche, die vom Shoppingzentrum aus 8 Kästchen weiter rechts liegt. Der Punkt heißt K(___|___)
3 Von Punkt O(1|1) zu Punkt L(19|13) soll eine Oberleitung gespannt werden. Zeichne die Punkte ein. Zeichne die Strecke $\overline{OL}$.	**3** a) Von Punkt O(1|3) zu Punkt L(19|13) soll die Oberleitung $\overline{OL}$ gespannt werden. Zeichne $\overline{OL}$ ein. b) Eine weitere Oberleitung soll parallel zu $\overline{OL}$ durch den Punkt T(2|5) gespannt werden. Zeichne sie ein.
4 Ein Zirkus möchte Werbeschilder aufhängen. Der Clown hat sich einen Scherz erlaubt und die Positionen der Schilder nicht vollständig angegeben. Ergänze: C(7|___); D(___|3); E(___|___); F(___|___)	**4** Der Architekt der neuen Mehrzweckhalle M gibt die Wegbeschreibung etwas rätselhaft an: „Vom Punkt Z(___|___) muss die y-Koordinate mit 3 multipliziert werden und zur x-Koordinate muss 7 addiert werden. Dann müssen x- und y-Koordinate vertauscht werden." M(___|___)

Geometrie. Vierecke KV 78 **5**

Koordinatensystem – Partnerarbeitsblatt 1

Löse die Aufgaben 1 und 2 in Einzelarbeit. Bearbeitet die Aufgaben 3 und 4 zu zweit.

1 Gib die Lage der Punkte an:

A(__|__); B(__|__); C(__|__); D(__|__); E(__|__).

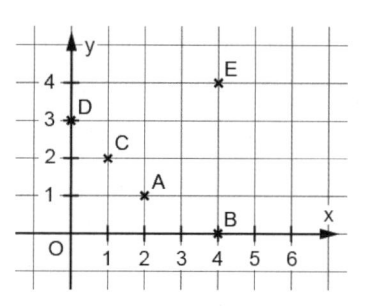

2 Trage die folgenden Punkte in das Koordinatensystem ein:
M(2|2); N(1|0); U(0|4); V(3|1); Z(1|3).

3 Warte, bis ihr beide mit den Aufgaben 1 und 2 fertig seid. Lies die Koordinaten der Punkte aus Aufgabe 1 vor und beschreibe dann die Lage der Punkte aus Aufgabe 2.

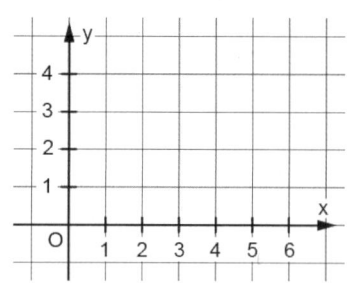

4 Beschreibe die Lage der Punkte aus dem rechten Koordinatensystem so, dass die Person mit Partnerarbeitsblatt 2 die Punkte richtig einzeichnen kann. Trage dann die Punkte ein, die dir diktiert werden. Verbinde alle Punkte der Reihe nach (A mit B; B mit C; C mit D usw.). Verbinde zum Schluss H mit A.
Kontrolle: Es entsteht eine besondere Figur.

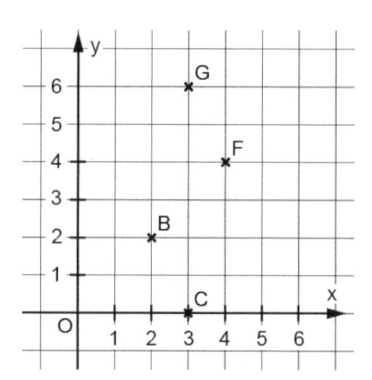

Aufgabe für die Schnellen: Schiffe versenken

Trage zuerst in das linke Koordinatensystem folgende Schiffe ein:

– 1 Dreier-Schiff (liegt auf drei benachbarten Punkten)
– 1 Zweier-Schiff
– 1 Einser-Schiff

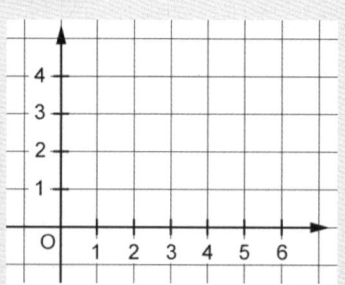

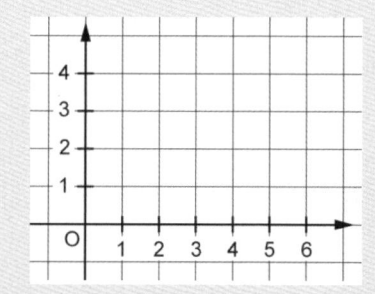

Nun nennt euch gegenseitig abwechselnd einen Punkt. Markiert diesen jeweils in eurem rechten Koordinatensystem als Treffer oder Niete.

30 Minuten

Geometrie. Vierecke KV 79

Koordinatensystem – Partnerarbeitsblatt 2

Löse die Aufgaben 1 und 2 in Einzelarbeit. Bearbeitet die Aufgaben 3 und 4 zu zweit.

1 Trage die folgenden Punkte in das Koordinatensystem ein:
A(2|1); B(4|0); C(1|2); D(0|3); E(4|4).

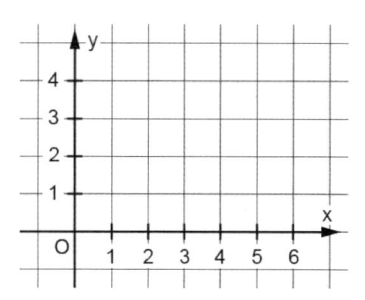

2 Gib die Lage der Punkte an:

M(__|__); N(__|__); U(__|__); V(__|__); Z(__|__).

3 Warte, bis ihr beide mit den Aufgaben 1 und 2 fertig seid. Beschreibe die Lage der Punkte aus Aufgabe 1 vor und lies dann die Koordinaten der Punkte aus Aufgabe 2 vor.

4 Beschreibe die Lage der Punkte aus dem rechten Koordinatensystem so, dass die Person mit Partnerarbeitsblatt 1 die Punkte richtig einzeichnen kann. Trage dann die Punkte ein, die dir diktiert werden. Verbinde alle Punkte der Reihe nach (A mit B; B mit C; C mit D usw.).
Verbinde zum Schluss H mit A.
Kontrolle: Es entsteht eine besondere Figur.

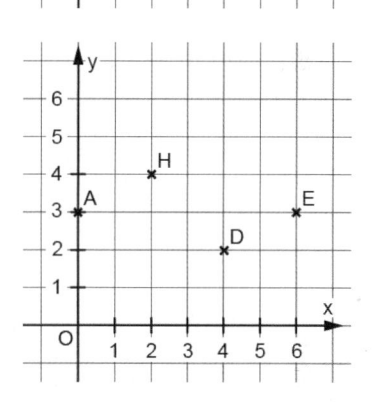

Aufgabe für die Schnellen: Schiffe versenken

Trage zuerst in das linke Koordinatensystem folgende Schiffe ein:

– 1 Dreier-Schiff (liegt auf drei benachbarten Punkten)
– 1 Zweier-Schiff
– 1 Einser-Schiff

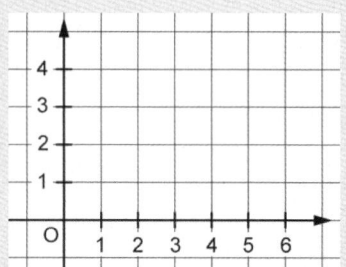

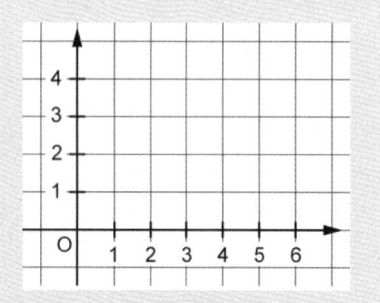

Nun nennt euch gegenseitig abwechselnd einen Punkt. Markiert diesen jeweils in eurem rechten Koordinatensystem als Treffer oder Niete.

30 Minuten

Geometrie. Vierecke KV 80

Tandembogen — Koordinatensystem-Diktat

Schneidet an der dicken Linie aus. Kontrolliert gegenseitig eure Lösungen.

Tandembogen: Koordinatensystem-Diktat

Aufgaben für Person A

Diktiere Person B die Koordinaten des Hauses (zum Beispiel: „Die Koordinaten der Haustür sind ...").

Person B zeichnet mithilfe deiner Angaben das Haus in ein Koordinatensystem in seinem Heft.

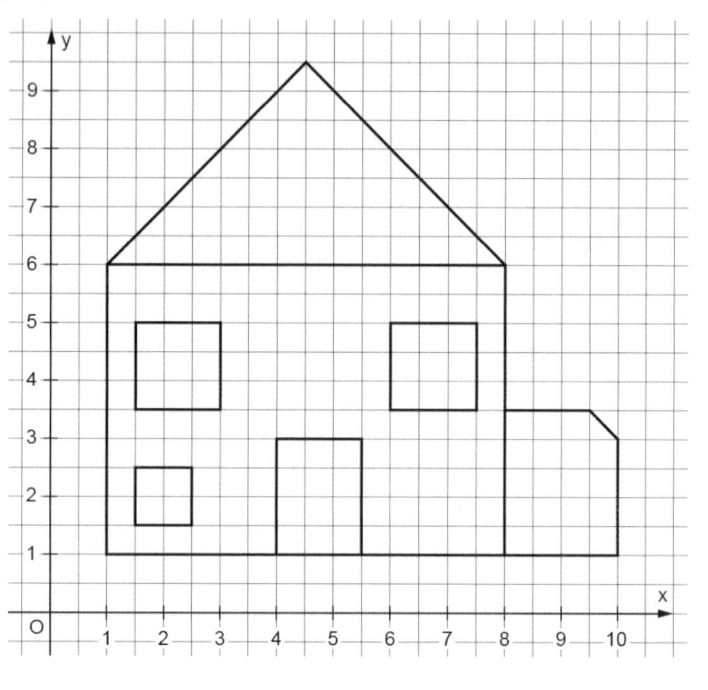

Tandembogen: Koordinatensystem-Diktat

Aufgaben für Person B

Diktiere Person A die Koordinaten des Autos (zum Beispiel: „Die Koordinaten des Vorderreifens sind ...").

Person A zeichnet mithilfe deiner Angaben das Auto in ein Koordinatensystem in seinem Heft.

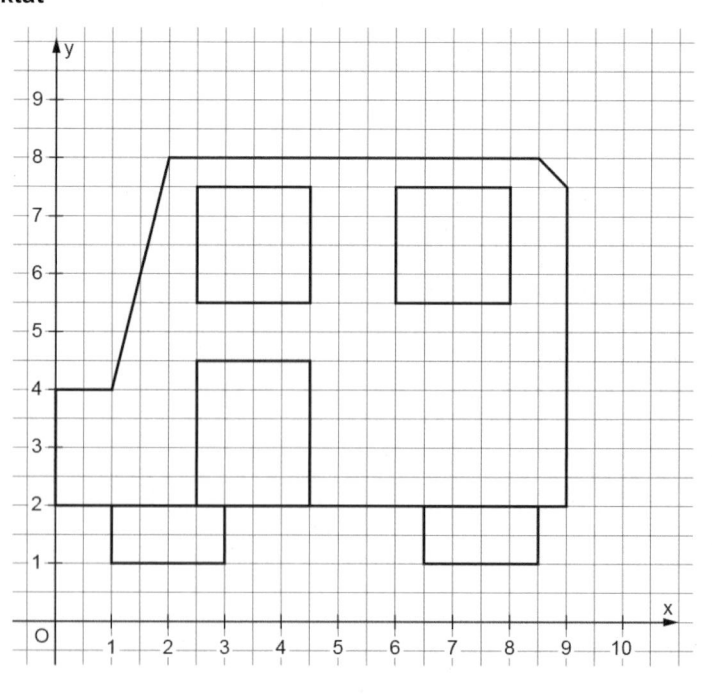

© Ernst Klett Verlag GmbH, Stuttgart 2022 | www.klett.de | Alle Rechte vorbehalten. Von dieser Druckvorlage ist die Vervielfältigung für den eigenen Unterrichtsgebrauch gestattet. Die Kopiergebühren sind abgegolten.

Abbildungen: imprint, Zusmarshausen
Text: Katja Welz

30 Minuten

Geometrie. Vierecke KV 81

Der Abenteurer Großer-Geo-Meister

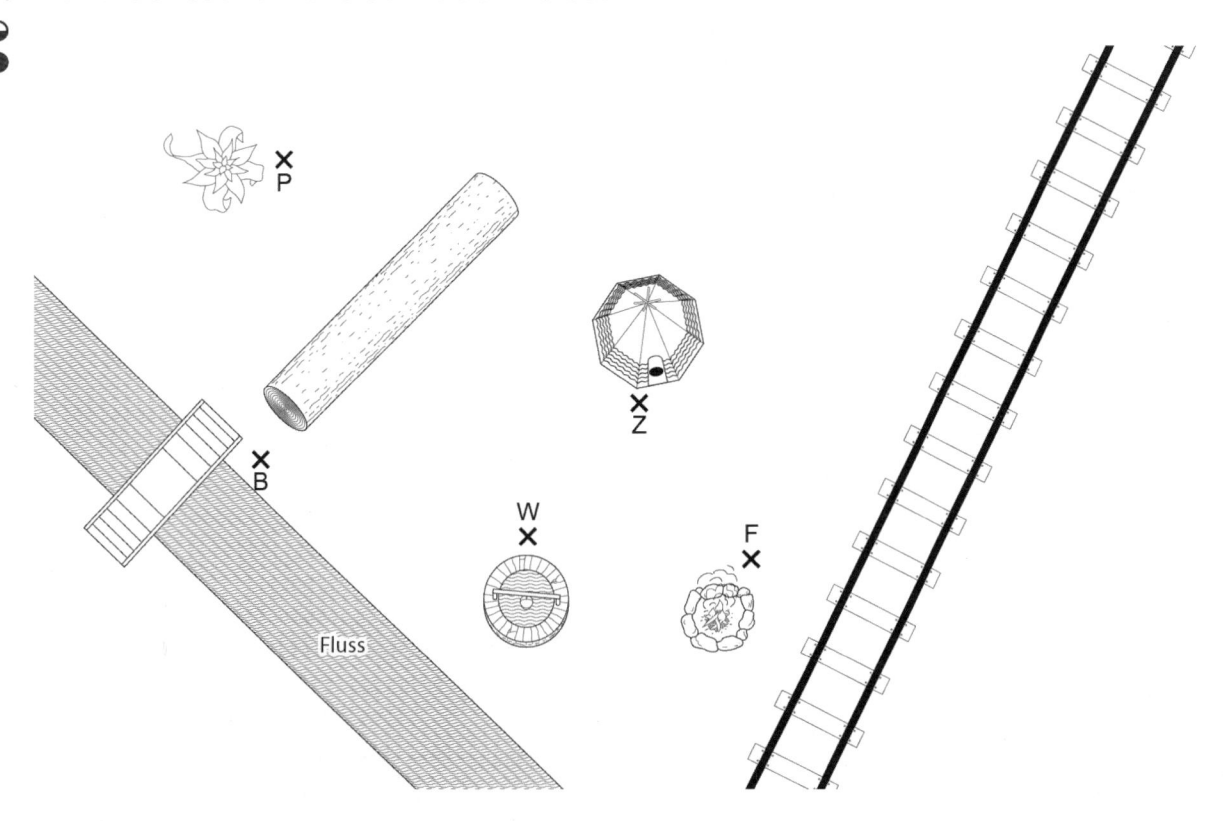

Der Abenteurer Großer-Geo-Meister erlebt täglich Vieles in seiner Umgebung. Wenn du beim Thema Abstand und Entfernung auch schon fast ein Meister bist, löst du die schweren Abenteuer. Falls du noch etwas Übung benötigst, sind die leichten Abenteuer das Richtige für dich.

Leichte Abenteuer	Schwere Abenteuer
1 Großer-Geo-Meister möchte auf direktem Weg vom Zelt zur Brücke. Zeichne und miss die Entfernung.	**1** Großer-Geo-Meister möchte auf direktem Weg vom Zelt zur Feuerstelle gehen. Zeichne und miss die Entfernung.
2 Danach geht er von der Brücke direkt zur Wasserstelle. Zeichne und miss die Entfernung.	**2** Von der Feuerstelle aus möchte er den kürzesten Weg zur Bahnschiene nehmen. Zeichne und miss den Abstand.
3 Um eine Pause auf dem Baumstamm zu machen, geht er auf dem kürzesten Weg von der Wasserstelle zum Baumstamm. Zeichne und miss den Abstand.	**3** An der Bahnschiene angelangt macht er sich Gedanken, wie weit es wohl von der einen Seite der Bahnschiene zur anderen Seite ist. Zeichne und miss den Abstand.
4 Vom Baumstamm aus geht Großer-Geo-Meister auf dem kürzesten Weg weiter zur Pflanze. Zeichne und miss den Abstand.	**4** Für seine Familie möchte Großer-Geo-Meister einen Schatz verstecken. Er soll an einem Punkt liegen, der vom Fluss den Abstand 3,5 cm hat und vom Baumstamm in Richtung der Gleise den Abstand 3 cm hat. Zeichne diesen Punkt S ein.

Geometrie. Vierecke

Senkrechte, Parallele und Abstand

1 Welche Geraden sind senkrecht zueinander, welche sind parallel?

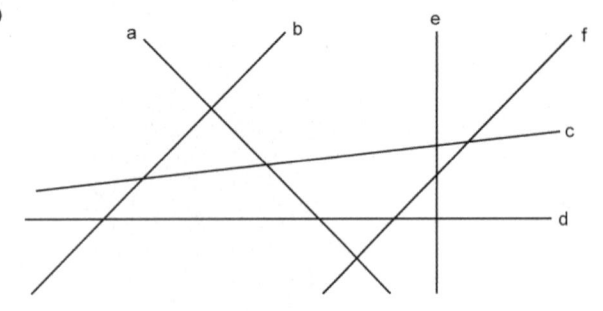

senkrechte Geraden: _____

parallele Geraden: _____

2 Zeichne zur Geraden g eine Parallele h im Abstand von 3 cm.
Zeichne nun eine zu h senkrechte Gerade k.
Welche Lage haben k und g zueinander?

_____

3 Welchen Abstand hat der Punkt P von den Geraden a, b und k?

_____

4 Welchen Abstand haben die beiden Geraden g und h voneinander?

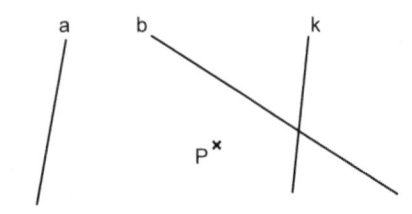

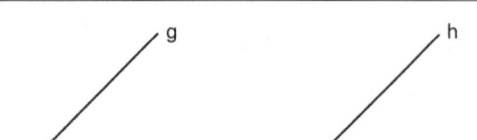

_____

5 Zeichne eine zur Geraden g parallele Gerade h durch den Punkt P. Zeichne nun eine zu h senkrechte Gerade x durch P.
Welche Lage haben g und x zueinander?

_____

6 Zeichne zur Geraden a eine senkrechte Gerade c durch A. Zeichne nun eine zu c parallele Gerade z durch F.
Welche Lage haben z und a zueinander?

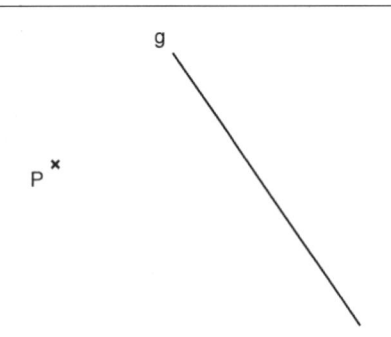

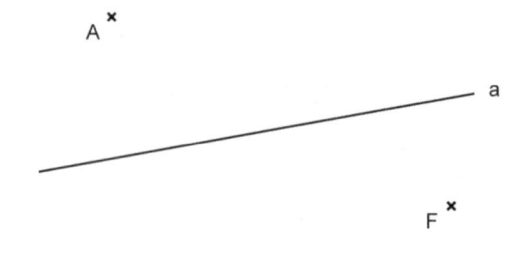

_____

Geometrie. Vierecke KV 83 **5**

Klecksbild

Forscherauftrag 1:

1. Nimm ein weißes Blatt Papier und eine Tintenpatrone.
2. Falte dein Papier einmal in der Mitte und klappe es wieder auf.
3. Kleckse auf die linke Papierhälfte **vorsichtig** einige Tropfen Tinte.
4. Falte das Papier wieder zusammen und drücke es fest an.
5. Öffne das Papier wieder. Was ist nun entstanden?
6. Besprecht eure Ergebnisse zu zweit.

Fertig? Mache dann mit Forscherauftrag 2 weiter.

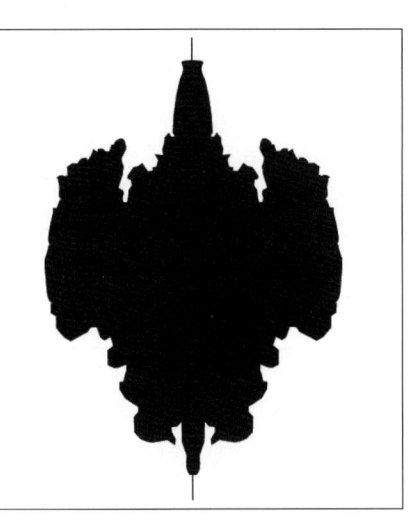

Forscherauftrag 2:

1. Falte dein Klecksbild wieder an der Faltlinie zusammen.
2. Nimm eine Stecknadel.
3. Suche dir einen Punkt deines durchscheinenden Bildes und stich mit der Nadel durch beide Papierlagen.
4. Falte dein Klecksbild wieder auf und markiere die Löcher, indem du sie als Punkte bezeichnest.
5. Was fällt dir auf?
6. Zeichne genau auf der Faltlinie eine Gerade ein.
7. Miss den Abstand der Punkte zu deiner eingezeichneten Geraden.
8. Verbinde die beiden Punkte. Was fällt dir auf?
9. Besprecht eure Ergebnisse zu zweit.

Hast du Schwierigkeiten, den Abstand der Punkte zur Geraden zu messen?
Du kannst dir die Hilfekarte holen.

ERSTE HILFE

Fertig? Hole dir die Profikarte.

PROFI

Geometrie. Vierecke KV 84 **5**

Klecksbild – Hilfekarte und Profikarte

Hilfekarte:
1. So bestimmst du den Abstand von einem Punkt zu einer Geraden: Zeichne eine Strecke ein, die senkrecht zur Geraden ist und zum Punkt führt. Die Länge der Strecke ist der gesuchte Abstand.
2. Um senkrechte Strecken zu zeichnen, nutze die Mittellinie deines Geodreiecks.
3. Schau dir das Beispiel genau an.
4. Versuche es noch einmal an deinem eigenen Klecksbild.

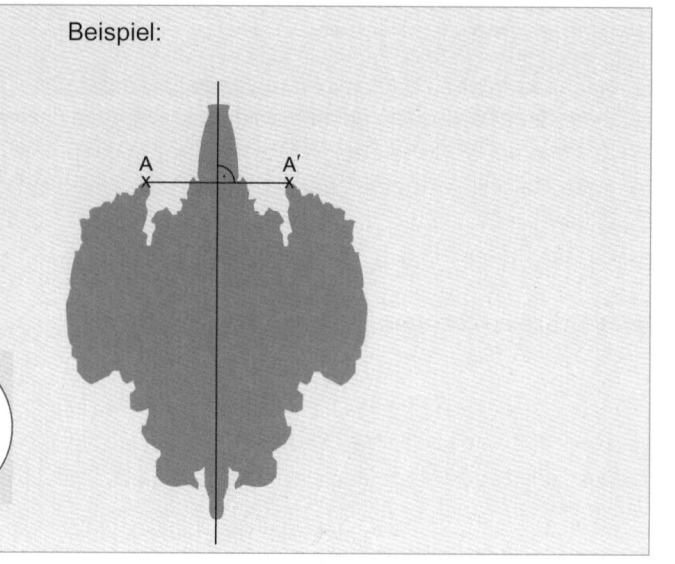

Beispiel:

Profikarte:
Du hast mit deinem Klecksbild nun schon viel über achsensymmetrische Figuren herausgefunden. Schau dir das Beispielklecksbild an und ergänze die drei Sätze darunter.

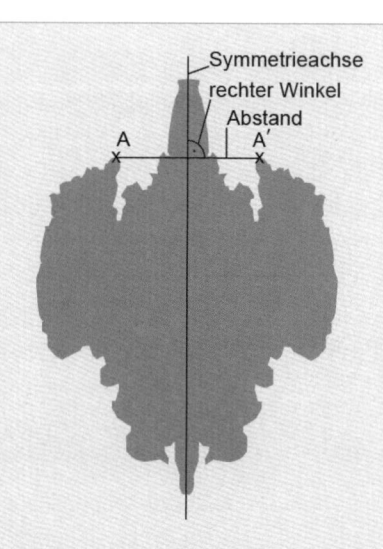

(1) Bei einer Spiegelung entstehen zwei spiegelbildliche Hälften. Die Gerade, an der gespiegelt wird, nennt man _____ .

(2) Zwei spiegelbildlich liegende Punkte haben den gleichen _____ von der Symmetrieachse.

(3) Die Verbindungsstrecke steht _____ zur Symmetrieachse.

45 Minuten

Geometrie. Vierecke

KV 85

Speisekarte: Achsensymmetrie (Teil 1)

Stelle dir ein Menü aus Getränk, Vorspeise, Hauptspeise und Nachspeise zusammen und löse die Aufgaben.

Getränk:

Ulrike findet im Bild vier Fehler. Wie viele Fehler findest du? Kennzeichne sie.

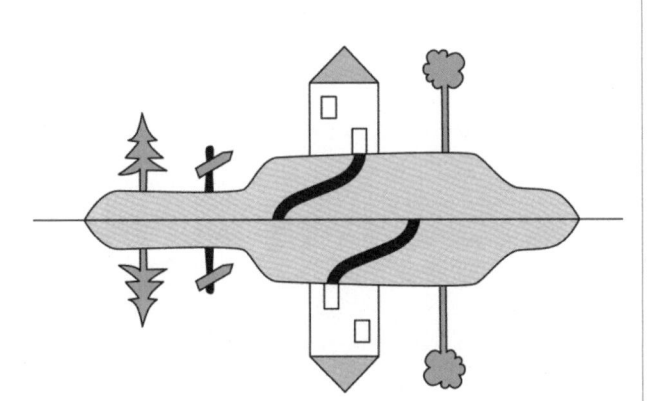

Kennzeichne alle Fehler farbig.

Vorspeise:

Zeichne die Symmetrieachse ein.

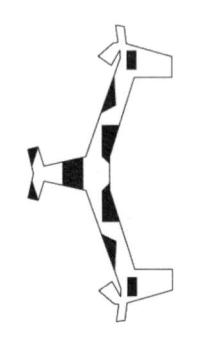

Zeichne die Symmetrieachse ein.

Für Teil 1 und 2: 30 Minuten

Geometrie. Vierecke

KV 86

Speisekarte: Achsensymmetrie (Teil 2)

Hauptspeise:

Manche Figuren haben mehrere Symmetrieachsen. Zeichne sie ein.

Manche Figuren haben mehrere Symmetrieachsen. Zeichne sie ein.

Nachspeise:

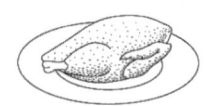

Spiegle die Figur an der gekennzeichneten Achse.

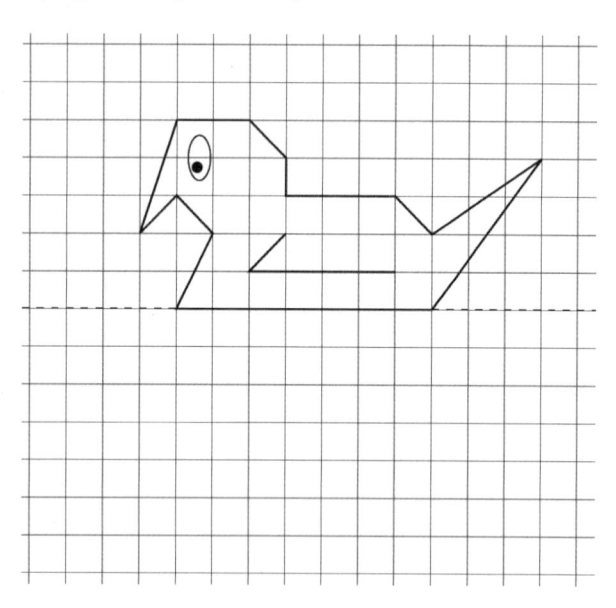

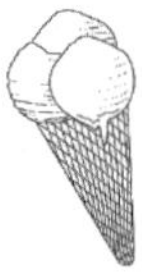

Spiegle die Figur an der gekennzeichneten Achse.

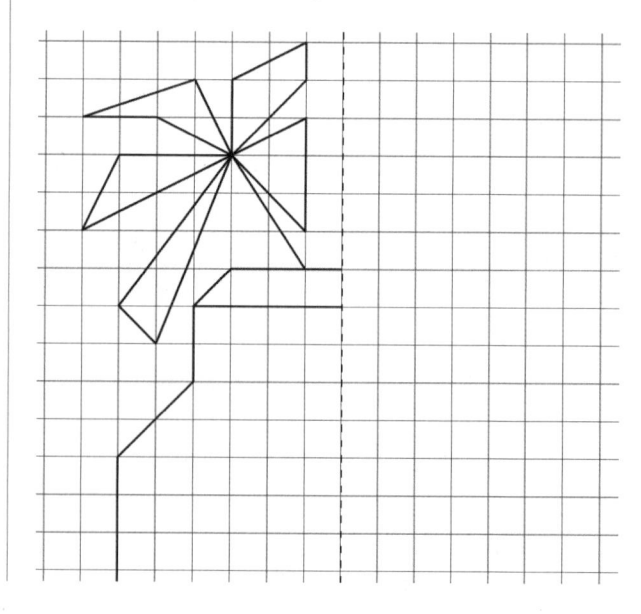

Für Teil 1 und 2: 30 Minuten

Geometrie. Vierecke

KV 87 **5**

Masken – achsensymmetrische Figuren

Materialbedarf: Geodreieck, Bleistift, Buntstifte, Gummiband

Masken werden an vielen Orten auf der Welt zu feierlichen Anlässen verwendet. Wenn du die folgende Abbildung achsensymmetrisch ergänzt, erhältst du eine solche Maske.
Du kannst sie anschließend farbig gestalten und ausschneiden. Bohre bei „X" kleine Löcher und befestige dort ein Gummiband, dann kannst du die Maske auch tragen.

45 Minuten

Geometrie. Viereecke

KV 88

Filmrolle: Rechtecke zeichnen

Mache zu jedem Bild eine kurze Beschreibung, was man tun muss.

20 Minuten

Geometrie. Vierecke KV 89 **5**

Streifenkunde

1 Schneide die drei Streifen aus.

2 Lege Streifen 1 senkrecht auf Streifen 2. Halte sie gegen das Licht.
Wie heißt die Figur, in der sich beide Streifen überdecken?

_____

3 Lege Streifen 1 senkrecht auf Streifen 3. Halte sie gegen das Licht.
Wie heißt die Figur, in der sich beide Streifen überdecken?

_____

4 Verschiebe die Streifen so, dass sie nicht mehr senkrecht aufeinander stehen.
Was entdeckst du an den überdeckten Figuren?

_____

5 Arbeitet zu zweit. Vergleicht eure Entdeckungen.

6 Arbeitet zu zweit. Bewegt die Streifen. Wie ändert sich die Figur?

_____

7 Welche Eigenschaften haben die verschiedenen Figuren? Notiert gemeinsam:

_____

_____

8 Präsentiert eure Entdeckungen in der Klasse.

45 Minuten

Geometrie. Vierecke

Filmrolle: Parallelogramme zeichnen

Mache zu jedem Bild eine kurze Beschreibung, was man tun muss.

Geometrie. Vierecke

Kunterbunte Viereck-Kunst

1 Entwerfe auf einem weißen Extrablatt ein Quadrat und ein Rechteck in beliebiger Größe.
Falls du Hilfe benötigst, kannst du auch einfach die Punkte unten ergänzen.
Male die Vierecke farbig aus.

2 Entwerfe auf einem weißen Extrablatt ein Parallelogramm und eine Raute in beliebiger Größe.
Falls du Hilfe benötigst, kannst du auch einfach die Punkte unten ergänzen.
Male die Vierecke farbig aus.

3 Nun habt ihr jeweils vier kunterbunte Vierecke. Überprüft gegenseitig, ob die Vierecke richtig konstruiert sind.
Schneidet dann eure eigenen Vierecke aus und klebt jeweils auf einem Extrablatt ein Kunstwerk zusammen.

45 Minuten

Geometrie. Viereck

Viereck im Koordinatensystem

Material: Geodreieck

1 a) Zeichne ein Koordinatensystem in dein Heft und trage die Punkte aus Teilaufgabe b) ein. Verbinde die Punkte so, dass ein Viereck entsteht.
b) Wie heißen die Vierecke? Schreibe den Namen auf das Kärtchen.

Viereck 1:	Viereck 2:	Viereck 3:	Viereck 4:	Viereck 5:	Viereck 6:
A(2|1)	E(6|0,5)	I(5,5|3)	M(1|7)	Q(5,5|7,5)	U(7|9)
B(4|3)	F(9|0,5)	J(9|4,5)	N(4|8)	R(6|9)	V(8,5|8)
C(2|5)	G(10,5|2)	K(8|6,5)	O(4|10,5)	S(5,5|10,5)	W(10|9)
D(0|3)	H(7,5|2)	L(4,5|5)	P(1|9,5)	T(5|9)	X(8,5|10)
Ich bin ein	Ich bin ein	Ich bin ein	Ich bin ein	Ich bin eine	Ich bin eine

c) Zeichne in jedes Viereck die Symmetrieachsen farbig ein. Wie viele Symmetrieachsen hast du insgesamt gefunden?

2 Trage die Punkte in das Koordinatensystem ein. Verbinde die Punkte und ergänze die Figur so, dass du folgende Vierecke erhältst. Schreibe anschließend die Koordinaten des 4. Eckpunkts auf.

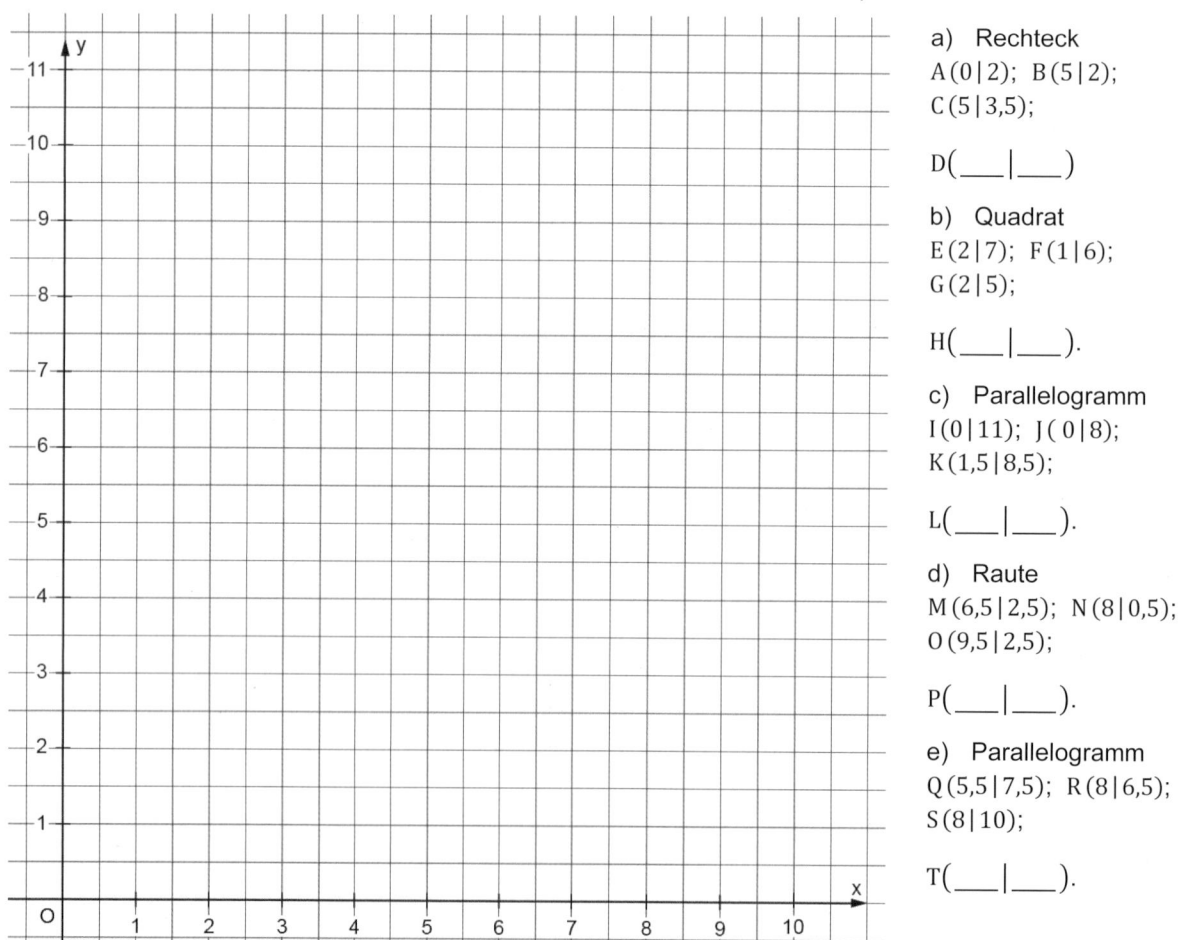

a) Rechteck
A(0|2); B(5|2);
C(5|3,5);
D(__|__)

b) Quadrat
E(2|7); F(1|6);
G(2|5);
H(__|__).

c) Parallelogramm
I(0|11); J(0|8);
K(1,5|8,5);
L(__|__).

d) Raute
M(6,5|2,5); N(8|0,5);
O(9,5|2,5);
P(__|__).

e) Parallelogramm
Q(5,5|7,5); R(8|6,5);
S(8|10);
T(__|__).

Geometrie. Vierecke KV 93 **5**

Klassenarbeit A – Geometrie. Vierecke (Teil 1)

1 Markiere Strecken rot und Geraden blau.

2 Welche Strecken und Geraden sind senkrecht zueinander, welche parallel? Schreibe mit den Zeichen || und ⊥.

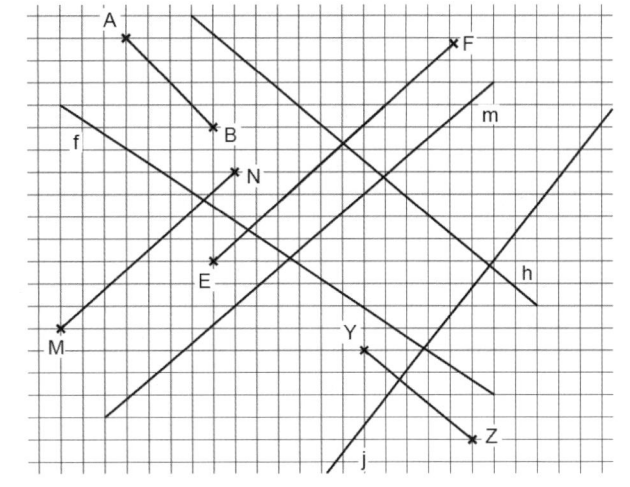

_____

_____

_____

3 Zeichne durch den Punkt A eine Parallele zu g und durch den Punkt B eine Senkrechte zu g.

Miss den Abstand von A zu g: _____

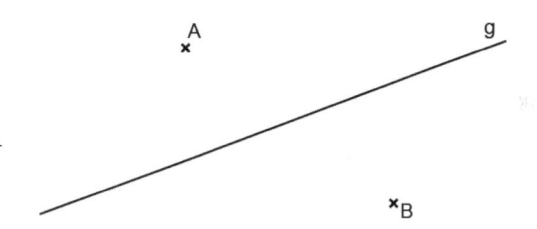

4 Spiegle die Figur an der vorgegebenen Symmetrieachse.

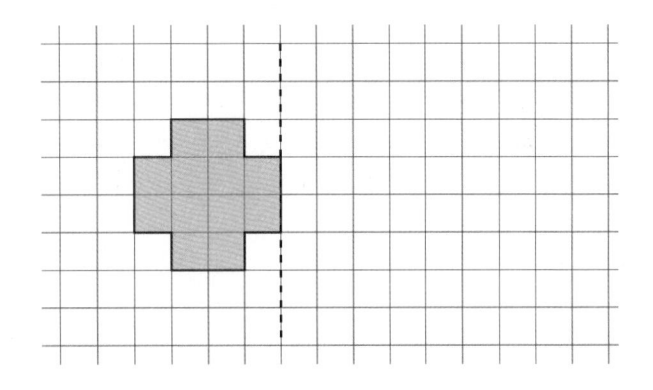

Für Teil 1 und 2: 45 Minuten

Klassenarbeit A – Geometrie. Vierecke (Teil 2)

5 a) Ergänze die Koordinaten: A(___|___); B(___|___); C(___|___); D(___|___)

b) Wie heißt die Figur ABCD? _____

Wie heißt die Figur IJKL? _____

c) Ergänze EFG zum Rechteck und MNO zum Parallelogramm.

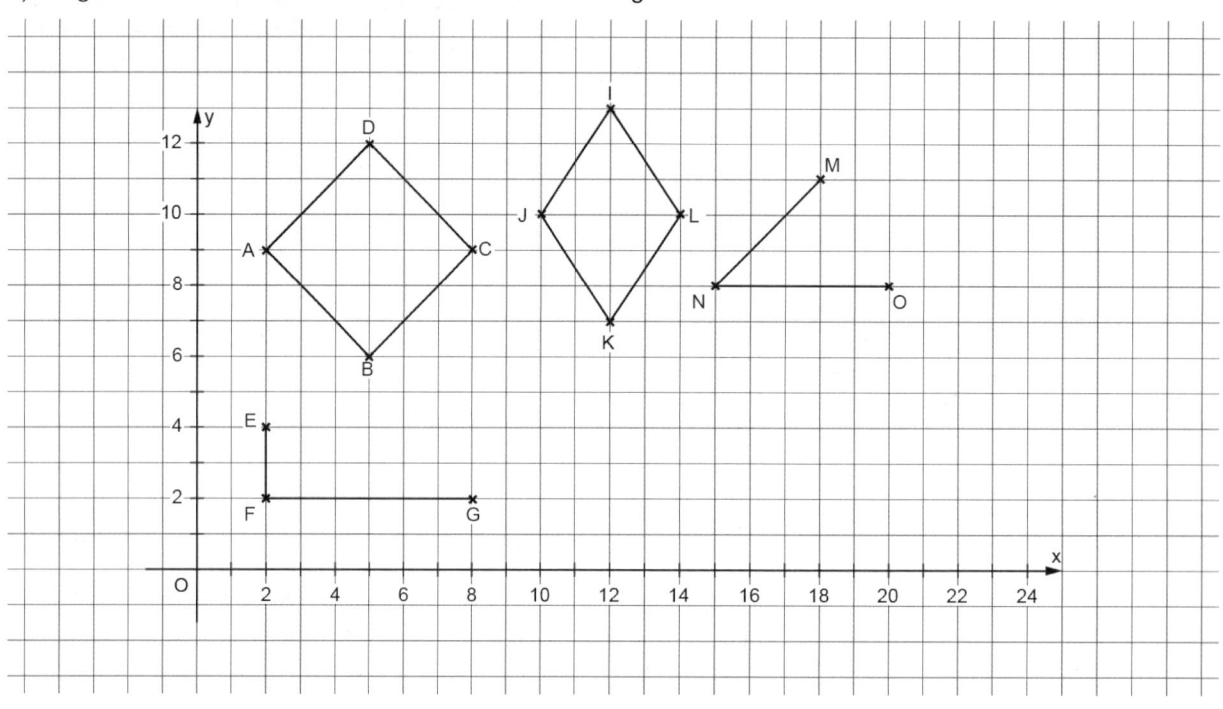

Checkliste: Ich kann ...	Aufgabe	☺	😐	☹
Strecken, Geraden, Parallelen und Senkrechten erkennen,	1; 2	☐	☐	☐
Parallelen und Senkrechten konstruieren und Abstände messen,	3	☐	☐	☐
achsensymmetrisch spiegeln,	4	☐	☐	☐
Punkte im Koordinatensystem ablesen,	5 a)	☐	☐	☐
Vierecke benennen und konstruieren.	5 b) und c)	☐	☐	☐

Klassenarbeit B – Geometrie. Vierecke (Teil 1)

1 Zeichne eine beliebige Gerade g. Der Punkt A liegt auf der Geraden g.
Zeichne durch den Punkt A eine Gerade h, die senkrecht zu g ist.
Zeichne eine Gerade i, die parallel zu h ist.

Wie liegt i zu g? _____

2 Miss den Abstand des Punktes P von den

Geraden a und b. _____

_____

_____

3 Spiegle die Figur an der vorgegebenen Symmetrieachse.

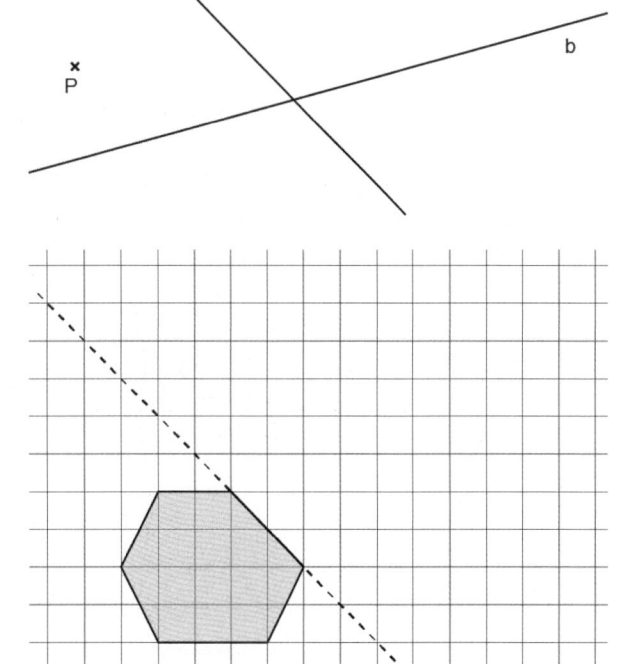

Klassenarbeit B – Geometrie. Vierecke (Teil 2)

4 a) Zeichne in ein Koordinatensystem die Punkte A(6|4); C(3|10) und D(1|3) ein.
b) Ergänze zu einem Parallelogramm.
c) Zeichne in dasselbe Koordinatensystem eine Raute. Gib die Eckpunkte an.

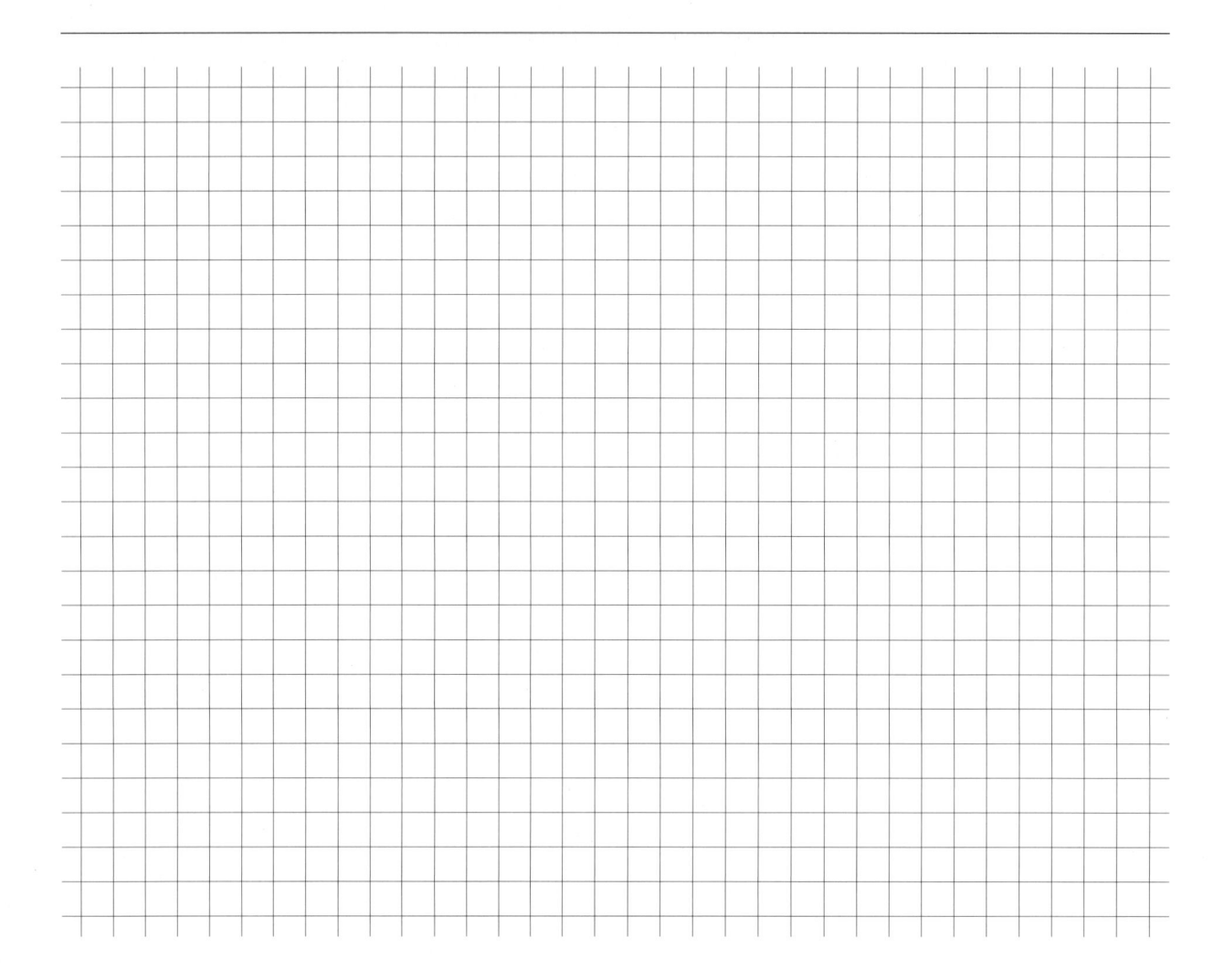

Checkliste: Ich kann ...	Aufgabe	☺	☹	☹
Senkrechten und Parallelen konstruieren,	1	☐	☐	☐
Abstände messen,	2	☐	☐	☐
achsensymmetrisch spiegeln,	3	☐	☐	☐
Punkte in ein Koordinatensystem einzeichnen,	4 a)	☐	☐	☐
Vierecke konstruieren.	4 b) und c)	☐	☐	☐

Für Teil 1 und 2: 45 Minuten

Geometrie. Vierecke   KV 97   **5**

Klassenarbeit C – Geometrie. Vierecke (Teil 1)

1 Trage im Koordinatensystem die Punkte
A(2|5); B(9|8); C(6|12); D(7|2) und E(14|7) ein.

2 Zeichne die Gerade g durch die Punkte B und D. Zeichne dann die Strecke $\overline{BC}$.

3 Zeichne die Gerade h durch den Punkt A, die senkrecht zu g ist. Zeichne dann die Gerade i durch den Punkt E, die parallel zu g ist.

4 Miss den Abstand von C zu g und von i zu g.

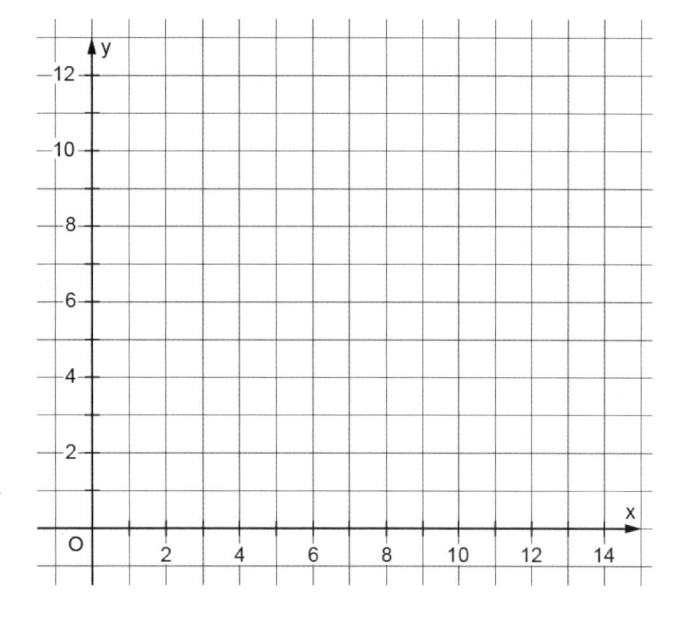

_____

5 Ergänze zu einer achsensymmetrischen Figur.

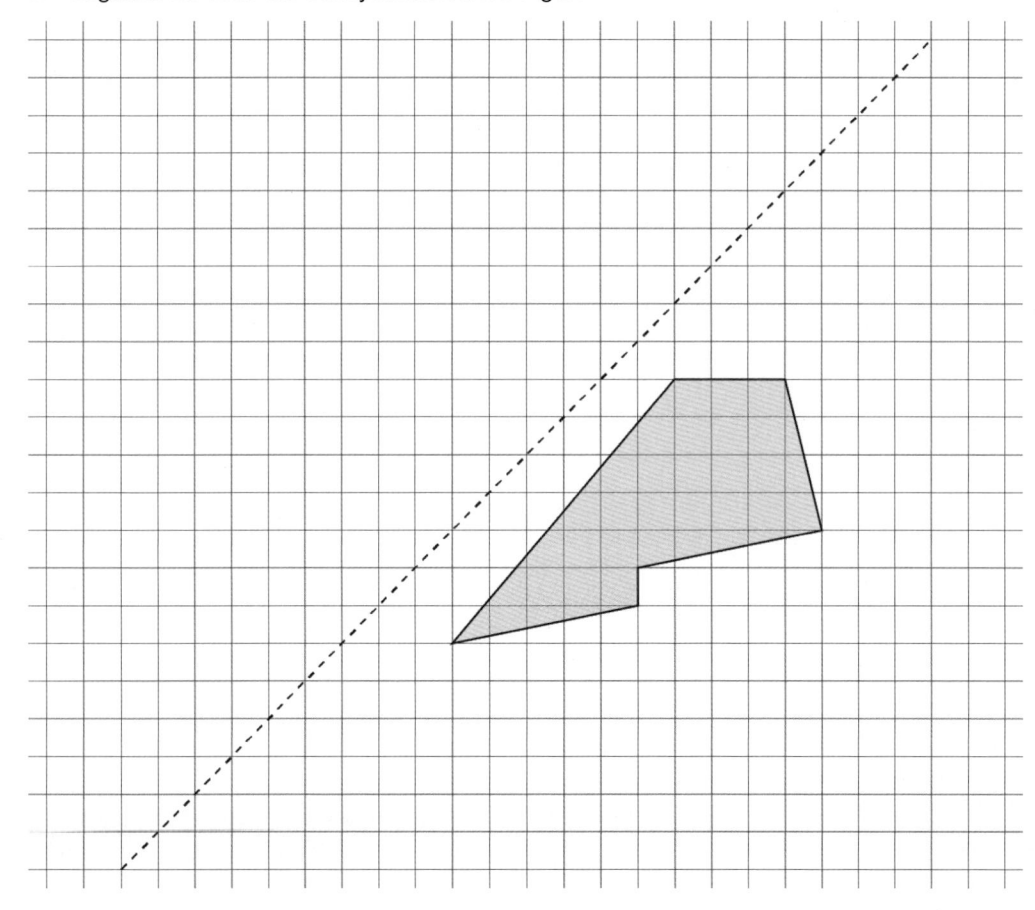

Geometrie. Vierecke   KV 98   5

Klassenarbeit C – Geometrie. Vierecke (Teil 2)

6 Ist die Aussage richtig oder falsch? Kreuze an.

Aussage	richtig	falsch
Eine Raute ist ein besonderes Parallelogramm.	☐	☐
Ein Parallelogramm hat genau eine Symmetrieachse.	☐	☐
Jedes Rechteck ist auch ein Quadrat.	☐	☐

7 a) Konstruiere ein Parallelogramm im Koordinatensystem. Gib seine Eckpunkte an:

_____

b) Konstruiere eine Raute im Koordinatensystem. Gib seine Eckpunkte an:

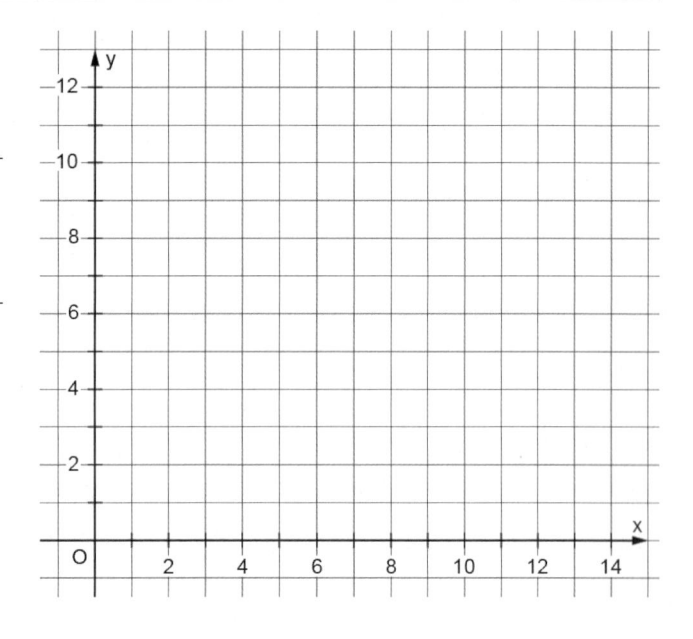

_____

Checkliste: Ich kann ...	Aufgabe	☺	😐	☹
Punkte in ein Koordinatensystem einzeichnen,	1	☐	☐	☐
Geraden und Strecken zeichnen,	2	☐	☐	☐
Senkrechten und Parallelen konstruieren,	3	☐	☐	☐
Abstände messen,	4	☐	☐	☐
achsensymmetrisch spiegeln,	5	☐	☐	☐
Eigenschaften von Vierecken wiedergeben,	6	☐	☐	☐
Vierecke konstruieren.	7	☐	☐	☐

© Ernst Klett Verlag GmbH, Stuttgart 2022 | www.klett.de | Alle Rechte vorbehalten. Von dieser Druckvorlage ist die Vervielfältigung für den eigenen Unterrichtsgebrauch gestattet. Die Kopiergebühren sind abgegolten.

Abbildungen: imprint, Zusmarshausen
Text: Katja Welz

Für Teil 1 und 2: 45 Minuten

Geometrie. Vierecke   KV 99   **5**

Bergsteigen: Geometrie. Vierecke – zu den Schulbuchseiten 138–143
(Teil 1)

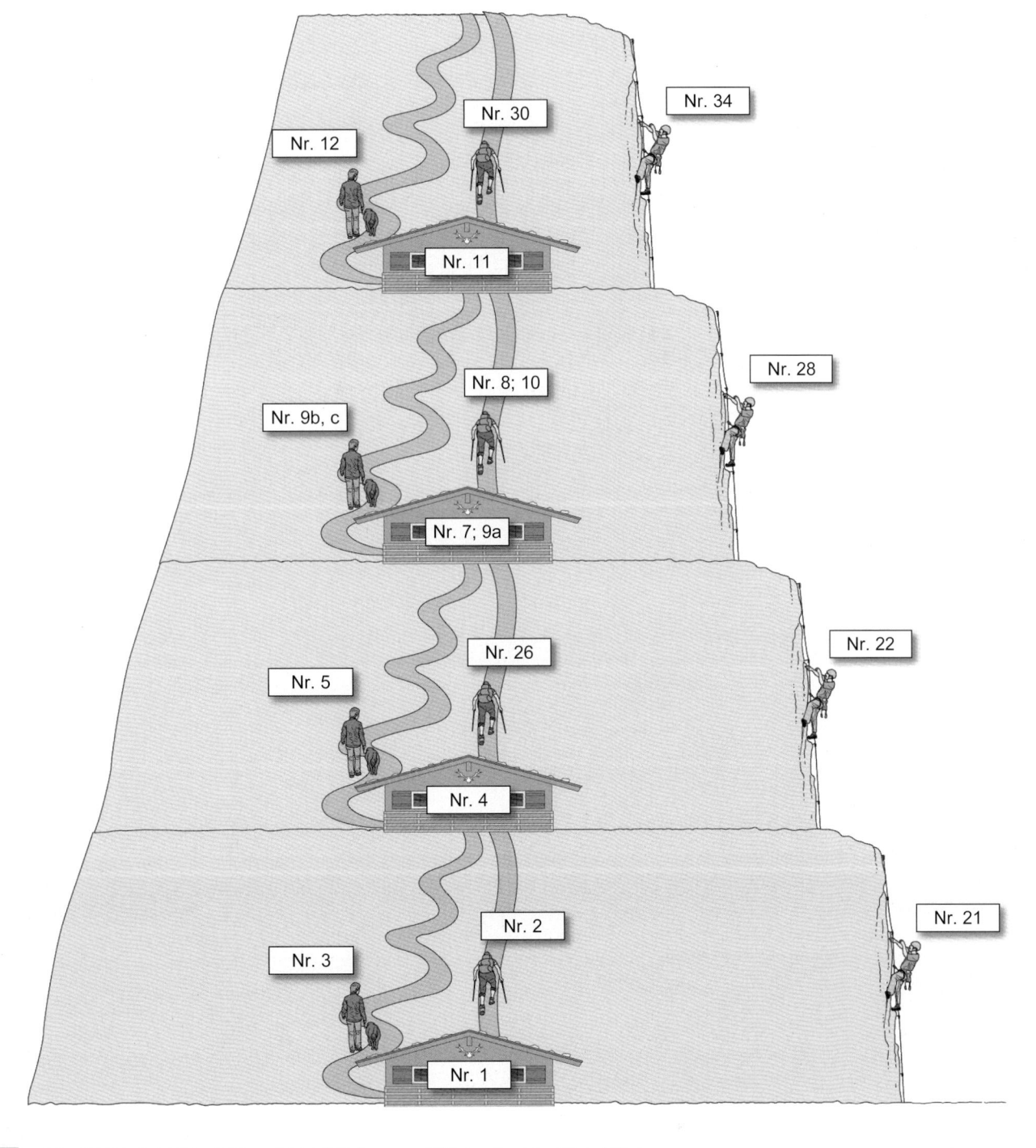

Nr. 34
Nr. 30
Nr. 12
Nr. 11
Nr. 28
Nr. 8; 10
Nr. 9b, c
Nr. 7; 9a
Nr. 22
Nr. 26
Nr. 5
Nr. 4
Nr. 21
Nr. 2
Nr. 3
Nr. 1

© Ernst Klett Verlag GmbH, Stuttgart 2022 | www.klett.de | Alle Rechte vorbehalten. Von dieser Druckvorlage ist die Vervielfältigung für den eigenen Unterrichtsgebrauch gestattet. Die Kopiergebühren sind abgegolten.

Abbildungen: Menzel, Tom, Scharbeutz/Klingberg
Text: Ulrich Laumann

Für Teil 1 und 2: 120 Minuten

Geometrie. Vierecke KV 100

Bergsteigen: Geometrie. Vierecke – zu den Schulbuchseiten 138–143 (Teil 2)

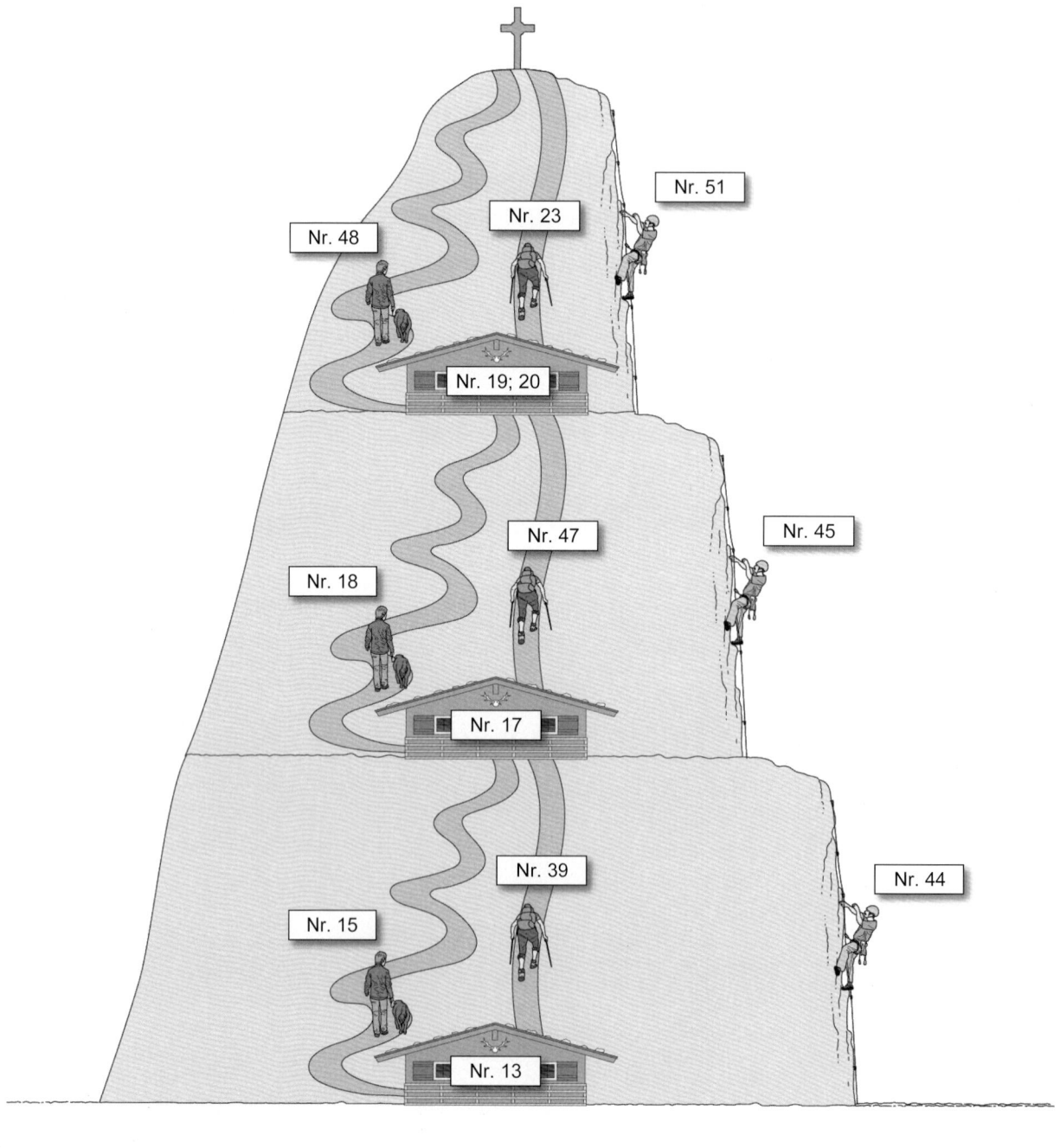

Nr. 48
Nr. 23
Nr. 51
Nr. 19; 20
Nr. 18
Nr. 47
Nr. 45
Nr. 17
Nr. 15
Nr. 39
Nr. 44
Nr. 13

Für Teil 1 und 2: 120 Minuten

KV 101 **6**

Größen und Maßstab

Stellenwerttafeln zu Größen

Zur Umrechnung von Größen helfen dir die Stellenwerttafeln.

Geld:

€		ct

€		ct

Masse:

t	kg			g			mg		

t	kg			g			mg		

Länge:

km			m			dm	cm	mm

km			m			dm	cm	mm

© Ernst Klett Verlag GmbH, Stuttgart 2022 | www.klett.de | Alle Rechte vorbehalten. Von dieser Druckvorlage ist die Vervielfältigung für den eigenen Unterrichtsgebrauch gestattet. Die Kopiergebühren sind abgegolten.

Text: Ulrich Laumann

Größen und Maßstab KV 102 **6**

Lernzirkel – Laufzettel Größen

Mit diesem Lernzirkel kannst du dir die Größen selbst erarbeiten. Bei jeder Station lernst du etwas Neues dazu. Wichtig ist deshalb, dass du die Arbeitsblätter aufmerksam durchliest und nicht aufgibst. Dieses Arbeitsblatt hilft dir bei der Arbeit. Die Pflicht musst du machen. Die Kür kannst du zusätzlich machen, wenn du fit im Stoff bist.

Stationen abhaken
Wenn du eine Station bearbeitet hast, solltest du sie auf diesem Blatt abhaken. So weißt du immer, was du noch bearbeiten musst. Kläre mit deiner Lehrerin oder deinem Lehrer ab, wann du deine Lösungen vergleichen darfst. Danach kannst du hinter der Station das letzte Häkchen machen.

Zeitrahmen
Natürlich musst du auch die Zeit im Auge behalten. Kläre mit deiner Lehrerin oder deinem Lehrer ab, wie viel Zeit du insgesamt zur Verfügung hast und überlege dir dann, wie lange du für eine Station einplanen kannst.

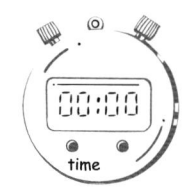

Viel Spaß!

Pflicht	Kür	Station	bearbeitet	korrigiert
KV 105		1. Geld		
KV 106	KV 107	2. Zeit		
KV 108	KV 109, KV 110, KV 111	3. Masse		
KV 112	KV 113, KV 115	4. Länge		
KV 116		5. Maßstab		
	KV 117	6. Warum gibt es verschiedene Maßeinheiten?		
	KV 118	7. Größenangaben mit Komma		

Größen und Maßstab KV 103 **6**

Schätzen und Messen

Material: großes Lineal oder Meterstab, Küchenwaage, Personenwaage

Um Längen oder Massen gut abschätzen zu können, ist es hilfreich, wenn du zu jeder Maßeinheit ein gutes Beispiel kennst. Viele nehmen einen großen Schritt für einen Meter.

1 Überlege dir zu jeder Maßeinheit ein Beispiel, dessen Länge oder Masse der Größenangabe entspricht.

Beispiele: Finger, Münze, Lebensmittel, Stifte, …

1 mm → _____
1 cm → _____
1 dm → _____
1 m → _____
1 g → _____
10 g → _____
100 g → _____
1 kg → _____

2 Schätze erst und miss dann nach. Ergänze die Tabelle durch eigene Beispiele.

Objekt	geschätzt	gemessen
Tischlänge (cm)		
Zimmerbreite (m)		
Schultasche (kg)		
Geldbeutel (g)		

(Sprechblasen:) Exakt 43,784 kg! — Sagen wir 44 kg!

Wie genau eine Messung ist, hängt vom Messgerät ab. Mit der Personenwaage lässt sich die Masse einer Münze nicht bestimmen, da die Anzeige einer Personenwaage viel zu grob ist.

3 Spielt zu zweit:
Notiert jeweils ein paar Gegenstände aus dem Klassenzimmer, die zusammen die gesuchte Länge oder die gesuchte Masse ergeben (z. B. 50 cm). Dabei dürft ihr den Platz verlassen. Anschließend wird gemessen. Wer am besten geschätzt hat, erhält einen Punkt.
Folgende Längen und Massen sind gesucht:
a) 50 cm   b) 15 cm   c) 6 mm
d) 2 kg   e) 250 g   f) 50 g

4 Oft ist es sinnvoll, die Maßzahl zu runden. Im Backrezept steht beispielsweise nicht 254 g Mehl, sondern 250 g Mehl. Manchmal muss man aber auch genau sein. Runde die Größenangaben im folgenden Text, wenn es sinnvoll ist.

Kunde: Ich hätte gern 104 g (_____) Lyoner.

Verkäuferin: Oh, es sind leider 106 g (_____)

Kunde: Das ist mir wurst. Was kostet die Salami?

Verkäuferin: Heute nur 8,99 € (_____) pro Kilo.

Kunde: Dann nehme ich gleich 314 g (_____)

Verkäuferin: Was darf es sonst noch sein?

Kunde: Danke, das ist alles.

ABC-Mathespiel: Rechnen mit Geld

Einfache Spielvariante:

A = 4 Euro 45 Cent
B = 159 Euro 13 Cent
C = 26,50 €
D = 170,07 €
E = 789 ct
F = 9341 ct
G = 74 € 12 ct
H = 12342 € 77 ct
I = 12,04 EUR
J = 7,20 € + 0,72 €
K = 345 ct + 168 ct
L = 7,99 EUR
M = 479 ct

Schwierige Spielvariante:

N = 7 Euro 9 Cent
O = 108 Euro 1 Cent
P = 34,50 €
Q = 1000,01 €
R = 1040 ct
S = 100 003 ct
T = 712 € 44 ct
U = 10 992,08 EUR
V = 1 Mio. € 1 ct
W = 7,20 € + 0,96 €
X = 233 ct + 471 ct
Y = 204,00 EUR
Z = 12345 ct

Mein Name: _____

Preise in Euro können unterschiedlich dargestellt werden.
Beispiel: 23 Euro 45 Cent = 23 € 45 ct = 23,45 € = 23,45 EUR = 2345 ct

Spielanleitung:
1. Ein Kind zählt das Alphabet durch, ein anderes ruft „stopp". Für die einfache Spielvariante buchstabiert ihr von A bis M, für die schwierige Spielvariante von N bis Z.
2. Jedes Kind der Gruppe schreibt die Zahl zum passenden Buchstaben in das richtige Feld hinein.
3. Fülle die Zeile aus und rufe „fertig". Danach darf jedes Kind noch sein Feld fertig ausfüllen.
4. Kontrolliere und zähle für eine richtige Antwort einen Punkt.

Euro und Cent	€ und ct	€	EUR	ct	Punkte

Text: Ulrich Laumann

30 Minuten

Größen und Maßstab   KV 105 **6**

Geld umwandeln und Rechnen mit Geld

Material: ggf. Papiergeld

1 Ordne folgende Geldbeträge nach ihrem Wert. Wandle dazu alle Beträge in die Kommaschreibweise oder in Cent um. Beginne mit dem kleinsten Betrag.

Beispiel: 2,57 €; 305 ct; 1 € 90 ct; 0,56 €
　　　　　2,57 €
　　305 ct = 3,05 €
　1 € 90 ct = 1,90 €
　　　　　0,56 €
0,56 € < 1 € 90 ct < 2,57 € < 305 ct

a) 15 € 60 ct; 1426 ct; 9,99 €; 1005 ct
b) 45 € 36 ct; 39,90 €; 8203 ct; 8 €
c) 14 € 70 ct; 1407 ct; 10,74 €; 1047 ct
d) 12 € 6 ct; 12,03 €; 1263 ct; 2 €
e) 17 € 17 ct; 17,71 €; 7171 ct; 17 ct
f) 100 000 ct; 1000 €; 10 000 €; 10 000 ct

2 Dennis kauft für sein Aquarium bei Clever-Zoo ein.
a) Überschlage, wie viel Euro Dennis bezahlen muss.

_____

Pflanzen 12,34 €　　Sand 2,99 €　　Fische 13,90 €
Fische 25,80 €　　Schnecken 4,58 €

Clever-Zoo 13.10.2022
Artikel	Preis
Pflanzen	12,34 €
Schnecken	4,85 €
Fische	25,80 €
Sand	2,99 €
Fische	13,90 €
Summe:	59,88 €

b) Dennis kontrolliert seinen Kassenzettel und beschwert sich bei der Kassiererin.

_____

3 Ina kauft für ihren Hund ein neues Halsband (19,80 €), einen Fressnapf (9,55 €), eine Dose Futter (2,49 €) und 1 kg Trockenfutter (5,98 €) ein.
a) Überschlage zunächst im Heft, ob sie mit 50 € auskommt.
b) Fülle den Kassenzettel aus und berechne den genauen Rechnungsbetrag.
c) Um wie viel Euro weicht deine Überschlagsrechnung vom genauen Betrag ab?

Auf den Hund gekommen Datum: _____
Artikel	Preis
Summe:	

4 Berechne jeweils den Betrag, den die Person an der Kasse zurückgeben muss.
Fülle dazu die Tabelle aus.

Rechnungsbetrag	gegebener Betrag	Wechselgeld
a) 12,78 €	einen 20-€-Schein	
b) 18,56 €	einen 50-€-Schein	
c) 43,13 €	einen 50-€-Schein, zwei 10-ct-Stücke	
d) 90,59 €	einen 100-€-Schein, eine 1-€-Münze	
e) 236,51 €	einen 200-€-Schein, einen 50-€-Schein, ein 1-ct-Stück	

20 Minuten

Größen und Maßstab KV 106 **6**

Zeitangaben

Die Angabe einer **Zeitdauer** besteht wie jede Größenangabe aus Maßzahl und Maßeinheit.

Hauptbahnhof Kaffdorf

Abfahrt	Gleis	Ziel	Ankunft	Dauer
09:20 Uhr	4	Dorfstadt	10:40 Uhr	1 h 20 min
09:42 Uhr	1	Rechenheim	11:12 Uhr	1 h 30 min
09:55 Uhr	2	Kleinhausen	12:16 Uhr	2 h 21 min
10:04 Uhr	1	Nettestadt	13:44 Uhr	3 h 40 min
10:17 Uhr	3	Althausen	15:20 Uhr	5 h 03 min
10:30 Uhr	4	Zeitingen	11:15 Uhr	0 h 45 min

45 min
Maßzahl   Maßeinheit

Zeitdauern misst man in den Maßeinheiten **a** (Jahr), **d** (Tag), **h** (Stunde), **min** (Minute), **s** (Sekunde).

$$1\,a = 365\,d$$
$$1\,d = 24\,h$$
$$1\,h = 60\,min$$
$$1\,min = 60\,s$$

Wie viele Sekunden hat eigentlich eine Stunde?

$1\,h = $ _____ min = _____ s

1 Schreibe in der angegebenen Einheit.

Beispiel: $2\,d\,10\,h = 58\,h$

a) $1\,h\,20\,min = $ _____ min

b) $3\,d\,14\,h = $ _____ h

c) $4\,h\,50\,min = $ _____ min

d) $5\,min\,3\,s = $ _____ s

2 Gib in gemischten Maßeinheiten an.

Beispiel: $90\,min = 1\,h\,30\,min$

a) $150\,min = $ _____

b) $100\,h = $ _____

c) $100\,min = $ _____

d) $250\,s = $ _____

3 Vergleiche und setze > oder < ein.

Beispiel: $245\,min > 4\,h$

a) $90\,s \;\square\; 1\,min$

b) $20\,min \;\square\; \frac{1}{4}\,h$

c) $50\,h \;\square\; 2\,d$

d) $240\,h \;\square\; 24\,d$

e) $2000\,s \;\square\; \frac{1}{2}\,h$

Anfang und Ende einer Zeitdauer werden durch Zeitpunkte angegeben. Diese haben den Zusatz „Uhr".

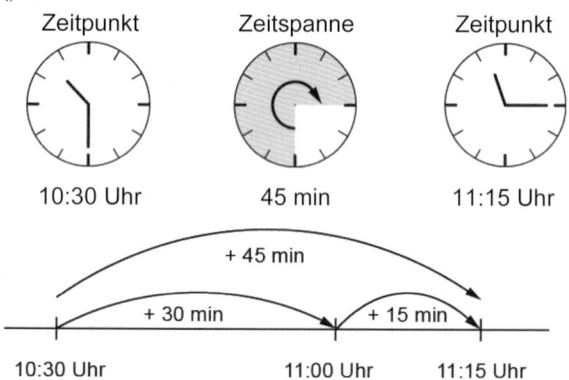

Zeitpunkt   Zeitspanne   Zeitpunkt

10:30 Uhr   45 min   11:15 Uhr

+ 45 min
+ 30 min   + 15 min
10:30 Uhr   11:00 Uhr   11:15 Uhr

4 (Rechne auf der Rückseite.)
Friedhelm geht ins Kino. Der Film beginnt um 20:30 Uhr und dauert 80 Minuten.
Wann ist der Film zu Ende?

5 (Rechne auf der Rückseite.)
Beates Unterricht beginnt um 07:50 Uhr.
Alle Unterrichtsstunden dauern 45 Minuten.
Zwischen der dritten und vierten Stunde sind 15 Minuten Pause, sonst 5 Minuten.
a) Wann beginnt die zweite Stunde?
b) Wann endet die 15-Minuten-Pause?
c) Um welche Uhrzeit ist die 6. Stunde beendet?

30 Minuten

Größen und Maßstab KV 107 **6**

Rechnen mit der Zeit

1 Wandle um.

Hobby-Zeitmessung	Profi-Zeitmessung
3 min = _____ s	90 min = _____ h
7 h = _____ min	390 s = _____ min
$\frac{3}{4}$ min = _____ s	$4\frac{1}{4}$ h = _____ min
660 min = _____ h	720 min = 12 _____

2 Berechne die fehlenden Angaben und trage sie in die Tabelle ein.

Gelegenheitsfahrt			Profi-Fahrt		
Abfahrt	Fahrtdauer	Ankunft	Abfahrt	Fahrtdauer	Ankunft
08:00 Uhr		12:45 Uhr	06:28 Uhr		12:06 Uhr
	3 h 20 min	11:50 Uhr	17:28 Uhr	4 h 36 min	
03:34 Uhr	5 h 24 min			6 h 47 min	18:08 Uhr
	6 h 37 min	15:15 Uhr	22:18 Uhr	3 h 51 min	
07:18 Uhr		13:08 Uhr	09:13 Uhr		06:42 Uhr

3 Zeitquiz: Trage die richtigen Ergebnisse zusammen mit den richtigen Lösungsbuchstaben in die Felder ein.

Rechne 6 h in die nächstkleinere Einheit um.	360 min	Z	8 min	A
Rechne $2\frac{1}{2}$ Tage in Stunden um.			90 min	T
Welche Zeitspanne ist größer: $1\frac{1}{4}$ h oder 80 min? Gib in Minuten an.			160 min	H
Rechne $1\frac{1}{2}$ h in die nächstkleinere Einheit um.			~~360 min~~	Z
Gib in Minuten an: 2 h − 10 min.			$2\frac{1}{4}$ h	C
Rechne 480 s in die nächstgrößere Einheit um.			60 h	E
$1\frac{3}{4}$ h = _____ min			$1\frac{3}{4}$ h	N
Eine Dreiviertelstunde weniger als 3 Stunden			75 min	I
Welche Zeitspanne ist größer: 2 h oder 160 min?			80 min	I
Gib in Minuten an: $\frac{1}{2}$ h länger als $\frac{3}{4}$ h.			$2\frac{1}{2}$ h	E
Welche Zeitspanne ist kleiner: $1\frac{3}{4}$ h oder 110 min?			110 min	M
Die Zeitspanne von $1\frac{3}{4}$ h wird um $\frac{3}{4}$ h verlängert.			105 min	S

Lösungswort: _____

Größen und Maßstab

KV 108 **6**

Massenangaben

Eine **Massenangabe** besteht wie jede Größenangabe aus einer Maßzahl und einer Maßeinheit.

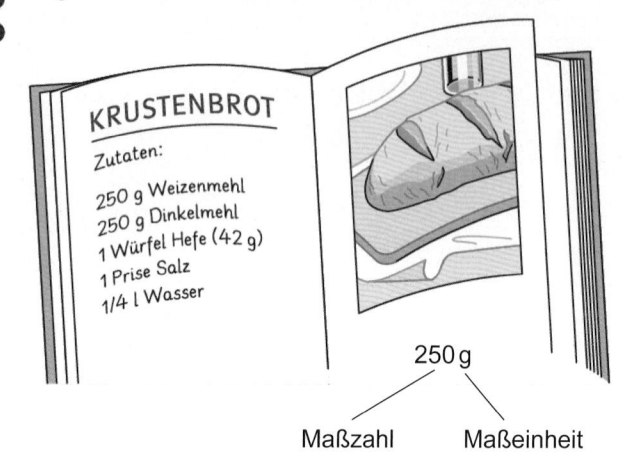

KRUSTENBROT
Zutaten:
250 g Weizenmehl
250 g Dinkelmehl
1 Würfel Hefe (42 g)
1 Prise Salz
1/4 l Wasser

250 g
Maßzahl   Maßeinheit

Massen misst man in den Maßeinheiten **t** (Tonne),
kg (Kilogramm), **g** (Gramm), **mg** (Milligramm).

$$1\,t = 1000\,kg$$
$$1\,kg = 1000\,g$$
$$1\,g = 1000\,mg$$

1 Wie schwer sind die Tiere? Ordne richtig zu.

Stier ♦   ♦ 10 g
Zwergkaninchen ♦   ♦ 1 t
Biene ♦   ♦ 1 g
Schwein ♦   ♦ 1 kg
Meise ♦   ♦ 100 kg

2 Schreibe in der angegebenen Einheit.

Beispiel: $2\,kg\,500\,g = 2500\,g$

a) $40\,t\,300\,kg = $ _____ kg

b) $3\,kg\,46\,g = $ _____ g

c) $6\,g\,750\,mg = $ _____ mg

d) $1\,kg\,50\,g = $ _____ g

e) $4\,t\,2000\,g = $ _____ kg

f) $35\,kg = $ _____ g

3 Gib in gemischten Maßeinheiten an.

Beispiel: $61\,372\,g = 61\,kg\,372\,g$

a) $3400\,mg = $ _____

b) $6738\,kg = $ _____

c) $350\,090\,mg = $ _____

d) $4\,000\,600\,g = $ _____

4 Vergleiche und setze > oder < ein.

Beispiel: $7500\,g < 8\,kg$

a) $12\,000\,mg$ ☐ $122\,g$

b) $17\,t$ ☐ $2000\,kg$

c) $45\,kg$ ☐ $4700\,g$

d) $9999\,kg$ ☐ $10\,t$

5 Merke: Erst gleiche Maßeinheit, dann rechnen!

Beispiel: $9\,kg + 500\,g = 9000\,g + 500\,g = 9500\,g$

a) $2\,kg + 100\,g = $ _____

_____

b) $3\,g + 50\,mg = $ _____

_____

c) $70\,kg + 20\,g = $ _____

_____

6 (Rechne auf der Rückseite.)
Familie Müller fährt in den Urlaub. Ihr Auto hat eine Leermasse (= ohne Gepäck oder Insassen) von 1340 kg. Die zulässige Gesamtmasse (= Masse, die vollbeladen noch erlaubt ist) beträgt 2 t.
Wie schwer darf das Gepäck sein, wenn auch noch Vater (80 kg), Mutter (65 kg), Sohn (45 kg) und Tochter (35 kg) mitfahren möchten?

30 Minuten

Größen und Maßstab — KV 109 — 6

Massen schätzen, ordnen und umwandeln

Material: Waage, verschiedene Gegenstände (z. B. Sprudelflasche, Apfel, Münze)

1 a) Schätzt die Massen der Gegenstände und tragt die Gegenstände und die geschätzten Werte in die Tabelle ein. Nehmt die Gegenstände auch in die Hand, um zu schätzen, wie schwer sie sind.
b) Wiegt jetzt die Gegenstände mit der Waage und notiert die Werte in der Tabelle. Berechnet jeweils den Unterschied zwischen geschätztem und gewogenem Wert und notiert ihn in der letzten Spalte der Tabelle.
c) Ordnet die Massen der Größe nach. Beginnt mit mit dem leichtesten Gegenstand.

Gegenstand	geschätzte Masse	gewogene Masse	Unterschied

2 Wandle um. Ergänze zwei weitere Zeilen und führe das Muster fort.

a) 7 kg = _____ g
    70 kg = _____ g
    700 kg = _____ g
    _____ = _____
    _____ = _____

b) 3 t = _____ kg
    30 t = _____ kg
    300 t = _____ kg
    _____ = _____
    _____ = _____

c) 7 g = _____ mg
    76 g = _____ mg
    765 g = _____ mg
    _____ = _____
    _____ = _____

3 Wandle in die nächstkleinere Einheit um.

Freizeitsport	Leistungssport	Profisport
5,46 kg =	1,03 kg =	10,035 kg =
0,25 kg =	0,025 kg =	0,055 kg =
7,35 t =	6,045 t =	20,002 t =

4 Wandle in die nächstgrößere Einheit um.

Freizeitsport	Leistungssport	Profisport
2851 g =	4002 g =	50 020 g =
500 g =	50 g =	5 g =
3500 kg =	4020 kg =	28 510 kg =

30 Minuten

Größen und Maßstab

KV 110 **6**

Domino: Massen umwandeln

Material: Schere

Die Teile des Dominos werden entlang der dicken Linien ausgeschnitten, gemischt und offen auf den Tisch gelegt. Sucht die Startkarte. Rechts auf der Karte steht eine Massenangabe. Eure Aufgabe ist es, eine Dominokarte zu finden, die auf der linken Hälfte eine gleich große Massenangabe hat. Legt diese Karte an. Dieses angelegte Dominoteil enthält auf der rechten Hälfte wieder eine neue Aufgabe usw. Ihr seid mit dem Domino fertig, wenn ihr alle Karten aneinander gelegt habt und die Zielkarte eure letzte Karte ist.

Start	5 kg 300 g	5300 g	5 kg 330 g	5330 g	5 kg 3 g
5003 g	5 kg 30 g	5030 g	5 t 333 kg	5333 kg	50 t 330 kg
50 330 kg	5 kg 33 g	5033 kg	5 t 300 kg	5300 kg	53 t 30 kg
53 030 kg	5 kg 23 g	5023 g	2 t 303 kg	2303 kg	3 kg 230 g
3230 g	2 t 230 kg	2230 kg	2 t 323 kg	2323 kg	50 t 5 kg
50 005 kg	5 kg 50 g	5050 g	50 kg 500 g	50 500 g	Ziel

15 Minuten

Größen und Maßstab KV 111 **6**

Tiertrio: Massen umwandeln

Material: Schere

Die Teile des Tiertrios werden ausgeschnitten und gemischt. Anschließend werden sie offen auf den Tisch gelegt. Es gehören immer die drei Karten zusammen, auf denen gleich große Massenangaben stehen. Legt die Karten zu Trios (Dreierreihen) zusammen. Ihr seid mit eurem Tiertrio fertig, wenn ihr alle Karten zu Trios zusammengelegt habt.

2075 kg	2 t 75 kg	2,075 t
2750 kg	2 t 750 kg	2,750 t
2705 kg	2 t 705 kg	2,705 t
20 750 kg	20 t 750 kg	20,750 t
27 500 g	27 kg 500 g	27,5 kg
27 050 g	27 kg 50 g	27,05 kg

10 Minuten

Größen und Maßstab   KV 112   **6**

Längenangaben

Eine **Längenangabe** besteht wie jede Größenangabe aus einer Maßzahl und einer Maßeinheit.

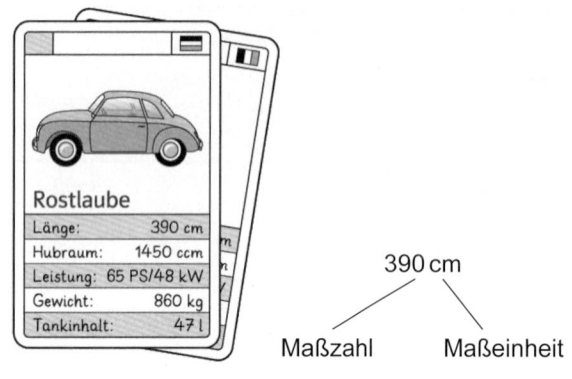

Rostlaube
Länge: 390 cm
Hubraum: 1450 ccm
Leistung: 65 PS/48 kW
Gewicht: 860 kg
Tankinhalt: 47 l

390 cm
Maßzahl   Maßeinheit

Längen misst man in den Maßeinheiten
km (Kilometer), **m** (Meter), **dm** (Dezimeter),
cm (Zentimeter) und **mm** (Millimeter).

$$1\,km = 1000\,m$$
$$1\,m = 10\,dm$$
$$1\,dm = 10\,cm$$
$$1\,cm = 10\,mm$$

1 Ist dir aufgefallen, dass in jeder Maßeinheit das Wort „Meter" vorkommt? Eine Vorsilbe gibt an, welches Vielfache oder welcher Teil eines Meters gemeint ist.
Verbinde jede Vorsilbe mit ihrer Bedeutung.

kilo •   • „ein Tausendstel"

dezi •   • „ein Hundertstel"

zenti •   • „Tausend"

milli •   • „ein Zehntel"

2 Rechne in die angegebene Einheit um.
Beispiel: 5 cm = 50 mm

a) 3 km = _____ m

b) 7 cm = _____ mm

c) 35 m = _____ cm

d) 6700 mm = _____ dm

e) 34 000 cm = _____ m

3 Schreibe in der angegebenen Maßeinheit.
Beispiel: 3 m 40 cm = 340 cm

a) 7 m 85 cm = _____ cm

b) 30 cm 4 mm = _____ mm

c) 3 dm 4 mm = _____ mm

d) 7 km 84 m = _____ m

4 Vergleiche und setze > oder < ein.
Beispiel: 340 mm > 5 cm

a) 700 cm ☐ 8 m

b) 73 dm ☐ 80 cm

c) 4650 dm ☐ 5 km

d) 2 m 64 cm ☐ 3000 mm

5 Merke: Erst gleiche Maßeinheit, dann rechnen!
Beispiel: 9 m + 30 cm = 900 cm + 30 cm = 930 cm

a) 4 cm + 3 mm = _____

b) 12 km + 40 m = _____

c) 3 m + 50 mm = _____

6 (Rechne auf der Rückseite.)
Petra liebt es, aus Wolle Armbänder zu flechten.
Für ein Armband benötigt sie drei Fäden mit je 25 cm Länge. Sie hat ein Wollknäuel mit 50 m.
a) Wie viel Wolle verbraucht Petra für ein Armband?
b) Wie viele Armbänder kann sie aus dem Wollknäuel herstellen?
c) Wie lang ist der Rest, der übrig bleibt?

30 Minuten

Längen messen und umwandeln

Material: Geodreieck oder Lineal

1 Schätze folgende Längen in Millimeter und miss dann nach. Trage die Werte in die Tabelle ein.

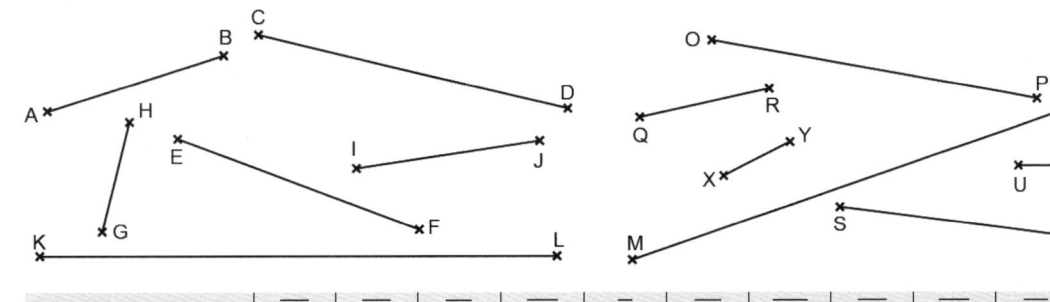

Strecke	$\overline{AB}$	$\overline{CD}$	$\overline{EF}$	$\overline{GH}$	$\overline{IJ}$	$\overline{KL}$	$\overline{MN}$	$\overline{OP}$	$\overline{QR}$	$\overline{ST}$	$\overline{UV}$	$\overline{XY}$
geschätzte Länge												
gemessene Länge												

2 Wandle in die angegebene Maßeinheit um.

a) 22 m = _____ cm
   220 m = _____ cm
   2200 m = _____ cm

b) 7 cm = _____ mm
   78 cm = _____ mm
   780 cm = _____ mm

c) 5 dm = _____ mm
   55 dm = _____ mm
   5500 dm = _____ mm

3 Wandle in die nächstkleinere Maßeinheit um.

Freizeitsport	Leistungssport	Profisport
4 m =	15 m =	145 m =
62 dm =	120 dm =	971 dm =
7 km =	50 km =	$\frac{1}{4}$ km =
270 cm =	$\frac{1}{2}$ cm =	$5\frac{1}{2}$ cm =

4 Wandle in die nächstgrößere Maßeinheit um.

Freizeitsport	Leistungssport	Profisport
50 mm =	140 mm =	3500 mm =
130 cm =	290 cm =	750 cm =
600 dm =	80 dm =	5 dm =
4000 m =	170 m =	50 m =

Größen und Maßstab KV 114 **6**

Längen: Meine Körpermaße

Material: Maßband oder Meterstab

1 Helft euch gegenseitig, eure eigenen Körpermaße zu bestimmen und tragt sie in die Kästchen ein.

2 Messt alleine die Längen verschiedener Gegenstände im Klassenzimmer in einer der Maßeinheiten Spanne, Elle, … Notiert eure Ergebnisse jeweils im Heft so wie in der Tabelle unten. Vergleicht dann zu zweit.

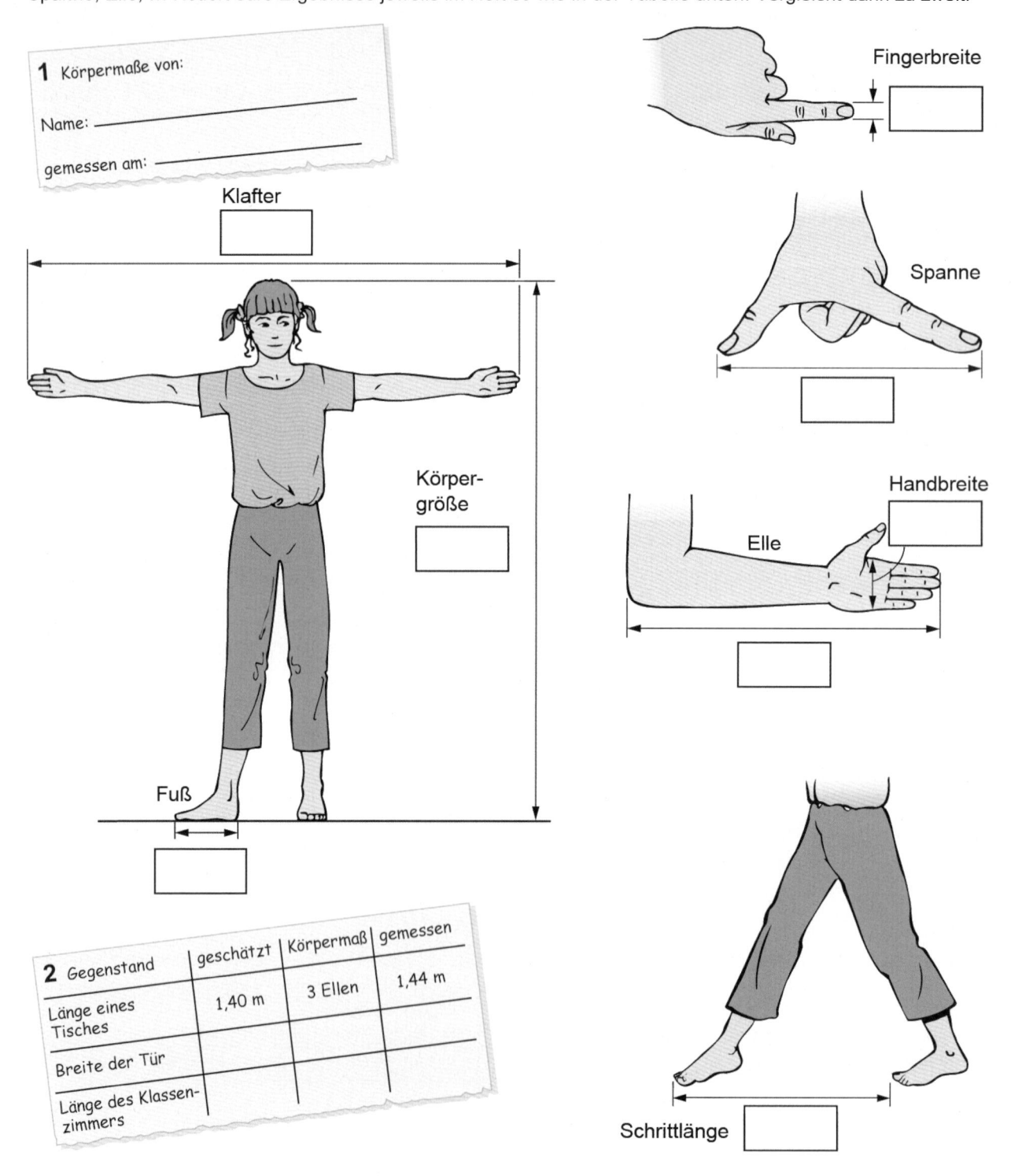

1 Körpermaße von:
Name: _____
gemessen am: _____

Klafter

Körpergröße

Fuß

Fingerbreite

Spanne

Elle — Handbreite

Schrittlänge

2 Gegenstand	geschätzt	Körpermaß	gemessen
Länge eines Tisches	1,40 m	3 Ellen	1,44 m
Breite der Tür			
Länge des Klassenzimmers			

30 Minuten

Längen vergleichen

Material: Geodreieck oder Lineal, Buntstifte

1 Verbinde gleiche Längen miteinander oder male sie mit der gleichen Farbe aus.

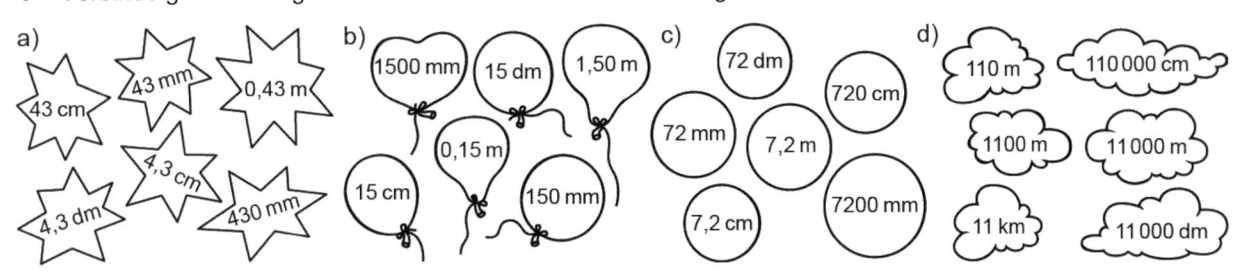

a) 43 cm, 43 mm, 0,43 m, 4,3 dm, 4,3 cm, 430 mm

b) 1500 mm, 15 dm, 1,50 m, 0,15 m, 15 cm, 150 mm

c) 72 dm, 720 cm, 72 mm, 7,2 m, 7,2 cm, 7200 mm

d) 110 m, 110 000 cm, 1100 m, 11 000 m, 11 km, 11 000 dm

2 Übertrage in dein Heft und setze <, = oder > ein. Wandle so um, dass du bei beiden Zahlen die gleiche Maßeinheit hast.

Beispiel: 7,40 m > 704 cm, da 740 cm > 704 cm

a) 13,50 m ☐ 1350 cm
7,60 m ☐ 706 cm
21,55 m ☐ 21 050 cm
0,75 m ☐ 750 mm

b) 15 dm ☐ 150 cm
756 dm ☐ 75 600 mm
3575 dm ☐ 35 750 mm
101,5 dm ☐ 11 050 cm

c) 144 cm ☐ 1404 mm
2,2 cm ☐ 220 cm
6893 cm ☐ 68,93 m
968 cm ☐ 96,8 dm

3 Trage die Maßzahlen in die Stellenwerttafel ein und schreibe als Kommazahl in Metern.

Aufgabe	m H	m Z	m E	dm	cm	mm	Kommaschreibweise
750 mm				7	5	0	0,750 m = 0,75 m
1404 mm							
17 mm							
5 mm							
8 cm							
375 cm							
6893 cm							
25 cm							
9 m 305 mm							
7 m 35 cm							
1 m 1 cm							
26 m 18 cm							
125 m 9 cm							

Größen und Maßstab KV 116 **6**

Maßstab: Wie weit …?

Material: Lineal oder Geodreieck

1 In welchem Maßstab ist die Karte der Bundesrepublik Deutschland abgebildet? _____

2 Trage die Entfernungen ein.

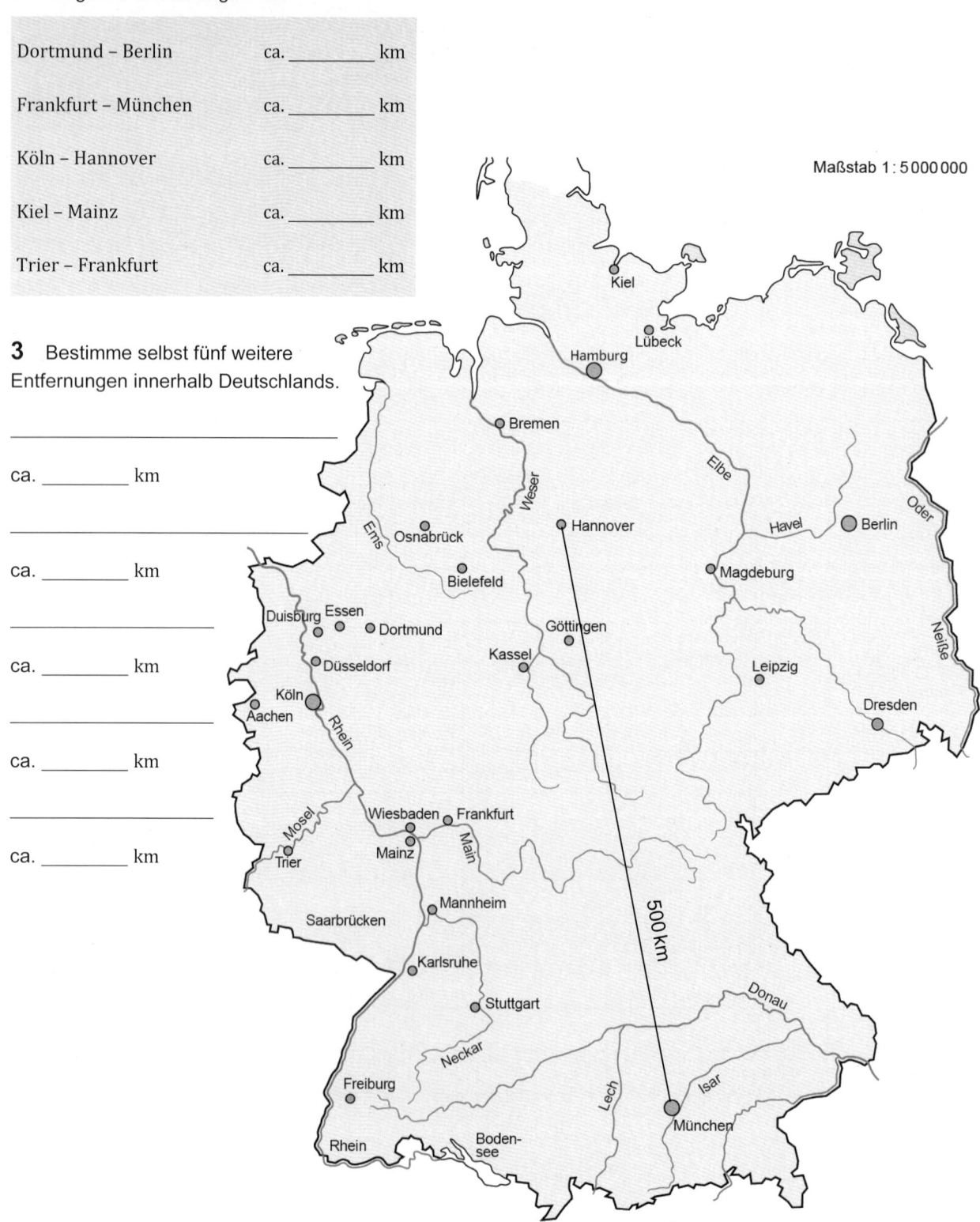

Dortmund – Berlin	ca. _____ km
Frankfurt – München	ca. _____ km
Köln – Hannover	ca. _____ km
Kiel – Mainz	ca. _____ km
Trier – Frankfurt	ca. _____ km

3 Bestimme selbst fünf weitere Entfernungen innerhalb Deutschlands.

_____
ca. _____ km

_____
ca. _____ km

_____
ca. _____ km

_____
ca. _____ km

_____
ca. _____ km

Maßstab 1 : 5 000 000

20 Minuten

Größen und Maßstab KV 117 **6**

Warum gibt es verschiedene Maßeinheiten?

Im Alltag werden in unterschiedlichen Situationen auch unterschiedliche Maßeinheiten verwendet. In der Apotheke wird zum Beispiel gern in Gramm gerechnet. Wenn es um Fahrzeuge geht, verwendet man eher Tonnen.
Das muss so sein. Denn stell dir mal vor, es gäbe für jede Größe nur eine Maßeinheit. Beispielsweise für Massen nur Kilogramm. Dann könnten zwei Probleme auftreten:
1. Die Maßzahl wird sehr groß.
Beispiel: Mein Laster wiegt 40 000 kg.
2. Die Maßzahl wird sehr klein.
Beispiel: Diese Tablette wiegt 0,002 kg.
Um beide Probleme zu vermeiden, gibt es verschiedene Maßeinheiten. Wenn man die Maßeinheit geeignet wählt, ergibt sich eine vernünftige Maßzahl.

1 Rechne die Größenangaben in dieser Erzählung in vernünftige Einheiten um.
Ein Bergsteiger erzählt:

Vor 120 h (_____) bin ich zu einer Bergtour aufgebrochen. Nach $\frac{1}{4}$ Tag (_____) war ich schon auf 1 750 000 mm (_____) Höhe. Das war sehr anstrengend, denn mein Rucksack wog 12 000 000 mg (_____) Dort stellte ich fest, dass ich kaum noch Trinkwasser hatte. Ich machte mich daher zu einem etwa 300 000 cm (_____) entfernten See auf, den ich vom Gipfel aus sehen konnte. Aber an einer glatten Stelle rutschte ich aus und fiel 2000 mm (_____) in die Tiefe. Dabei verstauchte ich mir den Knöchel. Ich musste 180 min (_____) ausharren, bis Hilfe kam. Zusammen stiegen wir bis zur nächsten Hütte ab. Der Höhenunterschied betrug 10 000 cm (_____), aber wir benötigten dafür ganze 7200 s (_____)

2 Wähle die Maßeinheit so, dass die Maßzahl möglichst klein wird und du kein Komma brauchst.
Beispiele: 0,1 g = 100 mg; 2000 g = 2 kg

a) 40 000 mg = _____

b) 3400 cm = _____

c) 10 500 mm = _____

d) 0,5 km = _____

e) 180 min = _____

3 In welchen Maßeinheiten würdest du die folgenden Größen angeben?

a) Körpermasse eines Menschen: _____

b) Dauer eines 100-m-Sprints: _____

c) Länge eines Nagels: _____

d) Länge eines Fadens auf einer Rolle: _____

4 Manchmal lassen sich große Maßzahlen allerdings kaum vermeiden. Kreuze an.
a) Wie weit ist es bis zum Mond?
☐ etwa 40 000 km
☐ etwa 380 000 km
☐ etwa 21 000 000 km
b) Welche Flugstrecke benötigen Bienen für 500 g Honig?
☐ etwa 20 000 km
☐ etwa 50 000 km
☐ etwa 100 000 km

5 Was ist hier falsch? Erfinde für das rechte Schild eine Größenangabe mit der richtigen Maßeinheit.

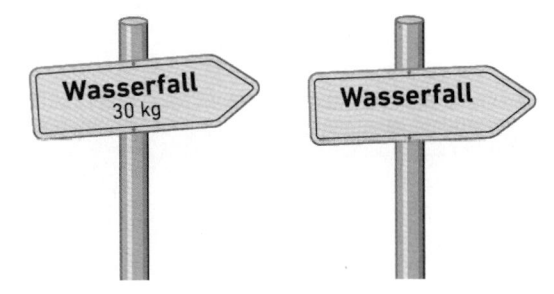

Größen und Maßstab KV 118 **6**

Größenangaben mit Komma

Was wird hier wohl angezeigt? Schreibe die vollständigen Größen unter den Tachometer und über die Personenwaage.

Anmerkung: In England schreibt man statt des Kommas einen Punkt. Dies findet man oft bei Produkten, die weltweit verkauft werden.

1 Trage die Längenangaben in die Tabelle ein und gib sie anschließend mit Komma in der angegebenen Maßeinheit an.

Beispiele: $4\,500\,m = 4{,}500\,km$; $730\,cm = 7{,}30\,m$

km			m			dm	cm	mm
100	10	1	100	10	1	100	10	1
		4	5	0	0			
				7	3	0		

$5000\,cm =$ _____ m

$35\,mm =$ _____ cm

$1250\,m =$ _____ km

$200\,m =$ _____ km

$450\,mm =$ _____ m

2 Trage die Größenangaben in die Tabelle ein und gib sie anschließend mit Komma in der angegebenen Maßeinheit an.

Beispiele: $9400\,g = 9{,}400\,kg$; $600\,mg = 0{,}600\,g$

kg			g			mg		
100	10	1	100	10	1	100	10	1
		9	4	0	0			
						6	0	0

$2500\,g =$ _____ kg

$125\,g =$ _____ kg

$1600\,mg =$ _____ g

$30\,mg =$ _____ g

3 Schreibe ohne Komma.

Beispiele: $2{,}5\,km = 2500\,m$; $0{,}5\,kg = 500\,g$

a) $1{,}2\,km =$ _____

b) $4{,}50\,m =$ _____

c) $1{,}5\,kg =$ _____

d) $0{,}400\,g =$ _____

Zum Rechnen formen wir Größen so um, dass sie die gleiche Maßeinheit haben.

Beispiel: $38\,dm + 5{,}1\,m = 38\,dm + 51\,dm = 89\,dm$

4 (Rechne auf der Rückseite.)
Rudis Pausenbrot besteht aus zwei 1,3 cm dicken Brotscheiben, die 1 mm dick mit Butter beschmiert und mit zwei 0,2 cm dicken Wurstscheiben und einer 0,4 cm dicken Käsescheibe belegt sind.
Wie dick ist sein Pausenbrot?

20 Minuten

Speisekarte: Größen und Maßstab

Stelle dir ein Menü aus Vorspeise, Hauptspeise und Nachspeise zusammen und löse die Aufgaben.

Vorspeise:

Ordne jeweils die passende Maßeinheit zu. Auswahl: km, m, dm, cm, mm, t, kg, g, mg

Der Hund wiegt 18 ____.

Der Stift wiegt 20 ____.

Die Tür ist 2,10 ____ hoch.

Der Turm ist 0,22 ____ hoch.

Das Buch wiegt 420 ____.

Der Bleistiftanspitzer ist 0,3 ____ lang.

Das Schulgebäude ist 1420 ____ hoch.

Der Radiergummi wiegt 0,04 ____.

Hauptspeise:

Ergänze die Lücken.

4,20 € = _____ ct

2 h = _____ min

11 t = _____ kg

6 km = _____ m

1202,34 € = _____ ct

6 h 22 min = _____ min

13 t = _____ g

4700 km = _____ dm

Nachspeise:

Berechne. Achte auf die Einheiten.

2 € + 20 ct = _____ ct

3 min + 10 s = _____ s

2 kg + 250 g = _____ g

2 cm + 2 mm = _____ mm

2 € + 2 ct = _____ ct

2 h + 19 min = _____ min

2 t + 20 g = _____ g

35 cm + 35 mm = _____ mm

20 Minuten

Klassenarbeit A – Größen und Maßstab (Teil 1)

1 Ergänze die Lücken mit den richtigen Einheiten aus den Kärtchen.

Lisa geht im Supermarkt einkaufen. Der Supermarkt ist 650 _____ entfernt. Im Supermarkt benötigt

Lisa eine knappe halbe _____. Sie kauft 2,5 _____ Kartoffeln, 500 _____ Kirschen

und 3 _____ Milch. An der Kasse muss Lisa 5 _____ warten.

Sie bezahlt an der Kasse 14,54 _____.

Minuten	Cent	Stunde	cm	mm
Sekunden	g	l	t	m
	€	kg	ml	

2 Ordne jedem Gegenstand die passenden Angaben aus den Kärtchen zu.

Holztür   Länge: _____   Masse: _____

Dominostein   Länge: _____   Masse: _____

Besenstiel   Länge: _____   Masse: _____

Auto   Länge: _____   Masse: _____

Tafel Schokolade Länge: _____   Masse: _____

| 2 cm | 100 g | 4,50 m | 300 g | 20 kg |
| 15 cm | 1,40 m | 2,10 m | 10 g | 750 kg |

3 Wandle um.

a) 525 ct = _____ €   b) 12,30 € = _____ ct   c) 17,05 € = _____ ct

d) 3 € 3 ct = _____ €   e) 3,50 € = _____ ct   f) 25 ct = _____ €

Klassenarbeit A – Größen und Maßstab (Teil 2)

4 Ergänze die Lücken.

a) 17 000 kg = _____ t   b) 12 km = _____ m   c) 2 kg = _____ g

d) 23 000 m = _____ km   e) 7 min = _____ s   f) 5 dm = _____ cm

g) 12 kg = _____ g   h) 330 s = _____ min i) 12 km = _____ cm

5 Wandle um.

a) 5 min 15 s = _____ s   b) 6 h 4 min = _____ min   c) 1 h 3 min = _____ s

d) 2 kg 330 g = _____ g   e) 7 t 120 kg = _____ kg   f) 8 kg 65 g = _____ g

g) 5 km 230 m = _____ m   h) 2 m 5 cm = _____ cm   i) 4 m 3 cm = _____ m

6 Der Schlossplatz in Stuttgart liegt in einer Höhe von 244 m. Die Aussichtsplattform des Stuttgarter Fernsehturms liegt in einer Höhe von 635 m. Wie groß ist der Höhenunterschied zwischen dem Schlossplatz und der Aussichtsplattform des Fernsehturms?

_____

_____

_____

7 Das Auto von Familie Meier wiegt 1,4 t. Herr Meier wiegt 86 kg, seine Frau 68 kg, der Sohn 47 kg und die Tochter 41 kg. Berechne das die Gesamtmasse in Kilogramm, wenn die ganze Familie im Auto mitfährt.

_____

_____

_____

_____

Checkliste: Ich kann ...	Aufgabe	☺	☹	☹
die richtige Einheit einer Sachsituation zuordnen,	1	☐	☐	☐
die richtige Zahl mit der passenden Einheit einem Sachverhalt zuordnen,	2	☐	☐	☐
Geldbeträge umwandeln,	3	☐	☐	☐
Masse, Zeit und Längen in verschiedenen Einheiten angeben,	4; 5	☐	☐	☐
Sachaufgaben lösen.	6; 7	☐	☐	☐

Klassenarbeit B – Größen und Maßstab (Teil 1)

1 Ergänze die fehlenden Angaben in der Tabelle.

Abfahrt	Fahrzeit (min)	Ankunft
08:00 Uhr		11:30 Uhr
09:45 Uhr		16:05 Uhr
14:35 Uhr		22:22 Uhr
07:41 Uhr	135 min	
	214 min	01:12 Uhr

2 Berechne.

a) $4\,m + 4\,m\,50\,cm =$ _____ cm

b) $4\,m + 5\,cm =$ _____ cm

c) $5\,kg + 780\,g =$ _____ g

d) $5\,kg + 78\,g =$ _____ g

e) $3\,€ + 30\,ct =$ _____ ct

f) $3\,€ + 3\,ct =$ _____ ct

3 Berechne.

a) $8\,min\,40\,s - 5\,min\,14\,s =$ _____ min _____ s

b) $14\,min\,35\,s - 10\,min\,40\,s =$ _____ min _____ s

c) $1\,h\,12\,min\,25\,s - 14\,min\,38\,s =$ _____ min _____ s

4 Berechne und wähle eine passende Einheit.

a) $25\,dm - 1\,m =$ _____

b) $2\,km - 1500\,m =$ _____

c) $5\,g - 5000\,mg =$ _____

Klassenarbeit B – Größen und Maßstab (Teil 2)

5 Thomas hat Aufgaben gelöst. Dabei hat er **Fehler** gemacht.
Finde den Fehler und korrigiere die Lösung. Notiere, was Thomas falsch gemacht hat.

a) $4\,\text{m} + 7\,\text{cm} = 4{,}7\,\text{m}$ _____

b) $500\,\text{cm} + 2\,\text{m} = 502\,\text{cm}$ _____

c) $20\,\text{dm} + 5\,\text{cm} = 25\,\text{dm}$ _____

d) $24\,\text{kg} - 3\,\text{g} = 21\,\text{kg}$ _____

6 Lisa arbeitet mit der Karte von Deutschland. Sie wohnt in Stuttgart und möchte wissen, wie weit ihre Freundin Annika aus Hamburg entfernt wohnt. Bestimme die Entfernung mithilfe der Karte.

_____

_____

_____

7 Auf einer Karte im Maßstab 1 : 25 000 liegen zwei Orte 6 cm auseinander. Wie weit sind diese beiden Orte in Wirklichkeit voneinander entfernt?

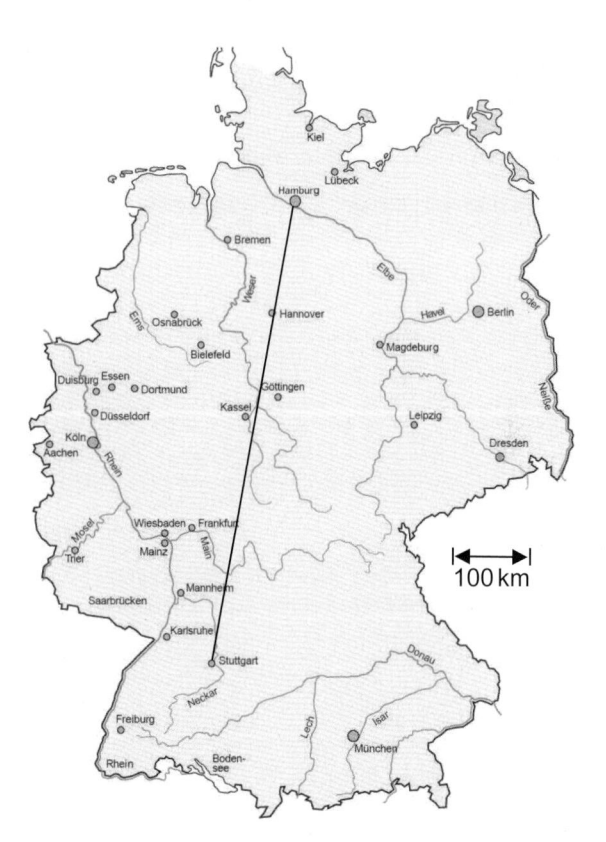

_____

_____

Checkliste: Ich kann ...	Aufgabe	☺	😐	☹
Uhrzeiten berechnen,	1	☐	☐	☐
Größen addieren,	2	☐	☐	☐
Größen subtrahieren,	3; 4	☐	☐	☐
Fehler bei falsch gelösten Aufgaben finden,	5	☐	☐	☐
Entfernungen mithilfe einer Karte mit Maßstab bestimmen,	6	☐	☐	☐
Entfernungen mithilfe eines Maßstabs bestimmen.	7	☐	☐	☐

Klassenarbeit C – Größen und Maßstab (Teil 1)

1 Schätze, wie hoch das Schaufelrad im Bild ist.
Begründe deine Schätzung.

_____

_____

_____

_____

_____

_____

2 a) Ordne der Größe nach, ohne das genaue Ergebnis zu berechnen.

A: 90 · 3 ct   B: 90 · 30 ct   C: 90 · 3,00 €   D: 9 · 300 ct

_____

b) Berechne jetzt die genauen Ergebnisse.

A: _____ B: _____

C: _____ D: _____

3 Ergänze die Lücken.

a) 12,30 € = _____ ct   b) 3,02 t = _____ kg   c) 7 h 44 min = _____ min

d) 34 € 6 ct = _____ €   e) 23 m 9 dm = _____ m   f) 3678 g = _____ kg

4 Ergänze die Lücken.

a) 4,65 m + 35 dm = _____ dm   b) 2 kg 450 g + 1050 g = _____ kg

c) 3 € 78 ct + 166 ct = _____ ct   d) 2,1 _____ − 360 _____ = 1740 m

e) 21 _____ + 10 _____ = 2,20 m   f) 2,005 t − 750 kg = _____ kg

5 Sven zählt auf dem Heimweg von der Schule seine Schritte. Er benötigt 710 Schritte bis nach Hause. Ein Schritt ist bei ihm 65 cm lang. Wie viele Meter beträgt sein Weg von der Schule nach Hause?

_____

_____

_____

Größen und Maßstab KV 125 **6**

Klassenarbeit C – Größen und Maßstab (Teil 2)

6 a) Julia kauft Äpfel auf dem Markt. Zufällig wiegen die 5 Äpfel genau 1 kg.
Wie schwer könnten die einzelnen Äpfel gewesen sein? Gib zwei Möglichkeiten für die 5 Äpfel an.

1. Möglichkeit: _____

2. Möglichkeit: _____

b) Außerdem kauft Julia 3 Schalen mit Erdbeeren. Jede Schale wiegt 450 g.
Wie schwer sind die 3 Schalen zusammen?

_____

_____

7 a) Felix hat ein Modellflugzeug im Maßstab
1 : 150. Das Modellflugzeug ist 13 cm lang.
Wie lang ist das Originalflugzeug?

_____

_____

_____

b) Ein anderes Modellflugzeug ist 6 cm lang.
Das Flugzeug ist in der Wirklichkeit 30 m lang.
Wie groß ist der Maßstab, mit dem das
Modellflugzeug gegenüber dem Original verkleinert
wurde?

_____

_____

_____

Checkliste: Ich kann ...	Aufgabe	☺	😐	☹
Längen schätzen,	1	☐	☐	☐
Rechnungen mit Geld überschlagen und durchführen,	2	☐	☐	☐
Größenangaben in andere Einheiten umrechnen,	3	☐	☐	☐
Größen addieren und subtrahieren,	4	☐	☐	☐
Sachaufgaben lösen,	5; 6	☐	☐	☐
Längen mithilfe eines Maßstabs bestimmen und den Maßstab aus gegebenen Längen berechnen.	7	☐	☐	☐

Für Teil 1 und 2: 45 Minuten

Bergsteigen: Größen und Maßstab – zu den Schulbuchseiten 171–175

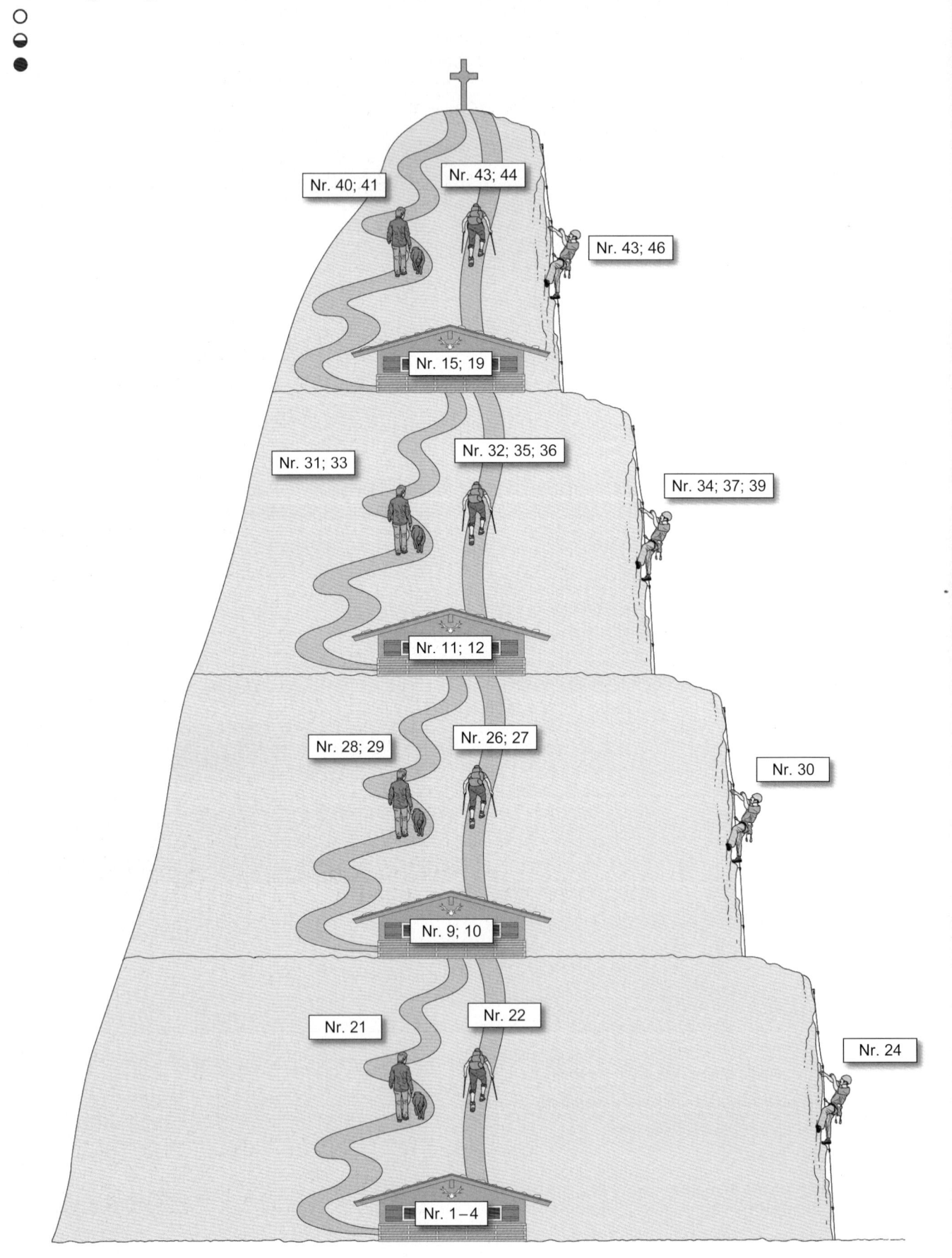

KV 126

Nr. 40; 41

Nr. 43; 44

Nr. 43; 46

Nr. 15; 19

Nr. 31; 33

Nr. 32; 35; 36

Nr. 34; 37; 39

Nr. 11; 12

Nr. 28; 29

Nr. 26; 27

Nr. 30

Nr. 9; 10

Nr. 21

Nr. 22

Nr. 24

Nr. 1–4

90 Minuten

Umfang und Flächeninhalt KV 127 **7**

👥 Flächeninhalte vergleichen – Partnerarbeitsblatt 1

Achtung: Der erste Teil eurer Arbeitsblätter ist streng geheim. Ihr dürft ihn euch auf keinen Fall gegenseitig zeigen.

1 Du siehst hier ein Quadrat und ein Dreieck abgebildet.
Was denkst du: Welches ist größer? Kreuze an.

☐ 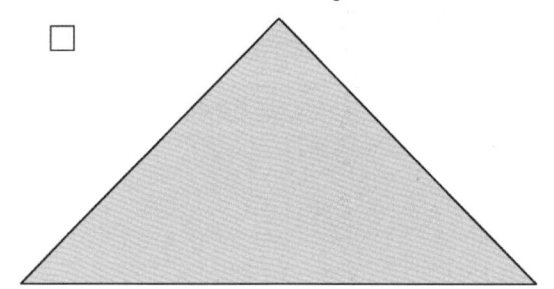   ☐

2 Schneide das Dreieck unten auf der Seite aus und zerlege es in seine Einzelteile. Lege nun aus den Einzelteilen ein Quadrat.

3 a) Arbeitet zu zweit. Vergleicht eure Figuren aus Aufgabe 2.
Was fällt euch auf? Tipp: Betrachtet die Form und Anzahl der Einzelteile.

_____

_____

b) Gehe nochmals zu Aufgabe 1. Was meinst du nun dazu?

_____

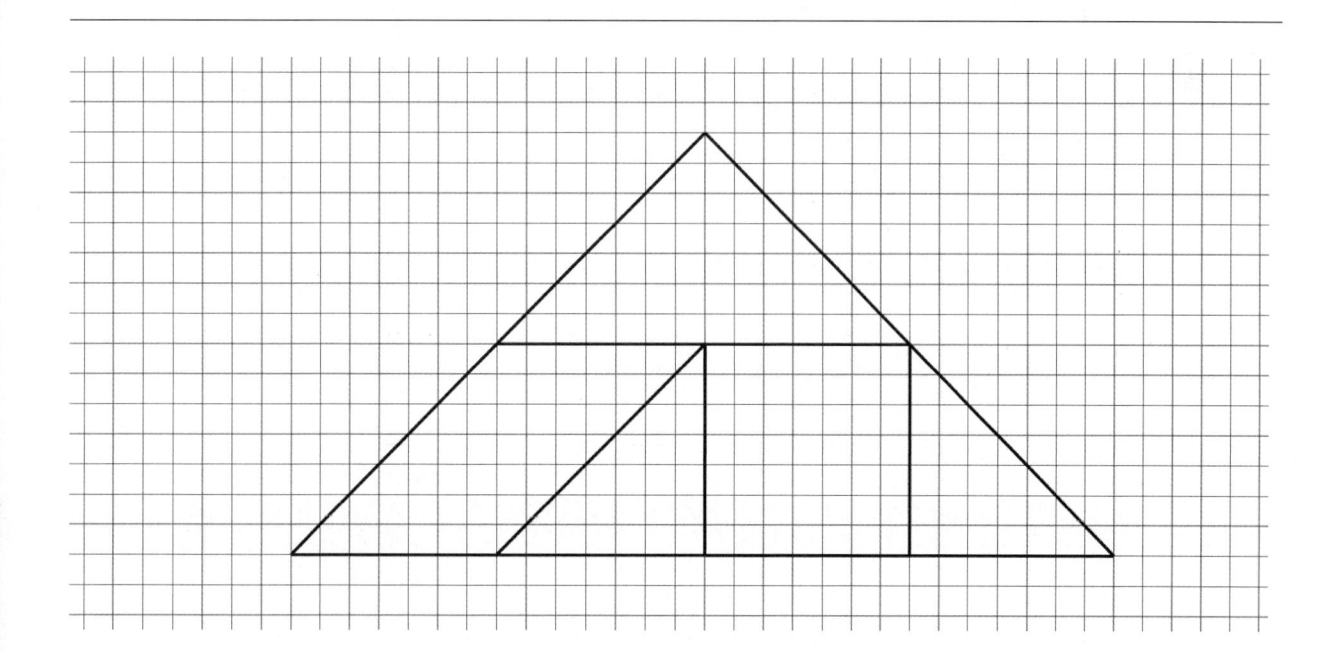

30 Minuten

Umfang und Flächeninhalt

KV 128 **7**

👥 Flächeninhalte vergleichen – Partnerarbeitsblatt 2

Achtung: Der erste Teil eurer Arbeitsblätter ist streng geheim. Ihr dürft ihn euch auf keinen Fall gegenseitig zeigen.

1 Du siehst hier ein Quadrat und ein Dreieck abgebildet.
Was denkst du: Welches ist größer? Kreuze an.

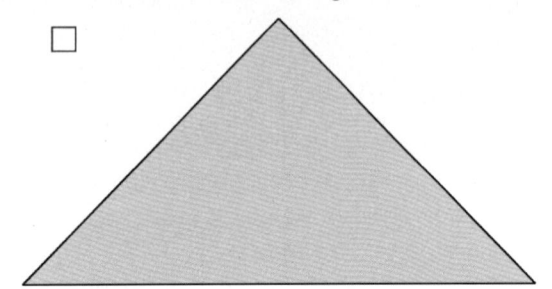

☐   ☐

2 Schneide das Quadrat unten aus und zerlege es in seine Einzelteile. Lege nun aus den Einzelteilen ein Dreieck.

3 a) Arbeitet zu zweit. Vergleicht eure Figuren aus Aufgabe 2.
Was fällt euch auf? Tipp: Betrachtet die Form und Anzahl der Einzelteile.

_____

_____

b) Gehe nochmals zu Aufgabe 1. Was meinst du nun dazu?

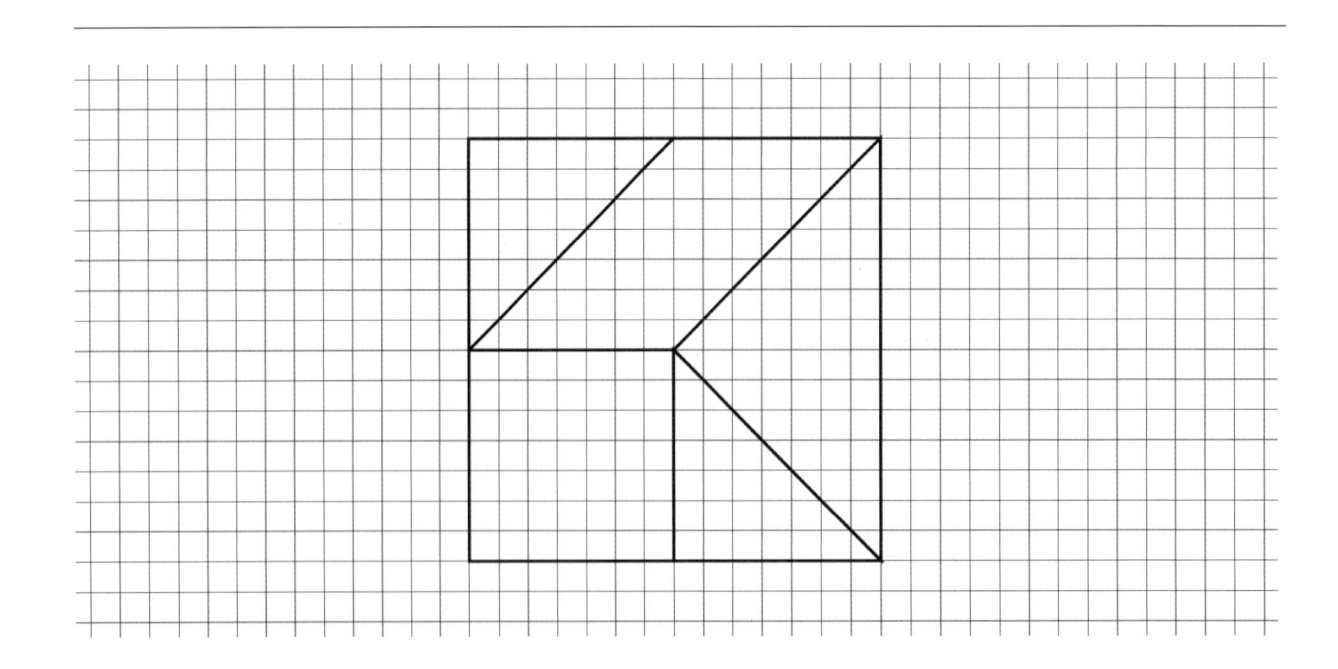

_____

_____

30 Minuten

Umfang und Flächeninhalt
KV 129   **7**

Flächeninhalt und Raubtiere

Im Zoo „Wilde Wesen" werden die Gehege der Löwen und der Tiger genau unter die Lupe genommen. Es wird überlegt, ob sie vergrößert werden sollen. In einem Plan sind die Flächen der Gehege eingezeichnet.

Löwen   Tiger

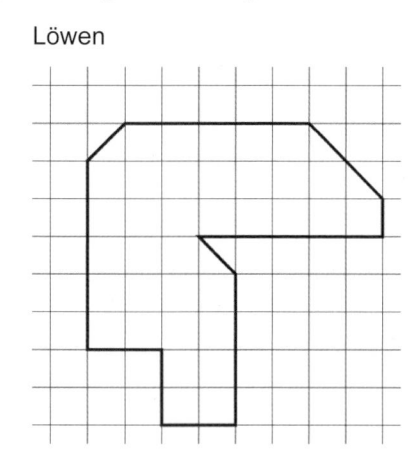

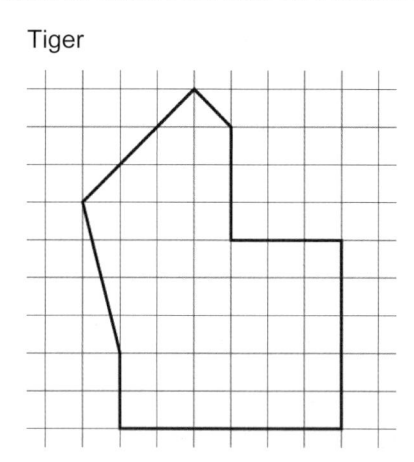

1 Bestimme die Flächeninhalte der Gehege. Färbe dazu alle halben Kästchen grün und alle ganzen Kästchen rot.

Löwen: _____ Kästchen   Tiger: _____ Kästchen

Löse nun die folgenden Aufgaben. Du kannst vor jeder Aufgabe neu entscheiden, ob du die Aufgabe in der Schwierigkeitsstufe der Raubtier-Pflege oder der Raubtier-Zähmung machst.

Raubtier-Pflege	Raubtier-Zähmung
2 Welche Tiere haben das größere Gehege?	**2** Welche Tiere haben das größere Gehege? Wie viel größer ist es?
3 Der Zoodirektor möchte, dass Löwen und Tiger gleich große Gehege haben. Färbe bei den Tigern so viele Kästchen blau, wie die Löwen Platz haben.	**3** Der Zoodirektor möchte, dass Löwen und Tiger gleich große Gehege haben. Zeichne bei den Löwen entsprechend viele blaue Kästchen dazu.
So viele Kästchen muss ich färben: _____	So viele Kästchen muss ich hinzufügen: _____
Ein Löwe benötigt so viel Platz:	Zwei Tiger benötigen so viel Platz:
Wie viele Löwen dürfen höchstens im Gehege leben?	Wie viele Tiger dürfen höchstens im Gehege leben?

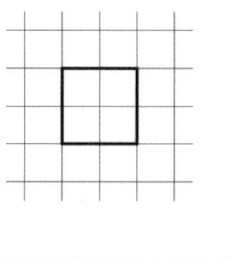

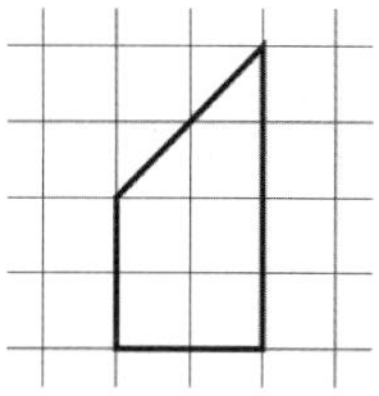

30 Minuten

Domino: Flächenmaße

Schneidet die Dominosteine entlang der dickeren Linien aus. Mischt die Dominosteine und legt sie offen aus. Ihr müsst nun abwechselnd Dominosteine so anlegen, dass gleiche Flächeninhalte aneinanderstoßen.

Start	4000 mm²	0,4 dm²	309 dm²
3,09 m²	538 km²	5 380 000 a	4 m² 35 dm²
4,35 m²	1,002 km²	10 020 a	7500 cm²
75 dm²	2 a 2 m²	202 m²	303 cm²
30 300 mm²	400 cm²	4 dm²	5380 ha
53,8 km²	3,9 m²	39 000 cm²	435 cm²
4,35 dm²	20 a 2 m²	200 200 dm²	7,5 dm²
7 dm² 50 cm²	3 dm² 30 mm²	3,003 dm²	Ziel

Stellenwerttafel: Flächenmaße umwandeln

km²	ha	a	m²	dm²	cm²	mm²

km²	ha	a	m²	dm²	cm²	mm²

km²	ha	a	m²	dm²	cm²	mm²

km²	ha	a	m²	dm²	cm²	mm²

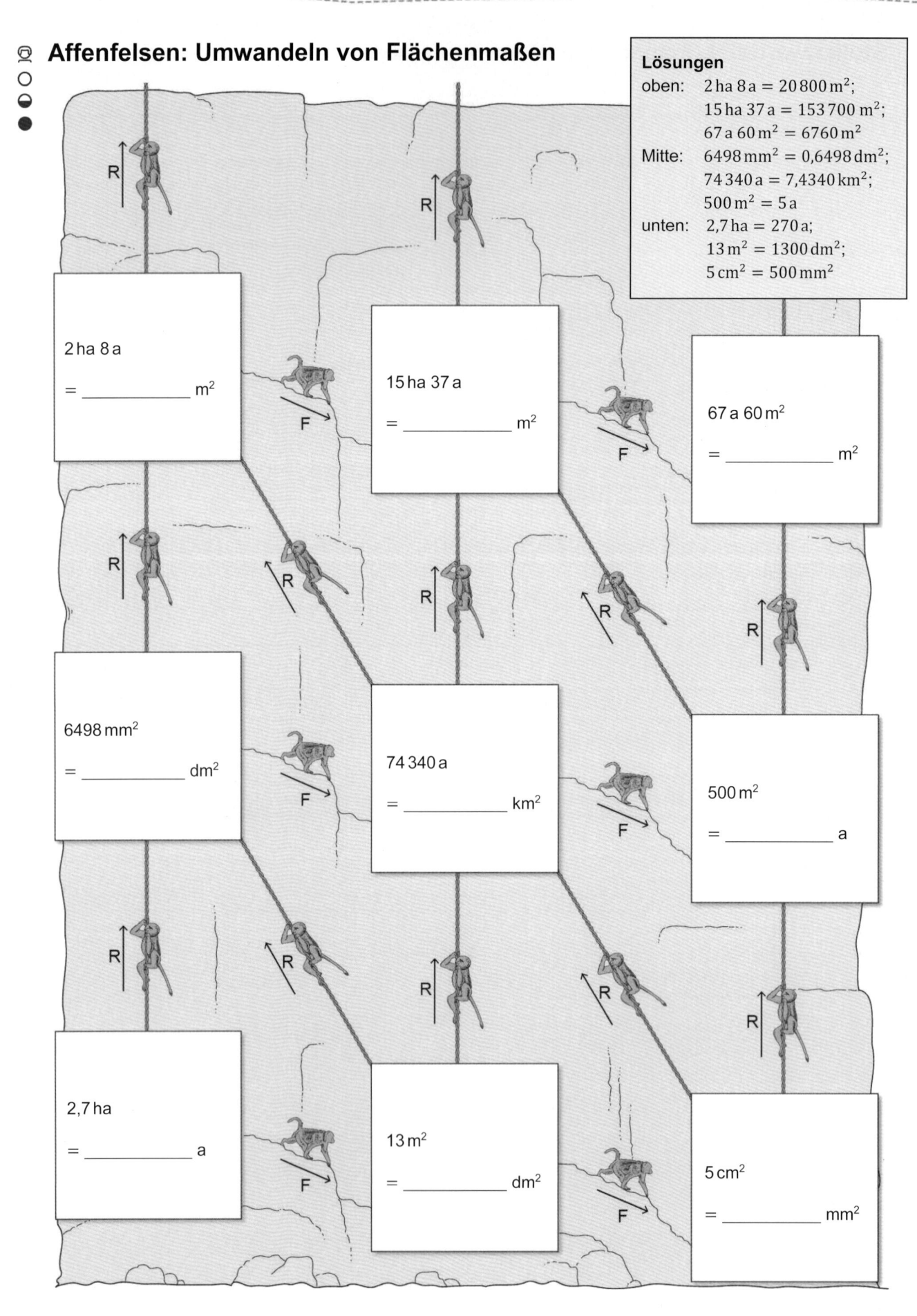

Umfang und Flächeninhalt

KV 132 7

Affenfelsen: Umwandeln von Flächenmaßen

Lösungen
oben: 2 ha 8 a = 20 800 m²;
15 ha 37 a = 153 700 m²;
67 a 60 m² = 6760 m²
Mitte: 6498 mm² = 0,6498 dm²;
74 340 a = 7,4340 km²;
500 m² = 5 a
unten: 2,7 ha = 270 a;
13 m² = 1300 dm²;
5 cm² = 500 mm²

2 ha 8 a
= _____ m²

15 ha 37 a
= _____ m²

67 a 60 m²
= _____ m²

6498 mm²
= _____ dm²

74 340 a
= _____ km²

500 m²
= _____ a

2,7 ha
= _____ a

13 m²
= _____ dm²

5 cm²
= _____ mm²

15 Minuten

Umfang und Flächeninhalt KV 133 **7**

Speisekarte: Flächenmaße und Kommaschreibweise

Stelle dir ein Menü aus Vorspeise, Hauptspeise und Nachspeise zusammen und löse die Aufgaben.

Vorspeise:

Wandle in eine möglichst große Einheit ohne Komma um:
970 000 cm²

= _____

Wandle in eine möglichst große Einheit ohne Komma um:
10 050 000 m²

= _____

Hauptspeise:

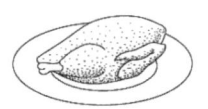

Verwende die Kommaschreibweise:

a) 15 a 13 m²

= _____ a

b) 15 km² 13 a

= _____ km²

Verwende die Kommaschreibweise:

a) 3 cm² 3 mm²

= _____ cm²

b) 70 km² 1 a

= _____ km²

Nachspeise:

Wandle in eine möglichst große Einheit ohne Komma um:
13 050 000 m²

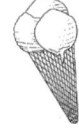

= _____

Wandle in eine möglichst große Einheit ohne Komma um:
7 239 000 000 mm²

= _____

ABC-Mathespiel: Flächenmaße

Schwierige Spielvariante:

- N = 40 000 000 mm²
- O = 92 m²
- P = 1500 dm²
- Q = 260 000 cm²
- R = 144 m²
- S = 154 080 cm²
- T = 16 000 000 mm²
- U = 1040 dm²
- V = 272 m²
- W = 125 000 cm²
- X = 1240 dm²
- Y = 56 000 000 mm²
- Z = 212 m²

Mein Name: _____

Spielanleitung:
1. Ein Kind zählt das Alphabet durch, ein anderes ruft „stopp". Für die einfache Spielvariante buchstabiert ihr von A bis M, für die schwierige Spielvariante von N bis Z.
2. Jedes Kind der Gruppe schreibt die Zahl zum passenden Buchstaben in das Anfangsfeld hinein.
3. Fülle die Zeile aus und rufe „fertig". Danach darf jedes Kind noch sein Feld fertig ausfüllen.
4. Kontrolliere und zähle für eine richtige Antwort einen Punkt.

Anfangsfeld	+ 23 m²	− 1000 dm²	· 6	: 4	Punkte

Einfache Spielvariante:

- A = 48 m²
- B = 400 000 cm²
- C = 6000 dm²
- D = 72 m²
- E = 50 000 dm²
- F = 2000 dm²
- G = 36 m²
- H = 1720 dm²
- I = 250 000 cm²
- J = 44 m²
- K = 1200 dm²
- L = 1000 dm²
- M = 60 m²

Umfang und Flächeninhalt KV 135

Das große Mathedinner zu Flächenmaßen (1): Checkliste

Bevor du dich gleich durch die Menüs „essen" darfst, bereitest du dich in der Checkliste vor. Die Checkliste sagt dir, bei welchem Gang du welches Menü (1, 2 oder 3) „isst".

1. Bearbeite die Checkliste (auf Seite 1).
2. Korrigiere deine Antworten mithilfe der Lösungen (auf Seite 2).
3. Markiere in der Checkliste, welche Menüs du nimmst:
   Du hast leider kein richtiges Ergebnis.   → Menü 1
   Du hast ein richtiges Ergebnis.   → Menü 2
   Du hast beide Aufgaben richtig gelöst.   → Menü 3
4. „Iss" dich dann durch deine Menüs (auf Seite 3).

Checkliste

			Menü 1	Menü 2	Menü 3
Getränk	**1**	Wandle um. a) $31\,km^2 =$ _____ ha b) $9\,a\,1\,m^2 =$ _____ m^2			
Suppe	**2**	Wandle um. a) $4500\,cm^2 =$ _____ dm^2 b) $60\,m^2\,8\,dm^2 =$ _____ m^2			
Hauptgang	**3**	Wandle um. a) $7\,m^2\,12\,dm^2 =$ _____ dm^2 b) $30\,cm^2\,1\,mm^2 =$ _____ mm^2			
Nachspeise	**4**	Schreibe in gemischter Schreibweise. a) $305\,dm^2 =$ _____ m^2 _____ dm^2 b) $7563\,m^2 =$ _____ a _____ m^2			

Umfang und Flächeninhalt KV 136 **7**

Das große Mathedinner zu Flächenmaßen (2): Lösungen Checkliste

Hiermit kannst du deine Lösungen in der Checkliste überprüfen.

Lösungen Checkliste

		Menü 1	Menü 2	Menü 3
Getränk	**1** a) $31\,km^2 = 3100\,ha$ b) $9\,a\,1\,m^2 = 901\,m^2$			
Suppe	**2** a) $4500\,cm^2 = 45\,dm^2$ b) $60\,m^2\,8\,dm^2 = 60{,}08\,m^2$			
Hauptgang	**3** a) $7\,m^2\,12\,dm^2 = 712\,dm^2$ b) $30\,cm^2\,1\,mm^2 = 3001\,mm^2$			
Nachspeise	**4** a) $305\,dm^2 = 3\,m^2\,5\,dm^2$ b) $7563\,m^2 = 75\,a\,63\,m^2$			

Das große Mathedinner zu Flächenmaßen (3): Die Menüs

	Menü 1	Menü 2	Menü 3
Getränk	**1** Wandle um. a) 12 m² = _____ dm² b) 6 dm² 57 cm² = _____ cm² c) 10 a 5 m² = _____ m²	**1** Wandle um. a) 267 m² = _____ dm² b) 76 dm² 7 cm² = _____ cm² c) 23 km² 2 a = _____ a	**1** Wandle um. a) 56 m² 3 dm² = _____ dm² b) 5 a 7 m² = _____ m² c) 2 km² 6 ha 73 a = _____ a
Suppe	**2** Wandle um. a) 2 cm² 43 mm² = _____ cm² b) 30 ha 61 a = _____ ha c) 21 m² 3 dm² = _____ m²	**2** Wandle um. a) 23 m² 27 dm² = _____ m² b) 5 km² 4 ha = _____ km² c) 46 m² 7 dm² 15 cm² = _____ m²	**2** Wandle um. a) 7 dm² 78 cm² 3 mm² = _____ dm² b) 40 km² 37 ha 99 a = _____ km² c) 3 a 42 m² 7 cm² = _____ a
Hauptgang	**3** Wandle um. a) 5 m² 32 dm² = _____ dm² b) 17 dm² 21 cm² = _____ cm² c) 8 a 5 m² = _____ m²	**3** Wandle um. a) 45 ha 37 a = _____ a b) 5 m² 82 dm² = _____ dm² c) 80 a 1 m² = _____ m²	**3** Wandle um. a) 60 dm² 10 cm² = _____ cm² b) 38 cm² 9 mm² = _____ mm² c) 65 km² 8 ha = _____ ha
Nachspeise	**4** Schreibe in gemischter Schreibweise. a) 567 m² = _____ a _____ m² b) 5671 dm² = _____ m² _____ dm² c) 9032 mm² = _____ cm² _____ mm²	**4** Schreibe in gemischter Schreibweise. a) 987 cm² = _____ dm² _____ cm² b) 1457 a = _____ ha _____ a c) 704 156 dm² = _____ a _____ m² _____ dm²	**4** Schreibe in gemischter Schreibweise. a) 7041 ha = _____ km² _____ ha b) 5409 dm² = _____ m² _____ dm² c) 493 206 cm² = _____ m² _____ dm² _____ cm²

Für Teil 1, 2 und 3: 45 Minuten

Umfang und Flächeninhalt KV 138 7

Aus dem Sport: Rechtecke auf dem Tennisplatz (Teil 1)

Tim hat die Maße eines Tennisplatzes abgemessen:

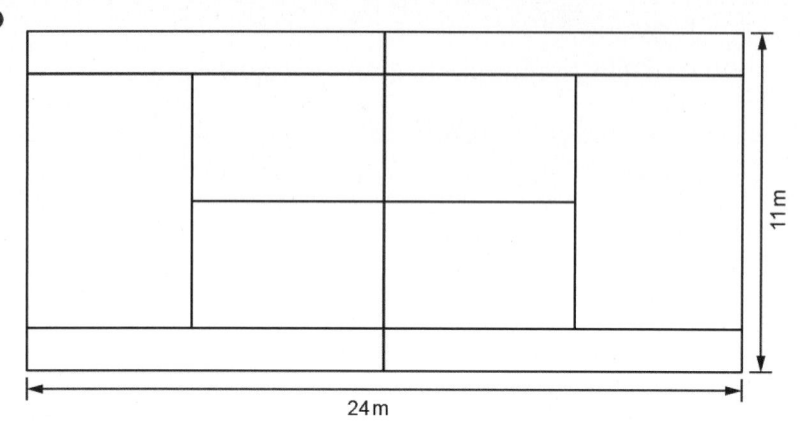

[Abbildung: Tennisplatz 24 m × 11 m]

1 Zum Warmmachen läuft Tim Runden um den Tennisplatz auf den Außenlinien.
a) Zeichne gleich lange Strecken in gleicher Farbe.
b) Wie lang ist eine Runde?

_____

2 Wie groß ist das komplette Tennisfeld?

Länge: _____ ; Breite: _____ ;

Flächeninhalt: _____

3 Tim möchte ein Einzel mit Emre spielen. Im Einzelfeld kommen die Doppelstreifen (hier grau) nicht vor. Tim hat dazu die Breite des Doppelstreifens abgemessen. Berechne den Umfang und den Flächeninhalt des Einzelfelds.

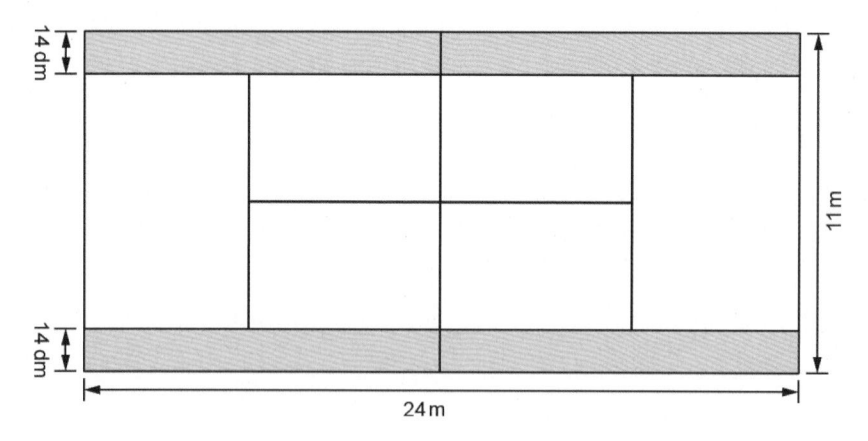

[Abbildung: Tennisplatz 24 m × 11 m mit Doppelstreifen je 14 dm]

_____

Für Teil 1 und 2: 45 Minuten

Aus dem Sport: Rechtecke auf dem Tennisplatz (Teil 2)

4 Ein beliebtes Aufwärmspiel ist das Ablaufen der Linien. Dieses Aufwärmspiel hilft, die Abmessungen des Einzelfelds besser kennenzulernen. Tim hat dazu ganz genau abgemessen. Berechne, welche Strecke Tim beim Ablaufen zurücklegt.

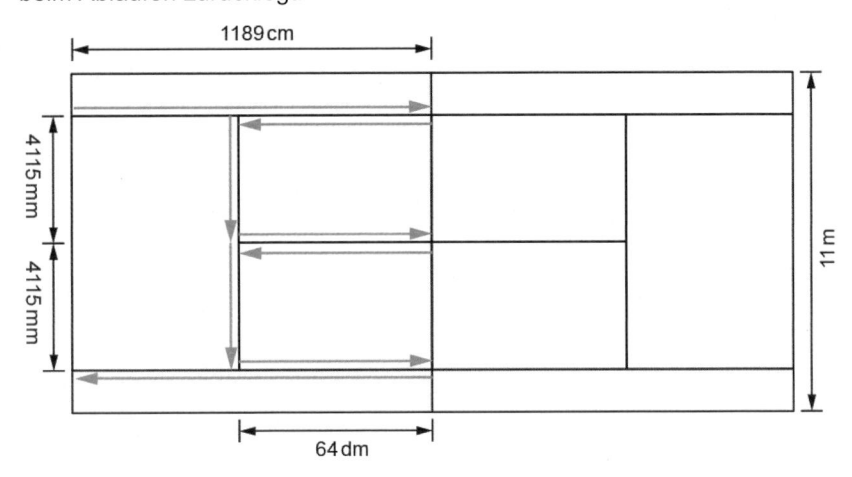

5 Tim übt den Aufschlag. Die Linien für die Aufschlagfelder teilen das Einzelfeld in sechs Rechtecke. Tim hat noch einmal sehr genau nachgemessen. Berechne Umfang und Flächeninhalt aller sechs Rechtecke.

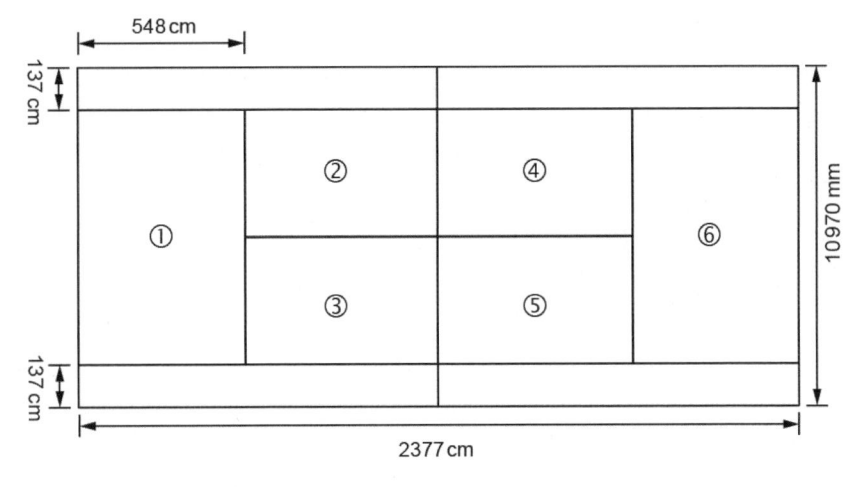

Umfang und Flächeninhalt   KV 140   **7**

Fitnesstest: Berechnungen zu Rechtecken

| Freizeitsport | Leistungssport |

1. Trainingseinheit: Markiere gleich lange Seiten in gleicher Farbe.
Berechne dann den Umfang des Rechtecks.
2 Punkte

Freizeitsport: 20 m (Länge), 10 m (Breite)

Leistungssport: 110 dm (Länge), 24 cm (Breite)

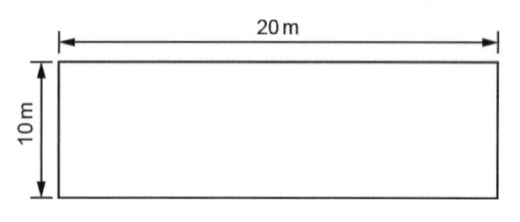

Umfang: 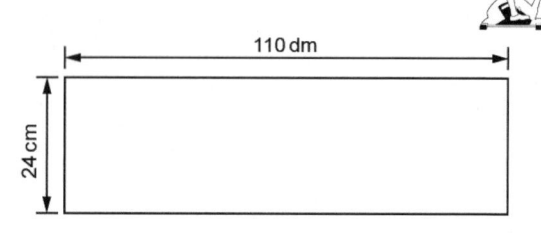 _____   Umfang: _____

2. Trainingseinheit: Berechne den Umfang des Rechtecks.
2 Punkte

a) Länge: 6 m; Breite: 2 m; Umfang: a) Länge: 40 mm; Breite: 2 cm; Umfang:

_____   _____

b) Länge: 18 cm; Breite: 5 cm; Umfang: b) Länge: 840 dm; Breite: 56 cm; Umfang:

_____   _____

3. Trainingseinheit: Jetzt geht es um den Flächeninhalt.
Berechne den Flächeninhalt des Rechtecks.
2 Punkte

a) Länge: 6 m; Breite: 2 m; Flächeninhalt: a) Länge: 40 mm; Breite: 2 cm; Flächeninhalt:

_____   _____

b) Länge: 18 cm; Breite: 5 cm; Flächeninhalt: b) Länge: 840 dm; Breite: 56 cm; Flächeninhalt:

_____   _____

4. Trainingseinheit: Berechne die fehlenden Angaben des Rechtecks.
2 Punkte

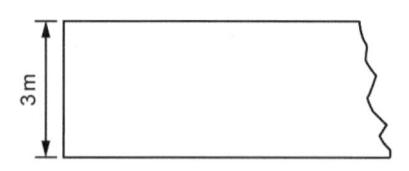

Freizeitsport: 3 m (Breite)

Leistungssport: 40 cm (Breite)

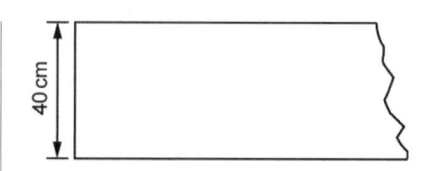

a) $A = 30\,m^2$; Länge: _____; u = _____   a) $A = 48\,dm^2$; Länge: _____; u = _____

b) u = 16 m; Länge: _____; A = _____   b) u = 16 dm; Länge: _____; A = _____

Erreichte Punkte	0–1	2–3	4–5	6–7	8
	Ich muss noch einiges üben.	Ich habe noch einige Lücken.	Ich verstehe schon viel.	Ich beherrsche den Stoff fast sicher.	Ich beherrsche den Stoff sicher.

45 Minuten

Mathedorf: Zusammengesetzte Figuren

Im Mathedorf sind alle Grundstücke zusammengesetzte Figuren.
Bestimme den Umfang und den Flächeninhalt von mindestens vier Grundstücken.
Entscheide dabei selbst, ob deine Fähigkeiten ...

... ausbaufähig oder
... fortgeschritten oder
... meisterhaft sind.

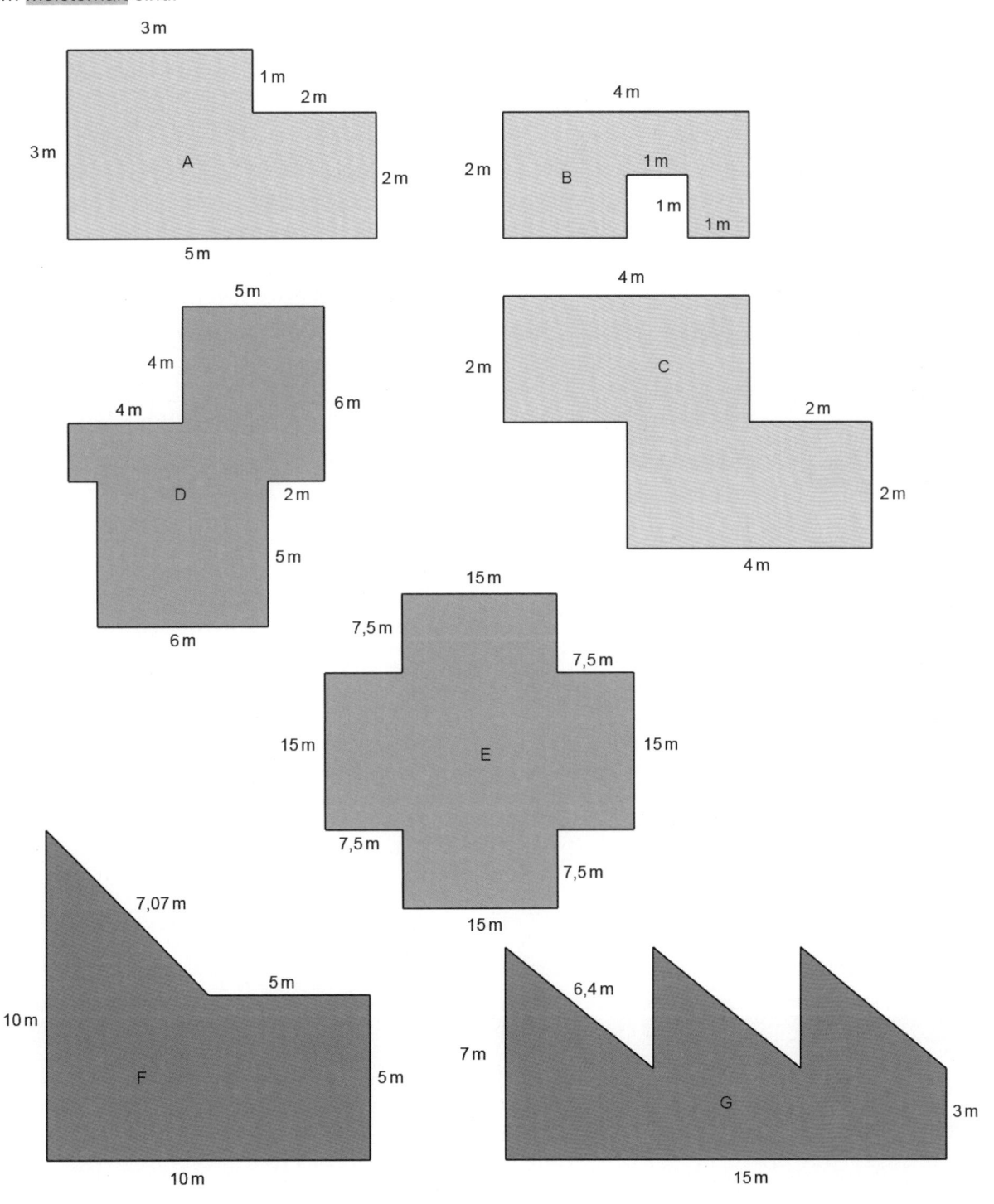

Umfang und Flächeninhalt KV 142 **7**

Klassenarbeit A – Umfang und Flächeninhalt (Teil 1)

1 Welche Figur ist größer? Schätze zuerst und zähle dann.

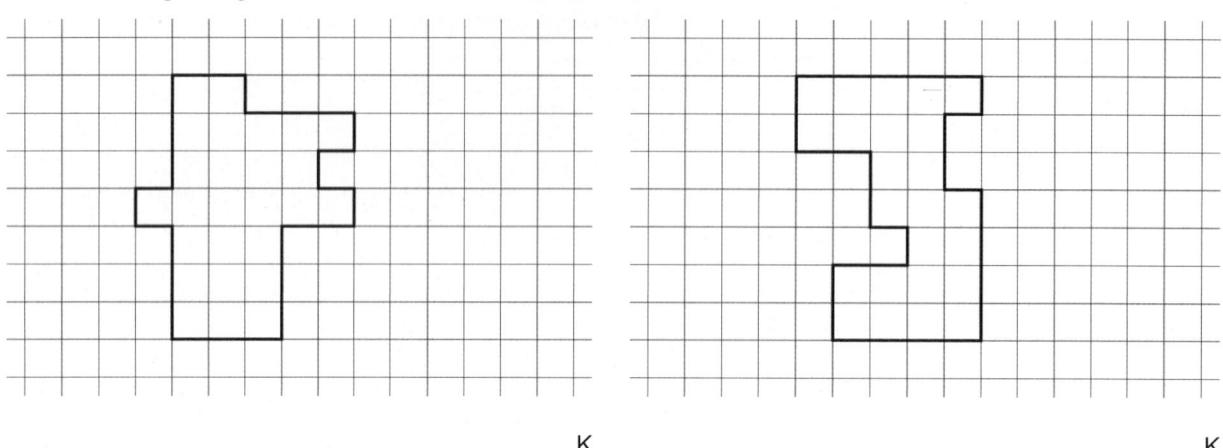

_____ K   _____ K

2 Ergänze die Tabelle.

	Wandle um …	in die nächstkleinere Einheit:	in die nächstgrößere Einheit:
a)	230 dm²		
b)	66 773 m²		
c)	56 506 cm²		

3 Wandle um.

a) 230 dm² = _____ mm²

b) 66 773 m² = _____ ha

c) 56 506 cm² = _____ a

4 Berechne.

a) 56 cm² + 4 dm² − 33 mm²

_____

b) 7 · 12 dm²

_____

Klassenarbeit A – Umfang und Flächeninhalt (Teil 2)

5 Wie oft passen 15 km² in 75 km²?

6 In der Tabelle stehen Angaben zu Rechtecken. Ergänze die Tabelle.

	Länge	Breite	Umfang	Flächeninhalt
a)	3 cm	6 cm		
b)	11 m	26 m		
c)	34 mm		180 mm	
d)	2,7 dm	8 cm		

7 Berechne den Flächeninhalt und den Umfang des rechtwinkligen Dreiecks.

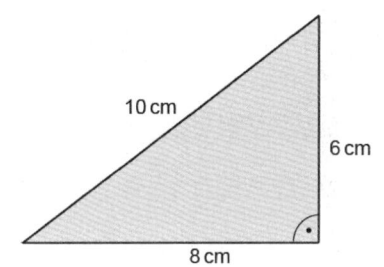

10 cm
6 cm
8 cm

8 Berechne den Flächeninhalt und den Umfang der Figur.

5 m
2 m
4 m
3 m

Checkliste: Ich kann ...	Aufgabe	☺	😐	☹
den Flächeninhalt von Figuren durch Abzählen von Kästchen vergleichen,	1	☐	☐	☐
Flächenmaße umwandeln,	2; 3	☐	☐	☐
mit Flächenmaßen rechnen,	4; 5	☐	☐	☐
den Flächeninhalt und den Umfang von Rechtecken berechnen,	6	☐	☐	☐
den Flächeninhalt und Umfang von rechtwinkligen Dreiecken berechnen,	7	☐	☐	☐
den Flächeninhalt und den Umfang von zusammengesetzten Figuren berechnen.	8	☐	☐	☐

Klassenarbeit B – Umfang und Flächeninhalt (Teil 1)

1 Welche Figur ist größer? Schätze zuerst und zähle dann.

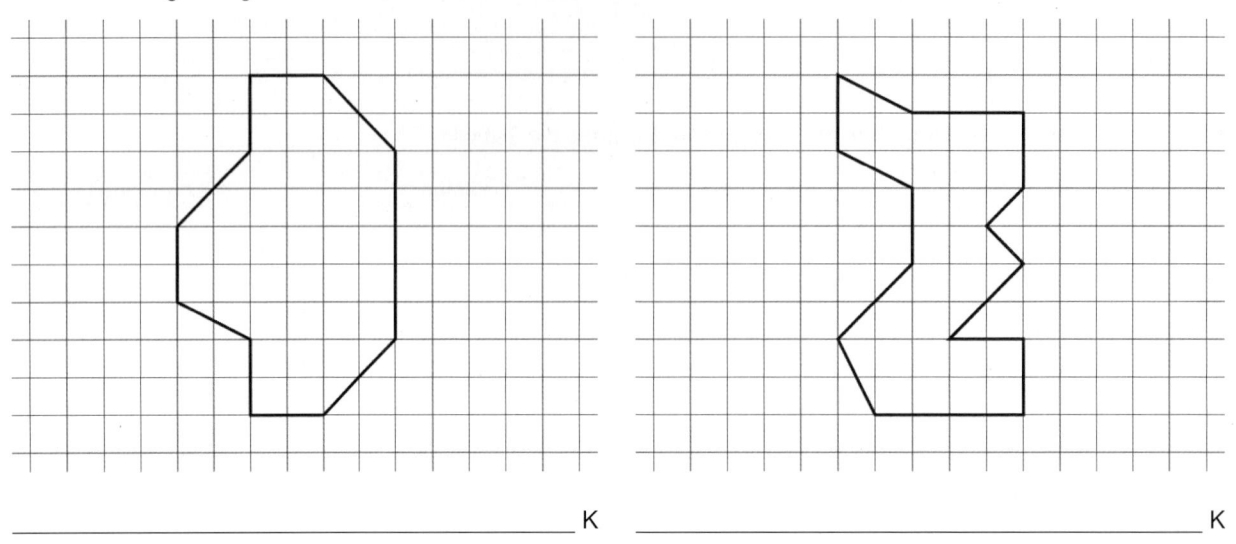

_____ K   _____ K

2 Ergänze die Tabelle.

	Wandle um …	in die nächstkleinere Einheit:	in die nächstgrößere Einheit:
a)	55 000 m²		
b)	3227 dm²		
c)	72 461 000 ha		

3 Wandle um.

a) 55 000 m² = _____ cm²

b) 3227 dm² = _____ a

c) 72 461 000 ha = _____ dm²

4 Berechne.

a) 708 cm² + 4,2 dm² − 20 000 mm²

_____

b) 8,21 ha · 6

_____

Klassenarbeit B – Umfang und Flächeninhalt (Teil 2)

5 Wie oft passen 7 cm² in 2,1 dm²?

6 In der Tabelle stehen Angaben zu Rechtecken. Ergänze die Tabelle.

	Länge	Breite	Umfang	Flächeninhalt
a)	11 m	8 m		
b)	53 km		140 km	
c)	30 mm			120 mm²
d)	23,7 m	4 cm		

7 Berechne den Flächeninhalt und den Umfang des rechtwinkligen Dreiecks.

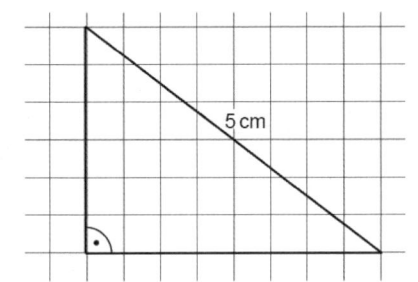

8 Berechne den Flächeninhalt der Figur sowie den Umfang innen und außen.

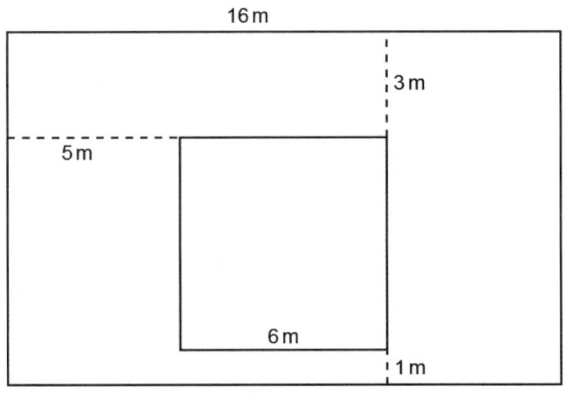

Checkliste: Ich kann ...	Aufgabe	😊	😐	☹
den Flächeninhalt von Figuren durch Abzählen von Kästchen vergleichen,	1	☐	☐	☐
Flächenmaße umwandeln,	2; 3	☐	☐	☐
mit Flächenmaßen rechnen,	4; 5	☐	☐	☐
den Flächeninhalt und den Umfang von Rechtecken berechnen,	6	☐	☐	☐
den Flächeninhalt und den Umfang von rechtwinkligen Dreiecken berechnen,	7	☐	☐	☐
den Flächeninhalt um Umfang von zusammengesetzten Figuren berechnen.	8	☐	☐	☐

Klassenarbeit C – Umfang und Flächeninhalt (Teil 1)

1 Welche Figur ist größer? Schätze zuerst und zähle dann.

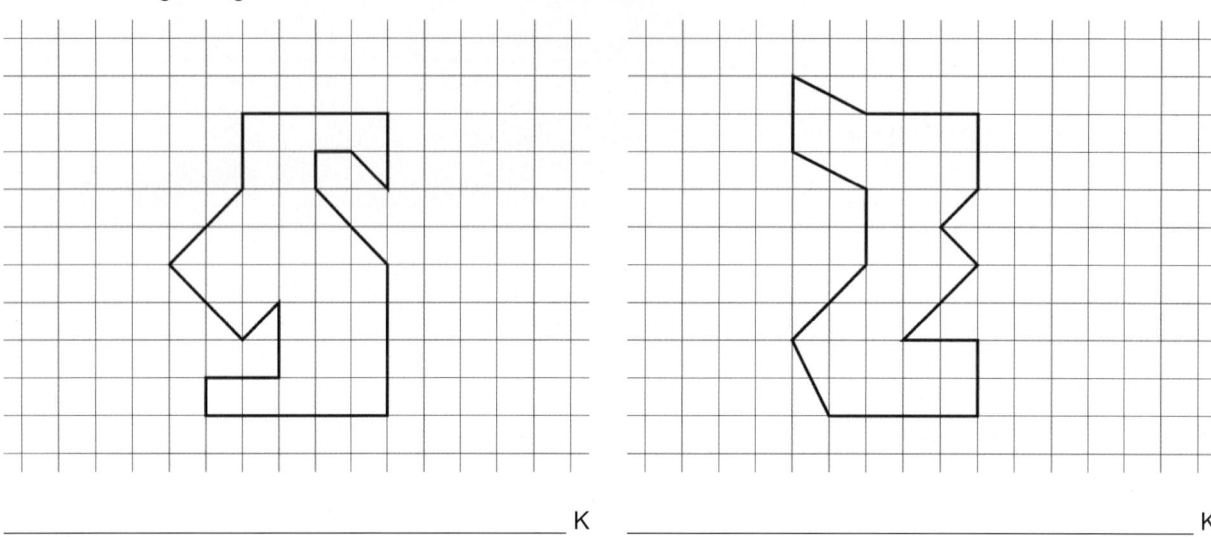

_____ K   _____ K

2 Ergänze die Tabelle.

	Wandle um …	in die nächstkleinere Einheit:	in die nächstgrößere Einheit:
a)	457 ha		
b)	875 700 dm²		
c)	27 104 a		

3 Wandle um.

a) 457 ha = _____ m²

b) 875 700 dm² = _____ ha

c) 27 104 a = _____ cm²

4 Berechne.

a) 850 cm² − 270 mm² + 130 a

_____

b) 8,7 dm² · 12

_____

Umfang und Flächeninhalt   KV 147   **7**

Klassenarbeit C – Umfang und Flächeninhalt (Teil 2)

5 Wie oft passen 12 dm² in 1,44 m²?

6 In der Tabelle stehen Angaben zu Rechtecken. Ergänze die Tabelle.

	Länge	Breite	Umfang	Flächeninhalt
a)	46 dm	80 cm		
b)	65 km		142 km	
c)	25 mm			1,75 cm²

7 Berechne den Flächeninhalt des rechtwinkligen Dreiecks mit dem Umfang $u = 7{,}7$ cm.

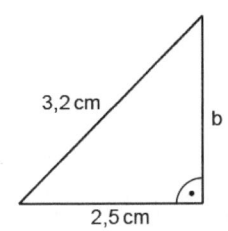

(Dreieck mit Katheten 3,2 cm und 2,5 cm, Hypotenuse b)

8 Berechne den Flächeninhalt und den Umfang der Figur.

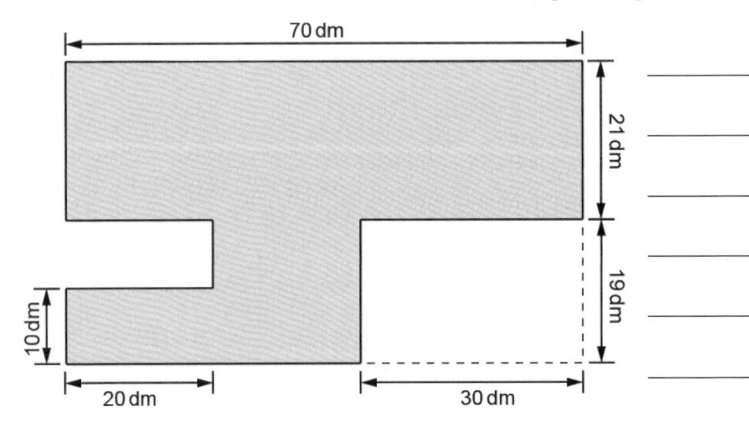

(Figur: 70 dm breit, 21 dm hoch oben, unten Ausschnitt; 10 dm, 20 dm, 30 dm, 19 dm)

Checkliste: Ich kann ...	Aufgabe	☺	😐	☹
den Flächeninhalt von Figuren durch Abzählen von Kästchen vergleichen,	1	☐	☐	☐
Flächenmaße umwandeln,	2; 3	☐	☐	☐
mit Flächenmaßen rechnen,	4; 5	☐	☐	☐
den Flächeninhalt und den Umfang von Rechtecken berechnen,	6	☐	☐	☐
in rechtwinkligen Dreiecken eine fehlende Seitenlänge mithilfe des Umfangs sowie den Flächeninhalt berechnen,	7	☐	☐	☐
den Flächeninhalt und den Umfang von zusammengesetzten Figuren berechnen.	8	☐	☐	☐

Umfang und Flächeninhalt KV 148

Bergsteigen: Umfang und Flächeninhalt – zu den Schulbuchseiten 196–199

Nr. 32
Nr. 31
Nr. 10
Nr. 6
Nr. 15
Nr. 22
Nr. 3
Nr. 2e–h
Nr. 12
Nr. 27
Nr. 2a–d
Nr. 11
Nr. 14
Nr. 16
Nr. 1

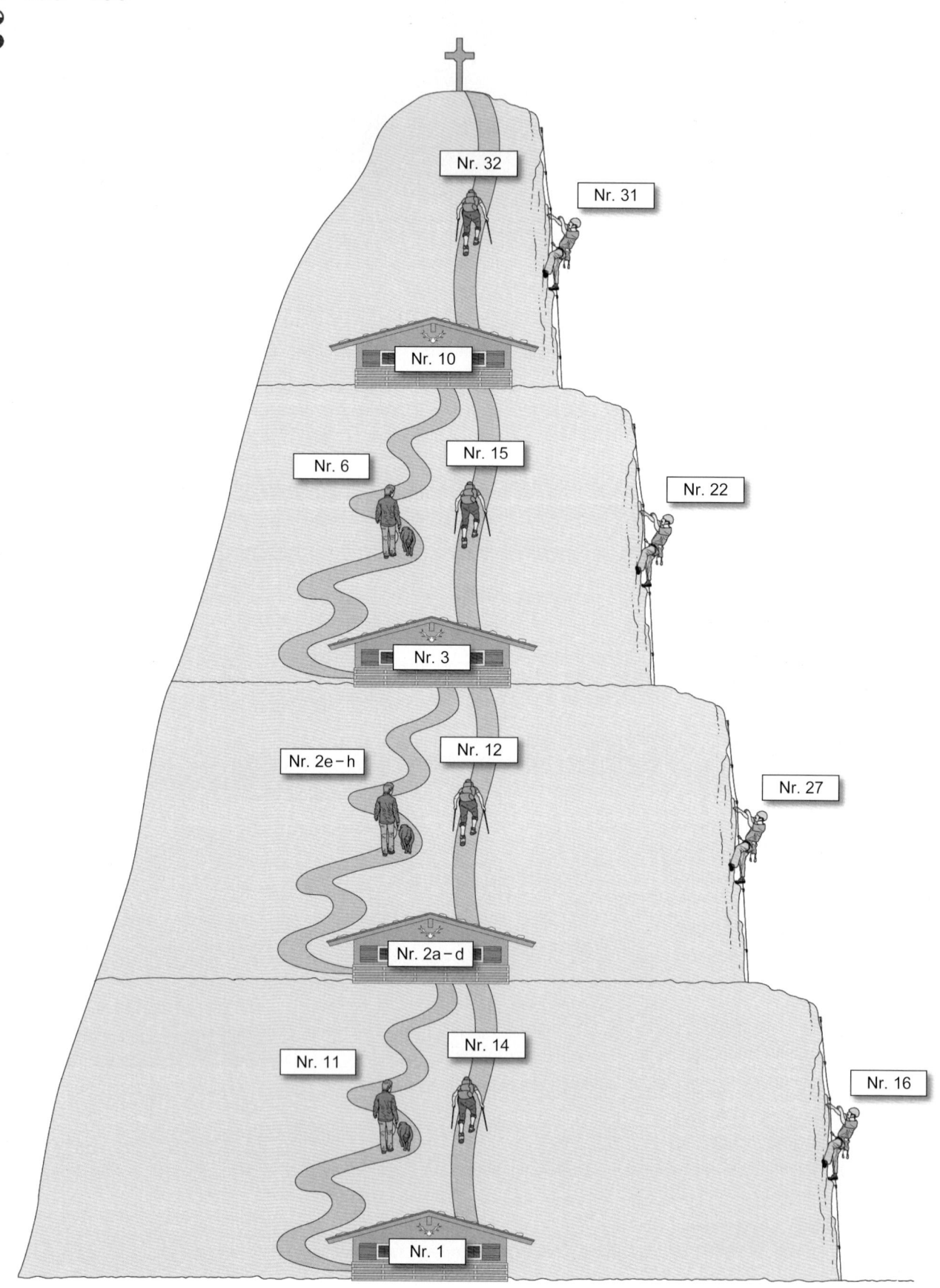

60 Minuten

Brüche   KV 149   **8**

Die Bruchschreibweise

1 Welche Brüche passen zu den Bildern? Notiere zu jedem Bild zwei Brüche.

a)   b)   c)

2 Zeichne in den Kasten ein Bild zum Bruch $\frac{2}{5}$.

3 Überlege dir einen Bruch und zeichne ein passendes Bild in den Kasten.

4 Tom hat Geburtstag und will dafür eine Pizza backen. Jeder soll $\frac{1}{6}$ der Pizza bekommen. Nun überlegt er sich, ob er die Pizza rund oder rechteckig machen soll. Toms Mutter sagt, er soll die Pizza rund machen. Tom will aber lieber eine rechteckige Pizza, weil er glaubt, dass sie sich besser teilen lässt. Stelle die beiden Verteilungen in den Bildern dar.

5 Hannah zeichnet Brüche, indem sie Rechtecke unterteilt. Sie zeichnet die Brüche $\frac{1}{2}$ und $\frac{2}{4}$ und stellt fest, dass sie gleich groß sind.
a) Zeichne die beiden Brüche in die beiden Rechtecke ein.
b) Notiere weitere Brüche, die gleich groß sind.

30 Minuten

Brüche

Domino: Brüche (1)

Material: Schere

Spielanleitung: Bildet Dreier- oder Vierer-Gruppen. Schneidet eure Dominosteine entlang der dickeren Linien aus. Legt die Teile umgedreht auf den Tisch und mischt sie. Verteilt alle Dominosteine gleichmäßig unter euch. Das erste Kind legt einen Dominostein auf den Tisch. Das zweite versucht den passenden Bruchteil als Figur oder Zahl anzulegen. Hat es nicht den passenden Stein, ist das nächste Kind an der Reihe. Gewonnen hat, wer zuerst keinen Dominostein mehr hat.

$\frac{3}{6}$		$\frac{1}{4}$		$\frac{3}{4}$	
$\frac{2}{5}$		$\frac{4}{8}$		$\frac{3}{4}$	
$\frac{3}{6}$		$\frac{8}{16}$		$\frac{2}{4}$	
$\frac{3}{6}$		$\frac{4}{8}$		$\frac{3}{4}$	
$\frac{1}{16}$		$\frac{6}{16}$		$\frac{4}{12}$	
$\frac{4}{4}$		$\frac{12}{16}$		$\frac{6}{8}$	
$\frac{2}{4}$		$\frac{2}{4}$		$\frac{1}{4}$	
$\frac{3}{8}$		$\frac{2}{6}$		$\frac{12}{32}$	
$\frac{4}{14}$		$\frac{1}{4}$		$\frac{6}{16}$	

Brüche

Domino: Brüche (2)

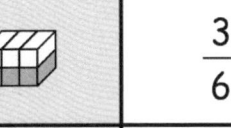

$\frac{8}{8}$	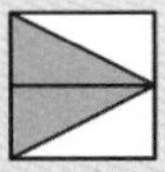	$\frac{2}{4}$	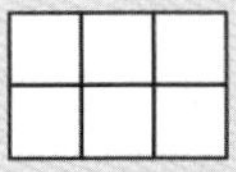	$\frac{0}{16}$	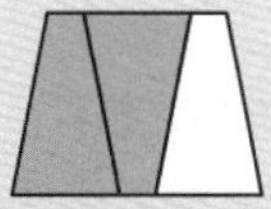
$\frac{2}{3}$		$\frac{2}{4}$	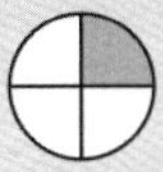	$\frac{1}{4}$	
$\frac{4}{4}$	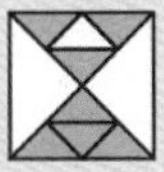	$\frac{7}{16}$		$\frac{3}{6}$	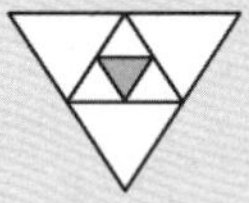
$\frac{1}{16}$	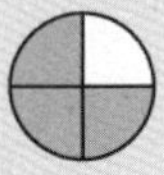	$\frac{3}{4}$	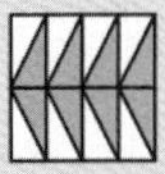	$\frac{8}{16}$	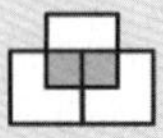
$\frac{2}{10}$		$\frac{4}{8}$	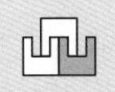	$\frac{1}{3}$	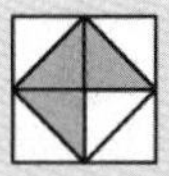
$\frac{3}{8}$	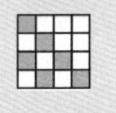	$\frac{6}{16}$		$\frac{2}{3}$	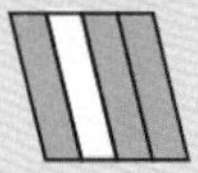
$\frac{3}{4}$		$\frac{1}{9}$	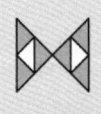	$\frac{6}{8}$	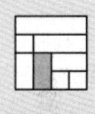
$\frac{2}{16}$		$\frac{1}{2}$	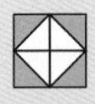	$\frac{4}{8}$	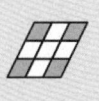
$\frac{4}{9}$		$\frac{2}{4}$		$\frac{4}{4}$	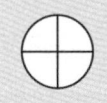
$\frac{0}{4}$		$\frac{9}{9}$		$\frac{3}{8}$	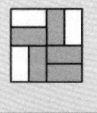
$\frac{5}{8}$	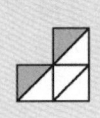	$\frac{2}{6}$	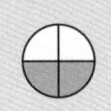	$\frac{2}{4}$	

KV 151

Für Teil 1 und 2: 45 Minuten

Speisekarte: Bruchteile von Größen

Stelle dir ein Menü aus Vorspeise, Hauptspeise und Nachspeise zusammen und löse die Aufgaben.

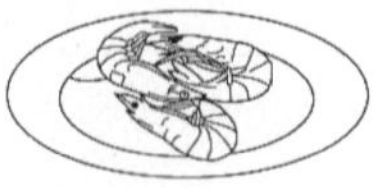

Vorspeise:

$\frac{1}{4}$ km = _____ m $\frac{3}{4}$ km = _____ m $\frac{5}{4}$ km = _____ m

$\frac{1}{10}$ kg = _____ g $\frac{7}{10}$ kg = _____ g $\frac{7}{100}$ kg = _____ g

$\frac{1}{2}$ m = _____ dm $\frac{7}{10}$ m = _____ dm $\frac{3}{5}$ m = _____ dm

Hauptspeise:

30 min = _____ h   20 min = _____ h   12 h = _____ d

250 mm = _____ m   5 mm = _____ cm   5 dm = _____ m

500 mg = _____ g   750 mg = _____ g   200 mg = _____ g

200 g = _____ kg   200 kg = _____ t   300 g = _____ kg

Nachspeise:

$\frac{3}{4}$ m = _____ cm $\frac{4}{4}$ m = _____ cm $\frac{10}{25}$ m = _____ cm

$\frac{3}{100}$ € = _____ ct $\frac{2}{50}$ € = _____ ct $\frac{17}{20}$ € = _____ ct

$\frac{3}{4}$ h = _____ min $\frac{2}{3}$ h = _____ min $\frac{5}{12}$ h = _____ min

Brüche KV 153 **8**

Tandembogen — Bruchteile von Größen

Schneidet an der dicken Linie aus. Kontrolliert gegenseitig eure Lösungen.

Tandembogen: Bruchteile von Größen

Aufgaben für Person A	Lösungen für Person B
1 Wie viele g sind 1 kg?	1 1000
2 $\frac{1}{5}$ km = ☐ m	2 100 m
3 $\frac{9}{10}$ € = ☐ ct	3 900 m
4 $\frac{3}{5}$ min = ☐ s	4 400 m
5 $\frac{1}{4}$ kg = ☐ g	5 5 ct
6 $\frac{5}{6}$ h = ☐ min	6 40 min
7 $\frac{2}{5}$ cm = ☐ mm	7 21 s
8 $\frac{7}{250}$ km = ☐ m	8 12 g

Tandembogen: Bruchteile von Größen

Aufgaben für Person B	Lösungen für Person A
1 Wie viele m sind 1 km?	1 1000
2 $\frac{1}{10}$ km = ☐ m	2 200 m
3 $\frac{9}{10}$ km = ☐ m	3 90 ct
4 $\frac{2}{5}$ km = ☐ m	4 36 s
5 $\frac{1}{20}$ € = ☐ ct	5 250 g
6 $\frac{2}{3}$ h = ☐ min	6 50 min
7 $\frac{7}{20}$ min = ☐ s	7 4 mm
8 $\frac{3}{250}$ kg = ☐ g	8 28 m

30 Minuten

Brüche   KV 154 **8**

Dezimalschreibweise

1 Trage die Preise aus den Kassenzetteln in die Stellenwerttafeln ein.

```
***Middlers Irish Pub***
  *Seestraße 1**88045
     Friedrichshafen*
   #0002    29-06-20
    Tischnummer 431

1 Mineralwasser      *1,94
1 Chicken Wings     *10,21
2 Mug Milk Coffee    *4,28
1 Apple Pie          *3,83

Euro                *20,26
MwSt. 19 %           *3,85

   ***Please call again***
```

	T	H	Z	E	,	z	h
Mineralwasser					,		
Chicken Wings					,		
Mug Milk Coffee					,		
Apple Pie					,		
Gesamtsumme (€)					,		
Mehrwertsteuer, MwSt.					,		

```
       Galerie Kaufrausch
            Konstanz

Freizeitschuhe         126,68
2000013145260

Herren T-Shirt          15,32
4333097601826

T-Shirt 1/2-Arm         18,88
2000013167354
_____
Total                € 160,88
```

	T	H	Z	E	,	z	h
					,		
					,		
					,		
					,		

2 Schreibe in der Dezimalschreibweise. Zur Selbstkontrolle findest du die Lösungen auf der rechten Seite. Die Lösungsbuchstaben ergeben ein Lösungswort.

a)	null Komma sieben	_____ , _____	15,34	O
b)	fünfzehn Komma drei vier	_____ , _____	0,0003	E
c)	einhundertfünfunddreißig Komma neun acht sieben	_____ , _____	90,3044	E
d)	sechsundachtzig Komma null acht	_____ , _____	300,834	S
e)	zweitausend Komma null zwei	_____ , _____	135,987	D
f)	dreihundert Komma acht drei vier	_____ , _____	86,08	E
g)	neunzig Komma drei null vier vier	_____ , _____	2000,02	N
h)	null Komma null null null drei	_____ , _____	0,7	B

Lösungswort: ___ ___ ___ ___ ___ ___ ___ ___

15 Minuten

Brüche KV 155 **8**

Klassenarbeit A – Brüche (Teil 1)

1 Wie heißt der gefärbte Bruchteil?

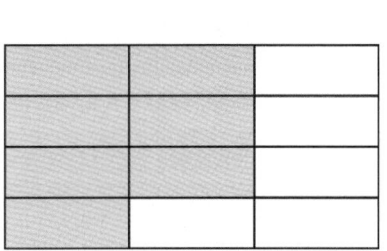

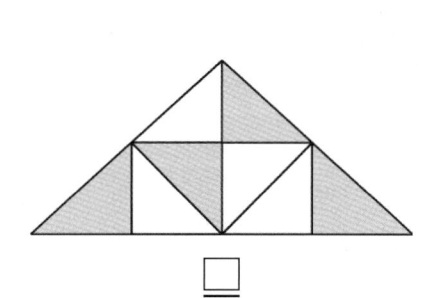

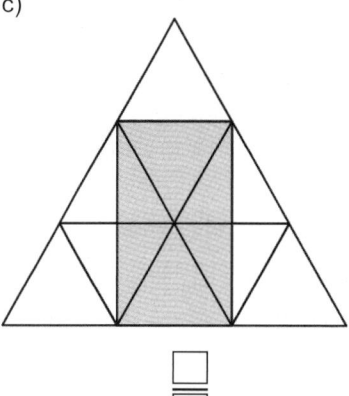

a) b) c)

2 a) Teile und färbe die Figur so, dass der Bruch $\frac{1}{4}$ dargestellt wird.

b) Teile und färbe die Figur so, dass der Bruch $\frac{3}{8}$ dargestellt wird.

3 a) Notiere vier Brüche, die den Nenner 5 haben.

_____

b) Notiere vier Brüche, die den Zähler 2 haben.

_____

4 Schreibe in der Bruchschreibweise in der nächstgrößeren Einheit.

a) 3 cm = _____ b) 5 g = _____ c) 7 ct = _____

d) 3 m = _____ e) 5 kg = _____

Für Teil 1 und 2: 45 Minuten

Brüche KV 156

Klassenarbeit A – Brüche (Teil 2)

5 Ergänze in der Bruchschreibweise.

$200\,\text{g} < $ _____ $ < \frac{3}{4}\,\text{kg}$

Welche weitere Lösung ist möglich?

_____

6 Schreibe ohne Brüche.

a) $\frac{1}{10}\,\text{m} = $ _____ b) $\frac{1}{3}\,\text{min} = $ _____ c) $\frac{1}{100}\,\text{kg} = $ _____

d) $\frac{1}{10}\,\text{cm} = $ _____ e) $\frac{2}{3}\,\text{h} = $ _____ f) $\frac{3}{100}\,\text{t} = $ _____

7 Bei den Aufgaben fehlen die Einheiten. Außerdem fehlt mindestens ein Komma in jeder Aufgabe. Ergänze. Findest du insgesamt drei Möglichkeiten?

1 2 4 _____ = 1 2 4 _____   1 2 4 _____ = 1 2 4 _____   1 2 4 _____ = 1 2 4 _____

8 Ergänze in der Dezimalschreibweise.

$75\,\text{cm} < $ _____ $ < \frac{4}{5}\,\text{m}$

Welche weitere Lösung ist möglich?

_____

Checkliste: Ich kann ...	Aufgabe	☺	😐	☹
Bruchteile erkennen und zeichnen,	1; 2	☐	☐	☐
Brüche bestimmen,	3	☐	☐	☐
mit Größen in der Bruchschreibweise umgehen,	4; 5; 6	☐	☐	☐
mit Größen in der Dezimalschreibweise umgehen.	7; 8	☐	☐	☐

Text: Ulrich Laumann

Für Teil 1 und 2: 45 Minuten

Brüche KV 157 **8**

Klassenarbeit B – Brüche (Teil 1)

1 Tobias behauptet, dass der dargestellte Bruch $\frac{3}{4}$ ist. Dana schaut sich die Zeichnung an und widerspricht. Wer hat recht? Begründe.

_____
_____
_____

2 Lea hat in ein Rechteck den Bruch $\frac{3}{10}$ eingezeichnet. Stimmt das Ergebnis?
Was hat sie richtig und was hat sie falsch gemacht?

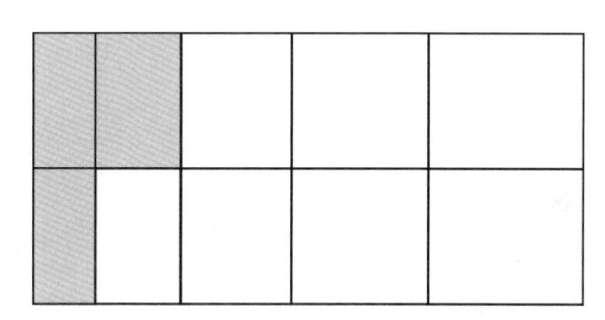

_____
_____
_____

3 Beim Bruch $\frac{\square}{5}$ fehlt der Zähler.

a) Ergänze den Zähler so, dass der Bruch kleiner als ein Ganzes ist: _____

b) Ergänze den Zähler so, dass der Bruch einem Ganzen entspricht: _____

Für Teil 1 und 2: 45 Minuten

Brüche KV 158 **8**

Klassenarbeit B – Brüche (Teil 2)

4 Michelle behauptet: „$\frac{1}{4}$ ist kleiner als $\frac{1}{5}$, weil 4 kleiner als 5 ist."
Michelle hat nicht recht. Begründe, warum es nicht richtig ist.

_____

_____

_____

5 Ergänze.

a) $\frac{1}{4}$ kg = _____ g   b) $\frac{5}{6}$ h = _____ min

c) $\frac{3}{8}$ km = _____ m   d) $\frac{3}{5}$ m = _____ cm

6 Schreibe in Dezimalschreibweise.
Beispiel: $4\,E + 3\,z + 2\,h + 0\,t = 4{,}320$

a) $2\,E + 8\,h =$ _____   b) $1\,E + 4\,t =$ _____

c) $1\,Z + 4\,z + 0\,h =$ _____   d) $5\,E + 8\,t =$ _____

e) $7\,E + 2\,z + 0\,h + 9\,t =$ _____   f) $1\,E + 3\,t =$ _____

Checkliste: Ich kann ...	Aufgabe	☺	😐	☹
Bruchteile erkennen und dabei auch Fehler anderer erkennen,	1; 2	☐	☐	☐
Brüche miteinander vergleichen und das Ergebnis begründen,	3; 4	☐	☐	☐
mit Größen in der Bruchschreibweise umgehen,	5	☐	☐	☐
Stellenwertzerlegungen als Dezimalzahlen schreiben.	6	☐	☐	☐

Brüche KV 159 **8**

Klassenarbeit C – Brüche (Teil 1)

1 Ergänze den Bruchteil zu einem Ganzen.

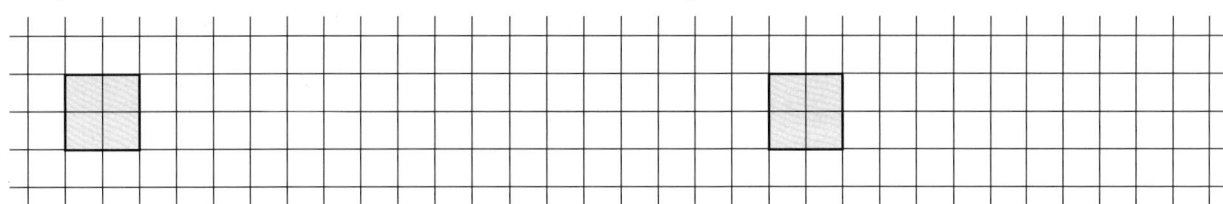

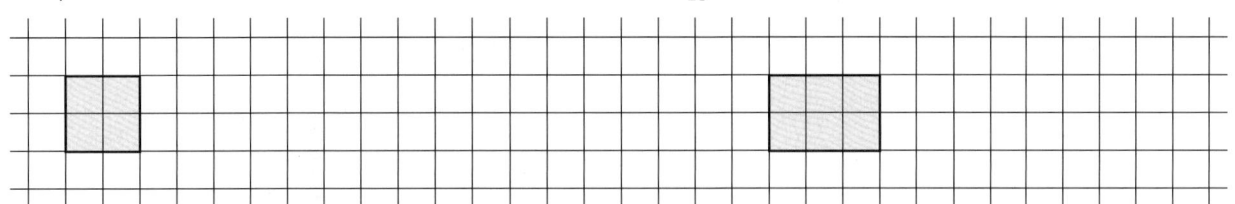

a) $\frac{1}{3}$
b) $\frac{4}{5}$

c) $\frac{2}{7}$
d) $\frac{6}{13}$

2 Schreibe in der nächstkleineren Einheit.

a) $\frac{2}{5}$ kg = _____ b) $\frac{5}{8}$ km = _____ c) $\frac{1}{6}$ d = _____

d) $\frac{4}{5}$ t = _____ e) $\frac{6}{8}$ m = _____ f) $\frac{2}{3}$ h = _____

3 Schreibe in der Bruchschreibweise in der nächstgrößeren Einheit.

a) 350 g = _____ b) 7 cm = _____ c) 15 ct = _____

4 Schreibe die Dezimalzahlen als Summe der Bruchteile.

a) 5,4 = _____ b) 0,125 = _____ c) 3,581 = _____

5 Schreibe in der Dezimalschreibweise.

a) $3\frac{12}{100}$ = _____ b) $3\frac{620}{1000}$ = _____ c) $5\frac{714}{1000}$ = _____

6 Hier haben sich Fehler eingeschlichen. Erkläre die Fehler und korrigiere.

a) 35,01 m = 35 m 1 dm _____

b) 0,15 kg = 150 g _____

c) 5,7 m² = 5 m² 7 dm² _____

Text: Ulrich Laumann

Für Teil 1 und 2: 45 Minuten

Brüche   KV 160

Klassenarbeit C – Brüche (Teil 2)

7 a) Welcher der vier Brüche ist der größte und welcher ist der kleinste? Begründe.
$\frac{5}{6}; \frac{5}{7}; \frac{5}{8}; \frac{5}{9}$

_____

_____

_____

_____

b) Ordne die Brüche nach ihrer Größe. Erkläre, wie du vorgegangen bist.
$\frac{5}{7}; \frac{3}{7}; \frac{7}{7}; \frac{4}{7}; \frac{2}{7}.$

_____

_____

_____

_____

c) Gib drei verschiedene Brüche an, die zwischen $\frac{1}{2}$ und 1 liegen.

_____

Checkliste: Ich kann ...	Aufgabe	☺	😐	☹
zeichnerisch einen Bruchteil zu einem Ganzen ergänzen,	1	☐	☐	☐
mit Größen in der Bruchschreibweise umgehen,	2; 3	☐	☐	☐
Dezimalzahlen als Summe von Bruchteilen schreiben,	4	☐	☐	☐
mit Größen in der Dezimalschreibweise umgehen und dabei Fehler anderer erkennen,	5; 6	☐	☐	☐
Brüche miteinander vergleichen und das Ergebnis begründen.	7	☐	☐	☐

Text: Ulrich Laumann

Für Teil 1 und 2: 45 Minuten

Brüche

Bergsteigen: Brüche – zu den Schulbuchseiten 214–217

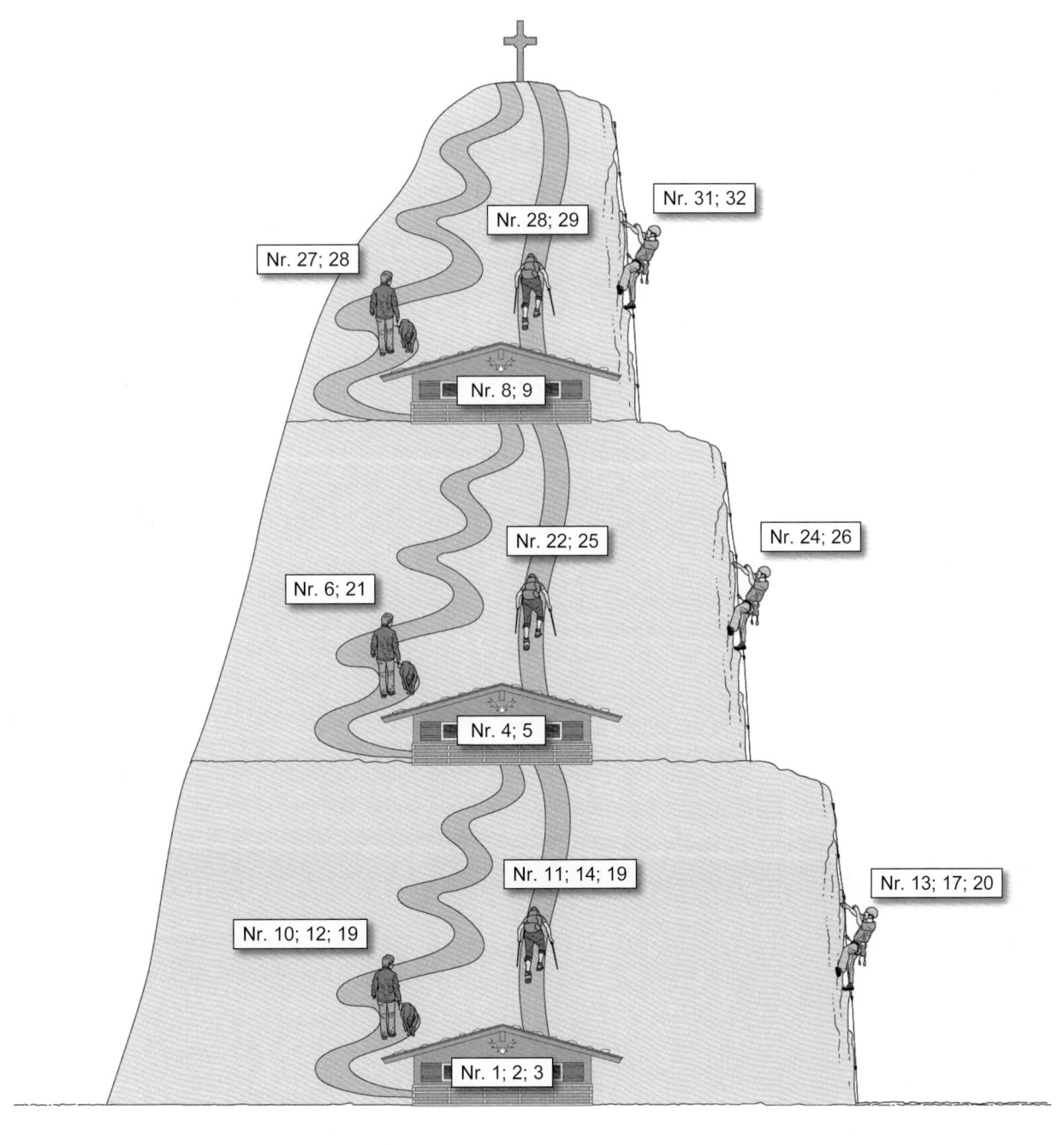

Nr. 31; 32
Nr. 28; 29
Nr. 27; 28
Nr. 8; 9
Nr. 24; 26
Nr. 22; 25
Nr. 6; 21
Nr. 4; 5
Nr. 13; 17; 20
Nr. 11; 14; 19
Nr. 10; 12; 19
Nr. 1; 2; 3

45 Minuten

Lösungen der Kopiervorlagen

1 Daten

Unsere Klasse: Einfache Strichlisten, KV 1

Individuelle Lösungen

Der Fehlerfinder – Aufgaben: Säulendiagramme zeichnen – Lösungen: Säulendiagramme zeichnen, KV 2 und KV 3

Die Lösungen von KV 2 befinden sich auf KV 3.

Speisekarte: Daten vergleichen, KV 4

Vorspeise:

2 cm; 5 cm; 7 cm; 11 cm; 15 cm; 20 cm; 23 cm
Minimum: 2 cm
Maximum: 23 cm
Spannweite: 21 cm

Hauptspeise:

Richtig sind:
Rangliste: 1; 2; 4; 4; 4; 5; 6; 9; 13; 13; 15; 17
Minimum: 1
Maximum: 17
Spannweite: 16

Nachspeise:

a) Rangliste: 6; 7; 7; 8; 9
Minimum: 6
Maximum: 9
Spannweite: 3
b) Der kleinste Wert einer Rangliste heißt Minimum. Der größte Wert einer Rangliste heißt Maximum.
c)

Vorspeise:

57 min; 59 min; 59 min; 59 min; 1 h 3 min; 1 h 16 min; 1 h 34 min; 2 h 1 min; 2 h 12 min; 2 h 12 min
Minimum: 57 min
Maximum: 2 h 12 min
Spannweite: 1 h 15 min

Hauptspeise:

Richtig sind:
Rangliste: 4 cm; 4 cm; 50 mm; 50 mm; 50 mm; 75 mm; 8 cm; 12 cm; 14 cm; 15 cm
Minimum: 4 cm
Maximum: 15 cm
Spannweite: 11 cm

Nachspeise:

a) Rangliste: 10; 11; 11; 11; 12; 12; 13; 13; 14; 14
Minimum: 10
Maximum: 14
Spannweite: 4
b) Donnerstag
c)

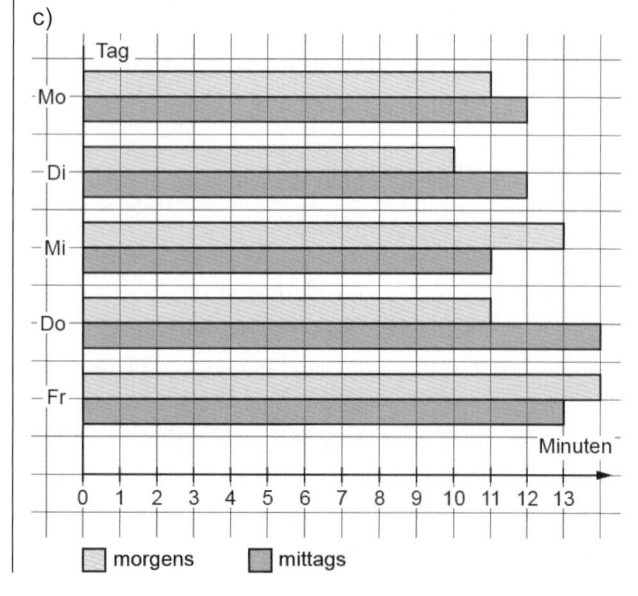

Nicos erstes Plakat, KV 5

Individuelle Lösungen

Klassenarbeit A – Daten (Teil 1), KV 6

1

Lieblingsspiel	Kartenspiel	Brettspiel	Ballspiel	Fangspiel
Strichliste	ЖІІ	IIII	ЖІ ЖІ III	ЖІ III
Häufigkeitstabelle	7	4	13	8

2 a) (1) Säulendiagramm (2) Balkendiagramm (3) Kreisdiagramm (4) Streifendiagramm

b)

Aussage	richtig
Katrin hat die zweitmeisten Stimmen.	☒
Andi ist Klassenvertreter.	☐
Jule hat nur 3 Stimmen.	☐
Andi und Katrin haben zusammen genauso viele Stimmen wie Oli.	☒
Die Jungen haben mehr Stimmen als die Mädchen.	☒

Klassenarbeit A – Daten (Teil 2), KV 7

3

Name	Marie	Nils	Lara	Ali	Sophie
Strichliste	ЖІ I	ЖІ III	ЖІ IIII	IIII	ЖІ II
Häufigkeitstabelle	6	8	9	4	7

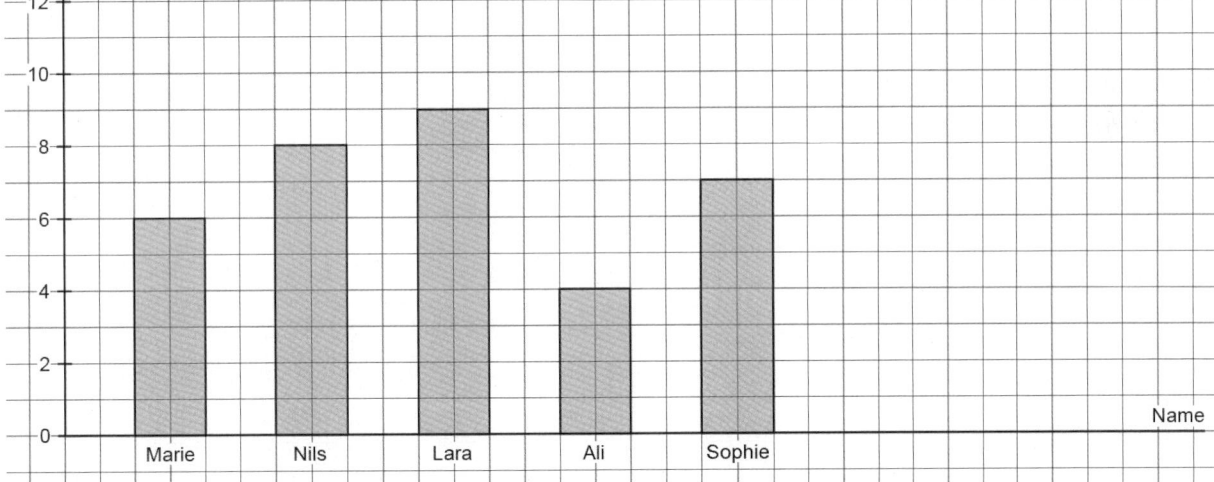

Klassenarbeit B – Daten (Teil 1), KV 8

1 a) 5 b) 18 c) 34

2 Aus dem Diagramm liest man folgende Werte ab:
Jana: 150 Punkte; Moritz: 270 Punkte; Mara: 90 Punkte; Julian: 330 Punkte
a) Julian b) 420 c) 840 d) 240

Klassenarbeit B – Daten (Teil 2), KV 9

3 Säulendiagramm: Balkendiagramm:

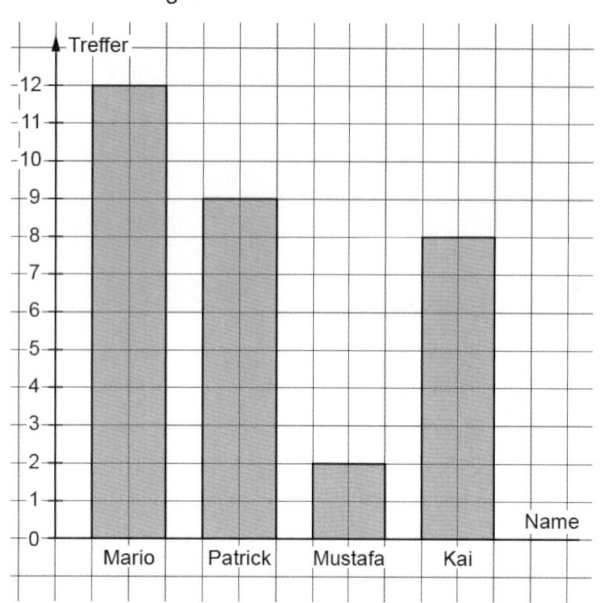

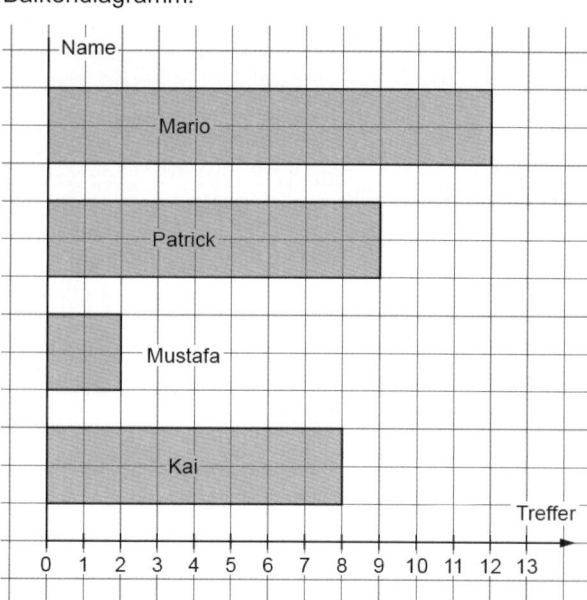

Klassenarbeit C – Daten (Teil 1), KV 10

1

	5a	5b	5c
Fahrrad	⦀⦀ ⦀⦀	IIII	⦀⦀ IIII
Auto	II	⦀⦀ ⦀⦀ III	III
Bus	⦀⦀ III	⦀⦀ II	⦀⦀ ⦀⦀ I
zu Fuß	III	III	⦀⦀

2 a) 2300 Euro   b) 400 Euro   c) 400 Euro   d) 6000 Euro

e) Die Säule „Hotel" und die Säule „Kreuzfahrt" sind vertauscht. Die Säule „Ferienwohnung" darf nur bis 1100 Euro gehen. Die Säule „Jugendherberge" muss bis 700 Euro gehen.

Klassenarbeit C – Daten (Teil 2), KV 11

3 Säulendiagramm: Streifendiagramm:

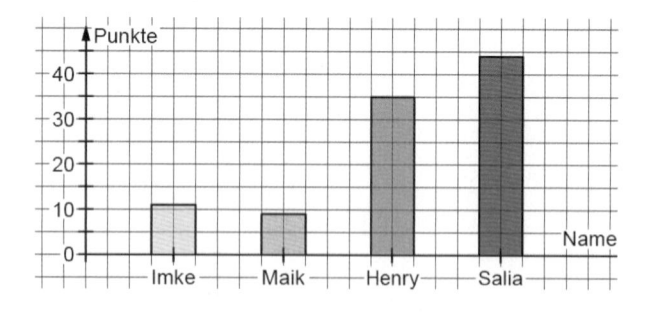

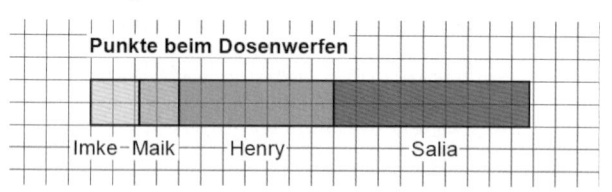

Bergsteigen: Daten – zu den Schulbuchseiten 24–27, KV 12

Die Lösungen zu den Bergsteigenaufgaben befinden sich im Kommentarteil unter den Lösungen zu Basistraining und Anwenden. Nachdenken.

2 Natürliche Zahlen

Zahlen am Zahlenstrahl, KV 13

1 a)

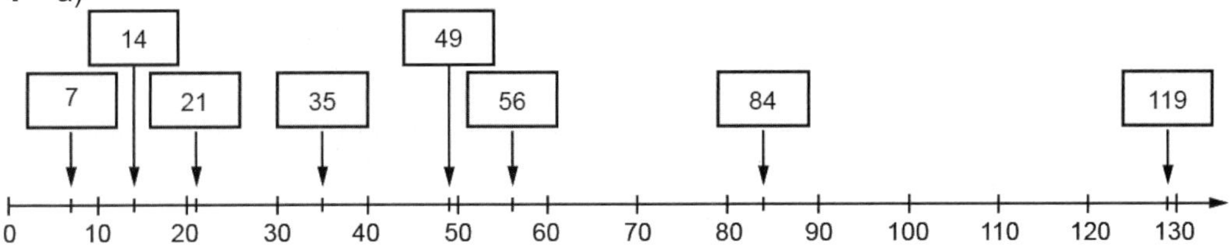
7
14
21
35
49
56
84
119
0 10 20 30 40 50 60 70 80 90 100 110 120 130

b)

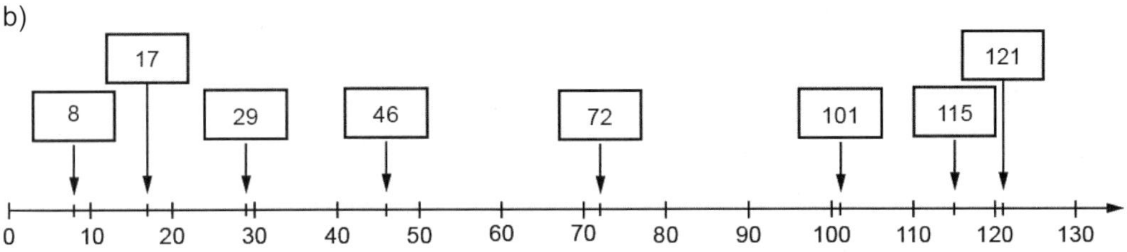
8
17
29
46
72
101
115
121
0 10 20 30 40 50 60 70 80 90 100 110 120 130

c)

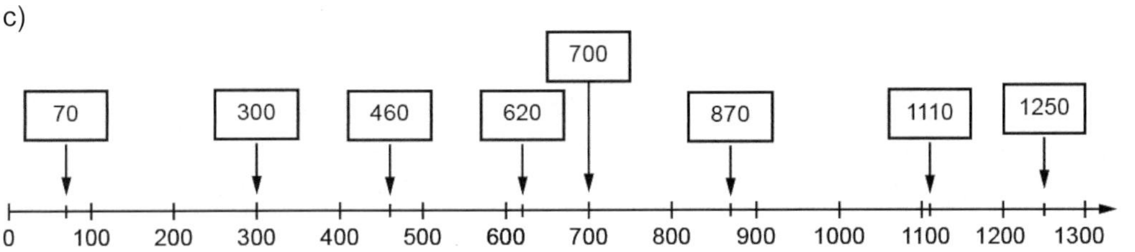
70
300
460
620
700
870
1110
1250
0 100 200 300 400 500 600 700 800 900 1000 1100 1200 1300

d)

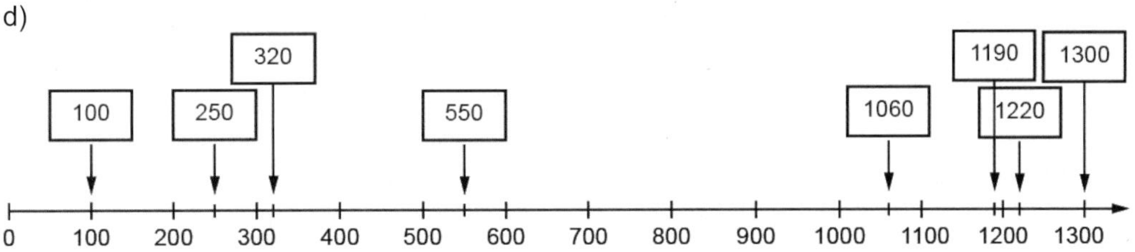
100
250
320
550
1060
1190
1220
1300
0 100 200 300 400 500 600 700 800 900 1000 1100 1200 1300

2 a) 5; 11; 14; 19; 23; 26

b) 5; 32; 58; 99; 118; 135

c) 120; 300; 550; 780; 840; 1080

Fitnesstest: Zahlen ordnen und Fitnesstest: Trainerliste für die Pinnwand, KV 14 und KV 15

Freizeitsport	Leistungssport
1 a) 35 < 53 b) 780 > 380 c) 16 < 61 d) 345 < 543	**1** a) 89 < 98 b) 313 < 331 c) 521 > 512 d) 1998 > 1989
2 a) 54 > **53** > 52 > **51**; **50** > 49 > **48**; 47; 46; 45; 44; **43** > 42 b) 368 < **369** < 370 < **371**; **372** < 373 < **374**; 375; **376** < 377	**2** a) 742 < **743**; **744** < 745 < **746**; 747; 748; 749; 750 < **751** < **752**; 753; **754** < 755 b) 995 > **994**; 993; 992 > 991 > **990** > 989 > **988**; 987; 986; 985; 984; 983; 982; **981** > 980
3 15; 30; 50	**3** 6; 21; 27
4 (Zahlenstrahl: 250, 350, 425, 550)	**4** (Zahlenstrahl: 85, 110, 125, 130)
5 (Zahlenstrahl: 25, 50, 125)	**5** (Zahlenstrahl: 2540, 2620, 2670)

Die Lernenden tragen sich nach der Bearbeitung des Fitnesstests entsprechend ihrem Niveau in die Trainerliste auf KV 15 ein.

Das große Mathedinner zu großen Zahlen (1), (2) und (3), KV 16, KV 17 und KV 18

Die Lösungen zur Checkliste KV 16 findet man auf KV 17.

Menü 1	Menü 2	Menü 3
1 a) 1000 b) 1 000 000 c) 1 000 000 000 d) 1 000 000 000 000	**1** a) 36 000 000 b) 244 000 000 000 c) **1000** Millionen d) 1 **Billion**	**1** a) 1000 **Milliarden** b) **1 000 000** Tausender c) **34 000 000** Millionen d) **5,999** Milliarden
2 fünfhunderttausend-fünfhundertfünfundfünfzig	**2** Drei Billionen zweihundert Milliarden vierhundert Millionen dreihunderttausendeins	**2** Sechs Billiarden siebenhundert Billionen achtzig Milliarden neun Millionen
3 20 000 000; 31 000 700 001	**3** 2 800 321; 27 000 601 000 000	**3** 303 033 000 000; 111 000 101 000 100
4 23 345 670; 23 345 669; 450 000 799	**4** 56 890 899; 56 889 999; 563 708 999	**4** 36 999 999; 37 000 089; 37 008 999
5 21 943 456; 21 943 500	**5** 340 988 000; 67 999 900	**5** 34 081 000; 89 890 000

Phasenspiel – ein Würfelspiel zu großen Zahlen, KV 19

Spiel, individuelle Lösungen

Tandembogen: Große Zahlen, KV 20

Die Lösungen befinden sich auf der Kopiervorlage.

Zahlenbaukasten – Große Zahlen, KV 21

a) 9 5 52 17 104 0; 9 552 171 040
b) 0 104 17 52 5 9; 104 175 259
c) 9 5 52 104 0 17; 9 552 104 017
d) 104 0 17 5; 1 040 175
e) 9 5 52 104 0; 95 521 040
f) 0 17 52 5 9; 175 259
g) 104 0 17 52; 10 401 752

ABC-Mathespiel: Runden, KV 22

Buchstabe	Anfangsfeld	Runden auf Zehner	Runden auf Hunderter	Runden auf Tausender	Runden auf Zehntausender
A	24 093	24 090	24 100	24 000	20 000
B	15 987	15 990	16 000	16 000	20 000
C	283 416	283 420	283 400	283 000	280 000
D	9 054	9 050	9 100	9 000	10 000
E	16 438	16 440	16 400	16 000	20 000
F	13 341	13 340	13 300	13 000	10 000
G	86 539	86 540	86 500	87 000	90 000
H	712 367	712 370	712 400	712 000	710 000
I	908 752	908 750	908 800	909 000	910 000
J	3 675	3 680	3 700	4 000	0
K	1 234 567	1 234 570	1 234 600	1 235 000	1 230 000
L	9 876 543	9 876 540	9 876 500	9 877 000	9 880 000
M	508 641	508 640	508 600	509 000	510 000
N	798 999	799 000	799 000	799 000	800 000
O	96 528 314	96 528 310	96 528 300	96 528 000	96 530 000
P	6 350 899	6 350 900	6 350 900	6 351 000	6 350 000
Q	9 099 089	9 099 090	9 099 100	9 100 000	9 100 000
R	59 079	59 080	59 100	59 000	60 000
S	99 999	100 000	100 000	100 000	100 000
T	109 395	109 400	109 400	109 000	110 000
U	299 898 345	299 898 350	299 898 300	299 898 000	299 900 000
V	987 654 321	987 654 320	987 654 300	987 654 000	987 650 000
W	123 456 789	123 456 790	123 456 800	123 457 000	123 460 000
X	99 000 999	99 001 000	99 001 000	99 001 000	99 000 000
Y	89 898 898	89 898 900	89 898 900	89 899 000	89 900 000
Z	652 989 543	652 989 540	652 989 500	652 990 000	652 990 000

Das Pyramiden-Spiel, KV 23

Lösungssatz: Keine Panik auf der Titanic.

Zählst du noch oder schätzt du schon?, KV 24

1 Individuelle Lösung, z. B. 60 Nüsse. Man schätzt die Anzahl der Nüsse, die man sieht. Diese Anzahl verdoppelt man, da die Tüte nur halb geöffnet ist.

2 a) Mögliche Lösung: Verteilt man die Nüsse gleichmäßig auf dem Tisch, kann man mit der Schnur oder dem Draht ein Raster mit gleich großen Feldern vornehmen. Man zählt die Anzahl der Nüsse in einem Feld. Dieses Zählergebnis multipliziert man mit der Anzahl der Felder.
b) Individuelle Lösung

Zweiersystem: Schokoladen-Stücke, KV 25

1 Jutta: $1 \cdot 2 + 1 \cdot 4 = 6$; 110_2
Marlon: $1 \cdot 2 + 1 \cdot 4 + 1 \cdot 16 = 22$; 10110_2
Ruben: $1 \cdot 1 + 1 \cdot 2 + 1 \cdot 8 = 11$; 1011_2
Luca: $1 \cdot 16 = 16$; 10000_2
Tarcan: $1 \cdot 1 + 1 \cdot 2 + 1 \cdot 4 + 1 \cdot 8 = 15$; 1111_2

2

Name	16er	8er	4er	2er	1er	Gegessene Schokoladen-Stücke	Zahl im Zweiersystem
Ole	0	0	0	0	1	1	1_2
Jutta	0	0	0	1	0	2	10_2
Marlon	0	0	0	1	1	3	11_2
Ruben	0	0	1	0	0	4	100_2
Luca	0	1	0	0	1	9	1001_2
Tarcan	0	1	0	1	0	10	1010_2
Lilli	0	1	0	1	1	11	1011_2
Pascal	0	1	1	0	1	13	1101_2
Luis	0	1	1	1	0	14	1110_2

Trimino: Zweiersystem, KV 26

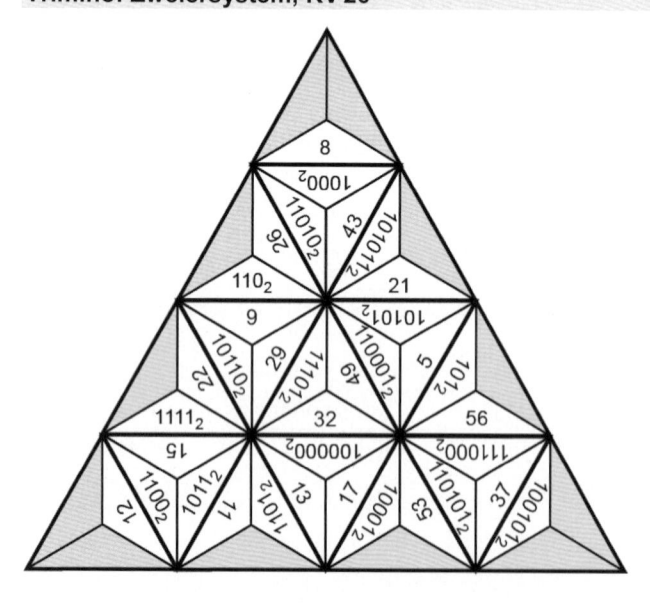

Domino: Römische Zahlen (1) und (2), KV 27 und KV 28

Die Lösung befindet sich geordnet von links nach rechts auf den Kopiervorlagen.

Die Suche nach dem Schatz von Caesar, KV 29

Klassenarbeit A – Natürliche Zahlen, KV 30

1 a) 234; 240; 246

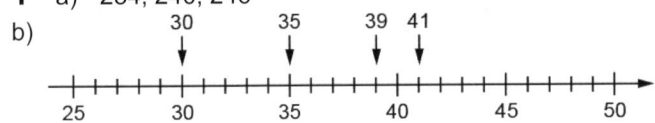

b) (Zahlenstrahl mit Pfeilen bei 30, 35, 39, 41; Skala von 25 bis 50)

2 a) $15 < 48 < 51 < 84 < 115 < 511$

b) $538 < 583$

c) $517 < 523 < \bcancel{513} < 531 < 560$

3 a) 2 700 501

b) zweihundertsiebenundvierzigtausendsiebenhunderteinundvierzig

c)

Vorgänger	Zahl	Nachfolger
34 287	**34 288**	**34 289**
6998	6999	**7000**

4

Zahl	auf Hunderter	auf Tausender	auf Zehntausender
28 259	**28 300**	**28 000**	**30 000**
178 462	**178 500**	**178 000**	**180 000**

Klassenarbeit B – Natürliche Zahlen, KV 31

1 a) 4710; 4725; 4740

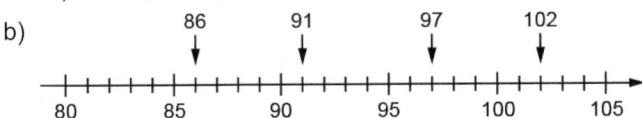

b) (Zahlenstrahl mit Pfeilen bei 86, 91, 97, 102; Skala von 80 bis 105)

2 a) $4265 > 4256 > 4250$

b) $0 \ldots 516 < 517 < 523 < \mathbf{524} \ldots \mathbf{530} < 531 < 532 \ldots \mathbf{559} < 560$

3 a) 320 700 023

b) fünf Millionen zweihundertsiebentausendachthundertelf

c)

Vorgänger	Zahl	Nachfolger
65 289	**65 290**	65 291
8 689 998	8 689 999	**8 690 000**

4

Zahl	auf Hunderter	auf Tausender	auf Zehntausender
198 462	198 500	198 000	200 000
3 464 552	3 464 600	3 465 000	3 460 000

Klassenarbeit C – Natürliche Zahlen (Teil 1), KV 32

1 a) 1075; 1100; 1175

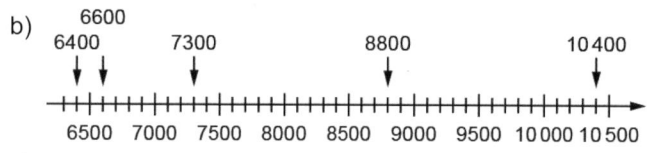

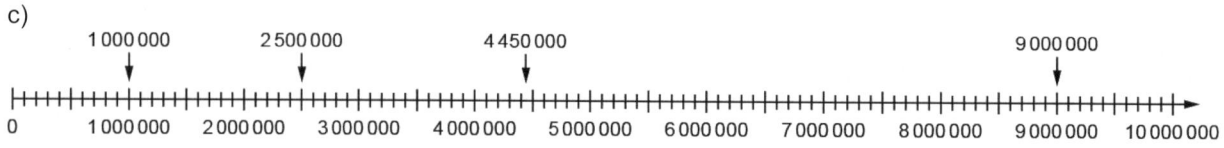

b) 6400; 6600; 7300; 8800; 10 400 (auf Zahlenstrahl 6500–10 500)

c) 1 000 000; 2 500 000; 4 450 000; 9 000 000 (auf Zahlenstrahl 0–10 000 000)

2 a) 100 101 < 100 111 < 101 000 < 101 010 < 110 011

b) 0; 1; 2; 3; 4; 5; 6; 7; 8

3 a) 302 000 706 020

b) neunundachtzig Millionen fünfhundertsiebentausendelf

c)

Vorgänger	Zahl	Nachfolger
15 989 998	15 989 999	**15 990 000**
786 969 998	786 969 999	786 970 000

Klassenarbeit C – Natürliche Zahlen (Teil 2), KV 33

4

Zahl	auf ZT	auf HT	auf Millionen
198 379 462	198 380 000	198 400 000	198 000 000
3 978 851 899	3 978 850 000	3 978 900 000	3 979 000 000

5

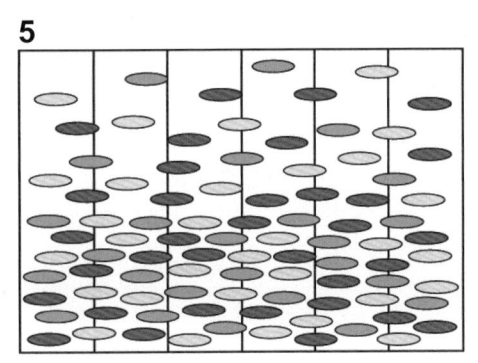

Schätzung: In einem Feld sind ungefähr 15 Schoko-Linsen.
$6 \cdot 15 = 90$, also sind es insgesamt ungefähr 90 Schoko-Linsen.

Bergsteigen: Natürliche Zahlen – zu den Schulbuchseiten 46–49, KV 34

Die Lösungen zu den Bergsteigenaufgaben befinden sich im Kommentarteil unter den Lösungen zu Basistraining und Anwenden. Nachdenken.

3 Addieren und Subtrahieren

Kopfrechnen: Addition und Subtraktion, KV 35

1 Spiel, individuelle Lösungen

2 Spiel, individuelle Lösungen

3

gute Kopfrechen-Fähigkeiten	Kopfrechen-Profi
a) 92	a) 221
b) 144	b) 216
c) 156	c) 70
d) 83	d) 190
e) 133	e) 160
f) 20	f) 102
g) 62	g) 80
h) 93	h) 900

Affenfelsen: Addieren, KV 36

Die Lösungen der Aufgaben befinden sich im Lösungskasten auf der Kopiervorlage.

Rechennetze I, KV 37

1

56	+17→	**73**	+83→	**156**
+47↓		+54↓		+28↓
103	**+24**→	**127**	**+57**→	**184**
+65↓		+87↓		+116↓
168	**+46**→	**214**	**+86**→	300

2

75	+60→	**135**	+65→	**200**
+39↓		+25↓		+7↓
114	+46→	**160**	+47→	**207**
+86↓		+52↓		+193↓
200	+12→	**212**	+188→	400

3 Mögliche Lösung:

1	+2→	3	+4→	7
+2↓		+4↓		+8↓
3	+4→	7	+8→	15
+4↓		+8↓		+85↓
7	+8→	15	+85→	100

4

24	**+43**→	67	+86→	153
+39↓		+41↓		+19↓
63	+45→	108	**+62**→	172
+48↓		+87↓		+128↓
111	**+84**→	195	**+105**→	300

Rechennetze II, KV 38

1

222	−33→	**189**	−67→	**122**
−24↓		−87↓		−44↓
198	−96→	**102**	−24→	**78**
−76↓		−15↓		−56↓
122	−35→	**87**	−65→	22

2

312	−86→	**226**	−37→	**189**
−26↓		−53↓		−72↓
286	−113→	**173**	−56→	**117**
−44↓		−28↓		−18↓
189	−44→	**145**	−46→	99

3

384	**−60**→	324	**+66**→	390
+20↓		+75↓		**+65**↓
404	**−5**→	399	+56→	455
−208↓		−286↓		**−314**↓
196	**−83**→	**113**	**+28**→	141

4

111	**+43**→	154	**+27**→	181
−83↓		−77↓		−36↓
28	**+49**→	77	+68→	145
+58↓		**+98**↓		−34↓
86	+89→	175	**−64**→	111

LKV 11

Fitnesstest: Klammerregeln, KV 39

Freizeitsport	Leistungssport
1 Man muss die **Klammer** beachten. Zuerst rechnet man $15 + 2 = 17$. Dann rechnet man $20 - 17$. Ergebnis: **3**	**1** Zuerst rechnet man $5 + 2 = 7$. Dann rechnet man $15 - 7 = 8$. Zum Schluss rechnet man $20 - 8$. Ergebnis: **12**
2 a) $15 + 17 + 5 = 37$ b) $15 - 3 + 5 = 17$ c) $15 - 3 - 5 = 7$ d) $15 - (17 - 5) = 15 - 12 = 3$	**2** a) $88 + 60 - 16 + 14 = 146$ b) $88 - 14 - 30 = 44$ c) $88 - 44 + 14 = 58$ d) $88 - (37 - 7) + 14 = 88 - 30 + 14 = 72$
3 a) $30 - (15 + 5) = 10$ b) $350 - (100 - 50) = 300$ c) $600 - (300 + 200) - 100 = 0$	**3** a) $75 - (45 + 8) = 22$ b) $80 - (32 - 9) + 4 = 61$ c) $144 - 25 - (19 + 2) = 98$
4 $8 - (5 - 2) + 1 = 6$	**4** $70\,000 - (500 - 200) + 100 = 69\,800$

Die Lernenden tragen sich nach der Bearbeitung des Fitnesstests entsprechend ihrem Niveau in die Trainerliste auf KV 15 ein.

Rennbahn, KV 40

Individuelle Lösungen

Überschlagen, KV 41

1

Aufgabe	Klaus	Mara	genaues Ergebnis
$453 + 255$	$500 + 300 = 800$	$450 + 260 = 710$	708
$3207 + 2672$	$3000 + 3000 = 6000$	$3200 + 2700 = 5900$	5879
$9785 + 8835$	$10\,000 + 9000 = 19\,000$	$9800 + 8800 = 18\,600$	18 620
$4993 + 2849$	$5000 + 3000 = 8000$	$5000 + 2800 = 7800$	7842

2 a) Individueller Abgleich
b) Mara ist näher an den genauen Werten.
c) Maras Überschlag ist genauer. Er ist allerdings aufwändiger in der Berechnung.
d) Dieses Verfahren ist sinnvoll, wenn man eine grobe Schätzung des Ergebnisses braucht.

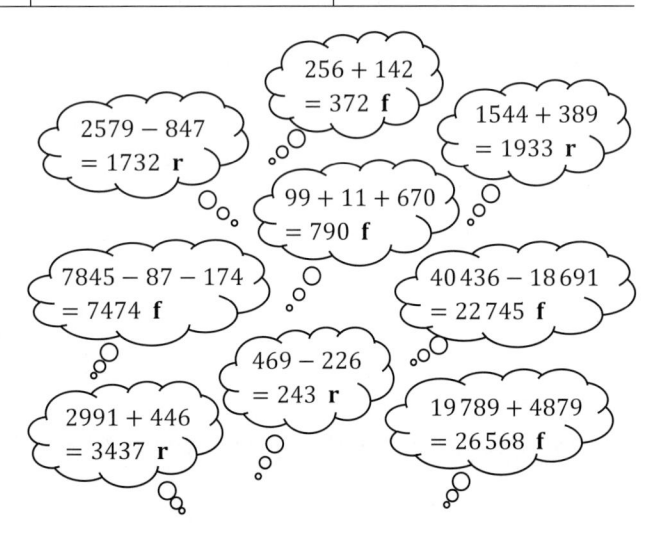

- $256 + 142 = 372$ **f**
- $1544 + 389 = 1933$ **r**
- $2579 - 847 = 1732$ **r**
- $99 + 11 + 670 = 790$ **f**
- $7845 - 87 - 174 = 7474$ **f**
- $40\,436 - 18\,691 = 22\,745$ **f**
- $469 - 226 = 243$ **r**
- $2991 + 446 = 3437$ **r**
- $19\,789 + 4879 = 26\,568$ **f**

Domino: Überschlagen, KV 42

Die Lösung befindet sich geordnet von links nach rechts auf der Kopiervorlage.

Klassenarbeit A – Addieren und Subtrahieren (Teil 1), KV 43

1

a)
```
  2 3 4 5
+ 7 6 4 3
─────────
  9 9 8 8
```

b)
```
  4 5 2 9
+   6 3 4
    1 1
─────────
  5 1 6 3
```

2

a)
```
  3 8 8 9
+ 8 7 3 3
  1 1 1
─────────
1 2 6 2 2
```

b)
```
  7 8 2 2
+ 5 2 9 9
  1 1 1
─────────
1 3 1 2 1
```

3

a)
```
  1 4 8 9
−   3 5 7
─────────
  1 1 3 2
```

b)
```
  2 0 4 4
− 1 3 0 7
    1   1
─────────
    7 3 7
```

4
```
  5 2 2 2
−   3 1 1
  1
─────────
  4 9 1 1
```

5 a) $310 - (128 + 72) = 310 - 200 = 110$
b) $3 + (5 - (2 + 1)) = 3 + (5 - 3) = 3 + 2 = 5$

Klassenarbeit A – Addieren und Subtrahieren (Teil 2), KV 44

6 Mögliche Variable: z. B. x
a) $x - 7$
b) $x + 23$

7 $39 + 41 + 75 + 25 = 80 + 100 = 180$

8 a)
```
    1 8 7
+   1 4 5
+   2 1 2
+     7 9
+   2 1 6
    2 2
─────────
    8 3 9
```

839 Stimmen wurden abgegeben.

b) Josip und Clara haben zusammen 428 Stimmen. Die anderen drei haben insgesamt 411 Stimmen. Damit haben Josip und Clara zusammen mehr Stimmen als die anderen drei.

Klassenarbeit B – Addieren und Subtrahieren (Teil 1), KV 45

1

a)
```
    2 3 3 4
  + 3 5 5 3
  + 3 1 1 2
  ─────────
    8 9 9 9
```

b)
```
    2 4 4 5
  + 6 7 5 7 4
  +     4 5 9
    1 1 1
    7 0 4 7 8
```

2

a)
```
    8 7 2 3
  + 4 2 3 1
  + 1 8 9 9
      1 1 1
    1 4 8 5 3
```

b)
```
    9 3 1 2
  + 2 2 8 2 9
  +   5 2 8 8
    1 1 1 1
    3 7 4 2 9
```

3

a)
```
    2 2 5 5
  − 1 2 8 5
      1 1
        9 7 0
```

b)
```
    5 9 8 8
  −   6 2 3
  −   1 7 2
          1
    5 1 9 3
```

4
```
    8 2 1 2
  −   7 8 9
      1 1 1
    7 4 2 3
```

5 a) $18 + (24 - 17) = 25$ b) $41 - (38 - 17) = 20$

Klassenarbeit B – Addieren und Subtrahieren (Teil 2), KV 46

6 $7 + (65 + a)$; Wert des Terms für $a = 5$: $7 + (65 + 5) = 77$

7 $125 + 375 + 17 + 73 + 119 + 311 = 500 + 90 + 430 = 1020$

8

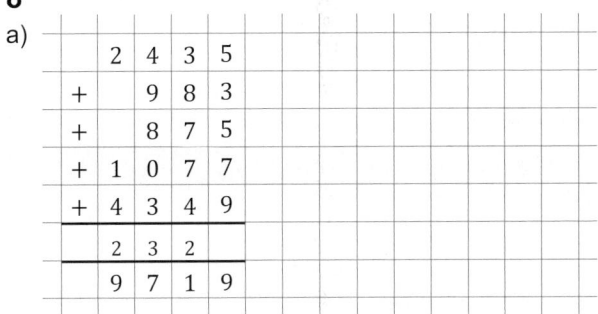

a)
```
    2 4 3 5
  +   9 8 3
  +   8 7 5
  + 1 0 7 7
  + 4 3 4 9
      2 3 2
    9 7 1 9
```

Insgesamt wurden 9719 € eingenommen.

b) $4349 € - 875 € = 3474 €$

Der größte Unterschied betrug 3474 €.

LKV 14

Klassenarbeit C – Addieren und Subtrahieren (Teil 1), KV 47

1

a)
```
   250124
+    2839
+   11788
     112
  264751
```

b)
```
  2890124
+   77588
+   99999
    12122
  3967711
```

2

a)
```
      137
+    2476
+   56821
      111
    59434
```

b)
```
   244001
+     248
+    9999
     1111
   254248
```

3

a)
```
   111138
-     399
-   80512
  1  111
    30227
```

b)
```
  8790835
- 2935277
- 1112897
   1 1121
  4742661
```

4
```
   200000
-    9510
-     142
    11111
   190348
```

5 $200 - (18 + (\mathbf{13} - 11) - 12) = 192$

Klassenarbeit C – Addieren und Subtrahieren (Teil 2), KV 48

6 $(22 - x) + (66 + x)$; Wert des Terms für $x = 4$: $(22 - 4) + (66 + 4) = 88$

7 $340 + 53 + 26 - 44 - 61 - 32 = 419 - 137 = 282$

8 a) Mögliche Lösung: $976\,000\,€ + 1\,009\,000\,€ + 1\,277\,000\,€ + 1\,871\,000\,€ = 5\,133\,000\,€$
b) Die größte Differenz beträgt 894 645 € zwischen dem ersten und dem vierten Quartal.

Bergsteigen: Addieren und Subtrahieren – zu den Schulbuchseiten 72–77, KV 49

Die Lösungen zu den Bergsteigenaufgaben befinden sich im Kommentarteil unter den Lösungen zu Basistraining und Anwenden. Nachdenken.

4 Multiplizieren und Dividieren

Schriftliche Multiplikation, KV 50

1 Multiplikationsrätsel

A	B		M	N		P	Q		Y	Z
2	2		2	7	2		9	8		2	1
E		F			O		U	V		
1	6	5			3	6		7	2		5
	G			L		R		W		
	6	3		3	4		3		3	4	3
C		H	I		S				
1		4	5	0		5	6		5		
D		K		T				
6	0		4	0		1	0	8			

2 a)

```
  3 1 2 · 3
  ─────────
      9 3 6
```

```
  1 1 0 0 1 · 5
  ─────────────
      5 5 0 0 5
```

```
    2 1 2 1 · 3 2
    ─────────────
          6 3 6 3
    +     4 2 4 2
    ─────────────
          6 7 8 7 2
```

```
    3 2 0 1 · 2 3
    ─────────────
          6 4 0 2
    +     9 6 0 3
          1
    ─────────────
          7 3 6 2 3
```

b)

```
  2 2 5 · 4
  ─────────
      9 0 0
```

```
  4 3 8 0 · 9
  ───────────
    3 9 4 2 0
```

```
    5 6 9 · 1 6
    ───────────
          5 6 9
    +   3 4 1 4
          1 1
    ───────────
        9 1 0 4
```

```
    2 7 3 8 4 · 2 7
    ───────────────
          5 4 7 6 8
    +   1 9 1 6 8 8
          1   1 1
    ───────────────
        7 3 9 3 6 8
```

c)

```
    3 3 4 · 2 1 2
    ─────────────
          6 6 8
    +     3 3 4
    +     6 6 8
          1 1 1
    ─────────────
        7 0 8 0 8
```

```
    2 3 2 5 · 4 0 8
    ───────────────
          9 3 0 0
    +     0 0 0 0
    +   1 8 6 0 0
    ───────────────
        9 4 8 6 0 0
```

```
    1 9 1 3 · 2 3 0
    ───────────────
          3 8 2 6
    +     5 7 3 9
    +     0 0 0 0
          1
    ───────────────
        4 3 9 9 9 0
```

```
    4 6 7 0 · 3 0 0
    ───────────────
          1 4 0 1 0
    +     0 0 0 0
    +     0 0 0 0
    ───────────────
      1 4 0 1 0 0 0
```

d)

1	2	3	·	4	7	6	9
			4	9	2		
+			8	6	1		
+				7	3	8	
+				1	1	0	7
			1	1			
		5	8	6	5	8	7

2	9	4	·	7	6	9	1
			2	0	5	8	
+			1	7	6	4	
+			2	6	4	6	
+				2	9	4	
			1	2	1	1	
	2	2	6	1	1	5	4

9	4	7	·	6	9	1	2
			5	6	8	2	
+			8	5	2	3	
+				9	4	7	
+				1	8	9	4
			1	1	1	1	1
	6	5	4	5	6	6	4

4	7	6	·	9	1	2	9
	4	2	8	4			
+			4	7	6		
+				9	5	2	
+				4	2	8	4
			1	2	1	1	
	4	3	4	5	4	0	4

3 a) Insgesamt gibt es 24 verschiedene Möglichkeiten die Ziffern anzuordnen:

$467 \cdot 9 = 4203$	$946 \cdot 7 = 6622$	$794 \cdot 6 = 4764$	$679 \cdot 4 = 2716$
$476 \cdot 9 = 4284$	$964 \cdot 7 = 6748$	$749 \cdot 6 = 4494$	$697 \cdot 4 = 2788$
$764 \cdot 9 = 6876$	$649 \cdot 7 = 4543$	$497 \cdot 6 = 2982$	$976 \cdot 4 = 3904$
$647 \cdot 9 = 5823$	$496 \cdot 7 = 3472$	$974 \cdot 6 = 5844$	$769 \cdot 4 = 3076$
$746 \cdot 9 = 6714$	$694 \cdot 7 = 4858$	$479 \cdot 6 = 2874$	$967 \cdot 4 = 3868$
$674 \cdot 9 = 6066$	$469 \cdot 7 = 3283$	$947 \cdot 6 = 5682$	$796 \cdot 4 = 3184$

b) Insgesamt gibt es 12 verschiedene Möglichkeiten die Ziffern anzuordnen:

$46 \cdot 79 = 3634$	$94 \cdot 67 = 6298$	$47 \cdot 96 = 4512$
$46 \cdot 97 = 4462$	$94 \cdot 76 = 7144$	$47 \cdot 69 = 3243$
$64 \cdot 79 = 5056$	$49 \cdot 67 = 3283$	$74 \cdot 96 = 7104$
$64 \cdot 97 = 6208$	$49 \cdot 76 = 3724$	$74 \cdot 69 = 5106$

c) Die größtmögliche Zahl: $94 \cdot 76 = 7144$
Die kleinstmögliche Zahl: $679 \cdot 4 = 2716$

4 Kreuzzahlrätsel

	¹1	²5	9	³8	
⁴7		5		1	
0	⁵8	⁶4		6	⁷3
⁸4	3	6	8		3
2			⁹7	5	9
	¹⁰9	3	6		3

Trimino: Multiplizieren, KV 51

Die Lösung befindet sich auf der Kopiervorlage.

Speisekarte: Produkte und Potenzen, KV 52

Vorspeise:
a) 56
b) 252
c) 520
d) 1305

Hauptspeise:
a) 2992
b) 3807
c) 2491
d) 70645

Nachspeise:
a) $1 \cdot 1 \cdot 1 \cdot 1 \cdot 1 = 1$
b) $11 \cdot 11 = 121$
c) $9 \cdot 9 \cdot 9 = 729$

Vorspeise:
a) 216
b) 663
c) 1320
d) 8658

Hauptspeise:
a) 16468
b) 17468
c) 205869
d) 26596

Nachspeise:
a) $5^2 < 4^3$
b) $11^2 > 2^6$
c) $6^3 > 13^2$

Schriftliche Division, KV 53

1 RECHENKOENIG

2 a)

```
  3 8 4 : 4 = 9 6
- 3 6
    2 4
  - 2 4
      0
```

```
  8 8 2 : 7 = 1 2 6
- 7
  1 8
- 1 4
    4 2
  - 4 2
      0
```

```
  9 7 5 : 5 = 1 9 5
- 5
  4 7
- 4 5
    2 5
  - 2 5
      0
```

```
  9 7 8 : 3 = 3 2 6
- 9
  0 7
- 0 6
    1 8
  - 1 8
      0
```

```
  1 5 7 8 : 6 = 2 6 3
- 1 2
    3 7
  - 3 6
      1 8
    - 1 8
        0
```

LKV 18

b)

```
  4 8 8 6 : 7 = 6 9 8
- 4 2
    6 8
  - 6 3
      5 6
    - 5 6
        0
```

```
  2 1 3 0 : 5 = 4 2 6
- 2 0
    1 3
  - 1 0
      3 0
    - 3 0
        0
```

```
  6 0 4 8 : 9 = 6 7 2
- 5 4
    6 4
  - 6 3
      1 8
    - 1 8
        0
```

```
  2 0 4 8 : 4 = 5 1 2
- 2 0
    0 4
    - 4
      0 8
    - 8
      0
```

```
  2 0 4 8 : 8 = 2 5 6
- 1 6
    4 4
  - 4 0
      4 8
    - 4 8
        0
```

c)

```
  4 8 8 6 : 7 = 6 9 8
- 4 2
    6 8
  - 6 3
      5 6
    - 5 6
        0
```

```
  7 6 2 5 : 5 = 1 5 2 5
- 5
  2 6
- 2 5
    1 2
  - 1 0
      2 5
    - 2 5
        0
```

```
  9 8 7 2 : 8 = 1 2 3 4
- 8
  1 8
- 1 6
    2 7
  - 2 4
      3 2
    - 3 2
        0
```

```
  8 4 7 2 : 6 = 1 4 1 2
- 6
  2 4
- 2 4
    0 7
    - 6
      1 2
    - 1 2
        0
```

```
  7 0 3 5 : 3 = 2 3 4 5
- 6
  1 0
-   9
    1 3
-   1 2
      1 5
-     1 5
        0
```

3 a)

```
  3 7 2 : 1 2 = 3 1
- 3 6
    1 2
-   1 2
      0
```

```
  6 9 0 : 1 5 = 4 6
- 6 0
    9 0
-   9 0
      0
```

```
  6 9 3 : 1 1 = 6 3
- 6 6
    3 3
-   3 3
      0
```

```
  7 5 6 : 1 4 = 5 4
- 7 0
    5 6
-   5 6
      0
```

```
  9 7 5 : 1 3 = 7 5
- 9 1
    6 5
-   6 5
      0
```

b)

```
  3 8 8 8 : 1 6 = 2 4 3
- 3 2
    6 8
-   6 4
      4 8
-     4 8
        0
```

```
  5 7 6 4 : 1 1 = 5 2 4
- 5 5
    2 6
-   2 2
      4 4
-     4 4
        0
```

```
  6 4 0 9 : 1 7 = 3 7 7
- 5 1
    1 3 0
-   1 1 9
        1 1 9
-       1 1 9
            0
```

```
  4 5 7 2 : 1 8 = 2 5 4
- 3 6
    9 7
-   9 0
      7 2
-     7 2
        0
```

6897 : 19 = 363
− 57
　11 9
− 11 4
　　5 7
− 　5 7
　　　0

c)

625 : 25 = 25
− 50
　12 5
− 12 5
　　 0

2430 : 54 = 45
− 216
　 27 0
− 27 0
　　 0

2232 : 31 = 72
− 217
　 06 2
− 06 2
　　 0

9912 : 42 = 236
− 84
　15 1
− 12 6
　　25 2
− 25 2
　　　0

42532 : 98 = 434
− 392
　 33 3
− 29 4
　　39 2
− 39 2
　　　0

4 a)

6120 : 17 = 360
− 51
　10 2
− 10 2
　　0 0
− 　0 0
　　　0

9671 : 19 = 509
− 95
　 1 7
− 　0 0
　 17 1
− 17 1
　　　0

```
  87696 : 12 = 7308              69000 : 15 = 4600
- 84                            - 60
   36                              90
 - 36                            - 90
    09                              00
  - 00                            - 00
     96                              00
   - 96                            - 00
      0                               0
```

b)
```
  26664 : 44 = 606               18240 : 32 = 570
- 264                           - 160
    26                              224
  - 00                           - 224
    264                              00
  - 264                          - 00
      0                              0
```

```
  207207 : 69 = 3003             665000 : 95 = 7000
- 207                           - 665
     02                              00
   - 00                           - 00
     20                              00
   - 00                           - 00
     207                             00
   - 207                          - 00
       0                             0
```

5 Kreuzzahlrätsel

¹1	²5		³1	0	⁴5	0	
⁵2	0			0	⁶4	0	⁷4
5		⁸3	0	0	3		0
	⁹1	0	1	0		¹⁰4	4
¹¹1	1	0		¹²1	2	0	0
		1		¹³8	0	6	0	4

LKV 22

Verbindung der Rechenarten, KV 54

1

Beispielaufgabe für Rechenausdrücke	$560 - (100 - 45 : 5) \cdot 2 - 1$
1. Punktrechnung in der Klammer	$560 - (100 - 9) \cdot 2 - 1$
2. Klammer	$560 - 91 \cdot 2 - 1$
3. Punktrechnung vor Strichrechnung	$560 - 182 - 1$
4. von links nach rechts	$378 - 1$
	377

2 und **3** Lösungswort HOMEWORK

4 a) Ja, denn Punkt- geht vor Strichrechnung.
b) Nein, denn dann würde man nur die 2 potenzieren.
c) Nein, denn dann müsste man zunächst dividieren.

Domino: Distributivgesetz, KV 55

Die Lösung befindet sich geordnet von links nach rechts auf der Kopiervorlage.

Domino: Übersetzen, KV 56

Die Lösung befindet sich geordnet von links nach rechts auf der Kopiervorlage.

Das große Mathedinner zur Multiplikation und Division (1), (2) und (3), KV 57, KV 58 und KV 59

Die Lösungen zur Checkliste KV 57 findet man auf KV 58. Die Lösungen zu den Menüs auf KV 59 befinden sich im Kommentarteil unter den Lösungen zu Basiswissen und Anwenden. Nachdenken.

ABC-Mathespiel: Grundrechenarten, KV 60

Buchstabe	Anfangsfeld	+77	−15	·22	:3	Buchstabe	Anfangsfeld	+77	−15	·22	:3
A	36	113	21	792	12	N	315	392	300	6930	105
B	900	977	885	19800	300	O	171	248	156	3762	57
C	27	104	12	594	9	P	135	212	120	2970	45
D	15	92	0	330	5	Q	198	275	183	4356	66
E	21	98	6	462	7	R	108	185	93	2376	36
F	30	107	15	660	10	S	225	302	210	4950	75
G	66	143	51	1452	22	T	216	293	201	4752	72
H	24	101	9	528	8	U	144	221	129	3168	48
I	33	110	18	726	11	V	189	266	174	4158	63
J	42	119	27	924	14	W	171	248	156	3762	57
K	81	158	66	1782	27	X	99	176	84	2178	33
L	130	207	115	2860	43 R1	Y	135	212	120	2970	45
M	300	377	285	6600	100	Z	225	302	210	4950	75

Klassenarbeit A – Multiplizieren und Dividieren (Teil 1), KV 61

1 a) Überschlag: $70 \cdot 4 = 280$ b) Überschlag: $60 \cdot 15 = 900$ c) Überschlag: $600 \cdot 7 = 4200$

6	8	·	4
	2	7	2

5	8	·	1	5
		5	8	
+	2	9	0	
		1		
		8	7	0

5	7	9	·	7
	4	0	5	3

2 a) $13 \cdot (4 \cdot 250) = 13 \cdot 1000 = 13\,000$ b) $(50 \cdot 2) \cdot (7 \cdot 3) = 100 \cdot 21 = 2100$

3 a) $7 \cdot 7 \cdot 7 = 7^3$ b) $x \cdot x = x^2$ c) $3^5 = 3 \cdot 3 \cdot 3 \cdot 3 \cdot 3$ d) $10 \cdot 10 \cdot 10 \cdot 10 = 10^4$

4 a)

```
  9 7 6 : 8 = 1 2 2
- 8
  1 7
- 1 6
    1 6
  - 1 6
      0
```

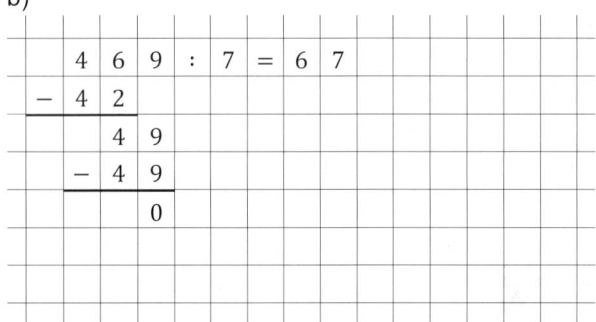

b)

```
  4 6 9 : 7 = 6 7
- 4 2
    4 9
  - 4 9
      0
```

$\underbrace{976}_{\text{Dividend}} : \underbrace{8}_{\text{Divisor}}$ Quotient

$\underbrace{469}_{\text{Dividend}} : \underbrace{7}_{\text{Divisor}}$ Quotient

Klassenarbeit A – Multiplizieren und Dividieren (Teil 2), KV 62

5 a) $10 + 6 - 2 \cdot 5 = 10 + 6 - 10 = 6$ b) $5 - (8 + 6) : 7 = 5 - 14 : 7 = 5 - 2 = 3$

6 $8 \cdot 49 + 2 \cdot 49 = (8 + 2) \cdot 49 = 10 \cdot 49 = 490$

7 $2 \cdot 15 \cdot 30 = 900$
Insa verbraucht im Monat 900 Liter Wasser zum Duschen.

Klassenarbeit B – Multiplizieren und Dividieren (Teil 1), KV 63

1 a) Überschlag: $700 \cdot 30 = 21\,000$ b) Überschlag: $800 \cdot 60 = 48\,000$

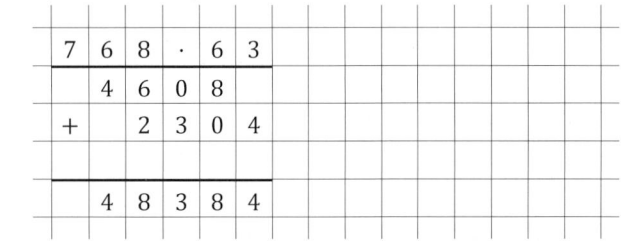

6	5	4	·	3	1
	1	9	6	2	
+		6	5	4	
	1	1			
	2	0	2	7	4

7	6	8	·	6	3
	4	6	0	8	
+	2	3	0	4	
	4	8	3	8	4

2 a) $(25 \cdot 4) \cdot (2 \cdot 50) \cdot 7 = 100 \cdot 100 \cdot 7 = 70\,000$ b) $(8 \cdot 125) \cdot (5 \cdot 2) \cdot 3 = 1000 \cdot 10 \cdot 3 = 30\,000$

3 $12 \cdot 36 + 12 \cdot 14 = 12 \cdot (36 + 14) = 12 \cdot 50 = 600$

4 a) Fehler: Exponent und Basis sind vertauscht. Richtig ist: $4 \cdot 4 \cdot 4 = 4^3$
b) Fehler: Es wurde eine Summe als Potenz dargestellt. Es können allerdings nur Produkte als Potenzen dargestellt werden. Eine Summe kann aber als Produkt dargestellt werden. Richtig ist: $7 + 7 + 7 + 7 + 7 = 5 \cdot 7$
c) Fehler: Es wurde die Summe $a + a = 2 \cdot a$ berechnet, nicht die Potenz $a \cdot a$. Richtig ist: $a \cdot a = a^2$

Klassenarbeit B – Multiplizieren und Dividieren (Teil 2), KV 64

5 a)
```
  6 0 6 9 : 1 7 = 3 5 7
- 5 1
    9 6
  - 8 5
    1 1 9
  - 1 1 9
        0
```
$\underbrace{6069}_{\text{Dividend}} : \underbrace{17}_{\text{Divisor}} \overbrace{}^{\text{Quotient}}$

b)
```
  1 2 3 6 7 : 1 3 = 9 5 1 R 4
- 1 1 7
      6 6
    - 6 5
        1 7
      - 1 3
            4
```
$\underbrace{12\,367}_{\text{Dividend}} : \underbrace{13}_{\text{Divisor}} \overbrace{}^{\text{Quotient}}$

6 a) $42 - 12 \cdot 3 + 63 : 7 - 4 = 42 - 36 + 9 - 4 = 42 + 9 - 36 - 4 = 51 - 40 = 11$
b) $13 - ((8 + 4) : 2 - 3) = 13 - (12 : 2 - 3) = 13 - (6 - 3) = 13 - 3 = 10$

7 $150\,€ + 6 \cdot 21\,€ = 276\,€$
Das Handy kostet mit Ratenzahlung 27 € mehr.

Klassenarbeit C – Multiplizieren und Dividieren (Teil 1), KV 65

1 a) Überschlag: $5000 \cdot 25 = 125\,000$
```
  4 8 4 8 · 2 5
      9 6 9 6
  + 2 4 2 4 0
      1 1 1 1
    1 2 1 2 0 0
```

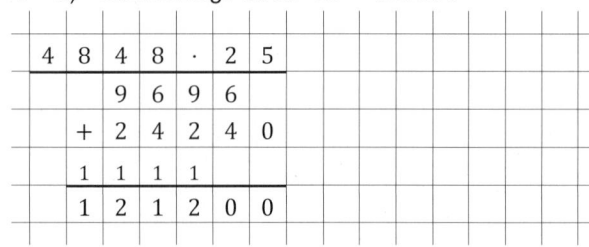

b) Überschlag: $10\,000 \cdot 24 = 240\,000$
```
  9 7 7 8 · 2 4
      1 9 5 5 6
  + 3 9 1 1 2
      1 1
    2 3 4 6 7 2
```

2 a) $17 \cdot (50 \cdot 80) \cdot (125 \cdot 4) = 17 \cdot 4000 \cdot 500 = 17 \cdot 2\,000\,000 = 34\,000\,000$
b) $5 \cdot (75 \cdot 4) \cdot (5 \cdot 200) = 5 \cdot 300 \cdot 1000 = 1500 \cdot 1000 = 1\,500\,000$
c) $21 \cdot (131 - 111) = 21 \cdot 20 = 420$

3 Die Regeln „Punkt vor Strich" und „Klammern zuerst" wurden nicht beachtet.
Richtig ist: $12 + (9 - 8) = 12 + 1 = 13$

4 a) 10^9 b) $4^3 = 64$

Klassenarbeit C – Multiplizieren und Dividieren (Teil 2), KV 66

5 a) Überschlag: $5000 : 10 = 500$
```
  5 0 9 2 : 1 4 = 3 6 3 R 1 0
- 4 2
    8 9
  - 8 4
      5 2
    - 4 2
        1 0
```

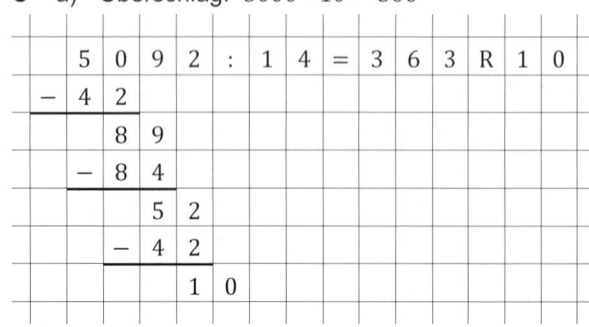

b) Überschlag: $12\,000 : 10 = 1200$
```
  1 2 3 6 8 : 1 3 = 9 5 1 R 5
- 1 1 7
      6 6
    - 6 5
        1 8
      - 1 3
            5
```

6 $8 \cdot 5 + 42 : 6 - (26 - 9) = 8 \cdot 5 + 42 : 6 - 17 = 40 + 7 - 17 = 30$

7 a) $2,5\,\text{kg} = 2500\,\text{g}$; $2500\,\text{g} : 500 = 5\,\text{g}$; ein Blatt wiegt $5\,\text{g}$; 10 Blätter wiegen dann $50\,\text{g}$.
b) Lösung für 30 Kinder: 5 Kopien pro Tag; 10 Tage: $30 \cdot 5 \cdot 10 = 1500$, also 1500 Kopien;
$1500 \cdot 5\,\text{g} = 7500\,\text{g} = 7,5\,\text{kg}$;
500 Blätter sind $5,5\,\text{cm} = 55\,\text{mm}$ hoch; 1500 Blätter sind dann 3-mal so hoch: $3 \cdot 55\,\text{mm} = 165\,\text{mm} = 16,5\,\text{cm}$

Bergsteigen: Multiplizieren und Dividieren – zu den Schulbuchseiten 107–111 (Teil 1 und 2), KV 67 und KV 68

Die Lösungen zu den Bergsteigenaufgaben befinden sich im Kommentarteil unter den Lösungen zu Basistraining und Anwenden. Nachdenken.

5 Geometrie. Vierecke

Wie viele Strecken?, KV 69

1 a) 1   b) 3   c) 6   d) 10   e) 15   f) 21

Eine Möglichkeit: Zuerst alle Strecken zwischen benachbarten Punkten zählen, anschließend Strecken, die einen Punkt „überspringen" usw. Zum Schluss die Strecke addieren, die den ersten mit dem letzten Punkt verbindet.
Oder: Man zählt die Strecken vom ersten zum zweiten, zum dritten, zum vierten, … Punkt. Hinzu kommen die Strecken vom zweiten zum dritten, zum vierten, … Punkt. Dann werden die Strecken vom dritten zum vierten, zum fünften, … Punkt addiert, usw. Die letzte Strecke, die man betrachtet, ist die Strecke vom vorletzten zum letzten Punkt.

2 a) 3   b) 10   c) 35   d) 96

Zunächst zählt man die „äußeren" Strecken, die die Figur begrenzen (bei c sind dies fünf Strecken). Dann betrachtet man die „inneren" Strecken von den Randpunkten zu den gegenüberliegenden Randpunkten. Je nach Anzahl der Punkte auf diesen „inneren" Strecken kann man die Ergebnisse aus Nr. 1 verwenden (bei c hat man fünf „innere" Strecken mit je vier Punkten also $5 \cdot 6 = 30$). Die Gesamtzahl der Strecken ergibt sich aus der Summe dieser beiden Zahlen (bei c also $5 + 30 = 35$).

Speisekarte: Strecke, Gerade und Halbgerade, KV 70

Vorspeise:
a) unendlich viele   b) eine

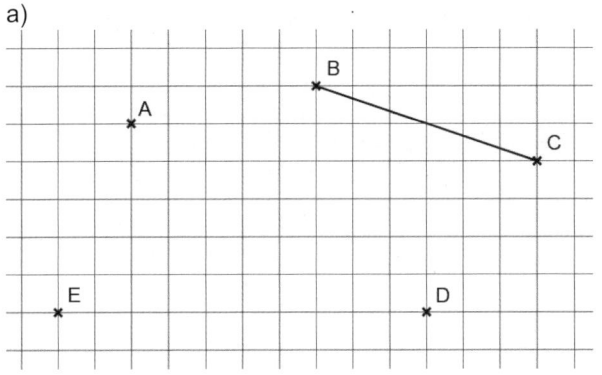

Vorspeise:
a) Eine Halbgerade besitzt einen Anfangspunkt, aber keinen Endpunkt. Daher kann man eine Halbgerade nicht vollständig zeichnen, sondern immer nur ein Stück von ihr.
b) drei Strecken

Hauptspeise:
a)

Hauptspeise:
a) Mögliche Lösung:

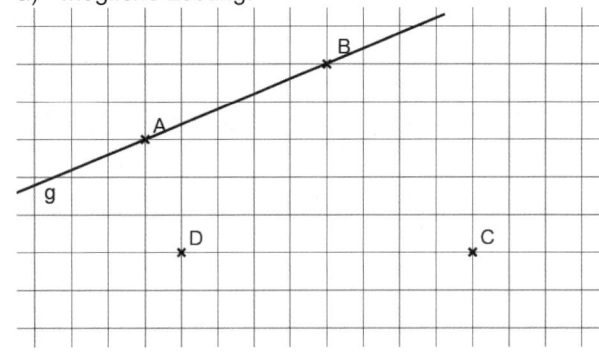

b) Mögliche Lösung:

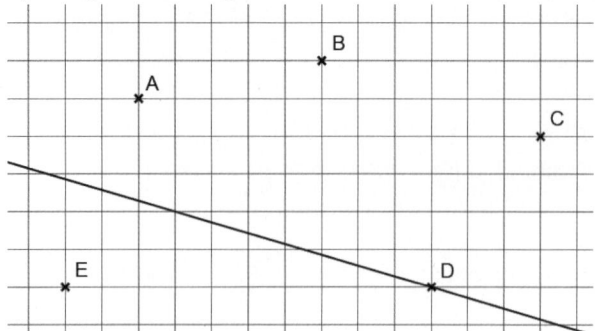

Die Gerade durch den Punkt D kann eine beliebige Richtung haben.

c)

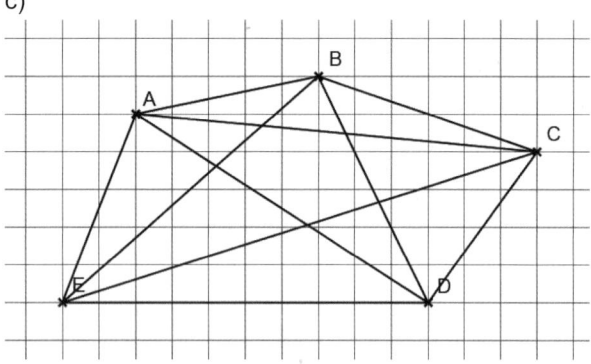

$\overline{AB}$: 2,5 cm; $\overline{AC}$: 5,5 cm; $\overline{AD}$: 4,7 cm; $\overline{BD}$: 3,4 cm

b)

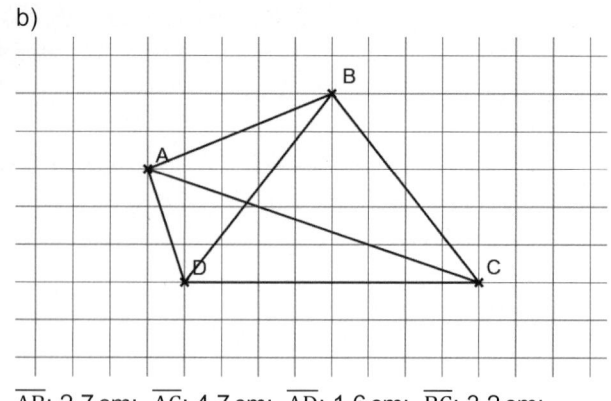

$\overline{AB}$: 2,7 cm; $\overline{AC}$: 4,7 cm; $\overline{AD}$: 1,6 cm; $\overline{BC}$: 3,2 cm;
$\overline{BD}$: 3,2 cm; $\overline{CD}$: 4,0 cm

Nachspeise:
a)

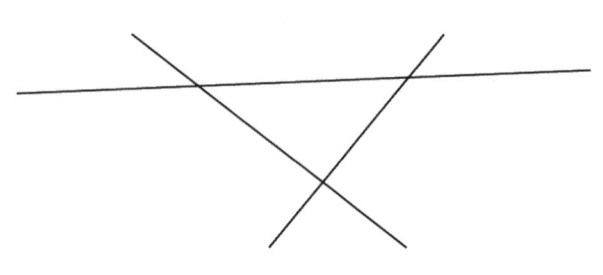

b)

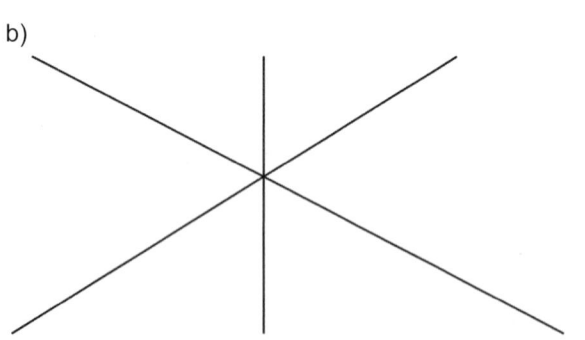

Nachspeise:
a)

b)

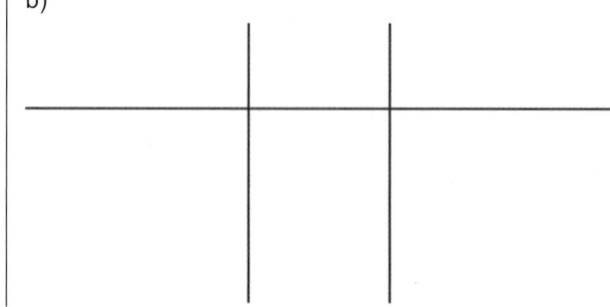

Die diebische Elster, KV 71

Die Lösungen befinden sich auf der Kopiervorlage.

LKV 27

Wegbeschreibung zur Geburtstagsfeier, KV 72

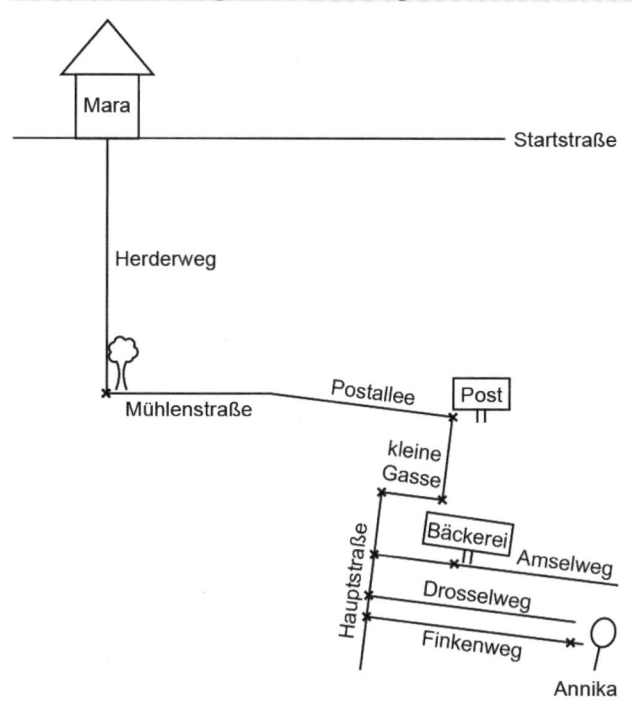

Filmrolle: Parallelen zeichnen, KV 73

Mögliche Lösung:
Bild 1: Lege das Geodreieck mit der Mittellinie genau auf die Gerade g und mit der Kante durch den Punkt P.
Bild 2: Zeichne die Gerade i entlang der Geodreieck-Kante ein: Diese Gerade i ist senkrecht zu g und geht durch den Punkt P.
Bild 3: Lege das Geodreieck mit der Mittellinie genau auf die Gerade i und mit der Kante durch den Punkt P.
Bild 4: Zeichne die Gerade h entlang der Geodreieck-Kante ein: Diese Gerade h ist senkrecht zu i und geht durch den Punkt P. Die Geraden h und g sind nun parallel zueinander.

Parallele und senkrechte Geraden, KV 74

1 a) In beiden Zeichnungen benötigt man je zwei Farben. In der linken Zeichnung sind die vier Geraden parallel zueinander, die von links unten nach rechts oben verlaufen und die drei Geraden, die von links oben nach rechts unten verlaufen. In der rechten Zeichnung sind jeweils vier Geraden parallel zueinander.
b) Alle Winkel in der linken Zeichnung sind rechte Winkel. In der rechten Zeichnung gibt es keine rechten Winkel.

2 a) $a \perp g$; $a \perp h$; $b \perp g$; $b \perp h$; $c \perp g$; $c \perp h$; $d \perp g$; $d \perp h$; $g \perp a$; $h \perp a$; $g \perp b$; $h \perp b$; $g \perp c$; $h \perp c$; $g \perp d$; $h \perp d$

b) $a \parallel b$; $a \parallel c$; $a \parallel d$; $b \parallel c$; $b \parallel d$; $c \parallel d$; $g \parallel h$; $e \parallel f$; $b \parallel a$; $c \parallel a$; $d \parallel a$; $c \parallel b$; $d \parallel b$; $d \parallel c$; $h \parallel g$; $f \parallel e$

Senkrechte und Parallele: Eine Zeichenübung, KV 75

1 Die Selbstkontrolle befindet sich auf der Kopiervorlage.

2 Fortführung des Musters. Individuelle Färbung.

Tandembogen: Geometrie-Diktat, KV 76

Die Lösungen befinden sich auf der Kopiervorlage.

In Koordinatensystem-City, KV 77

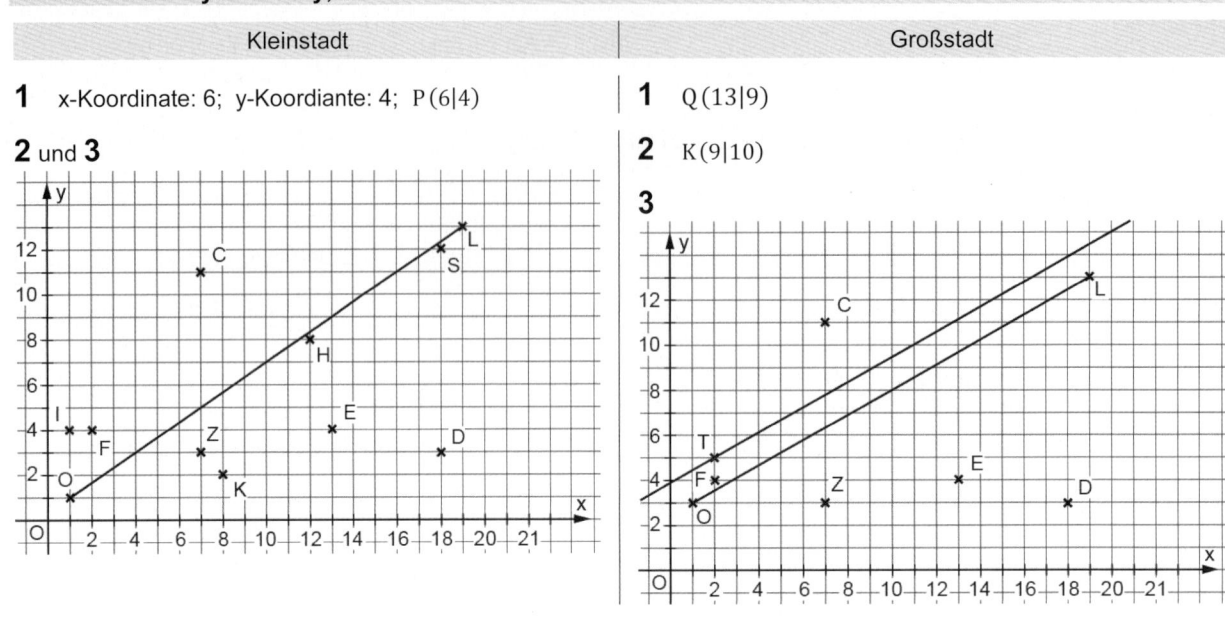

Kleinstadt	Großstadt
1 x-Koordinate: 6; y-Koordiante: 4; P(6|4)	**1** Q(13|9)
2 und **3**	**2** K(9|10)
	3
4 C(7|11); D(18|3); E(13|4); F(2|4)	**4** Z(7|3); M(9|14)

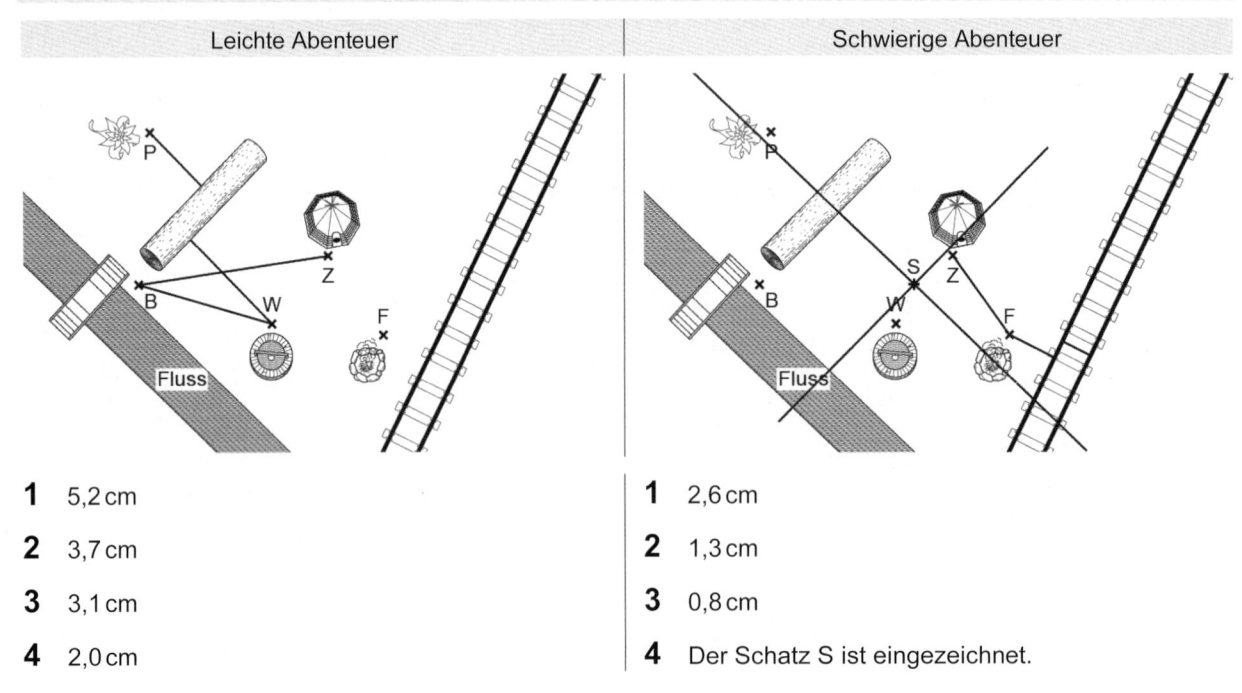

Koordinatensystem – Partnerarbeitsblatt 1 und 2, KV 78 und KV 79

1 bis **4** Die Lernenden kontrollieren sich gegenseitig. In Aufgabe 4 entsteht ein Stern.

Tandembogen: Koordinatensystem-Diktat, KV 80

Die Lösungen befinden sich auf der Kopiervorlage.

Der Abenteurer Großer-Geo-Meister, KV 81

Leichte Abenteuer	Schwierige Abenteuer
1 5,2 cm	**1** 2,6 cm
2 3,7 cm	**2** 1,3 cm
3 3,1 cm	**3** 0,8 cm
4 2,0 cm	**4** Der Schatz S ist eingezeichnet.

LKV 29

Senkrechte, Parallele und Abstand, KV 82

1 senkrecht: a ⊥ b; e ⊥ d parallel: b ∥ f

2 k und g sind senkrecht zueinander.

3 P zu a: 2,2 cm; P zu b: 0,8 cm; P zu k: 1,1 cm

4 2,7 cm

5 g und x sind senkrecht zueinander.

6 z und a sind senkrecht zueinander.

Klecksbild – Hilfekarte und Profikarte, KV 83 und KV 84

Individuelle Lösungen
Profikarte
(1) Symmetrieachse (2) Abstand (3) senkrecht

Speisekarte: Achsensymmetrie (Teil 1) und (Teil 2), KV 85 und KV 86

Getränk:

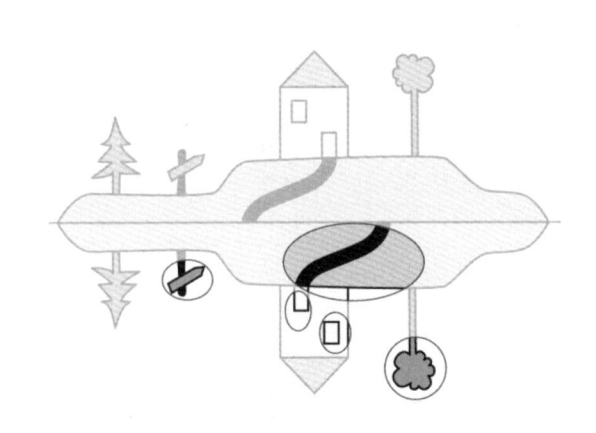

Getränk:

Vorspeise:

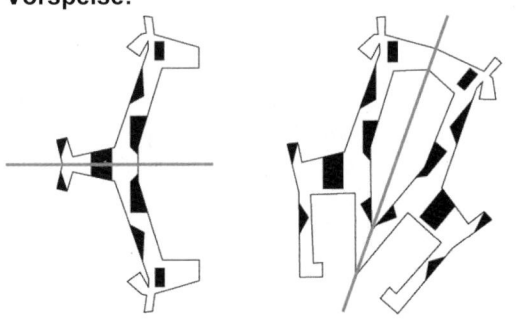

Vorspeise:

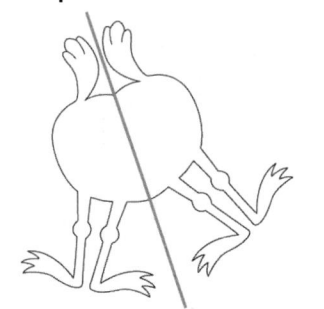

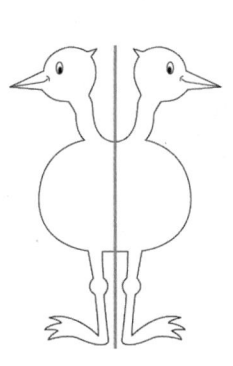

LKV 30

Hauptspeise:

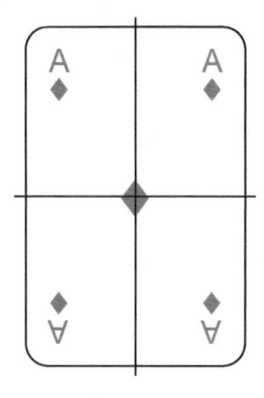

Hauptspeise:

Nachspeise:

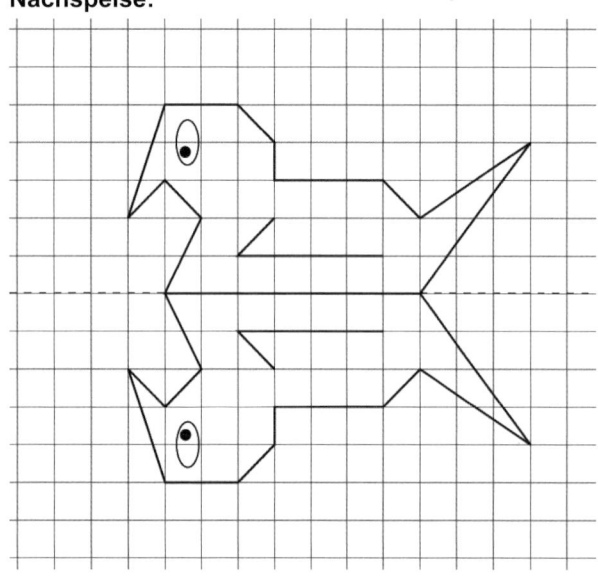

Nachspeise:

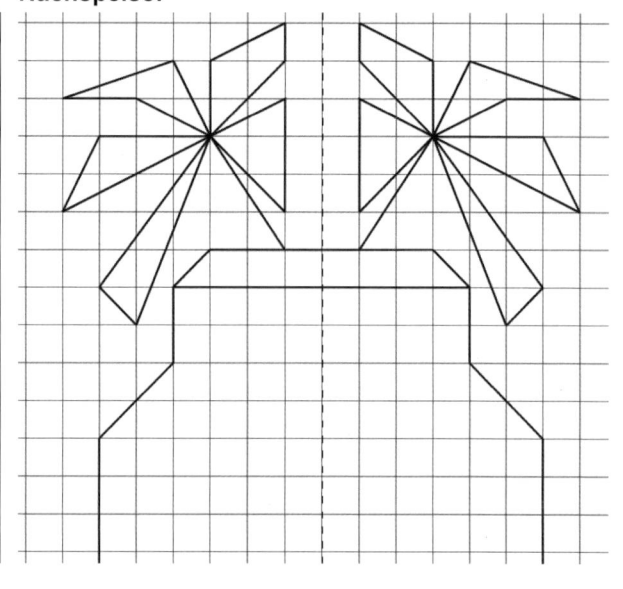

Masken – achsensymmetrische Figuren, KV 87

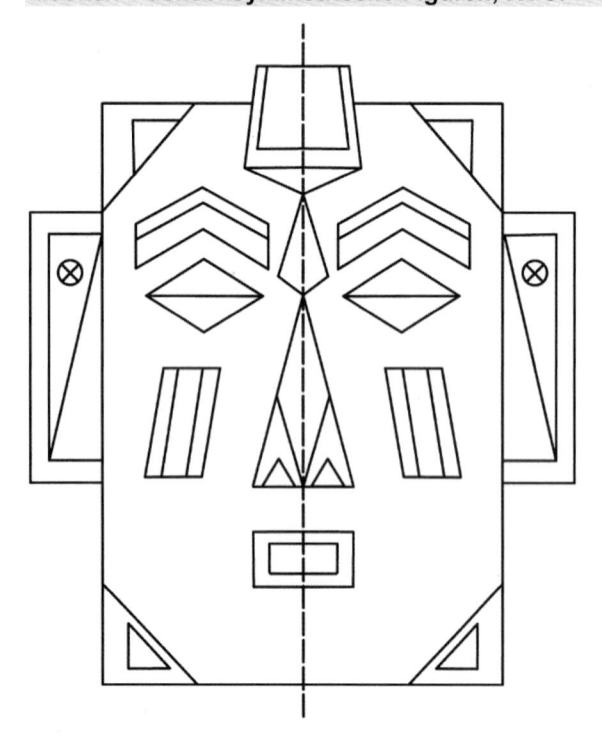

LKV 31

Filmrolle: Rechtecke zeichnen, KV 88

Mögliche Lösung:
Bild 1: Zeichne eine Strecke mit der Länge 6 cm mit den Endpunkten A und B.
Bild 2: Zeichne ausgehend von Punkt B eine Senkrechte zur Strecke $\overline{AB}$ mit der Länge 4 cm. Bezeichne den Endpunkt mit C.
Bild 3: Zeichne ausgehend von Punkt C eine Senkrechte zur Strecke $\overline{BC}$ mit der Länge 6 cm. Bezeichne den Endpunkt mit D.
Bild 4: Verbinde die Punkte A und D.

Streifenkunde, KV 89

1 Anweisung auf der Kopiervorlage.

2 Quadrat

3 Rechteck

4 Mögliche Lösung: Es handelt sich nicht mehr um Quadrate oder Rechtecke.

5 Individueller Vergleich

6 Mögliche Lösung: Es entstehen Vierecke ohne rechte Winkel.

7 Mögliche Lösung: Gegenüberliegende Seiten sind gleich lang; gegenüberliegende Winkel sind gleich groß; alle Seiten sind gleich lang.

8 Individuelle Lösungen

Filmrolle: Parallelogramme zeichnen, KV 90

Mögliche Lösung:
Bild 1: Zeichne eine Seite des Parallelogramms mit der Länge 6 cm. Bezeichne die Endpunkte mit A und B.
Bild 2: Zeichne ausgehend von Punkt A in einem (beliebigen) Winkel eine Seite mit der Länge 4 cm. Bezeichne den Endpunkt mit D.
Bild 3: Zeichne ausgehend von Punkt D eine weitere Seite mit der Länge 6 cm. Sie muss parallel zur Seite $\overline{AB}$ sein. Bezeichne den Eckpunkt mit C.
Bild 4: Verbinde die Punkte C und B.

Kunterbunte Viereck-Kunst, KV 91

Übung zu zweit: Die Lernenden kontrollieren gegenseitig ihre Lösungen.

Vierecke im Koordinatensystem, KV 92

1 a) und c)

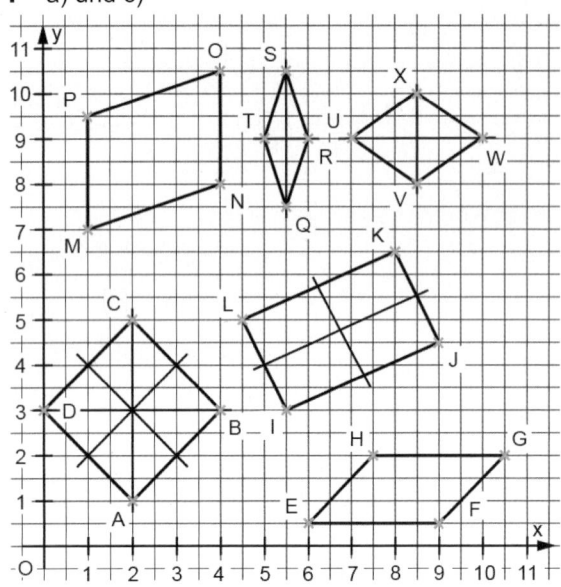

b) Viereck 1: Quadrat; Viereck 2: Parallelogramm; Viereck 3: Rechteck; Viereck 4: Parallelogramm; Viereck 5: Raute; Viereck 6: Raute

2 Die fehlenden Eckpunkte lauten:
a) D(0|3,5)   b) H(3|6)   c) L(1,5|11,5)   d) P(8|4,5)   e) T(5,5|11)

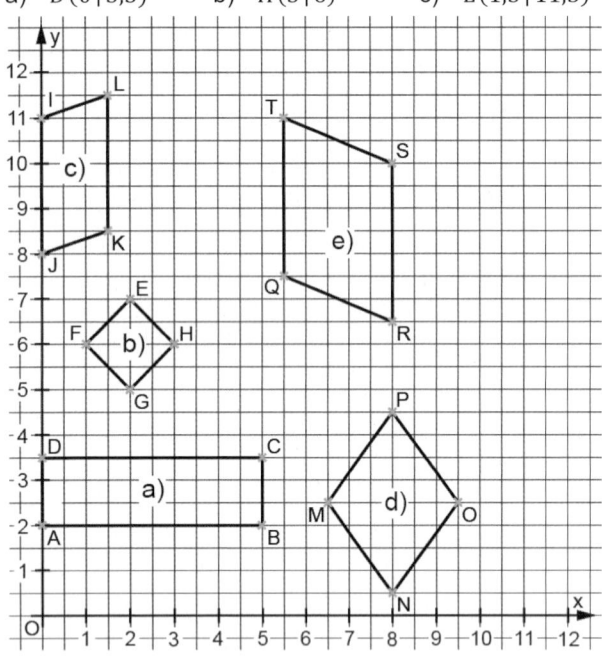

Klassenarbeit A – Geometrie. Vierecke (Teil 1), KV 93

1 Strecken: $\overline{AB}$; $\overline{MN}$; $\overline{EF}$; $\overline{YZ}$; Geraden: f; h; m; j

2 Parallel: $\overline{MN} \parallel \overline{EF}$; Senkrecht: h ⊥ j

3 Abstand: 1,4 cm

4

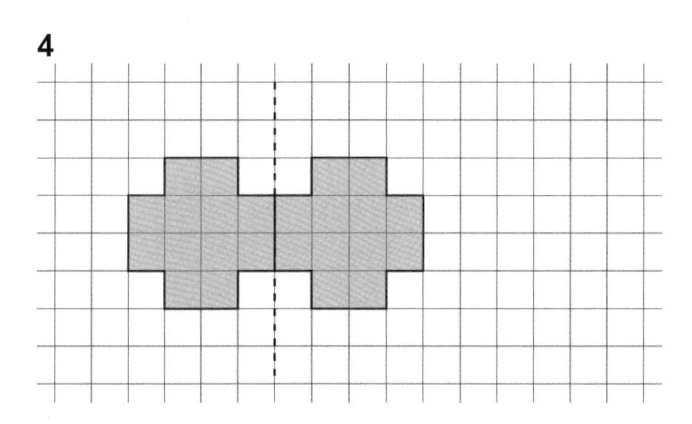

Klassenarbeit A – Geometrie. Vierecke (Teil 2), KV 94

5 a) A(2|9); B(5|6); C(8|9); D(5|12)
b) ABCD: Quadrat; IJKL: Raute
c)

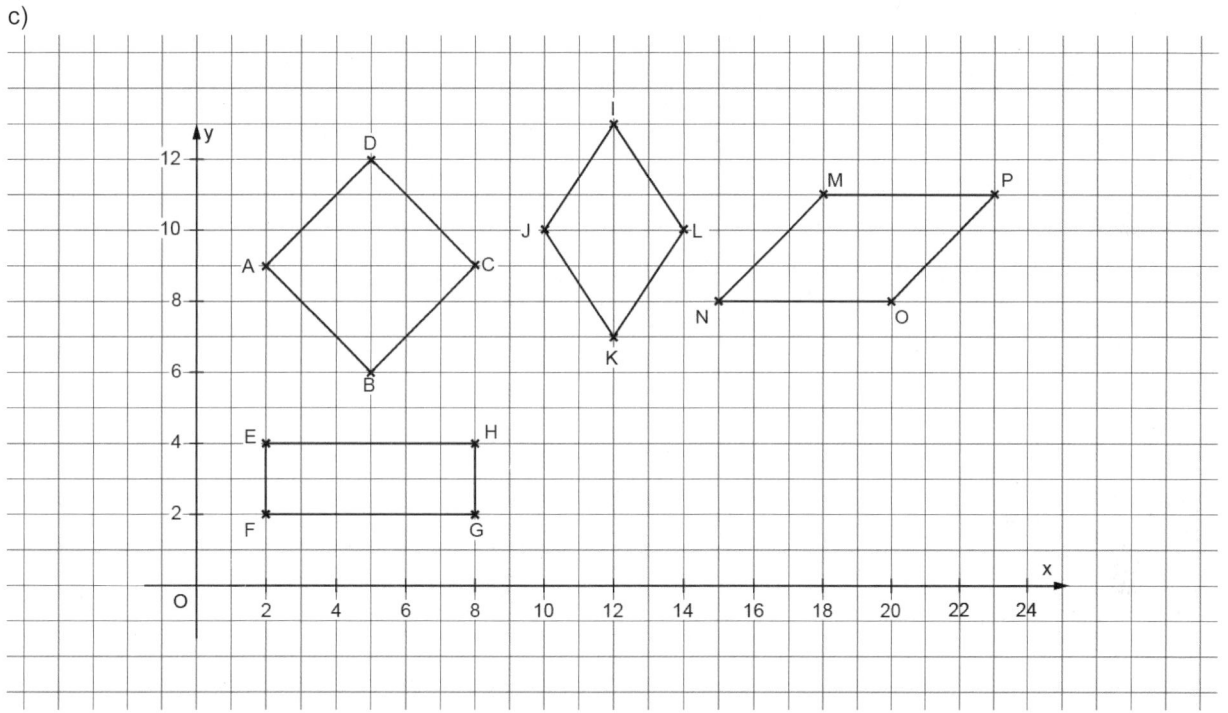

Klassenarbeit B – Geometrie. Vierecke (Teil 1), KV 95

1 i liegt senkrecht zu g.

2 Abstand P zu a: 1,8 cm; Abstand P zu b: 1,2 cm

3

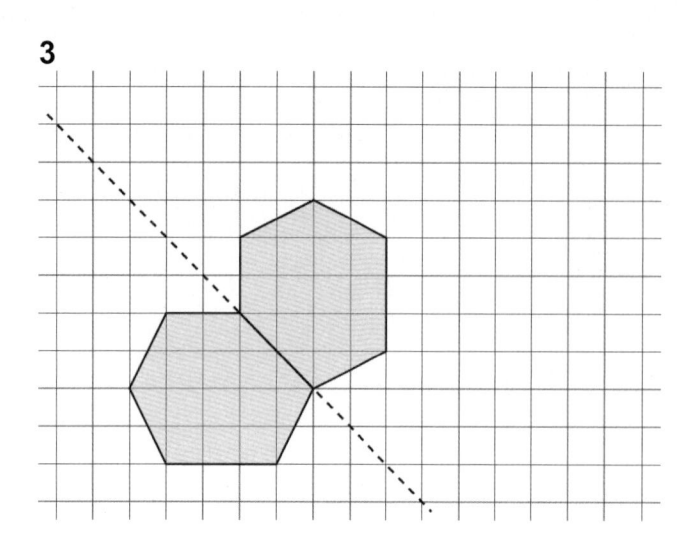

Klassenarbeit B – Geometrie. Vierecke (Teil 2), KV 96

4 a) und b) B(8|11)　　　　　　　　　　c) Individuelle Lösung

Klassenarbeit C – Geometrie. Vierecke (Teil 1), KV 97

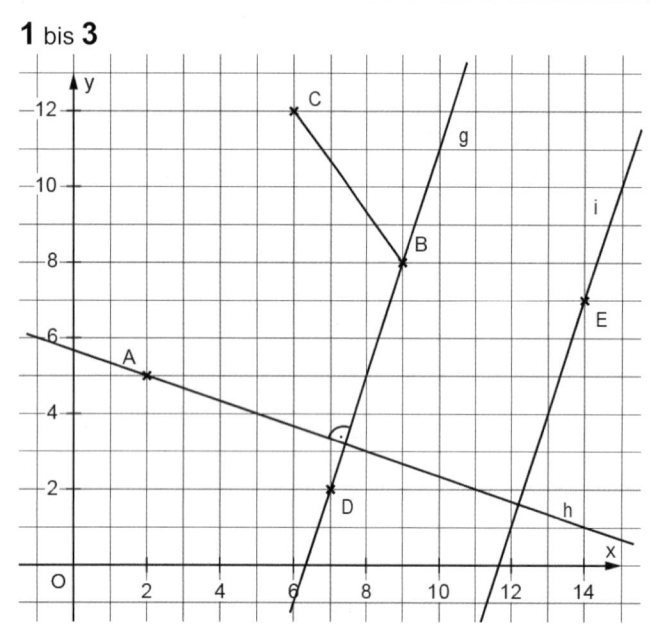

1 bis **3**

4 Abstand C zu g: 2 cm; Abstand i zu g: 2,5 cm

5

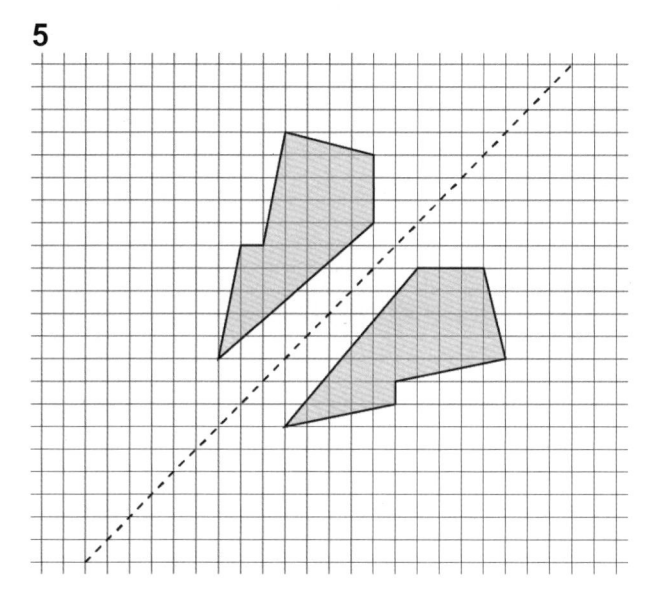

Klassenarbeit C – Geometrie. Vierecke (Teil 2), KV 98

6 Nur die erste Aussage ist richtig.

7 Individuelle Lösungen

Bergsteigen: Geometrie. Vierecke – zu den Schulbuchseiten 138–143 (Teil 1) und (Teil 2), KV 99 und KV 100

Die Lösungen zu den Bergsteigenaufgaben befinden sich im Kommentarteil unter den Lösungen zu Basistraining und Anwenden. Nachdenken.

6 Größen und Maßstab

Stellenwerttafeln zu Größen, KV 101

Die Kopiervorlage enthält Stellenwerttafeln zur Umrechnung von Größen.

Lernzirkel – Laufzettel Größen, KV 102

Die Kopiervorlage dient als Laufzettel für einen Lernzirkel zum Thema Größen.

Schätzen und Messen, KV 103

1 Mögliche Lösung:

1 mm	→	Dicke einer 1-Cent-Münze
1 cm	→	Fingerdicke
1 dm	→	Päckchen Papiertaschentücher
1 m	→	großer Schritt
1 g	→	1-Cent-Münze
10 g	→	2-Euro-Münze
100 g	→	Tafel Schokolade
1 kg	→	eine Packung Zucker

2 Individuelle Lösungen

3 Individuelle Lösungen

4 Kunde: Ich hätte gern 104 g (**100 g**) Lyoner.
Verkäuferin: Oh, es sind leider 106 g (**106 g**).
Kunde: Das ist mir wurst. Was kostet die Salami?
Verkäuferin: Heute nur 8,99 € (**8,99 €**) pro Kilo.
Kunde: Dann nehme ich gleich 314 g (**300 g**).
Verkäuferin: Was darf es sonst noch sein?
Kunde: Danke, das ist alles.

ABC-Mathespiel: Rechnen mit Geld, KV 104

Buchstabe	Euro und Cent	€ und ct	€	EUR	ct
A	4 Euro 45 Cent	4 € 45 ct	4,45 €	4,45 EUR	445 ct
B	159 Euro 13 Cent	159 € 13 ct	159,13 €	159,13 EUR	15 913 ct
C	26 Euro 50 Cent	26 € 50 ct	26,50 €	26,50 EUR	2650 ct
D	170 Euro 7 Cent	170 € 7 ct	170,07 €	170,07 EUR	17 007 ct
E	7 Euro 89 Cent	7 € 89 ct	7,89 €	7,89 EUR	789 ct
F	93 Euro 41 Cent	93 € 41 ct	93,41 €	93,41 EUR	9341 ct
G	74 Euro 12 Cent	74 € 12 ct	74,12 €	74,12 EUR	7412 ct
H	12 342 Euro 77 Cent	12 342 € 77 ct	12 342,77 €	12 342,77 EUR	1 234 277 ct
I	12 Euro 4 Cent	12 € 4 ct	12,04 €	12,04 EUR	1204 ct
J	7 Euro 92 Cent	7 € 92 ct	7,92 €	7,92 EUR	792 ct
K	5 Euro 13 Cent	5 € 13 ct	5,13 €	5,13 EUR	513 ct
L	7 Euro 99 Cent	7 € 99 ct	7,99 €	7,99 EUR	799 ct
M	4 Euro 79 Cent	4 € 79 ct	4,79 €	4,79 EUR	479 ct
N	7 Euro 9 Cent	7 € 9 ct	7,09 €	7,09 EUR	709 ct
O	108 Euro 1 Cent	108 € 1 ct	108,01 €	108,01 EUR	10 801 ct
P	34 Euro 50 Cent	34 € 50 ct	34,50 €	34,50 EUR	3450 ct
Q	1000 Euro 1 Cent	1000 € 1 ct	1000,01 €	1000,01 EUR	100 001 ct
R	10 Euro 40 Cent	10 € 40 ct	10,40 €	10,40 EUR	1040 ct
S	1000 Euro 3 Cent	1000 € 3 ct	1000,03 €	1000,03 EUR	100 003 ct
T	712 Euro 44 Cent	712 € 44 ct	712,44 €	712,44 EUR	71 244 ct
U	10 992 Euro 8 Cent	10 992 € 8 ct	10 992,08 €	10 992,08 EUR	1 099 208 ct
V	1 Mio. Euro 1 Cent	1 Mio. € 1 ct	1 000 000,01 €	1 000 000,01 EUR	100 000 001 ct
W	8 Euro 16 Cent	8 € 16 ct	8,16 €	8,16 EUR	816 ct
X	7 Euro 4 Cent	7 € 4 ct	7,04 €	7,04 EUR	704 ct
Y	204 Euro	204 €	204,00 €	204,00 EUR	20 400 ct
Z	123 Euro 45 Cent	123 € 45 ct	123,45 €	123,45 EUR	12 345 ct

Geld umwandeln und Rechnen mit Geld, KV 105

1 a) 9,99 € < 1005 ct < 1426 ct < 15 € 60 ct   b) 8 € < 39,90 € < 45 € 36 ct < 8203 ct
c) 1047 ct < 10,74 € < 1407 ct < 14 € 70 ct   d) 2 € < 12,03 € < 12 € 6 ct < 1263 ct
e) 17 ct < 17 € 17 ct < 17,71 € < 7171 ct   f) 10 000 ct < 100 000 ct = 1000 € < 10 000 €

2 a) 12 € + 3 € + 14 € + 26 € + 5 € = 60 €
b) Der Preis für die Schnecken wurde falsch eingegeben, er beträgt 4,58 € statt 4,85 €.
Die Summe ergibt 59,61 €.

3 a) 20 € + 10 € + 2 € + 6 € = 38 €

b)

Halsband		1	9,	8	0	€
Fressnapf	+		9,	5	5	€
Futter	+		2,	4	9	€
Trockenfutter	+		5,	9	8	€
			2	2	2	
		3	7,	8	2	€

c) Der Betrag weicht um 0,18 € ab.

4 a) 20,00 € − 12,78 € = 7,22 €   b) 50,00 € − 18,56 € = 31,44 €   c) 50,20 € − 43,13 € = 7,07 €
d) 101,00 € − 90,59 € = 10,41 €   e) 250,01 € − 236,51 € = 13,50 €

Zeitangaben, KV 106

1 h = 60 min = 3600 s

1 a) 80 min   b) 86 h   c) 290 min   d) 303 s

2 a) 2 h 30 min   b) 4 d 4 h   c) 1 h 40 min   d) 4 min 10 s

3 a) 90 s > 1 min   b) 20 min > $\frac{1}{4}$ h   c) 50 h > 2 d   d) 240 h < 24 d
e) 2000 s > $\frac{1}{2}$ h

4 Der Film ist um 21:50 Uhr zu Ende.

5 a) um 08:40 Uhr   b) um 10:30 Uhr   c) um 12:55 Uhr

Rechnen mit der Zeit, KV 107

1

Hobby-Zeitmessung	Profi-Zeitmessung
3 min = 180 s	90 min = $1\frac{1}{2}$ h
7 h = 420 min	390 s = $6\frac{1}{2}$ min
$\frac{3}{4}$ min = 45 s	$4\frac{1}{4}$ h = 255 min
660 min = 11 h	720 min = 12 h

2

Gelegenheitsfahrt			Profi-Fahrt		
Abfahrt	Fahrtdauer	Ankunft	Abfahrt	Fahrtdauer	Ankunft
08:00 Uhr	**4 h 45 min**	12:45 Uhr	06:28 Uhr	**5 h 38 min**	12:06 Uhr
08:30 Uhr	3 h 20 min	11:50 Uhr	17:28 Uhr	4 h 36 min	**22:04 Uhr**
03:34 Uhr	5 h 24 min	**08:58 Uhr**	**11:21 Uhr**	6 h 47 min	18:08 Uhr
08:38 Uhr	6 h 37 min	15:15 Uhr	22:18 Uhr	3 h 51 min	**02:09 Uhr**
07:18 Uhr	**5 h 50 min**	13:08 Uhr	09:13 Uhr	**21 h 29 min**	06:42 Uhr

3 Lösungswort: ZEITMASCHINE

Massenangaben, KV 108

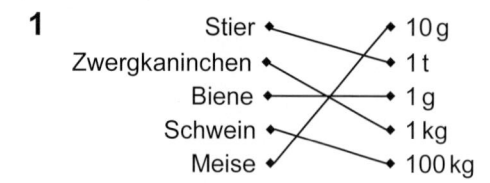

1
- Stier — 1 t
- Zwergkaninchen — 1 kg
- Biene — 1 g
- Schwein — 100 kg
- Meise — 10 g

2 a) 40 300 kg b) 3046 g c) 6750 mg d) 1050 g e) 4002 kg f) 35 000 g

3 a) 3 g 400 mg b) 6 t 738 kg c) 350 g 90 mg d) 4 t 600 g

4 a) 12 000 mg < 122 g b) 17 t > 2000 kg c) 45 kg > 4700 g d) 9999 kg < 10 t

5 a) 2000 g + 100 g = 2100 g b) 3000 mg + 50 mg = 3050 mg c) 70 000 g + 20 g = 70 020 g

6 Das Gepäck darf höchstens noch 435 kg wiegen.

Massen schätzen, ordnen und umwandeln, KV 109

1 Individuelle Lösungen

2
a) 7 kg = 7000 g
   70 kg = 70 000 g
   700 kg = 700 000 g
   7000 kg = 7 000 000 g
   70 000 kg = 70 000 000 g

b) 3 t = 3 000 kg
   30 t = 30 000 kg
   300 t = 300 000 kg
   3000 t = 3 000 000 kg
   30 000 t = 30 000 000 kg

c) 7 g = 7000 mg
   76 g = 76 000 mg
   765 g = 765 000 mg
   7654 g = 7 654 000 mg
   76 543 g = 76 543 000 mg

3

Freizeitsport	Leistungssport	Profisport
5,46 kg = 5460 g	1,03 kg = 1030 g	10,035 kg = 10 035 g
0,25 kg = 250 g	0,025 kg = 25 g	0,055 kg = 55 g
7,35 t = 7350 kg	6,045 t = 6045 kg	20,002 t = 20 002 kg

4

Freizeitsport	Leistungssport	Profisport
2851 g = 2,851 kg	4002 g = 4,002 kg	50 020 g = 50,02 kg
500 g = 0,5 kg	50 g = 0,05 kg	5 g = 0,005 kg
3500 kg = 3,5 t	4020 kg = 4,02 t	28 510 kg = 28,51 t

Domino: Massen umwandeln, KV 110

Die Lösung befindet sich geordnet von links nach rechts auf der Kopiervorlage.

Tiertrio: Massen umwandeln, KV 111

Die Lösung befindet sich geordnet von oben nach unten auf der Kopiervorlage

Längenangaben, KV 112

1 kilo – „Tausend" dezi – „ein Zehntel" zenti – „ein Hundertstel" milli – „ein Tausendstel"

2 a) 3000 m b) 70 mm c) 3500 cm d) 67 dm e) 340 m

3 a) 785 cm b) 304 mm c) 304 mm d) 7084 m

4 a) 700 cm < 8 m b) 73 dm > 80 cm c) 4650 dm < 5 km d) 2 m 64 cm < 3000 mm

5 a) 40 mm + 3 mm = 43 mm b) 12 000 m + 40 m = 12 040 m
c) 3000 mm + 50 mm = 3050 mm = 305 cm

6 a) 75 cm b) 66 Armbänder c) 50 cm bleiben übrig

Längen messen und umwandeln, KV 113

1 $\overline{AB}$: 25 mm $\overline{CD}$: 43 mm $\overline{EF}$: 35 mm $\overline{GH}$: 15 mm $\overline{IJ}$: 25 mm $\overline{KL}$: 70 mm
$\overline{MN}$: 90 mm $\overline{OP}$: 45 mm $\overline{QR}$: 18 mm $\overline{ST}$: 60 mm $\overline{UV}$: 33 mm $\overline{XY}$: 10 mm

2
a) 22 m = 2200 cm b) 7 cm = 70 mm c) 5 dm = 500 mm
220 m = 22 000 cm 78 cm = 780 mm 55 dm = 5500 mm
2200 m = 220 000 cm 780 cm = 7800 mm 5500 dm = 550 000 mm

3

Freizeitsport	Leistungssport	Profisport
4 m = 40 dm	15 m = 150 dm	145 m = 1450 dm
62 dm = 620 cm	120 dm = 1200 cm	971 dm = 9710 cm
7 km = 7000 m	50 km = 50 000 m	$\frac{1}{4}$ km = 250 m
270 cm = 2700 mm	$\frac{1}{2}$ cm = 5 mm	$5\frac{1}{2}$ cm = 55 mm

4

Freizeitsport	Leistungssport	Profisport
50 mm = 5 cm	140 mm = 14 cm	3500 mm = 350 cm
130 cm = 13 dm	290 cm = 29 dm	750 cm = 75 dm
600 dm = 60 m	80 dm = 8 m	5 dm = 0,5 m
4000 m = 4 km	170 m = 0,17 km	50 m = 0,05 km

Längen: Meine Körpermaße, KV 114

1 und **2** Individuelle Lösungen

Längen vergleichen, KV 115

1 a) 43 mm = 4,3 cm; 4,3 dm = 43 cm = 430 mm = 0,43 m
b) 15 cm = 150 mm = 0,15 m; 1500 mm = 1,50 m = 15 dm
c) 72 mm = 7,2 cm; 7200 mm = 720 cm = 72 dm = 7,2 m
d) 110 m; 1100 m = 11 000 dm = 110 000 cm; 11 000 m = 11 km

2 a) 13,50 m = 1350 cm, da 1350 cm = 1350 cm; 7,60 m > 706 cm, da 760 cm > 706 cm;
21,55 m < 21 050 cm, da 2155 cm < 21 050 cm; 0,75 m = 750 mm, da 750 mm = 750 mm
b) 15 dm = 150 cm, da 150 cm = 150 cm; 756 dm = 75 600 mm, da 756 dm = 756 dm;
3575 dm > 35 750 mm, da 3575 dm > 357,5 dm; 101,5 dm < 11 050 cm, da 1015 cm < 11 050 cm
c) 144 cm > 1404 mm, da 1440 mm > 1404 mm; 2,2 cm < 220 cm, da 22 mm < 2200 mm;
6893 cm = 68,93 m, da 6893 cm = 6893 cm; 968 cm = 96,8 dm, da 968 cm = 968 cm

3

Aufgabe	m H	m Z	m E	dm	cm	mm	Kommaschreibweise
750 mm				7	5	0	0,750 m = 0,75 m
1404 mm			1	4	0	4	1,404 m
17 mm					1	7	0,017 m
5 mm						5	0,005 m
8 cm					8	0	0,080 m = 0,08 m
375 cm			3	7	5	0	3,750 m = 3,75 m
6893 cm		6	8	9	3	0	68,930 m = 68,93 m
25 cm				2	5	0	0,250 m = 0,25 m
9 m 305 mm			9	3	0	5	9,305 m
7 m 35 cm			7	3	5	0	7,350 m = 7,35 m
1 m 1 cm			1	0	1	0	1,010 m = 1,01 m
26 m 18 cm		2	6	1	8	0	26,180 m = 26,18 m
125 m 9 cm	1	2	5	0	9	0	125,090 m = 125,09 m

Maßstab: Wie weit …?, KV 116

1 Die Deutschland-Karte hat den Maßstab 1 : 5 000 000.

2 Dortmund – Berlin ca. 420 km; Frankfurt – München ca. 300 km; Köln – Hannover ca. 250 km; Kiel – Mainz ca. 500 km; Trier – Frankfurt ca. 150 km

3 Individuelle Lösungen

Warum gibt es verschiedene Maßeinheiten?, KV 117

1 Vor 120 h (**5 d**) bin ich zu einer Bergtour aufgebrochen. Nach $\frac{1}{4}$ Tag (**6 h**) war ich schon auf 1 750 000 mm (**1750 m**) Höhe. Das war sehr anstrengend, denn mein Rucksack wog 12 000 000 mg (**12 kg**). Dort stellte ich fest, dass ich kaum noch Trinkwasser hatte. Ich machte mich daher zu einem etwa 300 000 cm (**3 km**) entfernten See auf, den ich vom Gipfel aus sehen konnte. Aber an einer glatten Stelle rutschte ich aus und fiel 2000 mm (**2 m**) in die Tiefe. Dabei verstauchte ich mir den Knöchel. Ich musste 180 min (**3 h**) ausharren, bis Hilfe kam. Zusammen stiegen wir bis zur nächsten Hütte ab. Der Höhenunterschied betrug 10 000 cm (**100 m**), aber wir benötigten dafür ganze 7200 s (**2 h**).

2 a) 40 g   b) 34 m   c) 105 dm   d) 500 m   e) 3 h

3 a) in kg   b) in s   c) in mm   d) in m

4 a) etwa 380 000 km   b) etwa 20 000 km

5 Mögliche Lösung: „Wasserfall 1 km" oder Angabe zur benötigten Wanderzeit, wie etwa „Wasserfall 3 h"

Größenangaben mit Komma, KV 118

Anzeigen: 15,6 km/h; 734,8 m; 39,4 kg

1

km			m			dm	cm	mm
100	10	1	100	10	1	1	1	1
		4	5	0	0			
				7	3	0		
			5	0	0	0		
							3	5
		1	2	5	0			
			2	0	0			
						4	5	0

5000 cm = 50,00 m
35 mm = 3,5 cm
1250 m = 1,250 km
200 m = 0,200 km
450 mm = 0,450 m

2

kg			g			mg		
100	10	1	100	10	1	100	10	1
		9	4	0	0			
						6	0	0
		2	5	0	0			
			1	2	5			
					1	6	0	0
							3	0

2500 g = 2,500 kg
125 g = 0,125 kg
1600 mg = 1,600 g
30 mg = 0,030 g

3 a) 1200 m b) 450 cm = 45 dm c) 1500 g d) 400 mg

4 1,3 cm · 2 + 1 mm · 2 + 0,2 cm · 2 + 0,4 cm
= 13 mm · 2 + 1 mm · 2 + 2 mm · 2 + 4 mm
= 26 mm + 2 mm + 4 mm + 4 mm = 36 mm = 3,6 cm
Das Pausenbrot ist 3,6 cm dick.

Speisekarte: Größen und Maßstab, KV 119

Vorspeise:
Der Hund wiegt 18 kg.
Der Stift wiegt 20 g.
Die Tür ist 2,10 m hoch.
Der Turm ist 0,22 km hoch.

Hauptspeise:
4,20 € = 420 ct
2 h = 120 min
11 t = 11 000 kg
6 km = 6000 m

Nachspeise:
2 € + 20 ct = 220 ct
3 min + 10 s = 190 s
2 kg + 250 g = 2250 g
2 cm + 2 mm = 22 mm

Vorspeise:
Das Buch wiegt 420 g.
Der Bleistiftanspitzer ist 0,3 dm lang.
Das Schulgebäude ist 1420 cm hoch.
Der Radiergummi wiegt 0,04 kg.

Hauptspeise:
1202,34 € = 120 234 ct
6 h 22 min = 382 min
13 t = 13 000 000 g
4700 km = 47 000 000 dm

Nachspeise:
2 € + 2 ct = 202 ct
2 h + 19 min = 139 min
2 t + 20 g = 2 000 020 g
35 cm + 35 mm = 385 mm

Klassenarbeit A – Größen und Maßstab (Teil 1), KV 120

1 Lisa geht im Supermarkt einkaufen. Der Supermarkt ist 650 **m** entfernt. Im Supermarkt benötigt Lisa eine knappe halbe **Stunde**. Sie kauft 2,5 **kg** Kartoffeln, 500 **g** Kirschen und 3 l Milch. An der Kasse muss Lisa 5 **Minuten** warten. Sie bezahlt an der Kasse 14,54 €.

2 Holztür: Länge: 2,10 m; Masse: 20 kg
Dominostein: Länge: 2 cm; Masse: 10 g
Besenstiel: Länge: 1,40 m; Masse: 300 g
Auto: Länge: 4,50 m; Masse: 750 kg
Tafel Schokolade: Länge: 15 cm; Masse: 100 g

3 a) 525 ct = 5,25 € b) 12,30 € = 1230 ct c) 17,05 € = 1705 ct
d) 3 € 3 ct = 3,03 € e) 3,50 € = 350 ct f) 25 ct = 0,25 €

Klassenarbeit A – Größen und Maßstab (Teil 2), KV 121

4 a) 17 000 kg = 17 t b) 12 km = 12 000 m c) 2 kg = 2000 g d) 23 000 m = 23 km
e) 7 min = 420 s f) 5 dm = 50 cm g) 12 kg = 12 000 g h) 330 s = 5,5 min
i) 12 km = 1 200 000 cm

5 a) 5 min 15 s = 315 s b) 6 h 4 min = 364 min c) 1 h 3 min = 3780 s d) 2 kg 330 g = 2330 g
e) 7 t 120 kg = 7120 kg f) 8 kg 65 g = 8065 g g) 5 km 230 m = 5230 m h) 2 m 5 cm = 205 cm
i) 4 m 3 cm = 4,03 m

6 635 m − 244 m = 391 m
Der Höhenunterschied beträgt 391 m.

7 1,4 t = 1400 kg; 1400 kg + 86 kg + 68 kg + 47 kg + 41 kg = 1642 kg
Die Gesamtmasse beträgt 1642 kg.

Klassenarbeit B – Größen und Maßstab (Teil 1), KV 122

1

Abfahrt	Fahrzeit (min)	Ankunft
08:00 Uhr	**210 min**	11:30 Uhr
09:45 Uhr	**380 min**	16:05 Uhr
14:35 Uhr	**467 min**	22:22 Uhr
07:41 Uhr	135 min	**09:56 Uhr**
21:38 Uhr	214 min	01:12 Uhr

2 a) 4 m + 4 m 50 cm = 400 cm + 450 cm = 850 cm b) 4 m + 5 cm = 400 cm + 5 cm = 405 cm
c) 5 kg + 780 g = 5000 g + 780 g = 5780 g d) 5 kg + 78 g = 5000 g + 78 g = 5078 g
e) 3 € + 30 ct = 300 ct + 30 ct = 330 ct f) 3 € + 3 ct = 300 ct + 3 ct = 303 ct

3 a) 8 min 40 s − 5 min 14 s = 3 min 26 s b) 14 min 35 s − 10 min 40 s = 3 min 55 s
c) 1 h 12 min 25 s − 14 min 38 s = 57 min 47 s

4 a) 25 dm − 1 m = 25 dm − 10 dm = 15 dm b) 2 km − 1500 m = 2000 m − 1500 m = 500 m
c) 5 g − 5000 mg = 5 g − 5 g = 0 g

Klassenarbeit B – Größen und Maßstab (Teil 2), KV 123

5 Fehler in allen Aufgabenteilen: Thomas hat addiert, ohne vorher die Größen in die gleichen Maßeinheiten umzurechnen. Richtig ist:
a) $4\,\text{m} + 7\,\text{cm} = 400\,\text{cm} + 7\,\text{cm} = 407\,\text{cm} = 4{,}07\,\text{m}$
b) $500\,\text{cm} + 2\,\text{m} = 5\,\text{m} + 2\,\text{m} = 7\,\text{m} = 700\,\text{cm}$
c) $20\,\text{dm} + 5\,\text{cm} = 200\,\text{cm} + 5\,\text{cm} = 205\,\text{cm} = 20{,}5\,\text{dm}$
d) $24\,\text{kg} - 3\,\text{g} = 24\,000\,\text{g} - 3\,\text{g} = 23\,997\,\text{g} = 23{,}997\,\text{kg}$

6 Die Entfernung beträgt rund 550 Kilometer.

7 Die Orte liegen 1500 m auseinander.

Klassenarbeit C – Größen und Maßstab (Teil 1), KV 124

1 Eine Person passt rund 9-mal übereinander in das Schaufelrad. Eine Person ist ungefähr 2 m groß. Daher ist das Schaufelrad rund 18 Meter hoch.

2 a) $A < B = D < C$
b) A: $270\,\text{ct} = 2{,}70\,€$ B: $2700\,\text{ct} = 27{,}00\,€$ C: $270{,}00\,€$ D: $2700\,\text{ct} = 27{,}00\,€$

3 a) $12{,}30\,€ = 1230\,\text{ct}$
b) $3{,}02\,\text{t} = 3020\,\text{kg}$
c) $7\,\text{h}\,44\,\text{min} = 464\,\text{min}$
d) $34\,€\,6\,\text{ct} = 34{,}06\,€$
e) $23\,\text{m}\,9\,\text{dm} = 23{,}90\,\text{m}$
f) $3678\,\text{g} = 3{,}678\,\text{kg}$

4 a) $4{,}65\,\text{m}\,35\,\text{dm} = 81{,}5\,\text{dm}$
b) $2\,\text{kg}\,450\,\text{g} + 1050\,\text{g} = 3{,}500\,\text{kg}$
c) $3\,€\,78\,\text{ct} + 166\,\text{ct} = 544\,\text{ct}$
d) $2{,}1\,\text{km} - 360\,\text{m} = 1740\,\text{m}$
e) $21\,\text{dm} + 10\,\text{cm} = 2{,}20\,\text{m}$
f) $2{,}005\,\text{t} - 750\,\text{kg} = 1255\,\text{kg}$

5 $710 \cdot 65\,\text{cm} = 46\,150\,\text{cm} = 461{,}50\,\text{m}$
Sein Weg beträgt 461,50 m von der Schule nach Hause.

Klassenarbeit C – Größen und Maßstab (Teil 2), KV 125

6 a) Mögliche Lösung:
– jeder Apfel 200 g
– drei Äpfel 220 g, zwei Äpfel 170 g
b) $3 \cdot 450\,\text{g} = 1350\,\text{g}$
Die drei Schalen mit Erdbeeren wiegen zusammen 1350 g.

7 a) Das Originalflugzeug ist 19,50 m lang.
b) Der Maßstab beträgt 1 : 500.

Bergsteigen: Größen und Maßstab – zu den Schulbuchseiten 171–175, KV 126

Die Lösungen zu den Bergsteigenaufgaben befinden sich im Kommentarteil unter den Lösungen zu Basistraining und Anwenden. Nachdenken.

7 Umfang und Flächeninhalt

Flächeninhalte vergleichen – Partnerarbeitsblatt 1 und 2, KV 127 und KV 128

1 und **2** Individuelle Lösung

3 a) Mögliche Lösung: Es handelt sich um Einzelteile mit gleichem Flächeninhalt. Somit haben das Quadrat und das Dreieck ebenfalls den gleichen Flächeninhalt.
b) Die beiden Figuren sind gleich groß.

Flächeninhalt und Raubtiere, KV 129

1 Löwen: **37** Kästchen; Tiger: **42** Kästchen

Raubtier-Pflege	Raubtier-Zähmung
2 Tiger	**2** Tiger; 5 Kästchen größer
3 37 Kästchen müssen gefärbt werden; $37 : 4 = 9\,R\,1 \to 9$ Löwen	**3** 5 Kästchen müssen hinzugefügt werden; $42 : 6 = 7 \to 14$ Tiger

Domino: Flächenmaße, KV 130

Die Lösung befindet sich geordnet von links nach rechts auf der Kopiervorlage.

Stellenwerttafel: Flächenmaße umwandeln, KV 131

Die Kopiervorlage enthält Stellenwerttafeln zum Umwandeln von Flächenmaßen.

Affenfelsen: Umwandeln von Flächenmaßen, KV 132

Die Lösungen der Aufgaben befinden sich im Lösungskasten auf der Kopiervorlage.

Speisekarte: Flächenmaße und Kommaschreibweise, KV 133

Vorspeise:
$970\,000\,cm^2 = 9700\,dm^2 = 97\,m^2$

Hauptspeise:
a) $15{,}13\,a$ b) $15{,}0013\,km^2$

Nachspeise:
$13\,050\,000\,m^2 = 130\,500\,a = 1305\,ha$

Vorspeise:
$10\,050\,000\,m^2 = 100\,500\,a = 1005\,ha$

Hauptspeise:
a) $3{,}03\,cm^2$ b) $70{,}0001\,km^2$

Nachspeise:
$7\,239\,000\,000\,mm^2 = 72\,390\,000\,cm^2 = 723\,900\,dm^2 = 7239\,m^2$

ABC-Mathespiel: Flächenmaße, KV 134

Buchstabe	Anfangsfeld	+23 m²	−1000 dm²	·6	:4
A	48 m²	71 m²	38 m²	288 m²	12 m²
B	400 000 cm²	63 m²	30 m²	240 m²	10 m²
C	6000 dm²	83 m²	50 m²	360 m²	15 m²
D	72 m²	95 m²	62 m²	432 m²	18 m²
E	50 000 dm²	523 m²	490 m²	3000 m²	125 m²
F	2000 dm²	43 m²	10 m²	120 m²	5 m²
G	36 m²	59 m²	26 m²	216 m²	9 m²
H	1720 dm²	4020 dm²	720 dm²	10 320 dm²	430 dm²
I	250 000 cm²	48 m²	15 m²	150 m²	625 dm²
J	44 m²	67 m²	34 m²	264 m²	11 m²
K	1200 dm²	35 m²	200 dm²	7200 dm²	300 dm²
L	1000 dm²	3300 dm²	0 dm²	6000 dm²	250 dm²
M	60 m²	83 m²	50 m²	360 m²	15 m²
N	40 000 000 mm²	63 m²	30 m²	240 m²	10 m²
O	92 m²	115 m²	82 m²	552 m²	23 m²
P	1500 dm²	38 m²	500 dm²	9000 dm²	375 dm²
Q	260 000 cm²	49 m²	16 m²	156 m²	650 dm²
R	144 m²	167 m²	134 m²	864 m²	36 m²
S	154 080 cm²	384 080 cm²	54 080 cm²	924 480 cm²	38 520 cm²
T	16 000 000 mm²	39 m²	600 dm²	96 m²	4 m²
U	1040 dm²	3340 dm²	40 dm²	6240 dm²	260 dm²
V	272 m²	295 m²	262 m²	1632 m²	68 m²
W	125 000 cm²	3550 dm²	250 dm²	75 m²	31 250 cm²
X	1240 dm²	3540 dm²	240 dm²	7440 dm²	310 dm²
Y	56 000 000 mm²	79 m²	46 m²	336 m²	14 m²
Z	212 m²	235 m²	202 m²	1272 m²	53 m²

Das große Mathedinner zu Flächenmaßen (1), (2) und (3), KV 135, KV 136 und KV 137

Die Lösungen zur Checkliste KV 135 findet man auf KV 136.

Menü 1	Menü 2	Menü 3
1 a) 1200 dm² b) 657 cm² c) 1005 m²	**1** a) 26 700 dm² b) 7607 cm² c) 230 002 a	**1** a) 5603 dm² b) 507 m² c) 20 673 a
2 a) 2,43 cm² b) 30,61 ha c) 21,03 m²	**2** a) 23,27 m² b) 5,04 km² c) 46,0715 m²	**2** a) 7,7803 dm² b) 40,3799 km² c) 3,420 007 a
3 a) 532 dm² b) 1721 cm² c) 805 m²	**3** a) 4537 a b) 582 dm² c) 8001 m²	**3** a) 6010 cm² b) 3809 mm² c) 6508 ha
4 a) 5 a 67 m² b) 56 m² 71 dm² c) 90 cm² 32 mm²	**4** a) 9 dm² 87 cm² b) 14 ha 57 a c) 70 a 41 m² 56 dm²	**4** a) 70 km² 41 ha b) 54 m² 9 dm² c) 49 m² 32 dm² 6 cm²

Aus dem Sport: Rechtecke auf dem Tennisplatz (Teil 1), KV 138

1 a) Bei dem Tennisplatz handelt es sich um ein Rechteck, bei dem gegenüberliegende Seiten gleich lang sind. Somit müssen alle gegenüberliegenden Seiten gleich eingefärbt werden.
b) $24\,m \cdot 2 + 11\,m \cdot 2 = 70\,m$; eine Runde ist 70 m lang.

2 Länge: 24 m; Breite: 11 m;
Flächeninhalt: $A = 24\,m \cdot 11\,m = 264\,m^2$

3 Länge: $24\,m = 240\,dm$; Breite: $11\,m - 2 \cdot 14\,dm = 110\,dm - 28\,dm = 82\,dm$;
Umfang: $u = 240\,dm \cdot 2 + 82\,dm \cdot 2 = 644\,dm$;
Flächeninhalt: $A = 240\,dm \cdot 82\,dm = 19\,680\,dm^2$

Aus dem Sport: Rechtecke auf dem Tennisplatz (Teil 2), KV 139

4 $2 \cdot 11\,890\,mm + 4 \cdot 6400\,mm + 2 \cdot 4115\,mm = 57\,610\,mm = 5761\,cm$

5 **Rechteck 1 und 6:**
Umfang: $u = 2 \cdot (10\,970\,mm - 2740\,mm) + 10\,960\,mm = 27\,420\,mm = 27{,}42\,m$
Flächeninhalt: $A = 8230\,mm \cdot 5480\,mm = 45\,100\,400\,mm^2 = 45{,}1004\,m^2$
Rechtecke 2 bis 5:
Umfang: $u = 2 \cdot 6405\,mm + 2 \cdot 4115\,mm = 21\,040\,mm = 21{,}04\,m$
Flächeninhalt: $A = 6405\,mm \cdot 4115\,mm = 26\,356\,575\,mm^2 = 26{,}356\,575\,m^2$

Fitnesstest: Berechnungen zu Rechtecken, KV 140

Freizeitsport	Leistungssport
1 Umfang: 60 m	**1** Umfang: 2248 cm
2 a) $u = 16\,m$ b) $u = 46\,cm$	**2** a) $u = 12\,cm$ b) $u = 16\,912\,cm$
3 a) $A = 12\,m^2$ b) $A = 90\,cm^2$	**3** a) $A = 8\,cm^2$ b) $A = 470\,400\,cm^2 = 4704\,dm^2$
4 a) Länge: 10 m; Umfang: $u = 26\,m$ b) Länge: 5 m; Flächeninhalt: $A = 15\,m^2$	**4** a) Länge: $120\,cm = 12\,dm$ Umfang: $u = 320\,cm = 32\,dm$ b) Länge: $40\,m = 4\,dm$ Flächeninhalt: $A = 1600\,cm^2 = 16\,dm^2$

Die Lernenden tragen sich nach der Bearbeitung des Fitnesstests entsprechend ihrem Niveau in die Trainerliste auf KV 15 ein.

Mathedorf: Zusammengesetzte Figuren, KV 141

Umfänge
Figur A: $u = 5\,m + 2 \cdot 2\,m + 1\,m + 2 \cdot 3\,m = 16\,m$
Figur B: $u = 4 \cdot 1\,m + 2 \cdot 2\,m + 4\,m + (4\,m - 2\,m) = 14\,m$
Figur C: $u = 2 \cdot 4\,m + 6 \cdot 2\,m = 20\,m$
Figur D: $u = 6\,m + 5\,m + 2\,m + 6\,m + 5\,m + 2 \cdot 4\,m + (6\,m - 4\,m) + 1\,m + 5\,m = 40\,m$
Figur E: $u = 4 \cdot 15\,m + 8 \cdot 7{,}5\,m = 4 \cdot 150\,dm + 8 \cdot 75\,dm = 1200\,dm = 120\,m$
Figur F: $u = 2 \cdot 10\,m + 2 \cdot 5\,m + 7{,}07\,m = 2 \cdot 1000\,cm + 2 \cdot 500\,cm + 707\,cm = 3707\,cm = 37{,}07\,m$
Figur G: $u = 15\,m + 3\,m + 3 \cdot 6{,}4\,m + 2 \cdot (7\,m - 3\,m) + 7\,m$
$= 150\,dm + 30\,dm + 3 \cdot 64\,dm + 2 \cdot (70\,dm - 30\,dm) + 70\,dm = 522\,dm = 52{,}2\,m$

Flächeninhalte:
Mögliche Lösungswege
Figur A: $A = 3\,m \cdot 3\,m + 2\,m \cdot 2\,m = 13\,m^2$
Figur B: $A = 2\,m \cdot 4\,m - 1\,m \cdot 1\,m = 7\,m^2$
Figur C: $A = 2 \cdot (4\,m \cdot 2\,m) = 16\,m^2$
Figur D: $A = 2 \cdot (6\,m \cdot 5\,m) + 2 \cdot 4\,m = 68\,m^2$
Figur E: $A = 15\,m \cdot (7,5\,m + 15\,m + 7,5\,m) + 2 \cdot (15\,m \cdot 7,5\,m) = 15\,m \cdot 30\,m + 2 \cdot (15\,m \cdot 7,5\,m) = 675\,m^2$
Figur F: $A = 10\,m \cdot 5\,m + ((10\,m - 5\,m) \cdot (10\,m - 5\,m)) : 2 = 10\,m \cdot 5\,m + (5\,m \cdot 5\,m) : 2 = 62,5\,m^2$
Figur G: $A = 15\,m \cdot 3\,m + 3 \cdot ((5\,m \cdot (7\,m - 3\,m)) : 2) = 15\,m \cdot 3\,m + 3 \cdot ((5\,m \cdot 4\,m) : 2) = 75\,m^2$

Klassenarbeit A – Umfang und Flächeninhalt (Teil 1), KV 142

1 links: 26 Kästchen   rechts: 24 Kästchen; die linke Figur ist größer.

2

	Wandle um …	in die nächstkleinere Einheit:	in die nächstgrößere Einheit:
a)	230 dm²	23 000 cm²	2,3 m²
b)	66 773 m²	6 677 300 dm²	667,73 a
c)	56 506 cm²	5 650 600 mm²	565,06 dm²

3 a) 2 300 000 mm²   b) 6,6773 ha   c) 0,056 506 a

4 a) $5600\,mm^2 + 40\,000\,mm^2 - 33\,mm^2 = 45\,567\,mm^2$
b) 84 dm²

Klassenarbeit A – Umfang und Flächeninhalt (Teil 2), KV 143

5 $75 : 15 = 5$; 15 km² passen 5-mal in 75 km².

6

	Länge	Breite	Umfang	Flächeninhalt
a)	3 cm	6 cm	**18 cm**	**18 cm²**
b)	11 m	26 m	**74 m**	**286 m²**
c)	34 mm	**56 mm**	180 mm	**1904 mm²**
d)	2,7 dm	8 cm	**70 cm**	**216 cm²**

7 Flächeninhalt: $A = (8\,cm \cdot 6\,cm) : 2 = 24\,cm^2$
Umfang: $u = 8\,cm + 6\,cm + 10\,cm = 24\,cm$

8 Flächeninhalt (möglicher Lösungsweg): $A = (4\,m \cdot 5\,m) - (2\,m \cdot 3\,m) = 14\,m^2$
Umfang: $u = 3\,m + 2\,m + 5\,m + 4\,m + 2\,m + 2\,m = 18\,m$

Klassenarbeit B – Umfang und Flächeninhalt (Teil 1), KV 144

1 links: 39 Kästchen   rechts: 30 Kästchen; die linke Figur ist größer.

2

	Wandle um …	in die nächstkleinere Einheit:	in die nächstgrößere Einheit:
a)	55 000 m²	5 500 000 dm²	550 a
b)	3227 dm²	322 700 cm²	32,27 m²
c)	72 461 000 ha	7 246 100 000 a	724 610 km²

3 a) 550 000 000 cm²   b) 0,3227 a   c) 72 461 000 000 000 dm²

4 a) $70\,800\,\text{mm}^2 + 42\,000\,\text{mm}^2 - 20\,000\,\text{mm}^2 = 92\,800\,\text{mm}^2 = 928\,\text{cm}^2$
b) $821\,\text{a} \cdot 6 = 4926\,\text{a}$

Klassenarbeit B – Umfang und Flächeninhalt (Teil 2), KV 145

5 $2{,}1\,\text{dm}^2 = 210\,\text{cm}^2$; $210 : 7 = 30$; $7\,\text{cm}^2$ passen 30-mal in $2{,}1\,\text{dm}^2$.

6

	Länge	Breite	Umfang	Flächeninhalt
a)	11 m	8 m	**38 m**	**88 m²**
b)	53 km	**17 km**	140 km	**901 km²**
c)	30 mm	**4 mm**	**68 mm**	120 mm²
d)	23,7 m	4 cm	**4748 cm**	**9480 cm²**

7 Flächeninhalt: $A = (3\,\text{cm} \cdot 4\,\text{cm}) : 2 = 6\,\text{cm}^2$
Umfang: $u = 3\,\text{cm} + 4\,\text{cm} + 5\,\text{cm} = 12\,\text{cm}$

8 Flächeninhalt (möglicher Lösungsweg): $A = (16\,\text{m} \cdot 10\,\text{m}) - (6\,\text{m} \cdot 6\,\text{m}) = 124\,\text{m}^2$
Umfang außen: $u = 2 \cdot 16\,\text{m} + 2 \cdot 10\,\text{m} = 52\,\text{m}$
Umfang innen: $u = 2 \cdot 6\,\text{m} + 2 \cdot (10\,\text{m} - 4\,\text{m}) = 24\,\text{m}$

Klassenarbeit C – Umfang und Flächeninhalt (Teil 1), KV 146

1 links: 32 Kästchen   rechts: 30 Kästchen; die linke Figur ist größer.

2

	Wandle um …	in die nächstkleinere Einheit:	in die nächstgrößere Einheit:
a)	457 ha	45 700 a	4,57 km²
b)	875 700 dm²	87 570 000 cm²	8757 m²
c)	27 104 a	2 710 400 m²	271,04 ha

3 a) $4\,570\,000\,\text{m}^2$ b) $0{,}8757\,\text{ha}$ c) $27\,104\,000\,000\,\text{cm}^2$

4 a) $85\,000\,\text{mm}^2 - 270\,\text{mm}^2 + 13\,000\,000\,000\,\text{mm}^2 = 13\,000\,084\,730\,\text{mm}^2$
b) $870\,\text{cm}^2 \cdot 12 = 10\,440\,\text{cm}^2$

Klassenarbeit C – Umfang und Flächeninhalt (Teil 2), KV 147

5 $1{,}44\,\text{m}^2 = 144\,\text{dm}^2$; $144 : 12 = 12$; $12\,\text{dm}^2$ passen 12-mal in $1{,}44\,\text{m}^2$.

6

	Länge	Breite	Umfang	Flächeninhalt
a)	46 dm	80 cm	**108 dm**	**368 dm²**
b)	65 km	**6 km**	142 km	**390 km²**
c)	25 mm	**7 mm**	**64 mm**	1,75 cm²

7 Seite b: $b = u - 3{,}2\,\text{cm} - 2{,}5\,\text{cm} = 7{,}7\,\text{cm} - 3{,}2\,\text{cm} - 2{,}5\,\text{cm} = 77\,\text{mm} - 32\,\text{mm} - 25\,\text{mm} = 20\,\text{mm} = 2{,}0\,\text{cm}$
Flächeninhalt: $A = (2{,}5\,\text{cm} \cdot 2{,}0\,\text{cm}) : 2 = (25\,\text{mm} \cdot 20\,\text{mm}) : 2 = 250\,\text{mm}^2 = 2{,}5\,\text{cm}^2$

8 Flächeninhalt (möglicher Lösungsweg):
$A = 70\,\text{dm} \cdot (21\,\text{dm} + 19\,\text{dm}) - 20\,\text{dm} \cdot (19\,\text{dm} - 10\,\text{dm}) - 30\,\text{dm} \cdot 19\,\text{dm}$
$= 70\,\text{dm} \cdot 40\,\text{dm} - 20\,\text{dm} \cdot 9\,\text{dm} - 30\,\text{dm} \cdot 19\,\text{dm}$
$= 2800\,\text{dm}^2 - 180\,\text{dm}^2 - 570\,\text{dm}^2 = 2050\,\text{dm}^2 = 20{,}5\,\text{m}^2$
Umfang:
$u = 70\,\text{dm} + 2 \cdot 21\,\text{dm} + 2 \cdot 20\,\text{dm} + (19\,\text{dm} - 10\,\text{dm}) + 10\,\text{dm} + (70\,\text{dm} - 30\,\text{dm}) + 19\,\text{dm} + 30\,\text{dm}$
$= 70\,\text{dm} + 42\,\text{dm} + 40\,\text{dm} + 9\,\text{dm} + 10\,\text{dm} + 40\,\text{dm} + 19\,\text{dm} + 30\,\text{dm} = 260\,\text{dm}$

Bergsteigen: Umfang und Flächeninhalt – zu den Schulbuchseiten 196–199, KV 148

Die Lösungen zu den Bergsteigenaufgaben befinden sich im Kommentarteil unter den Lösungen zu Basistraining und Anwenden. Nachdenken.

8 Brüche

Die Bruchschreibweise, KV 149

1 a) $\frac{3}{4}$; $\frac{1}{4}$ b) $\frac{1}{6}$; $\frac{5}{6}$ c) $\frac{2}{3}$; $\frac{1}{3}$

2 Individuelle Lösungen, z. B.:
2 Katzen und 3 Hunde

3 Individuelle Lösungen, z. B.:
$\frac{7}{8}$: 7 Birnen und 1 Apfel

4 Mögliche Lösung:

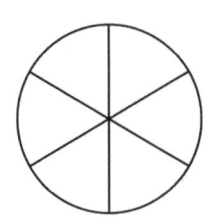

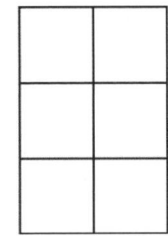

5 a) Mögliche Lösung:

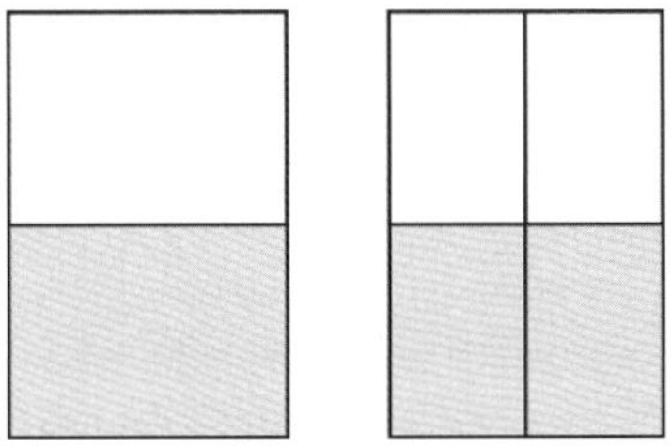

b) Mögliche Lösung: $\frac{1}{2} = \frac{4}{8}$; $\frac{1}{3} = \frac{2}{6}$

Domino: Brüche (1) und (2), KV 150 und KV 151

Eine mögliche Lösung befindet sich geordnet von links nach rechts auf den Kopiervorlagen.

Speisekarte: Bruchteile von Größen, KV 152

Vorspeise:

$\frac{1}{4}$ km = 250 m;

$\frac{1}{10}$ kg = 100 g;

$\frac{1}{2}$ m = 5 dm

Hauptspeise:

30 min = $\frac{1}{2}$ h

250 mm = $\frac{1}{4}$ m

500 mg = $\frac{1}{2}$ g

200 g = $\frac{1}{5}$ kg

Vorspeise:

$\frac{3}{4}$ km = 750 m;

$\frac{7}{10}$ kg = 700 g;

$\frac{7}{10}$ m = 7 dm

Hauptspeise:

20 min = $\frac{1}{3}$ h

5 mm = $\frac{1}{2}$ cm

750 mg = $\frac{3}{4}$ g

200 kg = $\frac{1}{5}$ t

Vorspeise:

$\frac{5}{4}$ km = 1250 m;

$\frac{7}{100}$ kg = 70 g

$\frac{3}{5}$ m = 6 dm

Hauptspeise:

12 h = $\frac{1}{2}$ d

5 dm = $\frac{1}{2}$ m

200 mg = $\frac{1}{5}$ g

300 g = $\frac{300}{1000}$ kg

Nachspeise:	Nachspeise:	Nachspeise:
$\frac{3}{4}$ m = 75 cm;	$\frac{4}{4}$ m = 100 cm;	$\frac{10}{25}$ m = 40 cm;
$\frac{3}{100}$ € = 3 ct;	$\frac{2}{50}$ € = 4 ct;	$\frac{17}{20}$ € = 85 ct;
$\frac{3}{4}$ h = 45 min	$\frac{2}{3}$ h = 40 min	$\frac{5}{12}$ h = 25 min

Tandembogen: Bruchteile von Größen, KV 153

Die Lösungen befinden sich auf der Kopiervorlage.

Dezimalschreibweise, KV 154

1

	T	H	Z	E	,	z	h
Mineralwasser				1	,	9	4
Chicken Wings			1	0	,	2	1
Mug Milk Coffee				4	,	2	8
Apple Pie				3	,	8	3
Gesamtsumme (€)			2	0	,	2	6
Mehrwertsteuer, MwSt.				3	,	8	4

	T	H	Z	E	,	z	h
Freizeitschuhe		1	2	6	,	6	8
Herren T-Shirt			1	5	,	3	2
T-Shirt $\frac{1}{2}$-Arm			1	8	,	8	8
Gesamtsumme (€)		1	6	0	,	8	8

2 BODENSEE

Klassenarbeit A – Brüche (Teil 1), KV 155

1 a) $\frac{7}{12}$ b) $\frac{4}{8}$ c) $\frac{4}{9}$

2 a) Mögliche Lösung: b) Mögliche Lösung:

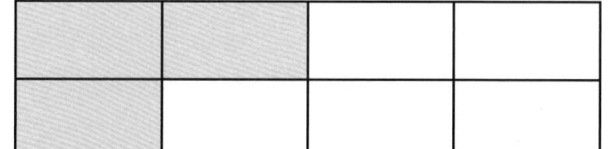

3 a) Mögliche Lösung: $\frac{1}{5}$; $\frac{2}{5}$; $\frac{3}{5}$; $\frac{4}{5}$

b) Mögliche Lösung: $\frac{2}{3}$; $\frac{2}{4}$; $\frac{2}{5}$; $\frac{2}{6}$

4 a) 3 cm = $\frac{3}{10}$ dm b) 5 g = $\frac{5}{1000}$ kg c) 7 ct = $\frac{7}{100}$ €

d) 3 m = $\frac{3}{1000}$ km e) 5 kg = $\frac{5}{1000}$ t

Klassenarbeit A – Brüche (Teil 2), KV 156

5 Mögliche Lösungen: $\frac{1}{4}$ kg; $\frac{1}{2}$ kg

6 a) $\frac{1}{10}$ m = 1 dm b) $\frac{1}{3}$ min = 20 s c) $\frac{1}{100}$ kg = 10 g

d) $\frac{1}{10}$ cm = 1 mm e) $\frac{2}{3}$ h = 40 min f) $\frac{3}{100}$ t = 30 kg

7 Mögliche Lösung: 124 cm = 1,24 m; 12,4 dm = 124 cm; 1,24 cm = 12,4 mm

8 Mögliche Lösungen: 0,76 m; 0,79 m

Klassenarbeit B – Brüche (Teil 1), KV 157

1 Dana hat recht.
Begründung: Die Länge des gefärbten Teils beträgt 6 cm und die gesamte Länge 7,5 cm. Damit der Bruch $\frac{3}{4}$ entsteht, müsste die gesamte Länge aber 8 cm betragen.

2 Es stimmt nicht: Lea hat zwar 3 von 10 Kästchen gefärbt, allerdings müssen die Kästchen gleich groß sein.

3 a) $\frac{0}{5}; \frac{1}{5}; \frac{2}{5}; \frac{3}{5}; \frac{4}{5}$ b) $\frac{5}{5}$

Klassenarbeit B – Brüche (Teil 2), KV 158

4 Michelle hat nicht recht: Wenn ich ein Ganzes durch 4 teile, dann habe ich größere Einzelteile, als wenn ich ein Ganzes durch 5 teile.

5 a) $\frac{1}{4}$ kg = 250 g b) $\frac{5}{6}$ h = 50 min

c) $\frac{3}{8}$ km = 375 m d) $\frac{3}{5}$ m = 60 cm

6 a) 2 E + 8 h = 2,08 b) 1 E + 4 t = 1,004
c) 1 Z + 4 z + 0 h = 10,40 d) 5 E + 8 t = 5,008
e) 7 E + 2 z + 0 h + 9 t = 7,209 f) 1 E + 3 t = 1,003

Klassenarbeit C – Brüche (Teil 1), KV 159

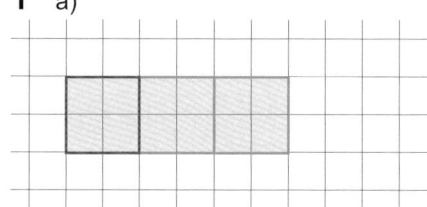

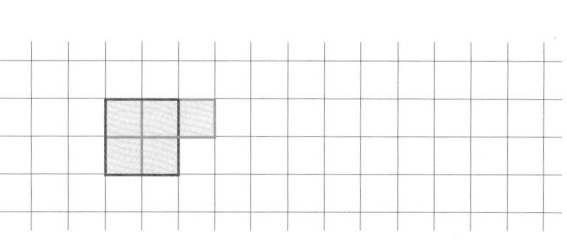

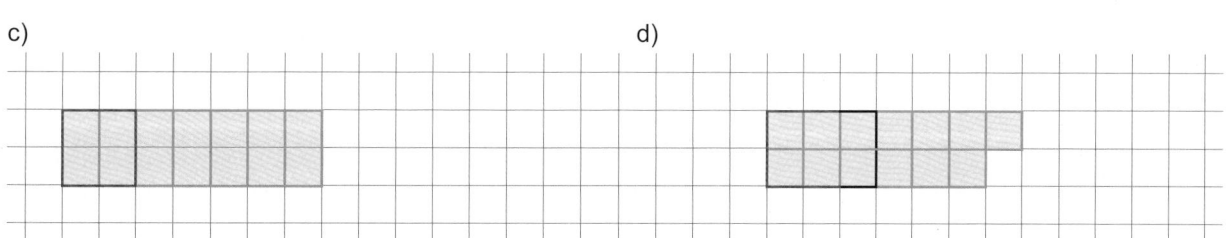

1 a)   b)

c)   d)

2 a) $\frac{2}{5}$ kg = 400 g b) $\frac{5}{8}$ km = 625 m c) $\frac{1}{6}$ d = 4 h

d) $\frac{4}{5}$ t = 800 kg e) $\frac{6}{8}$ m = 7,5 dm f) $\frac{2}{3}$ h = 40 min

3 a) 350 g = $\frac{350}{1000}$ kg b) 7 cm = $\frac{7}{10}$ dm c) 15 ct = $\frac{15}{100}$ €

4 a) $5,4 = 5 + \frac{4}{10}$ b) $0,125 = \frac{1}{10} + \frac{2}{100} + \frac{5}{1000}$ c) $3,581 = 3 + \frac{5}{10} + \frac{8}{100} + \frac{1}{1000}$

5 a) $3\frac{12}{100} = 3,12$ b) $3\frac{620}{1000} = 3,62$ c) $5\frac{714}{1000} = 5,714$

6 a) $35,01\,\text{m} = 35\,\text{m}\ 1\,\text{cm}$; falsche Maßeinheit
b) $0,15\,\text{kg} = 150\,\text{g}$; ist richtig
c) $5,7\,\text{m}^2 = 5\,\text{m}^2\ 70\,\text{dm}^2$; bei der Umrechnung in dm² wurde eine „0" vergessen.

Klassenarbeit C – Brüche (Teil 2), KV 160

7 a) $\frac{5}{6}$ ist der größte Bruch.

Begründung: Die Zähler sind gleich. Dann ist der Bruch am größten, der den kleinsten Nenner hat. Denn man hat größere Einzelteile, wenn man das Ganze in weniger Teile aufteilt.

$\frac{5}{9}$ ist der kleinste Bruch.

Begründung: Man hat kleinere Einzelteile, wenn man das Ganze in mehr Teile aufteilt.

b) Beginnend mit dem kleinsten Bruch: $\frac{2}{7}; \frac{3}{7}; \frac{4}{7}; \frac{5}{7}; \frac{7}{7}$

Erklärung: Alle Brüche haben den gleichen Nenner. Sie sind also in gleich große Einzelteile zerlegt. Daher kann man die Brüche nach der Größe ihrer Zähler ordnen.

c) Mögliche Lösung: $\frac{2}{3}; \frac{3}{4}; \frac{1}{10}$

Bergsteigen: Brüche – zu den Schulbuchseiten 214–217, KV 161

Die Lösungen zu den Bergsteigenaufgaben befinden sich im Kommentarteil unter den Lösungen zu Basistraining und Anwenden. Nachdenken.